第二十七届全国水动力学研讨会文集

Proceedings of the 27th National Conference on Hydrodynamics

（下册）

吴有生　唐洪武　王　超　主编

主办单位
《水动力学研究与进展》编委会
中国力学学会
中国造船工程学会
河海大学

海洋出版社
2015年·北京

第二十七届全国水动力学研讨会

承 办 单 位

河海大学　水利水电学院

环境工程学院

上海《水动力学研究与进展》杂志社

上海市船舶与海洋工程学会船舶流体力学专业委员会

水动力学重点实验室

第二十七届全国水动力学研讨会

编辑委员会

目　　录

大会报告

平原河网水动力学及防洪技术研究进展

唐洪武，严忠民，王船海，王玲玲，肖洋，胡孜军，袁赛瑜 　　　　　(1)

不同水动力条件影响下污染物多介质转化机制与生态效应

王沛芳，王超，侯俊，钱进，耿楠，刘佳佳 　　　　　(8)

Some studies on the hydrodynamics of fishlike swimming

LU Xi-yun，YIN Xie-zhen，TONG Bing-gang 　　　　　(14)

集中载荷生成的水弹性波动

卢东强 　　　　　(19)

南海海啸预警方法研究

刘　桦，任智源，赵曦，王本龙 　　　　　(25)

水动力学基础

Blow-up of Compressible Navier-Stokes-Korteweg Equations

Tong Tang 　　　　　(35)

湍流边界层反向涡结构的数值分析研究

刘璐璐，张军，姚志崇，刘登成 　　　　　(40)

多孔介质中 Rivlin-Ericksen 流的稳定性研究

董利君，兰万里，许兰喜 　　　　　(47)

线性分层环境中异重流沿斜坡的演变特性

赵亮，林挺，林颖典，贺治国 　　　　　(53)

初始漩涡流场中气泡演化计算研究

郑巢生 　　　　　(60)

海豚摆尾运动的数值模拟研究

袁野，吴哲，毕小波，张志国，冯大奎 　　　　　(70)

机翼辐射噪声数值模拟研究

翟树成，熊紫英 　　　　　(76)

翼型体湍流脉动压力及其波数-频率谱的大涡模拟计算分析研究

张晓龙，张楠，吴宝山 　　　　　(84)

两并排圆柱绕流的近壁效应数值模拟

姜晓坤，李廷秋 　　　　　(95)

超稠原油的流变学特性

张健，许晶禹，张栋，王淑京 　　　　　(102)

乳化剂对气液垂直管流中压降影响的研究

高梦忱，许晶禹，吴应湘 (108)
几种稠油黏度预测模型的对比分析

陈小平，许晶禹，郭军，张军 (114)
理想条件下影响海山后尾迹涡生成因素的数值研究

王淋淋，毛献忠 (119)
对称翼型力学模型的建立及水动力特性分析

赵道利，寇林，孙维鹏，罗兴锜，田鹏飞 (126)
非线性湍流模型在梢涡空化流场模拟上的应用

刘志辉，王本龙 (134)
近岛礁超大型浮体缓坡方程-格林函数耦合模型理论研究

丁军，吴有生，田超，李志伟 (140)
多孔介质中纳米颗粒吸附减阻法的水流滑移模型

顾春元，狄勤丰，蒋帆，庞东山，李国建，张景楠 (149)
径向射流空化非定常特性研究

张凌新，陈明，邹奥东，邵雪明 (157)
拓扑优化减晃的数值模拟研究

关晖，薛亦菲，吴锤结 (164)
侧壁齿坎窄缝消能工的流态及消能

姚莉，杨文利 (172)
射流间距对两孔射流稀释特性影响研究

肖洋，梁嘉斌，李志伟 (178)
润湿性微圆管中超纯水的流动特征

宋付权，田海燕 (185)
The numerical and experimental investigation of aerodynamic forces on a modified stay-cable

ZOU Lin，WANG Miao，LU Hong，XU Han-bin (192)
基于动量通量法的喷水推进船模自航试验研究

孙群，卫燕清，沈兴荣，吴永顺 (198)
数值研究液滴撞击粗糙壁面

丁航，穆恺 (205)
振动双翼的推进性能研究

徐文华，许国冬，唐伟鹏 (211)
浅水层流潜射流上升螺旋流型形成与演化数值模拟

陈科，陈云祥，王宏伟，尤云祥 (217)
基于 Sobol 序列的线型多目标优化研究

王艳霞，王杉，陈京普 (225)
平面等温对撞射流中分岔现象的研究

刘爽，王伯福，万振华，孙德军 (231)
Kelvin 源格林函数及其在水平线段上的积分计算

黄庆立，朱仁传，缪国平，范菊 (237)

计算流体力学

一种耦合线性-非线性特征的海面波浪数值造波方法

陈圣涛，钟兢军，孙鹏 (245)

恒定水深波流混合作用数值水槽模型

封星，吴宛青，张炎炎，张彬 (251)

A fourth Order Compact Scheme for Helmholtz Equations with a Piecewise Wave Number in the Polar Coordinates

SU Xiao-lu，FENG Xiu-fang (257)

平面二维水动力及污染物迁移扩散的数值模拟

许媛媛，张明亮，乔洋，张志峰，于丽敏 (269)

Numerical simulation of droplet impact on a thin liquid layer based on density-scaled balanced CSF model

YE Zhou-teng，YU Ching-hao，ZHAO Xi-zeng (277)

串列双方柱绕流问题的 CIP 方法模拟

张大可，赵西增，曹飞凤 (283)

物体入水的CIP方法数值模拟

方舟华，赵西增 (289)

强非线性波浪的数值模拟

张德贺，王佳东，何广华 (295)

激波与水-气界面相互作用的高精度数值模拟方法研究

田俊武 (301)

基于 OpenFOAM 大规模并行化计算方法研究

郑巢生 (307)

基于 MPS 方法模拟薄膜型液舱晃荡问题

杨亚强，唐振远，万德成 (318)

基于重叠网格法分析塔架对于风机气动性能的影响

程萍，万德成 (325)

不同长细比圆柱绕流的大涡模拟

端木玉，万德成 (331)

方型布置四圆柱绕流数值模拟研究

殷长山，高洋洋，王坤鹏，王洋 (340)

应用CFD技术优化无涡街尾流杆件外形

吴静萍，陶佳伟，张敏，肖继承 (352)

基于RANS的静态约束模试验数值模拟

冯松波，邹早建，邹璐 (362)

倾角来流条件下柔性圆柱结构涡激振动

徐万海，许晶禹，吴应湘，于鑫平 (368)

GPU 技术在 SPH 上的应用

李海州，唐振远，万德成 (374)

基于 SA-DDES 的三维圆柱绕流数值模拟

赵伟文，万德成 .... (382)

水动力学试验与测试技术

加装尾板单体复合船阻力与耐波性模型试验分析

孙树政，赵晓东，李积德 .... (388)

Experiment research on influence of biodegradability surfactant on gas-liquid two-phase spiral flow in horizontal pipe

DAI Yuan，RAO Yong-chao，WANG Shu-li，DAI Wen-jie，ZHENG Ya-xing ...... (394)

椭圆水翼梢涡空化初生尺度效应试验研究

曹彦涛，彭晓星，徐良浩，辛公正 .... (400)

稀性泥石流垂向流速特性试验研究

刘岩，王海周，陈华勇，胡凯衡，王协康 .... (406)

山区大比降支流入汇区域床沙分选及冲淤特征试验研究

王冰洁，王慧峰，王海周，刘兴年，王协康 .... (412)

熔喷气流场空间动力学行为的实验研究

杨颖，王鑫，马云驰，麻伟巍，曾咏春 .... (418)

可控变形边界槽道内流动的实验研究

王鑫，陈瑜，谢锡麟，麻伟巍 .... (428)

基于热线风速仪对熔喷变温度场的同步测量方法研究

王鑫，杨颖，马云驰，麻伟巍 .... (439)

同轴受限射流剪切层漩涡流动特性实验研究

龙新平，王晴晴，章君强，肖龙洲，季斌 .... (449)

折板竖井结构优化试验研究

王斌，邓家泉，何贞俊，王建平 .... (455)

海底管线局部冲刷的物理模型试验与数值分析

鲁友祥，李多，赵君宜，梁丙臣 .... (462)

Experimental investigation on relative motions of offloading arms during FLNG side-by-side offloading operation

XU Qiao-wei，HU Zhi-qiang .... (469)

一套推移质输沙率实时测量装置

尹则高，刘晓良，王延续，赵子龙，路海象 .... (482)

片空泡内部孔隙率和流速的实验测量

万初瑞，王本龙，刘桦 .... (487)

Experimental investigation on anti-seepage performance of geosynthetic clay liners with defects

LIUXing-xing，SHENGJin-chang，ZHOU Qing，ZHENG Zhong-wei， ZHAN Mei-li, LUO Yu-long .... (494)

基于移动网格和重叠网格技术的船舶纯横荡运动数值模拟

刘小健，王建华，万德成 .... (502)

刚性糙度单元对坡面水流阻力变化影响的试验研究

董晓，叶晨，刘岩，王协康 (509)

水平管内气液两相流诱导振动的实验研究

马晓旭，田茂诚，张冠敏，冷学礼 (516)

分层流体中内孤立波 Mach 相互作用的实验研究

王欣隆，魏岗，杜辉，谷梦梦，王彩霞 (523)

工业流体力学

热洗过程中油井井筒内热洗液温度分布的数值计算

张瑶，李婷婷，韩冬，崔海清 (529)

在内管做轴向往复运动的偏心环空中流动的幂律流体对内管的作用力

马珺喆，刘洪剑，高涛，孟宪军，崔海清 (536)

OLGA 在海底油气输送管线内蜡沉积预测中的应用

王凌霄，高永海，郭艳利，徐爽，向长生，孙宝江 (543)

基于试验设计的车身非光滑表面气动减阻研究

刘宇塾，胡兴军，刘飞，王靖宇，杨博，朱云云 (553)

"点头鸭"波浪能装置的水动力学特性及效率研究

程友良，赵洪嵩，雷朝，白留祥 (560)

路堤结构参数对货车侧风气动特性的影响研究

胡兴军，苗月兴，杜玮，王艳 (569)

承插式与圆弧式直角弯管的水力特性研究

弋鹏飞，张健，苗帝 (575)

几类典型的前置预旋导轮节能效果评估

郭峰山，黄振宇 (584)

深水气井关井期间井筒流动参数变化规律分析

郭艳利，孙宝江，高永海，赵欣欣，李庆超，张洪坤 (590)

沿流道参数化布置导叶及水动力特性分析

周斌，周剑 (597)

深水含水气井气液两相流传热特征及水合物生成区域预测

赵阳，王志远，孙宝江，王雪瑞，潘少伟 (606)

水驱砂岩油藏特高含水期开发动态预测方法

崔传智，徐建鹏 (616)

汽车除霜风道的优化设计

胡兴军，葛吉伟，苗月兴 (625)

高寒地区低温管道泄漏原因分析

刘硕，刘小川，邵伟光，刘天民，张健，许晶禹 (631)

新型高效旋流气浮污水处理技术研究和应用

魏丛达，张健，吴奇霖，许晶禹，吴应湘 (638)

车轮扰流板外形参数的 DOE 设计与低风阻优化

李冠群，胡兴军，廖磊，杨博 (644)

燃气喷射推进航行体出管内弹道 CFD 数值模拟研究

吴小翠，谷海涛，王一伟，黄晨光，胡志强 　　　　　　　　　　　　　　　　　(651)
超声波热量表内多场耦合的数值模拟

李冬，苑修乐，杜广生，石硕 　　　　　　　　　　　　　　　　　　　　　　　(657)
裂缝内超临界二氧化碳携带支撑剂两相流动数值模拟研究

王金堂，孙宝江，刘云，王志远 　　　　　　　　　　　　　　　　　　　　　　(663)
深水浅层钻井导管喷射送入工具排沙孔流场模拟分析

张宁，孙宝江，黄名召，李昊，闫国民 　　　　　　　　　　　　　　　　　　　(669)
页岩不稳定渗流特征分析

沙桐，刘会友，宋付权 　　　　　　　　　　　　　　　　　　　　　　　　　　(677)
基于 VOF 的接触角迟滞模型研究

黄海盟，陈效鹏 　　　　　　　　　　　　　　　　　　　　　　　　　　　　　(684)
两相流液相粒径对并联管路系统流体均布影响数值研究

徐梦娜，李利民，张存发，宋钦，张冠敏，田茂诚 　　　　　　　　　　　　　　(690)
分支管内阻力构件对并联配管系统两相流均布特性影响研究

李翔宇，陈慧，师艳平，宋钦钦，张冠敏，田茂诚 　　　　　　　　　　　　　　(697)
基于贝叶斯理论的雨水管网混接解析模型

尹海龙，张伦元，徐祖信 　　　　　　　　　　　　　　　　　　　　　　　　　(704)

船舶与海洋工程水动力学

Interaction of depression internal wave with submerged plate
WANG Chun-ling, WANG Ling-ling, TANG Hong-wu 　　　　　　　　　　　(710)
IMO瘫船稳性薄弱性衡准样船研究

曾柯，顾民，鲁江 　　　　　　　　　　　　　　　　　　　　　　　　　　　　(716)
仿生扭波推进系泊状态水动力数值计算

白亚强，翟树成，张军，丁恩宝 　　　　　　　　　　　　　　　　　　　　　　(722)
数值波浪水池在短波中船舶波浪增阻预报中的应用研究

闫岱峻，邱耿耀，吴乘胜 　　　　　　　　　　　　　　　　　　　　　　　　　(729)
Numerical and experimental simulation of wave loads on a fixed OWC wave energy convertor
NING De-Zhi, WANG Rong-Quan, TENG Bin 　　　　　　　　　　　　　　(736)
极端波对海上结构物的强非线性抨击

王佳东，何广华，张德贺 　　　　　　　　　　　　　　　　　　　　　　　　　(745)
基于Rankine源法的Wigley船兴波阻力计算

陈丽敏，何广华，张晓慧，张志刚，李嘉慧 　　　　　　　　　　　　　　　　　(751)
积冰对船舶稳性的影响

卜淑霞，储纪龙，鲁江，黄苗苗 　　　　　　　　　　　　　　　　　　　　　　(757)
船舶第二代完整稳性过度加速度薄弱性衡准研究

卜淑霞，顾民，鲁江 　　　　　　　　　　　　　　　　　　　　　　　　　　　(764)
骑浪/横甩薄弱性衡准方法影响因素分析

储纪龙，鲁江，吴乘胜，顾民 　　　　　　　　　　　　　　　　　　　　　　　(770)
基于重叠网格技术的潜艇应急上浮空间运动的数值模拟

廖欢欢，庞永杰，李宏伟，王庆云 (779)
对转式吊舱推进器回转状态水动力测量

周剑，陆林章，刘登成，翟树成，陈科 (785)
基于 CFD 仿真计算的仿生舵水动力研究

李锦林，刘金夫，袁野，王先洲 (791)
基于 ORCAFLEX 数值模拟锚链跌落过程

李芳，王浩，李廷秋 (797)
黏性自由表面船舶绕流问题的不确定性分析

林超，李廷秋 (805)
某半潜平台在浅水状态下的锚泊定位系统设计

王永恒，王磊，贺华成，徐胜文，张涛 (811)
FDPSO 多点系泊定位水动力性能数值计算研究

范依澄，陈刚，窦培林，薛洋洋 (821)
波浪中纯稳性丧失试验和数值研究

顾民，王田华，鲁江，兰波 (829)
瘫船稳性直接评估衡准计算方法研究

王田华，顾民，鲁江，曾柯，张进丰 (836)
动力定位船桨干扰与桨桨干扰

邱耿耀，王志鹏，闫岱峻 (842)
螺旋桨非定常空化流场大涡模拟的模型参数影响研究

余超，王一伟，黄晨光，于娴娴，杜特专，吴小翠 (850)
顶浪规则波中参数横摇数值方法研究（二）

鲁江，卜淑霞，王田华，顾民 (856)
自航模拟下的舵球变参数节能效果分析

陈雷强，黄树权 (865)
承船厢出入水过程水动力学特性数值模拟研究

张宏伟，吴一红，张蕊，张东 (871)
基于 DES 模型和重叠结构网格的螺旋桨流动特性数值预报

江伟健，陶铸，董振威，张瑞，张志国 (877)
10000TEU 集装箱船低航速下的球艏优化

王杉，魏锦芳，苏甲，陈京普 (883)
三维沙波地形驱动下的潜流交换模拟

陈孝兵 (889)
双球艏对 DTMB5415 航行性能影响研究

王辉，苏玉民，沈海龙，刘焕兴，尹德强 (895)
考虑流固耦合作用升船机塔柱结构风载体型系数研究

郭博文，赵兰浩 (903)
内波对水平及竖直圆柱型桩柱作用力的数值模拟

王寅，王玲玲，唐洪武 (910)
EEDI 背景下船舶最小装机功率跟踪研究

刁峰，周伟新，魏锦芳，陈京普，王杉 (917)

两层流中二维结构辐射特性的模拟研究

尚玉超，勾莹，赵海涛，滕斌 (923)

俯仰振荡水翼尾流转捩特性的数值模拟研究

孙丽平，邓见，邵雪明 (932)

半主动拍动翼海流能采集系统的惯性及阻尼影响研究

滕录葆，邓见，邵雪明 (939)

浅水浮式波浪能发电装置弹性系泊系统的数值研究

黄硕，游亚戈，盛松伟，张运秋 (946)

风与波浪联合作用下浮式风机系统的耦合动力分析

李鹏飞，程萍，万德成 (952)

基于 MPS 方法的孤立波与平板结构相互作用问题研究

张友林，唐振远，万德成 (962)

基于遗传算法与 NM 理论的船型优化

刘晓义，吴建威，赵敏，万德成 (970)

基于 MPS 方法模拟耦合激励下的液舱晃荡

易涵镇，杨亚强，唐振远，万德成 (977)

用重叠网格技术数值模拟船舶纯摇首运动

王建华，刘小健，万德成 (984)

船舶驶入构皮滩船闸过程水动力数值研究

孟庆杰，万德成 (991)

某型重力式海洋平台二阶波浪力分析

倪歆韵，程小明，田超 (1000)

Does ship energy saving device really work?

SUN hai-su (1007)

Suppress Sloshing Impact Loads with an Elastic Structure

LIAO Kang-ping，HU Chang-hong，MA Qing-wei (1014)

薄膜型 LNG 液舱新型浮式制荡板的数值模拟研究

于曰旻，范佘明，马宁，吴琼 (1020)

基于不同水深下的半潜式平台水动力性能分析

朱一鸣，王磊，张涛，徐胜文，贺华成 (1027)

FPSO 串靠外输作业系统时域多浮体耦合动力分析

王晨征，范菊，缪国平，朱仁传 (1035)

中高航速三体船阻力预报

蒋银，朱仁传，缪国平，范菊 (1043)

波浪中相邻浮体水动力时域分析的混合格林函数法

周文俊,唐恺,朱仁传,缪国平 (1050)

基于 DES 方法的 VLCC 实船阻力预报与流场分析

尹崇宏，吴建威，万德成 (1059)

螺旋桨吸气状态下水动力学性能数值模拟研究

姚志崇，张志荣 (1069)

风帆助推 VLCC 船数值模拟方法研究

司朝善，姚木林，李明政，郑文涛，潘子英 (1077)
一种桨前预旋节能装置的数值设计

张越峰，于海，王金宝，蔡跃进 (1085)
船模快速性试验的不稳定现象分析

冯毅，范佘明 (1093)
某超浅水船的阻力性能研究

詹杰民，陈宇，周泉，陈学彬 (1101)

海岸环境与地球物体流体力学

海南儋州海花岛水动力及海床冲淤影响数值模拟研究
左书华，张征，李蓓 (1109)

水交换防波堤特性试验研究
沈雨生，孙忠滨，周子骏，金震天 (1117)

黄、渤海近海海浪环境测量与分析
孙慧，孙树政，李积德 (1124)

天津大神堂海域人工鱼礁流场效应与稳定性的数值模拟研究
刘长根，杨春忠，李欣雨，刘嘉星 (1131)

不同含沙量情况下黏性泥沙的沉降规律
刘春嵘，杨闻宇 (1138)

天津港海域潮流特征模拟与分析
宋竑霖，匡翠萍，谢海澜，夏雨波 (1144)

相似路径台风的增水差异影响因子分析
江剑，牛小静 (1150)

长江口越浪量敏感因素分析与越浪公式对比
鲁博远，辛令芄，梁丙臣，刘连肖，马世进，金鑫 (1156)

海滩剖面演变的试验研究
屈智鹏，周在扬，刘馥齐，曹明子，苟可佳，梁丙臣 (1162)

复杂地形上异重流模拟研究：水卷吸和泥沙侵蚀经验公式对比分析
胡元园，胡鹏 (1169)

条子泥围垦工程对近海水动力影响的数值模拟研究
刘晓东，涂琦乐，华祖林，丁珏，周媛媛 (1177)

基于不同风场模型的台风风浪数值模拟
秦晓颖，史剑，蒋国荣 (1183)

基于差分方程与人工神经网络结合的长江口某水源水库藻类浓度预测
田文翀，李国平，张广前，廖振良，李怀正 (1193)

嵊泗围海工程波流泥沙数值模拟研究
季荣耀，陆永军，左利钦 (1199)

水利水电和河流动力学

珠江河口复杂动力过程复合模拟技术初探

何用，徐峰俊，余顺超　　　　　　　　　　　　　　　　　　　　　(1210)

钱塘江河口水质测试及时序预测分析

张火明，洪文渊，方贵盛，陈阳波，谢卓　　　　　　　　　　　　　(1218)

长距离供水工程空气罐水锤防护方案研究

张健，苗帝，黎东洲，蒋梦露，罗浩　　　　　　　　　　　　　　　(1228)

水动力条件下苦草对水环境中重金属的富集

耿楠，王沛芳，王超，祁凝　　　　　　　　　　　　　　　　　　　(1238)

Numerical simulation of dam-break flow using the sharp interface Cartesian
grid method

GAO Guan，YOU Jing-hao，HE Zhi-guo　　　　　　　　　　　　　(1247)

平原河网区调水引流优化方案研究

卢绪川，李一平，黄冬菁，王丽　　　　　　　　　　　　　　　　　(1255)

水泵水轮机旋转失速现象及其影响的数值模拟

张宇宁，李金伟，季斌，于纪幸　　　　　　　　　　　　　　　　　(1263)

磨刀门水道枯季不同径流量下的咸界运动规律研究

陈信颖，包芸　　　　　　　　　　　　　　　　　　　　　　　　　(1268)

工作水头对泄洪洞竖曲线段水力特性的影响初探

张法星，殷亮，朱雅琴，邓军，田忠　　　　　　　　　　　　　　　(1274)

地下河管道水头损失特征及成因探讨

易连兴，王喆，卢海平，赵良杰　　　　　　　　　　　　　　　　　(1283)

复杂心滩通航河段不同角度碛首坝对航道条件的影响研究

刘海婷，付旭辉，宋丹丹，龚明正，刘夏忆　　　　　　　　　　　　(1289)

引航道与泄洪河道交汇区安全通航条件研究

吴腾，秦杰，丁坚　　　　　　　　　　　　　　　　　　　　　　　(1298)

管流与明渠层流的总流机械能方程及机械能损失计算

薛娇，刘士和　　　　　　　　　　　　　　　　　　　　　　　　　(1304)

Study on migration model of fine particles in base soil under the seepage force based on pore
network analysis

ZHANMei-li，WEI Yuan，HUANGQing-fu，SHENG Jin-chang　　　(1312)

复杂床面上的紊流结构

何立群，陈孝兵　　　　　　　　　　　　　　　　　　　　　　　　(1321)

主槽边坡角对梯形复式明渠水流特性的影响研究

肖洋，王乃茹，张九鼎，吕升奇　　　　　　　　　　　　　　　　　(1327)

泥沙特性对 45 号钢的空蚀磨损破坏影响研究

缑文娟，练继建，王斌，吴振　　　　　　　　　　　　　　　　　　(1334)

新型旋流环形堰竖井泄洪洞自调流机理和特性研究

郭新蕾，夏庆福，付辉，杨开林，董兴林　　　　　　　　　　　　　(1340)

鄱阳湖及五河尾间二维水动力数学模型的建立与验证

史常乐　　　　　　　　　　　　　　　　　　　　　　　　　　　　(1349)

八卦洲右汉潜坝对改善左汉分流比效果研究

陈陆平，肖洋，张汶海，李志海　　　　　　　　　　　　　　　　　(1356)

Influence of the emergent vegetation's state on flow resistance
WULong-hua，YANG Xiao-li　　　　　　　　　　　　　　　　　　　　　(1363)

顺直河宽变化对水流运动影响的试验研究
王慧锋，董晓，钟娅，王协康　　　　　　　　　　　　　　　　　　　　(1373)

弧形短导墙对船闸引航道水流结构影响研究
杨校礼，李昱，孙永明，吴龙华，方文超　　　　　　　　　　　　　　　(1378)

抽水蓄能电站库区水动力三维数值模拟
刘肖，陈青生，董壮　　　　　　　　　　　　　　　　　　　　　　　　(1385)

流域生态健康预测分析模型——以信江流域生态健康预测为例
徐昕，陈青生，董壮，周磊，丁一民　　　　　　　　　　　　　　　　　(1393)

Interaction of depression internal wave with submerged plate

WANG Chun-ling [1], WANG Ling-ling [1, 2], TANG Hong-wu [1, 2]

[1] The College of water Conservancy and Hydropower Engineering, Hohai University, Nanjing, China Email: chunlingwang@sina.cn

[2] State Key Laboratory of Hydrology-Water Resources and Hydraulic Engineering, Hohai University, Nanjing, China, Email: wanglingling@hhu.edu.cn

Abstract: It is well known that internal wave is the fluctuation of interface in a stratified fluid. Internal wave encounter with obstacle caused complex hydrodynamics and energy dissipation. The turbulence caused by energy dissipation broken up the stratification and improved the water environment. In order to investigate the process of wave-obstacle interaction, the coherence model was employed to simulate the process of wave-obstacle interaction. The influence of obstacle's height was revealed and the wave energy losing also be discussed in the present study.

Key words: internal waves; submarine plate; wave-obstacle interaction; simulation

1 Introduction

Internal wave, the fluctuation of interface, exists widely in a stratified fluid. The stratification is due to different temperature, salinity or other reasons. Internal waves play a significant role in oceans and deep lakes. In ocean, internal waves generally have large amplitude and may generate powerful shear to destroy undersea equipment and threaten a submarine, such as the disaster of USA "sharks" nuclear submarine. It is well known that fluid stratification is harmful in lakes. The turbulence generated from internal wave can make stratified fluid mixing and improve the water environment.

In natural environment, internal waves (ISWs) interact with submarine slope and bottom topography in variable forms such as rigid, sill, shelf and basin. Many field observations have indicated that turbulence caused by ISWs interacts with topography, which accelerates the water vertical mixing in the coastal oceans (i.e. [1,3,5]). Because turbulence diffusion has a very important effect on hydrodynamics, many researchers are focusing on describing the characters of ISWs on variable topography [1].

Interaction between internal wave and triangular obstacle were studied in Chen's [3, 4]

experiments, the results show that the overall performance is depending on the relative height of the obstacle, ratio of upper layer and bottom layer thickness. ISWs propagate over trapezoidal topography were observed in experiment of Ming-Huang Cheng [7], who considered waveform inverse occurred as the crest-to-trough ratio at a specific location changed from much small than unity at the incident stage to greater than unity on the plateau, where the upper layer is thicker than the bottom one. ISW interaction with step topography was studied by Tatiana Talipova et al. [8], who supposed that wave energy dissipation close to the height of step and the maximum dissipation rate is about 50%. Barad and Fringer [2] use DNS methods to study ISWs, density intrusion caused by ISW interaction with sloping topography.

Many studies were usually chosen triangle or trapezoidal topography as obstacles. However, the obstacle can be seen as a plate while its thickness is considerable smaller than wavelength. In this paper, different height plates were employed to interact with ISWs. The detailed process of wave-obstacle interaction has been depicted. Wave amplitude damping and energy losing also be discussed.

2 Problem Setup and Computational Approach

A series of ISWs were generated in a numerical wave tank. The numerical wave flume 12m long with a rectangular cross-section (0.5m×0.4m) in width and height was used in this numerical experiments as seen in Fig.1. In which, the upper layer thickness is h1, bottom layer thickness is h2 and h0 is step-depth. The plate is located at x=6m. "Step Method", which was extensively used in many experiments [4,7], was applied to generate ISWs.

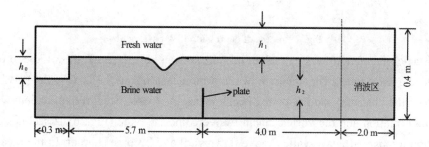

Fig.1 Sketch of computational domain and ISW generation method

The Large Eddy Simulation (LES) method is applied to simulate wave-obstacle interaction in present study. The details of coherence model see [6]. All boundary conditions were set close to the real experiments.

3 Results and discussion

3.1 Processes of IWs with plate

While the lower layer depth is larger than the upper layer in a stratified water body, only depression type IWs are found. This section examines the interaction of depression type wave with plate. An important parameter describing the wave-obstacle encounter is the blocking parameter. In the present study, we have chosen k_{in} to quantify the degree of ISW blocking due to its easy-calculation and it takes ISW amplitude in count.

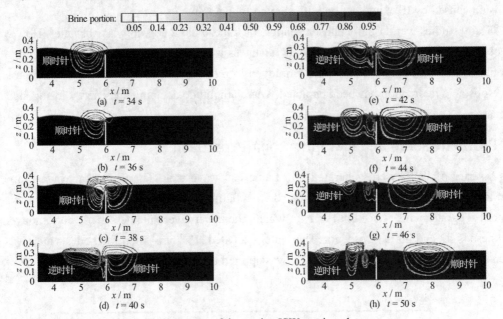

Fig. 2 Process of depression ISW passing plate

Wave-obstacle interaction was revealed in this section. Fig.2 (a-h) shows the processes of wave-obstacle encounter. The incident waveform measured at t=30s (Fig.2a, ISW does not interact with the obstacle) and the vortex is clockwise. At t=36s, front of the incident wave began to show deformation and the vortex began to overcome the plate (Fig.2b). 2 seconds later, ISW deformation intensified, wave-valley move downward and become sharper. In the meantime, the vortex is divided into two parts: the left one and the right one, and the whole vortex is also kept clockwise (Fig.2c). At t=40s, the sharp wave-valley moves upward and cuts the vortex into two separate parts. The vortex on the left of the plate changes gradually from clockwise to anti-clockwise. From t=42s to t=46s, incident wave gradually overcomes the plate and the transmitted and reflected waves were observed at t=46s, as seen in Fig.2g. Besides, a series of irregular vortexes were generated on the left of the obstacle in the process of interaction.

3.2 Characteristic of wave-obstacle interaction

Wave-obstacle interaction is composed of three parts: transmission, reflection, losing (include transformation and dissipation). Fig.3 shows the changing of the reflected wave amplitude and transmitted wave amplitude, while k_{in} is a variable. From the figure, we know that in the range of k_{in}= (0.36 ~ 2.17), reflected wave amplitude increased and the transmitted one decreased. Transmitted wave amplitude is quite small that can be ignored while k_{in}=2.17.

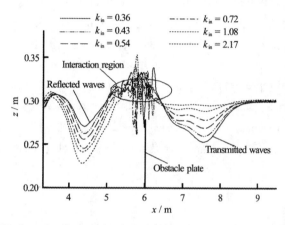

Fig. 3 Reflected and transmitted ISWs with different blocking parameters

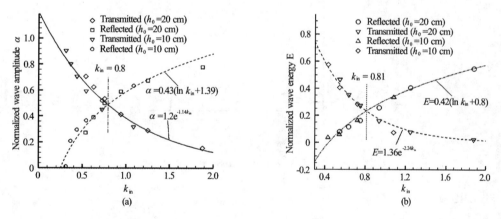

Fig. 4 Amplitude damping and wave energy losing

Wave blocking parameter k_{in} is a quantity to describe wave-obstacle interaction degree. The relationship between k_{in} and wave amplitude as well as wave energy was displayed in Fig.4. In which, α is normalized wave amplitude and E is normalized wave energy. The calculation of wave energy can be found in reference [9]. From the figure, we found that transmitted wave amplitude and wave energy obey exponentially collapse with k_{in}. Reflected wave amplitude and energy follow logarithmic law with k_{in}. At approximately k_{in}=0.8, reflected wave amplitude (and energy) equal to transmitted wave amplitude (and energy). That is means reflection and transmission have the equal weight while k_{in}=0.8.

It is well know that wave amplitude damping due to the loss of wave energy. Different k_{in} caused the losing of energy is different. In this part, the relationship between lost energy and blocking parameter will be revealed. We define the wave energy losing as $E_{loss} = E_{in} - E_{re} - E_{tr}$ in which, E_{loss} is the wave energy losing, E_{in} is incident wave energy, E_{re} is the reflected wave energy and E_{tr} is the transmitted wave energy. The calculation of wave energy can be found in ref. [7]. Fig.5 shows the energy losing and the blocking parameters. The wave energy is normalized with incident wave energy. It is clear that wave energy losing follows a polynomial law with blocking parameter and the relationship can be expressed as: $\beta = a_0\alpha^2 + a_1\alpha + a_2$ (see Fig.5b) in which α and β represent $e^{-k_{in}}$ and energy losing rate E_d / E_{in} respectively, parameters a_0, a_1 and a_2 are constants with values -2.97, 2.31 and 0.141 respectively. The energy losing rate increases with $e^{-k_{in}}$ and reaches its maximum value (about 58%-60%) at $e^{-k_{in}} \approx 0.4$ and then decreases (seen in Fig.5b). This means that there exists an obstacle height, which dissipates energy most efficiently.

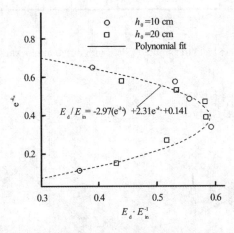

Fig. 5 Wave energy dissipation with k_{in}

4 Conclusion

It is studied ISWs interact with vertical plate obstacle which differs from that with triangle and trapezoid topographies. The conclusions of our research are as follows:

Depression ISWs interact with submerged plate obstacle can be divided into the following 4 stages: (i) Waveform deformation. (ii) Interface crash down along the plate. (iii) Interface upward movement and the vortex cutting off. (iv) Reflected wave and transmitted wave gradually generated. For reflected wave, wave energy and amplitude follow an exponential law with parameter k_{in}. For transmitted wave, wave amplitude and energy obeys exponential attenuation rule with k_{in}. With the growth of obstacle height, wave energy dissipation increases first then decreases. The maximum energy dissipation occurs around. An empirical formula for calculating wave energy is proposed. The formula shows that wave energy dissipation follows the second-order polynomial law with and the three coefficients are respectively -2.97, 2.31 and 0.141 in present study.

Acknowledgement

This work was supported by the National Natural Science Foundation of China (Grant No. 51179058, 51479058, and 51309085), the State Key Program of the National Natural Science of China (Grant No. 51239003), the 111 Project (grant no. B12032), the Fundamental Research Funds for the Central Universities (2014B36114) and the Innovation Project of the Scientific Research for College Graduates of Jiangsu Province (KYLX_0467).

References

1   Bourgault D. and Kelley D.E. Wave-induced boundary mixing in a partially mixed estuary. J. Mar Res., 2003, 61: 553–576

2   Barad M.F. and Fringer O.B. Simulation of shear instabilities in interfacial gravity waves. J. Fluid Mech., 2010, 644: 61-95

3   Chen-Yuan C., John R.C.H., Ming-Huang C. and Cheng-Wu C. Experiments on mixing and dissipation in internal solitary waves over two triangular obstacles. J. Environ Fluid Mech., 2008, 8: 199-214

4   Chen-Yuan C. An experimental study of stratified mixing caused by internal solitary waves in a two-layered fluid system over variable seabed topography. J. Ocean Engineering, 2007, 34: 1995-2008

5   Igor K., Dmitry R., Alexei Z. and Bertrand C. SAR observing large-scale nonlinear internal waves in the White sea. J. Remote Sensing of Environment. 2014, 147: 99-107

6   Jun L., Lingling W., Hai Z. and Huichao D. Large eddy simulation of water flow over series of dunes, J. Water Science and Engineering. 2011, 4(4): 421-430

7   Ming-Huang C. and John R.C.H. Laboratory experiments on depression interfacial solitary waves over a trapezoidal obstacle with horizontal plateau. J. Ocean Engineering, 2010, 37: 800-818

8   Tatiana T., Katherina T., Vladimir M., Igor R., Kyung T.J., Efim P. and Roger G. Internal solitary wave transformation over a bottom step: Loss of energy. J. Physics of fluids, 2013, 25: 032110

9   Wessels F. and Hutter K. Interaction of internal waves with a topographic sill in a two-layered fluid. J. Physical Oceanography, 1996, 26: 5-20.

IMO 瘫船稳性薄弱性衡准样船研究

曾柯，顾民，鲁江

(中国船舶科学研究中心, 无锡, 214082, Email: cssrc702zk@163.com)

摘要：目前国际海事组织（IMO）第二代完整稳性衡准工作组正在制定瘫船稳性薄弱性衡准。根据 2014 年 IMO 船舶设计建造分委会（SDC）第一次会议草案提出的方法，首先介绍了瘫船稳性第二层薄弱性衡准方法。其次进行了 15 艘样船的计算，样船包括集装箱船、散货船、渔船等。通过不同载况下的样船计算分析了瘫船稳性第二层薄弱性衡准结果，并对影响薄弱性衡准值的关键参数进行了敏感性分析。最后根据计算结果对瘫船稳性第二层薄弱性衡准标准值的制定提出了修改建议。

关键词：瘫船稳性；薄弱性衡准；样船计算；倾覆概率

1 引言

国际海事组织（IMO）正在制定第二代完整稳性，包含了 5 种稳性失效模式，瘫船稳性是其中之一。针对瘫船稳性第二层的衡准只是提出了衡准方法，对于衡准方法还有一些参量的具体计算方法没有确定，国际上也没有提出明确的衡准标准值[1]，在 SDC2 会议上将具体衡准值的制定推迟到 2016 年[2]。本研究根据意大利提出的统计线性化方法作为第二层衡准样船计算的标准方法[3]。对样船的计算，一方面是为了验证衡准方法的准确性和合适性；另一方面，进行样船的计算也是今后衡准标准或衡准值制定的必要手段，只有通过大量的样船计算和分析，才能找到符合工程实际的衡准方案。

本研究选取了 15 艘样船进行衡准计算，根据样船计算结果，初步给出了衡准标准制定的参考意见和衡准标准值建议取值。

2 瘫船稳性第二层衡准数学模型

瘫船稳性薄弱性衡准第二层样船计算，假定受到随机的横风横浪联合作用，运动方程采用单自由度非线性横摇运动方程。船舶倾覆符合泊松分布概率模型[4]，利用利用北大西洋波浪分布图，根据意大利统计线性法计算不同海况下短期倾覆概率[5]，取权重平均后进行长期概率评估，相关计算公式如下：

$$CI_{ave}(T_{\exp}) = \sum_{H_{1/3}} \sum_{T_m} \left(C_S \left(T_{\exp} \middle| H_{1/3}, T_m, V_m \right) \bullet W_2 \left(H_{1/3}, T_m \right) \right) \tag{1}$$

式中，W_2 是对应特定有义波高 $H_{1/3}$ 和波浪特征周期 T_m 在北大西洋海区的权重因子，C_S 为给定海况下统计线性法计算的短期稳性失效概率[6]。表1给出了北大西洋波浪分布图。

表1 北大西洋(North Atlantic)波浪分布

North Atlantic			波浪特征周期[s]																
Zero-crossing Tz[s]		1.5	2.5	3.5	4.5	5.5	6.5	7.5	8.5	9.5	10.5	11.5	12.5	13.5	14.5	15.5	16.5	17.5	18.5	SUM:
Modal Tm[s]		2.11	3.52	4.93	6.33	7.74	9.15	10.56	11.97	13.37	14.78	16.19	17.6	19	20.41	21.82	23.23	24.64	26.04	
	0.5	0.0	0.0	1.3	133.7	865.6	1186.0	634.2	186.3	36.9	5.6	0.7	0.1	0.0	0.0	0.0	0.0	0.0	0.0	3050.4
	1.5	0.0	0.0	0.0	29.3	986.0	4976.0	7738.0	5569.7	2375.7	703.5	160.7	30.5	5.1	0.8	0.1	0.0	0.0	0.0	22575.4
	2.5	0.0	0.0	0.0	2.2	197.5	2158.8	6230.0	7449.5	4860.4	2066.0	644.5	160.2	33.7	6.3	1.1	0.2	0.0	0.0	23810.4
	3.5	0.0	0.0	0.0	0.2	34.9	695.5	3226.5	5675.0	5099.1	2838.0	1114.1	337.7	84.3	18.2	3.5	0.6	0.1	0.0	19127.7
有义波高 Hs	4.5	0.0	0.0	0.0	0.0	6.0	196.1	1354.3	3288.5	3857.5	2685.5	1275.2	455.1	130.9	31.9	6.9	1.3	0.2	0.0	13289.4
	5.5	0.0	0.0	0.0	0.0	1.0	51.0	498.4	1602.9	2372.7	2008.3	1126.0	463.6	150.9	41.0	9.7	2.1	0.4	0.1	8328.1
	6.5	0.0	0.0	0.0	0.0	0.2	12.6	167.0	690.3	1257.9	1268.6	825.9	386.8	140.8	42.2	10.9	2.5	0.5	0.1	4806.3
	7.5	0.0	0.0	0.0	0.0	0.0	3.0	52.1	270.1	594.4	703.2	524.9	276.7	111.7	36.7	10.2	2.5	0.6	0.1	2586.2
	8.5	0.0	0.0	0.0	0.0	0.0	0.7	15.4	97.9	255.9	350.6	296.9	174.6	77.6	27.7	8.4	2.2	0.5	0.1	1308.5
	9.5	0.0	0.0	0.0	0.0	0.0	0.2	4.3	33.2	101.9	159.9	152.2	99.2	48.3	18.7	6.1	1.7	0.4	0.1	626.2
	10.5	0.0	0.0	0.0	0.0	0.0	0.0	1.2	10.7	37.9	67.5	71.7	51.5	27.3	11.4	4.0	1.2	0.3	0.1	284.8
	11.5	0.0	0.0	0.0	0.0	0.0	0.0	0.3	3.3	13.3	26.6	31.4	24.7	14.2	6.4	2.4	0.7	0.2	0.1	123.6
	12.5	0.0	0.0	0.0	0.0	0.0	0.0	0.1	1.0	4.4	9.9	12.8	11.0	6.8	3.3	1.3	0.4	0.1	0.0	51.1
	13.5	0.0	0.0	0.0	0.0	0.0	0.0	0.0	0.3	1.4	3.5	5.0	4.6	3.1	1.6	0.7	0.2	0.1	0.0	20.5
	14.5	0.0	0.0	0.0	0.0	0.0	0.0	0.0	0.1	0.4	1.2	1.8	1.8	1.3	0.7	0.3	0.1	0.0	0.0	7.7
	15.5	0.0	0.0	0.0	0.0	0.0	0.0	0.0	0.0	0.1	0.4	0.6	0.7	0.5	0.3	0.1	0.1	0.0	0.0	2.8
	16.5	0.0	0.0	0.0	0.0	0.0	0.0	0.0	0.0	0.1	0.2	0.2	0.2	0.1	0.1	0.0	0.0	0.0	0.0	0.9
	SUM:	0	0	1.3	165.4	2091.2	9279.9	19921.8	24878.8	20869.9	12898.4	6244.6	2479	836.7	247.3	65.8	15.8	3.4	0.7	100000

经过回归数据分析表明，有义波高 $H_{1/3}$、波浪特征周期 T_m 和风速 V_m 有如下确定性的关系：

$$\left. \begin{aligned} H_{1/3} &= 0.06717 \bullet V_m^{1.5} \\ T_m &= 1.286 \bullet V_m^{0.75} \end{aligned} \right\} \Rightarrow H_{1/3} = (0.2015 \bullet T_m)^2 \tag{2}$$

不同风速 V_m 下，根据式(2)，有义波高 $H_{1/3}$、波浪特征周期 T_m 的值如图1所示：

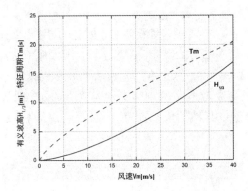

图1 不同风速下，有义波高和波浪特征周期变化

3 样船计算及分析

3.1 样船计算参数

选取了多种船型进行样船计算,以便从中找到规律,为瘫船稳性的衡准值制定提供参考。本文选取了 15 艘样船,其中一艘标模,4 艘滚装船,2 艘客滚船,6 艘集装箱船,2 艘散货船。主要设计参数分布如图 2 所示,其中船长超过 200m 的船占总船数的 20%,大部分集中在 200m 以内。方形系数 Cb 主要集中在 0.55~0.75 之间。计算的样船涉及了 27 种载况,其中有 6 种设计装载状态(DD)、13 种满载状态(FL)和 8 种轻载状态(LL)。图中给出了不同载况下船舶的设计 GM 及满足 2008 IS Code 的最小 GM(GM_min)(从左至右依次对应附表中船型,不包括标准船模),从图中可以看出各种载况下的设计 GM 主要在 1.5~2.5m 之间,所有船舶都能满足第一层衡准的要求,设计 GM 都大于 GM_min。

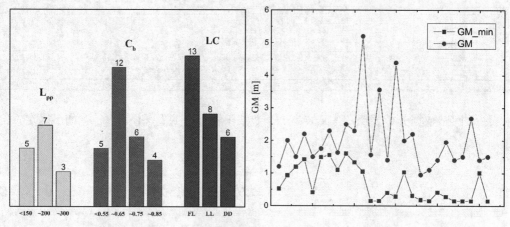

图 2 样船设计参数概况

3.2 样船薄弱性计算结果

将所有的样船按照前面第二层薄弱性衡准的方法,分别计算在不同装载状态下,设计 GM 及满足 2008 IS Code 最小 GM(GM_min)处的平均倾覆概率 CI_{ave},倾覆概率计算时间取 1h,相关计算结果如图 3 和图 4 所示。IMO 草案中,意大利根据最小 GM 处算得的平均倾覆概率结果,建议取临界平均倾覆概率值为 10^{-3}。从图 4 的样船计算结果可以看出,除了 RO-Pax1 的结果大于临界值,其他的值都在临界值以下,样船计算的通过率为 93.33%。

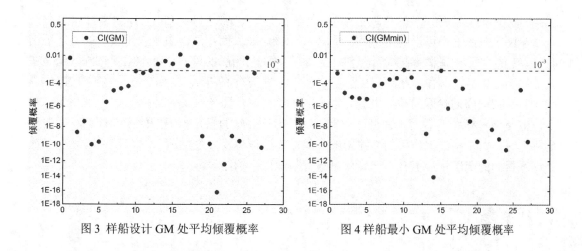

图3 样船设计 GM 处平均倾覆概率　　　　图4 样船最小 GM 处平均倾覆概率

但是从图3中可以看出，如果以 10^{-3} 为衡准标准值，那么设计 GM 处样船的平均倾覆概率通过率仅为 46.67%，container ship1、container ship2 和 container ship3 的满载及压载，BULK1 的设计装载都不能通过第二层的衡准。对于标模 CEHIPAR2792，由于该船型是为了研究所用，其设计 GM 是不满足第一层薄弱性衡准的，从计算结果中也可以看出其不满足第二层薄弱性衡准。考虑到样船第二层薄弱性衡准的计算结果以及瘫船稳性第一层衡准中基于气象衡准计算的最小 GM 值本身就很保守，取 10^{-3} 作为衡准值可能过于保守，为了提高样船的通过率到 90% 以上，建议取临界平均倾覆概率至少为 0.05。

3.3 敏感性分析

为了分析船型参数以及第一层衡准结果对第二层衡准中平均倾覆概率计算的影响，分别考虑横摇固有周期 T_0 以及第一层衡准中对应 GM 处的 b/a，相关计算结果如下所示。

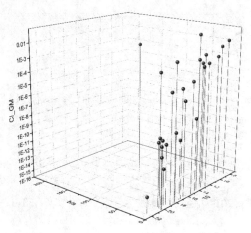
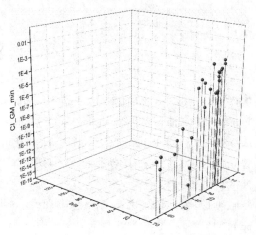

图5 设计 GM 处 b/a 及 T_0 对倾覆概率影响　　　图6 最小 GM 处 b/a 及 T_0 对倾覆概率影响

从图 5 及图 6 中可以看出，横摇周期 T_0 越接近北大西洋波浪表中权重较大的周期范围时，船舶的平均倾覆概率越大。虽然 b/a 越大，说明船舶的第一层衡准结果越好，但是在第二层衡准中其对倾覆概率结果的影响远不如横摇固有周期 T_0 敏感，图 5 中可以看到 b/a 很大时，共振周期附近的载况也会有很高的倾覆概率，图 6 中在周期很大时，虽然 b/a 很小，但是倾覆概率也不大。这也进一步说明了静稳性好的船，当船舶的横摇周期与波浪周期接近时，由于与波浪作用的共振影响，船舶还是很容易发生倾覆。这证明了以最小 GM 处计算得到的衡准标准值并不一定就是最危险最保守的结果。

4 结论

基于 IMO 目前初步提出的衡准方案，选取 15 艘不同装载状态的样船进行计算分析，主要结论有：

（1）通过设计 GM 和最小 GM 处平均倾覆概率的计算和分析，发现瘫船稳性第二层薄弱性衡准的衡准值取 10^{-3} 过于保守，基于目前研究成果，建议衡准值取值至少为 0.05。

（2）通过横摇固有周期 T0 以及满足第一层薄弱性衡准的最小 GM 处的 b/a 对平均倾覆概率的敏感性分析，发现具有较好静稳性的船舶，其在波浪中的稳性不一定就好，即在考虑实际风浪条件下也会发生较大的倾覆概率。倾覆概率的大小关键在于选取合适的横摇周期，影响横摇周期的 GM 等参数在船舶设计过程要重点考虑。

（3）研究了瘫船稳性薄弱性衡准，对瘫船稳性第二层薄弱性衡准进行了样船计算，并给出了建议衡准值，本文的研究为瘫船稳性薄弱性衡准在工程上的应用提供了重要的参考依据。

参 考 文 献

1 IMO SDC 1/INF, 8, ANNEX 16. Proposed amendments to part b of the 2008 is code to assess the Vulnerability of ships to the dead ship stability failure mode [C]. Italy and Japan, 2014.

2 IMO SDC 2/WP, 4. Report of the working group (Part 1) [C]. Working Group, 2015.

3 曾柯,顾民,鲁江,王田华. IMO 瘫船稳性倾覆概率计算方法研究[C]. 2014 年全国船舶稳性学术研讨会. 2014. pp. 130 – 137.

4 马坤,刘飞,李楷. 瘫船稳性薄弱性评估样船计算分析[C]. 2014 年全国船舶稳性学术研讨会文集. 2014. pp.147-153.

5   Bulian, G. and Francescutto, A. A Simplified Modular Approach for the Prediction of the Roll Motion Due to the Combined Action of Wind and Waves.[J]Journal of Engineering for the Maritime Environment, Vol. 218 , 2004.pp. 189 – 212.

6   曾柯,顾民,鲁江,王田华. IMO 瘫船稳性第二层薄弱性衡准研究[C].第十三届全国水动力学学术会议,2014. pp.1152-1158.

The study on sample calculation of vulnerability criteria under dead ship condition

ZENG Ke, GU Min, LU Jiang

(China Ship Scientific Research Center, Wuxi, 214082. Email: cssrc702zk@163.com)

Abstract：The vulnerability criteria on stability under dead ship condition are under development by the International Maritime Organization (IMO) in the second intact stability criteria. Firstly, according to the draft outlined in the IMO SDC1 conference, the paper describes the method of Level 2 vulnerability criteria of dead ship. Secondly, the study for sample calculation is given by using 15 different ships, including container ship, bulk and fish vessel. The coherence between Level 1 and Level 2 criteria is analyzed, some vital parameters is researched by sensitivity analysis. Finally, the modification is provided for standard value of vulnerability criteria.

Key words：Stability under dead ship condition; vulnerability criteria; sample calculation; Capsize probability

仿生扭波推进系泊状态水动力数值计算[*]

白亚强[1,2]，翟树成[1,2]，张　军[1,2]，丁恩宝[1,2]

（1. 中国船舶科学研究中心 船舶振动噪声重点实验室，无锡 214082；

2. 江苏省绿色船舶技术重点实验室，无锡 214082，Email: zhangjuncssrc@163.com）

摘要： 经过自然进化的鱼类游动方式具有高效、低噪的特点，为人类研究开发新的水下推进方式提供了灵感。本文的仿生研究对象"尼罗河魔鬼"鱼采用长背鳍扭波推进，巡游时身体主体一般保持为直线，推进效率较高，机动灵活。针对其鳍面大摆幅扭波运动问题，采用弹性光顺法和局部网格重划法的动网格技术，最大计算摆角高达±85°，对长鳍扭波推进在系泊状态下水动力进行了研究，并与试验结果进行了比较验证。数值分析了鳍面压力分布及其随相位的变化，以及与推力产生的关联，并分析了长鳍扭波推力随扭波频率的变化，研究表明，系泊状态下，推力系数不随频率而改变。

关键词： 仿生推进；扭波推进；柔性长鳍；数值计算

1 引言

水中生物运动时采用射流反冲推进、波状摆动推进和纤毛推进等方式推动生物体前进，具有高效、低噪的特点。根据研究，鱼类波状摆动推进的效率可达到86%[1-3]，大大高于目前通常采用的螺旋桨推进方式。同时尾迹小是这种推进方式的另一个特点。因此，仿生推进是目前推进器研究较为关注的一个方向。

目前国内外已有不少研究人员进行了扭波鳍推进构型及推进机理方面的研究。2003年，美国西北大学的 MacIver 等仿裸背鳗科鱼"黑魔鬼"的长臀鳍扭波推进，设计出用于水下自主航行器的带状鳍推进器，并于 2005 年成功研制了电机驱动的仿生波动鳍原型系统[4]。2010年 Rahman 等开展了双波动鳍周围流动细节的数值计算，研究了推力产生的机理[5-6]，2013年 Rahman 等通过自航试验和准定常数值模拟方法，研究了仿墨鱼水下机器鱼双鳍推进系统的制动性能，并与自航试验结果进行了比较[7]。

国内，不少学者开展了尾鳍、胸鳍摆动仿生推进技术的研究，包括数值计算与实验研究，并取得了可喜进展[8-10]，但开展长背鳍扭波推进技术研究的则较少。

[*]基金项目：国家自然科学基金（51379193）和江苏省自然科学基金（BK2012536）.

尼罗河魔鬼鱼（Gymnarchus Niloticus Fish, GNF 如图1）的游动特点主要有：推进效率较高，机动灵活，一般巡游时身体主体保持为直线，仅采用长背鳍扭波推进。大量观测发现，GNF 鳍条的摆动幅度通常在±60°至±90°。王光明等开展了长背鳍扭波推进的理论分析和试验研究[11]，鳍条最大摆幅为30°。蒋小勤等人以"尼罗河魔鬼"鱼的柔性长背鳍扭波推进模式为研究对象，开展了行波推进仿生机器鱼的推力与侧向力试验研究[12]。

本文以尼罗河魔鬼鱼为仿生研究对象，对其长背鳍的大摆幅扭转行波（简称扭波）推进方式在系泊状态下的流场和水动力进行了数值计算研究，鳍条最大摆幅达到85°，并与试验结果[12]进行了比较。

2 长鳍扭波推进水动力数值模拟

2.1 运动方程

图 1 尼罗河魔鬼鱼（GNF）

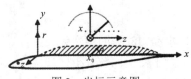

图 2 坐标示意图

尼罗河魔鬼鱼（GNF）在游动时背鳍充分展开，鳍条的摆动规律将直接影响动态鳍面方程，GNF 的鳍面波动是典型的扭转行波运动。本文中仿生鱼鳍运动时取基频简谐波近似，每根鳍条都以 ox 轴为转轴作正弦摆动：

$$\varphi = \varphi_m \sin\left(\omega t - \varphi_0\right) = \varphi_m \sin\left(\omega t - kx_0\right) \tag{1}$$

其中 φ_m 是鳍条摆动的幅角，ω 是扭转行波的角频率，$\mathbf{k} = 2\pi / \lambda$ 是波数，λ 是波长。$\mathbf{x_0}$ 处鳍条初相位 $\boldsymbol{\varphi_0} = -\mathbf{k}\mathbf{x_0}$，沿 ox 方向逐渐滞后，波速 $c = \omega / k$。选择 φ_m，ω，k 的值，可模仿 GNF 的各种背鳍扭转行波模式，实现波长、波幅与频率的任意可调。

2.2 鳍面大幅变形（扭波）运动流场模拟的动网格技术

尼罗河魔鬼鱼（GNF）在游动时背鳍扭转角度很大，且随时间（相位）周期性变化。在本文中，数值计算与试验仿真的扭转角度最大高达±85⁰，在数值仿真工作中应用动网格技术来适应鳍面大幅度变形产生的动态流场。网格的更新过程根据每个迭代步中边界的变化情况自动完成。

图 3 鳍面三维构型

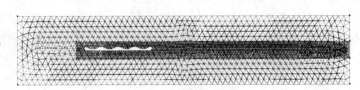

图 4 长鳍大幅摆动扭波推进流场求解网格

本文在动网格技术中主要采用了弹性光顺模型（spring-based smoothing）和局部网格重划模型（local remeshing）。在弹性光顺模型中，网格的边被理想化为节点间相互连接的弹簧，当边界运动后在新的位置上平衡时，各网格结点处受到的合力应等于零，这样边界结点位置更新后，就可以计算出各网格结点的位移。扭波鳍在运动过程中运动幅度较大，鳍面周围的网格畸变严重，本文在数值模拟的过程中通过不断的调整，选择合适的弹簧偏强系数，能够快速的将扭波鳍周围的网格变形量传递出去，避免扭波鳍周围网格变形较大，从而能够保证扭波鳍周围的网格质量。此外，由于鳍面扭波运动是大幅度变形，鳍面边界的位移可能远远大于网格尺寸，只采用弹簧光顺模型会导致网格质量严重下降，甚至会出现负体积网格，或因网格畸变过大导致计算不收敛。采用局部网格重划技术可以较好地控制网格的生成质量，避免产生畸变率过大或负体积网格。

3 长鳍扭波推进水动力数值模拟结果分析

3.1 水动力的瞬时值变化

为了便于比较分析，现定义长鳍扭波推进的推力系数为：

$$K_T = T / \left(f^2 h^2 L^2 \rho \right) \tag{2}$$

其中：T 为推力（即 x 轴方向上的水动力），f 为仿生鳍的扭波频率，h 为鳍高，L 为鳍长，ρ 为水的密度。同理可定义其他两个坐标轴上的水动力系数。

取 $f = 2\text{Hz}$，$h = 45\text{mm}$，$L = 800\text{mm}$，$\lambda = 400\text{mm}$ 时，计算得到系泊状态下扭波长鳍各方向上的水动力系数在两个周期内瞬时值随时间的变化（图5）。

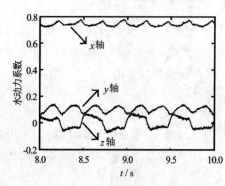 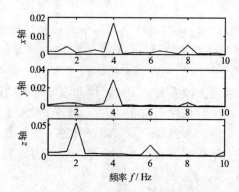

图5　扭波长鳍各方向上的水动力系数变化曲线　　图6　各方向上水动力系数频谱分析

从图5中可以看出，扭波长鳍各方向上的水动力呈明显周期性波动。图6为其频谱分析图，可以看到到三个轴向上水动力的频率主峰分别出现在4Hz、4Hz和2Hz。

结合图5和图6可以得到以下几个重要结论：①x 轴方向上的水动力（即推力）要远远大于其他两个方向上的力；②x 轴和 y 轴方向（垂向）上的水动力的波动频率相同，都为鱼鳍扭波频率的2倍，而 z 轴方向（侧向）上水动力波动频率与鱼鳍的运动频率相同；

③z 轴方向上的水动力的平均值约为零。

3.2 压力分布规律

本文对扭波长鳍周围的压力分布进行了研究，分析了垂直于 y 轴的一个平面上的压力分布情况，揭示了扭波长鳍推进过程中推力产生的原因。

图 7 为一个平面上鳍面周围的压力分布情况。从图中可以看出，在鳍面两侧的压力分布存在着明显的差异，在鳍面波形的拐点处，鳍面的两侧出现明显的高压区（红色区域）和低压区（青色区域），从而在该处鳍面上产生法向方向上的压力差，各个拐点处的压力差在 x 轴上的分力都指向同一个方向（x 轴负方向），其合力便形成了扭波推进系统的推力。

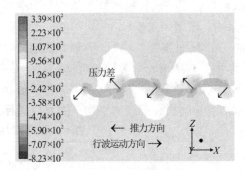

图 7 一个平面上鳍面周围压力分布情况，y=45mm

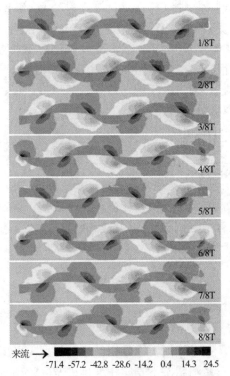

图 8 一个周期内鳍面周围的压力分布变化

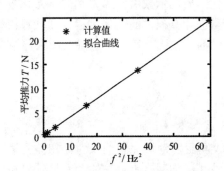

图 9 平均推力随频率的变化

图 8 为一个摆动周期内鳍面周围的压力分布变化。可以看出鳍在做扭波运动时，推动水向后流动，在鳍的正反两面形成数个高压区和低压区，从而形成压差并产生鳍的推力，鳍表面的压力随着时间推移不断向后传播。

3.3 扭波频率对推力的影响

本文还研究了长鳍扭波推力随扭波频率的变化规律，计算了扭波频率 f=1、2、4、6 和 8Hz 时的平均扭波推力，如图 9 所示。

可以看出，长鳍扭波推进的平均推力随扭波频率的平方呈线性变化关系，通过线性拟合得到该工况下平均推力与频率的关系表达式：

$$T = 0.3826 f^2 \qquad (3)$$

根据推力系数的表达式 $K_T = T / \left(f^2 h^2 L^2 \rho \right)$ 可得出结论，长鳍扭波推进系统的平均推力系数不随扭波频率的变化而变化。

4 数值计算与试验结果的比较

长鳍扭波推进试验的模型主体是一两端为椭圆形的圆柱体，总长度 L=1250mm，直径 D=100mm。模型中部有一个 Φ=100mm 的有机玻璃壳罩，背鳍高度 h=45mm，背鳍长度 L=808mm，鳍面波数 L/λ=2，频率 f=2.0Hz，摆角幅度 φ_m=±85°。仿生鱼鳍的总鳍条数量多达 97 根，驱动单元最大摆角可达到±100°，可很好地模仿 GNF 大摆角背鳍扭波运动[12]。

本文对试验模型中的扭波长鳍进行了仿真建模，对试验工况进行了数值模拟计算，对系泊状态下长鳍扭波推进的平均推力系数进行了对比分析。

表 1 与试验推力系数值的比较

K_T（试验）	K_T（数值计算）	相对误差/%
0.9266	0.8391	9.44

对比结果显示数值计算得到的推力系数比试验值偏小，约存在着 9.44%的相对误差，考虑到数值计算模型的简化过程（如计算模型没有考虑试验中的圆柱形载体，也没有考虑扭波长鳍的柔性因素等），这样的计算误差在可接受的范围内。

5 结论

本文仿尼罗河魔鬼鱼的长背鳍扭波推进方式，针对鳍面大摆幅扭波运动问题，采用弹性光顺法和局部网格重划法的动网格计算技术，对系泊状态下长鳍扭波推进产生的动态流场及水动力进行了数值计算研究，并与试验结果进行了比较分析，初步验证了本文计算方法的准确性。数值分析了鳍面周围压力分布及其随相位的变化，并分析了鳍面平均扭波推力随扭波频率的变化。

研究表明，在系泊状态下，长鳍扭波推进的平均推力系数不随频率而改变，推力和垂向力的脉动值的变化频率是扭波频率的两倍，侧向力脉动值的变化频率等于扭波频率。鳍面周围的压力分布和其随相位的变化规律表明，在鳍面的两侧形成的高压区和低压区产生的压差是长鳍扭波推进产生推力的主要原因。

参考文献

[1] 王光明，胡天江，李非，沈林成. 长背鳍波动推进游动研究[J]. 机械工程学报，2006,42（3）：88-92.

[2] 徐海军，潘存云，张代兵等. 不同水下仿生推进器性能影响的比较[J]. 机械设计与研究，2010,26(1):93-96.

[3] 王扬威，王振龙等. 形状记忆合金驱动仿生蝠鲼机器鱼的设计[J]. 机器人，2010,32(2):256-261.

[4] MacIver M A, Fontaine E, Burdick J W. Designing Future Underwater Vehicles: Principles and Mechanisms of the Weakly Electric Fish[J]. IEEE Journal of Oceanic Engineering. 2004, 39(3):651-659.

[5] Rahman M M, Toda Y, Miki H. Study on the Performance of the Undulating Side with various Aspect Ratios using Computed Flow, Pressure Field and Hydrodynamic Forces[C]. *Proc. of the 5th Asia-Pasific Workshop on Marine Hydr.*, Osaka, Japan (2010A).

[6] Rahman M M, Toda Y. Miki H. Computational Study on the Fish-like Underwater Robot with Two Undulating Side Fins for Various Aspect Ratios, Fin Angles and Frequencies[C]. The International Conference on Marine Technology, BUET, Dhaka, Bangladesh (2010).

[7] Rahman M M, Sugimori S, Mike H, Yamamoto R, Sanada Y, Toda Y. Braking Performance of A Biomimetic Squid-Like Underwater Robot[J]. Journal of Bionic Engineering, 2013, 10, 265-273.

[8] 王兆立，苏玉民，杨亮. 流场中鱼类胸鳍的水动力性能分析[J]. 水动力学研究与进展，A 辑，2009,24(2):141-149.

[9] 徐晓锋，万德成，金枪鱼自主波动游动的数值模拟，[J]. 水动力学研究与进展，A 辑，2011,26(2):228-238.

[10] 老轶佳，王志东，张振山等. 摆动柔性鳍尾涡流场的实验测试与分析[J].水动力学研究与进展，A 辑，2009,24(1): 107-112.

[11] 王光明. 仿鱼柔性长鳍波动推进理论与实验研究[C]. 长沙：国防科学技术大学，2007.

[12] Defeng Du,Xiaoqin Jiang, Hydrodynamic Forces Measurement in Still Water Tank and Theoretical Validation of a Bio-dorsal Fin Propulsive System, Applied Mechanicsand Materials Vols. 105. 107(2012)pp 1980-1984@(2012)Trans Tech Publications．Switzerland doi：10．4028／www．scientific．net／AMM．105-107．1980

Numerical study for the hydrodynamics of torsional wave propulsion in stationary water

BAI Ya-qiang[1,2], ZHAI Shu-cheng[1,2], ZHANG Jun[1,2], DING En-bao[1,2]

（1. National Key Lab on Ship Vibration and Noise, China Ship Scientific Research Center, Wuxi 214082;

2. Jiangsu Key Lab of Green Ship Technology, Wuxi 214082. Email: zhangjuncssrc@163.com）

Abstract: The swimming manners of fishes have the features of high efficiency and low noise, which is of important inspiration to us on the research of propulsion. The Gymnarchus Niloticus Fish (GNF) swimming by a long dorsal-fin generally cruises with high efficiency and extra-ordinal maneuverability while keeping its body for the straight line. To adapt to the fin's large deforming, the dynamic grid technique including spring-based smoothing model and local grid remeshing model is used to calculate the dynamics of torsional wave propulsion in stationary water. The maximum swing amplitude of the ray on the fin calculated in this paper reaches $\pm 85^0$, and the numerical results is compared with experiments and validated. The pressure distribution around the fin and its variation with phase, and its relationship with thrust production are analyzed. The thrust fluctuation with wave frequency are analyzed which indicates that the thrust coefficient don't vary with fin wave frequency.

Key words: Bionic propulsion; Torsional propulsion; Long flexible fin; Numerical simulation.

数值波浪水池在短波中船舶波浪增阻
预报中的应用研究

闫岱峻，邱耿耀，吴乘胜

（中国船舶科学研究中心，无锡，214082，0510-85555319，Email：584552801@qq.com）

摘要： 波浪中船舶航行的阻力增加问题，能真实地反映船舶在现实海况中的实际航行性能，也是目前国际上船舶性能研究的热点之一。本研究采用基于 RANSE（Reynolds Averaged Navier-Stokes Equations）的数值波浪水池技术，分别以 KCS、KVLCC2、50500DWT油船和19000DWT 集装箱船为研究对象，开展船舶在短波规则波顶浪中阻力增加的数值模拟方法研究，获得了不同波长下的波浪增阻，分析了波浪对船舶航行性能的影响。而与试验结果的对比显示本文所采用的数值计算方法可以准确预报船舶在波浪中的阻力增加，可为波浪中船舶快速性研究提供可靠的技术支持。

关键词： 增阻；短波；顶浪；数值计算

1 引言

随着全球范围内的环保呼声越来越高，如何降低水面船舶在航行过程中对环境的影响成为人们关注的焦点。由国际海事组织（IMO）提出的船舶能效设计指数（EEDI）对船舶运营过程中的温室气体排放提出了明确的要求，而这一要求会随着船舶行业的发展逐渐提高。因此，越来越多的船舶设计者们致力于寻找提高船舶在真实海洋环境中航行性能的船型优化方法，而船舶在波浪中的阻力增加问题也受到了人们的广泛关注[1]。

现代远洋船舶的大型化趋势愈发明显，在航行时大多数情况下都会受到短波的影响。而对于在短波中航行的船舶来说，船舶波浪中的阻力增加主要来自于波浪的反射作用及船艏部的波浪破碎，而船体自身的运动影响较小可以忽略。针对由于波浪反射导致的船舶波浪增阻，许多学者给出了相应的理论计算方法，如Faltinsen渐进方程和Fujii等所采用的经验公式，但这些方法并不能准确反应船舶艏部形状对波浪增阻的影响。传统的水池试验方法则是研究船舶波浪中的阻力增加问题的重要手段之一，但由于其存在自身成本较高、准备周期长以及短波难以保持等问题，并不能广泛的应用于短波中的船舶阻力增加研究[2]。

在数值模拟方面，研究波浪中船舶阻力增加的传统计算方法主要是基于势流理论，但随着CFD技术的发展，人们逐渐认识到在处理波浪的非线性特性及波浪扩散/破碎方面，势流理论存在相当的局限性[3-4]，而以船舶CFD方法为基础的数值水池技术[5-6]则可以准确有效地解决上述非线性问题。本研究采用基于RANSE的数值波浪水池技术，针对4艘船舶模型开展了短波规则波顶浪中阻力增加数值计算，获得了不同波长下的波浪增阻，并将计算结果与试验结果进行比对以验证数值计算方法的准确性和可靠性。

2 研究对象、计算区域及网格划分

本研究以 KCS、KVLCC2、50500DWT 油船和 19000DWT 集装箱船为研究对象，基于数值波浪水池技术，开展短波中顶浪航行船舶增阻研究，各船模的主尺度参数列于表 1 中，图 1 给出了各船模几何外形及表面网格划分。

表 1　船舶模型主尺度

参数	符号	单位	KCS 模型	KVLCC2 模型	50500DWT 油船模型	19000DWT 集装箱船模型
垂线间长	L_{PP}	m	7.279	7.200	7.200	7.270
型宽	B	m	1.019	1.305	1.288	1.170
设计吃水	T	m	0.342	0.468	0.440	0.400
湿表面积	S_W	m²	9.438	13.767	13.485	11.690
设计排水量		m³	1.650	3.561	3.321	2.580
方形系数	C_B	/	0.651	0.810	0.800	0.758

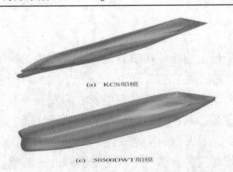
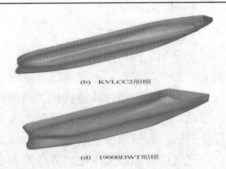

图 1　船模几何外形及表面网格划分

数值波浪水池计算区域根据船舶模型主尺度参数而定：水池前端位于船模首部前上游约 1.2 倍船长（L_{PP}）处，尾端位于船模尾部后下游 2.5 倍船长处，其中包含了约 1.5 倍船长的消波区。计算区域如图 2 所示，图中尾部为人工阻尼区，即消波区。计算中使用的网格为 H-O 型结构化网格（纵向 H 型、横向 O 型），网格划分要同时满足短波数值模拟和船模阻力数值计算的需要，即：对于最小波长，每个波长范围内网格单元数不少于 30 个，波高范围内网格单元数约 10~20 个；船模首部和尾部网格适当加密，中部网格略为稀疏；在模型表面附近网格加密，其中第一层网格间距根据 y+确定（y+平均约为 50～100）。根据以上原则划分的计算域网格总数约为 100 万，主要集中在船体及上游区域范围内；船后下游区域，因考虑消波和提高计算效率，网格划分较为稀疏。

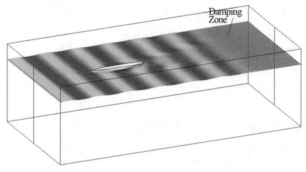

图 2 计算区域示意图

3   短波环境数值模拟结果

根据相关研究结果，本研究采用适当的数值造波技术及网格划分策略[7]，数值模拟入射规则波波长船长比 λ/L_{PP} 为 0.20～0.70，输入波高约为 $L_{PP}/75$。图 3 和图 4 分别给出了在 λ/L_{PP}=0.25、0.30 时，规则波顶浪中前进的 KCS 船模三维波形图。从图中不难发现：在船长范围内，波浪会发生的衰减基本可以忽略；船模艉端后下游波浪会迅速衰减，但其对波浪增阻的计算结果并无影响，同时还可以节约计算时间、提高计算效率，并起到了良好的消波效果。

图 3 λ/L_{PP}=0.25 三维波形图   图 4 λ/L_{PP}=0.30 三维波形图

图 5 给出了 λ/L_{PP}=0.30 时，某时刻 KCS 船模在船长范围内的波浪轮廓。如图，在所研究的波长范围内，数值水池有效计算区域内都没有出现波浪过度衰减的现象，而当 λ/L_{PP} 超过 0.30 时，波幅衰减基本可以忽略。综上所述，采用的数值方法能够较好地实现短波的数值造波，所获得波浪的质量可满足船舶波浪增阻的研究要求。

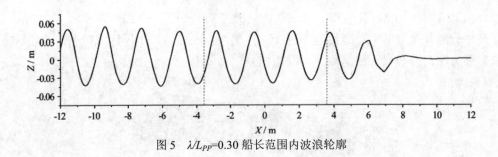

图 5　λ/L_{PP}=0.30 船长范围内波浪轮廓

4　波浪中船舶增阻数值计算与分析

本研究的船舶波浪增阻计算，其方法原理接近于积分压力法。设波浪中船舶平均阻力为 $\overline{R}_{WV}$，静水中船舶阻力为 R_{SW}，那么，船舶的波浪增阻 R_{aw} 为：

$$R_{aw} = \overline{R}_{WV} - R_{SW} \tag{1}$$

波浪增阻的无量纲化形式为：

$$K_{aw} = \frac{R_{aw}}{4\rho_w g A^2 B^2 / L_{PP}} \tag{2}$$

其中 B 为船舶型宽，L_{PP} 代表船舶垂线间长。

图 6 则给出了 KCS 船模短波规则波顶浪中的无量纲化波浪增阻传递函数曲线。由图可见，在波长船长比 λ/L_{PP}=0.20～0.60 范围内，顶浪中 KCS 船模无量纲化波浪增阻传递函数的变化特点是：在波长较短时（如：λ/L_{PP}=0.20）较大，随着波长变长，无量纲化波浪增阻传递函数逐渐降低，至 λ/L_{PP}=0.50 左右基本达到平稳，之后变化不大。而根据 ISO 的经验公式估算该船波浪增阻结果，如图 6 中虚线所示，与数值计算结果相比在量级上是一致的，但随波长的变化趋势有所不同，从总体上看数值计算结果是合理、可靠的。

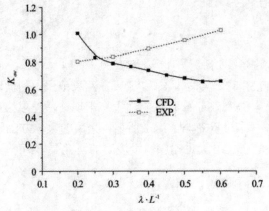

图 6　KCS 波浪增阻传递函数（Fr=0.26）

通过数值计算所获得的 KVLCC2 船模短波规则波顶浪中阻力增加结果如图 7 和图 8 所示，图中给出了船模速度分别为 0.772m/s（Fr=0.092）和 1.196m/s（Fr=0.142）时无量纲化的波浪增阻传递函数曲线。

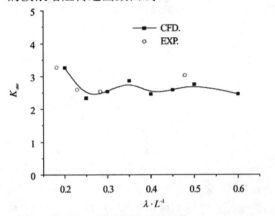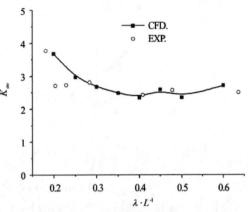

图 7 KVLCC2 波浪增阻传递函数（Fr=0.092）　　　图 8 KVLCC2 波浪增阻传递函数（Fr=0.142）

与模型试验结果的对比（图中以空心圆点表示）表明：本研究采用的数值计算方法，能够相当准确地计算短波顶浪中 KVLCC2 船模的阻力增加，计算与试验结果符合良好；波浪增阻随波长变化趋势基本相同，即随着波长变长，无量纲化波浪增阻传递函数逐渐降低，这与 KCS 的计算结果相吻合；而在具体量值上计算结果与试验结果也具有相当的一致性。

为进一步验证本研究所采用的数值计算方法的可靠性，对一艘 50500DWT 油船和一艘 19000DWT 集装箱船在短波规则波顶浪中阻力增加进行数值模拟。计算所得两艘船模的无量纲化的波浪增阻传递函数曲线分别列于图 9 和图 10 中。由图中可以看出，针对两艘不同类型的船舶波浪增阻数值计算结果与模型试验结果符合良好：在随波长变化的趋势上二者具有较高的一致性，且具体量值上也相当接近。

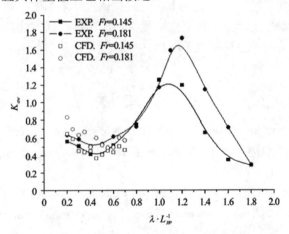

图 9 50500DWT 波浪增阻传递函数

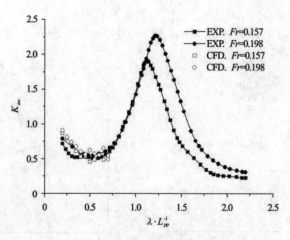

图 10　19000DWT 波浪增阻传递函数

通过以上的研究可见，所采用的基于数值波浪水池的船舶顶浪中阻力增加数值计算方法，具有较高的预报精度，可作为短波顶浪中船舶阻力增加的可靠、实用的预报和研究手段。

5　结论

采用基于 RANSE 的数值波浪水池技术，针对 4 艘船模开展了短波规则波顶浪中阻力增加的数值计算，获得了不同波长下的波浪增阻。经研究发现，在短波规则波顶浪条件下，船模无量纲化波浪增阻传递函数在波长较短时较大，并随着波长变长逐渐降低，当波长增至一定程度后基本达到平稳，之后变化不大。而与试验结果相比，计算结果在波浪增阻随波长变化趋势和具体量值上都具有较高的一致性，证明该数值方法可作为短波顶浪中船舶阻力增加的可靠、实用的预报和研究手段。

参 考 文 献

1　Yonghwan Kim, Min-Guk Seo, Dong-Min Park, et al. Numerical and Experimental Analyses of Added Resistance in Waves. [C] The 29th Intl Workshop on Water Waves and Floating Bodies, Osaka (Japan), March 30 – April 02, 2014.

2　Changhong Hu, Takashi Mikami, Koutaku Yamamoto. Prediction of Added Resistance in Short Waves by CFD Simulation. [C] The 29th Intl Workshop on Water Waves and Floating Bodies, Osaka (Japan), March 30 – April 02, 2014.

3　F. Pérez Arribas. Some methods to obtain the added resistance of a ship advancing in waves. [J] Ocean Engineering, 2007, Vol. 34: 946-955.

4　Choi J, Yoon SB. Numerical simulations using momentum source wave-maker applied to RANS equation model. Coastal Engineering 2009;56:1043–60.

5　吴乘胜. 基于RANS方程的数值波浪水池研发及其应用研究.[D] 中国船舶科学研究中心博士论文,中国江苏 无锡，2009.

6　吴乘胜，朱德祥，顾民. 数值波浪水池及顶浪中船舶水动力计算.[J] 船舶力学, 2008, Vol. 12(2)：168-179.

7　吴乘胜，邱耿耀，闫岱峻，等. 短波中顶浪航行船舶伴流场特性研究.[J] 船舶力学，2014，18（1-2）：54-61.

Application of numerical wave tank on prediction of added resistance for ships in short waves

YAN Dai-jun, QIU Geng-yao, Wu Chengsheng

(China Ship Scientific Research Center, National Key Laboratory of Science and Technology on Hydrodynamics, Wuxi 214082, Email: 584552801@qq.com)

Abstract：Prediction of added resistance in waves is now a hot topic for ship performance in seaway. Numerical computation of added resistance for four ship models (including a KCS model, a KVLCC2 model, a 50500DWT oil tanker model and a 19000DWT container model) advancing in regular head short waves was carried out by RANSE based numerical wave tank technology in this report. The added resistance for different wave length was obtained. The effect of wave on the ship navigation performance was analyzed. The computed results agree quite well with the experimental data, which means that the added resistance of ships heading in short waves can be computed quite accurately by the CFD method in this paper. It could provide reliable technical support for the power performance research of ships in short head waves.

Key words：Added resistance; Short waves; Head waves; Numerical computation.

Numerical and experimental simulation of wave loads on a fixed OWC wave energy convertor

NING De-Zhi, WANG Rong-quan, TENG Bin

(State Key Laboratory of Coastal and Offshore Engineering, Dalian University of Technology, Dalian, 116024, Email:dzning@dlut.edu.cn)

Abstract: Besides the optimal capture efficiency of wave energy, the wave load on the device is also an important factor considered in the OWC design and safe operation. In the present study, both numerical and experimental investigations of wave loads on a fixed OWC device with an air chamber are performed. For the numerical simulation, a 2D fully-nonlinear numerical model is developed. The model is based on potential flow theory and a time-domain higher-order boundary element method (THOBEM), in which the incident waves are generated by using the immerged sources and the fluid-air coupling influence is considered with a simplified pneumatic model. Physical experiments are performed in a flume of 0.8 m water depth at State Key Laboratory of Coastal and Offshore Engineering, DUT. The incident wave amplitude is varied from 0.02 m to 0.07 m and wave periods are varied from 0.95 s to 2.35 s. The comparisons between numerical results and experimental data are performed and good agreements are obtained. Then the effects of wave conditions and front-wall draught on the wave force on the front wall of the chamber are investigated. It is demonstrated that the wave load on the device is strongly dependent on the wave conditions. The horizontal wave load increases with the increase of incident wave amplitude, while decreases with the increase of wave length.

Key words: OWC, Wave load, Fully nonlinear, Physical experiment, Pneumatic model.

1 Introduction

Due to its mechanical and structural simplicity, oscillating water column (OWC) wave energy convertor has been extensively applied and researched during the past several decades. Many efforts have been made to investigate hydrodynamics of an OWC device and evaluate the hydrodynamic efficiency. For example, Evans[1] and Falnes and McIver[2] theoretically studied the hydrodynamic efficiency of OWC devices. Wang et al.[3] numerically studied the hydrodynamic performance within linear wave theory by using a boundary element method. Ning et al.[4] developed a 2D fully nonlinear numerical wave flume using a time-domain HOBEM. Then they investigated the hydrodynamic performance of a fixed OWC wave energy device. Nader et al.[5, 6] studied the dynamic and energetic performance of a finite array of fixed OWC device. Zhang et al.[7] developed a 2D two-phase numerical model using a level-set immersed boundary method to study the flow field, surface elevation and air pressure in an OWC chamber, and the effects of the geometric parameters on the capture efficiency were explored. Morris-Thomas et al.[8] experimentally studied the energy efficiencies of an OWC by focusing its attention on the influence of front wall geometry on the OWC's performance. Liu [9] experimentally and numerically studied the operating performance of an OWC air chamber.

Up to now, most of researches are focused on the study of hydrodynamic efficiency of the OWC device. There are few studies of wave dynamics on the fixed OWC device. However, not only the optimal capture efficiency of wave energy but also the wave loads on the device are important factors considered in the OWC design and safe operation. In the present study, both numerical and experimental investigations of wave loads on a fixed OWC device with an air chamber are performed. The purpose of the present work is to derive information on wave loads acting on the device and give guidance for the device design and safe operation.

2 Experimental setup

The physical model tests were carried out in the wave-current flume at the State Key Laboratory of Coastal and Offshore Engineering, Dalian University of Technology. The wave flume is 69m long, 2m wide and 1.8m height and is equipped with a piston-type unidirectional wave maker, which is able to generate regular and irregular waves with periods from 0.5s to 5.0s. The test section of the tank was divided into two parts along the longitudinal, which were measured as 1.2m and 0.8m in width, respectively. The OWC model was fixed in the part of 0.8m and 50m away from the wave maker. The main body of the model was made of 8-mm thick Perspex sheets, which enable to view of the internal free-surface.

The schematic of the experimental setup is shown in Fig.1. h denotes the static water depth, B the chamber width, C the thickness of the front wall, D the diameter of the orifice, d the immergence of the front wall and h_c the height of the air chamber (i.e., distance between the still water surface and the above ceiling). In the experiments, six pressure gauges were symmetrically fixed at the inner side and the outer side of the front wall. The pressure signals was sampled at 50 Hz with a precision of ±0.01 kPa. Two were situated at 1.5cm from the bottom edge of the wall, two were fixed at the middle point of the submerged part of the wall and the last two were fixed at the positons of the still free surface. The following paramenters were given in the experiments, static water depth h=0.8m, four front-wall draft d=0.14 m, 0.17 m, 0.20 m and 0.23 m, six wave amplitudes A_i in the scope of (0.02m, 0.07m) and fourteen wave periods T in the scope of (0.95s, 2.35s). Tab. 1 summarizes the target wave conditons. Each wave conditon has been run for 81.92s (about 35-86 waves), to ensure the reliability of the experimental data.

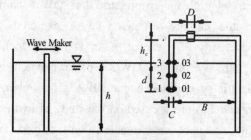

Fig.1 Sketch of the experimental setup

Tab.1 Wave parameters used in the experiments

A_i /m	T/s	T/s
0.02	0.950	1.423
0.03	1.037	1.490
0.04	1.124	1.545
0.05	1.183	1.610
0.06	1.229	1.735
0.07	1.297	1.838
--	1.366	2.350

3   Numerical model

To numerically model the nonlinear regular wave interaction with a fixed OWC device with an air chamber, the improved potential model by Ning et al.[4] is considered and extended to model the nonlinear wave loads on the structure. Under the assumption of ideal fluid, the fluid domain can be described by velocity potential. The incident waves can be generated using the immerged sources. By applying Green's second identity to the fluid domain Ω, the proposed boundary value problem presented can be converted in the usual manner into the following boundary integral equation:

$$\alpha(p)\phi(p)=\int_{\Gamma}(\phi(p)\frac{\partial G(p,q)}{\partial n}-G(p,q)\frac{\partial \phi(p)}{\partial n})\mathrm{d}\Gamma+\int_{\Omega}q^*G(p,q)\mathrm{d}\Omega \tag{1}$$

where Γ represents the entire computational boundary, p and q are the source point (x_0, z_0) and the field point (x, z), respectively, and α is the solid angle coefficient determined by the surface geometry of a source point position. q^* is the pulsating volume flux density of the internal sources. G is a simple Green function, and can be written as $G(p, q)=\ln r/2\pi$, where $r=[(x\text{-}x_0)^2+(z\text{-}z_0)^2]^{0.5}$. The boundary conditions, pneumatic model, hydrodynamic efficiency and process of solving Eq.(1) can be refer to reference [4].

Once the Eq. (1) is solved, the velocity potential on the body surface is known. Then the pressure can be obtained from the Bernoulli equation, and the wave fore $\boldsymbol{F}= \{f_x, f_z\}$ on the OWC device can be calculated from the following integral of the transient wave pressure over the wetted surface of the object (Γ_b) as

$$f_{x(z)} = -\rho\int_{\Gamma_b} (\frac{\partial\phi}{\partial t} + g\eta + \frac{1}{2}|\nabla\phi|^2)n_{x(z)}\mathrm{d}\Gamma \tag{2}$$

To calculate the forces, the main difficulty is to accurately evaluate the time derivative of the potential. Estimating this quantity using a simple backward difference scheme is inaccurate and prone to instability, especially in a general case with the body being free to move or piercing through the free surface. The method used in the present study for calculating the hydrodynamic force is the so-called acceleration-potential method, an effective method first mathematically formulated by Tanizawa[10] and successfully used by Koo and Kim[11]. In the acceleration-potential method, the relating governing equation and boundary conditions can be rewritten to calculate the time derivative of the potential. The temporal derivative of the velocity potential satisfies the Laplace equation as:

$$\nabla^2\phi_t = 0 \tag{3}$$

On the free surface Γ_f, ϕ_t satisfies the Bernoulli equation as

$$\frac{\mathrm{d}\phi}{\mathrm{d}t} = -g\eta - \frac{1}{2}|\nabla\phi|^2 \tag{4}$$

As both boxes are fixed in the present study, the boundary condition for ϕ_t on the body boundaries can be written as

$$\frac{\partial\phi_t}{\partial n} = 0 \tag{5}$$

By replacing ϕ by ϕ_t, the equation to be solved (Eq. 1) becomes

$$\alpha(p)\phi_t(p) = \int_{\Gamma}(\phi_t(p)\frac{\partial G(p,q)}{\partial n} - G(p,q)\frac{\partial\phi_t(p)}{\partial n})\mathrm{d}\Gamma + \int_{\Omega} q_t^* G(p,q)\mathrm{d}\Omega \tag{6}$$

The acceleration-potential method is more accurate and more stable than the simple backward difference scheme, especially when the objects pierce through the free surface. Once ϕ_t is obtained, the wave loads can be calculated from Eq. (2).

4 Numerical and experimental results

Firstly, the comparison between the numerical model and experiment was carried out. An experimental test with the parameters of chamber width B=0.55m, front wall thickness C=0.04m, chamber height h_c=0.2m and the orifice diameter D=0.03m is chosen. In the numerical model, the length of the numerical flume is set to 5λ (where λ is wave length); and the spatial step and temporal step are used as $\Delta x=\lambda/30$ and $\Delta t=T/80$ after convergent tests, respectively; the viscous coefficient μ_2=0.2 and the linear pneumatic damping coefficient C_{dm}=9.5 are chosen. For each case, 30 periods of waves are simulated.

Fig. 2 shows the time histories of pressure at the measure points on the outer side and inner side of the front wall with draught d=0.14m, wave amplitude A_i=0.03m and wave period T=1.423s. From the figure, it can be observed that there are good agreements between numerical results and experimental data. The comparisons are better on the outer side than those on the inner side, which is due to that the vortex at the lee side of the front wall cannot be considered in the potential flow model. At point 3, the pressures are zero when the free surface is below the static position. But it is quite different for the same horizontal position, i.e., point 03, which results from the air pressure fluctuation in the air chamber.

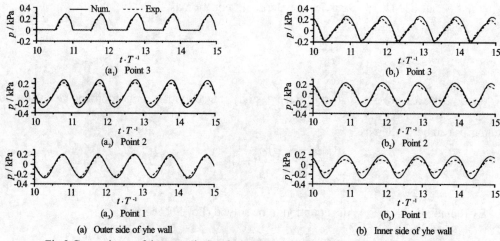

Fig.2 Comparisons of the numerical and experimental wave pressure at measuring point

(T=1.423s, A_i=0.03m and d=0.14m)

Fig. 3 shows the time series of the wave pressure obtained from the experiments at d=0.14m, A_i=0.03m and T=1.610s. It can be observed that the crest value of pressure is the largest at point 3, but smallest at point 1 on the outer side of the wall. It is vice versa for the trough values as shown in Fig.3 (a). The pressure curves are distorted at points on the inner side as shown in Fig.3(b), which may be due to the combined effects of multi-reflections and air pressure fluctuation in the air chamber.

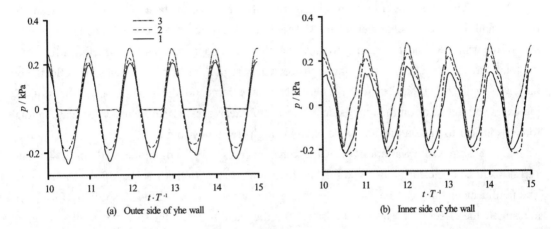

Fig.3 Time series of the wave pressure obtained from the experiments (T=1.610s, A_i=0.03m and d=0.14m)

To further investigate the pressure on the front wall, the pressure distributions on the front wall under the wave crest and wave trough are numerically studied, respectively. As it shows in Fig.4, the hydrodynamic pressure on the wall is gradually reduced with the increase of submerged depth under the wave crest. While under the wave trough, the pressure is negative and the largest value occurs at the toe of the front wall. On the bottom of the front wall, the variation of the pressures are completely opposite under the action of wave crest and wave trough.

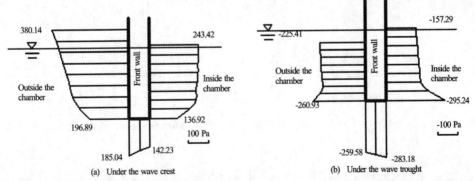

Fig.4 Hydrodynamic pressure distribution on the front wall when wave action on the front wall (T=1.610s, A_i=0.03m and d=0.14m)

Fig. 5 shows the horizontal wave force on the front wall versus the dimensionless wave number kh. The total horizontal wave force F_h, horizontal wave force on the outer side of the wall F_o and inner side of the wall F_i are considered, respectively. It can be observed that F_h increases with kh. And an opposite tendency is observed for F_i. While F_o initially decrease to the minimum and then increases with the increase of kh. This can be explained using the relationship between the wave transmission capability and wave length. In the low-frequency region (i.e., $kh<1.5$), long waves have a stronger transmission capability, the free surface difference between the internal and the external chamber is small. Then the wave forces on the inner side and the outer side of the wall are almost the same. Meanwhile, they are in opposite normal directions; therefore, the total wave force F_h is small. In the high-frequency region, most of the waves are reflected by the front wall for its shorter wave length. Thus, the force on the outer side of the wall F_o increases and the force on the inner side of the wall F_i decreases. It can be observed that the total force F_h is near to that on the outer side F_o in the high-frequency region.

Fig. 6 shows the variation of wave forces versus wave amplitude with $d=0.14$m and $T=1.490$s. It can be clearly observed that the forces increase with the increase of wave amplitude. The nonlinear features can be shown clearly for the larger wave amplitude, especially for F_o. To investigate the effect of the front-wall draught on the wave force on the OWC front wall, a series of studies are carried out. Fig. 7 shows the wave force versus front wall draught with $A_i=0.03$m, $d=0.14$m and $T=1.490$s, 1.610s. It is observed from figure, forces are increase with the increase of front wall draught. For long waves as shown in Fig.7 (b), the wave loads on the outer side and inner side are near to the same value due to theirs good transmission.

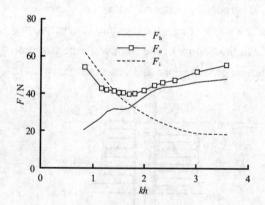 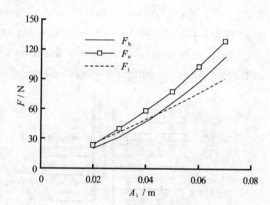

Fig.5 Wave forces versus kh ($A_i=0.03$m and $d=0.14$m)   Fig.6 Wave forces versus A_i ($T=1.490$s and $d=0.14$m)

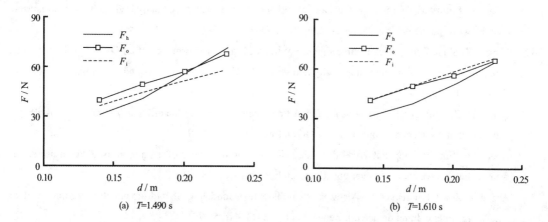

Fig.7 Wave forces versus front-wall draught d with A_i=0.03m

5   Conclusions

In the present study, both numerical and experimental investigations are conducted to study the wave dynamics on the front wall of an OWC device. The comparisons between numerical results and experimental data are performed and good agreements are obtained. Then the numerical model was used to evaluate the wave loads and pressure distribution. Under the action of wave crest, the largest pressures occur at the points of free surface on the lateral walls and left point on the bottom. But the smallest pressures occur at the points of the toes on the lateral walls and right point on the bottom under the action of wave trough. The horizontal wave loads on the inner and outer sides of the front-wall are influenced by the incident wave length besides the wave nonlinearity.

Acknowledgements

The authors gratefully acknowledge financial support from the National Natural Science Foundation of China (Grant Nos. 51179028, 51222902), the Program for New Century Excellent Talents in University (Grant No. NCET-13-0076) and the Joint Project between NSFC and RS (Grant No. 51411130127)..

References

1   Evans DV. The oscillating water column wave-energy device [J]. IMA J Appl Math, 1978, 22(4): 423-433.

2   Falnes J, McIver P. Surface wave interactions with systems of oscillating bodies and pressure distributions [J]. Appl Ocean Res, 1985, 7(4): 225-234.

3   Wang DJ, Katory M, Li YS. Analytical and experimental investigation on the hydrodynamic performance of onshore wave-power devices [J]. Ocean Eng, 2002, 29(8): 871-885.

4   Ning D Z, Shi J, Zou Q P, et al. Investigation of hydrodynamic performance of an OWC (oscillating water column) wave energy device using a fully nonlinear HOBEM (higher-order boundary element method) [J]. Energy, 2015, 83: 177-188.

5   Nader JR, Zhu SP, Cooper P, Stappenbelt B. A finite-element study of the efficiency of arrays of oscillating water column wave energy converters [J]. Ocean Eng, 2012, 43:72-81.

6   Nader JR, Zhu SP, Cooper P. Hydrodynamic and energetic properties of a finite array of fixed oscillating water column wave energy converters [J]. Ocean Eng, 2014, 88:131-48.

7   Zhang Y, Zou QP, Greaves D. Air-water two-phase flow modeling of hydrodynamic performance of an oscillating water column device [J]. Renew Energy, 2012, 41:159-70.

8   Morris-Thomas MT, Irvin RJ, Thiagarajan AP. An investigation into the hydrodynamic efficiency of an oscillating water column [J]. J Offshore Mech Arct Eng, 2007, 129(4):273-8.

9   Liu Z. investigation of oscillating water column wave energy convertor [D]. PhD. Thesis, Qingdao, Ocean University of China, 2008.

10   Tanizawa K. Long time fully nonlinear simulation of floating body motions with artificial damping zone [J]. The Society of Naval Architects of Japan, 1996, 180: 311-319.

11   Koo WC, Kim MH. Fully nonlinear wave-body interactions with surface-piercing bodies [J]. Ocean Eng, 2007, 34: 1000-1012.

极端波对海上结构物的强非线性抨击

王佳东，何广华[1]，张德贺

(哈尔滨工业大学（威海校区）船舶与海洋工程学院，威海，264209, E-mail: ghhe@hitwh.edu.cn)

摘要： 极端波浪环境作用下，浮体一般会发生上浪拍击等强非线性现象，也是波浪与浮体相互作用研究的难点之一。本文基于高阶 CIP（Constrained Interpolation Profile）法，以连续性方程、N-S 方程为基本控制方程，建立可处理强非线性问题的二维粘性流数值水池模型。基于这一模型，先进行了正统波、孤立波等模拟，再对波浪中海洋工程结构物的水动力性能和上浪拍击现象进行模拟和分析。计算了海洋结构物波浪冲击力的变化过程，分析了最大冲击压力出现的时间节点及所在位置。

关键词： CIP 法；强非线性；上浪冲击

1 引言

极端波浪环境是指畸形波、孤立波、巨浪等海上恶劣波浪，此时线性微幅波假定不再适用。极端波浪环境作用下的上浪拍击是一个强非线性的固—液—气体的耦合问题，常常伴随着水体的翻卷、破碎、水气掺混等复杂物理现象[1,2]。对于该问题的研究，粗略地可分为理论解析方法、物理模型试验方法和数值模拟方法。在物理模型试验的研究上，挪威的 MARINTEK 水池先后开展了一系列的海上浮式结构物 FPSO（浮式生产储运系统）上浪拍击模型试验，如：Berhault 等[3]，Stansberg 和 Karlsen[4]，Buchner[5]。基于黏性流理论的 CFD(计算流体力学)方法，被认为更擅长于复杂粘性流问题、强非线性问题、瞬态响应问题的求解。一些学者也在一定程度上对上浪拍击进行了描述，如：Pham[6]和梁修锋等[7]采用 CFD 软件，模拟了上浪流体在甲板上的流动，但没有考虑结构体的运动，不能真实反映上浪拍击问题。

上浪拍击问题涉及波浪破碎、飞溅、水气混合等复杂现象，该问题是粘性的、固-液-气多相的。本文以连续性方程、N-S 方程为基本控制方程，基于 CIP 技术在正交笛卡尔坐标系下建立数学模型，利用建立的模型数值模拟正弦波和孤立波的生成、传播过程，通过比较数值模拟结果和理论分析结果，对建立的数值模型进行稳定性、收敛性以及造波性能

基金项目： 山东省自然科学基金资助项目(ZR2014EEQ016)，哈尔滨工业大学（威海）科研基金(HIT(WH).2014.02).

的研究和验证。基于建立的数值模型模拟模拟极端波浪与海洋结构物相互作用的问题，计算作用在浮体上的水动力。

2 建立数值水池模型

2.1 控制方程及其处理

模型以连续性方程、N-S 方程为基本控制方程：

$$\frac{\partial u}{\partial x} + \frac{\partial v}{\partial y} = 0 \tag{1}$$

$$\frac{\partial u}{\partial t} + \frac{\partial u^2}{\partial x} + \frac{\partial uv}{\partial y} = -\frac{\partial p}{\partial x} + \frac{1}{\mathrm{Re}}(\frac{\partial^2 u}{\partial x^2} + \frac{\partial^2 u}{\partial y^2}) \tag{2}$$

$$\frac{\partial v}{\partial t} + \frac{\partial uv}{\partial x} + \frac{\partial v^2}{\partial y} = -\frac{\partial p}{\partial y} + \frac{1}{\mathrm{Re}}(\frac{\partial^2 v}{\partial x^2} + \frac{\partial^2 v}{\partial y^2}) \tag{3}$$

利用分裂法，N-S 方程的可以分成对流项和非对流项，对流项采用 CIP 法数值求解，非对流项包括扩散项和压力-速度项两部分，分别采用中心差分法和 SOR 迭代法计算[8]。

2.2 CIP 方法

CIP 法的基本思想是对于对流项变量 χ，不仅要计算输运方程的值，而且要计算输运方程的空间梯度，即 $\varphi_i = \partial \chi / \partial x_i$[8]。其中 χ 分别表示计算方程中的 ρ，u_i 和 p。χ 的输运方程可以写成

$$\frac{\partial \chi}{\partial t} + u_i \frac{\partial \chi}{\partial x_i} = H \tag{4}$$

将方程（4）对空间坐标进行离散，可以得到 φ_i 的输运方程

$$\frac{\partial \varphi_i}{\partial t} + u_j \frac{\partial \varphi_i}{\partial x_j} = \frac{\partial H}{\partial x_i} - \varphi_j \frac{\partial u_j}{\partial x_i} \tag{5}$$

方程（5）的计算可以分为对流项和非对流项两步，对于方程（4）和方程（5）的对流项计算，可以用到下面的半拉格朗日方法。

$$\chi^*(x) = \tilde{\chi}^n(x - u\Delta t) \tag{6}$$

$$\varphi^*(x) = \hat{\varphi}_i^n(x - u\Delta t) \tag{7}$$

其中 $\tilde{\chi}^n$ 是 χ^n 的近似插值，$\hat{\varphi}_i^n = \partial \tilde{\chi}^n / \partial x_i$。对于每一个计算单元，插值函数 $\tilde{\chi}^n$ 可以用一个三次多项式来构造，多项式的系数将通过强加在网格点上关于 χ^n 和 $\hat{\varphi}_i^n$ 的连续性条件来确

定。对于多维问题，多项式已经发展为几个不同的形式，当前数值模型采用的是二维 CIP 格式。CIP 法计算方程：

$$u_i^*(x) = X_i^n(x - u^n\Delta t) \tag{8}$$

$$(\partial_\xi u_i)^*(x) = \frac{\partial X_i^*}{\partial \xi}(x - u^n\Delta t) \tag{9}$$

2.3 水动力计算及人工阻尼层

数值模型分别采用面积分法和体积分法计算作用在浮体上的水动力，采用面积分法时是沿着物体表面积分，采用体积分法时是在整个计算域中积分。

为了在数值水池中用有限的计算域实现较长时间的数值模拟，在水池的下游边界需要一个没有反射的边界条件。在模型中，将在下游边界放置一个人工阻尼函数区域，以此来消除波浪反射对数值模拟的影响。

3 数值模型验证

模型采用长方形计算域，水池长 17.38m，宽 1.45m，水深 0.4m。数值模型以垂直方向的水池左端为 y 轴，以水平方向的自由液面为 x 轴，建立正交笛卡尔坐标系（图 1）。模型左端（上游）设置矩形造波板，右端（下游）设置人工阻尼层。在水池 $x_1 = 5.041$，$x_2 = 5.231$，$x_3 = 5.421$，$x_4 = 5.631$，$x_5 = 5.801$，$x_6 = 10.336$（y 坐标均为 0）六个位置分别设置波高仪，测量波面抬高随时间的变化规律。

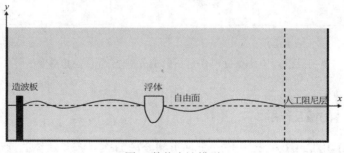

图 1 数值水池模型

3.1 正弦波数值模拟

设造波板的运动振幅为 A_b，分别取 0.019,0.026 和 0.034 三个不同的数值。如图 2 所示，$x_3 = 5.421$ 处不同 A_b 值得到的波面抬高变化律。当造波板的振幅较小时，模型生成了规则的正弦波，随着造波板振幅的增大，波浪逐渐由规则的正弦波变为不规则的非线性波。

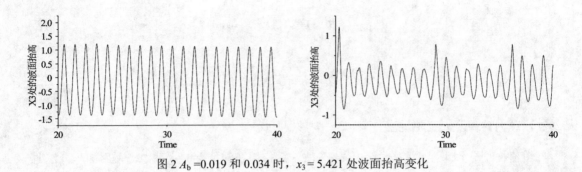

图 2 A_b =0.019 和 0.034 时，x_3 = 5.421 处波面抬高变化

3.2 孤立波数值模拟

孤立波的生成与传播的数值模拟同样采用图 1 所示模型，模型采用 Rayleigh 理论模型来生成孤立波。分别模拟了 0.02m，0.08m 和 0.12m 三种不同的孤立波振幅，如图 3 所示，x_3 = 5.421 处不同孤立波振幅得到的波面抬高变化律。在数值结果中可以明显的观察到孤立波（波峰），及反射回来的孤立波；尾波现象也可以从图中观测到。

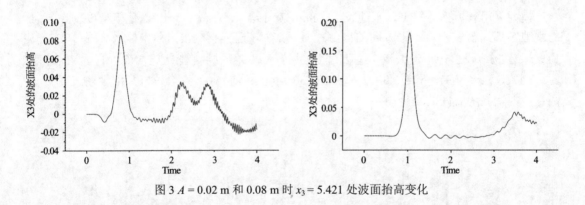

图 3 A = 0.02 m 和 0.08 m 时 x_3 = 5.421 处波面抬高变化

3.3 波浪与浮体的相互作用

本文讨论了 0.02m, 0.08m, 0.12m 三种不同波高的孤立波多浮体的冲击作用。数值水池模型分别采用面积分和体积分两种方法计算作用在浮体上的冲击力和弯矩。如图 4 所示，孤立波振幅为 0.08m 时浮体受到的冲击力和弯矩。数值结果显示，孤立波振幅越大，浮体受到的冲击力和弯矩的最大值越大。在孤立波砰击浮体的整个过程中，出现最大冲击力和弯矩的时间点均为波峰传至浮体左边界的时刻。

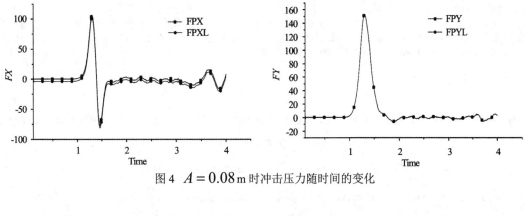

图4 $A = 0.08$ m 时冲击压力随时间的变化

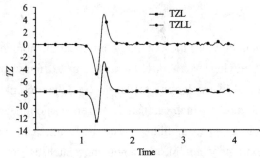

图5 $A = 0.08$ m 时扭矩随时间的变化

4 结论

　　本论文基于 CIP 技术建立了用于求解海洋工程强非线性多相流问题的数值水池模型，之后通过模拟正弦波和孤立波的生成传播过程对该模型的稳定性、收敛性及造波性能展开验证，最后用该模型进行了孤立波与浮体相互作用的数值模拟。

参 考 文 献

[1]　吕海宁, 杨建民. FPSO 甲板上浪研究现状, 海洋工程, 2005, 23(3): 119-124.

[2]　朱仁传, 林兆伟, 缪国平. 甲板上浪问题的研究进展, 水动力学研究与进展, 2007, 22(3): 387-395.

[3]　　Berhault C, Gurin P, Martigny D, et al. Experimental and numerical simulations on the green water effects on FPSOs, Proc. 8th Intl. Offshore and Polar Engineering Conference, Montreal, 1998, 1:284-290.

[4]　　Stansberg C T, Karlsen S I. Green sea and water impact on FPSO in steep random waves, PRADS, 2001, shanghai.

[5]　Buchner B.　Green water on ship-type offshore structures, Delft University of Technology, Ph.D Thesis, 2002.

[6]　　Pham X P, Varyani K S. Evaluation of green water loads on high-speed containership using CFD, Ocean

Engineering, 2005, 32: 571-585.

[7] 梁修锋, 杨建民, 李欣, 等. FPSO 甲板上浪的数值模拟, 水动力学研究与进展, 2007, 22(2): 229-236.

[8] Hu C, Kashiwagi M. A CIP-based method for numerical simulations of violent free-surface flows, Journal of Marine Science and Technology, 2004, 9:143-157.

Numerical solution of violent nonlinear impact on ocean engineering structure by extreme wave

WANG Jia-dong, HE Guang-hua, ZHANG De-he

(School of Naval Architecture And Ocean Engineering, Harbin Institute of Technology, Weihai, 264209.

Email: ghhe@hitwh.edu.cn)

Abstract：Floating body generally has the extremely nonlinear phenomenon such as green water, which is key difficulty in studying wave-body interaction in extreme wave environment. Based on high order CIP(Constrained Interpolation Profile) method, the present paper established a 2-D viscous flow numerical tank model which can handle extremely nonlinear problems. The present model takes full account of extremely nonlinear wave-body interaction and viscosity, which is more real to reflect the extremely nonlinear phenomenon such as green water. Based on the numerical tank model, hydrodynamic performance of ocean engineering structure in wave and green water phenomenon are simulated and analyzed. Then the distribution and changing process of impact forces is calculated, also the time and position of maximum impact forces is analyzed.

Key words：CIP method; extremely nonlinear; green water

基于 Rankine 源法的 Wigley 船兴波阻力计算

陈丽敏，何广华[1]，张晓慧，张志刚，李嘉慧

(哈尔滨工业大学（威海）船舶与海洋工程学院，威海，264209，Email: ghhe@hitwh.edu.cn)

摘要：基于 Rankine 源频域法开发了船舶耐波性计算的数值模型，并采用该数值模型计算了多个航速下的 Wigley 船的兴波阻力问题。基于该数值模型给出了 Wigley 船的波形等高线图，船侧波形图，船表面压力分布和兴波阻力，并与已发表的数值结果和实验数据进行了对比；验证了基于 Rankine 源频域法的程序能较好的模拟 Wigley 船的兴波问题。

关键词：兴波阻力；Rankine 源；Wigley 船

1 引言

船舶的快速性很大程度上决定于船舶的阻力性能，而船舶阻力由黏性阻力和兴波阻力构成，航速一定时，湿表面积改变甚微所以黏性阻力的变化微小。因此兴波阻力的分析对船舶整体的设计和优化有着重要作用[1]。由于兴波问题复杂多变，船舶航行于多介质中且水线面捕捉困难，使之成为兴波理论研究发展的障碍，仍有很多问题有待研究[2]。

目前通常采用理论研究方法、试验方法和数值模拟方法探讨船舶兴波问题。采用面元法来预测势流兴波问题,通常使用的基本格林函数为移动兴波源(Kelvin 源或 Havelock 源)，计算方法和最终形式均十分复杂，在考虑非线性自由面条件时，难于推导[3]；而基于简单 Rankine 源法，其形式简单，容易推广，且容易获得更多的流场信息，更可扩展至求解非线性自由面条件的船舶绕流问题，因而受到更多青睐[4]。本文即是基于简单的 Rankine 源来预报兴波阻力以及船舶的流场特性。

2 势流线性兴波理论

2.1 控制方程与边界条件

数值模型的计算建立在动坐标系 *o-xyz* 中(图 1)。

基金项目：山东省自然科学基金资助项目(ZR2014EEQ016)，哈尔滨工业大学（威海）科研基金(HIT(WH).2014.02).

图 1　数值模型的总体布置

假定船舶以恒定的速度 U 沿 x 轴正向运动。ϕ 代表总的速度势；Φ 代表基本流动势，选取均匀流动为基本流动，$\Phi = -Ux$；φ 代表扰动势。由 $\phi = \Phi + \varphi$，得：

$$\phi = -Ux + \varphi \tag{1}$$

根据势流假设，可以得到速度势满足以下的控制方程和边界条件：

$$\nabla^2 \phi = 0 \tag{2}$$

在船体湿表面上，有：

$$\nabla \phi \cdot \vec{n} = 0 \tag{3}$$

其中，$\vec{n} = n_x \vec{i} + n_y \vec{j} + n_z \vec{k}$，为船体表面的法方向。

在自由面上，满足运动学和动力学边界条件：

$$\frac{\partial^2 \varphi}{\partial x^2} + k_0 \frac{\partial \varphi}{\partial z} = 0, \quad z = 0 \tag{4}$$

在无穷远方，满足辐射条件：

$$\phi = -Ux, \quad x \to \infty \tag{5}$$

2.2 兴波阻力和波面抬高

由伯努利方程可得在物面上的压力分布：

$$p - p_\infty = \frac{1}{2} \rho \left[U^2 - 2gz - \nabla\Phi \cdot \nabla\Phi - 2\nabla\Phi \cdot \nabla\varphi \right] \tag{6}$$

其中，$p_\infty = p_a + \rho g h$，$p_a$ 为标准大气压，h 为该点到未扰动自由面的距离。压力系数可以表示为：

$$C_p = \frac{p - p_\infty}{0.5 \rho U^2} \tag{7}$$

假设船体表面上压力分布是连续的，则船舶所受到的兴波阻力为沿着 x 轴其压力分布在船体湿表面上的积分，其阻力可以表示为：

$$R_w = \iint_{S_H} p n_x \mathrm{d}S \tag{8}$$

其阻力系数可以表示为：

$$C_w = \frac{R_w}{(1/2)\rho U^2 L^2} \tag{9}$$

其中，n_x 为单元法向量的 x 分量。由动力学条件可得，波高为：

$$\zeta = \frac{1}{2g}\left[U^2 - \nabla\Phi\cdot\nabla\Phi - 2\nabla\Phi\cdot\nabla\varphi\right] \tag{10}$$

3 数值计算

本文采用的面元法以 Rankine 源为基本格林函数，其形式如下：

$$G(p,q) = -1/r \tag{11}$$

$$G'(p,q) = -1/r' \tag{12}$$

其中，r、r' 分别表示场点 $p\,(x,y,z)$ 与源点 $q\,(\xi,\eta,\varsigma)$ 和 $q\,(\xi,\eta,0)$ 之间的距离，

$$r = \left[(x-\xi)^2 + (y-\eta)^2 + (z-\varsigma)^2\right]^{1/2}, \quad r' = \left[(x-\xi)^2 + (y-\eta)^2 + z^2\right]^{1/2}$$

4 数值计算实例及结果分析

4.1 标准 Wigley 船型

其数学表达式如下[5]：

$$y(x,z) = \pm\frac{B}{2}\left[1-\left(\frac{2x}{L}\right)^2\right]\left[1-\left(\frac{z}{d}\right)^2\right] \tag{13}$$

主要参数取 $L = 2.0$ m，$B/L = 0.1$，$B/d = 1.6$. 离散后船体与自由面网格如图 2 所示。

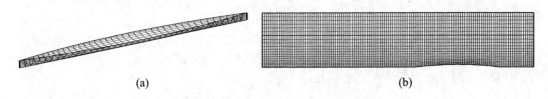

(a)   (b)

图 2 船体网格(a)与自由面网格(b)

4.2 波形图

图 3 为航速 $Fn = 0.289$ 时船舶兴波的波形图和船侧波形图。从图 3(a)中可以看出散波是从船首处开始辐射。与此同时，横波从船尾处开始产生。而流体总是迎着流线方向，且

在船体表面处没有横向的反射波浪。图 3(b)中三角点代表 Kajitani 等.[6] 中的试验结果，圆点代表时域高阶边界元法求得的数值结果[7]。从图 3(b)中可以发现，本方法得出的数据变化趋势与试验结果和时域计算结果基本一致，但在船首的第一个波峰和波谷处稍有差别。

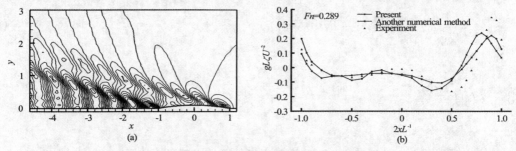

图 3 航速为 $Fn = 0.289$ 时的波形图(a)与船侧波形图(b).

4.3 压力分布图

图 4 为 Wigley 船型在 $Fn = 0.289$ 时不同深度处的压力分布与试验结果的比较，其中三角形散点代表实验结果，z/d 表示计算处深度与吃水的比值。可以看出：

(1) 本方法计算得出的压力系数与试验结果的变化趋势基本一致；

(2) 在船首和船尾处计算结果相比试验结果相差较大；在船首和船尾处，船体的曲度变化较大，非线性和粘性影响会相应增大；

(3) 在近水面处 $z/d = -0.2$ 处的结果相比较深处的结果较试验结果相差更大；可能是由于移动兴波源计算的船舶压力系数与水线的纵向梯度关系密切，故在近水面处的线型对压力系数影响较大，离水面深处的线型影响小。

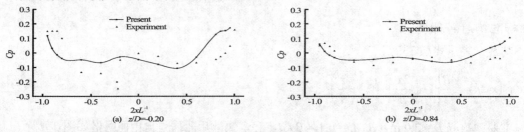

图 4 Wigley 船型在 $Fn = 0.289$ 时不同深度处的压力分布. (a) $z/d = -0.20$，(b) $z/d = -0.84$.

4.4 兴波阻力系数

图 5 为计算得到的 Wigley 船在 $Fn = 0.25 \sim 0.4$ 范围时的兴波阻力系数与试验结果的比较。从中可以看出，计算所得兴波阻力系数的变化趋势与试验结果基本一致，但在 $Fn < 0.30$ 时，计算结果比试验值仍有一定的偏差。

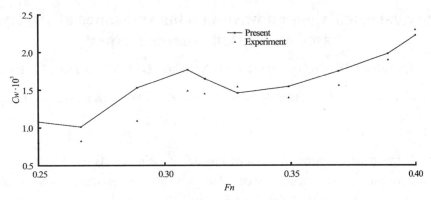

图 5 兴波阻力的数值计算结果与试验结果对比

5 结论

本文基于简单 Rankine 法采用常数边界元来求解船舶定常兴波问题，并计算和分析了自由面上的波形图和船侧波形图，从上述算例中可以得出以下结论：

(1) 本文采用的数值方法可以有效地预报和评估船舶兴波阻力及周围的流场情况；

(2) 通过与试验结果的进行对比可以看出，该方法计算得到的结果与试验结果基本一致，但在近水面处的压力分布以及在船首兴起的波高较试验结果相差略大；

(3) 数值计算的结果在一定程度依赖于自由液面和船体表面的网格尺度。

参 考 文 献

1 刘应中. 船舶兴波阻力理论[M]. 北京：国防工业出版社, 2003.

2 张宝吉, 马坤, 纪卓尚. 基于 Rankine 源法的兴波阻力数值研究[J]. 大连理工学报, 2009, 49(6): 872-875.

3 嵇醒, 藏跃龙, 程玉民. 边界元法进展及通用程序[M]. 上海：同济大学出版社, 1997.

4 韩端锋. 船舶兴波阻力新细长船理论的方法与计算研究[D]. 哈尔滨工程大学，2002.

5 Guanghua He, Masashi Kashiwagi. Time-Domain Analysis of Steady Ship-Wave Problem Using Higher-Order BEM[J]. International Journal of Offshore and Polar Engineering, 2014, 24 (1), 1-10.

6 Kajitani, H, Miyata, H, Ikehata, M, Tanaka, H, Adachi, H, Namimatsu, M, and Ogiwara, S (1983). "The Summary of the Cooperative Experiment on Wigley Parabolic Model in Japan," Proc 2nd DTRC Workshop Ship Wave-Resist Comput, DTNSRDC, 5-35.

7 Guanghua He, Masashi Kashiwagi. Time Domain Simulation of Steady Ship Wave Problem by a Higher-Order Boundary Element Method[J]. Proceedings of Twenty-second International Offshore and Polar Engineering Conference, 2012: 17-22.

Numerical calculation on wave-making resistance of Wigley hull based on Rankine source method

CHEN Li-min, HE Guang-hua, ZHANG Xiao-hui, ZHANG Zhi-gang, LI Jia-hui

(School of Naval Architecture and Ocean Engineering, Harbin Institute of Technology, Weihai, 264209.
Email: ghhe@hitwh.edu.cn)

Abstract：In this paper, numerical calculation model for ship seakeeping is developed based on Ranking source method in frequency domain. The wave-making resistance on the Wigley hull at forward speed $Fn = 0.267$ is calculated. Numerical results including wave patterns, wave profiles, pressure distribution and wave-making resistance on the Wigley hull are illustrated and compared with experimental measurements and numerical results from published approaches. The capability and reliability of the numerical calculation method based on Rankine source in frequency domain are confirmed in simulating the wave-making resistance on Wigley hull.

Key words：Wave-making resistance; Rankine source; Wigley hull.

积冰对船舶稳性的影响

卜淑霞，储纪龙，鲁江，黄苗苗

(中国船舶科学研究中心，无锡，214082，Email: bushuxia8@163.com)

摘要：目前国际海事组织（IMO）正在制定极地规则，其中对于稳性衡准主要涉及积冰对完整稳性的影响。本文首先分析了目前积冰的研究现状；其次分析了积冰质量和位置分布的计算方法以及 IMO 衡准中给定的积冰计算方法；最后以一艘集装箱船为研究对象，研究了不同方法计算的积冰对复原力臂的影响，从而证明积冰对船舶稳性的危害性，并进行稳性衡准的评估，为 IMO 极地规则的制定提供技术支撑。

关键词：积冰；极地稳性；复原力臂

1 引言

近年来，随着全球气候变暖以及北极拥有的宝贵的能源和资源，导致对北极航线的争夺越来越剧烈，因此极地船舶的研究具有重要的意义[1]。由于冰区的温度较低，当船舶长时间在低温区域航行时会出现结冰现象，如图 1 所示[2]。冰在船舶表面上积累会增加船舶的重量，减少剩余浮力与干舷；还会使船舶重心升高，相当于初稳性高的减小；另外在横风和尾斜浪中航行时，可能会产生极端危险的定常横倾现象；在最上层结构等地方的积冰，即使很少量的冰，也可能会引起船舶稳性的急剧恶化；冰沿船长和船宽的不均匀分布会产生纵倾和横倾变化，因此积冰对于船舶来说是很危险的，会对船舶稳性造成重大的影响，且已经引起了大量的船舶事故[3-4]。

国际海事组织（IMO）一直致力于极地航行安全法规的制定，且极地船舶的稳性也一直是研究的重点。目前现行的稳性规范是《2008 年国际完整稳性规则》（2008 IS CODE），其中明确提出在装载工况分析中应包括考虑结冰的情况。规范中给出了渔船的积冰计算方法，并指出对于木材甲板货运输船，应按照因吸水或积冰导致重量增加以及消耗品的变化，来确定或检查在最不利的营运条件下船舶的稳性。但该部分只是推荐性的规范，并没有强制要求。2009 年 IMO 批准立项制定强制性的极地水域航行规则，讨论包括稳性计算在内的极地船舶的强制规范。至此，就全面展开了极地规则的制定工作。随后经过多年的讨论，在 DE 57 次会议上提出了对完整稳性和破舱稳性非常细化的目标。与此同时在 SLF 55 次会议上，IACS 代表团给出了简要的计算木材甲板区域积冰重量的方法[5]。2014 年 DE、SLF 等分委会合并到 SDC 会议中，到 2015 年的 SDC 2 会议上基本形成了极地规则草案，在安全措施的强制性要求部分，明确提出了船舶的稳性与分舱要求。从上述极地规则的制定可以看出，极地船舶的稳性受到越来越多的重视，也提出了更多的要求，并且分委会也提议需要进行更多的计算以及试验的验证数据。针对极地船舶的稳性，我国目前仍缺少有效可行的研究方法和校核手段，所以积极的展开极地船舶的稳性研究，对于掌握这一领域的制高点具有重要的意义。

本文首先分析了较为可行的积冰计算方法以及 IMO 衡准中给出的计算方法。考虑集装箱船在海运业的重要地位，故选取一艘集装箱为研究对象，分析了不同工况下积冰对船舶稳性的影响。最后通过与 IMO 衡准规范中给定的积冰计算结果进行对比，证明积冰对船舶稳性的危害性，并进行初步的稳性衡准评估。

图 1 船舶积冰

2 积冰对船舶复原力臂影响的计算方法

积冰一般分为淡水积冰和海水积冰。相对于雨雪造成的淡水积冰，上层建筑因海浪飞沫而产生的海水积冰的概率为 90%以上。因此，本文重点研究海浪飞沫积冰。

2.1 常用的积冰计算方法

研究积冰的模型基本分为两种类型：统计的和物理的。统计的积冰模型基于空气-海水的参数以及利用观察到的积冰速率总结出的经验公式。这种模型中没有考虑气象和海洋学上的参数，而这些参数对于确定冰载荷分布是非常重要的，并且没有考虑船型特点，这种方法在早期阶段研究比较多[6][7]。后来的研究大都基于物理的积冰模型，它主要基于控制飞沫和积冰过程的物理定律和方程。第一个物理积冰模型是由 USSR[8]提出的，随后也有大量的学者进行了研究[9-12]。

目前积冰的计算方法主要有两种：一种是 Victor Kwok Keung Chung 在其博士论文中公开发表的研究成果[13]，但该方法中有大量的参数基于试验数据，故使用范围受限。另一种是 Zakrzewski[14]的研究成果，因为本文并没有找到原始的文献，故以下的计算方法均参考文献[15]。该方法中海浪飞沫的垂直质量分布为：

$$M = \omega \cdot U_r \cdot P_s \cdot N \text{ (kg/m}^2 \cdot \text{min)} \tag{1}$$

其中：ω：海浪飞沫质量的密度（kg/m³），可根据公式（2）计算；U_r：船舶的相对风速（m/s）；P_s：上浪持续时间（s）；N：每分钟上浪次数[1]。

$$\omega = 6.1457 \times 10^{-5} H_s V_{sw}^2 \exp(-0.55z) \tag{2}$$

其中：H_s：有义波高 $H_{1/3}$（m）；z：飞沫距离船舶甲板水平面的高度（m）；V_{sw}：波浪与船舶的相对速度（m/s）。

再结合飞沫运动轨迹（公式（3））得到积冰落在甲板的位置。然后通过积冰质量以及在船体上的分布，计算积冰对船舶浮性、稳性的影响[1]，再根据升沉和纵倾平衡，得到积冰对船舶复原力臂的影响。

$$\frac{\mathrm{d}V_d}{\mathrm{d}t} = -\frac{3C_d \rho_a}{4D\rho_w} |V_d - U|(V_d - U) \tag{3}$$

其中：V_d：飞沫的速度（m/s）；C_d 是无因次的系数[1]；D：飞沫直径（m）；ρ_a：空气密度（kg/m³）；ρ_w：飞沫密度（kg/m³）；U：风速（m/s）。

极地船舶在积冰的作用下，船舶的复原特性会发生改变。因此准确预报船舶复原力的变化是非常关键的，在本文复原力变化的数值计算采用公式如下[18-19]：

$$W \cdot GZ = \rho g \int_L y'_{B(x)} A(x)\mathrm{d}x + \rho g \sin \chi \int_L z'_{B(x)} F(x)A(x) \sin k(\xi_G + x\cos\chi)\mathrm{d}x \tag{4}$$

其中：$F(x)$：为各横剖面的压力梯度系数；$B(x)$：船舶在静水中正浮状态下各横剖面的水线宽（m）；$d(x)$：船舶在静水中正浮状态下各横剖面的吃水（m）；$A(x)$：各横剖面的浸水剖面面积（m²）；$y'_{B(x)}$、$z'_{B(x)}$ 分别为浸水横剖面的形心在参考坐标系下的坐标。

2.2 极地船舶稳性衡准计算方法

目前的 IMO 衡准规范中仅针对木材甲板货运输船以及渔船的积冰计算方法进行了介绍。考虑到木材甲板货船和集装箱船都属于大甲板、外飘船型，故本文计算中采用木材甲板货船的计算方法。在 SLF 55 次会议中 IACS 提出了针对木材甲板货运输船的积冰计算方法，并在 SDC 2 次会议上做了简化[17]，最终的计算方法如公式（5）所示。

$$w = 30 \cdot \frac{2.3(15.2L_{pp} - 351.8)}{l_{FB}} \cdot f_{tl} \cdot \frac{l_{\text{bow}}}{0.16L_{pp}} \quad \text{kg}/\text{m}^2 \qquad (5)$$

其中：L_{pp}：船舶垂线间长（m）；l_{FB}：干舷高度（mm），目前参考劳氏船级社提供的公式计算[2]；f_{tl}：木材和绑扎设备因子（f_{tl} =1.2）；l_{bow}：船首外飘区域的长度。

对于载荷的分布，根据航区冰级的不同可分为三种情况：均匀分布在船舶甲板和舷侧（case 1）；集中分布船舶一侧（case 2）；积冰大量的分布在船艏 1/3 处（case 3），如图 2 所示[2]。

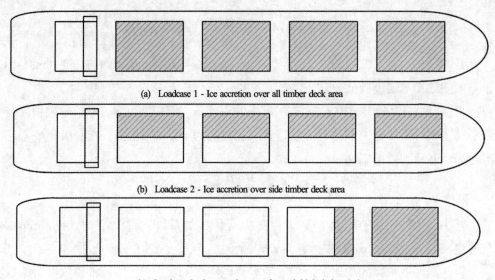

(a) Loadcase 1 - Ice accretion over all timber deck area

(b) Loadcase 2 - Ice accretion over side timber deck area

(c) Loadcase 3 - Ice accretion over forward third timber deck area

图 2 木材甲板货运输船的积冰载荷分布

3 积冰对 C11 集装箱船稳性的影响

考虑到目前缺乏实际在冰区航行的船型数据，以及本文主要是探索积冰对船舶复原力矩的影响，因此本文选取的是典型巴拿马 C11 集装箱船，该船的主尺度如表 1 所示。

表 1 C11 集装箱船的主尺度

C11	L_{PP}	B	D	T_m	GM	GM'	θ
尺度	262m	40 m	24.45 m	11.5 m	1.928 m	变化	0 rad

其中：L_{pp}：船舶垂线间长；B：宽度；D：型深；T_m：吃水；GM：初稳性高；θ：初始时刻的纵倾；θ'：考虑积冰后的纵倾；GM'：考虑积冰后的稳性高。

鉴于顶浪航行是积冰最密集的状态，故首先选取顶浪状态、服务航速、充分发展的规则波状态[1]，计算不同风速下的积冰情况。然后计算 IMO 给定的三种不同工况下的积冰情况，进而计算积冰对浮性、稳性的影响，如表 2 所示。最后根据公式（4）计算积冰对船舶复原力臂的影响，如图 3 所示。

表 2 积冰对稳性系数的影响

项目	风速/(m/s)				IMO-Case		
	9.8	12.6	15.7	19	Case 1	Case 2	Case 3
GM'	1.888	1.848	1.809	1.730	1.596	1.759	1.823
$\tan\theta'$	0.00071	0.00143	0.00207	0.00336	0.00878	0.00439	0.00121
T_m	11.506	11.512	11.518	11.529	11.572	11.536	11.514

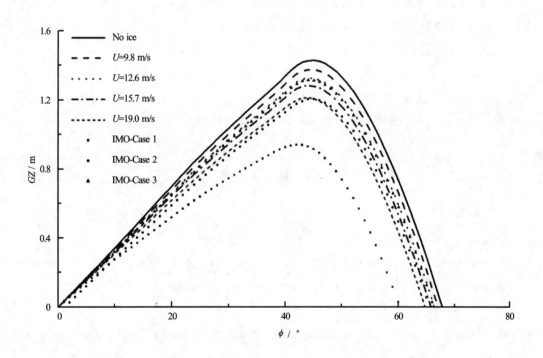

图 3 C11 集装箱船积冰对 GZ 曲线的影响

从表 2 可以看出，当船舶上累积积冰后，会降低初稳性高、产生首倾角，这些都会对船舶稳性产生不利的影响。

从图 3 可以看出，积冰会减少复原力臂，且稳性消失角也会减少，这对船舶是非常危险的。且风速越大，积冰对船舶的危害也越大。另外 IMO 给出的积冰计算方法，全甲板积冰情况（case 1）对应较大的风速，也就是可以航行在积冰比较严重的区域；一半的甲板积冰（Case 2）对应中等风速；船艏 1/3 区域积冰对应较低风速，只能航行于积冰不严重的区域。

4 结论

本报告初步探索了积冰对船舶复原力臂的影响，通过对不同工况下的积冰情况以及 IMO 规范给定的积冰计算方法的对比，初步评估了目前 IMO 积冰的衡准规范，得到了以下结论：

(1) 极区顶浪航行的船舶，积冰量会随着风速的增大而增大；

(2) 当船舶上累积积冰后，初稳性高会下降，且会产生首倾角，这些都会影响船舶的稳性；

(3) 通过 C11 集装箱不同工况下的复原力臂 GZ 曲线可以看出，积冰会使复原力臂减小，并且也会使稳性消失角变小，这对船舶是非常危险的；

(4) 航行在不同积冰区域的船舶，要按照不同的稳性衡准进行校核。

通过本文的计算中，发现积冰对船舶的稳性会产生较大的影响。但是本文仅考虑顶浪航向，没有考虑不对称积冰可能会产生的初始横倾角，而初始横倾角对船舶复原力矩的影响更大，因此要进一步研究积冰对极区航行船舶的危害性。

参 考 文 献

1   卜淑霞，储纪龙. 考虑积冰对船舶复原力矩影响的分析报告. 中船重工 702 所科技报告，2015.

2   储纪龙、卜淑霞. 极地船舶稳性衡准的分析报告. 中船重工 702 所科技报告，2015.

3   Transportation Safety Board of Canada. Downflooding and Sinking of the Fishing Vessel "Cape Aspy" off the South-West Coast of Nova Scotia, 30 January, 1993. Marine Occurrence Reports, No. M93M4004, 1994. PP: 38.

4   Zakrzewski, W.P, Lozowski, E.P. Modelling and Forecasting Vessel Icing. In, "Freezing and Melting Heat Transfer in Engineering," K.C. Cheng and N. Seki, eds., Hemisphere, New York, 1991:661-706.

5   IMO SLF 55/3/1/Add.1, Ice accretion on timber deck cargoes, IACS, 2012.

6   Mertins. H.O. Icing on Fishing Vessels due to Spray. Marine Observer, Vol. 38(221), 1968, PP: 128-130.

7   Sawada, T. A Method of Forecasting Ice Accretion in the Waters off the Kurile Islands. Journal of Meteorological Research. Vol. 18, 1966, PP:15-23

8   Zakrzewski, W.P, Lozowski, E.P. Blackmore, R.Z,et al. Recent Approaches in the Modeling of Ship Icing. Proceedings of the 9th International Symposium of Ice, Vol. 2, 1988: 458-476.

9   Panov, V.V., On the Frequency of Splashing the Medium Fishing Vessel with Sea Spray. In: Theoretical and Experimental Investigation of the Conditions of Icing on Ships. 1971: 87-90..

10   Panov, V.V., Calculation of the Ice Growth Rate Associated with the Spray Icing of Ships. In: Theoretical and Experimental Investigation of the Conditions of Icing on Ships. 1971: 26-48.

11   Stallabrass, J.R. Trawler Icing: A Compilation of Work Done at NRC. National Research Council of Canada, Mechanical Engineering Report MD-56, NRC, No. 19372, Ottawa, 1980.

12   Szilder, K., Lozowski, E.P. Stochastic Modeling of Icicle Formation [J]. Journal of Offshore Mechanics and Arctic Engineering. 1994,116(3):180-184.

13   Victor Kwok Keung Chung. Ship Icing and Stability. University of Alberfta. 1995.

14   Zakrzewski, W. P. Icing of Ship. NOAA, 1986:35-54.

15   邹忠胜. 船舶积冰及冰区锚泊的安全分析[D]. 大连：大连海事大学, 2010.

16   鲁江,顾民,马坤,等. 随机波中船舶参数横摇研究[J]. 船舶力学. 2012.

17   IMO SDC 2/WP4. Draft amendments to chapter 6 of part B of the 2008 IS CODE, in relation to ice accretion in timber deck cargo, 2015.

The effect of ship icing on stability

BU Shu-xia,CHU Ji-long, LU Jiang,, HUANG Miao-miao

(China Ship Scientific Research Center, Wuxi, 214082. Email: bushuxia8@163.com)

Abstract： The polar code is under development by the International Maritime Organization (IMO), which including the intact stability criteria mainly caused by ice accretion. Firstly, the current research situation about ship icing is summarized. Secondly, the reasonable methods for the calculation of ice mass and distribution are analyzed, as well as the methods given in the IS Code. Finally, the effects of icing on the restoring moment are investigated by taking a containership as an example, and the ship`s stability is also assessed. The results validate that the ship icing is harmful to the ship`s stability, and the assessment results can also provide technique supports for the development of polar ship stability.

Key words： Ice accretion; Polar Code, Restoring moment

船舶第二代完整稳性过度加速度薄弱性衡准研究

卜淑霞，顾民，鲁江

(中国船舶科学研究中心，无锡，214082，Email: bushuxia8@163.com)

摘要：目前国际海事组织（IMO）第二代完整稳性衡准工作组正在制定过度加速度薄弱性衡准。为有效支撑中国和德国在 IMO 中的过度加速度联合提案，提高中国在 IMO 二代稳性衡准制定中的话语权。本文针对 IMO 船舶设计与建造委员会（SDC）第 2 次会议及会后中国和德国联合提出的过度加速度薄弱性衡准提案，首先分析了该衡准方法，并开发了薄弱性衡准的计算程序，然后以国际标模 C11 集装箱为例给出了详细的计算过程，并验证了该方案的可行性。

关键词：过度加速度；薄弱性衡准；第二代完整稳性衡准；C11 集装箱船

1 引言

国际海事组织（IMO）正在制定第二代完整稳性衡准，包括船舶丧失动力时的瘫船稳性、与操纵性有关的横甩以及复原力变化引起的参数横摇等内容。目前已经确定对 5 种稳性失效模式开展相关研究：① 纯稳性丧失；② 参数横摇；③ 骑浪/横甩；④ 瘫船；⑤ 过度加速度，目标是对上述 5 种失效模式提供数值模拟计算和直接评估的方法，在这基础上制定新的、全面的完整稳性规则。

目前初步形成的规范主要由薄弱性衡准和稳性直接评估等组成。其中薄弱性衡准分为两个层次，首先依据稳性评价里的第一层衡准进行判定，对不符合要求的船舶，依据第二层衡准进行判定。如果船舶仍然不满足第二层衡准，则认为该船不满足薄弱性衡准的要求，需要进一步进行稳性直接评估的判定，即第三层衡准的判定。对于过度加速度的稳性衡准主要有中国[1-4]和德国[5-7]代表团进行草案的制定工作，并且在最新的船舶设计与建造委员会（SDC）第 2 次会议及会议期间，中国和德国代表团经过长时间的沟通和协商，最后提出了统一的衡准草案[8]。

针对过度加速度薄弱性衡准的联合提案，本文首先分析了该衡准方法，并开发了薄弱性衡准的计算程序，然后以国际标模 C11 集装箱为例给出了详细的计算过程，并验证了该方案的可行性。

2 过度加速度薄弱性衡准计算方法

由于集装箱船 Chicago Express 以及 Guayas 严重的事故，国际海事组织在 IMO SLF 53 次会议上将过度加速度这一稳性失效模式加入到船舶第二代完整稳性衡准的框架中，它主要是保障船员以及乘客在横向加速度过大时的安全性。目前对于过度加速度稳性失效模式衡准值的选取基本上基于上述两次事故。虽然第二代完整稳性衡准中的一些失效模式，比如参数横摇、纯稳性丧失、骑浪等现象引起的较大的横摇角度会造成较大的横向过度加速度，但是在这些稳性失效模式的制定中并没有考虑由于共振横摇以及最大的初始稳性高导致的发生横向过度加速度的概率，所以应该制定过度加速度的衡准方案。

过度加速度薄弱性衡准主要适用于船体上可能会出现乘客或船员的最高点，可以不考虑偶尔有人员出现的地方。

2.1 过度加速度第一层薄弱性衡准

对于过度加速度第一层薄弱性衡准，对于所有需要考虑的地方，如果满足公式（1），就认为该船不容易发生过度加速度。

$$\varphi k_{\mathrm{L}}(g + 4\pi^2 H / T_{\mathrm{r}}^2) < R_1 \tag{1}$$

其中：φ 是横摇幅值（rad），可利用公式（2）确定；k_{L} 是考虑垂向加速度和首摇影响的无因次化系数；g 是重力加速度；H 是横摇轴到驾驶甲板的高度，假设横摇轴位于水线与重心之间的平均高度处（m）；T_{r} 是横摇固有周期（s），可利用经验公式求解[13]；R_1 是衡准值，目前为 $8.9\mathrm{m/s}^2$。

$$\varphi = 4.43 rs / \delta_\varphi^{0.5} \tag{2}$$

其中：r 是无因次的等效波倾系数；s 是无因次的波陡系数，根据波陡表确定[13]；δ_φ 是无因次的自由横摇曲线衰减系数。

2.2 过度加速度第二层薄弱性衡准

对于过度加速度第二层薄弱性衡准，目前形成的统一提案中认为如果按照公式（3）计算的系数 C 不超过 $[10^{-3}]$，则判断该船不易发生过度加速度。

$$C = \sum_i w_i \exp\left[-R_2^2 / (2\sigma_i^2)\right] \Big/ \sum_i w_i \tag{3}$$

其中：W_i 是不同波浪条件下的权重系数；R_2 是衡准值，目前为[9.81] m/s²。

根据目前初步研究的结果发现过度加速度发生时，船舶的速度都较低，且在横浪状态下比较容易发生大的加速度[9][10]。因此过度加速度稳性衡准的制定基于零航速、横浪状态，此时横向加速度的标准差可表示成公式（4）。

$$\sigma^2 = 0.75 \int_0^\infty \left| \overline{A}(\omega, Fn, \beta') / L \right|^2 S_\zeta(\omega) \mathrm{d}\omega \qquad (4)$$

其中：$\overline{A}(\omega, \beta')$ 是横向加速度无因次的幅值响应因子，可利用公式（5）计算；ω 是波浪频率，积分的上下限分布为：$\omega_1 = [0.5/T_r]$，$\omega_2 = [25.0/T_r]$（rad/s）；S_ζ 是波浪的频率谱（m²s/rad）。

$$\overline{A}(\omega, \beta') = a_y(\omega, \beta') L_{pp} / (g\zeta_a) \qquad (5)$$

其中：ζ_a 是波浪幅值（m）；L_{pp} 是垂线间长（m）；a_y（ω, β'）是横向加速度（m/s²），可利用公式（5）求解。

$$a_y(\omega, Fn, \beta') = k_L(g\sin\theta_a + H\omega_e^2\theta_a) \qquad (5)$$

其中：ω_e 是横摇固有频率（rad/s）；θ_a 是基于规则波中 FK 力作用下的横摇幅值（rad）。

3 C11 集装箱船过度加速度薄弱性衡准验证

下面以典型的 C11 集装箱船为对象（主尺度如表 1 所示），详细说明过度加速度薄弱性衡准的计算过程。

表 1 C11 集装箱船的主尺度

项目	L_{pp}	B	H	x	A_{BK}	d	θ	L_{wl}	GM	KG	XG	C_B
数值	262.0	40.0	30.26	0.0	61.232	11.5	0.0	262.0	1.928	18.436	-5.483	0.56

其中：L_{wl} 是水线间长（m）；B 是船宽（m）；x 是计算点到船舶的距离（m）；d 是吃水（m）；GM 是经自由液面修正后的初稳性高（m）；KG 是重心到基线的垂直距离（m）；XG 是重心到船艉的纵向距离，船艏为正（m）；A_{BK} 是舭龙骨的面积（m²）；C_B：满载吃水时的方形系数。

3.1 过度加速度第一层薄弱性衡准验证

利用公式（1）进行第一层薄弱性衡准的判断，计算过程如表 2 所示，可知结果小于 $R_1 = 8.9 \text{m/s}^2$，故根据第一层薄弱性衡准判断 C11 集装箱船不易发生过度加速度。

表2 C11集装箱船第一层薄弱性衡准的计算过程

项目	r	s	k_L	T_r	φ	结果
结果	0.9057	0.033	1.125	19.609	0.164	2.384

3.2 过度加速度第二层薄弱性衡准验证

在第二层薄弱性衡准的计算中，首先计算不同频率下的 FK 力。本文基于公式（6）所示的压力，得到横摇方向的 FK 力（f_4）和横荡方向的 FK 力（f_2）（公式（7）），最后考虑横荡对横摇运动的贡献（公式（8）），得到横摇方向的 FK 力。

$$p = \rho g \zeta_a e^{-k_0 z} e^{-ik_0(x\cos\beta - y\sin\beta)} \tag{6}$$

$$\begin{aligned} f_j^{FK} &= \iiint_V p \cdot n_j \mathrm{d}V \\ &= \rho g \zeta_a \int_L e^{-ik_0 x\cos\beta} \int_{S_H} e^{-k_0 z - ik_0 y\sin\beta} n_j \mathrm{d}s\mathrm{d}x \quad j = 2,4 \end{aligned} \tag{7}$$

$$F_4^{FK} = f_4 - (KG - d) \cdot f_2 \tag{8}$$

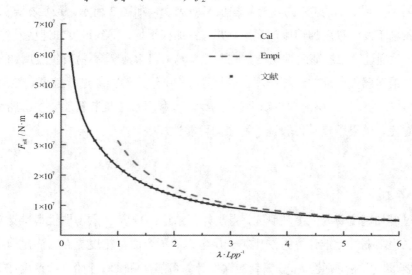

图 1 横摇 FK 力随波长/船长的变化

图1为单位波幅的 FK 力随波长与船长比的变化。其中 Cal 是本文计算的结果；文献是根据文献[11]的方法计算的结果；Empi 是根据经验公式计算的结果[12]，该经验公式认为在大波长的情况下，船舶的恢复力矩应该近似 FK 力。过度加速度的计算中取横浪状态，对于 C11 集装箱船，船宽为 40m，故可认为当波长/船长大于 1 后，即为长波长。

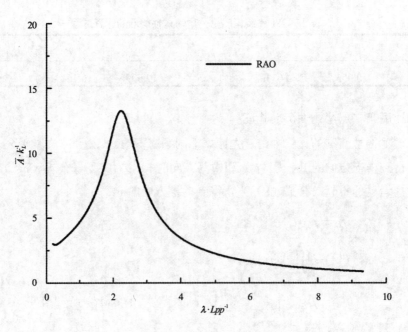

图 2 RAO 随波长/船长的变化

然后根据不同频率下的 FK 力，计算幅值影响因子，如图 2 所示。最后根据波陡表计算不同波浪条件下发生过度加速度的概率，并进行加权平均，得到过度加速度发生的概率：$C=0.0<10^{-3}$。故通过第二层薄弱性衡准，判断巴拿马 C11 集装箱不易发生过度加速度。

对于第一层薄弱性衡准的计算程序，利用草案[8]中给出的样船进行验证，结果与提案中给出的一致[13]。对于第二层薄弱性衡准的计算程序，利用 C11 集装箱船与中国船级社 CCS 的计算结果对比，结果一致[14]，验证了程序的可靠性。

4 结论

通过对过度加速度薄弱性衡准研究，得出如下结论：① 第一层薄弱性衡准计算方法较为简单，第二层薄弱性衡准计算方法比第一层考虑的更全面，精度更高，满足薄弱性衡准层层递进的要求，具备可行性。② 编制的软件计算可靠，可以对样船进行过度加速度薄弱性衡准判定。

参 考 文 献

1　Draft First Level vulnerability criteria on Excessive Acceleration, China. SLF 54/INF.12.

2　Updated Draft of Levels 1 and 2 Criteria of Excessive Acceleration, China. SLF55/INF.15.

3　Verification of the Draft for Excessive Acceleration Proposed by China. SLF55/INF.15.

4　Calculation Procedure of Excessive Acceleration, China, SDC1/INF.8.

5   Operational Guidance for Avoidance of Cargo Loss and Damage on Container Ships in Heavy Weather. Germany. SLF 52/INF.2（ISCG 54/14）.

6   On the Consideration of Lateral Acceleration in Ship Design Rules, Germany. SLF 54/INF.12.

7   Excessive Acceleration Criteria, Germany, SDC1/INF.8.

8   Criteria and Explanatory Notes for Level 1 and Level 2 Excessive Acceleration Criteria, Germany and China.   SDC 2_I SCG, 2015.

9   卜淑霞, 压载状态下集装箱船的加速度评估, 中船重工第 702 研究科技报告, 2015.

10   卜淑霞, 过度加速度与 GM、大幅横摇运动的关系, 中船重工第 702 研究科技报告, 2015.

11   Jiang Lu, Min Gu, Naoya Umeda, A Study on the Effect of Parmaetric Rolling on Added Resistance in Regular Head Seas, 12th STAB, 2015.

12   曾柯, 船舶瘫船稳性衡准技术研究[D], 中国舰船研究院硕士论文，2015.

13   卜淑霞, 过度加速度第一层薄弱性衡准-SDC 1, 中船重工第 702 研究科技报告, 2015.

14   卜淑霞过度加速度第二层薄弱性衡准-SDC 2, 中船重工第 702 研究科技报告, 2015.

15   顾民,鲁江,王志荣. IMO 第二代完整稳性衡准评估技术进展综述[C]. 船舶水动力学学术会议. pp304-311, 2013

Study on vulnerability criteria for excessive acceleration in second generation intact Stability

BU Shu-xia, GU Min, LU Jiang

(China Ship Scientific Research Center, Wuxi, 214082. Email: bushuxia8@163.com)

Abstract：The second generation intact stability criteria are under development by Sub-Committee of the International Maritime Organization (IMO), which include the failure mode of excessive acceleration. This paper is mainly focus on the consolidated draft vulnerability criteria jointly submitted by distinguished delegations from China and Germany during the conference of SDC 2 and intersessional discussion. Firstly, the drafts are analyzed, and then the codes for the vulnerability criteria are made. Finally, the detail calculating process is given and the feasibility of these drafts is also validated by taking C11 containership as an example, which provides technique support for the finalization of this stability failure mode in the second generation intact stability.

Key words：Excessive acceleration, Vulnerability criteria, Second Generation Intact Stability Criteria, C11 containership

骑浪/横甩薄弱性衡准方法影响因素分析

储纪龙，鲁江，吴乘胜，顾民

(中国船舶科学研究中心 水动力学重点实验室，江苏 无锡，214082， Email：long8616767@163.com)

摘要： 目前，国际海事组织（IMO）正在制定第二代完整稳性衡准骑浪/横甩薄弱性衡准。骑浪/横甩第二层薄弱性衡准中，输入参数较多，其中静水阻力和推力可以通过试验或数值方法获得，但通常在船舶设计阶段中试验数据缺乏，所以本文推荐一种简单估算阻力和推力的方法，并分析估算的阻力和推力对衡准中临界转速、临界傅汝德数和衡准值的影响，验证方法的适用性。同时还分析了波浪的绕射效应对衡准值的影响。最后根据计算结果对骑浪/横甩第二层薄弱性衡准方法提出修改意见，为 IMO 船舶骑浪/横甩薄弱性衡准的制定提供技术支撑。

关键词： 第二代完整稳性衡准；骑浪/横甩；纵荡波浪力；阻力；推力

1 引言

目前国际海事组织（IMO）正在制定第二代完整稳性衡准，包括参数横摇、纯稳性丧失、过度加速度、瘫船稳性和骑浪/横甩五种稳性失效模式，每种失效模式衡准由三个层次的评估方法组成，分别为第一层薄弱性衡准（vulnerability criteria level 1）、第二层薄弱性衡准（vulnerability criteria level 2）和直接稳性评估（direct stability assessment），三层评估方法的计算复杂性一次递增，评估的准确性也依次提高[1]。其中横甩主要分为两种模式：一种是在随浪和尾斜浪中高速航行的船舶因骑浪而导致的横甩；另一种是连续的波浪冲击导致首摇不稳定逐渐形成的横甩。后者在船舶低速和高速时都能发生，可以通过适当操作避免其发生，而前者一旦发生骑浪，横甩不可避免[2]。

SDC 2 次会议中，骑浪/横甩薄弱性衡准方法已基本确定。对于 $Fr \leq 0.3$ 或 $L > 200\text{m}$ 的船舶，则认为其满足第一层薄弱性衡准，不易受骑浪/横甩的影响；而对于不满足要求的船舶，需进行第二层衡准校核。如果船舶静水中服务航速对应的第二层薄弱性衡准值小于 0.005，则认为船舶满足第二层薄弱性衡准，不易受到骑浪/横甩的影响；对于不满足要求的船舶，需要进行直接稳性评估[3]。

基金项目：工信部船舶第二代完整稳性衡准技术研究（2012[533]）

　　骑浪/横甩第二层薄弱性衡准中，输入参数较多，其中静水阻力和推力可以通过试验或数值方法（如 CFD 方法、势流理论方法或经验公式）获得。在船舶设计阶段中，通常试验数据较为缺乏且成本高，CFD 方法和势流理论方法比较复杂且耗时，所以本文推荐使用经验公式估算阻力和推力，研究经验公式获得的阻力和推力对骑浪/横甩第二层薄弱性衡准的影响，验证了经验公式的适用性；同时还分析了纵荡波浪力的绕射效应对衡准值的影响。

2　骑浪/横甩薄弱性衡准计算原理

　　骑浪/横甩第二层薄弱性衡准公式：

$$C = \sum_{H_S} \sum_{T_Z} \left(W2(H_S, T_Z) \frac{\sum_{i=1}^{N_\lambda} \sum_{j=1}^{N_a} W_{ij} C2_{ij}}{\sum_{i=1}^{N_\lambda} \sum_{j=1}^{N_a} W_{ij}} \right) \tag{1}$$

其中：$W2(H_S, T_Z)$ 为短期海况的权重因子，是有义波高 H_S 和平均跨零周期 T_Z 的函数，由波浪分布表[3]获得；W_{ij} 为波浪统计权重，由公式（2）获得；$C2_{ij}$ 用来判断在特定波高和波长的规则波中是否发生骑浪，由公式（3）获得；N_λ=80，N_a=100。

$$W_{ij} = \frac{4\sqrt{g}}{\pi v} \frac{L^{5/2} T_{01}}{(H_s)^3} s_j^2 r_i^{3/2} \left(\frac{\sqrt{1+v^2}}{1+\sqrt{1+v^2}} \right) \Delta r \Delta s$$
$$\cdot \exp\left[-2\left(\frac{L \cdot r_i \cdot s_j}{H_s} \right)^2 \left\{ 1 + \frac{1}{v^2}\left(1 - \sqrt{\frac{g T_{01}^2}{2\pi r_i L}} \right)^2 \right\} \right] \tag{2}$$

其中：L 为船长；g 为重力加速度；$v = 0.4256$；$T_{01} = 1.086 T_Z$；$s_j = (H/\lambda)_j$，变化范围为 0.03～0.15，间隔 $\Delta s = 0.0012$；$r_i = (\lambda/L)_i$，变化范围为 1.0～3.0，间隔 $\Delta r = 0.025$。

$$C2_{ij} = \begin{cases} 1 & if \quad Fr > Fr_{cr}(r_i, s_j) \\ 0 & if \quad Fr \le Fr_{cr}(r_i, s_j) \end{cases} \tag{3}$$

其中：Fr_{cr} 为临界傅汝德数，$Fr_{cr} = u_{cr}/\sqrt{Lg}$，$u_{cr}$ 为船舶的临界速度，通过推力 T_e 与阻力 R 平衡方程（4）获得。

$$T_e(u_{cr}; n_{cr}) - R(u_{cr}) = 0 \tag{4}$$

$$T_e(u; n) = (1 - t_p)\rho n^2 D_p^4 K_T(J) \tag{5}$$

$$R(u) = r_1 u + r_2 u^2 + r_3 u^3 + r_4 u^4 + r_5 u^5 \tag{6}$$

其中：n_{cr} 为螺旋桨的临界转速；ρ 为水密度；t_p 为推力减额；n 为螺旋桨转速；D_p 为螺旋桨直径；K_T 为推力系数；J 为进速系数。本文推荐 Holtrop & Mennen 方法估算船舶阻力，近似公式如下：

$$R = R_F(1+k_1) + R_{APP} + R_W + R_B + R_{TR} + R_A \tag{7}$$

其中：R 为总阻力；R_F 为摩擦阻力；R_{APP} 为附体阻力；R_W 为兴波阻力；R_B 为球鼻艏水线附近的粘压阻力；R_{TR} 为浸没方艉产生的粘压阻力；R_A 船模修正阻力；$1+k_1$ 为船体的形状因子。R_F，R_{APP}，R_W，R_B，R_{TR}，R_A，k_1 的计算公式参见文献[4-5]。

推力系数 K_T 的经验公式是 Oosterveld 和 Oossanen 根据 Wageningen B 系列螺旋桨的敞水试验获得的（后文简称 Oosterveld & Oossanen 方法），公式如下：

$$K_T = \sum_{s,t,u,v} C_{s,t,u,v} J^s (P/D)^t (A_E/A_O)^u Z^v \tag{8}$$

其中：P/D 为螺距比；A_E/A_O 为盘面比；Z 为螺旋桨桨叶数；系数 $C_{s,t,u,v}$，s，t，u，v 具体值见文献[6]。当雷诺数 R_n 大于 $2*10^6$ 时，K_T 通过 ΔK_T 进行修正，ΔK_T 计算公式见文献[6]。

螺旋桨临界转速 n_{cr} 可以通过数值迭代方法求解以下方程获得：

$$2\pi \frac{T_e(c_w; n_{cr}) - R(c_w)}{f} = \sum_{i=1}^{N} \sum_{j=1}^{i} C_{ij}(-2)^j I_j \tag{9}$$

式中：c_w 为波速；f 为纵荡波浪力幅值；C_{ij} 和 I_j 计算公式详见文献[7]。

当骑浪/横甩第二层薄弱性衡准方法用于制定操作限制时，纵荡波浪力还应该考虑水动力部分，因为只考虑 Froude-Krylov 力部分会过高估计衡准值。纵荡波浪力也可以通过试验或 CFD 方法获得。对于常规的细长体船，如集装箱船、滚装船，还可以通过经验修正因子 μ_x 来考虑波浪的绕射影响，公式如下：

$$f = \rho g \zeta_a k \mu_x \sqrt{F_C^2 + F_S^2} \tag{10}$$

$$
\begin{aligned}
\mu_x &= 1.46 C_b - 0.05 \quad for \quad C_m < 0.86 \\
&= (5.76 - 5.00 C_m) C_b - 0.05 \quad for \quad 0.86 < C_m < 0.94 \\
&= 1.06 C_b - 0.05 \quad for \quad C_m \geq 0.94
\end{aligned}
\tag{11}
$$

其中：k 为波数，ζ_a 为波幅；F_C 和 F_S 是纵荡波浪力中 Froude-Krylov 力的组成部分；C_m 为中横剖面系数；C_b 为方形系数[8]。

3 实例分析

以下计算相关样船的主要参数见表 1。

表 1　船舶主要参数

参数	C11 集装箱船	渔船 1
垂线间长 L_{BP}/m	262	30
型宽 B/m	40	6
吃水 d/m	11.5	2.2
方形系数 C_b	0.56	0.64
排水体积/m³	67508	245

3.1 波浪绕射影响

以 C11 集装箱船为例，考虑波浪绕射对纵荡波浪力幅值 f、临界转速 n_{cr} 和临界傅汝德数 Fr_{cr}，以及骑浪/横甩第二层薄弱性衡准值 C 的影响，结果如图 1-2 所示。图中 f_FK 代表只考虑 Froude-Krylov 力部分，不考虑波浪绕射影响；f_FK+DIF 代表考虑波浪绕射影响。

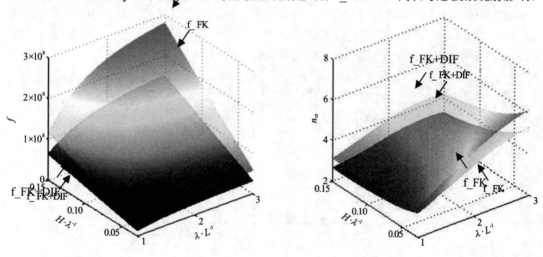

图 1　C11 集装箱船 f 和 n_{cr} 的变化曲面

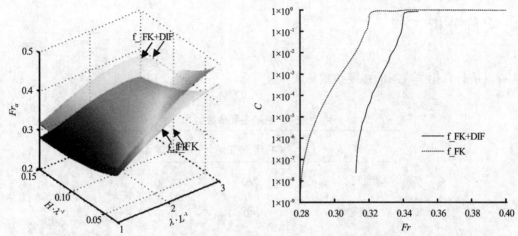

图 2　C11 集装箱船 Fr_{cr} 的变化曲面和骑浪/横甩第二层薄弱性衡准值 C 的变化曲线

从图 1 和图 2 可知考虑波浪绕射影响，纵荡波浪力幅值 f 减小，而临界转速 n_{cr} 和 Fr_{cr} 增大，则 $Fr > Fr_{cr}$ 的概率减小，导致相同 Fr 对应的衡准值 C 减小。绕射影响对船舶骑浪/横甩第二层薄弱性衡准的影响很大，只考虑 Froude-Krylov 力部分会过高估计衡准值。这里绕射影响是通过经验修正因子 μ_x 来考虑的，而其他的非常规细长体船型，其绕射效应对衡准值的影响还有待进一步研究。

3.2　阻力影响

以 C11 集装箱船为例，采用 Holtrop & Mennen 方法估算船舶阻力（记作 R_CAL），并与试验数据（记作 R_EXP）进行对比，结果如图 3 所示。经验公式估算的阻力值与试验数据的变化趋势基本一致，但经验公式计算结果偏小，且随着航速的增大，误差越大。主要偏小原因是 Fr 较高时，兴波阻力估算不够准确。

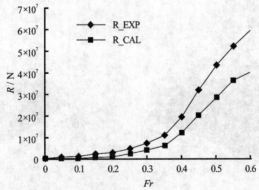

图 3　船舶阻力试验数据与经验公式计算结果对比

分析阻力对 n_{cr}，u_{cr} 和 Fr_{cr} 以及衡准值 C 的影响（图 4 和图 5）。

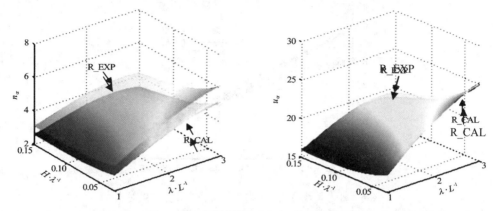

图 4　C11 集装箱船 n_{cr} 和 u_{cr} 的变化曲面

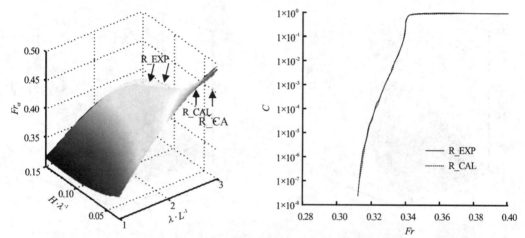

图 5　C11 集装箱船 Fr_{cr} 的变化曲面和骑浪/横甩第二层薄弱性衡准值 C 的变化曲线

从图 4 和图 5 可以看出，通过 R_CAL 获得的 n_{cr}，明显小于通过 R_EXP 获得的 n_{cr}，而根据两者计算的 u_{cr} 和 Fr_{cr} 都非常接近。由于经验公式计算的阻力值 R 偏小，导致通过公式（9）求得的 n_{cr} 偏小，也就是推力 T_e 偏小，同时阻力 R 也偏小，所以通过方程（4）求得的 u_{cr} 变化不大，对最终衡准值 C 的影响不大。这说明 Holtrop & Mennen 方法估算的阻力可以用于船舶骑浪/横甩第二层薄弱性衡准的计算。

3.3　推力系数影响

以渔船 1 为例，采用 Oosterveld & Oossanen 方法计算船舶推力系数 K_T（记作 KT_CAL），并与试验数据（记作 KT_EXP）进行对比，结果如图 6 所示。经验公式估算的推力系数 K_T 与试验数据的变化趋势基本一致，但有一定的误差。

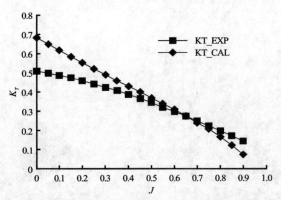

图 6 推力系数的试验数据与经验公式计算结果对比

分析推力系数 K_T 对 n_{cr}，u_{cr}，Fr_{cr} 以及衡准值 C 的影响，结果如图 7-8 所示。

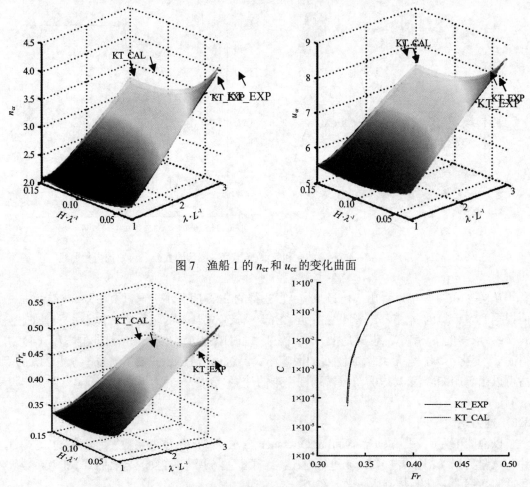

图 7 渔船 1 的 n_{cr} 和 u_{cr} 的变化曲面

图 8 渔船 1 的 Fr_{cr} 的变化曲面和骑浪/横甩第二层薄弱性衡准值 C 的变化曲线

从图中可以看出，根据 KT_CAL 和 KT_EXP 计算的 n_{cr}, u_{cr}, Fr_{cr}，以及衡准值 C 都非常接近，说明经验公式估算的推力系数 K_T 可以用于骑浪/横甩第二层薄弱性衡准的计算。

4 结 论

基于本文样船系统的讨论可以获得如下结论：① 波浪绕射对船舶骑浪/横甩第二层薄弱性衡准的影响较大，计算中应该考虑波浪的绕射效应；如果不考虑绕射效应，衡准的标准值应适当提高。② Holtrop & Mennen 方法，和 Oosterveld & Oossanen 方法可以分别用于船舶骑浪/横甩第二层薄弱性衡准中的阻力和推力计算。

参 考 文 献

1 顾民, 鲁江, 王志荣. 国内第二代完整稳性研究的主要成果和重点发展方向. 全国船舶稳性学术研讨会文集, 2014, pp:1-8.

2 Draft vulnerability criteria and their sample calculation, Japan, SLF 52/INF.2, 23 Oct 2009.

3 Draft amendments to part B of the IS CODE with regard to vulnerability criteria of levels 1 and 2 for the surf-riding/broaching failure mode. SDC 2/WP.4, Annex3, 19 Feb 2015.

4 Oosterveld M.W.C. and Oossanen P.VAN. Further Computer-Analyzed Data of the Wageningen B-Screw Series. Intl.Shipbuilding Progress, 1975, pp: 251-262.

5 Holtrop,J. A Statistical Re-analysis of Resistance and Propulsion Data. Intl Shipbuilding Progress, Vol.31, No 363, 1984, pp: 272-276.

6 Holtrop,J. and Mennen,G.G.J. An Approximate Power Prediction Method. International Shipbuilding Progress, Vol.29, July 1982.

7 A.Maki, N.Umeda, M.Renilson, T.Ueta. Analytical formulae for predicting the surf-riding threshold for a ship in following seas[J]. J Mar Sci Technol, 2010, vol15: 218-229.

8 Draft explanatory notes on the vulnerability of ships to the broaching stability failure mode, Revised by Coordinator based on the outcomes of SDC 2, 2015.

An analysis of influencing factors on vulnerability criteria for surf-riding and broaching

CHU Ji-long，LU Jiang，WU Cheng-sheng，GU Min

(China Ship Scientific Research Center, National Key Laboratory of Science and Technology on Hydrodynamics, Wuxi, 214082, Email：long8616767@163.com)

Abstract: Vulnerability criteria for surf-riding/broaching are under development by the International Maritime Organization (IMO) in the second generation intact stability criteria. In the level 2 vulnerability criteria for Surf-riding and Broaching, there are many inputting parameters. Among these parameters, the calm water resistance and the propeller thrust can be obtained by experiments or numerical methods. But experimental data is usually lacked during the ship design stage, so simple estimating methods are recommended in this paper. The influences of resistance and thurst coefficients on the critical revolution number of the propulsor, the critical Froude number, and level 2 vulnerability criteria are analyzed, which verify the suitability of estimating methods. At the same time, the effect of wave diffraction on level 2 vulnerability criteria is taken into account. Fanally, the modification is submitted, which provides the technical support for developing the vulnerability criteria for surf-riding/broaching.

Key words: The second generation intact stability criteria; Surf-riding/Broaching; Surging force; Resistance; Thrust

基于重叠网格技术的潜艇应急上浮空间运动的数值模拟

廖欢欢，庞永杰，李宏伟，王庆云

(哈尔滨工程大学水下机器人技术重点实验室，哈尔滨，150001，Email: liaohuanhuan625@126.com)

摘要： 为了研究潜艇水下六自由度上浮空间运动的特性、寻找运动规律。基于 CFD 软件 STAR-CCM+采用 VOF RANS 六自由度运动求解器和重叠网格技术，数值模拟潜艇在一定深度应急上浮六自由度的运动，从而获取该运动过程中艇体六自由度的运动参数的时历曲线。结果表明，重叠网格技术可较好地模拟潜艇应急上浮的六自由度运动问题。该研究为潜艇应急上浮六自由度运动的操纵与控制奠定坚实的基础，具有深远的工程价值。

关键词： 重叠网格；潜艇；应急上浮；CFD

1 引言

潜艇是现代海军重要的威慑力量，在我国海军建设中具有重要的战略意义。随着我国综合国力的不断提高、周边安全局势的紧迫等，国家对于潜艇的各项性能指标的要求明显提高，其中最迫切的是提高潜艇的机动性、隐身性与应急安全性能。随着潜艇水下航速的提高和潜深的增加，潜艇在水中的运动已成为六自由度的空间运动。水下航行的潜艇，由于突发事件，如操纵设备故障而出现的不利纵倾、海水密度突然变化而发生的潜艇"掉崖"等现象，潜艇将无法保持定深航行而处于危险状态。为了防止处于危险的潜艇超过极限潜深或撞沉海底，最有效的手段就是急速吹除各组压载水舱中的海水，甚至吹除的同时抛弃固体可弃压载，实施应急上浮。

近年来，随着计算机硬件技术的进步以及软件水平的发展，各种计算流体动力学软件的功能不断完善，数值模拟精度不断提高。在此，作者应用 STAR-CCM+软件对潜艇的水下应急上浮空间运动的水动力性能进行数值模拟研究，以获取潜艇应急上浮运动的水动力性能，为潜艇脱险提供操纵参考。

2　重叠网格技术介绍

近年来随着重叠网格技术的发展，其越来越多的运用在船舶行业的数值模拟中。重叠网格方法[1]将复杂的流动区域分成几何边界比较简单的子区域，各子区域中的计算网格独立生成，彼此存在着重叠、嵌套或覆盖关系，流场信息通过插值在重叠区边界进行交换和匹配。重叠网格既拥有结构网格逻辑关系简单、流场计算精度高、效率高、壁面黏性模拟能力强等优点，同时又弥补了结构网格对外形适应能力差的缺点。生成重叠网格的步骤通常为两步：挖洞与插值[2]。挖洞的目的在于建立各个子网格之间的洞边界，独立的子网格就是通过该边界互相联系到一起。这种方法需要人工确定挖洞边界（如图 1 中所示），网格 2 的外边插值点即为人工确定的边界。网格 1 落入网格 2 中，这样的网格被计作洞点，洞点不与计算，相当于暂时消失，直至网格不再重叠，此网格重新进入计算。而重叠的边界会相互传递计算流场的信息，最终完成流体信息的链接。

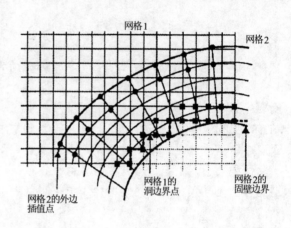

图 1　重叠网格结构

本研究采用的挖洞方法为在计算艇体周围确定一个长方体区域。在挖洞时应注意，在计算过程中，一定会对艇体周围进行加密，挖洞的大小应该与所选择的网格增长速度和最小网格尺寸相关。网格增长速度越慢，最小网格尺寸越小，网格数量越大，所需要的挖洞区域也越大。所以在挖洞时应根据计算机条件判定挖洞的大小，根据实际情况将重叠网格区域的网格增长率选为快速，这样不仅保证了艇体周围的网格密度，还可以适当控制挖洞区域的大小，同时保证与背景区域有较好的传递关系。

在构建好挖洞关系后，洞边界即确定下来。而后需要确定的就是网格之间的插值关系，其中包括两个步骤，确定贡献单元与插值公式。在三维插值中，一般采用三线性插值。在实际计算之前，应先确定插值的贡献单元。不同情况来说，一个六面体网格的贡献单元最多有 6 个，其中六面体中心所在的单元称作宿主单元，因六面体中心距宿主中心最近，于是通过宿主单元确定六面体中的流畅变量总体趋势，并通过其余 5 个贡献单元进行修正。其插值公式为：

$$\Phi = A\psi_1 + B\varsigma_1 + C\eta_1 + D\psi_1\varsigma_1 + E\varsigma_1\eta_1 + F\psi_1\eta_1 + G \tag{1}$$

式中，（ψ_1、ς_1、η_1）代表六面体网格中心坐标，Φ 代表需计算得流场参数，系数 A、B、C、D、E、F、G 的计算公式如下：

$$A = \Phi_{i+1,j,k} - \Phi_{i,j,k}$$
$$B = \Phi_{i,j+1,k} - \Phi_{i,j,k}$$
$$C = \Phi_{i,j,k+1} - \Phi_{i,j,k}$$
$$D = \Phi_{i+1,j+1,k} - \Phi_{i+1,j,k} - \Phi_{i,j+1,k} + \Phi_{i,j,k} \qquad (2)$$
$$E = \Phi_{i,j+1,k+1} - \Phi_{i,j,k+1} - \Phi_{i,j+1,k} + \Phi_{i,j,k}$$
$$F = \Phi_{i+1,j,k+1} - \Phi_{i+1,j,k} - \Phi_{i,j,k+1} + \Phi_{i,j,k}$$
$$G = \Phi_{i+1,j+1,k+1} - \Phi_{i+1,j+1,k} - \Phi_{i,j+1,k+1} - \Phi_{i+1,j,k+1} + \Phi_{i+1,j,k} + \Phi_{i,j,k+1} + \Phi_{i,j+1,k} - \Phi_{i,j,k}$$
$$H = \Phi_{i,j,k}$$

通过式（1）和式（2），便可确定流场中任意六面体的流畅参数，完成插值。

3 数学模型

3.1 控制方程

在笛卡儿坐标系下，对于黏性不可压缩流体，在流场中时间平均质量守恒方程（连续性方程）和雷诺平均 Navier-Stokes 方程(RANS)的张量形式可以表示为：

$$\frac{\partial}{\partial x_i}(\rho u_i) = 0 \qquad (3)$$

$$\frac{\partial(\rho u_i)}{\partial t} + \frac{\partial}{\partial x_i}(\rho u_i u_j) = -\frac{\partial p}{\partial x_i} + \frac{\partial}{\partial x_j}\left(\nu \frac{\partial u_i}{\partial x_j} - \rho \overline{u_i' u_j'}\right) + S_i \qquad (4)$$

式中，$i, j = 1, 2, 3$；ρ 代表流体密度；ν 代表动力黏性系数；u_i、u_j 代表速度分量的时间平均值；u_i'、u_j' 代表速度分量的脉动值，p 代表压力平均值；$\overline{u_i' u_j'}$ 代表速度脉动乘积的时间平均值；S_i 代表广义源项。

3.2 湍流模型

在计算过程中采用隐式非定常形式，湍流模型采用在近壁面算法更稳定且精度更好的剪切应力输运 $k-\omega$ 模型，即 SST $k-\omega$ 两方程模型[3]，相应的 k 方程和 ω 方程为：

$$\frac{\partial}{\partial t}(\rho k) + \frac{\partial}{\partial x_i}(\rho k u_i) = \frac{\partial}{\partial x_j}\left(\Gamma_k \frac{\partial k}{\partial x_j}\right) + \tilde{G}_k - Y_k + S_k \qquad (5)$$

$$\frac{\partial}{\partial t}(\rho\omega)+\frac{\partial}{\partial x_i}(\rho\omega u_i)=\frac{\partial}{\partial x_j}\left(\Gamma_\omega\frac{\partial\omega}{\partial x_j}\right)+\tilde{G}_\omega-Y_\omega+D_\omega+S_\omega \tag{6}$$

式中，k 代表湍动能；ω 代表特别耗散率，可以认为是湍动能扩散率 ω 和湍动能 k 的比值；Γ_k 和 Γ_ω 分别表示 k 和 ω 的有效扩散；Y_k 和 Y_ω 分别表示 k 和 ω 的耗散；G_k 表示 k 的产生项，G_ω 表示 ω 的产生项；D_ω 代表交叉扩散项；S_k 和 S_ω 代表自定义源项。

3.3 计算域设置与网格划分

自适应直角切割网格技术是近十年来新发展起来的一种网格划分技术，由于其生成简单，且兼具结构化网格的较高网格质量和非结构的复杂表面适应性，得到了广大 CFD 学者关注。

切割网格生成原理[4]可简单概括为先在整个计算域周围空间生成体网格，体网格覆盖计算域内外，包含边界。然后用计算域边界面切割初步生成的体网格，删除计算域外的网格，进一步切割以提高计算域内网格质量。此种网格可以随意控制计算域内的网格疏密程度，大大减少了不必要的计算位置的网格数量，且网格质量较高。

为使计算更加准确，收敛更快，需要划分高质量的网格，使用切割体网格对流畅进行划分，为避免流域边界对流场产生影响，流场应足够大，整个外域采用长方体。切割体网格的绘制过程中，除了对潜艇附近网格进行加密外（网格尺寸 0.01m），还对整个自有液面附近的网格进行了垂向加密（网格尺寸:0.16m，z 轴方向垂直于水平面），以确保潜艇上浮过程中自由液面影响充分，其他部分网格尺寸为 0.32m。整个计算域总网格数量为 13.2×10^5 左右（图2）。

图2 整个计算域切割体网格

4 潜艇六自由度应急上浮空间运动的数值模拟与结果分析

最大迭代次数为 5 次，具体数值模拟求解流程如图3 所示。本文潜艇在水下带有一定正浮力，静平衡状态下释放，计算了潜艇上浮过程做前进运动的上浮运动。潜艇应急上浮六自由度空间运动的数值模拟结果见图4 所示。

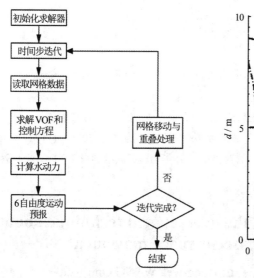

图 3 潜艇六自由度空间运动数值

模拟求解流程

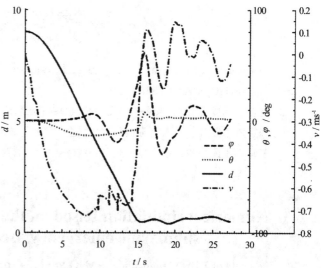

图 4 前进运动潜深 9m 纵摇角时历曲线、横摇角时历

曲线、潜深时历曲线和速度时历曲线叠绘图

从图 4 中可以看出，上浮过程中潜艇一直抬艏上浮，纵倾角不断加大，纵倾角最大值为 16 度，当纵倾达到最大值后，潜艇会以稳定的纵倾角上浮一段时间，当潜艇快接近水面时，艇身很快就被扶正，出水后艇艏拍击水面，纵倾角持续震荡；横摇角在上浮过程中不断扩大和发散，横摇角的最大值出现在出水时刻，横摇角最大值为 59 度；上浮过程速度最大为 0.7m/s 左右。均满足潜艇上浮安全性要求。

5 结论

综上所述，本文提出了运用重叠网格技术，基于 CFD 数值模拟了潜艇六自由度应急上浮空间运动过程，从工程应用的角度出发，研究了潜艇水下一定深度应急上浮六自由度空间运动的运动特性，表明重叠网格技术为潜艇六自由度复杂空间运动数值模拟提供可能，这也是一种行之有效的手段。潜艇在紧急穿过水面时会出现不利横倾角，会直接危及艇的安全。较大的剩余浮力会产生横向不稳定性，它主要以横摇的简单运动形式出现。总之，通过本研究数值模拟的方法，能为实际潜艇操纵设计提供技术支撑。

参 考 文 献

1. Nakahashi K, Gumiya T. An intergrid boundary definition method for overset unstructured grid approach[C].AIAA-99-3304, 1999.

2   赵发明,高成君,夏琼. 重叠网格在船舶CFD中的应用研究[J]. 船舶力学, 2011, 4(15):333-341.

3   陈康,黄德波,李云波.船体阻力计算中模型常（系）数的敏感性研究[J].船舶力学,2011,15(11):1217-1223.

4   王硕,苏玉民,杜欣. 滑行艇静水直航及波浪中运动的数值模拟[J].华南理工大学学报,2013,41(4):119-126.

Numerical simulation based on the overset grid technique about submarine emergency ascent space movement

LIAO Huan-huan, PANG Yong-jie, LI Hong-wei, WANG Qing-yun

(State Key Laboratory of Autonomous Underwater Vehicle, Harbin Engineering University, Harbin, 150001.

Email: liaohuanhuan625@126.com)

Abstract：In order to study the characteristics of underwater submarine six degrees of freedom floating space and searching for motion regulation. Based on the CFD software STAR-CCM+, using VOF RANS solver about six degrees of freedom movement and overset grid technology in this paper, Numerical simulation about submarine emergency ascent six degrees of freedom of movement in certain depth, and Getting six degrees of freedom motion parameters when hull moving. It indicates: the overset grid technology is useful about numerical simulate of submarine emergency ascent of six degrees of freedom movement. This study lay a solid foundation for the manipulation and control about submarine emergency ascent six degrees of freedom movement, has profound engineering value.

Key words：　Overset grid; Submarine; Emergency ascent; CFD

对转式吊舱推进器回转状态
水动力测量

周剑[1,2]，陆林章[1,2]，刘登成[1,2]，翟树成[1,2]，陈科[3]

(1.中国船舶科学研究中心 船舶振动噪声重点实验室，无锡，214082；2.江苏省绿色船舶技术重点实验室，无锡，214082；3.海军装备研究院，北京，100073. lbxz2610@126.com)

摘要：本文针对对转式吊舱推进器开发了对转式吊舱推进装置的测力机构及系统，通过模型试验对对转式吊舱推进器进行了回转状态下的水动力测量。通过模型试验获取了回转状态下的对转式吊舱推进器的水动力变化规律，为验证 CFD 方法预报回转状态水动力提供了一定的数据支撑，同时为对转式吊舱推进器装置的设计提供了重要的参考依据及技术支撑。

关键词：CFD；对转式吊舱；吊舱推进器；模型试验；回转状态

1 引言

吊舱推进器作为一种新型的电力集成推进系统，已经越来越多地应用于实船。它与船体的独立给双方都带来了很多设计上的优势。作为吊舱推进器来讲，其安放位置不再像传统螺旋桨那些受到轴系的限制，它可以安放在船首、船侧或者船尾等，目前最多的一种方式是吊挂在船尾下方，进流比传统螺旋桨要均匀，这在一定程度上有望改善其空泡、振动和噪声等性能。它把螺旋桨驱动电机置于一个能 360°回转的吊舱内，悬挂在船下，集推进装置和操舵装置于一体，省去了通常所使用的推进器轴系和舵。吊舱推进器将推进系统置于船外，可以节省船体内大量的空间，从而极大地增加了船舶设计、建造和使用的灵活性[1]。

吊舱推进器可提高舰船总体性能，节省舱室空间，增加有效载荷，提高舰艇的作战使用效能，因而具有广阔的市场应用前景和极高的军事应用价值。目前，吊舱推进器已应用于诸如潜水作业供应船、石油钻井平台、补给船、穿梭油轮及滚装船和游轮等民用船舶[2-3]。

20 世纪 90 年代以来，英国海军的油船、海洋考察船、加拿大海军的破冰船等多型辅助舰船采用了吊舱推进器。在未来新型舰船的论证与研制过程中，一些发达国家如英国、法国和美国等均将吊舱推进器作为首选方案[4-6]。

对转式吊舱推进器作为新型组合式吊舱推进器的一种，包含了前后对转的螺旋桨以及吊舱包、支柱等部件[7]。本文针对这一新型组合式吊舱推进器开发了对转式吊舱推进装置的测力机构及系统，通过模型试验对对转式吊舱推进器进行了回转状态下的水动力测量。获取了回转状态下的对转式吊舱推进器的水动力变化规律，为验证 CFD 方法预报回转状态水动力提供了一定的数据支撑，同时为对转式吊舱推进器装置的设计提供了重要的参考依据及技术支撑。

2 模型试验

2.1 试验对象

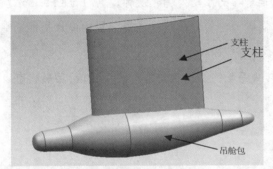

图 1 吊舱包及支柱几何外形

本文的试验对象为某对转式吊舱推进器，前桨为右旋，后桨为左旋，两桨以相同转速工作。图 1 给出了对转式吊舱推进器的吊舱包及支柱几何外形。表 1 给出了前后两桨的主要参数。

表 1 前后桨主参数

名　称	符号	单位	前桨	后桨
直径	D_m	m	0.240	0.192
叶数	Z	—	3	4
盘面比	A_E/A_0	—	0.43	0.45
螺距比	$(P/D_m)_{0.7R}$	—	0.9589	1.4345
侧斜角	θ_S	deg	25	25
旋向	—	—	右旋	左旋

2.2 试验装置

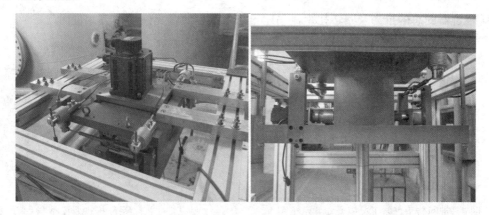

图 2　对转吊舱驱动与测力装置

为了在循环水槽测量对转式吊舱推进器在回转状态下的水动力特性，设计开发了对转吊舱驱动与测力装置，见图 2 所示。由于试验对象为对转式吊舱推进器，前后螺旋桨的旋向相反，为了保证前后螺旋桨以相同转速相反方向工作，采用了散齿轮箱的布置方式，图 3 给出了吊舱包内部的齿轮箱布置情况。

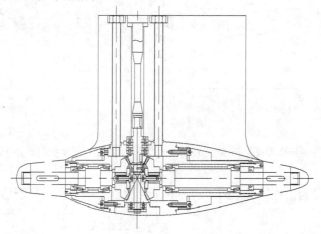

图 3　对转吊舱包内部布置图

2.3 试验结果

为了测量回转状态下吊舱推进器的水动力性能，通过在带回转角直航工况模型安装时，即在直航工况下，将对转式吊舱推进器模型给一定回转角度，如图 4 所示，沿着支柱旋转轴逆时针旋转为正角度，分别调整为±5°、±10°、±20°回转角共计 6 个，其中 X 正方向与来流水速方向相反，Z 方向为沿着旋转轴竖直向上为正，最后测量出不同回转状态下吊舱推进器的总的推力及回转扭矩，吊舱推进器模型照片见图 5。

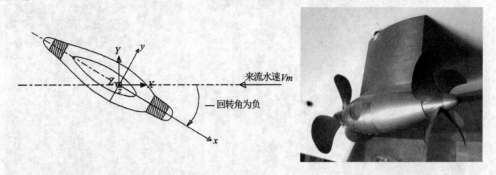

图 4　带回转角直航工况模型安装示意图　　　　图 5　吊舱推进器模型照片

图 6 与图 7 分别给出了不同进速系数下 X 方向分量力系数 Kx 及 Z 方向回转扭矩系数 10KMz 随回转角的变化规律。

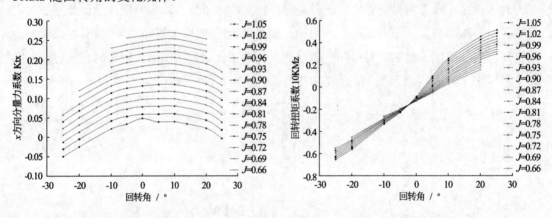

图 6　X 方向分量力系数 Kx 随回转角的变化　　　图 7　回转扭矩系数 10KMz 随回转角的变化

对转式吊舱推进器模型的水动力计算结果以无因次化进行表达，表达式如下。

X 方向分量系数：

$$K_X = \frac{F_{CX}}{\rho n_m^2 D_{mf}^4} \tag{1}$$

Z 方向回转扭矩系数：

$$KM_Z = \frac{M_{CZ}}{\rho n_m^2 D_{mf}^5} \tag{2}$$

进速系数：

$$J_0 = \frac{V_0}{n_m D_{mf}} \tag{3}$$

上式中：D_{mf}--前桨模型直径，单位 m；n_m---螺旋桨模型转速，单位 s^{-1}；V_0 ---来流水速，单位 m/s；F_{CX}---X 方向分量推力，单位 N；M_{CZ}---Z 方向回转扭矩，单位 N·m；ρ---水的密度，取 1000kg/m^3。

3 试验结果分析

由图 6 可知，随着回转角的绝对值增加，X 方向的分量力系数 Ktx 呈现减小的趋势，但在 10°附近有峰值，这可能是由于本次试验是在存在船后伴流场条件下测量的缘故，正负 10°以内对转吊舱推进器模型在 X 方向的分量力系数 Ktx 变化不明显，当回转角大于 10°后，对转吊舱推进器模型在 X 方向的分量力系数 Ktx 下降比较明显。由图 7 可知，随着回转角的增加，对转吊舱推进器模型的回转扭矩系数 10KMz 呈现增加的趋势，回转角越大，10KMz 越大。

4 结论

本文针对对转式吊舱推进器开发了用于对转吊舱推进器模型回转状态下的水动力测量机构及测试系统，并开展了模型试验，得出以下结论：

（1）成功研发了一种对转式吊舱推进器模型水动力测量装置，可用于回转状态下水动力测量。

（2）利用研发的对转吊舱推进器模型水动力测量装置进行了模型水动力测量试验，获得了不同回转角下的水动力的变化规律，为验证 CFD 数值预报验证提供了一定的数据支撑。

（3）对转吊舱推进器模型的前后两桨桨叶的水动力测量目前还无法获取，今后可在现有的水动力测量装置基础上继续开发用于测量螺旋桨桨叶的推力及扭矩的测试系统。

参 考 文 献

1 王志华. 吊舱式电力推进装置[J]. 船电技术, 1999. (4): 30-32.

2 高海波, 高孝洪, 陈辉等. 吊舱式电力推进装置的发展及应用[J]. 武汉理工大学学报(交通科学与工程版), 2006. 30(1): 77-80.

3 马骋, 钱正芳, 张旭. POD 推进器性能和军事应用研究[A]. 见: 周连第, 邵维文, 鲁传敬等 eds. 第十七届全国水动力学研讨会暨第六届全国水动力学学术会议文集[C]. 香港. 2003. 北京: 海洋出版社, 2003. 499-509.

4 金德昌, 姜孟文, 云峻峰. 船舶电力推进原理[M]. 北京: 国防工业出版社, 1993.

5 Rourke R O. Electric-Drive Propulsion for U.S. Navy Ships: Background and Issues for Congress[R]. Washington: The Library of Congress, 2000.

6 Toxopeus S, Loeff G. Manoeuvring aspects of fast ships with pods. Proceedings of the 3rd International EuroConference on High-Performance Marine Vehicles HIPER'02[C]. Bergen, 2002:392-406P

7 周剑,胡芳琳,钱正芳,等.对转式吊舱推进器水动力 CFD 预报及模型试验验证. 第十三届全国水动力学学术会议暨第二十六届全国水动力学研讨会文集,2014.

Model test of hydrodynamic performance for the contra-POD propulsor in oblique flow

ZHOU Jian[1,2], LU Lin-zhang[1,2], LIU Deng-cheng[1,2], ZHAI Shu-cheng[1,2], CHEN Ke[3]

(China Ship Scientific and Research Center, Wuxi, 214082, 2. Jiangsu Key Laboratory of Green Ship Technology, Wuxi 214082, 3. Navy Equipment Research Institute, Beijing 100073, China lbxz2610@126.com)

Abstract: The hydrodynamic measurement outfit and system was developed for the contra-POD propulsors in this paper. Model test of hydrodynamic performance for the contra-POD propulsors in oblique flow was also done and some favorable results were obtained, which could been used to validate the dependability of the CFD method. Meanwhile important reference was also provided for designing the contra-POD propulsors.

Key words：CFD; contra-POD; POD propulsor; model test; oblique flow

基于 CFD 仿真计算的仿生舵水动力研究

李锦林，刘金夫，袁野，王先洲

（华中科技大学船舶与海洋工程学院，武汉，430074，18771017502, lijinlin@hust.edu.cn）

摘要：影响舰船机动性的主要装置是舵。长期以来，为了提高舰船的机动能力，人们对影响舵的水动力特性的相关因素进行了大量的研究。提出了许多改善舵的性能的方法和措施。本研究采用数值模拟的分析方法，对将舵翼型设计成鱼尾型的舵的水动力特性进行了深入的分析和研究。通过优化鱼尾型线的过渡性，进一步改善了舵的外形的合理性。数值模拟结果与试验值测试结果进行了比较，误差小于 5%。通过上述比较可以证明采用的数值模拟方法能够准确的预报舵的水动力特性。对仿生型舵的水动力特性分析表明本研究提出的仿生型舵的升力系数较常规 NACA 翼型舵翼升力系数提高 20%，整体舵效可以提高 40% 以上。

关键字：CFD ；水动力；仿生舵型；舵效

1 引言

舰船用舵的剖面一般都是对称机翼，可以把单位攻角产生的法向力系数称为单独舵的舵效。显然，舵效随展弦比增大而增大，当展弦比受到限制无法再增大时通过翼型正确设计来提高舵效是一种有效途径。国内外流体动力学者对翼型作过不少研究，比如出现了美国国立空气动力学咨询委员会的 NACA 系列，苏联克雷洛夫研究院的茹科夫斯基 НЕЖ 系列，苏联空气动力中心实验室 ЦАГИ 系列，德国哥廷根实验室的 Gottigen 系列，德国汉堡造船研究所得 Jfs 系列和国内武汉理工大学的 WZF 系列，上海交通大学 JTYW 系列，NACA 系列资料齐全，至今受到广泛使用。

同时不少学者研究了仿生舵型，对如何更好的提高舵的水动力性能提出了各种不同的思维方式，比如上海交通大学的杨建民[2]对带制流板的鱼尾舵进行了水动力性能的研究，吉林大学工程仿生教育部重点实验室的石磊等人[3]对 NACA0018 进行仿生降噪的研究。国内外不少学者也运用 CFD 对翼型剖面进行了研究，比如中国船舶科学研究中心的李胜忠等人[4]基于 CFD 对翼型水动力性能进行了多目标优化研究，装备指挥技术学院的张正娟等人[5]基于 FLUENT 对翼型进行数值模拟研究，中国航天空气动力技术研究院的白鹏等人[6]用 CFD 对对称机翼的升力系数进行了研究。

为了更好的研究鱼尾翼型的特性,结合这些研究进行舵剖面形式的研究,提出有鱼尾的舵翼型剖面形式,并与 NACA 翼型和上海交通大学 JTYW 系列进行对比分析。本文研究弦长、展长、展弦比和厚度比不变情况下的仿生剖面翼型,运用 CFD 仿真计算得出其水动力性能,计算得到的舵效明显优于 NACA 翼型。

2 计算模型

为了充分研究鱼尾舵型的水动力特性,分析其舵效和升力系数,本文对三种不同的舵翼模型进行对比,图 1 的是常规的 NACA0020 标准翼型的剖面形式。图 2 所示的最大剖面更靠近首缘,形成钝首缘、尾缘都是方缘、自最大剖面向尾缘收缩剧烈的仿生舵形式一的剖面形式和如图 3 所示的尾部设计鱼尾同时增加其过渡性的仿生舵形式二(以下称鱼尾舵型)的剖面形式。

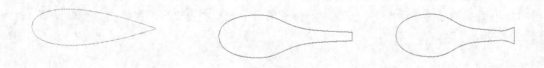

图 1 NACA0020 舵型剖面   图 2 仿生舵形式一剖面   图 3 仿生舵形式二剖面

利用数值模拟方法对三种模型的阻力(沿来流方向 x 轴)、升力(指向水面 y 轴)和力矩(沿 z 轴,力矩轴中心点为(0.0785,0,0.3))和舵效进行了分析和研究。三种翼型的展长均为 3000mm,弦长为 3000 mm,展弦比为 1,厚度比为 0.227。计算模型缩尺比为 1:10,从而可以得到计算模型的弦长为 0.3m,计算速度为 4m/s 时,Re=1.2×10^6。从文献资料[6]中可知敞水舵计算的临界 Re=1.2×10^5 时,就可以使流体充分流动,得到可靠的计算结果。

3 计算域及边界条件

单舵计算域如图 4,计算域长 5b,直径 10b 的包围舵的圆柱体,轴线与单舵模型(wall)对称轴重合。进流边界面为圆柱体前端面,为速度入口(velocity inlet),距离模型首部为 1b;出流边界面为圆柱端后端面,为压力出口(pressure outlet),距离模型尾部距为 3b;外边界为圆柱侧面,为外场速度入口(velocity inlet)。

图 4 单舵模型计算区域示意图

4 网格划分

计算采用结构化网格，取得了很好的计算精度。为了有效模拟近壁面处的流动，在边界层区域内合理布置网格和选择适合的网格尺度。舵网格总数为 800,000。计算区域为圆柱形，取舵弦长的 10 倍，长度方向取舵前来流段长度为 1 个弦长，舵后流动发展段长度为 3 个舵弦长以保证尾流得到充分发展。网格示意图如图 5。

模型的计算采用 SIMPLEC 算法结合 RNG k-ε 湍流模式计算雷诺平均纳维-斯托克斯方程（RANS），来流速度（试验工况）为 4m/s, Re=1.2×10⁶。对于压力方程采用标准的离散格式进行离散，对于动量方程、湍流方程、雷诺应力方程，均采用二阶迎风格式进行离散。

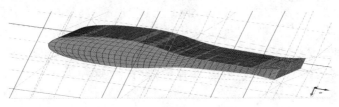

图 5 计算网格划分示意图

5 网格无关性验证和计算方法准确性验证

先对网格进行无关性验证，在这里对 NACA0020 翼型进行网格独立性的验证，对 0 舵角情况下的 NACA0020 翼型网格数分别为 500，000、800，000 和 1，000，000 进行阻力对比分析，如下表可以看出在三种不同网格数情况下计算得到的各阻力分量以及总阻力相差不到 1%，在计算误差范围之内，验证了网格无关性。

表 1 网格无关性验证结果

	阻力结果		
网格数/个	摩擦阻力/N	黏压阻力/N	总阻力/N
500000	14.299	7.132	21.431
800000	14.318	7.148	21.466
1000000	14.527	7.129	21.656

为了说明计算方法的可靠性，对 NACA0020 标准舵型进行了计算分析，并与已有文献[8]中的实验值进行了对比(表 2)，可以看到误差均在 5%以内，验证了计算方法的可靠性。

表 2 计算方法可靠性对比结果

度数	计算值	实验值	误差百分比
0	0.0439	0.0427	2.68%
5	0.0529	0.0525	0.69%
10	0.0834	0.0823	1.38%
15	0.1421	0.1445	-1.70%
20	0.2474	0.2411	2.54%
25	0.3144	0.3211	-2.15%
30	0.4034	0.4002	0.80%
35	0.5279	0.5432	-2.89%

6 计算结果对比分析

计算得到的阻力、升力和力矩对比示意图如图 6 至图 8，从图中可以看到，随着舵角的增大，三个舵型的阻力都随之增大；从升力系数对比情况可以看到 NACA 舵型在 20 度左右出现了暂时的失速现象，从舵剖面的流线中可以明显看到出现紊流漩涡情况，仿生舵形式一失速现象比 NACA 情况稍好，鱼尾舵并未出现这种现象；从舵效曲线对比中也可以明显看到仿生舵比 NACA 舵的舵效高出 20%以上；最后从仿生舵形式一和鱼尾舵中可以看到这两种舵型的舵效升高情况的对比图 9，可以明显看到带有鱼尾舵的舵效比没有鱼尾的仿生舵形式一大 50%以上。

图 10 是三种舵翼型的压力中心系数的对比曲线，经过对三种模型的压力中心系数的分析可以明显看到鱼尾舵的压力中心点会明显前移。在弦长、展长、展弦比和厚度比不变情况下的仿生剖面翼型比较下，可以很明显的突显带鱼尾的仿生舵形式二的优良性能。

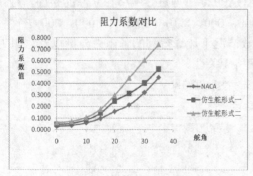

图 6 阻力系数对比曲线

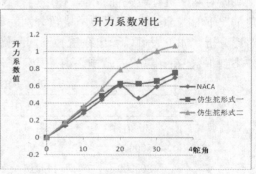

图 7 升力系数对比曲线

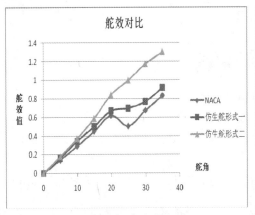

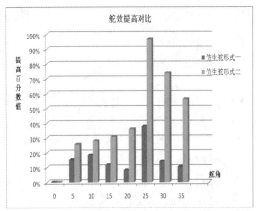

图 8 舵效对比曲线图　　　　　图 9 相对 NACA0020 提高舵效百分比

图 11 为转角 30°情况下带鱼尾舵速度流线示意图，可以看到在大舵角情况下舵前缘的速度分布较大，升力系数在大舵角情况下会增加。从升力系数曲线对比图上可以很明显的看出鱼尾舵比其他两种舵型的升力系数大。从图 11 的舵附近速度流线图中可以得到舵表面速度流线分布比较均匀，有利于舵后流体均匀流动，也可以得出带鱼尾的仿生舵型有更好的水动力性能。

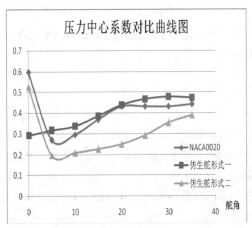

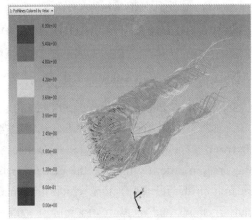

图 10 压力中心系数对比曲线　　　　　图 11 仿生舵二舵附近流线

7 结论

对计算结果的分析和对比，可以得到带有鱼尾翼型的仿生舵在相同舵角情况下阻力稍有增加，升力会有明显提高，综合舵效会得到显著的提高。综上可得以下结论：①鱼尾仿生舵翼型在不同舵角情况下，升力系数均提高 20%以上，单位攻角产生的法向力系数即舵效提高 40%以上；②三种模型的压力中心系数有明显差异，鱼尾舵的压力中心系数会明显前移,可以更利于舵机的布置，同时节约舵机功率。

参 考 文 献

1 刘江波. 敞水舵水动力的数值模拟., 船舶工程, 2008,30（1）8-10.

2 杨建民. 鱼尾舵水动力性能研究. 水动力学研究和进展, 1999,14（2）162-168.

3 石磊,张成春,王晶. NACA0018 翼型模型的仿生降噪, 吉林大学工程仿生教育部重点实验室.2011,41（6）664-668.

4 李胜忠,赵峰,杨磊. 基于 CFD 的翼型水动力性能多目标优化设计, 中国船舶科学研究中心.2010,14（11）1241-1248.

5 张正娟,屠恒章,沈怀荣. 基于 Fluent 的低雷诺数下翼型数值模拟, 装备指挥技术学院. 2007（9）.

6 白鹏, 崔尔杰, 李锋. 等. 对称翼型低雷诺数小攻角升力系数非线性现象研究, 中国航天空气动力技术研究院, 2006 38（1）1-8.

7 陆惠生,朱文蔚. 敞水舵的试验研究. 上海交通大学学报, 1981（2）15-36.

8 Lin JC Muti. Low-Reynolds-number separation on an airfoil. AIAA Journal ,1996,34(8) 1570-1577.

9 苏玉民,黄 胜,庞永杰.仿鱼尾鳍推进系统的水动力分析[J]. 海洋工程, 2002,20(2) 54-59.

10 朱文蔚，王文富. 一种实用的高性能对称翼型 2011,30（10）25-30.

Based on the CFD simulation of the bionic rudder hydrodynamic research

LI Jin-lin, LIU Jin-fu, YUAN Ye, WANG Xian-zhou

(School of Naval Architecture and Ocean Engineering, Huazhong University of Science and Technology, Wuhan, 430074. Email: lijinlin@hust.edu.cn)

Abstract：   The main device which influences the maneuverability of the ship is the rudder. For a long time, in order to improve the maneuverability of the ship, people have carried out a lot of research on the related factors which influence the hydrodynamic characteristics of the rudder. Many methods and measures to improve the performance of the rudder are proposed. In this paper,using the numerical simulation analysis method, the rudder airfoil design into a fishtail rudder, and researching it's hydrodynamic characteristics in-depth. By optimizing the fishtail line transition, to further improve the rationality of rudder shape. Compared the numerical simulation results with the test results ,the error is less than 5%. The numerical simulation method used in this paper can be used to predict the hydrodynamic characteristics of the rudder. The hydrodynamic characteristics of bionic rudder analysis show that the bionic type rudder lift coefficient than conventional NACA airfoil vane lift coefficient increased by 20%, the overall rudder effect can be improved by 40% above.

Key words: CFD ; hydrodynamic ; the bionic rudder ; Steerage

基于OrcaFlex数值模拟锚链跌落过程[*]

李芳，王浩，李廷秋

（武汉理工大学交通学院，武汉 430063，Email：lifangmi@live.com）

摘要：海洋工程船在作业时常发生断链丢锚的事故。由于锚链在跌落海底的过程中，链环与链环、链环与海底之间将发生碰撞。因此，在锚链打捞前有必要研究锚链跌落过程中受海洋环境及锚链直径与位形的影响。本文采用海洋动力学软件 OrcaFlex，对多种工况下的锚链跌落与碰撞进行了动力分析。首先采用集中质量-弹簧模型和线性海床模型，对锚链与海床进行模拟；其次，对链环之间的碰撞采用冲击函数法的原理进行模拟。数值分析结果表明：流速越大，锚链跌落应力越大，风、浪对锚链跌落影响极小；锚链直径越大，锚链跌落应力越小；同一水深下相同长度的锚链卧地段越短，跌落应力越大。

关键词：数值模拟；锚链跌落；集中质量-弹簧模型；线性海床模型；冲击函数法

1 引言

工程中存在锚链因疲劳或缆索断裂而跌落海底的事故，需要对跌落的锚链进行打捞。锚链在跌落的过程中会发生接触碰撞，可能产生较大的应力，造成锚链多处失效，影响打捞。因此，研究锚链在跌落过程中的失效问题对后续打捞工作有着重要的意义。

锚链跌落涉及到锚链的动力分析[1-2]和链环之间的碰撞及链环与海底间的碰撞。Raggio等[3]把锚泊系统简化成锚链分段测量单元和球形浮体，然后分析了在平面内运动的系泊线的静力和动力响应。于定勇[4]以悬链线理论为基础，采用集中质量法分析了水下锚泊系统单链动力特性。余龙和谭家华[5]分别采用弹性基础、弹塑性的土本构模型对海底基础建模，分析了锚泊线与海底有无摩擦情况下的应力和变形。谢最伟[6]利用冲击函数法研究一对直齿圆柱齿轮的碰撞实例。

本文应用了集中质量-弹簧模型[8-9]、线性海床模型[10]和冲击函数法，并借助海洋动力学软件 OrcaFlex[7]对跌落的锚链进行动态模拟，研究了海洋环境和锚链直径与静态初始位形等对锚链断裂跌落过程中的局部最大应力的影响。

---

[*]基金项目：高等学校博士学科点专项科研基金（项目编号：20130143110014）

2 锚链模型

2.1 集中质量-弹簧模型

锚链跌落碰撞响应具有瞬时性和强非线性，适宜采用集中质量法进行动力分析。集中质量法基于有限元思想将锚泊线的连续质量在空间域内离散到有限个集中点上，离散的质点即为节点。节点之间是不可伸长且无摩擦的链索单元，将单元视为具有一定刚度的弹簧，且链索单元的质量和所受的外力平分到单元两端的节点上。

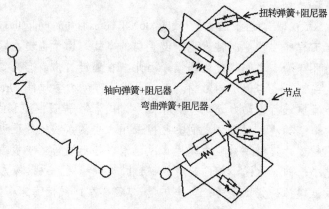

图 1 集中质量-弹簧模型

集中质量-弹簧模型在集中质量法基础上用轴向伸长弹簧、扭转弹簧、转动弹簧和相应的阻尼器表示锚泊线单元的轴向特性、扭转特性和弯曲特性，锚链无弯曲特性。锚泊线节点在外部载荷、系统内的惯性载荷、阻尼载荷与刚度载荷下达到动力平衡，表示如下：

$$M(p,a)+C(p,a)+K(p)=F(p,v,t) \tag{1}$$

式中，M 为系统惯性载荷；C 为系统阻尼载荷；K 为系统刚度载荷；F 为外部载荷；p、v、和 a 分别对应为位置、速度和加速度矢量；t 是数值模拟的时间。

2.2 线性海床模型

线性海床模型假定海床在法向和切向均为一个简单的线性弹簧，适用于硬土和软土的建模，容易用计算机程序实现，且适用于锚链等海洋工程中的各种不同细长结构物。线性海床的海床回复力是由海床法向的渗透阻力和切向的摩擦力组成。

法向渗透阻力由线性弹簧提供，其大小为：

$$R=K_n Ad \tag{2}$$

式中，K_n 为海床法向刚度，取 $K_n=100\mathrm{kN/m^3}$；A 为渗透接触面积；d 为渗入到海床的深度。

切向摩擦力计算采用修正库仑摩擦力模型。标准库仑模型中摩擦力随接触点在海床平面内的偏移呈阶梯状的曲线变化，其摩擦力不连续，修正为图2右所示。

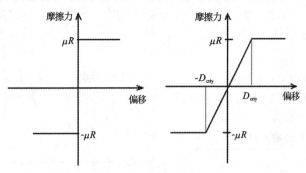

图2　标准库仑模型（左）和改进库仑模型（右）

图2中 D_{crit} 为接触点的临界偏移距离，其大小为：

$$D_{crit} = \frac{\mu R}{K_s A} \tag{3}$$

式中，K_s 为海床的剪切刚度，A 为锚链与海床的接触面积。

2.3　冲击函数法

冲击函数是模拟接触、冲击、碰撞类问题的力函数。冲击函数法把锚链环接触区等效成一个非线性弹簧-阻尼系统，碰撞力包括因构件间的相互切入产生的弹性力和由相对速度产生的阻尼力两部分，碰撞过程不考虑摩擦力。冲击函数法可以计算碰撞力和速度连续变化的作用过程，能较真实地模拟接触碰撞的过程。

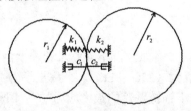

图3　锚链环横截面碰撞示意图

将锚链分段单元等效为半径为 r_1、r_2 的圆柱，两分段的接触刚度分别为 k_1、k_2，接触阻尼分别为 c_1、c_2，设圆柱中心线的最短距离为 d。若 $d \geq r_1 + r_2$，则单元间不发生碰撞，不产生碰撞力；若 $d < r_1 + r_2$，则单元间接触碰撞，碰撞力为：

$$F = F_{刚度项} + F_{阻尼项} = k[d - (r_1 + r_2)] + cv \tag{4}$$

式中，$k = 1/(1/k_1 + 1/k_2)$ 为两分段的结合接触刚度，c 为两分段的结合接触阻尼。若 $c_1 = 0$ 或 $c_2 = 0$，则两分段的结合接触阻尼 $c = 0$，否则 $c = 1/(1/c_1 + 1/c_2)$，v 为锚链分段之间的相对切入速度。本文取 $k_1 = k_2 = 10^5 \text{kN/m}$，$c = 0$。

3　算例

本文主要考虑海洋环境、锚链直径及静态初始位形（首尾端位置）对锚链跌落应力的影响。

3.1 海洋环境

本文研究工作水深 119m，工作环境为定常风、定常流和规则波。环境载荷的主要参数为：①风速，风向；②波高，波浪周期，浪向；③海流速度，流向。计算中取 0 级和 3~7 级海况，风浪值如表 1 所示。

表 1 各级海况取值

海况等级	风速/（m/s）	波高/m	波周期/s
0 级	0	0	-
3 级	6	1.2	5
4 级	10	2	6
5 级	12	3	7
6 级	15	5	8
7 级	21	8	9

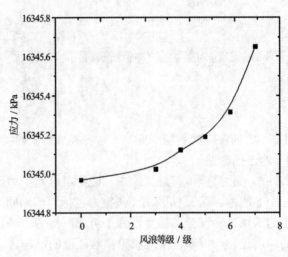

图 4 各级海况下锚链最大应力、应变

取风向和浪向均为 0° 时的各级海况下 400 米长的无档锚链，其在 xz 平面内的顶端点坐标为（0，5），底端点坐标为（350，-119），公称直径为 142mm。

计算在不同大小的风浪下锚链跌落的最大应力如图 4 所示，可见风浪越大，跌落的最大应力越大，且应力增长也越明显。风浪较小时，其对锚链跌落应力的作用很小。在 5、6、7 级海况下，浪向角（风向）为 0°时取 0°~180°多个风向角（浪向角），得到锚链跌落最大应力与风向和浪向的关系，如图 5 所示。图 5 左中各级海况的应力随风向变化曲线在 90° 风向时相交，风向在 67.5°~112.5°范围时，应力波动很小。风向为 0°时，应力最大，180° 时应力最小。由图 5 右可得锚链的最大跌落应力与浪向角无关。

取风、浪向均为 0°的 7 级海况和 0 级无风浪两种工况，在流向为 180°时计算海流速度为 0、0.5m/s、0.8m/s、1.2m/s、1.5m/s 时锚链的最大跌落应力，如图 6 左所示。不同海流速度下的应力差别明显，说明海流对锚链跌落的作用很大，且风浪的作用与海流相比很小。流速越大，应力越大，且应力的增长随流速增大而愈加显著。

在风浪向均为 0°的 7 级海况下，分别研究 4 种流速（0.5m/s、0.8m/s、1.2m/s、1.5m/s）下锚链跌落与流向的关系，结果如图 6 右所示。四种海流流速下，海流方向在 135°附近时的局部最大应力最大，在 45°附近时的局部最大应力最小，在 80°附近时，流速对锚链最大跌落应力的作用极小。流速越小，曲线随海流方向上下波动越小；流速越大，流向对锚链跌落的作用越显著。

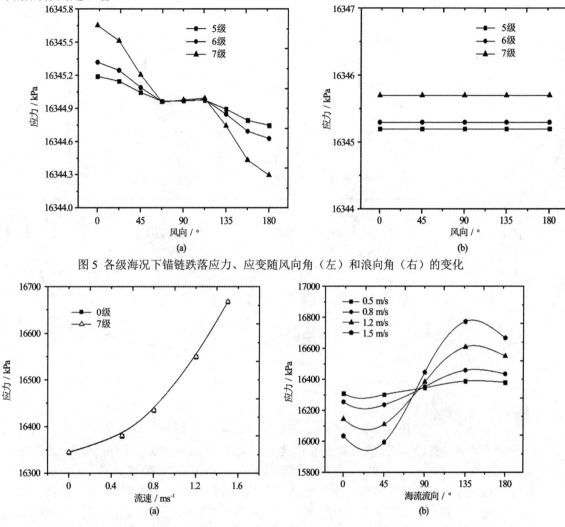

图 5 各级海况下锚链跌落应力、应变随风向角（左）和浪向角（右）的变化

图 6 锚链跌落应力、应变随流速（左）、流向（右）的变化

3.2 锚链直径和静态初始位形

只考虑海流环境载荷，流速为 1.5m/s，流向为 180°。在 xz 平面内锚链底端坐标为（350，-119），取三种不同的锚链顶端位置：（0，5）、（0，-2）、（0，-10），研究四种直径规格（100mm、120mm、142mm、162mm）的无档锚链对其跌落应力的影响，结果如图 7 和图 8 左所示。由图 7 可知锚链越粗，跌落越安全，162mm 直径与 100mm 直径锚链之间有十几种直径规格，相邻直径规格的锚链跌落应力相差不大。而图 8 左中锚链顶端 z 坐标每上移一米，跌落应力约增加 0.27MPa，说明锚链顶端点 z 坐标对其跌落应力影响较大。

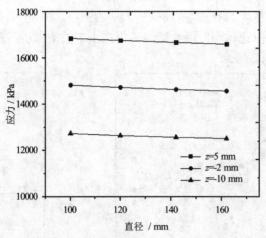

图 7 多种顶端位置下锚链跌落应力、应变随直径的变化

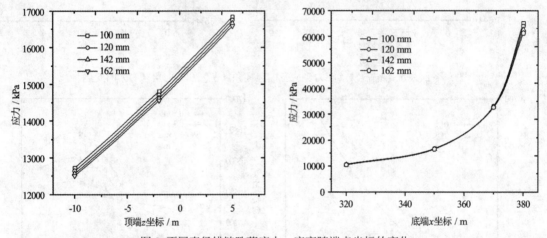

图 8 不同直径锚链跌落应力、应变随端点坐标的变化

使上述 4 种直径锚链的顶端点坐标固定为 (0, 5)，选取四种锚链尾端点位置：x=320m，350m，370m，380m；z=-119m。得到锚链跌落最大应力随尾端点位置的变化曲线如图 8 右所示。由图 8 右可以明显地观察到，尾端点 x 坐标越大，锚链的跌落应力越大，且曲线斜率随之增大，说明应力的增值也随尾端点 x 坐标的增加而愈加显著。由于锚链尾端点 x 坐标增大和首端点 z 坐标增大都会使锚链卧地段减小，并导致其跌落应力增大，可得锚链卧地段越短，跌落越危险。同时图 8 表明了直径对锚链跌落的影响远小于端点坐标的影响。

4 总结

本文通过对多种工况下的锚链跌落进行数值模拟，得到以下结论：

（1）风、浪、流越大，锚链跌落越危险。海流对锚链跌落的应力作用很大，当流速较大时，流向的变化使锚链跌落应力产生极大的波动。风浪对锚链跌落的作用远小于海流的作用，当风浪增大时，风向的影响随之增大，而浪向不影响锚链的跌落应力。

（2）锚链跌落应力随直径的波动不大，而因首、尾端点位置不同引起的锚链卧地段长度的不同，对锚链跌落影响很大。卧地段越长，跌落越安全，跌落应力的增值也随卧地段的减少而愈加显著。

参 考 文 献

1　Kim B W, Sung H G, Kim J H, et al. Comparison of linear spring and nonlinear FEM methods in dynamic coupled analysis of floating structure and mooring system. Journal of Fluids and Structures. 2013, 42: 205-227.

2　Yang M, Teng B. Static and Dynamic Analysis of Mooring Lines by Nonlinear Finite Element Method. China Ocean Engineering. 2010, 24(3): 417-430.

3　Raggio G, Hutter K. Static and Dynamic Response of a Mooring System. Developments in Water Science, Walter H G A C, Elsevier, 1979: Volume 11, 255-266.

4　于定勇. 水下锚泊系统计算——一种单链动力分析的数值方法. 青岛海洋大学学报. 1995(S1): 100-105.

5　余龙, 谭家华. 锚泊线与海底接触的有限元建模及其非线性分析. 中国海洋平台. 2005(02): 25-29.

6　谢最伟, 吴新跃. 基于ADAMS的碰撞仿真分析: 第三届中国CAE工程分析技术年会暨2007全国计算机辅助工程（CAE）技术与应用高级研讨会. 中国辽宁大连: 20074.

7　Orcina Ltd. OrcaFlex Manual.

8　Huang S. Dynamic analysis of three-dimensional marine cables. Ocean Engineering. 1994, 21(6): 587-605.

9　Hall M, Goupee A. Validation of a lumped-mass mooring line model with DeepCwind semisubmersible model test data. Ocean Engineering. 2015, 104(0): 590-603.

10　Gatti-Bono C, Perkins N C. Numerical simulations of cable/seabed interaction. International Journal of Offshore and Polar Engineering. 2004, 14(2): 118-124.

Numerical simulation of the falling process of the mooring chains based on OrcaFlex

LI Fang, WANG Hao, LI Ting-qiu

(School of Transportation, Wuhan University of Technology, Wuhan, 430063. Email:lifangmi@live.com)

Abstract: Offshore supply vessels break off chains and anchors frequently in their operations. While the chain is falling into the seabed, there will be impact between the chain links as well as the chain links and the seabed. Therefore, it is necessary to study effects on the falling mooring chain caused by the ocean environment, the mooring chain diameter and the chain configuration before salvage operations. This paper has performed a dynamic analysis of the chains' falling and collision under a variety of working conditions using a marine dynamic program, OrcaFlex. First, the lumped mass-spring model and the linear seabed model was utilized to model the chain and the seabed; then, the impact functions method was used to simulate the collision between the chain links. The numerical analysis results declared that, the higher the sea current speed is, the greater the chain's falling stress will be, and the wind and the waves cause a few effects on the fallen chain; the larger the chain's diameter is, the smaller the chain's falling stress will be; as for the chain with the same length under the same water depth, its falling stress becomes greater as its lying part gets shorter.

Key words: Numerical simulation; The falling of the mooring chains; Lumped mass-spring model; Linear seabed model; Impact functions method.

黏性自由表面船舶绕流问题

的不确定性分析[*]

林超，李廷秋

(武汉理工大学交通学院，武汉，430063，Email：lcxhl123@live.com)

摘要：基于 V&V 理论，采用 FINFLO-SHIP RANS 求解器用于研究黏性自由表面船舶绕流问题的不确定性。通过开发一种黏性自由面动网格技术数值模拟计算方法，包括近壁处构建一种近似自由面模型。计算实例为一艘标准的 KCS 模型，采用考虑黏性影响的雷诺应力自由表面边界条件。不确定性分析涉及迭代收敛性和网格收敛性，并与相关实验数据比较。

关键词：不确定性分析；V&V；黏性自由表面计算方法

1 引言

CFD 目前已广泛应用于船舶与海洋工程中水动力学科领域的研究。近年来，随着现代 CFD 技术的发展与应用（如网格技术，离散方法，湍流模式等），基于 CFD 平台预报船舶水动力性能并提供可靠的计算结果，使得 CFD 不确定性分析成为关注的热点。

针对计算科学和工程中数值模拟的可信度问题，很多学者及研究机构对不确定性分析方法展开了大量研究。Roache[1] 提出应制定更高标准以确保数值精度和可信度的必要性，Coleman 和 Stern[2]提出船舶 CFD 验证和确认方法，Roache[3]详细阐述数值计算中不确定性分析方法，以及相关研究所面临的难点与挑战。AIAA1998 年全面定义了验证和确认等相关概念，基于 Coleman 和 Stern 的研究，ASME2009 年则针对 CFD 的 V&V(Verification and Validation,验证和确认)方法发布了 V&V-20 标准，近年来，国际船模拖曳水池会议（ITTC）[4] 推出不确定性评估方法，为船舶 CFD 的不确定性分析奠定了基础。

含自由液面的黏性绕流一直是船舶与海洋工程水动力学研究的热点问题。然而自由表面的非线性和随机性直接影响数值解的精度和可信度，且数值模拟中误差普遍存在，主要

---

[*] 基金项目：高等学校博士学科点专项科研基金（项目编号：20130143110014）

来源于模型和数值，例如物理问题的数学表达的假设和近似处理（例如几何形状、数学方程、坐标变换、边界条件和湍流模式等）可导致模型误差和不确定性；数学方程的数值解（例如离散、人工耗散、不完整迭代和网格收敛性，缺少质量、动量和能量守恒，边界层内外的不连续性及计算机的四舍五入等）会引起数值误差和不确定性等普遍存在不可避免，因此有必要对涉及黏性自由表面船舶绕流问题的数值结果进行不确定性分析。船舶 CFD 不确定性分析主要采用 V&V 方法。

2 数值方法

图 1 船体参考坐标系

图 1 为固定于船体的右手坐标系，其中坐标原点位于船首与静水面的交点，沿船尾方向为 x 轴正向，沿右舷方向为 y 轴正向，垂直向上为 z 轴正向。该坐标系下，RANS（Reynolds-averaged Navier-Stokes）流动控制方程紧凑格式表示如下：

$$\frac{\partial U}{\partial t} + \theta \left(\frac{\partial (F - F_v)}{\partial x} + \frac{\partial (G - G_v)}{\partial y} + \frac{\partial (H - H_v)}{\partial z} \right) = Q \tag{1}$$

式中，变量 $U=(\psi,u,v,w)$，ψ 表示流场中动压，(u,v,w) 分别表示沿 (x,y,z) 三个方向的速度分量。(F,G,H) 是无粘性流量、(F_v,G_v,H_v) 是黏性流量，(Q) 是源项。

$$F = \begin{pmatrix} u \\ u^2 + \psi \\ vu \\ wu \end{pmatrix}, \quad G = \begin{pmatrix} v \\ uv \\ v^2 + \psi \\ wv \end{pmatrix}, \quad H = \begin{pmatrix} w \\ uw \\ vw \\ w^2 + \psi \end{pmatrix} \tag{2}$$

$$F_v = \begin{pmatrix} 0 \\ \tau_{xx} \\ \tau_{xy} \\ \tau_{xz} \end{pmatrix}, \quad G_v = \begin{pmatrix} 0 \\ \tau_{xy} \\ \tau_{yy} \\ \tau_{yz} \end{pmatrix}, \quad H_v = \begin{pmatrix} 0 \\ \tau_{xz} \\ \tau_{yz} \\ \tau_{zz} \end{pmatrix} \tag{3}$$

雷诺应力张量 $\tau_{ij}\,(i,j=1,2,3)$ 定义为：

$$\tau_{ij} = (\nu + \nu_t)\left(\frac{\partial u_i}{\partial x_j} + \frac{\partial u_j}{\partial x_i} - \frac{2}{3}\left(\nabla \cdot \vec{V}\right)\delta_{ij}\right) \tag{4}$$

式中 $\vec{V} = u\vec{i} + v\vec{j} + w\vec{k}$，$\nu$ 为流体运动黏性系数（1.01×10^{-6}），δ_{ij} 为克罗内克符号，ν_t 是湍流黏性系数，由 Baldwin-Lomax 湍流模型[6]（简称 B-L 湍流模型）确定。

2.1 自由表面处理方法

考虑自由表面的影响，在近壁区采用一种近似的自由表面模型，采用考虑粘性影响的雷诺应力自由表面边界条件（RSFSBC, Reynolds-Stress Free-Surface Boundary Condition）。定义 n_i 和 t_i^α（α=1,2）分别为自由面上法向和切向矢量的第 i 个分量，考虑雷诺应力，$n_i\sigma_{ij}n_j$ 和 $n_i\sigma_{ij}t_j^\alpha$ 分别表示为自由面上表面力的法向分量和切向分量。以下采用两个假设，用于推导雷诺应力自由面动力学边界条件（切向与法向）。

(1) 切向自由面动力学边界条件

若自由面上无剪切应力，沿自由表面两个方向可表示为：

$$n_i\tau_{i1}t_1^1 = 0, \quad n_i\tau_{i2}t_2^2 = 0 \tag{5}$$

两个切向自由表面动力学边界条件可简化为：

$$\frac{\partial u}{\partial z} = -\frac{\partial w}{\partial x} + 2\frac{\partial h}{\partial x}\frac{\partial u}{\partial x} + \frac{\partial h}{\partial y}\left(\frac{\partial u}{\partial y} + \frac{\partial v}{\partial x}\right) \tag{6}$$

$$\frac{\partial v}{\partial z} = -\frac{\partial w}{\partial y} + 2\frac{\partial h}{\partial y}\frac{\partial v}{\partial y} + \frac{\partial h}{\partial x}\left(\frac{\partial u}{\partial y} + \frac{\partial v}{\partial x}\right) \tag{7}$$

(2) 法向动力学自由边界条件

假定忽略表面张力，则有，

$$n_i\sigma_{i3}n_3 = 0 \tag{8}$$

于是，自由表面上压力可表示为：

$$\psi = \frac{h}{F_n^2} + \frac{1}{R_{eff}}\left[2\frac{\partial w}{\partial z} - \frac{\partial h}{\partial x}\left(\frac{\partial u}{\partial z} + \frac{\partial w}{\partial x}\right) - \frac{\partial h}{\partial y}\left(\frac{\partial v}{\partial z} + \frac{\partial w}{\partial y}\right)\right] \tag{9}$$

方程（6）到方程（9）是考虑自由表面黏性的雷诺应力自由表面边界条件（RSFSBC）。

3 标准 KCS 模型数值模拟的不确定性分析

本文以 KCS 模型为研究对象，表 1 是 KCS 模型相关的计算条件，三种网格（网格细化率 r_G=2）下的 y^+ 值分别为 2.4，1.2 和 0.6。KRISO(韩国海洋与海洋工程研究中心)对 KCS 模型进行了一系列试验，获得了大量的流场数据和波形图像，本文选取相关试验数据供对比分析。

表 1 KCS 模型计算条件

模型	F_n	R_n	粗网格	中网格	细网格
KCS	0.26	1.4×10^7	41×41×17	81×81×33	161×161×65

针对三种网格下的阻力系数 C_T 和船体表面波高，采用 Stern 教授的 V&V 方法进行不确定性分析，V&V 方法的详细过程及步骤可参考文献[5]。

3.1 验证

采用 B-L 湍流模型，得到三种网格下总阻力系数 C_T 迭代收敛性曲线（图 2）

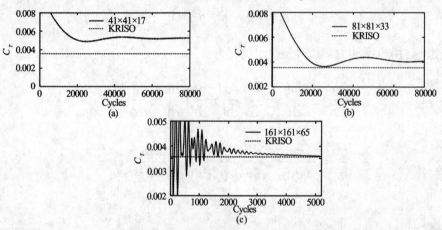

图 2 三种网格下的 C_T 的迭代收敛历程

表 2 给出三种网格下总阻力系数 C_T 及 C_T 的试验测量值 D。

表 2 总阻力系数 C_T（×10⁻³）的网格收敛性评估

	41×41×17	81×81×33	161×161×65	实验数据（D）
C_T	5.266	4.091	3.594	3.561

表 3 是对总阻力系数 C_T 和船体表面波高的验证，其中包括精确度 P_G，修正因子 C_G，网格不确定度 U_G 和收敛条件 R_G，且根据图 3 可得船体表面波高的最大值 ζ_{max}。

表 3 C_T（$\times 10^{-3}$）和船体表面波高的验证

验证	R_G	P_G	C_G	U_G	
C_T	0.42	1.24	0.45	0.000365 0.01%	%S_G
船体表面波高	0.96	0.05	0.01	0.0203 0.17%	%ζ_{max}

3.2 确认

表 3 是总阻力系数 C_T 和船体表面波高的确认，其中 E 是比较误差（D 为试验数据，S 为细网格下模拟结果），U_D 是测量数据的不确定度，E 和 U_V 计算如下：

$$E\% = \frac{D-S}{D} \times 100\% \tag{10}$$

$$U_V = \sqrt{U_D^2 + U_{SN}^2} \tag{11}$$

表 4 C_T（$\times 10^{-3}$）和船体表面波高的确认研究

E=D-S	U_D%	U_{SN}%	E%	U_V%	
C_T	0.64	0.01	0.93	0.641	%D
船体表面波高	0.069	2.03	0.12	2.03	%ζ_{max}

表 4 结果表明，船体表面波高的数值模拟不确定度 U_{SN} 十分接近于确认不确定度 U_V。此外，比较误差 E 小于 U_V，意味着数学模型误差（如数值模拟误差）接近于 U_V。阻力系数 C_T 的结果与船体表面波高相反。

为了确认波形，给出了比较误差 E 和确认不确定度 U_V（图 3）。

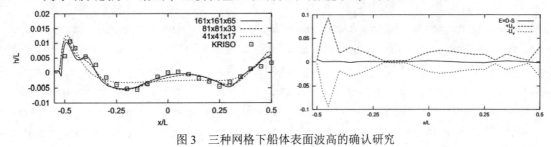

图 3   三种网格下船体表面波高的确认研究

参 考 文 献

1   Roache P J, Ghia K N, White F M. Editorial Policy Statement on the Control of Numerical Accuracy.
     ASME Journal of Fluid Engineering.1986, 108, March Issue.

2   Roache P J. Verification and validation in computational science and engineering. New Mexico, Hermosa
     publishers, Albuquerque, 1998.

3   Coleman H W, Stern F. Uncertainties and CFD code validation. Journal of Fluids Engineering.1997, 119(4):
     795-803.

4   Uncertainty Analysis in CFD, Verification and Validation Methodology and Procedures.2002, ITTC
     Recommended Procedures and Guidelines.

5   Stern F, Wilson R V, Coleman H W, Paterson E G. Verification and validation of CFD simulations. IIHR
     Report.1999, 407:1-50.

6   Baldwin B, Lomax H. Thin Layer Approximation and Algebraic Model for Separated Turbulent Flows,
     AIAA paper.1978, 78-257.

Uncertainty analysis of the numerical simulation in the viscous flow

with a free-surface around a ship

LIN Chao, LI Ting-qiu

(School of Transportation, Wuhan University of technology, Wuhan, 430063.Email:1902538760@qq.com)

Abstract：In the present paper, we study uncertainty analysis of numerical simulation for steady free-surface flow around the KCS model according to the V&V (Verification and Validation) method, by the FINFLO-SHIP RANS solver. Additionally, a free-surface approach is proposed with a moving-mesh technique and incorporated into this solver, including the design of the near-wall model for a free-surface elevation. The calculated results agree with measurements available, by using the RSFSBC. Parameter verification involves iterative convergence and also grid convergence study with the help of the experiment data for the model validation.

Key words：Uncertainty analysis; V&V; KCS model; Viscous free-surface approch.

某半潜平台在浅水状态下的锚泊定位系统设计

王永恒, 王磊, 贺华成, 徐胜文, 张涛

(上海交通大学海洋工程国家重点实验室，上海，200240，Email: yongheng2014@sjtu.edu.cn)

摘要： 随着海洋油气资源的开发，浮式结构物的定位能力越来越受到人们的重视。锚泊定位系统是半潜式平台的关键技术之一，具有安全性高，定位能力强，经济成本低的特点。本文以某浅水半潜式钻井平台为例，考虑了浅水下的锚链布置形式。分析平台在工作海况下的定位精度，计算导缆孔处的张力变化情况。文中使用 SESAM 进行模拟仿真，对单一成分的锚泊线进行分析计算，得到锚索的随时间的应力、位移的变化情况，比较分析锚索的应力变化，可以为实际的工程设计提供有用的参考价值。

关键词： 锚泊定位；时域分析法；定位精度；浅水

1 引言

世界海洋石油资源量占全球石油资源总量的 34%，如今海洋已经成为石油资源开发的主战场。半潜式钻井平台具有可变载荷大，抗风浪能力强，适应水深范围广，作业功能全面等优点，在海洋油气开发中得到了广泛的应用。在风浪流联合作用下，半潜式平台在海中做六自由度运动，因此为了保证平台在海上安全作业，需要相应的定位系统来保证平台在施工作业允许的范围内移动。海洋工程结构物常见的定位系统包括锚泊定位系统、动力定位系统、动力定位辅助锚泊定位。其中动力定位系统常用于 1500 m 以上的深水中，在浅水中，使用动力定位并不是一种经济的定位方式，锚泊定位系统则是经济而又有效的一种定位方式。

本文探讨了某一半潜平台在浅水中的锚泊定位系统设计。分析了平台和系泊系统的运动、动力特性；分析了系泊缆的相关参数，布置角度和数目对半潜式平台的影响规律，合理的选择系泊缆参数可以优化控制平台运动系泊缆动力响应。为浅水半潜式平台悬链式系泊系统设计提供参考。

2 平台在浅水中运动响应的理论概述

2.1 坐标系定义

在海洋工程领域实际工程中遇到的大部分问题都可以认为水是均匀，不可压缩和无粘性的，其流动无旋，可用势流理论进行分析。为了研究流体对浮式结构物的作用力以及海洋结构物的水动力性能，在势流理论中通常采用两个坐标：空间固定坐标系和随船坐标系。

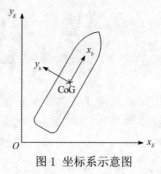

图 1 坐标系示意图

(1)空间固定坐标系 $O_E - X_E Y_E Z_E$：固定在流场中，不随流体或结构物运动。$x_E y_E$ 平面位于静水面内，z_E 轴垂直向上为正，海洋结构物的位置以及姿态一般在该坐标内表示。

(2)随船坐标系 $G_b - X_b Y_b Z_b$：随船坐标系固定于浮式结构物上，随浮体运动。原点一般定义于浮式结构物的重心位置，$G_b x_b$ 轴以船首方向为正，$G_b y_b$ 以左舷方向为正，$G_b z_b$ 向上为正，与重力方向相反。

2.1 半潜平台时域运动方程

在动坐标系中，半潜平台时域运动方程（刘应中，缪国平，1987）[1]为：

$$(M+m)\ddot{x}(t) + \int_{-\infty}^{t} K(t-\tau)\dot{x}(t)\mathrm{d}\tau + Cx(t) = F^{F-K} + F^D + F^w + F^c + F^{sn}(t) + F^m(t)$$

（1）

式中：$\ddot{x}(t)$、$\dot{x}(t)$、$x(t)$ 分别为广义加速度矩阵，广义速度矩阵，广义位移矩阵；

M、m 分别为广义加速度矩阵，广义速度矩阵，广义位移矩阵；$K(t-\tau)$ 为系统的延迟函数矩阵；C 为半潜平台的静水恢复力系数矩阵；F^{F-K}、F^D、F^w、F^c、$F^{sn}(t)$、

$F^m(t)$ 分别为佛汝德—克雷洛夫力（Froude-Krylov 力）、绕射力、风力、流力、二阶波浪力、锚链系泊力。

将 F^{F-K} 和 F^D 合称为一阶波浪力 $F_w(t)$ ， $F_w(t)$ 可根据 Cummins 提出的时域波浪力与频域波浪力的卷积关系计算：

$$\begin{cases} F_{wi}(t) = \int_0^t h_i^1(t-\tau)\mathrm{d}\tau \\ h_i^1(t) = \dfrac{1}{\pi}\int_0^\infty H_i^1(\omega)e^{i\omega t}\mathrm{d}\omega \end{cases} \tag{2}$$

式中：H_i^1 为单位波幅规则波作用在浮体上一阶波浪力响应函数。二阶波浪力 $F^{sn}(t)$

采用 Newman 近似方法计算, 根据间接时域法， 即采用频域格林函数法计算浮体的附加质量、阻尼和波浪作用力， 通过快速傅立叶变换将频域水动力系数变为时域水动力系数。

延迟函数：

$$K_{ij}(t) = \frac{2}{\pi}\int_0^\infty \lambda_{ij}(\omega)\cos(\omega t)d\omega \tag{3}$$

式中：λ 为频域中浮体的阻尼阵。

时域中浮体附加质量为：

$$m_{ij} = \mu_{ij}(\omega_0) + \frac{1}{\omega_0}\int_0^\infty K_{ij}(t)\sin(\omega_0 t)\mathrm{d}t \tag{4}$$

式中：μ 为频域中浮体附加质量阵；ω_0 为任意值。

风力和流力计算根据 OCIMF 提供的资料进行计算，风力计算经验公式为：

$$F^w = 0.611 v_k^2 c_h c_s A \tag{5}$$

式中：v_k 为风速；c_h 为风压高度系数；c_s 为形状系数；A 为迎风面积。

流力计算公式为：

$$F^c = 0.5\rho C_D u^2 A \tag{6}$$

式中：C_D 为流力系数；u 为流速；A 为迎流面积。

2.2 锚索的力学分析[2-4]

锚索是一种将浮动结构物连接于锚定点或系泊点的挠性机械部件,不能承受剪应力或弯矩，锚泊系统的力学分析总体来说可分成静力分析和动力分析两大部分。其中静力分析研究在稳态条件下缆索的载荷和系统的平衡状态,计算缆索的几何形状和应力分布。动力分析则研究在不定常外界环境诱导载荷作用下锚索系统的动力响应,以判断设计的系统是否稳定,缆索锚索的应力是否在许用应力范围之内,系泊系统能否满足特定的系泊要求等。

2.2.1 悬链线方程（全链或全索）

分析中锚索被看作是完全挠性的,不能传递弯矩。

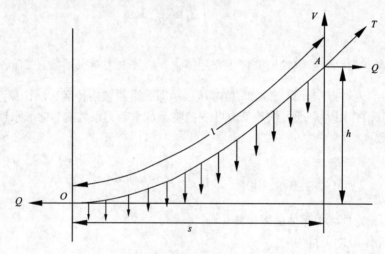

图 2 锚索的悬垂线

图 1 中 OA 为锚索悬垂部分，A 为上部平台导出点，O 为下端与海底相切处，l 为曲线 OA 长度 s 为 OA 水平投影，h 为水深，w 为锚索单位长度的重量，OA 线上各点都受到拉力，但是 A 点的拉力 T 最大。V 为 T 的垂直分力，它与锚索重平衡。Q 为海底锚的水平拉力。

考虑的是浅水，锚索长度不足 500 m，一般可以使用单一成分的锚索，因此只考虑全锚链形式。所以悬链线方程：

$$\frac{l-s}{h} = (2q+1)^{\frac{1}{2}} - q\cosh^{-1}(\frac{q+1}{q}) = (2t-1)^{\frac{1}{2}} - (t-1)\cosh^{-1}(\frac{t}{t-1}) \tag{7}$$

其中 $q = \dfrac{Q}{wh}$ ； $t = \dfrac{T}{wh}$ 。

2.2.2 预张力的确定[5]

通常规定平台在正常钻井作业时的水平漂移不大于工作水深的 5%(最大也不能超过 10%)，锚索在作业状态时的最大张力不得超过系泊线断裂强度的 1/3，最大水平拉力不得超过锚的最大抓力，最大允许的抛锚长度亦受到锚链可存储长度的限制。综上所述，当平台处于不同水深，受到风、浪、流诸外力作用时，为满足上述要求，应选择适合的预张力。

当平台处于预张力的平衡位置时，各锚索的松弛度皆相等。一旦产生位移，各锚索的松弛度就各不一样了。其中总有一根是松弛度最小，而张力最大，由这根受力最大的入手，根据锚索的最大许用强度就可以确定该系统的预张力。

3 算例

3.1 目标平台主要参数

表1 半潜式平台主要参数

	符号	平台尺寸
下浮体总长	L	109.44 m
下浮体宽	H	17.92 m
下浮体高	d	10.24 m
立柱高度	-	20.26 m
立柱宽度	-	17.92 m
立柱中心距离（纵向）	-	62.72 m
立柱中心距离（横向）	-	60.04 m
吃水	D	19.00 m
排水量	Δ	52509 t
重心高度（距基线）	KG	25.84 m
横向惯性半径	K_{xx}	33.20 m
纵向惯性半径	K_{yy}	32.80 m
垂向惯性半径	K_{zz}	37.80 m

在 $GeniE$ 中建立平台的有限元模型：

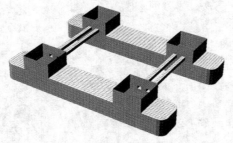

图3 有限元模型

3.2 设计工况和环境载荷

半潜式平台在工作海域受到的环境载荷以及在波浪激励力和定常力共同作用下的运动是系泊系统设计分析的前提。

表2 环境工况参数

水深/m	波浪谱	浪向	有义波高	波谱峰周期
200	JONSWAP	90°	6	10

3.3 锚索结构

锚泊系统中的锚索可以由锚链、钢丝绳、合成索组成。在近海结构物中,锚链具有良好的对海底的抗磨损性,并且对锚的抓力也有较好的作用,因此在作业水深比较浅时可以使用全锚链系统,而不必使用合成索和钢丝绳。20 世纪 80 年代国内设计制造的"勘探三号"半潜式钻井平台就是采用这种全锚链系统。

表3 系泊线主要参数

水深/m	构成	直径/m	长度/m	湿重/kg/m	刚度/MN	破断张力/kN
200	链	0.084	468	249	633	8379

3.4 锚泊系统布置

与深水作业的半潜平台相比,浅水布置锚泊较为简单。不同于船舶,半潜平台首向和侧向面积差别不大,作用在各个方向上的环境力也相当,因此可以采用图 4 中辐射状对称布置锚索。本次的锚泊系统采用的是 8 点分散式悬链线系统,每点连接 1 根锚链,共 8 根,系泊半径以及锚链各段破断强度及材料特性等参数见表4。

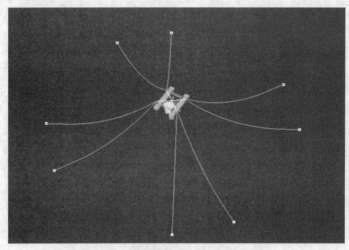

图 4 锚泊系统八点对称布置

表4 系泊系统参数

水深/m	系泊半径/m	系泊线长/m	钢链、钢缆张力安全因子
200	450	468	1.67

3.5 模型悬链线式系泊系统设计及计算响应结果

研究选取平台正常工作的海况,取风、浪、流联合作用作为计算的环境条件。平台在海上定位后,由于海洋环境条件的复杂性,各方向都有可能成为迎浪方向,只是作用时间长短不同。针对半潜平台系泊系统的运动响应,作一个海况下不规则波作用的时域分析。

3.5.1 平台运动相应分析

由一阶波浪力引起的波频运动,也称高频运动。在低频运动分析中,一般只考虑系泊浮体低频纵荡、横荡和舶摇运动。

表5 悬链线式系泊浮体纵荡波频、低频响应

水深	纵荡偏移波频响应/m			纵荡偏移低频响应 /m		
	最大值/水深	标准差	最小值/水深	最大值/水深	标准差	平均值/水深
200	2.83%	0.445	1.287%	6.892%	10.456	3.5%

图5为工作水深下 90°典型浪向（Y向）下半潜平台所受到的波浪力,图 6 为 工作水深条件下平台在 Y 方向的运动响应。

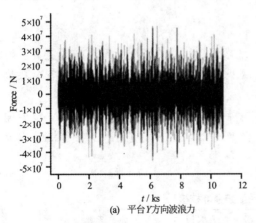

(a) 平台Y方向波浪力

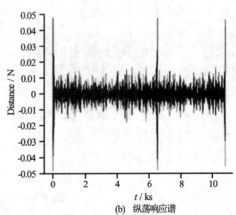

(b) 纵荡响应谱

图 5 平台波浪力和纵荡响应

由于海洋工程作业的要求,半潜式平台的水平偏移不得大于工作区域水深的 5%~10%,由表5和图5可以看出,平台偏移幅度在允许范围内,定位系统符合规范要求,起到较好

的定位作用。因此设计的锚链满足平台工作要求。

半潜平台在 Y 方向所受的波浪力较大，锚链提供恢复力，对应的平台 Y 方向振幅见图 5. 相对于深水中的运动响应，同一平台，波浪力差距并不大[6]，但是幅值差距较大，这主要是由于浅水下平台的水平运动会引起比深水条件下更大的系泊缆躺底段的长度变化，导致更大的系泊缆张紧及松弛之间的振荡幅度。因此浅水锚链设计时候也要考虑疲劳断裂情况。

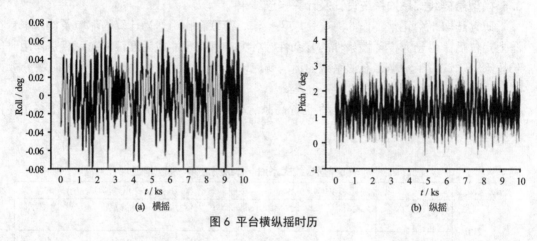

(a) 横摇　　　　　　　　　　　　　　　(b) 纵摇

图 6　平台横纵摇时历

平台的横纵摇运动较小，在图 6 的时历曲线中，可以发现，由于半潜平台较大的吃水深度，下浮体都在水下，水线面面积小，受到的波浪扰动力力小，系泊系统提供了较大的回复力，横纵摇幅值都很小，横摇控制在 1°以内，纵摇峰值也低于 4°，主要在 2°以内波动，不会影响到平台正常的海上施工作业。

3.5.2 系泊特性

相对于深海中半潜平台的锚泊系统，可以发现水深较浅的的情况下，系泊缆更容易随着平台小位移而产生较大的张力。张力是包含了动张力在内的系泊线张力，其中安全系数 K 是系泊线断裂强度与张力的比值。

从表 6 中（系泊系统和平台对称结构，只考虑前四根锚链），我们可以看出来，单根锚链最大张力发生在第一根锚链处。对应的安全系数 K=3.31>1.67. 可见此种方案能满足安全要求，且各根系泊线受力较均匀。

表 6　悬链线式系泊缆强度校核

链号	最大张力/KN	最小张力/KN	安全系数 k
1	2534	1672	3.31
2	2218	1371	3.78
3	1496	702.4	5.60
4	1281	514.5	6.54

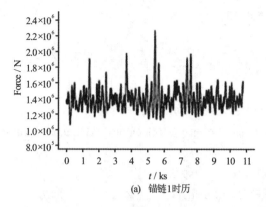 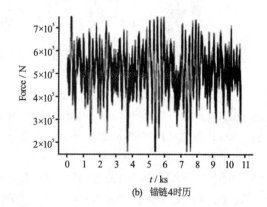

(a) 锚链1时历　　　　　　　　　　　　(b) 锚链4时历

图 7　锚链受力时历

　　由图 7 可以看出锚链时历曲线波动比较大，受力很不稳定，变化规律较不明显，结合上述浅水条件下平台的运动规律及系泊线特性，在该水深环境下的锚链因为平台位移容易被拉紧、躺底段部分被拉起、海底锚点受到上拔力、张力数值波动明显，因此图示的系泊力数值变化明显。

　　事实上，在水深较小的情况下，锚泊系统较为复杂，锚链悬空段相对于深水情况会短很多，平台的任意位移，都会明显的影响锚链的几何形状，由此产生比较大的张力变化；同时，锚链的躺底段部分被拉起的可能性增大，这也会影响到锚点的特性。而在深水情况下，锚链悬于水中的长度较长，波浪作用下平台的运动对系泊系统几何特性的影响相对较小，系泊特性的变化对比浅水系泊系统偏小。

4　结论

（1）该平台系泊系统的设计符合要求，每根锚链受力较为均匀，符合规范要求。

（2）浅水条件下半潜平台系泊系统的系泊线悬于水中的长度相对较短，平台发生小位移后也可能带来系泊系统几何特性的大变化，这就使得系泊线很容易进入张紧、轴向拉伸状态，因此在同样的载荷下产生高于深水系泊线的张力。

（3）系泊缆的动力分析研究在不定常外界环境诱导载荷作用下缆索系统的动力响应，数值表明设计的系统比较稳定，缆索的应力在许用应力范围之内，系泊系统能够满足一定的系泊要求。

（4）在浅水环境下，由于浅水效应，流场的速度势受水深的影响较大，平台的辐射速度势与水动力性能也因此受到较大的影响，这使得浅水条件下系泊系统设计变得复杂。

（5）由于半潜式平台处于变化的海况下，系泊线时刻受到动力的作用，而各根系泊线受力不均匀，容易发生疲劳断裂，所以设计系泊线时有必要进行相关的疲劳分析，确定系泊系统的使用寿命。

参 考 文 献

1　刘应中,缪国平. 船舶在波浪上的运动理论 上海交通大学出版社,1987.

2　罗德涛，陈家鼎. 锚泊定位系统的静力计算.

3　BERTEAUX H O. Bouy Engineering[M]. New York: J Wiley & Sons, 1976.

4　BARLTROP N D P. Floating Structures: a guide for design and analysis[M]. Oilfiled Publications Limited and CMPT, 1998.

5　李润培,王志农 海洋平台强度分析.上海：上海交通大学出版社,1992.

6　张威, 杨建民, 胡志强, 等. 深水半潜式平台模型试验与数值分析[J]. 上海交通大学学报，2007.

Mooring positioning system design of a semi-submersible platform in shallow water

WANG Yong-heng,WANG Lei,HE Hua-cheng,XU Sheng-wen,ZHANG Tao

(State Key Laboratory of Ocean Engineering, Shanghai Jiaotong University, Shanghai, 200240.

Email: yongheng2014@sjtu.edu.cn)

Abstract：With the development of marine oil and gas resources, positioning of floating structures is becoming more and more important. Mooring positioning system is one of the key technology of semi-submersible platform, and has high security, strong ability of positioning, low cost characteristics. This paper takes a shallow water semi-submersible platform as an example, and considers the arrangement of mooring lines under shallow water. We analyze platform positioning accuracy and the changes of the cable tension in the working conditions. In this paper , we use SESAM calculate the single component mooring lines, which can provide useful reference for practical engineering design.

Key words：Mooring system; Time domain analysis method; Positioning accuracy; Shallow water.

FDPSO 多点系泊定位水动力性能

数值计算研究

范依澄[1]，陈刚[2]，窦培林[1]，薛洋洋[1]

（1. 江苏科技大学船舶与海洋工程学院，江苏镇江 ，212003；2. 上海外高桥造船有限公司，上海 200000，
Email: mjjfanyicheng@163.com）

摘要： 海洋平台长期定位在某一海域作业，受到海洋环境条件的影响。因此，准确获得海洋平台在环境条件下的运动和受力对海洋平台结构及其系泊和立管等的设计非常重要。本文采用国际通用的海工软件 SESAM，针对西非海域及南海海域海况下的多点系泊 FDPSO，开展船体/系泊时域耦合数值分析研究。研究了 FDPSO 船体六自由度静水衰减运动和在单位波幅规则波作用下浮体的运动响应，获得了 FDPSO 船体六自由度固有周期、衰减曲线以及船体迎浪、斜浪下的船体六自由度运动响应算子（RAO）；模拟了 FDPSO 多点系泊系统在西非海域及南海海域海况下船体六自由度运动时历和系泊缆张力，并据此分析了西非海域及南海海域海况下 FDPSO 多点系泊方案的可靠性。

关键词： FDPSO 多点系泊；时域耦合分析；系泊张力

1 引言

海洋平台长期定位在某一海域作业，受到海洋环境条件的影响。准确获得海洋平台在环境条件下的运动和受力对海洋平台结构及其系泊和立管等的设计非常重要。通常，获得浮式海洋平台运动性能和受力的方法包括理论计算、数值模拟和模型试验。由于数值模拟常引入线性化的假定或经验性的系数，其结果是否具有可靠性，还需结合海洋工程水池试验来进行对比分析[2]。本课题相关数据是基于当前国际通用的海工软件 SESAM，软件本身已经获得世界各大船级社的认可。对于船型 FDPSO，风向变化使得船体所受环境载荷作用变化很大，从而引起船体运动和系泊系统载荷变化较大，迎浪时船体运动和系泊载荷较小，横浪时船体运动剧烈，系泊缆张力较大。较大的船体运动影响 FDPSO 钻井作业，降低 FDPSO 作业效率，并且对船上设备和系泊系统损害较大。FDPSO 在南海海域及其西非海域水动力性能及定位性能一直是海洋工程届十分关注的问题。

2 数学模型

本研究采用时域数值模拟分析方法，对多点 FDPSO 系泊系统进行耦合分析。即能够对系泊系统和系泊结构物进行耦合分析，适时的反应系泊系统的张力变化，同时，此方法不需对数学模型做太多假定。考虑系泊系统与浮体耦合作用的运动方程表达式如下 [1]：

$$[M+\mu]\{\ddot{x}\}+[\lambda]\{\dot{x}\}+[C]\{x\}=F^{fk}+F^{d}+F^{w}+F^{c}+F^{m} \tag{1}$$

F^{fk} 表示佛汝德-克雷洛夫力，F^{d} 表示波浪绕射力，F^{w} 表示风力，F^{c} 表示流力和 F^{m} 表示系泊力。

$[M]$，$[\mu]$，$[\lambda]$，$[C]$ 分别代表浮力的广义质量矩阵，附加质量矩阵，阻尼系数矩阵和静水回复力矩阵 [3]，其中 $[C]$ 表达式如下：

$$[C]=\begin{bmatrix} 0 & 0 & 0 & 0 & 0 & 0 \\ 0 & 0 & 0 & 0 & 0 & 0 \\ 0 & 0 & \rho g A_W & 0 & \rho g A_W x_f & 0 \\ 0 & 0 & 0 & \rho g(A_w d_3^2 + Z_B \nabla) & 0 & 0 \\ 0 & 0 & \rho g A_W x_f & 0 & \rho g(A_w d_1^2 + Z_B \nabla) & 0 \\ 0 & 0 & 0 & 0 & 0 & 0 \end{bmatrix} \tag{2}$$

考虑到非线性因素的影响，比如系泊力和环境载荷等，时域运动方程如下 [4]：

$$[M+\mu]\{\ddot{x}\}+\int_{-\infty}^{t} K(t-\tau)\{x\}d\tau+[K]\{x\}=F^{ik}+F^{d}+F^{w}+F^{c}+F^{m}+F^{sd} \tag{3}$$

其中：$K(t-\tau)$ 为系统的延滞函数，F^{sd} 表示二阶波浪漂移力。

2.1 FDPSO 船体模型

依据 FDPSO 船体主尺度参数及型线图，在 Genie 模块中建立 FDPSO 水动力模型，如图 1 所示，表 1 为 FDPSO 主尺度参数。

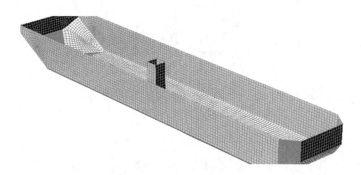

图 1　FDPSO 湿表面模型

表 1　FDPSO 主尺度参数

项　目	符号	单位	FDPSO
垂线间长	Lpp	m	252.3
型　宽	B	m	48.9
型　深	D	m	25.8
吃　水	d	m	17.8
重心纵向位置	LCG	m	128.52
重心垂向位置	KG	m	16.06
横向回转半径	KXX	m	13.69
纵向回转半径	KYY	m	65.63
垂向回转半径	KZZ	m	66.01

2.2　系泊系统设计

合理的布置系泊系统方式及建立时域计算耦合模型，能够一定程度上保证计算精度，且使 FDPSO 在运营过程中既具有安全性又兼备经济性。图 2 为 SESAM 数值模拟软件中 FDPSO 多点系泊系统耦合分析模型。其中系泊系统是由 16 根相同的系泊缆分 4 组，每组 4 根组成，同组内相邻两根缆夹角为 4°，船艏艉距中纵剖面的锚链与中纵剖面夹角为 40°。系泊缆采用三段式系泊，即钢链-钢缆-钢缆，钢链与钢缆主要物理属性见表 2 所示。FDPSO 海域工作水深为 1500m，根据 DNV 浮式结构物系泊规范，设定悬链式系泊的系泊半径为 3000m，每根缆总长 3400m；

表 2　系泊缆主要参数

规格	长度/M	直径/MM	干重/(kg/m)	湿重/(kg/m)	刚度/mm	破断强度/kn
船链 R4S	100	146	423.4	386.9	1221	18520
Wire rope	2200	137.5	99.6	79.5	1735.7	18630
底链 R4S	1100	146	423.4	386.9	1221	18520

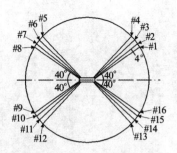

图2　多点系泊系统布置方式

2.3 海域环境条件

本研究采用西非海域百年一遇及南海海域百年一遇环境条件作为 FDPSO 多点系泊系统环境输入条件，相对于我国的南海海域而言，西非海域海况具有鲜明的地域特性，西非海域的海浪比较温和，有义波高较小。西非海域同时存在风浪和涌浪，其中以长周期的涌浪为主要成分。风浪指的是由局部风场引起的一系列波列。这些波列一般主要由短波峰组成，其波峰长度只是表观波高的 2～3 倍。此外，风浪具有强非规则性，大浪小浪相互无规律性交替出现。为了更清楚地了解分析海域的环境条件，将西非海域的环境条件与南海海域的环境条件进行对比（表3和表4）。

表3　西非海域环境条件

	南海	作业海况	生存海况
风浪	H_S	4.7	6.5
	T_P	10.0	11.9
	λ	1.0	3.0
风	1h 平均风速/（m/s）	0.96	1.61
流	表面流速/（m/s）	18.9	33.7

表4　南海海域环境条件

	南海	作业海况	生存海况
风浪	H_S	4.7	6.5
	T_P	10.0	11.9
	λ	1.0	3.0
风	1h 平均风速/（m/s）	0.96	1.61
流	表面流速/（m/s）	18.9	33.7

3 结果分析

3.1 静水衰减数值模拟

对 FDPSO 及其系泊系统在时域范围内，进行静水衰减计算。图 3 分别给出了 FDPSO 在满载载况下船体六自由度静水衰减曲线及其固有周期。

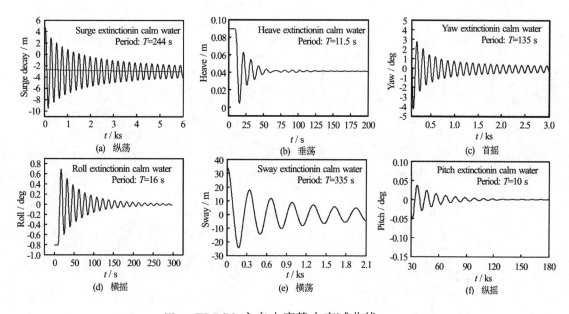

图 3 FDPSO 六自由度静水衰减曲线

从图 3 静水衰减曲线分析可以得到纵荡、横荡、首摇的固有周期分别是：244s、335s、135s，即这三个自由度呈现低频特性，较易于频率较小的二阶波浪差频里发生共振；垂荡、横摇、纵摇的固有周期分别为：11.5s、16.0s、10.0s，这三个自由度固有周期均在正常波浪周期范围，在波浪中的运动会较为剧烈。

3.2 FDPSO 多点系泊系统 RAO 计算

幅值响应算子 RAO（Response Amplitude Operator）指的是浮体在某一频率单位波幅规则波作用下对应浮体最大的运动响应，它能反应浮体水动力性能属性，是计算运动响应时所必需的水动力参数，图 4 给出了 FDPSO 六自由度运动响应 RAO。

从图 4 可以看出，横摇产生大幅响应的频率域比较窄，在 0.35～0.6 之间，波浪频率达到 0.6 以后，响应基本为零，相对于其他角运动，横摇响应的幅值最大。纵摇、首摇大幅值响应的频率在 0.3～0.6 之间，但是首摇在 0.8 频率的波浪力作用下会出现一个响应的小峰值，直至 0.9 后逐渐趋向于零。横荡、纵荡响应最为剧烈，呈现强烈的低频效应，会在 0～

0.6 之间产生较大响应。

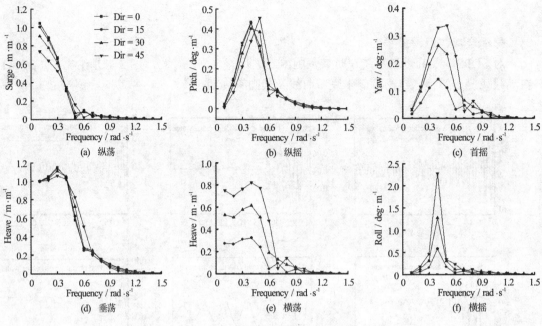

图 4　FDPSO 船体六自由度 RAO 曲线

3.3 FDPSO 运动响应时域分析

本研究采用时域数值模拟分析方法对 FDPSO 系泊系统进行耦合分析，选取中国南海百年一遇海况以及西非海域百年一遇海况作为 FDPSO 生产工况下的设计海况，采用 DEEPC 模块对平台进行时域耦合分析，为了在时域分析中尽可能的模拟实际的海洋环境，模拟时长为 8000S，图 5 和图 6 为南海海域海况下 FDPSO 多自由度的时域历程曲线及运动响应谱，图 7 和图 8 为西非海域海况下 FDPSO 多自由度的时域历程曲线及运动响应谱。

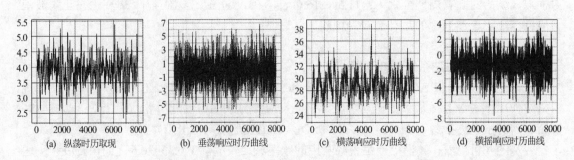

图 5　南海百年一遇海况 FDPSO 船体运动时历曲线

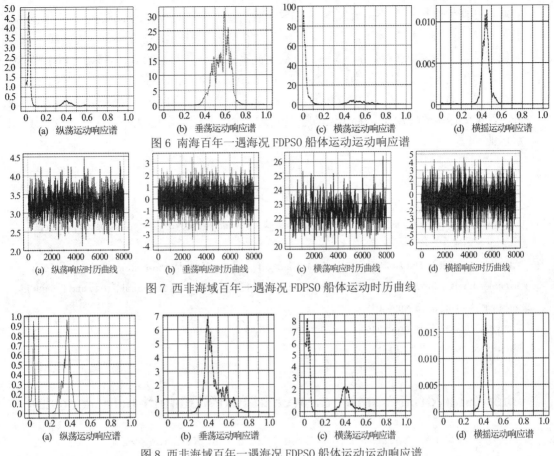

图 6 南海百年一遇海况 FDPSO 船体运动运动响应谱

图 7 西非海域百年一遇海况 FDPSO 船体运动时历曲线

图 8 西非海域百年一遇海况 FDPSO 船体运动运动响应谱

两海域海况下，从 FDPSO 船体运动运动响应时域历程曲线图和浮体的运动响应谱中可以看出，FDPSO 纵荡、横荡两个方向运动的主要成分为低频慢漂运动，波频运动不明显，这是由于二阶波浪漂移历对水平运动的影响是主要因素。而多点 FDPSO 系泊系统的垂荡、横摇，其波频运动明显，其原因在于 FPDSO 垂向运动固有周期在波频范围内，此时的一阶波浪激励力的影响较大。南海百年一遇海况下，FDPSO 船体纵荡、横荡、垂荡及横摇运动的最大值分别为，5.39m，38.7m，6.98m，7.89deg。西非海域百年一遇海况下，FDPSO 船体纵荡、横荡、垂荡及横摇运动的最大值分别为，6.59m，38.46m，5.25m，8.43deg。综上可得，在百年一遇海况下，船体运动幅度较大，对船上设备损害较大，不利于钻井作业。

4 结语

本研究针对多点 FDPSO 系泊系统，采用数值计算方法，研究了中国南海海域百年一遇海况及西非海域百年一遇海况下，FDPSO 系泊系统水动力性能。计算分析获得 FDPSO 船体垂荡、纵荡、横荡及横摇固有周期、运动响应幅值以及相应的运动时历曲线，得到了如下结论：①FDPSO 纵荡、横荡、首摇的固有周期分别是：244s、335s、135s；垂荡、横摇、纵摇的固有周期分别为：11.5s、16.0s、10.0s。②从 FDPSO 船体运动时历和和统计结果可以看出，水平运动中低频慢漂运动占主要成分，垂向运动中波频运动占主要成分。百年一遇极限海况下，船体运动幅度较大，对船上设备损害较大，不利于 FDPSO 正常作业。

参 考 文 献

[1] J.A.Bowers, I.D.Morton, G.I.Mould. Directional statistics of wind and waves[J]. Applied ocean research 2000,22: 13-30.

[2] Yilmaz O, Incecik A. Dynamic response of compliant offshore platforms to non-collinear wave, wind and current loading[C]. Proceedings of the Sixth Conference of ICOSSAR'93 on Structural Safety and Reliability, Innsbruck, Austria, 9–13 August 1993.

[3] Yilmaz O, Incecik A. Hydrodynamic design of moored floating platforms.

[4] J.Marine Structures 1996, 9:545–75.

Numerical hydrodynamic research of FDPSO multi-point mooring

FAN Yi-cheng, CHEN Gang, DOU Pei-lin, XUE Yang-yang

(Naval Architecture and Marine Engineering Department, JIANGSU University of Science and Technology, ZHENJIANG, 212003. Email: ruiyu1017@hotmail.com)

Abstract：Offshore platform is long term operation in some sea area, which is effected by ocean weather. Hence, achieve motion and force of platform accurately is very important for structures and risers designing. This paper uses world-wide program SESAM for simulation, which consider west Africa and South sea weather conditon. Time domain coupling analysis about vessel and mooring system will be considered. After research of calm water decay test and motion response of floating structures under unit wave amplitude, which will get 6 DOF periods, decay curves and RAO, which simulate situation of vessel operation in West Africa and South sea, vessel motion and mooring tension will be get. According to these data, mooring schemes will be compared, reliable scheme will be chosen.

Key words：FDPSO multi-point mooring, Time domain coupling analysis, Mooring tension.

波浪中纯稳性丧失试验和数值研究

顾民，王田华，鲁江，兰波

(中国船舶科学研究中心，水动力学重点实验室，江苏 无锡，214082)

摘要： 目前国际海事组织第二代完整稳性衡准正在制定中，纯稳性丧失被列入 5 种稳性失效模式之一，随浪中复原力丧失是纯稳性丧失薄弱性衡准和稳性直接评估的关键因素。本研究以 C11 集装箱船为对象，分别对随浪下不同波长波陡条件下的复原力丧失进行了试验测量，得到了不同横摇角度时的复原力变化曲线，分析了不同波浪条件下复原力的变化规律；同时开发波浪中复原力计算方法和程序，对随浪下船舶复原力丧失进行了计算分析，并和试验结果进行了对比，有效验证了计算方法的准确性和有效性，为纯稳性丧失稳性直接评估方法的实现奠定了基础，为船舶第二代完整稳性衡准的建立提供了技术支撑。

关键词： 复原力变化；纯稳性丧失；二代完整稳性

1 引言

目前国际海事组织第二代完整稳性衡准正在制定中，纯稳性丧失被列入 5 种稳性失效模式之一。纯稳性丧失主要是指随浪航行时由于船舶稳性力臂减少而导致倾覆的稳性失效模式，在国外已开展较多的研究，包括模型试验和理论计算，而国内在这方面开展的研究较少，与国际先进水平相比差距加大。纯稳性丧失最早是在试验中被发现的(Paulling,1961)，随浪中波峰位于船舯时，船模会突然失去稳性发生倾覆，后来被定义为一种新的稳性失效模式(Paulling,1975)。波浪中复原力的变化是导致这一现象发生的关键因素，Helas(1982)给出了规则波中复原力的计算方法，Hamamoto(1982 和 1986)首次提出了随浪和尾斜浪中复原力臂计算方法，孔祥金(1994)在其基础上采用摄动法成功算出了大倾角情况下的复原力臂，完善了随浪和尾斜浪中复原力计算方法。随浪和尾斜浪中复原力丧失是纯稳性丧失薄弱性衡准和稳性直接评估的关键因素，因此有必要开展试验和数值计算的研究，验证纯稳性丧失薄弱性衡准提案中利用静平衡法求解横摇复原力的可靠性，并在稳性直接评估中提出合适的计算横摇复原力的方法。为确认纯稳性丧失薄弱性衡准提案中利用静平衡法求解横摇复原力的可靠性，并在稳性直接评估中提出可靠的计算横摇复原力的方法，以提高数值预

工信部高技术船舶项目：船舶第二代完整稳性衡准技术研究

作者简介：顾　民（1962-)，男，中国船舶科学研究中心研究员.
　　　　　王田华（1986-)，女，中国船舶科学研究中心工程师.

报的精度，本研究以 IMO 第二代完整稳性衡准通信组提供的 C11 级集装箱船为研究对象，通过约束模型试验和数值计算开展了随浪和尾斜浪中横摇复原力研究。

2　船舶横摇复原力计算方法

基于 Froude 假设，规则波中的横摇复原力计算公式如下：

$$W \cdot GZ_{FK} = \rho g \int_L y'_{B(x)} \cdot A(x)dx + \rho g \sin \chi \tag{1}$$
$$\cdot \int_L z'_{B(x)} \cdot F(x) \cdot A(x) \cdot \sin(\zeta_G + x \cdot \cos \chi) \mathrm{d}x$$

$$F(x) = \varsigma_a k \frac{\sin(k \sin \chi B(x)/2)}{k \sin \chi B(x)/2} e^{-kd(x)} \tag{2}$$

其中，W：船舶重量；GZ_{FK}：基于 Froude 假设的横摇复原力臂；L：船长；$A(x)$：各横剖面的浸水面面积；$y'_{B(x)}, z'_{B(x)}$：参考坐标系下浸水横剖面的形心坐标；ξ_G：船舶重心在波浪行进方向到第一个波谷的距离；x：剖面到船舶重心的距离；ζ_a：波幅；k：波数；χ：航向角；$B(x)$：剖面宽度；$d(x)$：剖面吃水；ρ：水密度；g：重力加速度。

规则波中，当船舶横倾某一角度时，可以通过排水体积相等，纵倾力矩为零的静平衡条件求出此时的升沉和纵倾，如公式所示：

$$W - \rho g \int_L A(x)\mathrm{d}x + \rho g \cdot \int_L F(x) \cdot A(x) \cdot \cos(\zeta_G + x \cdot \cos \chi)\mathrm{d}x = 0 \tag{3}$$

$$\rho g \int_L xA(x)\mathrm{d}x + \rho g \cdot \int_L xF(x) \cdot A(x) \cdot \cos(\zeta_G + x \cdot \cos \chi)\mathrm{d}x = 0 \tag{4}$$

垂荡、纵摇运动也可通过切片法求解，如公式所示：

$$(M + A_{33})\ddot{\varsigma} + B_{33}\dot{\varsigma} + C_{33}\varsigma + A_{35}\ddot{\theta} + B_{35}\dot{\theta} + C_{35}\theta = F_Z \tag{5}$$

$$A_{53}\ddot{\varsigma} + B_{53}\dot{\varsigma} + C_{53}\varsigma + (I_{yy} + A_{55})\ddot{\theta} + B_{55}\dot{\theta} + C_{55}\theta = M_\theta \tag{6}$$

通过以下公式考虑波浪中辐射力和绕射力对复原力变化的影响：

$$GZ_{R\&D} = -M_X/W \tag{7}$$

$$M_X = K - (KG - D)Y \tag{8}$$

$$M_X(X_G, t) = M_{Xa}\cos(\omega t - kX_G \cos \chi + \delta_{MX}) \tag{9}$$

$$Y = F_Y - (A_{23}\ddot{\varsigma} + B_{23}\dot{\varsigma} + C_{23}\varsigma + A_{25}\ddot{\theta} + B_{25}\dot{\theta} + C_{25}\theta) \tag{10}$$

$$K = M_\varphi - (A_{43}\ddot{\varsigma} + B_{43}\dot{\varsigma} + C_{43}\varsigma + A_{45}\ddot{\theta} + B_{45}\dot{\theta} + C_{45}\theta) \tag{11}$$

其中，KG：重心到基线距离；D：吃水；M_{Xa}：复原力变化振幅；M_X：复原力变化的初始相位。各水动力系数表达式参见文献[6，7]，波浪力 F_Z、F_Y 以及波浪力矩 M_θ、M_φ 的求解参见文献[8]。

3 随浪复原力试验和计算结果分析

本研究采用上述船舶横摇复原力计算方法中对随浪中C11集装箱船进行了计算，并和模型试验结果进行了比对。其中模型试验在中国船舶科学研究中心耐波性水池中进行，试验采用半约束模方式，将一台伺服式浪高仪安装在船模重心右侧约1.0m处，由计算机实时记录船模重心与波浪的瞬时相对位置，采用中国船舶科学研究中心自主研发的波浪力/力矩和运动响应集成测量装置测量波浪中船模横摇复原力变化和垂荡、纵摇运动。模型缩尺比为1:65.5，模型试验照片如图1所示，主要参数如表1所示。

随浪中固定波高5.24m，不同波长情况下静平衡法计算结果和试验结果对比见图2，从船波不同位置处复原力结果可看出，当 $\xi G/\lambda$ =0时，当λ/L等于1时，试验结果略小于计算结果，复原力臂最大，其他波长时试验结果略大于计算结果，除了λ/L等于0.5时横倾角大于40多度后，其他情况下波浪中复原力臂都大于静水值，当λ/L大于1时，复原力臂随波长增大而减小，当λ/L小于1时，复原力臂随波长减小而减小；当 $\xi G/\lambda$ =0.25时，试验结果略小于计算结果，当λ/L等于1时，复原力臂最大，除了λ/L等于0.5时横倾角大于40°之外，其他情况下波浪中复原力臂都大于静水值，当λ/L大于1时，复原力臂随波长增大而减小；当 $\xi G/\lambda$ =0.5时，当λ/L等于0.5时，试验结果略小于计算结果，其他波长时试验结果和计算结果吻合较好，除了λ/L等于0.5时横倾角小于10度外，其他情况下波浪中复原力臂都小于静水值，当λ/L大于1时，复原力臂随波长增大而增大，当λ/L小于1时，复原力臂随波长减小而增大；当 $\xi G/\lambda$ =0.75时，试验结果略大于计算结果，波浪中复原力臂都小于静水值。

随浪中固定波长4m，不同波高情况下静平衡法计算结果和试验结果对比见图2，当 $\xi G/\lambda$ =0和0.25时，试验结果略小于计算结果，波浪中复原力臂都大于静水值，随波高增大而增大；当 $\xi G/\lambda$ =0.5时，试验结果和计算结果吻合较好，试验结果略大于计算结果，波浪中复原力臂都小于静水值，随波高增大而减小；当 $\xi G/\lambda$ =0.75时，试验结果略大于计算结果，波浪中复原力臂都小于静水值，随波高增大而减小。

随浪中固定波长波高，增大航速试验和计算结果由图4的结果可以看出，在随浪中横摇复原力随着航速的增加而减小，同时尽管在航速比较高时试验数据信号受到拖车震动的影响，但仍可以看出随浪中横摇复原力的变化符合一阶余弦函数曲线规律；随浪中基于Froude-Krylov假设，分别采用静平衡法和切片法计算的横摇复原力变化结果相近；零航速时计算结果和试验结果相近；随着航速增大，计算结果稍大于试验结果。图 5 中利用切片法计算时，又考虑了辐射力和绕射力对复原力的影响。从计算结果可以看出，随浪中考虑这种动态的影响后复原力的变化大于只考虑 Froude-Krylov 假设时横摇复原力的变化，同时也大于试验结果。

因此，随浪中基于 Froude-Krylov 假设，采用静平衡法和切片法计算横摇复原力的变化，进而预报随浪中的纯稳性丧失是可行的。纯稳性丧失衡准要在方法较为简单的基础上具备一定的保守性，但切片法的计算中涉及到复杂的水动力系数和波浪力求解，故基于Froude-Krylov 假设，采用静平衡法计算横摇复原力的变化更适合随浪中纯稳性丧失的预报。

表 1 C11 集装箱船主要参数

主要参数	实船	模型	主要参数	实船	模型	主要参数	实船	模型
垂线间长 L_{pp}/m	262	4.0000	吃水 d/m	11.5	0.1756	重心纵向位置 X_{CG}/m	-0.548	0.008
型宽 B/m	40.0	0.6107	方形系数 C_b:	0.560	0.560	纵摇回转半径 K_{yy}/L_{pp}	0.24	0.24
型深 D/m	24.5	0.3733	初稳性高 GM/m	1.928	0.0294	横摇固有周期 T_φ/s	24.68	3.05

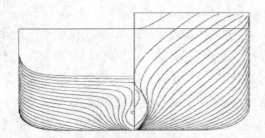

(a) 船体型线图

(b) C11 集装箱船下水前照片

(c) 试验中波峰经过船舯处

(d) 试验中复原力测量装置照片

图 1 C11 集装箱船模型试验照片

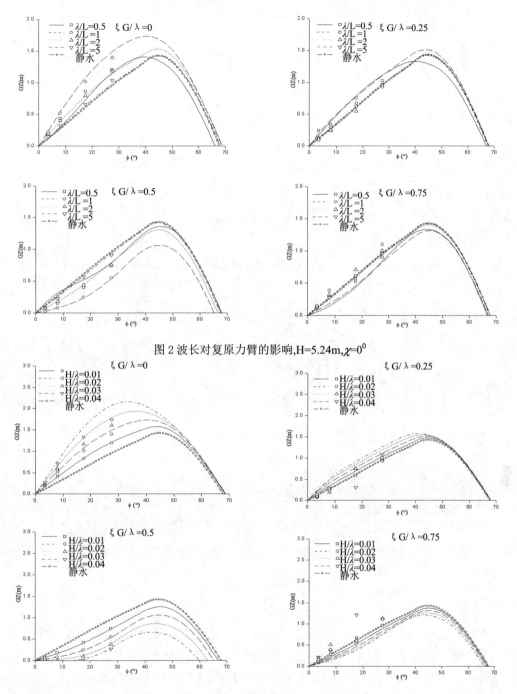

图 2 波长对复原力臂的影响,H=5.24m,$\chi=0^0$

图 3 波高对复原力臂的影响,$\lambda/L_{pp}=1.0$,$\chi=0^0$

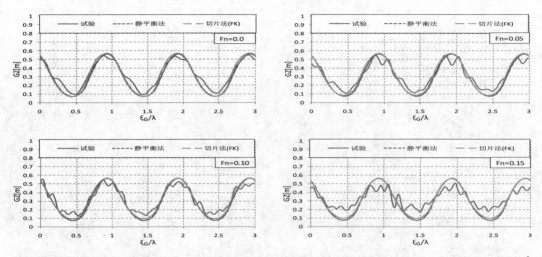

图 4 船波不同位置时试验和基于 Froude-Krylov 假设的数值计算中横摇复原力变化比较,$H/\lambda=0.02$, $\phi=8^0$

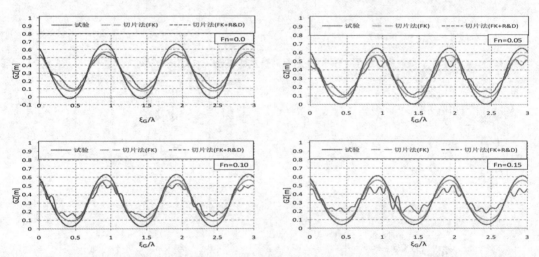

图 5 船波不同位置时试验和切片法数值计算中横摇复原力变化比较,$H/\lambda=0.02$, $\phi=8^0$

4 结论

本研究利用 C11 集装箱船,通过试验和数值方法研究了随浪中横摇复原力的变化,得出如下结论:① 随浪中复原力的变化随着航速的增大而变小,并且复原力变化符合一阶余弦函数曲线规律;随浪中基于 Froude-Krylov 假设,采用静平衡法和切片法计算横摇复原力变化的方法可以预报纯稳性丧失和参数横摇,但静平衡法更适合衡准从简的原则。② 随浪中船舶不同波长、波高及船波位置处复原力臂静平衡法计算结果和试验结果吻合较好,说明本文的静平衡法计算复原力的方法适合纯稳性丧失衡准校核计算及直接稳性评估计算。

参 考 文 献

1 IMO SDC 2/WP.4, Development of Second Generation Intact Stability Criteria[R]. 2015.

2 IMO SDC 2/INF.10. Assessment Procedures as a part of the Second Generation Intact Stability Criteria [R].

3 Hirotada Hashimoto.Pure Loss of Stability of a Tumblehome Hull in Following Seas [C].Proceedings of the 9th International Offshore and Polar Engineering Conference Osaka, Japan, June 21-26, 2009.

4 王田华. 随浪中 C11 集装箱船复原力试验和计算报告[R] .中国船舶科学研究中心技术报告.2015.

5 顾民，鲁江，王志荣.第二代完整稳性衡准稳性直接评估方法研究现状[C].2015 年船舶力学学术研讨会论文集.哈尔滨.2015.7.

6 M. Fujino, S. Sakurai, On the Evaluation of Wave Exciting Roll Moment by strip Method, J the Society of Naval Architects of Japan, 1982,152: 125-137(in Japanese).

7 M.C. Lee, K.H. Kim, Prediction of Motion of Ships in Damaged Condition in Waves, the 2nd STAB, the Society of Naval Architects of Japan, 1982,13-26.

8 鲁江,马坤,黄武刚. 规则波中船舶复原力和参数横摇研究[J].海洋工程，2011.

Experimental and numerical study on pure loss of stability in waves using the C11 containership

GU Min, WANG Tian-hua, LU Jiang,Lan Bo

(China Ship Scientific Research Center, National Key Laboratory of Science and Technology on Hydrodynamics, Wuxi, 214082. Email: tianhua_wang@126.com)

Abstract：The vulnerability criteria on pure loss of stability are now under development by the International Maritime Organization (IMO) in the second generation intact stability criteria. Roll restoring force variation is a key factor for both vulnerability criteria and direct stability assessment for pure loss of stability. Model experiments and simulations are conducted to study the roll restoring variation in waves using the C11 containership. Firstly, captive model experiments with different heeling angles were conducted to measure roll restoring variation in following waves and the effect of waves on it was obtained. Secondly, one numerical method with static balance and one numerical method with heave and pitch motions by strip method are carried out to calculate roll restoring variation in following waves. Finally,the rule of roll restoring variation in waves is confirmed by experiments and simulations and the numerical methods are also validated through the comparisons between the model experiments and the simulations,which protected energetical support for nmerical method of direct stability assessment for pure loss of stability and the IMO second generation intact stability criteria.

Key words：Roll restoring variation; pure loss of stability; Second generation intact stability

瘫船稳性直接评估衡准计算方法研究

王田华,顾民,鲁江,曾柯,张进丰

(中国船舶科学研究中心,水动力学重点实验室,江苏 无锡,214082,Email: tianhua_wang@126.com)

摘要: 瘫船是 IMO 第二代完整稳性衡准研究中五种稳性失效模式之一,目前 IMO 只是对直接稳性评估方法提出了原则性的要求,建议至 2017 年 SDC 4 次会议完成稳性直接评估衡准。本研究初步建立了船舶四自由度非线性运动方程数学模型,利用频域方法建立船舶的水动力系数数据库,建立了船舶运动响应的非线性时域预报方法,并在计算中考虑了船体瞬时湿表面变化对水动力的影响;在此基础上,通过对波浪时域历程下船舶的整个倾覆过程进行模拟计算,完成船舶在瘫船状态下的直接评估衡准计算程序。并对一艘内倾船型进行了横浪中横摇运动的数值预报,采用模型试验数据对计算结果进行了验证,对内倾船型在波浪中瘫船状态下的倾覆特性进行了研究,为 IMO 船舶第二代完整稳性衡准的建立提供技术支撑。

关键词: 瘫船,时域,直接评估,二代完整稳性

1 引言

目前生效的《2008 年国际完整稳性规则》,主要以船舶在静水中的复原力臂曲线等参数来描述的,基于经验背景的规则不足以防止波浪动态稳性现象导致的船舶倾覆。进入 21 世纪以来,IMO 将制定第二代完整稳性衡准提上日程,且已确定对 5 种稳性失效模式开展衡准研究。IMO 关于瘫船直接计算评估最早出现于 MSC.1/1200&1227,但其中只说明了模型试验方法,考虑到模型试验的费用和时间成本,且随着数值计算技术的发展,更有必要建立瘫船倾覆计算模型。在船舶二代完整稳性衡准制定过程中,德国(SLF 52/IF.2,2009)建议除了骑浪横甩以外其他失效模式统一采用 6 DOF 运动方程,参见纯稳性丧失失效模式;日本和意大利(SLF 52/WP.1,2009)建议采用分段线性倾覆概率计算方法进行稳性直接评估,IMO(SDC 1,2014)已采纳该方法为瘫船稳性第二层薄弱性衡准计算方法;美国(SLF 54/INF12,2011)建议至少采用横荡—垂荡—横摇—纵摇—首摇的 5 DOF 耦合运动方程,

基金项目:工信部高技术船舶项目:船舶第二代完整稳性衡准技术研究
作者简介:王田华(1986-),女,中国船舶科学研究中心工程师,Email: tianhua_wang@126.com;
顾 民(1962-),男,中国船舶科学研究中心研究员.

Froude 力和静水力计算要考虑瞬时湿表面并采用面元法和切片法，辐射力和绕射力采用近似系数或船体线性公式或求解恰当边界问题的瞬时湿表面的解，上层建筑产生的气体动力和力矩应根据模型试验计算，纵向漂移力、漂移横倾力矩和漂移艏摇力矩应该根据模型试验计算，日本(SLF 55/INF15,2011)建议加上辐射力和绕射力的平均部分，横向漂移力也应考虑进去，美国采纳其建议并共同提交了瘫船稳性直接评估方法(SDC1/INF8,2014)，这也得到了德国的采纳和支持。目前，IMO 只是对直接稳性评估方法提出了原则性的要求，仍没有确定采用哪种直接评估方法。IMO SDC 2 次会议讨论至 2017 年 SDC 4 次会议完成稳性直接评估方法。

在早期的研究中，瘫船主要集中于横浪状态，这是因为最早的研究起于蒸汽轮船时代(Rahola,1993)，该类型的船舶在船舯处有着和船体面积相当的上层建筑，在瘫船状态下船舶在风力作用下会向横风横浪状态转动并趋于稳定。目前的瘫船研究中，都假定船舶无航速处于横浪共振横摇状态，通过计算横摇角及风对船舶的作用力来判断船舶能否承受各种极端海况中风浪的共同作用。Umeda 等(2007)采用包含横荡-纵荡-横摇-首摇 4 DOF 运动方程建立了预报船舶瘫船状态下运动的方法，但在求解首摇时解不稳定，还需进一步改进。Takumi 等(2012)提出了耦合的横荡-垂荡-横摇-纵摇 4 DOF 运动模型，把 1 DOF 和 4 DOF 的计算结果和试验进行了比对，四自由度的计算结果更接近试验值，但两种方法中均采用的是固有横摇频率时的横摇阻尼，计算模型仍需改进。由于船舶瘫船时动力丧失，极易在风浪联合作用下大幅横摇甚至倾覆，而准确预报船舶在极端海况下的极限运动是一个复杂的研究内容，到目前为止，人们仍然对倾覆现象缺乏完整的数学描述和准确的数值模拟手段。时域仿真是分析船舶在随机海浪中的稳性问题的一个简明的方法，可以灵活地处理复杂的非线性水动力问题。

本研究初步建立了船舶四自由度非线性运动数学模型，考虑瞬时湿表面变化对恢复力和入射力的影响，辐射力和绕射力用平均吃水作计算，利用频域方法建立船舶的水动力系数数据库，建立了船舶运动响应的非线性时域预报方法。在此基础上，通过对波浪时域历程下船舶的整个倾覆过程进行模拟计算，完成船舶在瘫船状态下的倾覆极限运动计算程序。并对一艘内倾船型进行了横浪中横摇运动的数值预报，采用模型试验数据对计算结果进行了验证，对一艘内倾船型在波浪中瘫船状态下的倾覆特性进行了研究，为 IMO 船舶第二代完整稳性衡准的建立提供技术支撑。

2 船舶极限倾覆运动计算方法

为了在计算横摇运动时可以考虑其它运动模式的影响，采用船舶在波浪中的四自由度运动时域方程：

$$\sum_{k=1}^{4}\left\{[m_{jk}+A_{jk}]\ddot{\eta}_k(t)+B_{jk}\dot{\eta}_k(t)+C_{jk}\eta_k(t)\right\}=F_j(t) \qquad j=1,2...4 \qquad (1)$$

其中，$j=1,2...4$ 分别表示横荡、升沉、横摇和纵摇，η_k 表示位移或转动角度，$\dot{\eta}_k$ 表示速度，$\ddot{\eta}_k$ 表示角速度，m_{jk} 是船舶本身惯性力系数；C_{jk} 是静水恢复力系数矩阵，波浪力 $F_j(t)$ 为入射力与绕射力之和，A_{jk} 和 B_{jk} 分别是附加质量和阻尼系数矩阵。

在进行非线性水动力修正时，由于恢复力和入射力是水动力的主要部分，要考虑瞬时湿表面积变化做精确计算：

$$F_{S+FK}(t) = -\iint\limits_{S_B(t)} (p_s + p_{FK}) n_j \, dS \tag{2}$$

其中，F_{S+FK} 为恢复力和傅汝德-克雷洛夫力之和；$S_B(t)$ 为船舶瞬时湿表面，具体计算时，采用入射波对应的瞬时湿表面，不考虑绕射波和辐射波影响；p_s 和 p_{FK} 分别为静水压力和入射波压力，由于入射波对应的瞬时波高在剖面上有正有负，也就是入射波波面有时在静水面上，有时在静水面下，故静水压力计算至入射波波面 τ，即 $p_s = -\rho g z$，$-\infty < z < \tau$；而入射波压力为：

$$p_{FK} = \rho g A \cdot e^{kz_1} \cdot \cos[\omega_e t - k(x\cos\beta - y\sin\beta)] \tag{3}$$

其中，$z \le 0$ 时 $z_1 = z$，而 $z > 0$ 时 $z_1 = 0$。

在船舶运动计算时，考虑到瞬时边值问题求解的复杂性，本研究采用下述方法作处理，预先在频域里计算一系列有初始横倾、纵倾和升沉状态的水动力系数（包括附加质量和阻尼、入射力、绕射力），建立水动力系数关于初始横倾、纵倾和升沉状态的数据库文件；时域计算中，根据每一时刻船舶的横倾、纵倾和升沉，在数据库中线性插值求得船舶当前姿态的水动力系数；最后根据当前船舶姿态的水动力系数，代入运动方程(1)，给定初值，即可利用四阶 Runge-Kutta 法计算出船舶运动时历。

3 瘫船稳性直接评估衡准结果分析

采用上述船舶运动响应的非线性时域预报方法对一艘内倾船型进行数值计算。首先对横浪规则波和不规则波中的运动进行了横摇运动计算，并和模型试验结果进行了对比分析，以验证数值计算程序的准确性和适用性。图 1 为非线性时域方法计算的横摇响应与试验的对比，图 1 中横轴为波浪圆频率，纵轴为无因次横摇响应，可看出计算结果与试验值吻合良好，说明本文所采用的数值计算模型计算稳定，结果可靠。图 2 为波浪周期等于横摇固有周期即时，规则波中的横摇幅值与试验结果的对比，从图 2 中可以看出二者吻合较好，随着波高的增加曲线斜率逐渐减小，横摇运动和波高成非线性关系。

表 1 为不规则横浪中数值计算的横摇振幅的有义值和最大值及其试验值，通过比较可以看出，采用时域理论计算的横摇振幅的有义值和最大值略大于试验值，误差在可接受范围之内，可认为该数值预报方法具有准确性和适用性。随后对样船改变其初稳性高值，分别设为 1.5m 和 2.0m，进行了极端恶劣海况下横浪状态时的瘫船稳性直接评估计算，如图 3 所示，分别为采用非线性时域方法计算得到的不规则横浪中的波浪和横摇运动时历，当

表1 不规则波中横摇运动单幅有义值和最大值

编号	波高/m	平均周期/s	模型试验		数值预报	
			有义值 /(°)	最大值/(°)	有义值 /(°)	最大值/(°)
A1	3.1	7.03	11.14	21.35	13.41	22.31
A2	4.32	8.31	15.37	25.96	17.69	27.47
A3	6.16	10.14	18.51	32.18	22.29	33.22

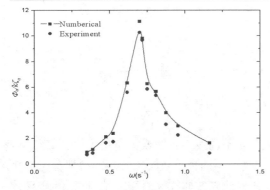

图1 横摇响应的数值计算结果与试验对比

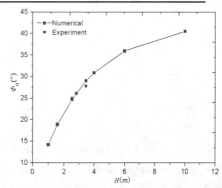

图2 规则波中横摇幅值计算结果和试验对比

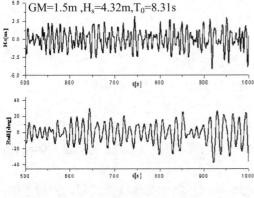

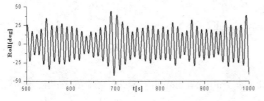

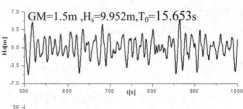

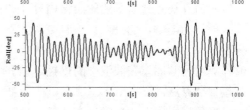

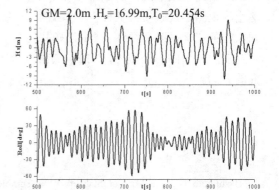

图3 不规则波横浪和横摇运动时历计算结果

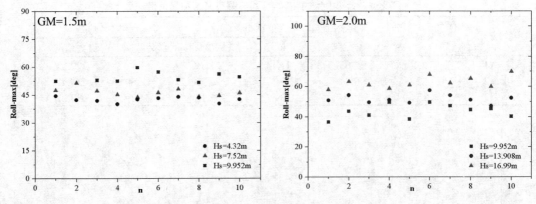

图 4 不同波高时的横摇角最大值计算结果

波高增大后，横摇运动剧烈直至超过 45°，从图 4 不同波高时的横摇角最大值计算结果可看出，横摇最大角随波高增大而增大，在同一波高下不同种子数时，横摇运动具有随机性，在计算工况中横摇最大角可达 80°，这说明本研究建立的非线性时域方法可进行瘫船稳性直接评估计算，能有效评估船舶高海情下的极限运动倾覆过程，可为船舶第二代完整稳性衡准的建立提供技术支撑。

4　结论

　　本研究初步建立了船舶四自由度非线性运动数学模型，考虑瞬时湿表面变化对恢复力和入射力的影响，通过对波浪时域历程下船舶的整个倾覆过程进行模拟计算，完成船舶在瘫船状态下的倾覆极限运动计算程序，并通过和模型试验数据比对说明其有效性，采用数值计算对内倾船型在波浪中的横摇运动和倾覆特性进行了研究，初步建立了船舶瘫船稳性直接评估算法。

　　本研究采用非线性时域方法较好地模拟了船舶横摇运动和船体倾覆过程，所建立的方法用于瘫船稳性直接评估分析是有效可行的。另外的数值计算模型还有待进一步完善，比如大幅横摇运动时非线性横摇阻尼的研究，船舶在实际航向中还受到风的作用，而风倾力矩对船舶横摇的影响很大，在下一步的研究中应考虑不规则风的作用，这是下一步需要研究的方向。

参　考　文　献

1　Hashimoto H. Pure Loss of Stability of a Tumblehome Hull in Following Seas[C].//Proceeding of 19th International Offshore and Polar Engineering Conference, Osaka, Japan ,2009.

2　Hashimoto H., Umeda N., Sogawa Y, et al. Parametric Roll of a Tumblehome Hull in Head

Seas[C].//Proceeding of 19th International Offshore and Polar Engineering Conference, Osaka, Japan, 2009.

3　Fonseca, N, Soares, C.G. Time-Domain Analysis of Large-Amplitude Vertical Motions and Wave Loads[J]. Journal of Ship Research, 1998(42):139-153.

4　Fonseca, N, Soares, C.G. Validation of a time-domain strip method to calculate the motions and loads on a fast monohull [J]. Applied Ocean Research, 2004(26): 256-273.

5　王田华. 瘫船稳性薄弱性衡准研究进展综述报告[R] .中国船舶科学研究中心技术报告,2013.

6　顾民，鲁江，王志荣.第二代完整稳性衡准稳性直接评估方法研究现状[C].2015 年船舶力学学术研讨会论文集.哈尔滨.2015.7.

7　王田华, 顾民, 鲁江, 张进丰.内倾船型的瘫船稳性特性研究[J]. 船舶力学，2014, 18(4):361-369.

8　曾柯, 顾民, 鲁江, 王田华.IMO 瘫船稳性第二层薄弱性衡准研究，第十三届全国水动力学学术会议暨第二十六届全国水动力学研讨会，青岛，2014.

Numerical method of direct stability assessment criteria under dead ship condition

WANG Tian-hua, GU Min, LU Jiang, ZENG Ke, ZHANG Jin-feng

(China Ship Scientific Research Center, National Key Laboratory of Science and Technology on Hydrodynamics, Wuxi, 214082. Email: tianhua_wang@126.com)

Abstract：The vulnerability criteria on stability under dead ship condition is now under development by the International Maritime Organization (IMO). Now the direct stability assessment criteria would be completed until the 4th meeting SDC of 2007. Firstly, the 4 DOF motion program was forecasted numerically by a nonlinear time domain method considering hydrodynamic variation caused by the hull instant wet surface. The time histories of capsizing motion were simulated at time domain and the method of predicting capsizing probability under dead ship condition is established. Model test of the tumblehome hull under dead ship condition was carried out in the seakeeping basin and calculated results are verified by the model test data. The investigation on the capsizing characteristic of the tumblehome hull was put forward. Numerical method of direct stability assessment under dead ship condition was established and protected energetical support for the IMO second generation intact stability criteria

Key words：Stability under dead ship condition; Time domain; Direct stability assessment; Second generation intact stability

动力定位船桨干扰与桨桨干扰

邱耿耀，王志鹏，闫岱峻

(中国船舶科学研究中心，无锡，214082，Email: xiaogeng502@163.com)

摘要： 针对采用四组全回转对转螺旋桨作为动力定位系统的铺缆船，开展了船桨干扰和桨桨干扰研究。采用基于 RANS 方程和 RNG $k-\varepsilon$ 湍流模型，结合滑移网格处理旋转流动的数值计算方法，首先开展了对转螺旋桨的敞水计算；然后数值模拟了类系泊状态下铺缆船四组对转螺旋桨同时工作时的复杂流场，并具体分析了船桨干扰和桨桨干扰。研究结果可为动力定位船舶螺旋桨负荷分配提供参考。

关键词： 船桨干扰；桨桨干扰；对转螺旋桨；动力定位船

1 引言

现代动力定位船舶通常采用多桨系统实现定位功能。为完成不同工作环境的定位任务，螺旋桨需根据实际情况进行负荷分配，合理的负荷分配既能提高船舶的定位效果，同时还能降低油耗。然而多桨共同工作时，不同螺旋桨间、船体与螺旋桨之间形成复杂的干扰，这给螺旋桨负荷分配研究带来极大挑战。因此研究桨桨、船桨干扰是解决动力定位船舶螺旋桨负荷分配的关键所在。

国外许多学者对船桨相互干扰开展了研究。在模型试验研究方面，Lehn 和 Moberg 等采用两个推进器前后布置，得到不同距离下螺旋桨的推力损失；Nienhuis 和 Lehn 对前后布置的两个螺旋桨，开展了角度和距离对桨桨干扰的影响研究；Dang 等总结了下游螺旋桨推力减额与上下游螺旋桨距离、夹角的关系，并分别给出了估算公式；Beek 等针对推进器与平台浮体之间干扰的进行了研究。在数值计算方面，Kinnas 等开发了无黏流螺旋桨分析程序，用于模拟设计和非设计条件下桨船相互干扰问题，Chen 和 Lee 采用该方法，并结合RANS 方法开展研究；Sreenivas 等采用非结构化网格，基于 RANS 方法，研究带五叶桨 P4381 潜艇的船桨干扰；N. Alin 等采用 LES 法研究全附体 DARPA AFF8 带 INSEAN E1619 桨的桨船干扰问题；国内沈海龙等基于滑移网格技术开展了船桨相互干扰研究，申辉等通过求解 RNG k-ε 模型下的 RANS 方程模拟螺旋桨和平台下浮体的流场，研究两个螺旋桨同步旋转下的桨桨及船桨干扰，并进行了模型试验验证。

本研究对象为采用四组全回转对转螺旋桨的铺缆船。对转螺旋桨是由旋向相反的两个螺旋桨组成，本身就是利用桨桨有益干扰形成的节能装置；船体较之底部较平的浮体线型更为复杂，船桨干扰更为严重。为此，本文采用结构化与非结构化混合网格，基于 RANS 方程和 RNG k-ε 湍流模型，结合滑移网格处理，首先开展了对转螺旋桨敞水数值计算；然后开展铺缆船动力定位的理想情况——类系泊状态下的流场数值模拟，进行桨船、桨桨干扰研究。

2 计算对象

计算对象为带四组对转螺旋桨的铺缆船模型。铺缆船模型水线长 12.41m，型宽 4.74m，吃水 0.56m。对转螺旋桨为四叶前桨配合五叶后桨，前桨为直径 0.2500m 的右旋桨，后桨为直径 0.2112m 的左旋桨。对转螺旋桨模型如图 1 所示。铺缆船带四组对转螺旋桨模型如图 2 所示。

图 1 对转螺旋桨模型　　　　　图 2 铺缆船模型（仰视图）

3 数值计算方法

3.1 数学模型

对转螺旋桨的敞水计算属于无界绕流问题；铺缆船类系泊下桨桨、船桨干扰计算，由于螺旋桨受到船体的遮挡，自由面对铺缆船及螺旋桨的影响几乎可忽略，因此也简化为单相绕流问题。在本文的单相绕流问题的数值模拟中，流动采用非定常 RANS 方程模拟；选择 RNG $k-\varepsilon$ 湍流模型封闭 RANS 方程；螺旋桨的旋转采用滑移网格技术。具体方程参见相关文献。

3.2 对转螺旋桨敞水计算网格及边界条件

计算区域及网格划分如图 3 所示。采用分块结构化与非结构化的混合网格，计算区域的网格单元总数约为 112 万，第一层网格高度保证了螺旋桨叶片上的 y+主要集中在 30~200之间，满足壁面函数对近壁面的一般要求。图 4 给出了对转螺旋桨模型表面网格划分示意图。

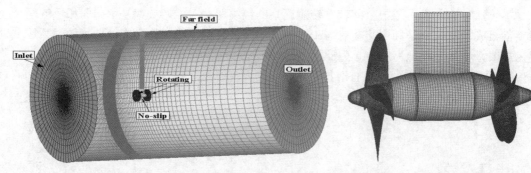

图 3 计算区域网格划分　　　　　　图 4 对转螺旋桨模型表面网格划分

　　边界条件的具体设置：在入口边界上，给定入口流动速度；在出口边界上，将其压力设置为标准大气压；在桨模表面，引入标准壁面函数；旋转区域，给定旋转速度与参考点。以均匀流场作为数值计算的初始条件。

3.3　船桨、桨桨干扰计算网格及边界条件

　　船桨、桨桨干扰计算区域及网格结合了笔者船模阻力计算网格划分的经验，计算区域如图 5 所示。计算区域的网格单元总数约为 280 万，螺旋桨区域网格与敞水计算保持一致。图 6 给出对转螺旋桨附近的网格分布，网格体现出良好的连续性，在计算有交界面问题中至关重要。图 7 给出船体与对转螺旋桨模型表面网格划分示意图，同时对螺旋桨进行编号。

图 5 计算区域网格划分　　　　　　图 6 对转螺旋桨附近网格划分

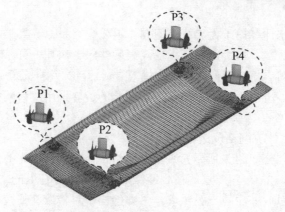

图 7 船体与对转螺旋桨表面网格划分

边界条件的具体设置：在入口边界上，给定入口流动速度；在出口边界上，将其压力设置为标准大气压；在船模和桨模表面，引入标准壁面函数；旋转区域，给定旋转速度与参考点。以静止流场作为数值计算的初始条件。

4 计算结果及分析

4.1 对转螺旋桨敞水计算

对转螺旋桨敞水曲线数值计算结果如图8所示。由图8可知，对转螺旋桨的推进效率最高点在 $J=0.55$ 附近。

图9给出前桨向前0.3R（即 X/R=-0.3）、前后桨中间（即 X/R=0）、后桨向后0.3R（即 X/R=0.3）三个截面的轴向速度分布及其位置示意图。

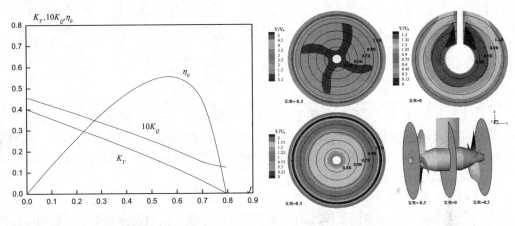

图 8 对转螺旋桨敞水曲线   图 9 对转螺旋桨敞水曲线

4.2 船桨、桨桨干扰计算

数值模拟中，四组对转螺旋桨顺时针同步偏转，偏转角度的定义如图10所示。螺旋桨转速为16转/s，偏转角度取 0°、45°、60°和90°，开展了铺缆船类系泊状态下的流场数值模拟，计算了对转螺旋桨推力、扭矩以及船体的受力情况。

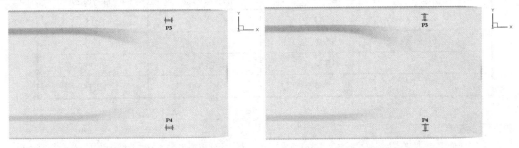

(a) 对转螺旋桨偏转角度 0°   (b) 对转螺旋桨偏转角度 90°

图 10 对转螺旋桨偏转角度定义

4.2.1 船桨干扰

首先分析船体对桨的影响，在各个偏转角度下，由于 P1 桨相对于其它桨来说，处于上游，可以认为工作时 P1 桨只受到船体的干扰。P3 桨虽然处于 P1 桨下游，然而两个桨相距较远，同时处于 P4 上游，也可认为 P3 桨只受船体干扰。

表 1 给出各偏转角度下，P1 和 P3 桨的推力、扭矩与单个对转桨敞水计算结果的比较。

由表 1 可知，船体对使桨推力只减小 3%左右，使扭矩也只减小 3%左右。主要原因在于，水流经过前桨的抽吸作用，同时在船底的限制下，在前桨后形成的加速水流，使得后桨的进速增大，推力减小；另一方面，船底对水流的摩擦作用也消耗了水流的部分旋转能量，影响了后桨的吸收。

表 1 船体对 P1、P3 桨推力、扭矩的影响

偏转角度	P1 桨		P3 桨	
	T(N)	Q(N*m)	T(N)	Q(N*m)
0°	386.0	11.08	386.0	11.08
45°	385.9	11.00	385.9	11.00
60°	394.2	11.22	394.2	11.22
90°	388.3	11.05	388.3	11.05
单桨	400.2	11.38	400.2	11.38

下面分析桨对船体的影响，多推进器的动力定位系统，桨对船体起到很大影响，主要表现在：①推进器安装在船体平坦底部时，尾流贴近底部表面，形成与推力方向相反的摩擦力，导致推力减额；②船体表面为曲面，螺旋桨尾流沿曲面扩散，形成低压区域，造成压差阻力，导致推力减额。

表 2 给出船体阻力造成的推力减额。当偏转角度较小时，螺旋桨尾流处于较平坦的船体底部，船体的阻力成分主要是摩擦力；角度增大时，船底曲面部分迎着螺旋桨尾流，压差阻力变大，但尾流与船体接触面积减小。因此，船体阻力呈现先减小后增大的趋势，推力减额也是先增大后减小。当偏转角度为 90°时，船体压差阻力很大，此时船体阻力达到最大，推力减额达到 12.1%。

表 2 船体阻力造成的推力减额

偏转角度 (°)	四桨总推力 (N)	船体阻力 (N)	推力减额
0	1541.19	32.57	2.1%
45	1546.55	6.17	0.4%
60	1576.03	46.92	3.0%
90	1366.69	166.00	12.1%

4.2.2 桨桨干扰

桨桨干扰主要原因有：①螺旋桨的旋转使流场发生旋转，导致周围的其它螺旋桨水流的进流方向不垂直于桨盘面；②下游螺旋桨处于上游螺旋桨的尾流中，从而下游螺旋桨的

进速增大，导致推力和扭矩损失。由于对转螺旋桨前后桨匹配良好，导致尾流的旋转方向速度很小，水流主要沿轴向扩散，因此桨桨干扰的主要原因是后者。

表 3 给出各偏转角度下的对转螺旋桨水动力。

表 3 不同偏转角度下的对转螺旋桨水动力

桨编号	0°		45°		60°		90°	
	T(N)	Q(N*m)	T(N)	Q(N*m)	T(N)	Q(N*m)	T(N)	Q(N*m)
P1	386.0	11.08	385.9	11.00	394.2	11.22	388.3	11.05
P2	386.0	11.07	386.6	11.01	395.0	11.23	293.9	9.36
P3	384.2	11.03	386.5	11.02	392.5	11.17	389.1	11.08
P4	385.0	11.04	387.5	11.03	394.2	11.20	295.3	9.32

偏转角度为0°时，存在P1桨对P3桨、P2桨对P4桨的干扰。由表3可知，P1桨与P3桨、P2桨与P4桨的推力和扭矩，相差很小，可认为几乎没有影响。这是由于两组桨相距约34倍桨径，尾流的影响已经很小了。

偏转角度为45°~60°之间，存在P1桨对P4桨的干扰。当旋转25°时，P4桨正处于P1桨的尾流中；当角度增大时，P4桨偏离了P1桨的尾流，同时还包含船底的遮挡作用，桨间干扰非常小。

偏转角度为90°时，存在P1桨对P2桨、P3桨对P4桨的干扰。由表3可知，P2桨比P1桨，推力减少32.1%，扭矩减少18.0%。P4桨与P1桨对比类似。

图11给出P1桨与P2桨附近的轴向速度云图。由图11可知，由于两桨之间距离很近（8倍桨径），P2桨处于P1桨的尾流之中，P2桨受到严重干扰，进流速度增大，由于船底曲面影响，进流与桨盘面还存在一定夹角，导致P2桨推力和扭矩损失。

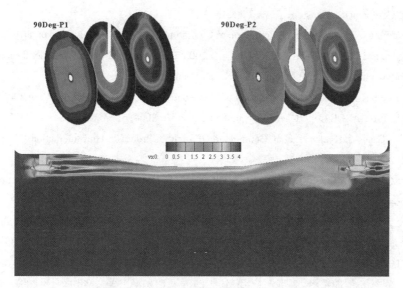

图 11 P1桨与P2桨附近的轴向速度云图

5 结语

本文基于 RANS 方程和 RNG k-ε 湍流模型，结合滑移网格处理旋转流动，数值模拟了对转螺旋桨敞水及类系泊状态下铺缆船四组对转螺旋桨同时工作时的复杂流场，预报各对转螺旋桨的推力和扭矩，以及船体的受力，通过对比分析，进行桨船、桨桨干扰研究。

分析表明：① 船体对对转螺旋桨影响较小。② 对转螺旋桨对船体的影响，在偏转 90° 时，影响最大，船体阻力导致的对转螺旋桨推力减额达到 12.1%。③ 对转螺旋桨的桨桨干扰，主要发生下游桨正处于上游桨尾流的情况，偏转角度到达 90°时，桨桨干扰非常大，推力减额达到 40%左右，扭矩损失 20%左右。

参考文献

1 LEHN E．Thruster interaction effect[R]．NSFI Report-102．．80．the Ship Research Institute of Norway，1980．1-22.

2 MOBERG S，HELLSTROM S A．Dynamic positioning of a four-column semi-submersible．Model tests of interaction forces and a philosophy about optimum strategy when operating the thrusters[C]．Proceedings of the Second International Symposium on Ocean Engineering and Ship Handling，Gothenburg，Sweden，1983．443-480.

3 NIENHUIS U. Analysis of thruster effectively for dynamic positioning and low speed maneuvering[D]. Delft University of Technology, Delft，Netherlands，1992.

4 DANG J，LAHEIJ H. Hydrodynamic aspects of steerable thrusters[C]. Marine Technology Society, Dynamic Positioning Conference，Houston，USA，2004．

5 Kinnas S., Young Y.L., Lee H., et al. Prediction of Cavitating Flow around Single and or Two-Component Propulsors, Ducted Propellers and Rudders[J], CFD-2003: Computational Fluid Dynamics Technology in Ship Hydrodynamics, The Royal Institution of Naval Architects, London, UK. ,2003

6 Chen H.C, Lee S.K.. Time-domain Simulation of Four-quadrant Propeller Flows by a Chimera Moving Grid Approach[J]. Proc. ASCE Conf. Ocean Eng. in the Oceans VI, 2004, p177.

7 Sreenivas K., Cash A., Hyams D, et al. Computational Study of Propulsor Hull Interactions[J]. AIAA 2003-1262, 2003.

8 N. Alin, M. Chapuis, C. Fureby, et al. A Numerical Study of Submarine Propeller-Hull Interactions[J]. Proc. 28th Symposium on Naval Hydrodynamics, 2010.

9 申辉、王磊、杨欢. 动力定位系统中桨-船干扰问题研究[C]. 水动力学研究进展，2012.A 辑 27(1):47-53.

10 常煜，洪方文，张志荣. 对转桨水动力性能的数值分析[C]. 2008 年水动力学术会议暨中国船舶学术界进入 ITTC30 周年纪念会议论文集，2008.

11 王国强、董世汤. 船舶螺旋桨理论与应用[M]. 哈尔滨：哈尔滨工程大学出版社，2007.

Interaction of hull-thruster and thruster-thruster of ships with dynamic positioning propulsion system

QIU Geng-yao, WANG Zhi-peng, YAN Dai-jun

(China Ship Scientific Research Center, Wuxi, 214082. Email: xiaogeng502@163.com;)

Abstract: Research on interaction of hull-thruster and thruster-thruster for Cable-laying ship with dynamic positioning propulsion system made up by four contra-rotating propellers is carried out in this paper. Numerical simulation method based on RANSE and RNG k-ε turbulence model with Moving Mesh technology to deal with rotating flow is applied to calculate open-water performance of single contra-rotating propeller first. Then flow field of Cable-laying ship with four contra-rotating propellers working is simulated, and interaction of hull-thruster and thruster-thruster is analyzed. The results can provide reference for the thrust distribution of ships with dynamic positioning propulsion system.

Key words: Hull-thrust interaction; Thrust-thrust interaction; Contra-rotating propeller; Ships with dynamic positioning propulsion system.

螺旋桨非定常空化流场大涡模拟的模型参数影响研究

余超，王一伟，黄晨光，于娴娴，杜特专，吴小翠

(中国科学院力学研究所，流固耦合系统力学重点实验室，北京，100190，Email: yuchao@imech.ac.cn)

摘要：螺旋桨在非均匀尾流中旋转运动时可能会产生的非定常空泡演化及导致压力脉动一直是水动力学领域中的前沿和难点。本研究利用 OpenFOAM 开源软件，基于 Narvier-Stokes 方程，采用大涡模拟方法，结合 VOF(Volume of Fluid)多相流模型和 Kunz 空化模型，对非均匀尾流中螺旋桨空化现象进行了数值模拟。进一步开展了不同蒸发率和凝结率系数的模拟，对比了不同工况下空泡体积与空间测点压力脉动特征，分析了经验参数的影响规律，获得了参数影响的敏感区间。

关键词：大侧斜螺旋桨；大涡模拟；空化；蒸发率；凝结率

1 引言

近年来船舶向大型化和高速化发展，螺旋桨及舵的空泡、空蚀，船舶的振动等问题变得日益突出。对螺旋桨在尾流场中的空泡性能以及周围流场的精细结构的分析，一直是水动力学研究领域值得关注的难点。

非定常空化流动演化与漩涡运动联系紧密，因此湍流求解是相关数值模拟方法的关键问题之一。长期以来雷诺时均方法（RANS）是工程应用中的最主要手段模型，如 Watanabe, Takayuki[1]使用基于 RANS（展开）模型对 SEIUN-MARU 号常规螺旋桨在不均匀的尾迹的非定常流场进行了数值模拟；季斌，罗先武等[2-3]基于 SST(Shear Stress Transport)湍流模型对 SEIUN-MARU 号大侧斜螺旋桨非均匀尾流空化进行数值模拟,预报了空化条件下的压力脉动。

但雷诺时均方法在处理湍流脉动等细节问题具有很大的局限。相比之下，大涡模拟方法（Large Eddy Simulation）旨在直接求解非定常的大尺度涡结构运动，对湍流的瞬态特征预测的更加准确。近年来， Wang.[4], Bin[5] LIU 等[6]基于 LES 方法在水翼空化计算模拟中得到了很好的结果。然而对于螺旋桨非定常空化的大涡模拟研究讨论还需要更深入更细致的工作。

本研究以 SEIUN-MARU 号大侧斜螺旋桨(High Skewed Propeller，HSP)为研究对象,在 OpenFoam 开源软件平台上，采用 LES 模拟湍流，结合 VOF(Volume of Fluid)多相流模型和 Kunz 空化模型，数值模拟了非均匀伴流场中螺旋桨的空泡演变过程，开展了不同空化模型包括蒸发率和凝结率系数的模拟，分析了经验参数的影响规律，获得了参数影响的敏感区间。

2 数值模拟方程

本文采用 LES 方法与 VOF 多相流模型，具体控制方程参见文献[9]。水的体积分数 α 的输运方程中相变源项 $\dot{m}$ 采用常见的 Kunz 空化模型计算:

$$\dot{m}^+ = \frac{C_v \rho_v \min[0, p - p_{sat}]}{(0.5 \rho_l / U_\infty^2) t_\infty} \tag{1}$$

$$\dot{m}^- = \frac{C_c \rho_v \alpha^2 (1 - \alpha)}{t_\infty} \tag{2}$$

$\dot{m}^+$ 表示水的蒸发率，$\dot{m}^-$ 表示水蒸汽的凝结率，C_v 和 C_c 为经验常数，本研究中选取多组值进行模拟。

3 数值计算

以模型尺度 (D=0.22m) SEIUN-MARU 号大侧斜螺旋桨HSP为研究对象。HSP是第22届 ITTC 推进器技术委员会选定的考核非定常面元法的大侧斜螺旋桨。该桨原型和模型实验数据较为丰富。

3.1 几何模型及计算域

几何模型中使用O-xyz直角坐标系，x轴与桨轴重合，方向为沿螺旋桨的旋转轴指向下游,z轴与螺旋桨的某一桨叶的参考线一致，y轴服从右手定则。为了表述方便，将该桨叶参考线处于图 1中z轴的位置（即螺旋桨正上方）时记为 θ =0°，按逆时针记录桨叶所处位置 θ 的角度。

图 1 螺旋桨几何模型

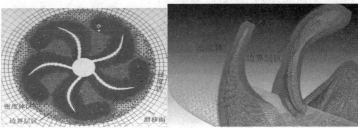

图 2 网格划分

计算域选取参照前人经验[2-3]，取为与桨轴同轴的圆柱形区域，以螺旋桨直径D为基准度量，上游入口边界距桨盘面0.7D，下游出口边界距桨盘面为5D，外部圆柱壁面边界距螺旋桨桨轴3D。采用混合型网格进行，网格数约350万。网格以圆柱形滑移面为界分为外部区域和内部动网格区域。外部区域及螺旋桨附近区域采用高质量的结构化网格，中间过渡区域采用非结构混合网格，在旋涡集中且易发生空化的叶梢处加密，并将三块区域合并而成（图 2）。

3.2 计算条件设置

本研究选择了一组试验数据丰富的工况：推力系数 $K_T = \dfrac{Thrust}{\rho n^2 D^4} = 0.201$，转速

n=17.5r/min，空泡数 $\sigma = \dfrac{P_\infty - P_{sat}}{0.5\rho(nD)^2} = 2.99$，其中 $P_{sat} = 3540 P_a$，为水的饱和蒸汽压。

数值模拟采用OpenFOAM中的interPhaseChangeDymFoam这一求解器。内部动网格区域如图 3 所示转动轴为 x 轴。入口条件为非均匀速度入口，速度场分布按实验测得的船模尾流速度场给出，如图 4 所示，其中 $W_X = 1 - V_X / V_\infty$。出口条件设置为压力出口。计算域外边界设置为可滑移壁面边界。

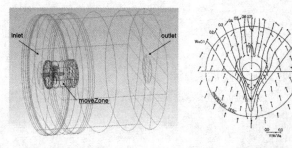
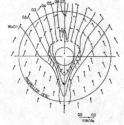
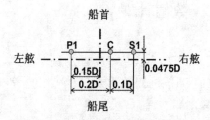

图 3 计算域　　　　图 4　试验尾流速度场　　　　图 5 压力测点位置

4　计算结果及参数影响分析

空泡形态发展是首要关注的结果。图 是螺旋桨在旋转过程中桨叶处在不同位置时的空泡形态（按照水力机械行业的通常做法，图中蓝色曲面为水蒸气体积分数10%的等值面，用以表示空泡形态）。计算结果表明，当桨叶经过高伴流区时，空泡经历了从导边初生、向叶梢生长并在梢部形成梢涡空泡，之后空泡体积逐渐由叶根方向向叶梢方向收缩，直至在下游溃灭。这与实验[7-8]观察到的发展过程一致。

由于空化现象物理机制复杂，蒸发和凝结率公式中的经验参数通常没有确定的取值，在不同的研究中往往各有不同。我们选择了多组Kunz空化模型中表征蒸发率的Cv和凝结率的Cc参数值进行计算。

表征蒸发率的参数 Cv=100000 时，凝结率参数 Cc 分别取 100 和 10000 的空泡形态对比如图 所示。两组空泡形态基本相同，这能够从宏观形态角度，说明在一定范围内，蒸发率和凝结率参数调整对空泡形态影响不大。

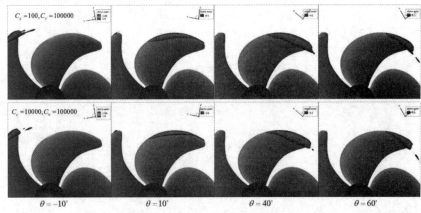

图 6　数值模拟非定常空泡形态对比

为了进一步分析对细节的影响，我们通过对比固定空间测点的压力脉动幅值变化，来分析其影响规律。压力测点位置如的图 5 所示。

采用无量纲测点压力值 $K_p = S_b \dfrac{p}{\rho n^2 D^2}$ 进行对比，通过做快速傅里叶变换 FFT 处理，即可得到各阶主叶频（主叶频等于叶数乘以转动频率）压力脉动幅值并用 ∇K_p 表示。Cv 取 100000 情况下，一阶主叶频压力幅值随凝结率经验参数变化如图 7 所示，在 Cc（50,500）区间内时波动很大，之后变化趋于平缓；二阶和三节主叶频压力幅值如图 8、9 所示，变化趋势虽有所不同，但波动和平缓区间基本一致。

对于空泡形态，$\theta = 40°$ 时刻即最大空泡的空泡体积随 Cc 变化如图 10 所示，其变化区间与压力也比较接近，敏感区间位于 Cc（50，500）。

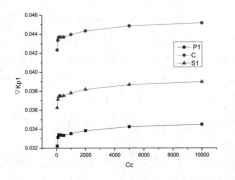

图 7　凝结率对一阶主叶频压力脉动幅值影响

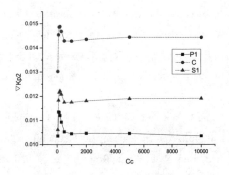

图 8　凝结率对二阶主叶频压力脉动幅值影响

另外，为保证空泡形态发展与实验一致，要求蒸发率参数 Cv 远大于凝结率参数 Cc。Cc 取 100 时，在 Cv（10000,1000000）区间内，各阶压力脉动幅值以及空泡体积都随 Cv 增大而缓慢增大，Cv 改变产生的影响相对较小。

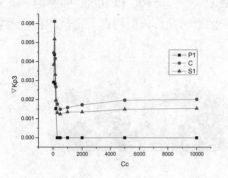

图 9 凝结率对三阶主叶频压力脉动幅值影响

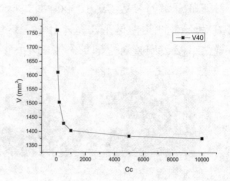

图 10 凝结率对空泡体积影响

5 总结与讨论

本文采用基于 OpenFOAM 和 LES 大涡模拟方法，结合 VOF(Volume of Fluid)多相流模型和 Kunz 空化模型，数值模拟非均匀伴流场中螺旋桨的空泡演变过程。

通过多组蒸发率与凝结率取值计算，发现该问题中凝结率参数 Cc 对压力脉动以及空泡体积影响敏感区域为（50,500），大于 500 时凝结率参数影响较小。

参 考 文 献

1　Watanabe T, et al. Simulation of steady and unsteady cavitation on a marine propeller using a RANS CFD code. Proceedings of the Fifth International Symposium on Cavitation, Osaka, Japan, 2003.

2　Ji, Bin, Luo Xianwu, Wang Xin, et al. Unsteady Numerical Simulation of Cavitating Turbulent Flow Around a Highly Skewed Model Marine Propeller. Journal of Fluids Engineering, 2011, 133(1): 011102.

3　Ji, Bin, Luo Xianwu, Peng Xiaoxing, et al. Numerical analysis of cavitation evolution and excited pressure fluctuation around a propeller in non-uniform wake. International Journal of Multiphase Flow, 2012, 43: 13-21.

4　Wang G, and Ostoja-Starzewski M. Large eddy simulation of a sheet/cloud cavitation on a NACA0015 hydrofoil. Applied mathematical modelling, 2007, 31(3): 417-447.

5　Ji B, Luo X W, Arndt Roger E A, et al. Large Eddy Simulation and theoretical investigations of the transient cavitating vortical flow structure around a NACA66 hydrofoil. International Journal of

Multiphase Flow, 2015. 68: 121-134.

6 LIU De-min, LIU Shu-hong, WU Yu-lin, XU Hong-yuan. LES numerical simulation of cavitation bubble shedding on ALE 25 and ALE 15 hydrofoils. Journal of Hydrodynamics, Ser. B, 2009, 21(6): 807-813.

7 Kurobe Y, Ukon Y, Koyama K, et al. Measurement of Cavity Volume and Pressure Fluctuations on a Model of the Training Ship. SEIUN-MARU" With Reference to Full Scale Measurement," Ship Research Institute, Technique Report No.(NAID) 110007663078, 1983.

8 B.Della Loggia, O.Rutgersson. Session 1a On Full Scale Measurements. ITTC84, 1984: 319-342.

9 Yu XX, Huang CG, Du TZ, et al. Study of Characteristics of Cloud Cavity Around Axisymmetric Projectile by Large Eddy Simulation[J]. JOURNAL OF FLUIDS ENGINEERING-TRANSACTIONS OF THE ASME, 2014, 136(5): 51303.

Study on cavitation model parameters of cavitation flow around a propeller in non-uniform wake base on large eddy simulations

YU Chao, WANG Yi-wei, HUANG Chen-guang, DU Te-zhuan, WU Xiao-cui

(Key Laboratory for Mechanics in Fluid Solid Coupling System, Institute of mechanics, Chinese academy of sciences, Beijing, 100190.

Email: yuchao@imech.ac.cn)

Abstract: The evolution of the unsteady cavitation and the pressure fluctuations around the propeller in the non-uniform flow is a classic issue of the hydrodynamic field In the present paper numerical simulations of cavitation flow around the propeller were performed based on solving Navier–Stokes equations with large eddy simulation approach, Kunz cavitation model, VOF (Volume of Fluid) method and a moving mesh scheme. Furthermore, comparisons of the cavity volume and pressure pulsation characteristics under different evaporation rate and condensation rate coefficient are analyzed to obtain the influence and sensitive range of cavitation model parameters.

Key words: Highly Skewed Propeller ; Large Eddy Simulation; Cavitation; Evaporation rate; Condensation rate.

顶浪规则波中参数横摇数值方法研究（二）

鲁江，卜淑霞，王田华，顾民

(中国船舶科学研究中心，无锡，214082，Email: lujiang1980@aliyun.com)

摘要： 国际海事组织正在制定第二代完整稳性衡准参数横摇稳性直接评估方法，为提出可靠的适用参数横摇衡准的数值方法，在相同理论框架下，首先提出单自由度（1DOF）数学模型，其考虑了无横倾时垂荡、纵摇运动对横摇力矩的影响，且横摇力矩的非线性Froude-Krylov部分通过对瞬时湿表面的积分得到；其次提出垂荡-横摇-纵摇耦合的三自由度（3DOF）数学模型，其考虑了耦合参数横摇影响的垂荡、纵摇运动对横摇力矩的影像，且垂荡力、横摇力矩和纵摇力矩的非线性Froude-Krylov部分通过对瞬时湿表面的积分得到。单自由度方法中横摇方向的辐射力矩和绕射力矩、三自由度方法中的垂荡、横摇、纵摇三个方向的辐射力/力矩和绕射力/力矩考虑了瞬时横摇角对平均湿表面的影响。最后采用国际海事组织提供的标模，通过比较数值计算结果和试验结果验证数值方法的可靠性，同时通过分析横摇复原力变化给出数值结果出现不同的原因，并推荐垂荡-横摇-纵摇耦合的三自由度数值方法作为参数横摇衡准的数值方法。

关键词： 参数横摇； 垂荡-横摇-纵摇；第二代完整稳性衡准；波浪稳性

1 引言

国际海事组织（IMO）正在制定包括参数横摇、纯稳性丧失、骑浪/横甩、瘫船稳性和过度加速度共五种稳性失效模式的第二代完整稳性衡准。第二代完整稳性衡准将每种稳性失效模式的衡准分为三层衡准，即第一层薄弱性衡准、第二层薄弱性衡准和稳性直接评估。IMO船舶设计与制造分委会（SDC）第2次会议已通过参数横摇第一层、第二层薄弱性衡准提案，并计划于2017年SDC 4次会议上给出参数横摇直接稳性评估方法[1]。因此第二代完整稳性衡准中需要具有定量准确性的参数横摇直接计算方法。参数横摇是由复原力周期性变化引起的非线性现象，尤其在顶浪中伴随着显著的的垂荡、纵摇运动，这导致准确预报顶浪参数横摇是比较困难的，因此目前亟须一个可靠的方法来预报顶浪参数横摇。

---

*工信部高技术船舶项目：船舶第二代完整稳性衡准技术研究（2012[533]）；基础科研（No.B2420132001）

在 1998 年 C11 集装箱船参数横摇事故之前[2]，参数横摇研究主要针对随浪[3]或横浪[4]，尤其 1995 年 Umeda 在试验中观测并记录了随浪中参数横摇导致船舶倾覆的现象[5]。在随浪中，由于遭遇频率远小于垂荡、纵摇的固有频率，参数横摇和垂荡、纵摇的动态耦合并不显著，同时波浪增阻也非常小，因此有许多关于成功预报随浪参数横摇的报道[6]。然而在顶浪中，由于参数横摇和垂荡、纵摇的动态耦合非常显著，同时不能忽略波浪增阻，准确预报顶浪参数横摇并不容易。一些学者研究了动态垂荡、纵摇运动对参数横摇影响，并得出结论：顶浪中复原力变化依赖动态垂荡、纵摇运动[7]；作者之一采用单自由横摇运动（1DOF）数学模型研究了参数横摇，但只考虑了无横倾时垂荡、纵摇运动对横摇运动的影响但没考虑横摇对垂荡、纵摇运动的影响[8]；作者之一采用切片方法计算波浪中复原力变化和波浪增阻中的 Kochin 函数，研究了顶浪中波浪增阻对参数横摇的影响[9]，并从理论上研究了顶浪规则波中参数横摇对波浪增阻的影响[10]；通过试验和数值研究了顶浪中参数横摇对垂荡、纵摇的影响[11]，并在文献[12-13]中提出更为复杂的垂荡-横摇-纵摇耦合的三自由度（3DOF）数学模型，即考虑了垂荡、纵摇和横摇运动的相互耦合影响，并把 3DOF 和 1DOF 方法的计算结果和试验结果进行了比较，但 3DOF 方法的预报结果并不比 1DOF 方法预报结果理想，本文进一步完善 3DOF 计算程序，同时基于一致的假定给出简化的 1DOF 方法，并把 3DOF 和 1DOF 方法的计算结果和试验结果进行了比较 。

2 单自由度（1DOF）数学模型

这个模型尽管是针对单自由度的，但其计算复原力时，考虑了和无横倾时的垂荡、纵摇的耦合运动，且垂荡、纵摇的耦合运动通过切片理论求解。

1DOF 方法中的横摇复原力矩考虑了 Froude—Krylov 部分和辐射力、绕射力部分，且辐射力和绕射力部分考虑和横倾角的非线性关系，简写为 1DOF（FK+R&D），表达式如下：

$$(m+A_{33})\ddot{\zeta}+B_{33}\dot{\zeta}+A_{35}\ddot{\theta}+B_{35}\dot{\theta}=F_3^{FK}+F_3^{DF} \tag{1}$$

$$(I_{xx}+A_{44})\ddot{\phi}+N_1\dot{\phi}+N_3\dot{\phi}^3+A_{43}(\phi)\ddot{\zeta}+B_{43}(\phi)\dot{\zeta}+A_{45}(\phi)\ddot{\theta}+B_{45}(\phi)\dot{\theta}=F_4^{FK+B}(\xi_G/\lambda,\zeta,\phi,\theta)+F_4^{DF}(\phi) \tag{2}$$

$$(I_{yy}+A_{35})\ddot{\theta}+B_{55}\dot{\theta}+A_{53}\ddot{\zeta}+B_{53}\dot{\zeta}=F_5^{FK}+F_5^{DF} \tag{3}$$

当 1DOF 方法中的横摇复原力矩只考虑了 Froude—Krylov 部分时，简写为 1DOF（FK），横摇方程（2）表达式简化如下：

$$(I_{xx}+A_{44}(\phi))\ddot{\phi}+N_1\dot{\phi}+N_3\dot{\phi}^3=F_4^{FK+B}(\xi_G/\lambda,\zeta,\phi,\theta) \tag{4}$$

在这个模型中横摇复原力变化分别记为 GZ$_{FK+R\&D}$,GZ$_{FK}$:

$$W \cdot GZ(\phi)_{FK+R\&D} = -F_4^{FK+B}(\xi_G/\lambda,\zeta,\phi,\theta) - F_4^{DF}(\phi) + A_{43}(\phi)\ddot{\zeta} + B_{43}(\phi)\dot{\zeta} + A_{45}(\phi)\ddot{\theta} + B_{45}(\phi)\dot{\theta} \quad (5)$$

$$W \cdot GZ(\phi)_{FK} = -F_4^{FK+B}(\xi_G/\lambda,\zeta,\phi,\theta) \quad\quad (6)$$

3　三自由度（3DOF）数学模型

在单自由（1DOF）垂荡、纵摇运动和横摇运动耦合的数学模型基础上，进一步提出基于非线性切片法的垂荡-横摇-纵摇三自度互相耦合的数学模型（3DOF）来研究顶浪中参数横摇。在这个数学模型中，利用四阶 Runge-Kutta 法对运动微分方程进行时间积分来预报垂荡、纵摇和横摇运动。垂荡-横摇-纵摇三自度互相耦合的运动方程如下：

$$(m+A_{33}(\phi))\ddot{\zeta} + B_{33}(\phi)\dot{\zeta} + A_{34}(\phi)\ddot{\phi} + B_{34}(\phi)\dot{\phi} + A_{35}(\phi)\ddot{\theta} + B_{35}(\phi)\dot{\theta} = F_3^{FK+B}(\xi_G/\lambda,\zeta,\phi,\theta) + F_3^{DF}(\phi) \quad (7)$$

$$(I_{xx}+A_{44}(\phi))\ddot{\phi} + N_1\dot{\phi} + N_3\dot{\phi}^3 + A_{43}(\phi)\ddot{\zeta} + B_{43}(\phi)\dot{\zeta} + A_{45}(\phi)\ddot{\theta} + B_{45}(\phi)\dot{\theta} = F_4^{FK+B}(\xi_G/\lambda,\zeta,\phi,\theta) + F_4^{DF}(\phi) \quad (8)$$

$$(I_{yy}+A_{35}(\phi))\ddot{\theta} + B_{55}(\phi)\dot{\theta} + A_{53}(\phi)\ddot{\zeta} + B_{53}(\phi)\dot{\zeta} + A_{54}(\phi)\ddot{\phi} + B_{54}(\phi)\dot{\phi} = F_5^{FK+B}(\xi_G/\lambda,\zeta,\phi,\theta) + F_5^{DF}(\phi) \quad (9)$$

其中，$A_{ij}(\phi)$ 是考虑船体瞬时横摇角度影响的广义附加质量系数，$B_{ij}(\phi)$ 是考虑船体瞬时横摇角度影响的广义阻尼系数，$F_i^{DF}(\phi)$ 是考虑瞬时横摇角度影响的绕射力，即在计算中考虑了瞬时横摇角在准静态平衡时对辐射力和绕射力的影响，准静态平衡时的升沉和纵倾由静平衡法求出。$F_i^{FK+B}(\xi_G/\lambda,\zeta,\phi,\theta)$ 是考虑船体瞬时湿表面的 Froude-Krylov 波浪力及浮力，ξ_G/λ 是船-波瞬时纵向相对位置，ζ 是船体瞬时升沉位移，ϕ 是船体瞬时横摇角，θ 是船体瞬时纵摇角。系数下标各数字代表的方向：3 为垂荡，4 为横摇，5 为纵摇。I_{xx} 是横摇惯性矩，I_{yy} 是纵摇惯性矩，N_1 和 N_3 是横摇阻尼的线性系数和三次方系数，由船模自由横摇衰减曲线得出。在辐射力计算中考虑了船舶艏艉端线性升力的影响。二维剖面的水动力通过求解速度势的边界条件方程得出，绕射力通过 STF 方法求出。考虑到参数横摇发生时，横荡和横摇的频率为遭遇频率的一半，因此求解与横摇、横荡有关的水动力系数时设定其频率为 0.5 倍遭遇频率，求解与垂荡、纵摇有关的水动力系数以及绕射力时设定其频率为 1 倍遭遇频率。

3DOF 方法中，当横摇复原力矩只考虑了 Froude—Krylov 部分时，简写为 3DOF（FK），横摇方程（6）表达式简化如下：

$$(I_{xx}+A_{44}(\phi))\ddot{\phi} + N_1\dot{\phi} + N_3\dot{\phi}^3 = F_4^{FK+B}(\xi_G/\lambda,\zeta,\phi,\theta) \quad\quad (10)$$

3DOF 方法中的时域垂荡、纵摇运动若改为频域无横倾时的垂荡和纵摇运动，则简化为上述提到的 1DOF 方法。

在这个模型中横摇复原力变化同样分别记为 $GZ_{FK+R\&D}, GZ_{FK}$:

$$W \cdot GZ(\phi)_{FK+R\&D} = -F_4^{FK+B}(\xi_G / \lambda, \zeta, \phi, \theta) - F_4^{DF}(\phi) + A_{43}(\phi)\ddot{\zeta} + B_{43}(\phi)\dot{\zeta} + A_{45}(\phi)\ddot{\theta} + B_{45}(\phi)\dot{\theta} \quad (11)$$

$$W \cdot GZ(\phi)_{FK} = -F_4^{FK+B}(\xi_G / \lambda, \zeta, \phi, \theta) \quad (12)$$

4 模型试验

作者在中国船舶科学研究中心的耐波性水池开展了参数横摇和复原力变化测试试验。水池主尺度为长69m、宽46m、深4m，可进行任意浪向下的波浪模型试验。水池相邻两边安装了从国外引进的世界上最先进的由伺服电机驱动的三维造波系统，可模拟规则波、长峰不规则波和短峰波。

采用C11集装箱船，模型如图1所示，型线如图2所示，实船和船模主要参数如表1所示，缩尺比为1：65.5。参数横摇模型试验采用自航方式，模型内布置有轴系、齿轮箱、电机等推进系统和稳向系统，满足模型自航的要求。复原力测量试验采用半约束模方式，采用新设计的波浪稳性测量装置测量波浪中某横倾角度下的复原力变化。

图1 参数横摇试验中的船模

图2 复原力测量试验中的船模

表1 C11 集装箱船主要参数

主要参数	实船	模型	主要参数	实船	模型	主要参数	实船	模型
垂线间长 Lpp/m	262	4.0000	吃水 d/m	11.5	0.1756	重心纵向位置 X_{CG}/m	-5.483	-0.084
型宽 B/m	40.0	0.6107	方形系数 C_b:	0.560	0.560	纵摇回转半径 K_{yy} / Lpp	0.24	0.24
型深 D/m	24.5	0.3733	初稳性高 GM/m	1.928	0.0294	横摇固有周期 T_φ/s	24.68	3.05

5 结果与分析

采用上述提到的 1DOF 和 3DOF 方法编制计算程序，并利用巴拿马型 C11 集装箱船，比较了数值计算结果和试验结果。

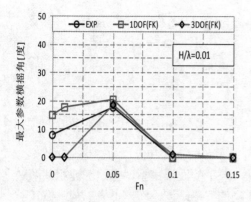

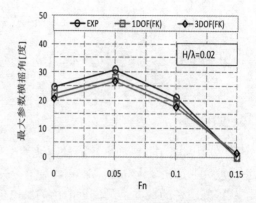

图 3 参数横摇计算结果及试验结果比较，
λ/L_{pp}=1.0, χ=180^0.

图 4 参数横摇计算结果及试验结果比较，
λ/L_{pp}=1.0, χ=180^0.

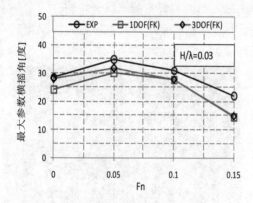

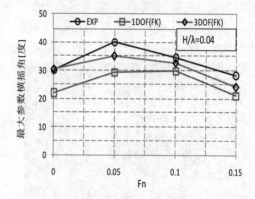

图 5 参数横摇计算结果及试验结果比较，
λ/L_{pp}=1.0, χ=180^0.

图 6 参数横摇计算结果及试验结果比较，
λ/L_{pp}=1.0, χ=180^0.

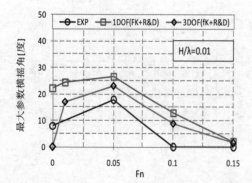

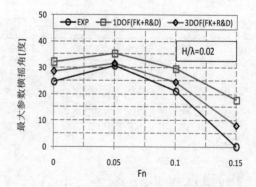

图 7 参数横摇计算结果及试验结果比较，
λ/L_{pp}=1.0, χ=180^0.

图 8 参数横摇计算结果及试验结果比较，
λ/L_{pp}=1.0, χ=180^0.

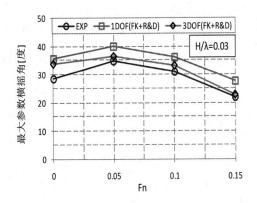
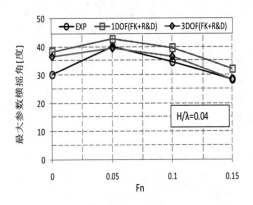

图9 参数横摇计算结果及试验结果比较，
λ/L_{pp}=1.0, χ=180^0.

图10 参数横摇计算结果及试验结果比较，
λ/L_{pp}=1.0, χ=180^0.

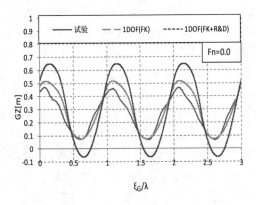
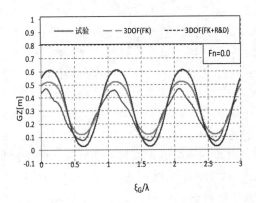

图11 横摇复原力变化计算结果及试验结果比较，
H/λ=0.02, λ/L_{pp}=1.0, χ=180^0, φ=7.3^0.

图12 横摇复原力变化计算结果及试验结果比较，
H/λ=0.02, λ/L_{pp}=1.0, χ=180^0, φ=7.3^0.

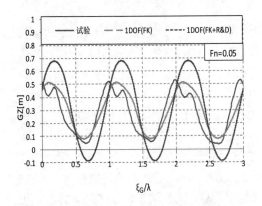
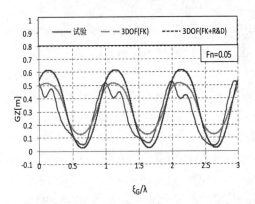

图13 横摇复原力变化计算结果及试验结果比较，
H/λ=0.02, λ/L_{pp}=1.0, χ=180^0, φ=7.3^0.

图14 横摇复原力变化计算结果及试验结果比较，
H/λ=0.02, λ/L_{pp}=1.0, χ=180^0, φ=7.3^0.

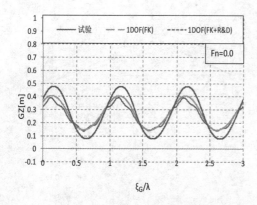 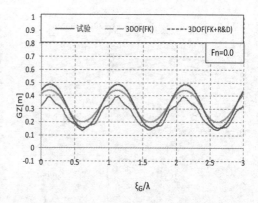

图 15 横摇复原力变化计算结果及试验结果比较，
H/λ=0.01, λ/L_{pp}=1.0, χ=180^0, φ=7.3^0.

图 16 横摇复原力变化计算结果及试验结果比较，
H/λ=0.01, λ/L_{pp}=1.0, χ=180^0, φ=7.3^0.

通过图 3 至图 6 可以看出，在波陡等于 0.02，0.03 和 0.04 时，1DOF（FK）和 3DOF（FK）方法预报的参数横摇结果稍小于试验结果，这主要是由于没有考虑横摇复原力矩中的辐射力和绕射力部分；通过图 7 至图 10 可以看出，在波陡等于 0.02，0.03 和 0.04 时，1DOF（FK+R&D）和 3DOF（FK+R&D）方法预报的参数横摇结果大于试验结果，且 3DOF（FK+R&D）方法预报更接近试验结果。

参数横摇是由波浪中复原力周期性变化引起的，准确预报复原力变化是提高参数横摇预报精度的关键。如图 11，12 所示，1DOF（FK）和 3DOF（FK）中复原力变化 GZ_{FK} 的振幅和试验结果接近，但其平均值明显大于试验结果，也即回复力矩偏大，这导致 1DOF（FK）和 3DOF（FK）方法预报的参数横摇结果稍小于试验结果；1DOF（FK+R&D）和 3DOF（FK+R&D）中复原力变化 $GZ_{FK+R\&D}$ 的振幅大于试验结果，这导致 1DOF（FK+R&D）和 3DOF（FK+R&D）方法预报的参数横摇结果大于试验结果。但 3DOF（FK+R&D）中复原力变化 $GZ_{FK+R\&D}$ 的振幅更接近试验结果，因此 3DOF（FK+R&D）方法预报的横摇幅值更接近试验结果。

从图 13 和图 14 中可以看出，1DOF（FK）和 3DOF（FK）中复原力变化 GZ_{FK} 的振幅小于试验结果，且平均值明显大于试验结果，两者都导致 1DOF（FK）和 3DOF（FK）方法预报的参数横摇结果稍小于试验结果；1DOF（FK+R&D）和 3DOF（FK+R&D）中复原力变化 $GZ_{FK+R\&D}$ 的振幅大于试验结果，这导致 1DOF（FK+R&D）和 3DOF（FK+R&D）方法预报的参数横摇结果大于试验结果。但 3DOF（FK+R&D）中复原力变化 $GZ_{FK+R\&D}$ 的振幅更接近试验结果，因此 3DOF（FK+R&D）方法预报更接近试验结果。

波陡等于 0.01 时，1DOF（FK）方法预报的参数横摇结果更接近试验结果，但 3DOF（FK）和 3DOF（FK+R&D）方法都没能成功预报该波陡下零航速时的参数横摇。如图 15 所示，1DOF 方法中复原力变化 GZ_{FK}、$GZ_{FK+R\&D}$ 的振幅大于试验结果，但 GZ_{FK} 的振幅更接近试验结果，这导致 1DOF（FK）和 1DOF（FK+R&D）方法预报参数横摇结果大于试验结果，1DOF（FK）方法预报的参数横摇结果更接近试验结果。如图 16 所示，3DOF（FK）、

（FK+R&D）方法中复原力变化的振幅大于试验结果，但平均值也明显大于试验结果，这导致 3DOF（FK）和 3DOF（FK+R&D）方法都没能成功预报该波陡下零航速时的参数横摇。

尽管 3DOF（FK+R&D）方法没能成功预报小波陡下零航速时的参数横摇，但整体上 3DOF（FK+R&D）方法理论上更完善，预报的参数横摇结果更接近试验结果。上述提到的方法中 1DOF（FK）方法最简单，计算速度最快，但参数横摇预报结果整体偏小。当考虑横摇复原力矩中的辐射力和绕射力部分后， 1DOF（FK+R&D）方法和 3DOF（FK+R&D）方法预报的参数横摇结果整体都偏于保守，且 1DOF（FK+R&D）方法更保守，故该两种方法都适合用于第二代完整稳性衡准参数横摇稳性直接评估。

6 结论

本文基于切片法理论，利用 C11 集装箱船，研究了顶浪参数横摇 1DOF 和 3DOF 数值方法，并与试验结果进行了比较，得出如下结论：① 参数横摇预报方法中需要考虑横摇复原力矩中的辐射力和绕射力部分。② 3DOF（FK+R&D）方法理论上更为合理，参数横摇数值预报结果更接近试验结果。③ 1DOF（FK+R&D）方法和 3DOF（FK+R&D）方法都适合用于第二代完整稳性衡准参数横摇稳性直接评估。

致谢
本文工作曾得到国家留学基金委的支持(No. 2008606031)和日本大阪大学 Prof. N. Umeda 指导，本文作者对上述机构和个人表示诚挚的感谢。

参 考 文 献

1 IMO SDC2-WP.4 - Report of the working group (part 1) (Working Group)[C] . 2015.

2 France W.L., Levadou M., Treakle T.W., et al. An investigation of head-sea parametric rolling and its influence on container lashing systems[J]. Marine Technology, 2003, 40(1):1-19

3 Kerwin J.E. Note on Rolling in Longitudinal Waves[J] . International Shipbuilding Progress, 1955, 2(16): 597-614.

4 Blocki W. Ship Safety in Connection with Parametric Resonance of the Roll[J]. International Shipbuilding Progress, 1980, 27:36-53

5 Umeda N., Hamamoto M. , Takaishi Y. ,et al. Model Experiments of Ship Capsize in Astern Seas[J]. J the Society of Naval Architects of Japan, 1995, 177:207-217.

6 Munif A, Umeda N. Modeling Extreme Roll Motions and Capsizing of a Moderate-Speed Ship in Astern

Waves[J] . J the Society of Naval Architects of Japan, 2000,187:405-408

7 Taguchi H., Ishida S., Sawada H,et al. Model Experiment on Parametric Rolling of a Post-Panamax Containership in Head Waves[C]. Proceedings of the 9th International Conference of Ships and Ocean Vehicles, COPPE Univ Fed Rio de Janeiro, 2006, 147-156.

8 鲁江，马坤，黄武刚. 规则波中船舶复原力变化计算[J]. 武汉理工大学学报，2011，29：61-67.

9 Lu J., Umeda N, Ma K. Predicting Parametric Rolling in Irregular Head Seas with Added Resistance Taken into Account[J] . J Mar Sci Technol, 2011, 16(4):462-471

10 Lu J., Umeda N, Ma K. Theoretical study on the effect of parametric rolling on added resistance in regular head seas[J]. J Mar Sci Technol, 2011, 16(3):283-293

11 鲁江，顾民，兰波，等. 顶浪中参数横摇对垂荡、纵摇运动影响的研究[C]. 船舶力学学术会议，2013

12 鲁江，顾民，卜淑霞，等. 顶浪规则中波参数横摇数值方法研究[C]. 第十二届全国水动力学学术会议，2013

13 卜淑霞，鲁江，顾民，等. 顶浪规则波中参数横摇数值预报研究[J]. 中国造船，2014，55（2）：1-8.

Numerical approaches on parametric rolling in regular head seas (2nd)

LU Jiang, BU Shu-xia, WANG Tian-hua, GU Min

(China Ship Scientific Research Center, Wuxi, 214082. Email: lujiang1980@aliyun.com)

Abstract：The direct stability assessment on parametric rolling is under development by the International Maritime Organization (IMO) in the second intact stability criteria. The study considers two numerical approaches on parametric rolling in head seas. One mathematical model is single rolling model in which heave and pitch motions without heeling angle are taken into account to estimate restoring variation. The second model is coupled heave-roll-pitch model in which the nonlinear Froude-Krylov component of roll restoring variation is calculated by integrating wave pressure up to wave surface and radiation, and diffraction forces are calculated for the instantaneous submerged hull by considering the time-dependent roll angle. Finally, the numerical approaches on parametric rolling are verified by experimental results using a standard containership used by IMO while the reason of different results are analyzed by comparing roll restoring moments in simulations and experiments.

Key words：Parametric rolling; Second generation intact stability criteria; Head seas.

自航模拟下的舵球变参数节能效果分析

陈雷强，黄树权

(1.中国船舶科学研究中心上海分部，上海，200011； Email: chenleiqiang@702sh.com；
2.江苏省绿色船舶技术重点实验室，无锡 214082)

摘要：以某油船为对象，应用 CFD 商业软件对模型尺度下的船舶自航状态进行模拟，通过对比加装舵球与不加装舵球时的船后螺旋桨实际收到功率评估舵球的节能效果。计算结果表明，加装舵球后毂帽上阻力变推力，较大直径 d 的舵球会增加桨叶推力，从而起到节能的效果；舵球直径与螺旋桨直径存在一个最佳匹配区间，在此区间内节能效果较好，文中计算的舵球直径与螺旋桨直径比 d/D 在 0.18～0.20 范围较好，最大节能可达 3.0%；在桨舵间距一定时，舵球长度 L 越长，舵球越接近毂帽，产生推力越大，节能效果也越好。

关键词：舵球；设计参数；CFD；节能评估

1 引言

舵球是安装在舵叶上桨轴中心线位置的节能回转装置，有利于削弱桨后方轴线处的低压区，减小螺旋桨的周向诱导速度，提高周向诱导效率，且对螺旋桨空泡、激振等性能有利。舵球结构简易，但查阅近期发表的桨舵干扰方面的文献发现，关于舵球的文献并不多，且主要集中在试验方面。理论方面，马骋等[1]建立了桨－舵－舵球组合体的计算仿真系统，但并未进行舵球变尺度研究；何苗等[2]分析了舵球几何参数对螺旋桨水动力性能的影响，但是在敞水条件下进行的评估，未考虑船体的影响。

2 CFD 评估方法

数值评估舵球节能效果的核心是对船模的自航试验进行数值模拟。在实际自航试验中兴波阻力必定存在，但采用 CFD 数值评估只需比较加装舵球前后推进效率的相对变化，且舵球与桨轴高度相同有一定浸深，兴波对其节能效果影响甚微，因此，采用叠模法对舵球节能效果进行分析是可行的。

2.1. 基本控制方程

本文用 FLUENT 软件对船模自航等问题进行数值计算。计算中采用了有限体积法离散计算区域和控制方程，选用了 SST k-ω 湍流模型。控制方程具体形式为：

连续性方程：

$$\frac{\partial u_i}{\partial x_i} = 0 \tag{1}$$

动量方程：$\quad \dfrac{\partial u_i}{\partial t} + \dfrac{\partial u_i u_j}{\partial x_j} = \dfrac{\partial p}{\partial x_j} + \dfrac{1}{\mathrm{Re}}\dfrac{\partial}{\partial x_j}\left(\dfrac{\partial u_i}{\partial x_j} + \dfrac{\partial u_j}{\partial x_i}\right) + \dfrac{\partial}{\partial x_j}\left(-\overline{u_i' u_j'}\right) \tag{2}$

其中 u_i 是速度分量的雷诺平均值；j（$j=1,2,3$）表示不同方向；x_i 为坐标分量；$R_e = (UL)/\nu$

是雷诺数，ν 是运动黏性系数；$-\overline{u_i' u_j'}$ 是雷诺应力项。

湍动能 k 和湍流脉动频率 ω 的输运方程为：

$$\frac{D\rho k}{Dt} = \tau_{ij}\frac{\partial \overline{u}_i}{\partial x_j} - \beta^* \rho \omega k + \frac{\partial}{\partial x_j}\left[(\mu + \sigma_k \mu_t)\frac{\partial k}{\partial x_j}\right] \tag{3}$$

$$\frac{D\rho \omega}{Dt} = \frac{\gamma}{\nu_t}\tau_{ij}\frac{\partial \overline{u}_i}{\partial x_j} - \beta \rho \omega^2 + \frac{\partial}{\partial x_j}\left[(\mu + \sigma_\omega \mu_t)\frac{\partial \omega}{\partial x_j}\right] + 2(1-F_1)\rho \sigma_{\omega 2}\frac{1}{\omega}\frac{\partial k}{\partial x_j}\frac{\partial \omega}{\partial x_j} \tag{4}$$

2.2 数值计算方法

计算区域中采用分区结构化网格和非结构网格相结合的混合网格，为使计算时能够较准确模拟边界层内的流体流动，提高计算精度，本文在计算时对船艏、船艉进行了适当地网格加密，同时将 y+值控制在 30 以内。

选用基于多参考系的交接面方法来模拟螺旋桨的旋转，用 interface 边界条件来实现船体区域与螺旋桨区域的数据传递。数值离散和求解方法借鉴了相关的计算经验，计算中采用基于交错网格上的半隐式 SIMPLEC 方法进行耦合求解。

2.3 节能效果评估方法及验证

在自航模拟中，采用相同航速下的船舶自航平衡点处的船后螺旋桨实际收到功率相对比较的方法，即在设计航速下，对船体+桨+舵系统进行螺旋桨变转速计算，对结果进行同一强制力 F_D 插值得到该航速下自航平衡点的船体阻力、螺旋桨推力扭矩等水动力性能。(ΔT：推力变化；ΔQ：扭矩变化；ΔP_{dm}：模型收到功率变化)

为验证方法，对某 VLCC 油船进行自航状态水动力性能数值评估，并与模型试验结果进行比较。计算结果表明，舵球推力鳍节能 2.48%，模型试验结果节能 3.10%，证明本文 CFD 评估方法对桨后舵球推力鳍的节能效果评估具有一定精度，可用做评估桨后舵球的节能效果。

3　研究对象

　　本文以一艘万吨级油船为研究对象，主要参数表 1 所示。

表 1　船体、螺旋桨及舵的主要参数

船体主尺度		螺旋桨主参数		舵主参数	
垂线间长 Lpp/m	176.00	叶数	4	舵宽/m	4.10
型宽 B/m	32.20	直径 D/m	6.50	舵高/m	9.05
设计吃水 T/m	11.00	盘面比 Ae/Ao	0.42	剖面类型	NACA0018
设计航速/kn	14.00	旋向	右	——	——
缩尺比 $λ$		1:26			

图 1　万吨级油船三维模型

　　舵球的主要参数有舵球直径 d、舵球长度 L（舵球前缘至舵的导边），文献[3-4]分别认为舵球直径 d 与螺旋桨直径 D 之比 d/D 取 0.18~0.30 和 0.20~0.216 较合适；舵球的前缘越接近毂帽越好；关于舵球剖面形式的对水动力性能影响的研究较少。据此，本文将进行变舵球直径 d、变舵球长度 L 分析。

4　计算结果分析

4.1 变舵球直径 d

　　舵球处于桨后毂涡中整流，因此存在直径与毂涡区匹配，并在一定范围内对螺旋桨盘面处起整流作用。计算采用舵球直径与桨直径比 d/D 分别为 0.16、0.18、0.20、0.24 和 0.28 舵球前端至桨毂后端距离 $S_1=0.033D$。

4.1.1 舵球直径对螺旋桨水动力性能的影响

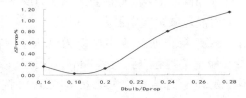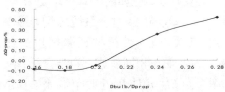

图 3　螺旋桨叶推力变化曲线　　　　图 4　螺旋桨叶扭矩变化曲线

由图 3 可知，在同一航速相同转速下，安装舵球后，螺旋桨推力均增大，当 d/D =0.16~0.20 时，推力增加较小，随着舵球直径继续增大，舵球对桨叶影响开始显现，推力逐渐增大，舵球直径 d=0.28D 时推力增至 1.14%。由图 4 可知，螺旋桨扭矩在 d/D =0.16~0.20 时扭矩变化很小，后随着舵球直径继续增大，扭矩也增大。两图比较可得，舵球直径 d 大于 0.20D 后，推力扭矩曲线变化趋势相同，但扭矩增幅小于推力的增幅。

4.1.2 舵球直径对毂帽水动力性能的影响

舵球位于毂帽正后方，可以较好的填充螺旋桨抽吸后毂帽的低压区。借助 CFD 方法，对加装舵球前后毂帽表面力的变化进行分析。

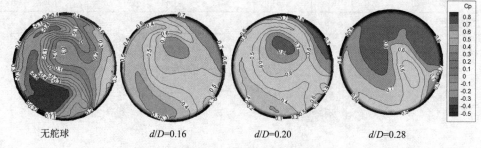

图 5　毂帽表面压力云图随 L/D 变化

安装舵球前，毂帽表面受力为阻力；安装舵球舵球后毂帽表面压力变化明显（图 5），由阻力变推力，且随着舵球直径的变大，推力增大。毂帽表面光滑，扭矩忽略。

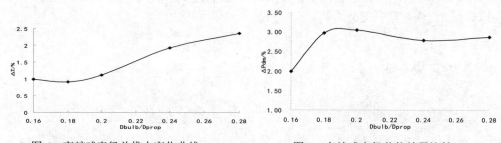

图 6　变舵球直径总推力变化曲线　　　　图 7　变舵球直径节能效果比较

由图 6 可知，当把毂帽的推力计入总推力后，推力较无舵球增加明显，在 d/D=0.16~0.20 内推力增加 1.0%左右，后随舵球直径增大，推力增大显著，d/D=0.28 时推力增加达到 2.36%。

4.1.3 舵球直径对节能效果的影响

首先对船、桨、舵和舵球系统总受力（Z）进行分析，安装舵球后系统总受力均有一定幅度减小，当 d/D=0.24 时，系统总受力最小，此时舵球减阻效率最高。

采用 ITTC 快速性模型试验规程的计算公式，得自航计算中摩擦力修正值 F_D= 14.993N，对船舶在相同航速下自航平衡点处船后螺旋桨实际收到功率 Pdm 进行比较。

由图 7 可知，d/D=0.16 时节能效果较小约 2.0%，舵球直径增大至 0.18~0.20D 时，节能效果最好可达 3.0%，而后舵球直径增大节能效果变化减小至 2.75%左右。由以上分析可知，以上不同直径的舵球方案均具有一定的节能效果，舵球直径与螺旋桨直径存在一个最佳配合比例，本实例认为该船 d/D 在 0.18~0.20 范围较好，与文献[3]结论一致。

4.2 变舵球长度 L

舵球长度 L 是指舵球前端至舵叶导边之间的距离，选定舵球直径与螺旋桨直径之比 d/D=0.18，保持其它参数不变，仅改变舵球前端与桨毂后端距离来考察舵球长度对螺旋桨水动力性能的影响，舵球长度 L 与螺旋桨直径 D 之比分别取 0.125、0.115、0.09、0.07 和 0.05，而毂帽后端至舵叶导边距离 S_2=0.148D。

4.2.1 舵球长度对毂帽水动力性能的影响

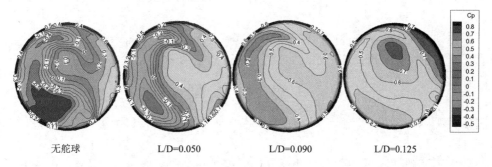

图 9　毂帽表面压力云图随 L/D 变化

随着舵球长度 L 的增加，桨毂表面推力 T-cap 逐渐增大（见图 9），L/D 从 0.050 至 0.125 时，推力 T-cap 增大 0.331N，故舵球越靠近桨毂后端面，推力增加越大，扭矩几乎不变。

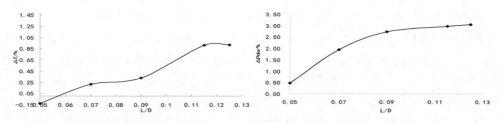

图 10　变舵球长度总推力变化曲线　　图 11　变舵球长度节能效果比较

从上文可知，d/D=0.18 时舵球对桨叶影响很小，故直接对总推力 T 进行比较。图 10 可知，总推力 T 随着舵球舵球长度 L 的增加而增大，当 L/D>0.115 时推力增加可达到约 0.90%。

4.2.2 舵球长度对节能效果的影响

采用 4.1.3 节中的相同分析方法对系统总受力（Z）进行分析，随着舵球长度增加，系统总受力减小，在 L/D>0.10 时，总受力减小 5%左右。

同样，对船舶在相同航速下自航平衡点处船后螺旋桨实际收到功率 Pdm 进行比较。由图 11 可知，随着舵球长度增加，舵球越近毂帽，节能效果越好（与文献[4]结论一致）。当 L/D>0.09 节能效果在 2.5%以上。已有研究结果表明 L/D 越大越好，即舵球前端与桨毂后端之间的距离越小越好，但在工程应用中应综合考虑，以不影响螺旋桨的拆装为宜。

5 结论

以某油船为对象，根据 CFD 计算结果，可获得如下结论：

（1）加装舵球后，毂帽后低压区减弱，毂帽上受力变推力，较大直径的舵球对桨叶也产生作用力，从而起到节能的效果；

（2）舵球直径与螺旋桨直径存在一个最佳匹配区间，在此区间内节能效果较好。文中计算的 d/D 在 0.18~0.20 范围较好，最大节能可达 3.0%；

（3）在桨舵间距一定时，舵球长度越长，舵球越接近毂帽，助推力越大，节能效果越好。

本文只对设计航速点进行计算分析，未考虑不同航速时舵球节能效果的变化。且只是计算了 0°舵角时舵球对螺旋桨水动力性能的影响，需要在以后进一步分析。

参 考 文 献

[1] 马骋，钱正芳.螺旋桨－舵－舵球推进组合体水动力性能的计算与仿真研究[J]. 船舶力学,2005,9(5): 42-43.

[2] 何苗，王超，郭春雨，等. 舵球几何参数对螺旋桨水动力性能的影响[J].武汉理工大学学报，2011,7：68-72.

[3]朱光远，张国雄，祁素珍，等. 21000t 多用途船的球首设计及尾部节能装置试验[J].上海船舶运输科学研究所学报，1994,17(1)：1-5.

[4] 李鑫.桨后节能舵球的水动力性能分析[D]. 哈尔滨：哈尔滨工程大学,2009.

Energy-saving effect analysis of rudder bulb variable parameters base on the simulation of self propulsion by CFD

CHEN Lei-qiang, HUANG Shu-quan

(1. Shanghai Branch, China Ship Scientific Research Center, Shanghai, 200011, mail:chenleiqiang@702sh.com;

2. Jiangsu Key Laboratory of Green Ship Technology, Wuxi, 214082, China.)

Abstract： In this paper, the self-propulsion performance of an oil tanker before or after equipping with different rudder bulbs were simulated by using commercial CFD software. The results show that the force on the hub became thrust after installing the rudder bulb, larger diameter of bulbs also could increase the thrust on the blades and had the energy saving effect. Bulb diameter (d) and propeller diameter (D) has a best match interval, and the energy saving effect is better in this range (d/D) which is 0.18 to 0.20 in this paper. When space between propeller and rudder is fixed, as the length of the bulb becomes larger or the distance between the bulb and propeller cap becomes smaller, the thrust of propeller will be greater and the energy saving effect will be better.

Key words: rudder bulb; parameters; CFD; energy efficiency evaluation

承船箱出入水过程水动力学特性数值模拟

张宏伟，吴一红，张蕊，张东

(中国水利水电科学研究院，北京，100038，Email: hw.zh@163.com)

摘要：采用 VOF 模型和 $\kappa\text{-}\varepsilon$ 双方程湍流模型，结合动网格技术和多孔介质消波技术，对承船厢出入水过程的水动力学特性进行了三维数值模拟研究。发现承船厢在入水过程中，入水初期产生的首浪高度最大，此后逐渐衰减，而在出水过程中，承船厢即将浮出水面的瞬间产生的浪高最大，此后逐渐衰减。对应地，波浪对承船厢的最大倾覆力矩发生在入水初期和即将出水瞬间。计算结果还表明，该倾覆力矩随出入水速度的增大而增大。

关键词：承船箱；出入水过程；水力特性；倾覆力矩；数值模拟

1 引言

水力浮动式升船机是我国发明的一种新型升船机，其基本原理是通过充泄水系统调节平衡重浮筒在水中的淹没深度改变其所受浮力，在平衡承船箱重量的同时利用浮力变化在承船箱与平衡重浮筒之间产生的重量差来驱动承船箱升降运动[1]。为适应下游水位变幅较大的特点，减少运行环节，需要采用承船箱下水式方案，而水力浮动式升船机可以十分方便的实现承船箱与下游航道入水对接。在承船箱下行入水和上行出水时刻，承船箱所受外部水力荷载会发生突变，破坏了原来的平衡系统，如考虑不当，会引起承船箱发生摇摆、震荡甚至失稳倾覆。因此研究承船箱出入水动力学特性有重要意义。

本文结合动网格技术和多孔介质数值滤波技术，对承船箱出入水过程下闸首的水流扰动进行了三维水动力学数值模拟，研究了承船箱出入水过程水动力特性，分析了承船箱所受外部水动力荷载的变化规律，研究可为升船机的合理设计和安全运行提供技术支持。

2 物理数学模型

承船箱在出入水过程中会对下闸首水体产生扰动，形成波浪并沿引航道向下游传播。波动的水体同时对承船箱产生反作用力，进而影响承船箱运动。承船箱与水体之间的相互作用受下闸首的几何特征与水力条件的影响，同时也受承船箱体型（排水量）和运动特性的影响。

2.1 下闸首水动力学模型

承船箱出入水过程下闸首水流波动采用三维非稳态 N-S 方程描述，湍流流动采用双方程 $\kappa\text{-}\varepsilon$ 湍流模型模拟，自由水面采用 VOF 方法[2]捕捉。

计算范围包括下闸首、引航道及多孔介质消波段（图 1），其中下闸首长 128m，宽 16.8m，水深 6.6m。引航道长 700m，消波段长 250m，宽均为 40m。下闸首局部三维模型如图 2。

边界条件：三维模型顶部为大气压力进口条件，出口（下游侧）为无反射开边界，其余各边界均为固壁条件。在 fluent 中采用 VOF 计算波动时，出口开边界的设置是一个困难。李凌等[3]采用附加动量源项法对数值水槽末端进行消波处理，董志等[4]将多孔介质消波技术应用于数值波浪水槽，并与源项消波技术进行了比较，证明了多孔介质消波技术的有效性。本文同样采用多孔介质消波技术，在引航道下游布置 250m 长的多孔介质消波段，多孔介质中仅考虑粘性阻力项，即动量方程中增加源项：

$$S_i = -\frac{\mu}{\alpha} v_i \qquad (1)$$

$$\frac{1}{\alpha} = 1e^6 \frac{x_i - x_0}{x_e - x_0} \qquad x_0 < x_i < x_e \qquad (2)$$

其中 x_0，x_e 分别为消波段起始、终点坐标。多孔介质孔隙率设为 1，各向同性。消波段终点断面（计算域右边界）给定水位。

压力速度耦合采用 PISO 算法，体积分数离散采用高精度 Modified HRIC 格式，动量方程离散采用 QUICK 格式。时间离散采用一阶隐格式，时间步长 0.2s。

承船箱运动采用平铺层高效动网格技术模拟，水气界面附近网格加密。消波段网格渐疏，提高计算效率的同时起数值滤波作用。下闸首局部网格见图 3。

图 1　计算范围示意图

图 2　下闸首三维模型示意图

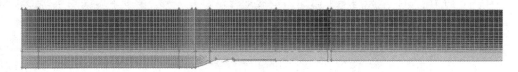

图 3   局部网格示意

2.2 承船箱运动

承船箱仅考虑平动过程，包括入水和出水两个过程。入水过程：承船箱以初速度入水，之后匀减速直至在设定水深处速度减小到零，之后静止不动。出水过程：承船箱在设定水深处从静止开始匀加速上行，在出水瞬间达到设定出水速度。出入水运动过程可用以下统一方程描述：

$$v = v_0 + at \tag{3}$$

式中 v_0 为初始速度，承船箱入水过程，初始速度 $v_0 = v_{入水}$，对于承船箱出水过程，初始速度 $v_0 = 0$，而出水瞬间 $v = v_{出水}$。

3 计算结果及分析

图 4 为承船箱出入水过程上下游水位波动过程。在承船厢入水过程中，受船体扰动，下闸首水位先壅高，后降低，产生明显波动，其中入水初期产生的首浪高度最大，在计算工况下波高达 0.3m，此后随着涌浪的持续衰减，浪高逐渐降低。在承船厢出水过程中，初始阶段承船厢缓慢出水，周围水体回补船体离开后留下的空间，故下闸首水位逐渐降低，随着承船厢上行速度逐渐增大，周围水体回补加快，在承船厢接近完全出水（168s）的某一时刻，受回补水体惯性影响，下闸首水位迅速升高，产生涌浪，在承船厢完全出水后不久，下闸首最大涌浪达到最大值，浪高达 0.25m 左右，之后涌浪高度快速降低。

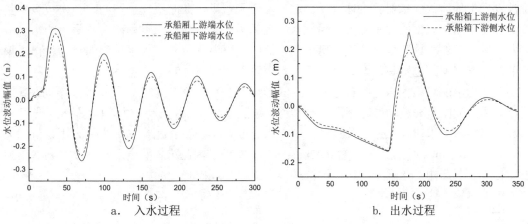

a. 入水过程   b. 出水过程

图 4   承船箱出入水过程的水位波动（出入水速度 0.04m/s）

从图 4 还可看出，承船厢上下游端水位波动幅值略有差异。由于下游端与引航道相通，水位波动幅值较上游端小。

图 5 为承船箱出入水过程中浮力的变化过程。图中准静态是假设下闸首水位静止不动的情况下，根据承船厢入水深度计算得到的静水浮力。可见与准静态浮力相比，入水过程浮力有明显波动，出水过程浮力波动不明显。

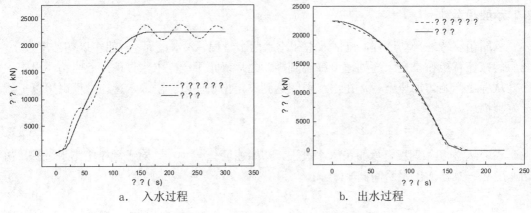

a. 入水过程   b. 出水过程

图 5 承船箱运动过程浮力变化（出入水速度 0.04m/s）

图 6 为承船箱出入水过程的浮力力距变化。由于承船厢上下游端水位波动幅值有差异，同时受承船厢四周流场压力场非对称特性的影响，承船箱所受浮力的作用点偏离承船箱中心，存在浮力力距。承船箱出入水过程浮力力距均呈波动现象。入水过程的浮力力距波动现象尤为明显，最大浮力力距出现在承船箱入水初始阶段，计算工况下其值达 4000kN•m 以上，此后波动幅值逐渐减小。承船箱出水过程最大浮力力距出现在承船箱即将完全浮出水面的瞬间，低水位时最大浮力力距达 1500 kN•m 以上，相比入水过程最大浮力力距要小很多。承船箱出入水过程最大浮力力矩相差较大的原因分析如下：出入水过程中最大水位波动发生的时间均在承船箱主体出水或入水瞬时向后略有延迟，对入水过程而言，最大水位波动发生的时候，承船箱主体底板已完全淹没到水下，此时不仅上下游水位差较大，且浮力作用于船箱底部的面积也大，因此总的浮力力矩大，对出水过程而言，最大的水位波动发生时，船箱主体底板已完全浮出水面，此时上下游水位差较入水过程的小，且作用偏心的浮力作用面积也较小，因此总的浮力力矩较入水过程时的明显要小。

图 7 为承船箱出入水速度对浮力力距的影响。由图 6a 可见承船厢入水速度不同，其所受浮力力矩的幅值和波动形态不同。入水速度越大，浮力力距波动越大。由图 6b 可见其最大浮力力距与入水速度呈正相关关系。如入水速度为 0.08m/s 是，其最大浮力矩达 12000 kN•m，为 0.04m/s 时的 3 倍，为 0.02m/s 时的 8.6 倍。因此承船厢出入水速度对其水动力学特性有显著影响，在承船厢运行调试过程中需要合理控制。

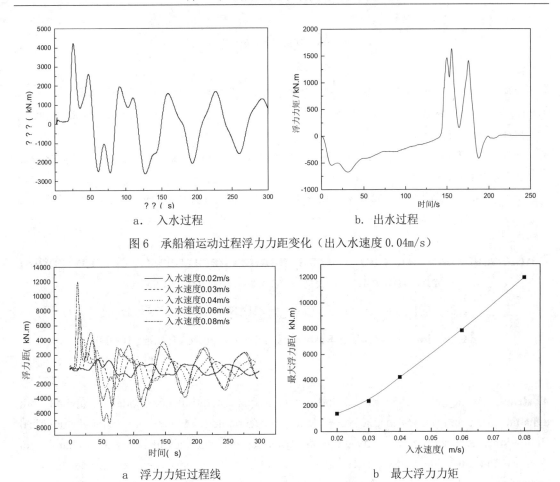

a. 入水过程　　　　　　　　　　　　b. 出水过程

图6　承船箱运动过程浮力力距变化（出入水速度0.04m/s）

a　浮力力矩过程线　　　　　　　　　b　最大浮力力矩

图7　不同入水速度对浮力力距的影响

4　结论

对承船厢出入水过程的水动力特性进行了三维数值模拟研究，得到以下主要结论：

（1）承船厢出入水过程均会产生涌浪，其中入水过程最大涌浪发生在承船厢入水初期，出水过程最大涌浪发生在承船厢即将完全出水的瞬间，之后涌浪逐渐减小。

（2）受水位波动影响，承船厢入水过程中浮力有明显波动现象。

（3）承船厢出入水过程均会受浮力力矩作用。入水过程中最大浮力力矩发生在入水初期，出水过程中最大浮力力矩通常发生在承船厢即将完全出水的瞬间。

（4）随入水速度增大，承船厢所受浮力力矩显著增大。因此，承船厢的运行调试需合理控制出入水速度。

参 考 文 献

1　张蕊, 章晋雄, 吴一红, 等. 水力浮动式升船机输水系统仿真分析. 水利学报, 2007,38 (5): 624-629,636

2　Hirt C W, Nichols B D. Volume of fluid method for the dynamic of free boundary[J]. J Comput.Phys., 1981,39:201-225.

3　李凌, 林兆伟, 尤云祥, 等. 基于动量源方法的黏性流数值波浪水槽[J]. 水动力学研究与进展,2007,22(1):76-82

4　董志, 詹杰民. 基于VOF方法的数值波浪水槽以及造波、消波方法研究[J]. 水动力学研究与进展,2009,24(1):15-2

Numerical simulation on hydrodynamic characteristics of navigation chamber in going into and out processes

ZHANG Hong-wei，WU Yi-hong，ZHANG Rui，ZHNAG Dong

（China Institute of Water Resources and Hydropower, Beijing 100038.

Email: hw.zh@163.com）

Abstract：By adopting VOF model and κ-ε two-equation turbulence model, combined with dynamic mesh and porous media wave absorption technology, a three-dimensional numerical simulation was performed to study the hydrodynamic characteristics of Navigation chamber in going in and out of the water process. It was found that the highest wave was produced at the beginning period of going into the water process, while at the moment just before going out of the water completely. Correspondingly, the greatest overturning moment on the navigation chamber occurs at the same time. The results also show that the overturning moment raised with the increase of velocity into the water. The research is valuable for the operation of floating shiplift.

Key words：Navigation chamber；going into and out of the water process；hydrodynamic characteristics；overturning moment；numerical simulation

基于 DES 模型和重叠结构网格的螺旋桨流动特性数值预报

江伟健，陶铸，董振威，张瑞，张志国

（华中科技大学船舶与海洋工程学院，武汉，430074，Email: jiangweijian@hust.edu.cn）

摘要： 采用数值模拟方法分析和研究螺旋桨的水动力特性，为螺旋桨的水动力特性预报，空泡特性的研究和螺旋桨水动力噪声的预报和控制提供了一种快速、有效和准确的分析研究工具。由于螺旋桨本身三维曲面结构的复杂性，长期以来，大部分研究均采用非结构化网格的数值模拟模型。为了提高螺旋桨水动力特性分析的精度，采用多模块、结构化网格对螺旋桨的水动力特性进行数值模拟不仅能够节省计算空间和计算时间，同时还能够合理的建立螺旋桨数值模拟分析模型，对螺旋桨的梢涡特性等进行深入的分析和研究，为提高螺旋桨的水动力特性预报精度和可靠性奠定基础。本文采用 DES 模型，运用重叠网格技术对标准 DTMB4119 模型桨的敞水性征曲线进行了数值预报，并与试验结果进行了对比，推力系数的误差在 3.5%以内，扭矩系数的误差在 2.83%以内，计算值与试验值吻合较好，后处理得到螺旋桨梢涡以及桨毂之后的涡街结构。分析得出，较大网格量的重叠网格与 DES 模型结合可以更加精确的对螺旋桨的流动特性进行数值预报。

关键字： 重叠结构网格；螺旋桨；敞水性能；DES 模型

1 引言

随着黏流理论方法及技术的发展，对螺旋桨流动特性进行数值模拟成为可能。蔡荣泉等[1]利用 Fluent 软件配套的前置处理器 Gambit 软件对螺旋桨进行非结构四面体网格的划分，对螺旋桨的敞水性能进行了数值预报。刘志华、熊鹰等[2]根据螺旋桨几何特点，综合考虑结构化网格和非结构化网格的优势，构建了一种适用于螺旋桨敞水性能计算的多块混合计算网格，并结合 $RNGk-\varepsilon$ 模型对螺旋桨敞水性能进行了数值预报，预报结果与试验结果基本吻合。郑巢生、张志荣等[3]基于 openFOAM 平台进行了螺旋桨的敞水性能预报，网格的划分形式依然是结构与非结构混合的多块网格。陈敏[4]利用 ICEM 软件实现了螺旋桨全结构化网格划分，采用雷诺时均法（RANS）对黏性流场中螺旋桨 DTMB4381 的敞水性能进行了数值计算。

在计算螺旋桨的敞水性能采用了重叠结构网格形式。重叠结构网格拥有结构网格逻辑关系简单，流场计算精度高，效率高，壁面黏性模拟能力强等优点，更弥补了普通结构网格对外形适应能力差的缺点[5]。对螺旋桨这种比较复杂的几何结构外形采用重叠网格，即对计算域的不同区域分别建立相互独立的多块网格体，再通过对各个网格进行预处理，确定网格节点对数值求解的多网格之间的权重插值，从而确定不同网格对重叠区域数值解的贡献。

重叠网格的应用越来越广泛，国外比较著名的重叠代码：如 NASA 的 PEGASUS, ARL 的 SUGGAR 及 SUGGAR++、OVERTURE 等，并且还在不断推陈出新。

2 重叠网格方法

重叠网格的构造一般分为三个步骤。

（1）生成网格：将仿真对象分解为拓扑结构相对简单的几何体，然后对各个几何体分别构造网格，邻近的网格之间要有足够的重叠部分以便于后期确定插值权重。

（2）"挖洞"："挖洞"算法的功能之一就是将这些无流体区域识别出来标记为不激活区域。另一方面，为了避免重叠区域内不同网格块中的重复计算，仅需保留质量更高的网格作为"主网格"参与流体数值计算，而质量相对较低的网格作为"从网格"可设置为"不激活"状态，无参与计算，因此"挖洞"算法的功能之二是标记出重叠区域不需要进行计算的网格。总体而言，"挖洞"算法就是建立重叠网格包络面并判断包络面内外点[6]。

（3）确定插值权重：在进行上一步"挖洞"时，并非重叠区域的所有"从网格"都是"不激活"的。在重叠区域边界处需要留有少量几层网格进行网格间的流场信息交流。边界节点 P 的变量需要由交换信息的网格体提供一个给予单元，通常情况下，每个边界节点对应一个给予单元，节点 P 的空间位置位于给予单元内[7]，即：

$$x_{min} < x_p < x_{max}, y_{min} < y_p < y_{max}, z_{min} < z_p < z_{max} \tag{1}$$

其中(x_p, y_p, z_p)为节点 P 的空间坐标，$(x_{min}, y_{min}, z_{min})$和$(x_{max}, y_{max}, z_{max})$分别为给予单元边界坐标的最小值和最大值。节点 P 上的所有变量都由给予单元上的节点进行三线性插值得到。

3 螺旋桨三维黏性流场的数值模拟

在数值模拟计算中，采用标准的 DTMB4119 螺旋桨模型为例，对其流动特性进行数值模拟。DTMB 4119 桨被 ITTC 选为考证数值方法预报精度的标准螺旋桨，桨模直径为 0.3048 m，叶剖面为 NACA-66mod 型，毂径比为 0.2[8]。

3.1 DES 模型理论基础

DES 模型是 RANS 模型和 LES 方法的混合模型，在近物面区域求解 RANS 方程，其他流域采用大涡模拟方法计算。该方法具有计算量小、计算精度高的优点。在 RANS 方法中 SST $k-\omega$ 湍流模型湍流尺度的表达式为：

$$l_{RANS} = \sqrt{k} / (\beta^* \omega) \tag{2}$$

DES 方法中湍流尺度的表达式为： $l_{DES} = (l_{RANS}, C_{DES}, \Delta) \tag{3}$

其中：Δ 网格单元最大边长；C_{DES} 为常数，C_{DES}=0.65

$L_{RANS} \leq \Delta$ 时，即靠近物面边界层处，该模型为 SST $k-\omega$ 湍流模型；反之，则充当大涡模拟中亚格子雷诺应力模型。在大涡模拟中，黏性由亚格子黏性和格式黏性组成，DES 模型中亚格子黏性可表示为：

$$\mu_T \approx \rho(C_{DES}\Delta)^2 \phi_{DES} \tag{4}$$

其中：Φ_{DES} 为速度梯度函数。可以看出，C_{DES} 与 RANS 模拟流域大小有关，且与亚格子黏性成平方关系，在网格尺度保持不变的情况下，C_{DES} 越大，亚格子黏性越大[9]。

3.2 CFD 计算模型

计算区域如图 1 所示，背景网格单独划分，计算区域足够大，螺旋桨周围进行网格加密，确保螺旋桨周围流场精细计算。图 2 表示螺旋桨表面网格以及单桨叶的体网格。

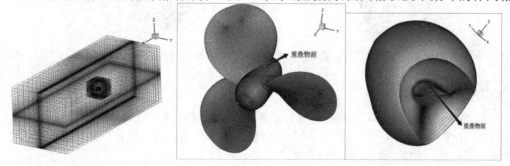

图 1　计算区域背景网格及加密区域　　　图 2　螺旋桨表面网格以及单桨叶的体网格

3.3 螺旋桨敞水性能计算结果验证

采取了较大的网格量预报螺旋桨的敞水性能，可以更加精确的在 DES 模型下捕捉螺旋桨尾流的涡街结构，提高计算精度。进速系数分别取为 0.5，0.7，0.833，0.9，1.0 和 1.1，计算得到不同进速系数下的螺旋桨的推力和扭矩值，换算得到推力系数 K_T 和转矩系数 K_Q 以及敞水效率 η，并与试验值[10]进行比较。基于 DES 湍流模型，运用重叠网格技术仿真计算的结果与试验结果进行比较，计算所得推力系数，最小误差百分比为 1.1%，最大误差百分比为 3.5%。扭矩系数最小误差百分比为 0.36%，最大误差百分比为 2.83%。误差较小，精度较高。仿真计算所得曲线与试验的敞水曲线对比如图 4 所示，进速系数 J=0.833 时螺旋桨表面的压力云图如图 5 所示。

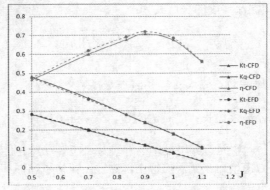

图 4　仿真计算的敞水性征曲线与试验结果对比

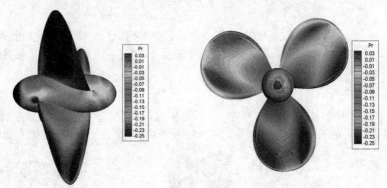

图 5　进速系数 J=0.833 螺旋桨表面的压力云图

3.4 螺旋桨尾流涡街结构分析

采用 DES 模型计算可以精确的观察到螺旋桨梢涡以及桨毂之后的涡街结构，后处理采用对涡街结构的客观定义 Q 准则[11]，用来进行螺旋桨尾流涡量的可视化观察。Q 的等值面来描述瞬间涡流结构的方法，就是用三维等势面反映流场结构。

$$Q=0.5x(W \ x \ W\text{-}S \ x \ S) \tag{5}$$

其中 W 为涡量幅值，S 为应变率幅值。

图 6 即为 Q 准则取两个不同的值时螺旋桨尾部涡结构的变化情况（图 6），螺旋桨的梢涡在逐渐发展并趋于稳定。在大网格量的情况下可以充分发挥 DES 模型的优势，DES 方法在梢涡流场计算中具有更好的适用性，能够得到更准确的流动信息和更精细的涡街结构，因此重叠结构网格计算螺旋桨的流场时可以使计算结果更加精确。

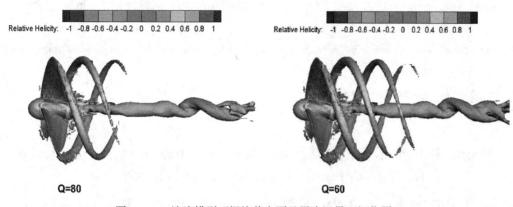

图 6 DES 湍流模型下螺旋桨表面及尾流涡量可视化图

4 结论与展望

运用全结构的重叠网格技术对 DTMB4119 桨的敞水性能进行数值模拟，结果与试验值吻合较好，误差较小，精度较高。全结构重叠网格对计算船用螺旋桨优势明显，逻辑关系简单，流场计算精度高，效率高，壁面黏性模拟能力强，对计算域的不同区域分别建立相互独立的多块网格体，再通过对各个网格进行预处理，这种网格划分方法对螺旋桨复杂几何模型适用性较强。为了可以更好地捕捉螺旋桨尾流的涡街结构，使用 DES 模型计算时，采用了较大的网格量， DES 方法在梢涡计算中能够更好地展示出涡的精细结构。

重叠网格的优势还在模拟船舶运动过程时，采用的动态重叠网格技巧，可实现船体的任意自由度运动模拟，此时可以方便的计算预报船体运动过程中，螺旋桨在船后工作的性能。运用重叠网格技术可方便地实现船舶运动的水动力性能计算，可模拟船舶自由模型快速性、船舶耐波性、船舶操纵性、多体船及多船体间干扰运动等船舶姿态变化的船舶水动力性能，在船舶 CFD 计算中应用前景十分广泛。

参 考 文 献

1 蔡荣泉, 陈凤明, 冯学梅. 使用 Fluent 软件的螺旋桨敞水性能计算分析.船舶力学, 2006, 10(5): 41-48.

2 刘志华, 熊鹰, 叶金铭, 等. 基于多块混合网格的RANS方法预报螺旋桨敞水性能的研究. 水动力学研究与进展, 2007, 22(4): 450-456.

3 郑巢生, 张志荣. 基于OpenFOAM的螺旋桨敞水性能预报方法.中国舰船研究, 2012, 7(3): 30-35.

4 陈敏. 基于全结构化网格的螺旋桨水动力性能预报方法研究.武汉:华中科技大学, 2014.

5 赵发明, 高成君, 夏琼. 重叠网格在船舶CFD中的应用研究. 船舶力学, 2011, 15(4): 332-341.

6 刘鑫, 陆林生. 重叠网格预处理技术研究. 计算机工程与应用, 2006, (1): 23-27,30.

7 Meakin R. Composite overset structured grids. Handbook of Grid Generation. CRC Press, 1999: Chapter 11.

8 顾铖璋, 郑百林. 船用螺旋桨敞水性能数值分析.计算机辅助工程, 2011, 20(4):86-89.

9 杨春蕾, 朱仁传, 缪国平, 等. 基于RANS和DES法船体绕流模拟及不确定度分析.上海交通大学学报, 2012, 46(3): 431-435.

10 KOYAMA Koichi. Comparative calculation of propellers by surface panel method.J.Papers Ship Res Inst，1993, 15(s1): 57-66.

11 G HALLER. An objective definition of a vortex. Fluid Mech. J. 2005, vol. 525: 1-26.

Numerical prediction of propeller flow characteristics based on DES model and overlapping structured grid

JIANG Wei-jian, TAO Zhu, DONG Zhen-wei, ZHANG Rui ZHANG Zhi-guo,

(School of Naval Architecture and Ocean Engineering, Huazhong University of Science and Technology, Wuhan, 430074. Email：jiangweijian@hust.edu.cn)

Abstract：Using numerical simulation methods to analyze and study the propeller hydrodynamic features, we got a rapid, effective and accurate research tools to predict hydrodynamic properties of propellers, cavitation characteristics and hydrodynamic noise. Because of the complex three-dimensional curved surface structure of the propeller itself, for a long time, most of the research adopts numerical simulation model with unstructured grid. In order to improve the accuracy of propeller hydrodynamic characteristic, by using multi-block, structured grid, we can not only save space and computing time, but also establish reasonable numerical simulation analysis model for in-depth analysis of propeller tip vortex, laying the foundation of improving the propeller hydrodynamic properties prediction accuracy and reliability. We use DES model and overlap grid technology to calculate open water character curve of standard DTMB4119 model propeller, and compare with experimental results. the thrust coefficient of the error is within 3.5%, the torque coefficient of the error is within 2.83%, according well with those of calculation value and experimental value. propeller tip vortex and the vortex structure after the hub are got by post-processing. As a result, large amount of grid overlap grid combined with DES model can be more accurate numerical prediction of the flow characteristics of propeller.

Key words：overlapping structured grid; propeller; open water character; DES model.

10000TEU 集装箱船低航速下的球艏优化

王杉，魏锦芳，苏甲，陈京普

(中国船舶科学研究中心上海分部，上海，200011, Email: wangshan@702sh.com)

摘要：本文以一艘现有的 10000TEU 级集装箱船为例，该船设计航速由原 23kn 降低至 18kn，故对其球鼻艏线型进行了优化。优化过程中，采用参数化方法和专家经验方法生成了一系列球鼻艏线型，通过 CFD 方法对其兴波和总阻力进行评估分析，并通过灵敏度分析得到对阻力影响最为显著的参数，最终获得了阻力性能较好的球鼻艏线型方案。最后通过模型试验对优化效果进行了验证，相比于原球鼻艏方案，最终改型方案在航速为 18kn 时的有效功率下降约 6.09%。本文的研究将对低航速下的集装箱船线型优化提供参考依据。

关键词：集装箱船；球艏优化；低航速；CFD

1 引言

为应对船舶节能减排的趋势，并达到降低营运成本的目的，近年来集装箱船开始以较低的航速进行航行。将适合高速航行的球鼻艏改装成适用于低速航行的球鼻艏，能够有效地减少燃油消耗，降低营运成本。挪威船级社曾针对韩国现代商船的 8652TEU 集装箱船 "Hyundai Brave" 的低速航行设计了一系列可行的球鼻艏形状，并开展了 CFD 计算，最终得到的新球鼻比原球鼻轻了 5t，且实船营运中节省燃油 5% 以上；Karsten 等[1]也曾对一艘大型集装箱船在较低航速下的球艏形状进行了优化，经计算，优化方案在实际营运中能节省燃油约 2.5%。本文以一艘现有的 10000TEU 级集装箱船作为母型船，基于其船型特点，选择了合适的船型设计工具和 CFD 评估方法，对其球艏线型进行了优化，以适应该船在较低航速下的实际营运，最后通过模型试验对优化效果进行了验证。

2 数值计算方法

采用快速的阻力性能评估方法进行多方案的比较，根据流动特点将船体分为两部分求解：第一部分采用非线性兴波数值计算方法，计算兴波阻力和自由面波形；第二部分采用黏性流数值方法获得船尾的流场。

非线性兴波数值计算方法首先假设受约束的船舶以航速 U 沿 x 轴的正向运动，$o\text{-}xyz$ 为固定在船上的直角坐标系，xy 平面与静水面重合，z 轴垂直向上。在 $o\text{-}xyz$ 坐标系中流动为定常势流，忽略表面张力的影响，水域为无限深，这样船舶绕流存在速度势，速度势在流场中满足 Laplace 方程、在自由面满足运动学边界条件和动力学边界条件、在船体湿表面上满足不可穿透条件并在无穷远前方满足辐射条件。船舶兴波问题就是求解上述定解问题，其中一个难点就是自由边界条件的非线性，自由面边界条件是非线性的，且自由面初始位置不可知。求解这个非线性问题的通常方法是[2-3]：在一个已知的基本解的基础上对自由面边界条件线性化处理，然后采用迭代的方式求解这个问题。

黏性流数值方法主要是基于求解 Navier-Stokes 方程和连续方程组。黏流数值求解时使用显式代数应力模型（EASM），控制方程使用有限体积法离散，其中对流项使用 ROE 差分格式，扩散项采用中心差分格式；离散得到的差分方程组具有耦合性，使用 ADI 方法求解线性方程组[4]。

3 线型优化及 CFD 分析

本文选择一艘现有的 10000TEU 级集装箱船作为母型船，并考虑球艏换装的要求，保持 18.5 站之后的线型不变，只针对 18.5 站之前的线型进行优化。在优化过程中，采用参数化方法和专家经验方法生成了一系列球鼻艏线型，通过 CFD 计算对其在 Vs=18kn 和 Vs=23kn 时的兴波阻力和静水总阻力进行评估分析，并通过灵敏度分析得到对阻力影响最为显著的参数，最终得到了阻力性能较好的球鼻艏线型方案。

3.1 参数化方法

基于 FRIENDSHIP 软件建立 10000TEU 级集装箱球艏区域的半参数化模型，如图 1 所示。运用 Delta shift 功能，在球艏所在位置 x 方向和 z 方向分别设置控制线，对球艏的长度和高度进行改变，控制线与船体部分是二阶连续可导，从而保证新生成的球艏与原船型船体部分能够光顺的连接起来，并运用 Surface Delta Shift 功能，在球艏区域设置控制面，对球艏的宽度进行改变[5]。

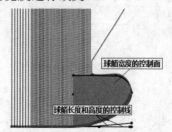
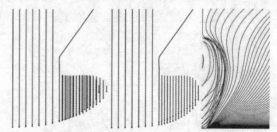

图 1 球艏优化所建立的控制线和控制面　　　　图 2 球艏优化所建立的控制线和控制面

选择控制球艏长度、高度和宽的 3 个参数作为设计变量，并在保证船体曲面光顺的前提下确定各设计变量的取值范围，设计变量的名称、取值范围以及变量说明如表 1 所示。

表 1　设计变量

变量名	下限值	初始值	上限值	变量说明
bulbx	-3	0	0	数值越大，球艏越长
bulby	-2	0	0	数值越大，球艏越宽
bulbz	-2	0	0	数值越大，球艏越高

通过改变上述设计变量的取值，就可以得到相应的球艏线型，图 2 显示了当球艏长度、高度和宽度分别改变时所得到的线型与初始方案的对比。采用 SOBOL 算法[6]共生成 200 个方案，以 18kn 时的兴波阻力系数作为目标函数，对设计空间进行初步探索。图 3 为优化过程中设计变量 bulbz 在其设计空间内的分布，由图 3 可知，设计变量在设计空间内的分布很均匀。因此采用 SOBOL 算法进行试验设计能够对整个设计空间进行比较准确的探索评估，为参数灵敏度分析提供良好的数值支持。

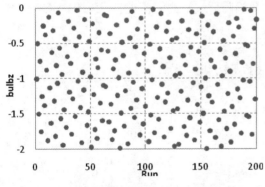
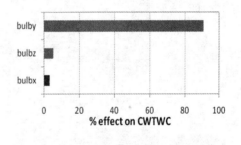

图 3　bulbz 变量在设计空间中的分布　　图 4　各变量对兴波阻力（CWTWC）的影响效应

对兴波阻力进行参数灵敏度分析，各参数对目标函数的影响如图 4 所示，图中蓝色表示正效应，红色表示负效应。由参数灵敏度分析可得：①控制球艏宽度的参数 bulby 对 18kn 航速下兴波阻力的影响远大于另外两个参数，且球艏越瘦，兴波阻力越小；②控制球艏高度的参数 bulbz 对 18kn 航速下兴波阻力的影响较小，且球艏越矮，兴波阻力越小。③控制球艏长度的参数 bulbx 对 18kn 航速下兴波阻力的影响最小，且球艏越长，兴波阻力越小。

3.2　CFD+专家经验方法

根据参数化方法确定了球艏优化的方向，对该 10000TEU 级集装箱船阻力性能影响最大的是球艏宽度，另外由于总长限制，球艏长度不能再增加。因此，在前述研究基础之上结合 CFD 计算和专家经验，主要从球艏宽度上着手深入优化，设计了若干个线型方案，最终得到了最终方案。优化方案与原型的球艏区域的线型比较如图 7 所示。

图 7   球艏区域原型和改型的对比

对上述原型和改型在 Vs=18kn 和 Vs=23kn 时的兴波阻力和静水总阻力分别进行了计算，得到的兴波阻力系数结果对比(表 3)，舷侧波形对比如图 8 所示；静水总阻力系数结果对比如表 4 所示，船艏区域的压力云图对比如图 9 所示。由图表可知，改型在 18kn 时的兴波阻力系数比原型降低约 15%，总阻力系数降低了 6.2%，其在船艏和船舯附近的波形也较原型有所改善，正压区域面积也有所减少；但与原型相比，改型在 23kn 时的兴波阻力系数增加了 8.1%，总阻力系数增加了 1.8%，其在船艏附近波形的幅值也有所增大，正压区域面积也有所增加。

表 3   兴波阻力系数系数对比

	航速	原型	改型
CWTWC / CWTWC$_0$	Vs=18 kn	100%	85.0%
	Vs=23 kn	100%	108.1%

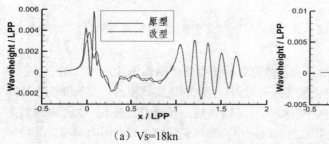
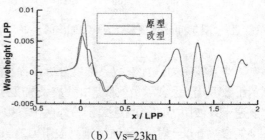

（a）Vs=18kn   （b）Vs=23kn

图 8   舷侧波形图比较

表 4   总阻力系数对比

	航速	原型	改型
CT / CT$_0$	Vs=18 kn	100%	93.8%
	Vs=23 kn	100%	101.8%

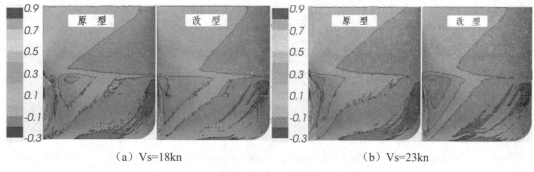

（a）Vs=18kn   （b）Vs=23kn

图 9   压力云图比较

4   模型试验验证

最后通过模型试验对优化效果进行了验证，原型和改型的快速性试验均在中国船舶科学研究中心的拖曳水池进行。图 10 为试验过程中的艏部波形比较，由图 10 可知，在 Vs=18kn时，改型在船艏和船舯附近的波形更加平缓，在 Vs=23kn 时则相反。并对试验数据进行分析处理，得到原型和改型在两个航速下的有效功率，发现在 Vs=18kn 时，改型的有效功率比原型降低约 6.09%，在 Vs=23kn 时，则增加约 4.58%。

（a）Vs=18kn   （b）Vs=23kn

图 10   艏部波形比较

5   结论

本文综合运用参数化方法、专家经验和 CFD 技术优化船型，采用非线性兴波和黏流数值模拟方法进行分析评估，最终完成了 10000TEU 集装箱船在低航速下的船艏优化工作。最后通过模型试验对优化效果进行了验证，最终改型相比于原型在 Vs=18kn 时有效功率降低约 6.09%，船舶的阻力性能提高非常显著。本文的研究将对今后低航速下的集装箱船线型优化提供参考依据。

参 考 文 献

1　Karsten, H., Volker, B. Slow steaming bulbous bow optimization for a large containership. COMPIT, Budapest, 2009.

2　陈京普, 朱德祥, 何术龙, 等. 一种快速评估方法在船舶线型优化中的应用. 中国造船, 2009, 50(4), 7-12.

3　Raven. Inviscid calculations of ship wave making capabilities, limitations, and prospects. 2nd Symposium on Naval Hydrodynamics, Washington, 1998.

4　Mattia Brenner. Integration of CAD and CFD for the hydrodynamics design of appendages in viscous flow. Ph.D. thesis, Technical university of Berlin, 2008.

5　HARRIES, S., TILLIG, F., WILKEN, M., et al. An Integrated approach to simulation in the early design of a tanker, COMPIT, Berlin, 2011.

6　HARRIES, S. Investigating Multi-dimensional Design Spaces Using First Principle Methods. 7th Int. Conf. High-Performance Marine Vehicles (HIPER), Melbourne, 2010.

Bulbous bow optimization for a 10000TEU container ship sailing at a lower speed

WANG Shan, WEI Jin-fang, SU Jia, CHEN Jing-pu

(China Ship Scientific Research Center, Shanghai Branch, Shanghai, 200011.

Email: wangshan@702sh.com)

Abstract: The bulbous bow of an existing 10000TEU container ship is optimized to decrease the resistance at 18kn rather than the former design speed of 23kn in this paper. Parametric design method and expert experience are comprehensive utilized to generate a series of bow lines, and the resistance is evaluated by CFD. Sensitivity analysis is also carried out to identify the most suitable and relevant parameters. In comparison to the original hull form, the effective power of final optimized one is decreased by 6.09% at the speed of 18kn according to the model tests carried out in towing tank at CSSRC.

Key words: container ships; bulbous bow optimization; lower streaming; CFD.

三维沙波地形驱动下的潜流交换模拟

陈孝兵

(河海大学水文水资源与水利工程科学国家重点实验室，南京，210098，Email: x.chen@hhu.edu.cn)

摘要：为了揭示复杂三维沙波床面形态对潜流交换的影响，构建了三维沙波驱动条件下的地表-地下水耦合模型，其中地表水模型采用 RANS 方程与 $k-\omega$ 紊流模型相结合来描述，地下水流动采用稳定的达西方程刻画，两组方程基于水沙界面上的压力分布耦合起来。基于此模型，讨论了不同水动力和沙波形状下的潜流交换规律。结果表明，沙波形态控制着水沙界面上的压力分布模式；随雷诺数的增大，潜流交换量和交换深度逐渐增大，两者与雷诺数呈现幂函数关系；潜流交换时间与雷诺数之间呈现反幂函数关系。本文的研究方法和结论可为进一步研究更为复杂的沙波地形驱动流提供基础。

关键词：沙波；地表水-地下水；耦合；潜流带

1 引言

沙波是一种十分典型的地形结构，广泛分布于河道、河口以及浅海区[1]。研究表明，水流流经沙波将会在沙波波峰处发生分离，并在沙波迎水面和背水面形成高低水压差。存在于沙波表面的这种压力梯度会促使水流在沙波沙层内运动，形成在迎水面高压区流进而背水面低压区流出的局部水流结构[2-5]，这种流动结构是河床区潜流交换的主要形式之一。由于潜流交换对河流水-地下水交界面上的有机质、溶解氧传输过程起着关键的调控作用，关联到河道及其临岸带内生境健康，因此国内外学者对地形驱动条件下的潜流交换开展了诸多研究工作。长期以来，囿于沙波形态的试验复杂性，大多数研究集中在数值模拟层面，并且以二维沙波情况为主，只有极少数的研究工作拓展到三维沙波情况[6-8]。例如，Worman 等人[6]基于傅里叶变换原理从起伏的河床地形数据中提取一系列的简谐波压力，并施加于水沙界面上作为潜流交换的驱动力，他们的研究方法本质上源于 Elliot 和 Brooks 的方法[5]，其缺陷在于忽略动水压力的影响并且其结论可靠性还有待进一步的验证；Maddux 和 Venditti 等[7-8]通过水槽实验指出复杂的沙波地形将会显著影响地表流动结构，河床地形的三维特性将会促使侧向流动和次级涡流现象发生，这种地表复杂的流动结构是影响水沙界面上压力梯度的关键；最近，Chen 等[4]基于 Maddux 和 Mclean 等的研究成果，对比分析了二维和三维沙波驱动条件下的潜流交换，他们指出三维沙波地形能更有效地驱动潜流交换的发生，并且在低雷诺数条件下，二者对应的停留时间有显著不同。可见，即使是相对简单的沙波地形也会导致与二维沙波情况下截然不同的潜流交换规律。至今为止，对于更为复杂的沙波地形所带来的潜流交换的研究还很少，有待进一步的研究。本文尝试对具有复杂交错结构的沙波地形驱动条件下的潜流交换进行数值模拟研究。

2 研究方法

沙波是具有多种形态特征的床面微地形结构，其形成与河床质、上游来沙颗粒特性以及水动力条件等因素息息相关，并且处在动态的变化之中。沙波从形成到消失可以跨越多个时间尺度，其大小也从厘米级到几百米不等。正是因为沙波的时空复杂性，在研究沙波驱动条件下的潜流交换问题时，难以覆盖所有沙波形态。图 1 给出了本文所要讨论的几种典型的沙波形态，从图 1a 到图 1f，沙波的横向弯曲度逐渐增强，其三维特性也逐渐增强，图 1 中所有的沙波具有相似的波高（H=0.04m）和相似的纵向波长（λ=0.35m）。

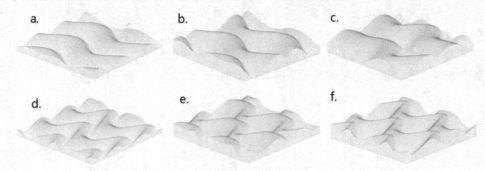

图 1　典型的沙波形态结构

地表水-地下水的耦合模拟是目前数值计算中的难点，本文采用步阶耦合模式求解地表水和地下水方程，两组方程系统基于水沙界面上的压力链接起来。对于不可压缩的稳定流，雷诺平均的 N-S 方程可以表述为：

$$\frac{\partial U_i}{\partial x_i} = 0 \tag{1}$$

$$\rho U_j \frac{\partial U_j}{\partial x_i} = -\frac{\partial P}{\partial x_i} + \frac{\partial}{\partial x_j}(2\mu S_{i,j} - \overline{\rho u_j' u_i'}) \tag{2}$$

其中，U_i 和 x_i 分别为 x, y, z 方向上的平均速度分量和坐标分量。ρ, μ, P 分别表示流体的密度、动力黏度和平均压力。$S_{i,j}$ 代表 i, j 方向上的应变率张量，由下式给出：

$$S_{i,j} = \frac{1}{2}(\frac{\partial U_i}{\partial x_j} + \frac{\partial U_j}{\partial x_i}) \tag{3}$$

此外，$-\overline{u_j' u_i'}$ 代表平均应变速率，由下式表达：

$$-\overline{u_j' u_i'} = v_t(2S_{i,j}) - \frac{2}{3}\delta_{ij}k \tag{4}$$

紊流模型中，分别定义涡流黏度 v_t 及其耗散量 ω 为：

$$v_t = \frac{k}{\omega} \tag{5}$$

$$\omega = \frac{\varepsilon}{\beta^* k} \tag{6}$$

其中，ε 为紊动能耗散率，β^* 为经验常数。其中，紊流模型的 k 方程和 ω 方程分别为：

$$\rho\frac{\partial(U_j k)}{\partial x_j} = \rho\tau_{ij}\frac{\partial U_i}{\partial x_j} - \beta^*\rho\omega k + \frac{\partial}{\partial x_j}\left[(\mu+\mu_t\sigma_k)\frac{\partial k}{\partial x_j}\right] \tag{7}$$

$$\rho\frac{\partial(U_j\omega)}{\partial x_j} = \alpha\frac{\rho\omega}{k}\tau_{ij}\frac{\partial U_i}{\partial x_j} - \beta\rho\omega^2 + \frac{\partial}{\partial x_j}\left[(\mu+\mu_t\sigma_\omega)\frac{\partial\omega}{\partial x_j}\right] \tag{8}$$

其中，取 $\alpha = 5/9$, $\beta = 3/40$, $\beta^* = 9/100$, $\sigma_k = \sigma_\omega = 1/2$。

地下水模型采用如下稳定的达西方程：

$$\frac{\partial}{\partial x_i}\left(-\frac{\kappa}{\mu}\frac{\partial P}{\partial x_i}\right) = 0 \tag{9}$$

本文对地表水和地下水方程的求解分别采用 Fluent 和 Comsol Multiphysics 模型，边界条件和网格划分见图 2。

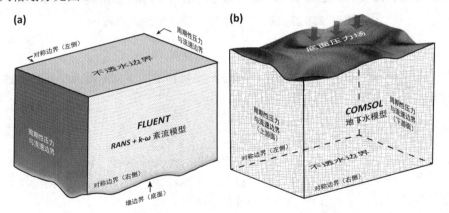

图 2　计算模型的边界条件和网格划分示意图，其中地下水模型的顶面云图为压力场示意图

3　结果分析

本节针对前述 6 种渐变沙波形态，分析其水沙界面上的压力分布特点以及潜流交换的各表征参数。研究在不同的雷诺数条件下，潜流交换的容量、深度以及停留时间的变化规律。其中，雷诺数定义为：

$$Re = UH_{\text{bedform}} / \nu \tag{10}$$

上式中，U 为地表平均流速；H_{bedform} 为沙波波高。

图 3 给出了与图 1 相对应的各沙波地形上的压力分布云图。图中 $P^*=(P_{\text{max}}-P)/(P_{\text{max}}-P_{\text{min}})$，$P_{\text{max}}$ 和 P_{min} 分别为压力的最大值和最小值。不难看出，高压区分布在沙波的迎水面上，但压力最小值并不是分布在波峰处，这与二维沙波条件下，压力最小值在波峰水流分离点处的情况不一样。此外，随着沙波的交错性分布越来越复杂，高压区与低压区的分布也变得复杂，地形决定着压力场的分布情况。

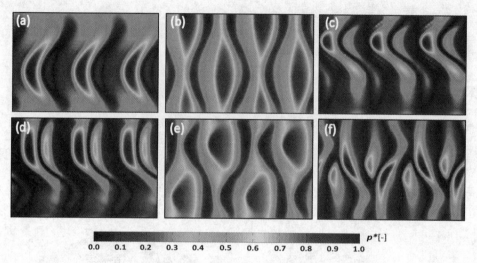

图 3　沙波表面上压力分布云图

潜流交换流量 q 是表征潜流带水动力特性的重要参数，本文的潜流交换量通过下式进行归一化处理：

$$q^* = q / A_s K \tag{11}$$

上式中，A_s 为沙波表面积；K 为砂层渗透系数。停留时间 t_r 关联到潜流带内的地球化学过程，譬如，典型的硝化-反硝化过程可以发生在水流路径上，水流的停留时间长短对于完成这一氧化还原过程至关重要。停留时间的计算如下：

$$t_r = V_z / A_s K q^* \tag{12}$$

上式 V_z 为潜流带的交换体积，定义为从地表进入到地下，然后再回到地表的水质点的包络面与沙波表面所夹的体积。便于对比分析，停留时间采用归一化的处理：$t_r^* = t_r K/\lambda$。

图 4 给出了不同雷诺数条件下，潜流交换量、交换深度以及停留时间的变化规律。图 4a 显示潜流交换流量随雷诺数的增大而增大，呈现幂函数关系；在雷诺数较小的情况下，各地形对潜流交换流量大小比较接近，随着雷诺数增大，这种差异逐渐变大。此外，在相

同雷诺数条件下，地形 a-c 所导致的潜流交换流量比 e-f 要大些，这说明并不是地形越复杂，三维性越强，所带来的潜流交换流量就会越大。潜流交换深度与雷诺数的关系也近似表现为幂函数关系，但实际上其交换深度并非随雷诺数的增大而一直增长，Chen 等人[4]的研究揭示在地表水流达到完全紊流之后潜流交换的深度和体积趋近于稳定；潜流交换的停留时间与雷诺数的关系为反幂函数关系，这是因为潜流交换流量与雷诺数呈现幂函数关系（见表达式（12））。在高雷诺数条件下，各个地形对停留时间的影响很小，只在低雷诺数条件下这种停留时间的差异才显现，并且，在随雷诺数的增加，停留时间有一个急剧减小的过程。

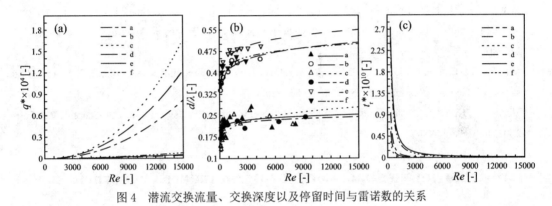

图 4　潜流交换流量、交换深度以及停留时间与雷诺数的关系

4　结论

构建了地表水-地下水步阶耦合模型，模拟研究了三维沙波条件下潜流交换。潜流交换流量、交换深度均与雷诺数呈现幂函数关系，而停留时间则与雷诺数呈现反幂函数关系；随着沙波的三维性增强，地形因素对潜流交换的影响更为复杂，潜流交换量与地形的复杂度之间不存在单调函数关系，更为复杂和真实的河床地形驱动下的潜流交换规律有待于进一步的研究。

致谢

本文的研究受到国家自然科学基金（41401014）、中国博士后基金（2015M570402）及江苏省博士后基金（1401094C）资助。

参 考 文 献

1　Best, J. The fluid dynamics of river dunes: A review and some future research directions. Journal of Geophysical Research: Earth Surface, 2005, 110(F4), F04s02.

2   Bardini, L., F. Boano, M. B. Cardenas, R. Revelli, et al.   Nutrient cycling in bedform induced hyporheic zones, Geochimica et Cosmochimica Acta, 2012, 84: 47-61.

3   Cardenas M B, J L Wilson. Hydrodynamics of coupled flow above and below a sediment–water interface with triangular bedforms. Advances in water resources, 2007, 30(3): 301-313.

4   Chen, X., M. B. Cardenas, L. Chen. Three-dimensional versus two-dimensional bed form-induced hyporheic exchange. Water Resources Research, 2015, 51(4): 2923-2936.

5   Elliott, A. H., N. H. Brooks. Transfer of nonsorbing solutes to a streambed with bed forms: Theory. Water Resources Research, 1997, 33(1): 123-136.

6   Wörman, A., A. I. Packman, L. Marklund, J. W. Harvey, et al. Exact three-dimensional spectral solution to surface-groundwater interactions with arbitrary surface topography. Geophysical research letters, 2006,33(7): L07402.

7   Maddux, T. B., S. R. McLean, J. M. Nelson. Turbulent flow over three-dimensional dunes: 2. Fluid and bed stresses. J. Geophys Res-Earth, 2003, 108(F1): F16010.

8   Venditti, J. G. Turbulent flow and drag over fixed two- and three-dimensional dunes. J. Geophys Res-Earth, 2007, 112(F4): F04008

Modelling three-dimensional bedform-induced hyporheic flow

CHEN Xiao-bing

(State key laboratory of hydrology-water resources and hydraulic engineering, Hohai University, Nanjing 210098, Email: x.chen@hhu.edu.cn)

Abstract：The turbulent flow over the 3D dunes and hyporheic flow in the sediment are simulated through a computational fluid dynamics (CFD) approach. Turbulent flow in the water column is simulated by solving the Reynolds-averaged Navier-Stokes (RANS) equations with the k-ω turbulence closure model, and a steady state groundwater flow model is applied for the underlying porous media. These two sets of equations are coupled through the pressure distribution at the sediment-water interface (SWI). Each case was subjected to different hydraulic conditions, ie, increasing open channel Reynolds Numbers (Re). Results show that the pressure gradient along the SWI is highly controlled by the spatial structure of bedforms, which consequently determines flow dynamics in the porous media.The interfacial flux is dominated by the pressure configuration over the SWI which is a function of Re via a power-law trend. The mean fluid residence times are related to Re by an inverse-power law relationship.

Key words：Hyporheic exchange; Bed form; Sand dunes; RANS.

双球艏对 DTMB5415 航行性能影响研究

王辉 [1]，苏玉民 [1]，沈海龙 [1]，刘焕兴 [1]，尹德强 [2]

(1 水下机器人技术重点实验室，哈尔滨，150001

2 大连船舶重工集团有限公司，大连，116000)

摘要：船舶节能减排是当今船舶与海洋工程领域的热门研究方向，船舶的球艏是减小兴波阻力的有效手段之一，已经被大量地应用于各类商船。本文研究的是基于 CFD 技术对于广泛应用于水面舰艇的标准船模型 DTMB5415，在类似球艏的声纳罩上方加装减阻球艏。通过查阅资料，设计了三种减阻球艏，首先在不考虑船舶纵倾和升沉的情况下优选出每种球艏的最佳安装位置，随后在考虑纵倾和升沉的情况下计算优选出的双球艏对 DTMB5415 航行性能的影响，计算结果表明优选出的三种双球艏在对船体升沉和纵倾影响不大的情况下均有良好的减阻效果。

关键词：减阻球艏；双球艏；DTMB5415；CFD

1 引言

安装在大型驱逐舰上的球鼻艏有着特别复杂的形状，它对驱逐舰的阻力性能和水声性能会产生非常显著的影响，国内外许多舰船上的球鼻艏是专门为安装声纳而加上去的，这种球鼻艏不仅不能减少船的阻力反使阻力增加，它也因此获称声纳首 [1]。有研究指出，在所谓的声纳首上加装减阻球艏 [2] 有望达到减少舰船总阻力的效果，这是令人特别兴奋的。假如在声纳首上再安装一个减阻球艏却能使船体总阻力减少，那这项技术将有着重要的应用前景。但是截至到目前为止，没有相关的资料显示哪艘舰船使用了这项技术。也没有相关文献去专门研究减阻球艏形状以及安装位置对舰船航行性能的影响。

本文以标准船模型 DTMB5415 为例，较为详细地探讨减阻球艏形状、安装位置对舰船航行性能的影响。

2 模型描述

2.1 DTMB5415

DTMB5415 为 1980 年左右美国水面舰船的一个设计方案，带有声纳球艏和方尾。该船型在1996国际拖曳水池会议上被确定为阻力和推进CFD计算标准对照模型。DTMB5415模型实验数据非常全面,主要来自DTMB[3]及其合作单位意大利INSEAN[4]和美国IIHR[5]。Stern等对这些系列实验进行了总结[6]。实验模型为裸船体,不计附体及螺旋桨。本文中实验数据均取自INSEAN,INSEAN2340为DTMB5415的理想模型。

图 1 给出的是 DTMB5415 的船体曲面,其主要参数如表 1 所示。DTMB5415 的水线长 L = 5.72m,缩尺比 λ = 24.8。

图 1 DTMB5415 船体曲面

表 1 DTMB5415 船型参数

参数	模型尺度
船长 L（m）	5.72
船宽 B（m）	0.76
吃水 T（m）	0.248
排水量（kg）	549
重心纵向位置 LCG（m）	2.886
重心垂向位置 VCG（m）	0.304
转动惯量 I_y(kg·m^2)	575.7

2.2 减阻球艏

根据现有资料,本文设计出三种不同形状减阻球艏,如图 2 所示,其主尺度见表 2。

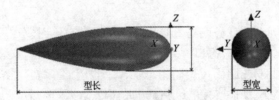

图 2 减阻球艏

表 2 减阻球艏主尺度

类型	型长 L（m）	型宽 B（m）	型高 H（m）
球艏1	0.500	0.226	0.113
球艏2	0.500	0.120	0.150
球艏3	0.500	0.135	0.135

3 减阻球艏安装位置优选

3.1 球艏安装位置

为了探讨球艏安装位置对 DTMB5415 的影响，为每个球艏设计了 9 个位置，具体位置参见图 3，表 3、4、5，图 3 中坐标原点位于吃水线与首垂线交点处。

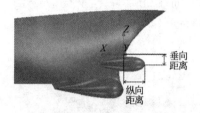

图 3 球艏相对位置

表 3 球艏 1 计算工况

参数		纵向距离(m)		
		0.20	0.15	0.10
垂向	0.056577	工况1-1	工况1-4	工况1-7
距离	0.124000	工况1-2	工况1-5	工况1-8
(m)	0.191423	工况1-3	工况1-6	工况1-9

表 4 球艏 2 计算工况

参数		纵向距离(m)		
		0.20	0.15	0.10
垂向	0.075000	工况2-1	工况2-4	工况2-7
距离	0.124000	工况2-2	工况2-5	工况2-8
(m)	0.173000	工况2-3	工况2-6	工况2-9

表 5 球艏 3 计算工况

参数		纵向距离(m)		
		0.20	0.15	0.10
垂向	0.067500	工况3-1	工况3-4	工况3-7
距离	0.124000	工况3-2	工况3-5	工况3-8
(m)	0.180500	工况3-3	工况3-6	工况3-9

3.2 计算网格和边界条件

为保证 DTMB5415 的 CFD 计算精度，本文选用自适应直角切割网格，该网格生成简单，可由计算机自动生成，且兼具有结构化网格的高网格质量和非结构化网格的复杂结构适应性。为提高计算效率，采用对称边界条件，对半个 DTMB5415 进行计算，同时为避免远方边界条件对近船体流场的干扰，计算区域首部方向入口取船体艏部向上游延伸至 0.75 倍船长处、出口取船尾部向下游延伸至 2.5 倍船长处；其他边界区域分别是由对称面(船体纵中剖面)向右舷方向延伸 0.9 倍船长、设计水线面向下延伸 0.6 倍船长、设计水线面向上 0.15 倍船长。整个计算域网格数目控制在 140 万左右，棱柱表面第一边界层网格厚度为 0.0013m，以保证 Y+值大致分布在 30~300 之间[7]，以便准确计算表面摩擦作用，图 4 为整个计算域的切割体网格及边界条件。

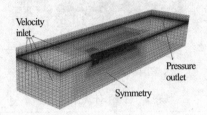

图 4 计算域网格及边界条件

3.3 控制方程及湍流模型

3.3.1 基于有限体积法的控制方程

对于具有粘性的不可压缩流体，流场中时间平均连续性方程和雷诺平均 Navier-Stokes 方程(RANSE)在笛卡儿坐标系下的张量形式为：

$$\frac{\partial}{\partial x_i}(\rho u_i)=0 \tag{1}$$

$$\frac{\partial(\rho u_i)}{\partial t}+\frac{\partial}{\partial x_i}(\rho u_i u_j)=-\frac{\partial p}{\partial x_i}+\frac{\partial}{\partial x_j}(v\frac{\partial u_i}{\partial x_j}-\rho\overline{u_i'u_j'})+S_i \tag{2}$$

式中:i,j=1,2,3；ρ 表示流体密度；v 表示动力粘性系数；u_i、u_j 表示速度分量的时间平均值；u_i'、u_j'表示速度分量的脉动值，p 代表压力的时间平均值；$\overline{u_i'u_j'}$ 表示速度脉动乘积的时间平均值；S_i 表示广义源项。

3.3.2 湍流模型

在计算过程中，本文的湍流模型采用 SST k-ω 两方程模型[8]，相应的 k 方程和 ω 方程如下所示：

$$\frac{\partial}{\partial t}(\rho k)+\frac{\partial}{\partial x_i}(\rho k u_i)=\frac{\partial}{\partial x_j}\left(\Gamma_k\frac{\partial k}{\partial x_j}\right)+\tilde{G}_k-Y_k+S_k \tag{3}$$

$$\frac{\partial}{\partial t}(\rho\omega)+\frac{\partial}{\partial x_i}(\rho\omega u_i)=\frac{\partial}{\partial x_j}\left(\Gamma_\omega\frac{\partial\omega}{\partial x_j}\right)+\tilde{G}_\omega-Y_\omega+D_\omega+S_\omega \tag{4}$$

式中：k 表示湍动能；ω 表示特别耗散率，可以认为是湍动能扩散率 ω 和湍动能 k 的比值；Γ_k 和 Γ_ω 分别代表 k 和 ω 的有效扩散；Y_k 和 Y_ω 分别代表 k 和 ω 的耗散；G_k 代表 k 的产生项，G_ω 代表 ω 的产生项；D_ω 是交叉扩散项；S_k 和 S_ω 是自定义源项。

3.4　优选结果

3.4.1　数值验证

由于本节主要目的是优选出最佳的球艏安装位置，因船体的升沉与纵倾比较小，所以在计算时没有考虑，即采用拘束模状态，当然，在进行计算时船体调整到了实验响应状态。首先进行了 CFD 的数值验证，实验工况见表 6，数值计算结果能较好地预报船体阻力，阻力值低于实验值 5.26%，满足工程精度；图 5 给出的是船体表面 Y+值，Y+分布在 30~300 之间，满足壁面函数的要求；本文 CFD 方法能准确地预报 DTMB5415 阻力。

表6 Fr=0.41时阻力数值模拟结果与实验值比较

Fr	5415实验值（N）	5415计算值（N）	误差(%)
0.41	75.861	71.87	-5.26

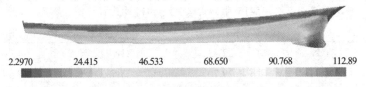

图 5 Fr=0.41 时船体表面 Y+值

3.4.2　球艏最佳安装位置

以加装第一种减阻球艏为例，图 6 是该工况下数值计算阻力收敛曲线，图中 Original 代表没有加装减阻球艏的状态，其他工况均为双球艏状态。

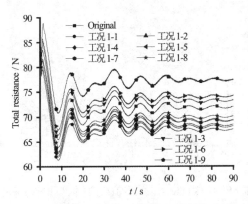

图6 Fr=0.41 时加装球艏1 DTMB5415 各工况阻力收敛曲线

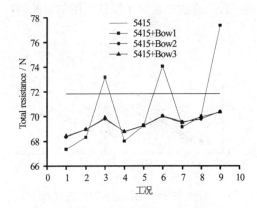

图 7 Fr=0.41 时各工况阻力计算值

图 7 表示的是各工况阻力收敛值，由图 7 很容易得出以下结论：在 Fr=0.41 时，三种减阻球艏表现出同样的规律，即安装在近水面且位置靠前对减阻较为有利；第一种减阻球

艏在近水面时，双球艏具有最好的减阻效果，但在靠近底部球艏时不但没有减阻效果，反使总阻力有所增加；第二种球艏和第三种球艏对 DTMB5415 的影响规律类似，减阻球艏不管在安装哪个位置，双球艏均有减阻效果。

4 双球艏在其他傅汝德数下对 DTMB5415 航行性能影响

由前面的分析可知，在 Fr=0.41 且不考虑船体升沉和纵倾的情况下，减阻球艏安装越靠前、越贴近水面，双球艏减阻效果越佳。下面在考虑船体升沉和纵倾的情况下考察该位置下双球艏在其他航速下的减阻效果。

本节采用的计算域与湍流模型均与上节一致。表 7 给出了 Fr 在 0.28~0.41 之间的 5 个速度点的阻力计算值与实验值，最大计算误差控制在低于实验值 5.07%，满足工程精度需求。

表 7 不同 Fr 下阻力平均值

Fr	5415 阻力实验值 R_{t1}（N）	5415 阻力计算值 R_{t2}（N）	误差 $(R_{t2}-R_{t1})/R_{t1}$（%）
0.28	22.432	21.992	-1.96
0.31	29.703	28.532	-3.94
0.34	37.132	35.802	-3.58
0.37	48.650	46.183	-5.07
0.41	75.861	73.821	-2.69

图 8 和 9 给出了 Fr=0.28 自由面波高等值线的实验结果与本文计算结果，吻合度比较高，较为真实地反映了船体周围的兴波情况。

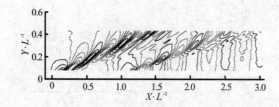
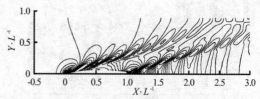

图 8 Fr=0.28 自由面波高等值线图（INSEAN）　　图 9 Fr=0.28 自由面波高等值线图（本文计算结果）

表 8 双球艏减阻效果

Fr	5415 阻力计 算值 $R_{t2}(N)$	5415+bow1 阻力计 算值 $R_{t3}(N)$	减阻 $(R_{t2}-R_{t3})/R_{t2}$ （%）	5415+bow2 阻力计 算值 $R_{t4}(N)$	减阻 $(R_{t2}-R_{t4})/R_{t2}$ （%）	5415+bow3 阻力计 算值 $R_{t5}(N)$	减阻 $(R_{t2}-R_{t5})/R_{t2}$ （%）
0.28	21.992	20.439	7.06	20.903	4.95	20.336	7.53
0.31	28.532	26.528	7.02	27.037	5.24	26.67	6.53
0.34	35.802	33.474	6.50	33.85	5.45	33.585	6.19
0.37	46.183	43.276	6.29	43.872	5.00	43.607	5.58
0.41	73.821	69.418	5.96	70.089	5.06	70.118	5.02

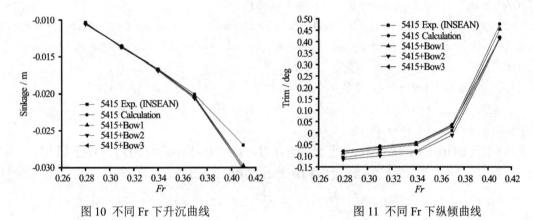

图 10 不同 Fr 下升沉曲线　　　　　图 11 不同 Fr 下纵倾曲线

　　表 8 表明双球艏在中高速下对 DTMB5415 均能有良好的减阻效果。图 10 和 11 表示的分别是船体升沉和纵倾随 Fr 变化曲线，可以看出，数值计算能较为准确地模拟出实验结果，双球艏对船体升沉和纵倾影响不是很大。

5　结论

　　本文根据资料设计出三种减阻球艏，加装在 DTMB5415 上，探讨了双球艏对 DTMB5415 的航行性能影响。首先在 Fr=0.41 时，不考虑船体升沉和纵倾的情况下验证 CFD 数值计算的准确性，随后优选出减阻球艏的最佳安装位置，即减阻球艏安装位置越靠近水面、越靠前，减阻效果越佳。在减阻球艏的最佳安装位置处，中高航速下双球艏对 DTMB5415 升沉及纵倾影响不大，却均有着良好的减阻效果。本文计算结果为舰船减阻的优化设计提供参考。

参 考 文 献

1 俞汉祥,杨佑宗,李定尊等.驱逐舰,护卫舰球艏模型的流体动力性能研究[J].舰船性能研究,1980,2:1-51P.

2 王中,卢晓平.水面舰船加装减阻节能球鼻艏研究〔J〕.水动力学研究与进展,2006,780-95.

3 RATCLIFFE T. An experimental and computationalstudy of the effects of propulsion on the free-surface flow astern of model 5415[C]. 23rd ONR Symposiumon Naval Hydrodynamics, Val deReuil, France, 2000.17-22.

4 OLIVIERI A, PISTANI F, PENNA R, et al. Towing tank experiments of resistance, sinkage and trim, boundary layer, wake, and free surface flow around a naval combatant INSEAN 2340 model[R]. IIHR Technical Report, No. 421, 2001.

5 GUI L, LONGO J, STERN F. A towing tank PIV measurement system, data and uncertainty assessment for DTMB model 5512[J]. Experiments in Fluids, 2001(31): 336-346

6 STERN F, LONGO J, PENNA R, et al. Internationalcollaboration on benchmark CFD validation data for naval surface combatant[C]. 23rd ONR Symposium on Naval Hydrodynamics, Val de Reuil, France, 2000.17-22

7 王福军.计算流体动力学分析—CFD软件原理与应用[M].清华大学出版社, 2004.127-128P

8 Florian R. Menter. Improved Two-Equation $k-\omega$ Turbulence Models for Aerodynamic Flows. NASA Technical Memorandum 103975. 1992

Investigation of Influence of Twin-bulbous-bow on DTMB5415's Navigation Performance

WANG Hui[1], SU Yu-min[1], SHEN Hai-long[1], LIU Huan-xing[1], YIN De-qiang[2]

(1 Science and Technology on Underwater Vehicle Laboratory, Harbin Engineering University, Harbin, 150001.

2 Dalian Shipbuilding Industry co.,ltd, Dalian, 116000)

Abstract： Ship energy conservation is a hot research direction in today's ship and marine engineering. Ship's bulbous bow is an effective mean to reduce wave resistance, which has been widely used in all types of merchant ships. In order to ruduce resistance, the study is carried out by adding a drag-reduction bulbous bow above the sonar cover of DTMB5415. With three kinds of drag-reduction bulbous bows designed, the best install location for each bulbous bow is found firstly without taking ship's pitching and heaving into account. Then, the influence of twin-bulbous-bow on DTMB5415's navigation performance is studied by taking ship's pitching and heaving into account. The results show that the optimum three kinds of designed twin-bulbous-bow entirely have good effect of drag reduction.

Key words： Drag-reduction bulbous bow; Twin-bulbous-bow; DTMB5415; CFD.

考虑流固耦合作用升船机塔柱结构风载体型系数研究

郭博文，赵兰浩*

（河海大学 水利水电学院，南京 210098）

摘要： 利用数值风洞模型技术，采用原始不可压缩黏性流体 N-S 方程描述风场的运动，考虑风场和塔柱结构之间的相互作用，基于 ADINA 有限元分析软件，建立了一种考虑流固耦合作用的升船机塔柱结构抗风分析方法，通过算例验证了本方法的正确性和有效性。结合某升船机塔柱结构工程实例，分析了其高度变化对升船机塔柱结构各表面风载体型系数的影响规律，计算结果显示，随着高度的增加，各表面风载体形系数取值都逐渐增大；同时为了方便设计人员使用，对不同高度下升船机塔柱结构各表面风载体型系数采用最小二乘法进行拟合，得到各表面风载体型系数随高度变化的函数关系。

关键词： 升船机塔柱结构；数值风洞；流固耦合；风载体型系数

1 引言

目前，由于尚无专门针对水工建筑物高耸结构的设计规范，塔柱的抗风设计主要参考工民建《建筑结构荷载规范》[1]和《高耸结构设计规范》[2]，即依据经验确定风压体型系数、风压高度变化系数、风振系数等，进而确定作用于塔柱结构的确定性荷载。虽然风洞试验也能得到作用于塔柱结构的确定性荷载，但风洞实验模型的建立非常困难，不仅花费比较高，制作时间也比较长，而且还要面临一些相似准则不能得到满足等问题。黄光明等[3]根据规范[1]计算了作用于景洪水力浮动式升船机塔柱结构上的风荷载，其塔柱结构的风载体型系数根据规范[1]中"封闭式对立两个带雨蓬的双坡屋面"结构形式来确定，该做法没有考虑升船机塔柱结构这一"工况复杂"的高耸结构对风荷载特性的影响。

近年来，随着计算机的软硬件发展，数值风洞方法正逐渐成为结构抗风分析的一种重要手段。和风洞试验不同，采用数值风洞方法建立的计算模型可以与实际工程保持一致，从而避免了风洞试验因缩尺所带来的误差，同时该方法具有周期短和费用低的优点[4-6]。针对目前高耸升船机塔柱结构抗风分析存在的问题，本文试图利用数值风洞模型技术，基于 ADINA 有限元分析软件，建立一种考虑流固耦合作用的高耸升船机塔柱结构抗风分析方法，较为真实的反应升船机塔柱结构的风致响应，结合某升船机塔柱结构工程实例，对其进行抗风分析，并分析其高度变化对升船机塔柱结构各表面风载体型系数的影响规律。

2 数值风洞模拟技术

2.1 数值风洞大小的选取

经过多次试算，升船机塔柱结构数值风洞尺寸应满足：塔柱结构迎风面前方应为 4H，背风面后方应为 8H，左侧应为 4H，右侧应为 4H，上方应为 4H，其中 H 为升船机塔柱结构的高度。这样的区域选择既能使流态得到充分的发展，同时又不增加网格的数量。

2.2 计算域网格的离散

在塔柱结构附近区域，网格要足够的密，网格的拉伸率要小于 1.2，这样能精确的求解壁面边界层内的压力。另外，六面体形状的网格优于四面体形状的网格，并且显示出良好的收敛性。

2.3 边界条件

风场模型入口处给定速度来流边界条件，通常采用指数率的平均风剖面来模拟等效的大气边界层；风场模型出口不施加边界条件，保证自由出流；风场模型顶壁与侧壁面的边界采用滑移边界，壁面上法相方向速度为 0；风场模型底部采用无滑移壁面，在壁面上所有速度为 0；固体结构模型底部采用固定约束，所有方向位移为 0。风场模型和固体结构模型交界处采用流固耦合边界条件。

2.4 算例验证

根据文献[8]中所述，建立 6m×6m×6m 立方体数值风洞模型，按照上述所示方法，基于 Adina 有限元分析软件进行数值风洞计算。为与风洞试验和现场实测的结果作对比，重点分析立方体沿流向中心线上平均风压系数，对比发现（ 图 1），本文计算得到的结果和实测以及风洞实验得到的结果[8]在规律上是一致的，而且吻合的也较好，说明该方法在理论上的正确性和可行性。

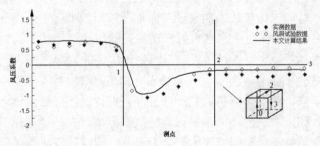

图 1 立方体沿流向中心线上平均风压系数结果对比

3 工程实况

某升船机塔柱结构高150m，从升船机塔柱结构上游到下游总长为76.6m，沿坝轴线方向宽度为40m，升船机塔柱结构每侧厚度11.6m，中间空腔为船厢的运行空间，宽度为16.8m，升船机塔柱结构底板厚度为6.5m，为便于分析，本文仅考虑风对结构的影响。

3.1 升船机塔柱结构数值风洞建立

建立150m高升船机塔柱结构数值风洞模型，见图2，其数值风洞大小的选取如上述所示，边界条件按照上述所述施加，风向角为90°垂直入射，湍流模型采用标准$k-\varepsilon$模型，升船机塔柱结构弹性模量E=2.5×10^{4}MPa，密度ρ=2500kg/m^3，泊松比μ=0.167。

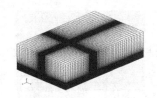  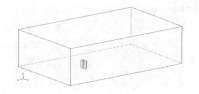

(a)升船机塔柱结构数值风洞模型　　(b)升船机塔柱结构固体模型　　(c)三维透视图

图2 升船机塔柱结构数值风洞模型示意图

3.2 升船机塔柱结构风致响应分析

图3为150m高升船机塔柱结构风致响应云图。从图3可以看出，对于150m高升船机塔柱结构而言，其顺风向最大位移为1.87cm，其位置出现在迎风面顶部附近；最大第一主应力约为0.48MPa，其位置出现在迎风面底部附近；最大第三主应力约为0.52MPa，其位移出现在与迎风面相对应的内立面底部附近。

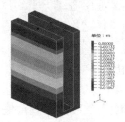 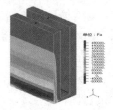 

(a) 结构顺风向位移云图　　　　(b) 结构第一主应力云图　　　　(c) 结构第三主应力云图

图3 升船机塔柱结构风致响应云图

3.3 升船机塔柱结构风载体型系数

图4(a)给出了150m高升船机塔柱结构迎风面平均风压系数分布云图，从图4可以看出，在高度方向，结构迎风面的风压系数沿高度变化呈现中间大、两侧小的趋势，这是由于风速随高度呈指数律增长，在结构下部风速相对较小，故风压系数较小。而在建筑物的上部，虽然风速较大，但由于流体向顶部绕流，正风压系数有所减小。迎风面两侧的风压系数比

中间小也是因为流体向两侧绕流的原因。

图 4(b)给出了本文迎风面中心线上计算结果与规范值的对比情况，对比发现，除靠顶部 $\dfrac{z}{H}$=0.95 以上的区域外，规范的值都是偏小的。

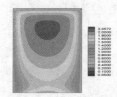

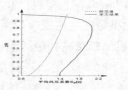

(a) 迎风面平均风压系数云   (b) 迎风面中心线处平均风压系数对比

图 4 升船机塔柱结构迎风面平均风压系数信息

表 1 给出了考虑流固耦合作用下 150m 高升船机塔柱结构各表面风载体型系数，具体如下：

表 1   升船机塔柱结构各表面风载体型系数

迎风面	内立面 A	内立面 B	背风面	左侧边界	右侧边界
1.44	-1.18	-1.18	-1.03	-1.2	-1.2

可以得出总的风载体型系数 μ_s=1.44+1.18-1.18+1.03=2.47，大于规范得到的 1.54。

4 升船机塔柱结构高度变化对风载体形系数的影响

针对景洪水力式升船机塔柱结构，建立不同高程下升船机塔柱结构模型，考虑流固耦合作用，分别对其进行风洞数值风洞模拟。图 6 给出了不同高程下迎风面中心线上平均风压系数随高度的变化规律。图 6(a)中计算结果显示不同高度下升船机塔柱结构迎风面中心线处平均风压系数分布规律基本一致，在高度方向上，均呈现出先增大后减小的趋势；同时从图 6(a)中也可以看出，对不同高度升船机塔柱结构而言，随着高度的增加，迎风面中心线上平均风压系数也相应的增大，虽然规范值也表现出了这样的规律，但从图 6(b)中可以看出，规范值增大的数值明显小于数值计算的结果，这也从一定程度上反应出了规范值是偏小的。

(a)H=75m   (b)H=92m   (c)H=110m   (d)H=130m   (e)H=150m

图 5 不同高度下塔柱结构信息

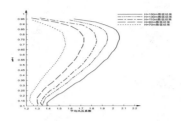

(a) 平均风压系数数值结果对比　　　　　(b) 平均风压系数规范结果对比

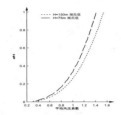

图 6　升船机塔柱结构迎风面平均风压系数信息

表 2 表 2　不同入射角度下升船机塔柱结构各表面风载体型系数对比

塔柱结构高度/m	迎风面	内立面 A	内立面 B	背风面	左侧边界	右侧边界
75	1.17	-0.66	-0.66	-0.42	-0.71	-0.71
92	1.27	-0.72	-0.72	-0.54	-0.81	-0.81
110	1.32	-0.91	-0.91	-0.75	-0.94	-0.94
130	1.39	-1.12	-1.12	-0.93	-1.15	-1.15
150	1.44	-1.18	-1.18	-1.03	-1.2	-1.2

从表 2 中数据可以发现，随着高度的增加，迎风面的风载体型系数逐渐增大，当 $H=150m$ 时，迎风面风压系数达到最大，为 1.44；对于其他表面，随着高度的增加，其风载体型系数数值也都在增大。

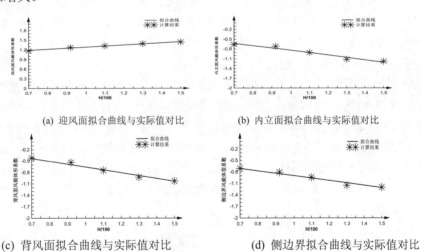

(a) 迎风面拟合曲线与实际值对比　　　　(b) 内立面拟合曲线与实际值对比

(c) 背风面拟合曲线与实际值对比　　　　(d) 侧边界拟合曲线与实际值对比

图 7　升船机塔柱结构不同表面风载体形系数拟合曲线与实际值对比

为了方便设计人员使用，对不同高度下的升船机塔柱结构各表面风载体型系数采用最小二乘法进行拟合，得到各表面风载体形系数随高程的函数关系，其中纵坐标 y 为各表面风载体形系数，横坐标 x 为升船机塔柱结构高度 $H/100$，具体如下：

迎风面风载体形系数与高程的函数关系：

$$y = -3.143 + 4.109e^{0.074x} \tag{1}$$

迎风内面/背风内面风载体形系数与高程的函数关系：

$$y = 3.071 - 3.260e^{0.182x} \tag{2}$$

背风面风载体形系数与高程的函数关系：

$$y = 42.065 - 41.979e^{0.018x} \tag{3}$$

左/右侧边界风载体形系数与高程的函数关系：

$$y = 46.986 - 47.265e^{0.013x} \tag{4}$$

图 7 给出了函数拟合结果与计算结果的比较，可以看出拟合的公式可以较为准确地反映出各表面风载体形系数随高程的函数关系。

5 结语

（1）建立了一种考虑流固耦合作用的高耸升船机塔柱结构抗风分析方法，考虑了风场和高耸塔柱结构之间的相互作用，真实的模拟了高耸升船机塔柱结构的风致响应。

（2）计算结果表明：150m 高升船机塔柱结构顺风向最大位移为 1.95cm，其位置出现在迎风面顶部附近；最大第一主应力和最大第三主应力分别为 0.46MPa 和 0.54MPa，其位置分别在迎风面底部附近和相应的内立面底部附近；对比 150m 高升船机塔柱结构迎风面风中心线处平均风压系数发现，除顶部小部分区域外，规范值都是偏小的，数值风洞技术计算得到的升船机塔柱结构风载体型系数为 2.47，大于规范得到的 1.54；

（3）分析了升船机塔柱结构高度变化对其各表面风载体型系数的影响规律，计算结果显示，随着高度的增加，各表面风载体形系数取值都逐渐增大；同时为了方便设计人员使用，对不同高度下升船机塔柱结构各表面风载体型系数采用最小二乘法进行拟合，得到各表面风载体型系数随高度变化的函数关系。

参考文献

[1] GB50009-2012.建筑结构荷载规范[S].北京:中国建筑工业出版社,2012.

[2] GB50135-2006.高耸结构设计规范[S].北京:中国建筑工业出版社,2006.

[3]黄光明,凌云,朱国金.景洪水电站水力式升船机塔楼结构性态分析[J].河海大学学报（自然科学版）,2008,36(4):506-510.

[4] Shuzo Murakami. Current status and future trends in computational wind engineering [J]. Journal of Wind Engineering and Industrial Aerodynamies,1997,67&68:3-34.

[5]李鹤.高层钢结构流体-结构耦合作用风致响应的数值模拟[D].山东:山东大学, 2007.

[6]李俊晓.考虑流固耦合的高耸钢结构抗风数值模拟[D].山东:山东大学, 2011.

[7]黄本才,汪丛军.结构抗风分析原理及应用[M].上海:同济大学出版社, 2008.

[8]Richard P J,Hoxey R P. Wind pressures on a 6m cube [J]. Journal of Wind Engineering and Industrial Aerodynamics, 2001,89:1553-1564.

Method of wind resistance analysis for tower structure of tall ship lift including fluid-structure interaction

GUO Bo-wen, ZHAO Lan-hao[*]

(College of Water Conservancy and Hydropower, Hohai University ,Nanjing ,210098）

Abstract: The numerical wind tunnel simulation technology is used in this paper, and the incompressible viscous N-S equations are employed to describe the motion of the wind, the coupling conditions are constructed between the tower structure of ship lift and the wind. On this way, a new method of wind resistance analysis for tower structure of tall ship lift including fluid-structure interaction is established based on the finite element analysis software of ADINA. The correctness and validity of this method is verified by an example. Combined with actual engineering, this paper analyzes the wind-induced response of the tower structure of ship lift, and also analyzes the influence of the change of the height on the coefficient of wind carrier type for each surface of the tower structure of ship lift. The results show that with the increase of height, the coefficient of wind carrier type for each surface have gradually increased. Meanwhile, in order to facilitate the design to use, the least squares method is used to obtain the relationship between the coefficient of wind carrier type for each surface and the height for each surface of the tower structure of ship lift at different height.

Key words: Tower Structure of Ship Lift；Numerical Wind Tunnel；Fluid-Structure Interaction；Coefficient of Wind Carrier Type

内波对水平及竖直圆柱型桩柱作用力的数值模拟

王 寅[1]，王玲玲[2*]，唐洪武[2]

(1 水利水电学院，河海大学，南京，中国，210098
2 水文水资源与水利工程科学国家重点实验室，河海大学，南京，中国，210098
*通讯作者：王玲玲 (Email: wanglingling@hhu.edu.cn)

摘要： 在密度稳定分层的水体中，微小的扰动可能引发分层面(密度跃层)上的波动现象，即内波现象。采用大涡模拟(LES)数学模型，研究了在不同波幅的背景内波场中，内波对不同深度(h_o/H)水平放置的圆柱的以及不同浸没程度(η/H)的竖直圆柱的水平作用力 C_{Fx} 的作用规律。研究结果表明，随着内波波幅加大，水平圆柱和竖直圆柱所受到的内波水平作用力均加大，但作用力增大趋势随波幅的增大而减小。由数值模拟所计算的水平力 C_{Fx} 曲线得出，水平圆柱所受作用力随柱体摆放位置(h_o/H)的下移，会先后出现一次最大正值以及最大负值(与密度跃层的位置有关)；竖直圆柱所受作用力随着浸没程度(η/H)的增大，会先后经历一次正极大值与正极小值。以上研究结果，为实际工程应用提供了一定的参考价值。

关键词： 内波；水平圆柱；竖直圆柱；水平作用力；密度跃层

1 引言

在普遍的流体体系中，特别是海洋、河口以及湖泊，由于温度、盐度或泥沙浓度在垂向上的分层现象，会引起密度形成沿水深的差值。此时，微小的扰动便可能引发分层面上的波动，即内波现象。

内波所携带的巨大能量会导致异常强大的流速，这对于海洋工程、石油钻井平台和海底石油管道会造成较大的威胁[1]。

许多专家学者陆续开展了内波与水下建筑物相互作用的模拟研究。尤云祥[2]，Cai[3]，Zha[4]等采用数值方法以及 Morison 经验公式研究计算了内波对水下建筑物的荷载作用大小。DU[5]，Zhang[6]通过对比分析内波和表面波对水下建筑物产生的荷载效应，得到了内波与表面波所引发的作用力属同一数量级，且内波导致的最大作用力约为表面波的 37.7%。

由此可知，内波对水下建筑物的作用是不可忽视的。

圆柱形桩柱作为石油钻探和生产平台以及桥梁的重要支撑建筑物，在近海、河口等水域中十分常见。本文借助数值模拟手段，着力于内波环境中圆柱形桩柱的受力研究。

2 控制方程

2.1 动量输运控制方程

对三维、非稳态的不压缩流体的运动，在连续性假设下，可用纳维-斯托克斯方程（N-S方程）来描述：

$$\frac{\partial \rho}{\partial t} + \frac{\partial (\rho u_i)}{\partial x_i} = 0 \tag{1}$$

$$\frac{\partial (\rho u_i)}{\partial t} + \frac{\partial \left(\rho u_i u_j\right)}{\partial x_j} = -\frac{\partial p}{\partial x_i} + \frac{\partial}{\partial x_j}\left(\mu \frac{\partial u_i}{\partial x_j}\right) + F_i \tag{2}$$

其中式（1）为连续方程（质量守恒方程），式（2）为动量方程。u_i（$i=1, 2, 3$）为笛卡尔坐标系中沿三个坐标轴方向的速度分量；x_i 为直角坐标系的三个坐标方向；t 为时间；ρ 为流体密度；p 为压强；μ 为流体的动力粘性系数；F_i 为体积力。

2.2 Morison 经验公式

Morison 经验公式，首次由 J. R. Morison[7]于 1950 年提出。该经验公式的适用条件：桩柱直径 D 与波长 L 之比，$D/L \leq 0.15$。若满足此前提，该桩柱可作细长柱处理，忽略其对周围波场的扰动。

于是内波的水平作用力可由与流速平方成正比的阻力 F_D 和以及与加速度成正比的惯性力 F_I 之和表示，即：

$$F = F_D + F_I \tag{3}$$

拖拽力 F_D 和以及惯性力 F_I 可分别表示为：

$$F_D = \frac{1}{2}\rho g C_D D u |u| \tag{4}$$

$$F_I = \rho g C_M \frac{\pi D^2}{4}\frac{\partial u}{\partial t} \tag{5}$$

其中 C_D、C_M 分别为阻力系数和惯性力系数；ρ 为水体密度；g 为重力加速度；u 为由内波引发的水平流速；t 为时间。

3 数值模型

本文沿用了朱海的数值水槽模型[8]，采用了大涡模拟（LES）技术，模拟了下凹型内孤立波的产生和传播。该三维数值水槽长×高×宽=12m×0.5m×0.4m，水槽内水体分为上下两层，上层水体 h_1=0.1m，密度 ρ_1=998.5kg/m³；下层水体 h_2=0.3m，密度 ρ_2=1030kg/m³；圆柱直径 D=0.05m。该数值模型已用 Chen[9] 的物理实验进行了验证。

本文采用重力塌陷法制造内波[10]，选取了三种不同重力塌陷高度($\triangle h/H$=0.25、0.375、0.5)作为研究背景，并设立了两种桩柱的空间布置方案：（1）不同深度(h_o/H)放置的水平圆柱（h_o 为柱心中轴线到水槽顶部高度）；（2）不同浸没程度(η/H)的竖直圆柱（η 为柱下边界到水槽顶部高度）。具体工况见表1，模型整体构造示意图见图1。

表 1 不同塌陷高度下，桩柱不同空间布置方案计算工况选取

内波类型	$\triangle h/H$/m	h_o/H/m		η/H/m	
下凹型 1	0.25	0.25~0.875	$\triangle h_o/H$=0.0625	0.125~1	$\triangle \eta/H$=0.0625
下凹型 2	0.375	0.25~0.875	$\triangle h_o/H$=0.0625	01.25~1	$\triangle \eta/H$=0.0625
下凹型 3	0.5	0.25~0.875	$\triangle h_o/H$=0.0625	0.125~1	$\triangle \eta/H$=0.0625

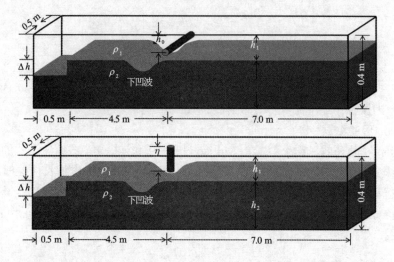

图1 圆柱水平（上）、竖直（下）放置时，模型整体构造示意图

4 结果和讨论

本文用一个无量纲的内孤立波水平力作用力 C_{Fx} 来表示其对桩柱的作用效果。定义：

$$C_{F_x} = \frac{2F_x}{\rho u_{\max}^2 A} \tag{6}$$

其中 F_x 为内孤立波水平作用力；$u_{\max}$ 为内孤立波诱导的流场最大水平速度；A 为迎风面圆柱体截面积。

图2 中分别给出了在造波塌陷高度 $\triangle h/H$=0.375 时，横柱 h_o/H=0.375，竖柱 η/H=0.375 两个工况下圆柱内孤立波水平力 C_{Fx} 的数值计算与 Morison 公式结果的比较。

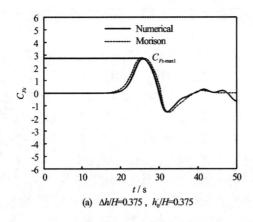 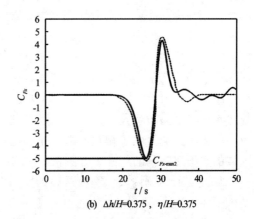

图 2 $\triangle h/H$=0.375 时，h_o/H=0.375（左）与 η/H=0.375（右），无量纲内孤立波水平力的数值和 Morison 公式计算结果对比

由图 2 可知利用 Morison 公式计算得到的水平力随时间变化过程与数值模拟结果吻合程度较好，趋势相同且幅值间误差小于 5%。

对于不同工况，由于桩柱所在深度或浸没程度不同，所受水平力幅值 $C_{Fx\text{-}max}$ 会出现正负异号的情况，如图 2 中的 $C_{Fx\text{-}max1}$ 及 $C_{Fx\text{-}max2}$。下文中，将以此幅值 $C_{Fx\text{-}max}$ 作为某一个工况的受力代表值进行具体的受力研究。

图 3 和图 4 给出了在不同塌陷高度($\triangle h/H$=0.25、0.375、0.5)下，内孤立波无量纲水平力作用力 C_{Fx} 的幅值 $C_{Fx\text{-}max}$ 与浸没程度 η/H 及放置深度 h_o/H 的关系。

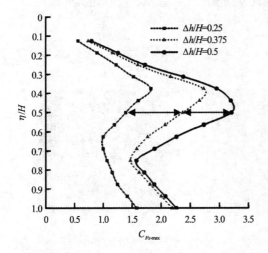 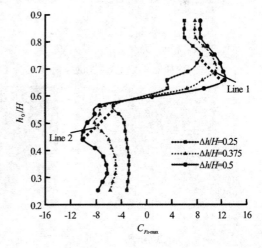

图 3 $\triangle h/H$=0.25、0.375、0.5 时，水平力幅值 $C_{Fx\text{-}max}$ 与竖直圆柱浸没程度 η/H 的关系　　图 4 $\triangle h/H$=0.25、0.375、0.5 时，水平力幅值 $C_{Fx\text{-}max}$ 与水平圆柱所在深度 h_o/H 的关系

从 C_{Fmax} 的变化规律可以看出，无论圆柱水平或者竖直放置，随着内波波幅增大（塌陷高度$\triangle h/H$ 增大），柱身所受的内波水平作用力均加大，但作用力增大趋势$\triangle C_{Fx}$ 随波幅的增大而减小，如图 3 中$\triangle C_{Fx1}$、$\triangle C_{Fx2}$ 所示，此现象在靠近水槽顶部和底部位置更为明显。说明内波波幅的增大，使作用力变大的贡献是有限的。

由图 3 中 $C_{Fx\text{-}max}$ 变化趋势可以看出，竖直圆柱所受作用力随着浸没程度(η/H)的增大，会先后经历一次正极大值与正极小值。说明，圆柱受力并不是单调递增或递减，柱子浸没程度小时，受力不一定小，浸没程度大时，受力不一定大。主要是因为上下水层流速反向，导致水平作用力正负异号，从而当竖直圆柱潜入到某个深度之后（密度跃层以下）正向与反向的作用力会发生了相互抵消。在实际工程中，在可控范围内，应尽量使在有内波活动区域的水下建筑物的潜深避开图中内波作用力正极大值所对应的浸没程度。

如图 4 所示据内波以密度跃层为界，上下水层水平作用力反向这一特点，水平圆柱所受水平作用力会先出现一次最大正值，接着随柱体摆放位置 h_o/H 的下移再经历一次最大负值的水平作用。图中的 Line1、Line2 说明：正负最大作用力随着内波波幅的增大，其作用幅值会逐渐增大且作用位置会相应下降。

图 5、图 6 更详尽的给出了在不同塌陷高度下，最大正、负水平作用力发生时，水平圆柱与内孤立波密度跃层的相对位置。

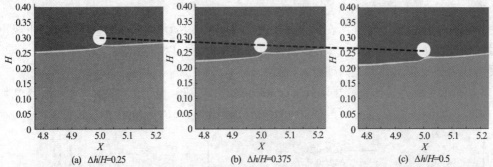

(a) $\Delta h/H$=0.25   (b) $\Delta h/H$=0.375   (c) $\Delta h/H$=0.5

图 5 塌陷高度$\triangle h/H$=0.25（左）、0.375（中）、0.5（右）时，各工况所受到最大正 $C_{Fx\text{-}max}$ 时，圆柱与内孤立波密度跃层相对位置。三个工况所对应的时刻别分是：25s、26s 以及 26.5s。

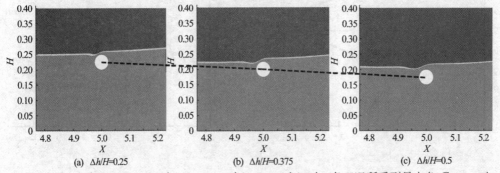

(a) $\Delta h/H$=0.25   (b) $\Delta h/H$=0.375   (c) $\Delta h/H$=0.5

图 6 塌陷高度$\triangle h/H$=0.25（左）、0.375（中）、0.5（右）时，各工况所受到最大负 $C_{Fx\text{-}max}$ 时，圆柱与内孤立波密度跃层相对位置。三个工况所对应的时刻别分是：26s、27s 以及 28s。

从图 5 可以看到，各个工况所对应的最大正作用力的出现时刻，圆柱所在位置恰好是位于密度跃层之上，刚与密度跃层接触的时刻。而图 6 所反映出的最大负作用力出现时刻，圆柱所在位置皆位于密度跃层之下，即将与密度跃层发生相互作用的时刻。由上可知，圆柱在这两个与内波的相对位置无论是正向或负向作用力都是最大的，在实际工程中，水下建筑物应该尽量避开。

4 结论

本文建立了一数值水槽模型，采用大涡模拟(LES)数学模型，研究了在不同波幅的背景内波场中，内波对不同深度(h_o/H)水平放置的圆柱的以及不同浸没程度(η/H)的竖直圆柱的水平作用力 C_{Fx} 的作用规律。研究结果表明：

（1）随着内波波幅加大（塌陷高度 $\triangle h/H$ 增大），水平圆柱和竖直圆柱所受到的内波水平作用力均加大，但作用力增大趋势 $\triangle C_{Fx}$ 随波幅的增大而减小。

（2）随着浸没程度(η/H)的增大，竖直圆柱所受作用力并不是单调递增或递减，会先后经历一次正极大值与正极小值；

（3）水平圆柱所受作用力随柱体摆放位置(h_o/H)的下移，会先后出现一次最大正值以及最大负值。最大正作用力的出现时刻，圆柱所在位置位于密度跃层之上，紧贴密度跃层；最大负作用力的出现时刻，圆柱所在位置位于密度跃层之下。两种情况都发生在圆柱即将与密度跃层开始接触或开始相互作用的时刻。

在实际工程中，在可控范围内，应使在有内波活动区域的水下建筑物尽量避开这些作用力较大的危险深度位置以及浸没程度。

参 考 文 献

1 Osborne A R;Burch T L. Internal solitons in the Andaman Sea . Science ,1980 ,208(4443):451-460.

2 尤云祥,朱伟,缪国平.分层海洋中大直径桩柱的波浪力.上海交通大学学报,2003,37(08):1181-1185.

3 Cai Shuqun*, Wang Shengan, Long Xiaomin. A simple estimation of the force exerted by internal solitons on cylindrical piles. Ocean Engineering,2006,33(7):974-980.

4 Zha Guozheng.. The force exerted on a cylindrical pile by ocean internal waves derived from nautical X-band radar observations and in-situ buoyancy frequency data . Ocean Engineering, 2012,41:13-20.

5 Du Tao, Sun Li, Zhang Yijun . An Estimation of Internal Soliton Forces on a Pile in the Ocean. Journal of Ocean University of China, 2007, 6(02):101-106.

6 H.Q.Zhang, J.C.Li . Wave Loading on Floating Platforms by Internal Solitary Waves. Proceedings of the Fifth International Conference on Fluid Mechanics, 2007:304-307.

7 J. R. MORISON. The force exerted by surface waves on piles. Petroleum Transactions, AIME, 1950,

189:149-154.

8   Zhuhai, Wang Lingling, Tang Hongwu. Large-eddy simulation of the generation and propagation of internal solitary waves Science China Physics, Mechanics & Astronomy, 2014,57(06): 1128–1136.

9   Chen C Y, Hsu J R, Cheng M H, et al. An investigation on internal solitary waves in a two-layer fluid: Propagation and reflection from steep slopes. Ocean Eng, 2007, 34(1): 171–184.

10   Chen Yuanchen. Generation of internal solitary wave by gravity collapses. Journal of Marine Science and Technology,2007,15(07):1-7.

Numerical simulation of forces exerted by internal waves on a horizontal and vertical cylindrical pile

WANG Yin [1], WANG Ling-ling [2*], TANG Hong-wu [2]

(1 College of Water Conservancy and Hydropower Engineering, Hohai University, Nanjing, China, 210098

2 State Key Laboratory of Hydrology-Water Resources and Hydraulic Engineering, Hohai University, Nanjing, China, 210098

Email: wanglingling@hhu.edu.cn)

Abstract: In the fluid system of stable stratification of density, a fluctuation that occurs on the interface(pycnocline) between two layers could be induced by a weak perturbation, called internal waves. A large-eddy simulation(LES) model is employed here to study the changing laws of the horizontal forces C_{Fx} exerted by internal waves with various wave amplitudes on the horizontal and vertical cylindrical pile with different placed depth(h_o/H) and immersed level(η/H), respectively. According to the simulation results, the horizontal forces exerted both on the horizontal and vertical cylindrical pile increase with the increase of the internal wave amplitudes, while the increment of the forces displays a tendency opposite to the wave amplitudes. The numerical results of the horizontal forces C_{Fx} curves indicate that the forces exerted on the horizontal cylinder reach a positive maximum value followed by a negative maximum value as the pile placement position(h_o/H) goes down, which relates to the pycnocline locations; the forces exerted on the vertical cylinder experience a positive maximum before achieving a positive minimum as the immersed level(η/H) increases. The investigation provides certain reference value for practical projects.

Key words: internal waves; horizontal cylinder; vertical cylinder; horizontal forces; pycnocline

EEDI 背景下船舶最小装机功率跟踪研究

刁峰，周伟新，魏锦芳，陈京普，王杉

(中国船舶科学研究中心上海分部，上海，200011，Email: diaofeng@702sh.com)

摘要：随着 EEDI 的强制实施，恶劣海况下船舶维持操纵性所需的最小装机功率问题受到普遍关注。文章根据海洋环境保护委员会（MEPC）第 68 次会议最新修订的"2013 恶劣海况下船舶维持操纵性的最小装机功率临时导则"对 EEDI 数据库中的船舶开展了最小装机功率评估分析，结果表明：现行最小装机功率临时导则第一层次评估对超大型散货船的适用性得到明显改善，但是对小型船舶和超大型液货船的适用性更差，且最小装机功率两层次评估方法存在不对等性。本研究成果将为制定适用于 EEDI phase 1 以后阶段的最小装机功率导提供技术支撑。

关键词：船舶；最小装机功率；临时导则；评估

1 引言

全球贸易的迅速增长，带动了世界航运事业的发展，同时也给航运业带来了一系列关于船舶安全和海洋环境保护的问题。在海洋环境保护委员会（MEPC）第 62 次会议上，MARPOL 附则 VI 中一个新的规则被大会组委会所采纳[1]，这一新规则旨在减少航运船舶温室气体的排放。新规则最引人注目的地方在于提出了"船舶能效设计指数（Energy Efficiency Design Index，EEDI）"这一概念，它定义了用船舶每海里航行过程中排放的 CO_2 的吨数这一指标所表示的船舶最低能效水平。MARPOL 附则 VI 规定：针对新造船，EEDI 限值要求按不同年限分成四个阶段（Phase0、1、2、3），要求新造船能效水平（Attained EEDI）达到相应阶段的能效限值（Required EEDI），使得船舶能效能够得到持续有效的提高，以降低 CO_2 排放。

降低航速和船舶装机功率无疑是达到 EEDI 要求的最便捷途径，但是航速或装机功率过低会造成船舶在恶劣海况下无法保持航向稳定性甚至无法逃离危险区域，从而引发安全事故。国际海事组织（IMO）在 MARPOL 附则 VI 中明确要求船舶安装的主机功率应不小于在恶劣工况下保持船舶操纵性所需要的推进动力。为此，IACS（International Association of Classification Societies）专门成立了项目组对船舶最小装机率进行研究，并起草了船舶最小装机功率临时评估导则[2]，以确保船舶在恶劣海况下的操纵性能，最终保证船舶的安全性。

现阶段的船舶最小装机功率评估导则仍然只是一个临时评估导则，沿用的是 MEPC 第 65 次会议中作为 MEPC.232(65)决议[3]被大会组委会采纳的"2013 恶劣海况下船舶维持操纵性的最小装机功率临时导则"，并且该临时导则将继续应用于 EEDI Phase 1 阶段，预计 2016 年将推出应用于 EEDI Phase 2 和 Phase 3 阶段的导则[4]。根据规定，临时导则将会应用于 EEDI 规则实施的第一阶段（Phase0），并为散货船、油船以及兼用船提供了两个层次的评估方法。在今年 5 月召开的 MEPC 68 次会议上，IMO 修订了最小装机功率第一层次评估方法[5]。本文根据最新修订的最小装机功率临时导则对 EEDI 数据库中的船舶开展最小装机功率第一层次和第二层次评估分析，为最小装机功率的修订提供技术支撑。

2 最小装机功率第一层次评估

最小装机功率第一层次评估方法又称为基线评估法，主要是基于统计得到最小装机功率曲线，只要船舶的最小装机功率大于最小装机功率曲线规定的对应值，那么就认为该船能满足最小装机功率的评估要求。其中的最小装机功率曲线是最小装机功率关于船舶载重量的曲线。船型不同，对应的最小装机功率曲线也不同。MEPC 68/WP.9[6]给出了建议修订的三种船型（散货船、液货船和兼用船）的最小推进功率关于船舶排水量的曲线：

$$最小装机功率曲线值 = a \times (DWT) + b$$

式中：a, b 为船型系数，见表 1。DWT 为以吨为单位的船舶载重量。

表 1 不同船型 a、b 系数取值（MEPC 68 修订）

船舶类型	a	b
散货船（$DWT < 145000$ 吨）	0.0763	3374.3
散货船（$DWT \geq 145000$ 吨）	0.0490	7329.0
液货船及兼用船	0.0652	5960.2

根据最新修订的最小装机功率第一层次评估方法，对中国船舶科学研究中心 "EEDI 验证评估门户网站" 数据库中的 176 艘船舶（129 艘散货船及 47 艘液货船）进行评估，并与 MEPC.232（65） 决议给出的最小装机功率第一层次评估方法进行比较，结果见图 1。"EEDI 验证评估门户网站"数据库中的船舶由国内船舶研究所、船级社和设计院提供， 均为国内设计建造的典型船舶。

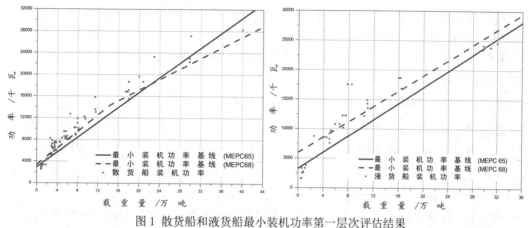

图 1 散货船和液货船最小装机功率第一层次评估结果

由图 1 可以看出：MEPC 65 次会议发布的最小装机功率第一层次评估方法对小型船舶和超大型船舶的适用性较差，载重量低于 20000 吨和载重量大于 300000 吨的散货船和液货船很难满足最小装机功率第一层次评估要求；MEPC 68 次会议修订的最小装机功率第一层次评估方法对小型船舶和大型液货船的要求更为严苛，越来越多的小型船舶和大型液货船不能满足最小装机功率第一层次评估要求；但是，MEPC 68 次会议修订的最小装机功率第一层次评估方法明显降低了超大型散货船的评估要求，原来不能满足评估要求的超大型散货船在最小装机功率第一层次评估方法修订之后均能满足评估要求。

3 最小装机功率第二层次评估

最小装机功率第二层次评估方法又称为简化评估方法，该层次评估的原理是，如果船舶具有足够的装机功率，能在迎风迎浪条件下以最小前进速度航行，则该船也能在其他任何风向、浪向下保持航向，即满足最小前进速度要求也就能满足航向保持要求。简化评估流程主要包括两个步骤：一是确定迎风迎浪条件下最小前进速度的，二是评估船舶装机功率能否提供足够动力使船舶在迎风迎浪下以上述最小航速航行。简化评估具体流程如下：

(1) 最小前进速度的定义：最小前进速度与舵面积系数、受风面积等有关，可以定义为：$v_s = \max(4kn, V_{ck})$，即在最小航行速度（4kn）和保持航向稳定的最小航速 V_{ck} 之间取大者，V_{ck} 根据舵面积、船体水线以上正投影面积、侧向投影面积计算，具体计算公式可参考 MEPC.232(65)决议[3]文件。

(2) 船舶装机功率的评估：为了得到最小前进航速下所需的功率，首先需要计算船舶在恶劣海况下受到的阻力，主要包括静水阻力 R_{cw}、空气阻力 R_{air}、波浪增阻 R_{aw} 及附体阻力 R_{app}。计算得到上述各阻力值后，便可得到螺旋桨的推力 $T = (R_{cw} + R_{air} + R_{aw} + R_{app})/(1-t)$，式中 t 为波浪中的推力减额系数，可由模型试验或者经验公式获得。得到螺旋桨推力即可得到要求的螺旋桨进速比 $K_T(J)/J^2 = T/\rho v_s^2(1-\omega)^2 D_P^2$，式中 $K_T(J)$ 为推力分数，D_P 为螺旋桨直径，$u_a = V_s(1-w)$，w 为波浪中的伴流分数，可从模型试验或经验公式获得，J 为螺旋桨进速系数，根据螺旋桨负荷系数 K_T/J^2 在 $K_T(J)/J^2$ 曲线上插值得到。根据进速系数 J 在螺旋桨敞水性征曲线上可插值得到螺旋桨扭矩系数 $K_Q(J)$，螺旋桨转速 $n = u_a/(J \cdot D_P)$。由此可计算得到螺旋桨的收到功率 $P_D = 2\pi\rho n^3 D_P^5 K_Q(J)$，考虑到传输效率 η_S，可计算得到主机发出功率 $P_S = P_D/\eta_S$。对于柴油机，由于扭矩转速特征曲线的限制，需满足 $Q \le Q_{max}$，式中 $Q = P_D/(2\pi n)$，为螺旋桨扭矩，Q_{max} 为主机最大扭矩。如果螺旋桨扭矩小于主机最大扭矩，则该船满足最小装机功率第二层次评估要求，否则，则不满足要求。

　　根据上述评估流程及"2013 恶劣海况下船舶维持操纵性的最小装机功率临时导则"，编制最小装机功率第二层次评估计算程序[6]，选取 8 万吨级的散货船和 30 万吨级的油船为研究对象进行最小装机功率第二层次评估，两条船主尺度及相关参数见表 2，最小装机功率第二层次评估结果见表 3 和表 4。

表 2 船型主尺度及相关参数

参数	8 万吨级散货船	30 万吨级油船
船舶类型	散货船	液货船
垂线间长/m	225.4	323.6
型宽/m	32.26	60
结构吃水/m	14.5	22.45
载重量/t	82000	320000
船舶安装功率/kW	10115	25400
最小装机功率基线值/kW	9630.9	26824.2
是否满足第一层次评估要求	满足	不满足

表 3 8 万吨级散货船第二层次评估结果

波浪周期 /s	螺旋桨转速 /(r/min)	螺旋桨收到功率 /kW	螺旋桨扭矩 /(kN*m)	主机最大扭矩/ (kN*m)	是否满足
8.0	73.62	5394	700	863.82	满足
9.0	72.66	5180	680	863.78	满足
10.0	69.84	4570	625	863.71	满足
11.0	66.42	3903	561	863.59	满足
12.0	63.24	3338	504	863.48	满足

表4 30万吨级油船第二层次评估结果

波浪周期 /s	螺旋桨转速 /(r/min)	螺旋桨收到功率 /kW	螺旋桨扭矩 /kN*m	主机最大扭矩/ kN*m	是否满足
8.0	45.12	9015	1908	3513.28	满足
9.0	46.44	9934	2043	3512.26	满足
10.0	47.04	10357	2104	3511.82	满足
11.0	46.92	10303	2096	3511.92	满足
12.0	46.32	9876	2035	3512.36	满足

由表 2 至表 4 可知：8 万吨级散货船能够同时满足最小推进功率第一层次和第二层次评估，30 万吨级油船不能满足最小装机功率第一层次评估但能满足第二层次简化评估。进一步比较最小装机功率两层次评估要求的装机功率与船舶安装功率之间的大小关系，结果如图 3 所示。由图 3 可以看出：本文选取的两条船舶的安装功率均在最小装机功率基线附近，其中 8 万吨级散货船稍高于基线值，30 万吨级油船稍低于基线值，但是这两条船舶的安装功率比简化评估的功率要求大得多。究其原因，最小装机功率简化评估值是基于船舶低航速运行得到的结果，而基线评估值为基于大量实船统计的结果，与船舶安装功率具有对等关系。船舶安装功率与简化评估值之间的差异间接反映出最小装机功率两层次评估方法之间存在不对等性。

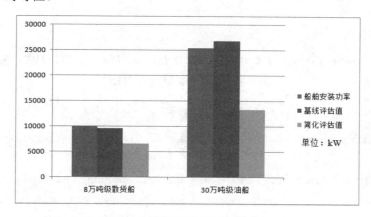

图 3 最小装机功率两层次评估结果与船舶安装功率比较

4 结论

本文在 EEDI 强制实施的背景下，基于 MEPC68 次会议最新修订的"2013 恶劣海况下船舶维持操纵性的最小装机功率临时导则"对 EEDI 数据库中的船舶开展了最小装机功率评估分析研究，得到以下结论：

（1）MEPC 68 次会议修订的最小装机功率第一层次评估方法对小型船舶和大型液货船的要求更为严苛，但是明显降低了对超大型散货船的评估要求。

（2）现行最小装机功率第一层次评估是由在运营船舶线性回归得到的，对小型船舶和超大型液货船的适用性较差。

（3）现行最小装机功率临时导则的两层次评估方法评估方法存在不对等性。

参 考 文 献

1　Interim guidelines for voluntary verification of the energy efficiency design index[S]. MEPC.1/Circ.682, London, August, 2009.

2　Consideration of the energy efficiency design index for new ships minimum propulsion power to ensure safe manoeuvring in adverse conditions[S]. MEPC 62/5/19.London, 2011.

3　2013 interim guidelines for determining minimum propulsion power to maintain the manoeuvrability of ships under adverse conditions [S].MEPC 65/22 Annex 16, page 1, London,2013.

4　Availability of information allowing further development of the guidelines for determining minimum propulsion power to maintain the manoeuvrability of ships under adverse conditions[S]. MEPC 67/4/25, London, August 2014.

5　Draft report of the Marine Environment Protection Committee on its sixty-eighth session[S]. MEPC 68/WP.1, London, May 2015.

6　Report of the Working Group on Air pollution and energy efficiency[S]. MEPC 68/WP.9, London, May 2015.

Tracking research on the minimum installed power for ships under the EEDI background

DIAO Feng, ZHOU Wei-xin, WEI Jin-fang, CHEN Jing-pu, WANG Shan

(China Ship Scientific Research Center, Shanghai, 200011, Email: diaofeng@702sh.com)

Abstract：With the enforcement of EEDI, the problems of minimum installed power to maintain the maneuverability of ships under adverse conditions have been widely given attention. According to the newly-amended "2013 interim guidelines for determining minimum propulsion power to maintain the maneuverability of ships in adverse conditions" by MEPC 68, this paper conducted assessment of minimum installed power for ships from EEDI database. Evaluation results show that: the current minimum installed power interim guidelines have significantly improved the applicability of very large bulk carriers, but have worse applicability for small vessels and large tankers, and the difference between the results of the two level assessments is huge. The research findings of this paper will provide technical support for improved guidelines of minimum propulsion power which will be applicable to the EEDI Phase 1 and later phase.

Key words：Ships; Minimum installed power; Interim guidelines; Evaluation.

两层流中二维结构辐射特性的模拟研究

尚玉超[1,2]，勾莹[1*]，赵海涛[3]，滕斌[1]

（1.大连理工大学海岸和近海工程国家重点实验室，辽宁大连，116024，Email:gouying@dlut.edu.cn
2.中水东北勘测设计研究有限责任公司，吉林长春，130021；
3.国家海洋局第二海洋研究所，浙江杭州，310012）

摘要： 基于两层流体简化模型，研究了水面浮式结构在两层流中受迫振荡时的辐射特性。为增强方法的适用性，采用外域级数展开和内域边界元数值方法相结合的手段建立了频域数学模型。其中内域计算采用Rankine源作为格林函数，既避免了求解复杂的格林函数，又可直接获得自由水面及内界面上的速度势。计算了某位置处自由水面和内界面上波高随频率的变化情况以及某频率下波高随距离的变化情况，分析了结构物在受迫运动下自由水面和内界面上波面升高的组成情况。结果表明，两种模态波浪的叠加使内界面波面升高具有很强的振荡性。

关键词： 两层流体；边界元方法；Rankine源；强迫振荡；波面升高

1 引言

海洋内波是发生在密度稳定层化海水内部的一种波动，其最大振幅出现在海洋内部。对海水密度分层问题的处理，最简单的方法是把流体看做密度均匀的两层，两层之间的密度有突变，这一假定也符合多数海洋层化的特点[1]。与均匀流体中波浪传播不同的是，两层流体中，对于给定的频率ω，波浪可以两种不同的模态传播，一种是表面波模态；另一种是内波模态[2]。Sturova研究发现，两层流体中一旦某一种模态的平面前进波与结构物相互作用时，都会散射出两种模态的水波，两种模态波浪的能量可以相互转化[3]。尤云祥[4]和Dhillon等[5]分别研究了垂直薄板在有限深和无限深两层流体中的反射及透射特性。采用势流理论求解两层流中结构的水动力特性方面，Linton和McIver[6]运用多级子展开的方法，研究了两层流中圆柱和半球等简单物体的绕射和辐射特性。Ten和Kashiwagi[7]、Kashiwagi和Ten[8]基于边界元方法，利用满足自由水面条件和内界面条件的格林函数，分别研究了两层流体中物体的辐射和绕射问题，并与物理模型试验结果进行了对比。Nguyen和Yeung[9]推导出三维情况下有限水深的两层流体中满足自由水面条件和内界面条件的格林函数，基于边界元法对物体的水动力特性及运动响应开展了数值分析。结果表明，在一定频率范围内，分层效应对结构物水动力特性具有显著影响，并且当入射波浪以内波模态入射时会在特定频率范围内引起方箱较大的转动。

本研究用辐射面将流域分为内域和外域两部分，内域采用利用简单格林函数的边界元法求解，外域速度势及导数利用解析展开式表示。这一模型由于内域采用利用简单格林函数的边界元方法，因此即能求解任意物体的水动力特性，又避免了求解复杂的满足自由水面条件的格林函数。通过计算船型结构附加质量和辐射阻尼并与已有数值结果对比，验证了模型的正确性。最后给出了两层流体中结构物强迫振荡时，自由水面和内界面上波高的组成情况，并利用所建立的模型计算了自由水面和内界面上各模态波高幅值和叠加后总波高幅值随频率的变化情况。结果表明，由于两种模态波浪的叠加，使内界面上的波高幅值随频率的变化具有很强的振荡性。

2 数学模型

考虑二维情况下的两层流体，流体都是不可压缩、无粘、流动无旋的理想流体。定义直角坐标系 OXZ，坐标轴 OZ 垂直向上，OX 与静水面重合。上层流体的密度和深度分别为 ρ_1 和 h_1，下层流体的密度和深度分别为 ρ_2 和 h_2，两层流体的密度比为 $\gamma=\rho_1/\rho_2$，总水深为 $h=h_1+h_2$，结构物重心为 G。在物体周围取辐射边界 S_{c1} 和 S_{c2}，将流域分为：内域 $\Omega_{上}$ 和 $\Omega_{下}$，左外域 $\Omega_{左}$ 和右外域 $\Omega_{右}$。内域中自由水面、物面、内界面及水底分别表示为 S_f、S_b、S_I 和 S_d，如图 1 所示：

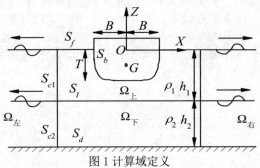

图1 计算域定义

2.1 控制方程和边界条件

假定结构物做小振幅简谐运动，结构物运动产生的辐射势可分别按 3 个运动分量(横荡、垂荡和横摇)单独求解。两层流模型中每一种运动分量都会产生两个模态的辐射波浪，产生的辐射势用 ϕ_j^l 表示，其中下角标 j=1,2,3，分别表示结构物做横荡、垂荡和横摇运动时产生的辐射速度势；上角标 l=1,2 分别表示上层和下层的速度势[10, 11]。并且满足拉普拉斯控制方程：

$$\nabla^2 \phi_j^{(l)} = 0 \tag{1}$$

自由水面、内界面（垂向速度连续、压力连续）和水底边界条件：

$$\frac{\partial \phi_j^l}{\partial z} = K\phi_j^l \quad (z=0) \tag{2}$$

$$\frac{\partial \phi_j^l}{\partial z} = \frac{\partial \phi_j^2}{\partial z} \quad (z=-h_1) \tag{3}$$

$$\gamma(\frac{\partial \phi_j^1}{\partial z} - K\phi_j^1) = \frac{\partial \phi_j^2}{\partial z} - K\phi_j^2 \ (z = -h_1) \tag{4}$$

$$\frac{\partial \phi_j^2}{\partial z} = 0 \ (z = -h) \tag{5}$$

物面条件：

$$\frac{\partial \phi_j^l}{\partial n} = n_j \ (j = 1, 2, 3) \ (on \ S_b) \tag{6}$$

另外还有向外传播的远场条件。其中，$K = \omega^2/g$，n_j 为横荡、垂荡和横摇的广义方向。

2.2 外域速度势

外域辐射速度势用下面级数展开的方式表达[11]，对于左外域：

$$\phi_j^l(x, z) = -\frac{iag}{\omega}\Big\{ A_{01} e^{-ik_0^{(1)}(x+B)} Z^{(l)}(k_0^{(1)}, z) + A_{02} e^{-ik_0^{(2)}(x+B)} Z^{(l)}(k_0^{(2)}, z)$$
$$+ \sum_{n=1}^{+\infty} A_{j1} e^{\kappa_j^{(1)}(x+B)} Z^{(l)}(\kappa_j^{(1)}, z) + \sum_{n=1}^{+\infty} A_{j2} e^{\kappa_j^{(2)}(x+B)} Z^{(l)}(\kappa_j^{(2)}, z) \Big\} \tag{7}$$

对于右外域：

$$\phi_j^l(x, z) = -\frac{iag}{\omega}\Big\{ B_{01} e^{ik_0^{(1)}(x-B)} Z^{(l)}(k_0^{(1)}, z) + B_{02} e^{ik_0^{(2)}(x-B)} Z^{(l)}(k_0^{(2)}, z)$$
$$+ \sum_{n=1}^{+\infty} B_{j1} e^{-\kappa_j^{(1)}(x-B)} Z^{(l)}(\kappa_j^{(1)}, z) + \sum_{n=1}^{+\infty} B_{j2} e^{-\kappa_j^{(2)}(x-B)} Z^{(l)}(\kappa_j^{(2)}, z) \Big\} \tag{8}$$

式中 $k_0^{(1)}$ 和 $k_0^{(2)}$ 分别表示表面波模态和内波模态波数，波数通过如下色散关系确定：

$$\frac{k}{K}[\tanh kh_1 + \tanh kh_2] - 1 + [(\frac{k}{K})^2(\gamma-1) - \gamma] \tanh kh_1 \tanh kh_2 = 0 \tag{9}$$

其中上下层垂向特征函数分别为：

$$Z^{(1)}(k_0^{(m)}, z) = \frac{\dfrac{\omega^2}{gk_0^{(m)}} \sinh k_0^{(m)} z + \cosh k_0^{(m)} z}{\cosh k_0^{(m)} h_1 (1 - \dfrac{gk_0^{(m)}}{\omega^2} \tanh k_0^{(m)} h_1)} \tag{10}$$

$$Z^{(2)}(k_0^{(m)}, z) = \frac{\omega^2}{gk_0^{(m)} \sinh k_0^{(m)} h_2} \cosh k_0^{(m)}(z + h) \tag{11}$$

级数展开式(7)和式(8)中的前两项分别为表面波模态和内波模态的传播项，后两项分别为表面波模态和内波模态的非传播项。考虑到非传播项的衰减性，本文展开式中 n 都取到有限项 N，此时未知系数的个数为 $2(N+N+2)$ 即 $4(N+1)$。辐射边界及外域速度势的求解转化为求解级数展开式中的有限项系数，这些系数反映了外域中势函数的组成及其变化规律。

2.3 内域积分方程

在内域上下两层流体区域内分别运用格林第二定理，可将问题转化为边界积分方程求解。对于上层流体有积分方程：

$$
\alpha\phi_j^1 + \int_{S_f} (KG^{(1)} - \frac{\partial G^{(1)}}{\partial n})\phi_j^1 \mathrm{d}l + \int_{S_I} G^1 \frac{\partial \phi_j^1}{\partial n} \mathrm{d}l - \int_{S_I} \phi_j^1 \frac{\partial G^{(1)}}{\partial n} \mathrm{d}l
$$

$$
+ \int_{s_{c1}} G^{(1)} \frac{\partial \phi_j^1}{\partial n} \mathrm{d}l - \int_{S_{c1}} \phi_j^1 \frac{\partial G^{(1)}}{\partial n} \mathrm{d}l - \int_{S_b} \phi_j^1 \frac{\partial G^{(1)}}{\partial n} \mathrm{d}l = \int_{S_b} G^{(1)} \frac{\partial \phi_j^1}{\partial n} \mathrm{d}l
$$

(12)

对于下层流体有积分方程：

$$
\alpha\phi_j^2 + \int_{S_I} G^{(2)} \frac{\partial \phi_j^2}{\partial n} \mathrm{d}l - \int_{S_I} \phi_j^2 \frac{\partial G^{(2)}}{\partial n} \mathrm{d}l + \int_{s_{c2}} G^{(2)} \frac{\partial \phi_j^2}{\partial n} \mathrm{d}l - \int_{s_{c2}} \phi_j^2 \frac{\partial G^{(2)}}{\partial n} = 0
$$

(13)

式中 α 为固角系数，法线方向均以指出积分区域为正。上层流体取 Rankine 源为格林函数，下层流体取 Rankine 源和它关于海底的镜像作为格林函数，分别表示如下：

$$
G^{(1)} = \frac{1}{2\pi} \ln r \; ; \quad G^{(2)} = \frac{1}{2\pi} (\ln r + \ln r_1)
$$

(14)

在自由水面、物面和内界面积分时，未知量为速度势，而在辐射面积分时，通过辐射面上内、外域速度势及其导数的连续性，将未知量转化为外域速度势展开式中的系数 A 和 B。最后通过在自由水面、物面、内界面及辐射面划分网格，对积分方程(12)和方程(13)分别进行离散可得两组线性方程组：

$$
\begin{pmatrix}
a_{11} & a_{12} & a_{13} & a_{14} & a_{15} \\
a_{21} & a_{22} & a_{23} & a_{24} & a_{25} \\
a_{31} & a_{32} & a_{33} & a_{34} & a_{35} \\
a_{41} & a_{42} & a_{43} & a_{44} & a_{45}
\end{pmatrix}
\begin{pmatrix}
\{\phi_j^1\}_{S_f} \\
\{\phi_j^1\}_{S_b} \\
\{\phi_j^1\}_{S_I} \\
\left\{\frac{\partial \phi_j^1}{\partial n}\right\}_{S_I} \\
\{C\}
\end{pmatrix}
=
\begin{pmatrix}
b_1 \\
b_2 \\
b_3 \\
b_4
\end{pmatrix}
$$

(15)

$$
\begin{pmatrix}
e_{11} & e_{12} & e_{13} \\
e_{21} & e_{22} & e_{23}
\end{pmatrix}
\begin{pmatrix}
\{\phi_j^2\}_{S_I} \\
\left\{\frac{\partial \phi_j^2}{\partial n}\right\}_{S_I} \\
\{C\}
\end{pmatrix}
=
\begin{pmatrix}
0 \\
0
\end{pmatrix}
$$

(16)

其中 $\{C\}$ 由外域速度势展开式中的系数 A 和 B 组成，与积分方程离散时辐射面上所取源点个数相等。通过上下层流体间内界面上速度和压力的连续性条件联立方程组(15)和方程组(16)，可得最终求解方程组为：

$$
\begin{pmatrix}
a_{11} & a_{12} & a_{13} & a_{14} & a_{15} \\
a_{21} & a_{22} & a_{23} & a_{24} & a_{25} \\
a_{31} & a_{32} & a_{33} & a_{34} & a_{35} \\
a_{41} & a_{42} & a_{43} & a_{44} & a_{45} \\
0 & 0 & \gamma e_{11} & \frac{\gamma-1}{K}e_{11}+e_{12} & e_{13} \\
0 & 0 & \gamma e_{21} & \frac{\gamma-1}{K}e_{21}+e_{22} & e_{23}
\end{pmatrix}
\begin{Bmatrix}
\{\phi_j^1\}_{S_f} \\
\{\phi_j^1\}_{S_b} \\
\{\phi_j^1\}_{S_I} \\
\left\{\dfrac{\partial\phi_j^1}{\partial n}\right\}_{S_I} \\
\{C\}
\end{Bmatrix}
=
\begin{Bmatrix}
b_1 \\
b_2 \\
b_3 \\
b_4 \\
0 \\
0
\end{Bmatrix}
\tag{17}
$$

3   模型的验证

为检验模型网格的收敛性及求解过程的正确性，以水面浮式船型结构为例，给出了网格划分情况及收敛性验证，计算了结构的附加质量和辐射阻尼并与已有结果进行对比。上层流体水深 h_1=0.20m、密度 ρ_1=750kg/m³，下层流体水深 h_2=0.20m、密度 ρ_2=999kg/m³，总水深 h=0.4m。半宽 B=0.1m，吃水 T=0.12m，面积比率为 $A/(2BT)$=0.9，OG=0.45B=0.045m，其中 A 表示结构物横截面面积。

3.1 网格划分及收敛性验证

网格数量的多少影响计算结果的精度和计算时间的长短，在保证数值结果准确的情况下，尽量减少网格数量，从而减少计算量，为此需要测试数值模型的收敛性。上下辐射面都垂直于 x 轴，并且离原点距离为 x_0，x_0 大小决定网格的划分范围和展开式中所需振荡项个数。模型计算中外域展开式中振荡项统一取为1，此时辐射面上源点个数取为8，保证方程解的唯一性。

对于图1中的模型，考虑频率结构物简谐振动频率 w=5.0rad/s，此时 L_1/L_2=5.788，其中 L_1 和 L_2 分别为表面波模态和内波模态的波长。自由水面、物面、内界面、上层辐射面、下层辐射面网格数量分别用 N_f、N_b、N_I、N_{c1}、N_{c2} 表示。需划分网格的面及各面网格数量表示如图2所示。

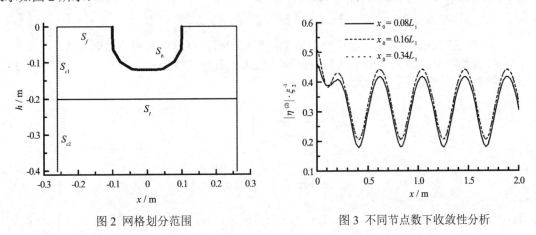

图2 网格划分范围   图3 不同节点数下收敛性分析

入射波浪与结构物作用后，流场中同时存在两种模态的波浪。通常，对于高阶边界元频域模型，网格尺寸取为波长的 1/8 左右即可满足要求。本文为保证更好精度，网格尺寸取为内波模态波长 L_2 的 1/12；网格范围按波长较大的表面波模态波长确定。其中网格采用 3 节点的高阶边界元进行计算，3 节点的位置分别为单元的端点和中点物面、上下辐射面网格数量分别为：N_b=22、N_{c1}=16、N_{c2}=16。x_0 分别取为 0.08L_1、0.16L_1、0.34L_1，对应的自由水面和内界面的网格数量分别为：

    (1) x_0=0.08L_1：N_f=4、N_I=10；

    (2) x_0=0.16L_1：N_f=16、N_I=22；

    (3) x_0=0.34L_1：N_f=40、N_I=46。

对于不同的网格数，结构物垂荡时内界面波高幅值收敛性结果如图 3 所示，通过比较可知，x_0=0.16L_1 时数值结果已经收敛。

3.2 附加质量和辐射阻尼

图 4(a)和(b)分别表示垂荡方向的附加质量和辐射阻尼，图中均为无因次化结果。由图可知，本文模型计算的结果与已有数值结果吻合良好，证明了模型的正确性。并且分层效应只在低频处对结构物的水动力特性有显著影响

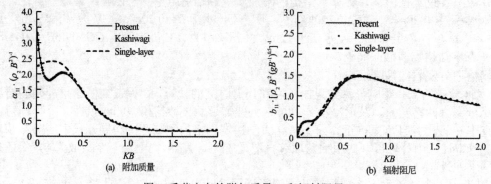

图 4 垂荡方向的附加质量(a)和辐射阻尼(b)

4 两层流中物体受迫运动下的波面升高

计算模型如图 1 所示，结构物受迫作简谐运动时，自由水面和内界面都将产生向左和向右传播的波浪，并且自由水面和内界面波浪都由表面波模态和内波模态组成。自由水面和内界面上的波面升高分别表示如下：

$$\eta_j^{(1)} = -\frac{1}{i\omega}\frac{\partial \phi^{(1)}}{\partial z}\bigg|_{z=0} \tag{18}$$

$$\eta_j^{(2)} = -\frac{1}{i\omega}\frac{\partial \phi^{(1)}}{\partial z}\bigg|_{z=-h_1} = -\frac{1}{i\omega}\frac{\partial \phi^{(2)}}{\partial z}\bigg|_{z=-h_1} \tag{19}$$

其中 $\eta_j^{(l)}$ 表示波面升高，下标 j=1,2,3 分别表示横荡、垂荡和横摇运动模态；上标 l=1 表示自由水面，l=2 表示内界面。自由水面和内界面波浪都由表面波模态和内波模态的传播项和

非传播项组成，因此波面升高可具体写为下式：

$$\eta_j^{(1)} = \eta_j^{(1,1)} + \eta_j^{(1,2)} + \sum_{n=1}^{+\infty} \eta_{jn}^{(1,1)} + \sum_{n=1}^{+\infty} \eta_{jn}^{(1,2)} \tag{20}$$

$$\eta_j^{(2)} = \eta_j^{(2,1)} + \eta_j^{(2,2)} + \sum_{n=1}^{+\infty} \eta_{jn}^{(2,1)} + \sum_{n=1}^{+\infty} \eta_{jn}^{(2,2)} \tag{21}$$

$\eta_j^{(l,m)}$ 中 l 意义同上，$m=1$ 表示表面波模态波面升高，$m=2$ 表示内波模态波面升高。

流体层化参数和结构物几何尺寸如前所述。图 5 为结构物以频率 $w=5.0$rad/s(无因次化频率 $KB=0.254$)垂荡时，自由水面和内界面波高幅值随水平距离的变化情况，结构物运动方程可写为 $z=\xi_2\sin5t$。由图 5 可知，振荡项的影响范围较小。由此也可以看出，当外域解析展开式中振荡项取为 1 时配合较小的水面网格范围便可使模型计算收敛。垂荡运动时，波浪场关于 z 轴是正对称的，内界面 $x=0$ 处波高不为 0。

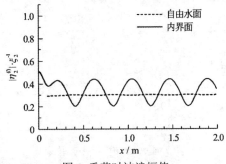

图 5 垂荡时波浪幅值

图 6(a)和(b)为结构物垂荡时自由水面和内界面上 $x=0.73$m 处，表面波模态和内波模态传播项波面升高幅值随无因次化频率的变化情况，其中波高以结构物振荡幅值无因次化，ξ_2 为结构物运动幅值。由图可知，在自由水面上：受迫振荡所引起的表面波模态的波面升高远大于内波模态波面升高，并且随频率的增加，内波模态波面升高很快减小为 0。在内界面上：在相对低频范围内，内波模态波面升高大于表面波模态波面升高，当大于某一频率后，表面波模态的波面升高则大于内波模态的波面升高，当频率进一步增大，两种模态的波面升高都趋于零，说明自由水面上的结构发生高频简谐运动时不会在内界面上兴波。

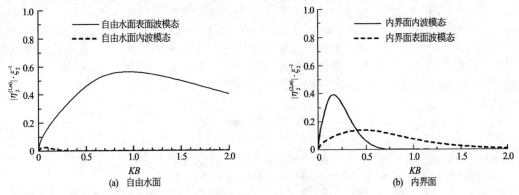

图 6 垂荡运动下自由水面(a)和内界面(b)上各模态波浪幅值

图 7 为结构物以不同频率垂荡时,自由水面和内界面在 $x=0.73m$ 处的波面升高的幅值,此时计算的是传播项和非传播项叠加后的波面升高幅值,但非传播项的影响已非常小(图5)。结合图 6 的不同模态的结果可以看出,自由水面的两个模态叠加的波面升高和表面波模态的波面升高幅值基本一致,叠加的波面升高幅值只在低频的某一小段范围内有振荡,这是因为在图 6(a)中,自由水面内波模态波面升高幅值只在这一小段范围内不为 0,并且值很小。图 7 中内界面波面升高幅值的振荡性非常强,表明内界面波幅对频率的变化很"敏感",主要是内波模态和表面波模态波浪叠加的结果。

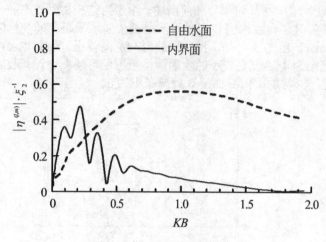

图 7 垂荡运动下波浪幅值

5 结 论

基于海洋密度层化的两层流体简化模型,研究了两层流体中结构物受迫运动时自由水面和界面上的波面变化情况。在线性势流理论下,采用外域级数展开和内域边界元数值方法相结合的手段建立了频域数学模型,在外域和内域交界的辐射面上利用连续性条件建立联立方程组。在上下两层流体区域分别选取 Rankine 源及 Rankine 源和它关于海底的镜像作为格林函数。验证了模型的收敛性,通过计算结构物附加质量和辐射阻尼并与已有数值结果对比,验证数学模型的正确性。运用所建立模型计算了结构物做垂向简谐运动时的辐射特性,给出了某位置处自由水面和内界面上波面随频率的变化情况以及某频率下波面随距离的变化情况。研究发现,在内界面上,当结构物发生较低频率的简谐运动时,两种模态波浪都较大,叠加后使内界面波面升高随频率的变化有很强的振荡性;当结构物运动频率增大,内波模态和表面波模态波浪幅值相继趋于 0。在自由水面上,表面波模态波浪幅值远大于内波模态,叠加后波面升高幅值受内波模态波浪影响很小。

参 考 文 献

[1] 方欣华, 杜涛. 海洋内波的基础和中国海洋内波[M]. 青岛: 中国海洋大学出版社, 2005.
[2] Lamb. Hydrodynamics, 6th ed..[M]. New York: Dover Publication Inc, 1932.
[3] Sturova IV. Scattering of surface and internal waves on a submerged body[J]. Computational Technology. 1993:30-45.

[4] 尤云祥，缪国平，程建生，等. 两层流体中水波在垂直薄板上的反射与透射[J]. 力学学报. 2005(05):529-41.

[5] Dhillon H, Banerjea S, Mandal BN. Wave scattering by a thin vertical barrier in a two-layer fluid[J]. International Journal of Engineering Science, 2014,78:73-88.

[6] Linton CM, McIver M. The interaction of waves with horizontal cylinders in two-layer fluids[J]. Journal of Fluid Mechanics. 1995,304:213-29.

[7] Ten I, Kashiwagi M. Hydrodynamics of a body floating in a two-layer fluid of finite depth. Part 1. radiation problem[J]. Journal of Marine Science and Technology. 2004,9:127-41.

[8] Kashiwagi M, Ten I, Yasunaga M. Hydrodynamics of a body floating in a two-layer fluid of finite depth. Part 2. Diffraction problem and wave-induced motions[J]. Journal of Marine Science and Technology. 2006,11(3):150-64.

[9] Nguyen TC, Yeung RW. Unsteady three-dimensional sources for a two-layer fluid of finite depth and their applications[J]. Journal of Engineering Mathematics. 2011,70(1-3):67-91.

[10] 李玉成，滕斌. 波浪对海上建筑物的作用[M]. 北京: 海洋出版社, 2002.

[11] 石强. 分层流体中浮式结构水动力特性研究[D][上海: 上海交通大学, 2008.

The simulation study of radiation characters of two-dimensional structures in a two-layer fluid

SHANG Yu-chao[1, 2], GOU Ying[1], ZHAO Hai-tao[3], TENG Bin[1]

(1. State Key Laboratory of Coastal and Offshore Engineering, Dalian University of Technology, Dalian, 116024.

Email: gouying@dlut.edu.cn;

2. China Water Northeastern Investigation, Design& Research Co., Ltd, Changchun, 130021;

3. Second Institute of Oceanography. SOA, Hangzhou, 310012.)

Abstract： Based on the two-layer fluid model, radiation characteristics of forced oscillatory structures are investigated in a two-layer fluid. A linearized frequency-domain model is developed by using series expansion in external domain and higher-order boundary method in internal domain, and radiation boundary condition is employed to obtain equations. The model is convenient to investigate complicated structures. In internal domain, the Rankine source is adopted to avoid the calculation of complex Green function. Besides, it can help to get the velocity potential on both free surface and internal surface. The wave heights on free-surface and interface induced by forced moved structures are shown. The results of wave heights variation with frequencies and variation with distance x at special motion frequency are shown respectively. The composition of wave heights is analyzed also. The results show that the superposition of two wave modes leads to strong oscillation of wave heights on interface.

Key words： two-layer fluid; boundary element method; Rankine Source; forced oscillation; wave height.

俯仰振荡水翼尾流转捩特性的数值模拟研究

孙丽平，邓见，邵雪明

(浙江大学力学系 流体动力与机电系统国家重点实验室，杭州，310027, Email:zjudengjian@zju.edu.cn)

摘要：本文数值模拟研究了俯仰振荡水翼的尾流场。水翼采用NACA0015翼型，俯仰振荡轨迹为正弦曲线，雷诺数取为1700（以弦长为特征长度）。首先采用二维数值模拟，研究了尾流场涡结构，从而判断尾流从卡门涡街到反卡门涡街的转捩。进一步，本文将三维N-S方程线性化，并将展向模态通过傅里叶展开，研究了不同波长的展向线性扰动在基本流场里的演化。通过计算各波长下Floquet乘子，可以预测尾流二维到三维的转捩。研究发现了两种不稳定模态，对应波长分别约为λ=0.21和=λ1.05，且短波长模态总是先于长波长模态出现，因此可判断长波模态为非物理可观察模态。本文得到了频率-振幅参数空间内的另一条转捩曲线，即二维尾流到三维尾流的转捩。

关键词：振荡水翼；反卡门涡街；尾流转捩；非对称尾流

1 引言

拍动是动物飞行或游动的一种普遍模式。它们通过控制拍动产生的涡结构来获得前进的推力。为了更好地了解这种推进方式，学者对拍动运动进行了大量的研究[1-5]。Knoller[6]和 Betz[7]首次发现拍动翼能产生推力。Karman 和 Burgers[8]通过研究钝体绕流的尾流，发现其呈现出交替的尾涡结构，即我们熟知的卡门涡街（BvK），并提出了基于尾流涡结构解释推力产生的理论。Bohl 和 Koochesfahani[9]通过多次降低频率实验研究了反卡门涡街（RBvK）。Ellenrieder 等[10] 研究了平动和转动水翼的尾流结构，并解释了平动水翼尾流涡结构对斯特劳哈数的依赖性。然而，卡门涡街（BvK）到反卡门涡街（RBvK）转捩的机理仍不太明确。近年来，Godoy-Diana 等[11]通过实验研究了 BvK 到 RBvK 的转捩机理并分析了其与推力产生的关系。此外，Deng 等在研究二维尾流转捩的基础上，研究了拍动翼非对称尾流由二维向三维的转捩[12]。

本文中，我们将通过数值模拟研究拍动翼尾流的模态及不同模态之间的转捩，并分析尾流转捩与推力产生的关系。此外，通过进一步研究非对称尾流，提出一种新的尾流由二维到三维转捩的判定准则。

本文其余部分安排如下：第 2 部分介绍使用的计算模型及数值方法，第 3 部分给出数值模拟的结果及分析，最后，第 4 部分将给出结论。

2　问题描述及数值方法

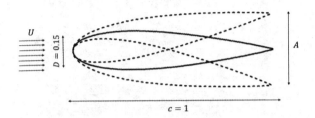

图 1　俯仰振荡水翼示意图

如图1所示，采用NACA0015翼型，水翼俯仰振荡轨迹为正弦曲线，转动中心固定在翼的前缘。来流速度为U，翼拍动频率为f，尾缘拍动的幅值为A，雷诺数为$R_e=Uc/v$，其中c为翼的弦长，v是运动学黏性系数。所采用的雷诺数为$R_e=1700$，对应自然界中动物拍动推进的中等雷诺数值。此外，定义无量纲的拍动频率A_D和斯特劳哈尔数S_r：

$$A_D = \frac{A}{D} \qquad S_r = \frac{fD}{U}$$

流场使用有限体积法求解，采用任意欧拉拉格朗日法处理动网格。包围机翼的运动网格半径为 $2.5c$，圆心在机翼前缘，外部网格保持静止。计算中，对流项采用二阶迎风离散，耗散项采用中心差分离散，时间项采用欧拉隐式离散。压力速度耦合采用 PISO 算法。水翼表面设为动壁面边界条件，入口设为固定速度，出口设为固定压力。

3　计算结果及分析

3.1　尾流转捩分析

图 2 显示的是 $S_r=0.2$ 时，随 A_D 增加尾流的发展（从上到下依次 A_D=0.25, 0.50, 0.75, 1.0, 1.5, 2.5）。当 A_D 比较小（A_D=0.25, 0.50）时，拍动翼尾流是典型的卡门涡街。随 A_D 增大，尾流模态发生转捩。A_D=0.75 时，尾流中方向相反的涡排成一列，均匀分布在对称线上，称为 2S 涡。A_D=1 时，拍动翼尾流是典型的反卡门涡街尾流。继续增大 A_D，当 A_D=1.5,2.5 时，反卡门涡街尾流对称性破坏，产生了非对称尾流。

通过观察尾流横向截面的速度，可以发现卡门涡街尾流是阻力形式的尾流，而反卡门涡街尾流中，水平速度图呈现射流形式，为推力形式的尾流。

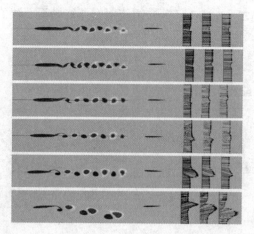

图2　S_r=0.2，R_e=1700 时，随 A_D 增大的尾流图

3.2 尾涡类型分析

在（S_r，A_D）参数空间内，不同参数组合下尾流的模态如图3所示。从图3中可以看出，卡门涡街尾流(BvK wake)主要分布在图中的左下方区域，且扩展到高 S_r 低 A_D 区域。卡门涡街(BvK wake)到反卡门涡街(reverse BvK wake) 转换的区域 (图3中虚线)的流场对称的涡都均匀分布在尾流对称线上。转换线在 S_r>0.4 时趋于渐近值 A_D≈0.5，因此对于产生反卡门涡街，A_D 存在临界值，当 A_D 大于临界值时才能产生反卡门涡街。此外，图3 中粗实线表示反卡门涡街(reverse BvK wake)到非对称尾流(asymmetric wake)的转换，此曲线之外的区域尾流对称性发生破坏。

有关拍动翼的实验[13-14]发现推进效率的峰值在 0.2<S_{rA}<0.4 的区域（$S_{rA}=S_r×A_D=fA/U$），即图3 中的灰色区域。从图3 可以看出，该区域不仅覆盖了反卡门涡街区域，而且也覆盖了部分非对称尾流区域。因此，像 Godoy-Diana 等[11]推断的那样，动物在利用拍动方式进行推进时，要么能对产生的非对称尾流进行合理的利用，否则就要避免它的产生。

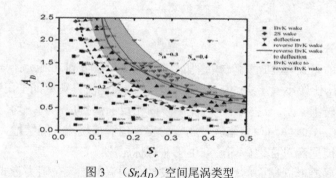

图3　（S_r,A_D）空间尾涡类型

3.3 阻力到推力的转捩分析

根据阻力系数的定义：

$$C_D = \frac{F_D}{\frac{1}{2}\rho U_0^2 S} \tag{1}$$

$C_D>0$ 表示产生的是阻力，$C_D<0$ 表示产生的是推力。通过对（S_r，A_D）参数空间内不同参数组合下的阻力系数进行插值，作出 C_D 等值线(图 4)，其中粗实线对应 $C_D=0$，灰色线是卡门涡街到反卡门涡街转捩线。可以看出，随拍动振幅和频率的增加，尾流中卡门涡街到反卡门涡街的转捩要早于阻力到推力的转捩。因此可以判断反卡门涡街也可能产生阻力。此外，阻力到推力的转捩线接近于 $S_{rA}=0.225$ 线（图 4 中虚线），与自然界中动物飞行或游动的参数一致。

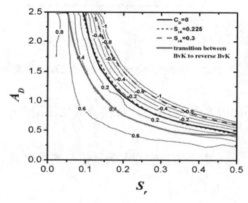

图 4 C_D 等值线图

3.4 二维到三维的转捩分析

引入波数 $\beta=2\pi/\lambda$，将三维 N-S 方程线性化，并将展向模态通过傅里叶展开，用 Floquet 稳定性分析研究不同波长的展向线性扰动在基本流场里的演化特性。定义扰动能 $E(t)$ 和

Floquet 乘子 $|\mu|$ 如下：

$$E(t) = \int_V \sqrt{\hat{u}^2 + \hat{v}^2 + \hat{w}^2}\,\mathrm{d}V \tag{2}$$

$$|\mu| = \frac{E(T+t)}{E(t)} \tag{3}$$

　　图 5 为 Floquet 乘子|μ|随展向波数 β 的变化图。对于 R_e=1700，S_r=0.25，当 A_D≤2.41 时，所有的 β 范围内|μ|的最大值均小于 1，表明该流动未发生三维转捩。当 A_D≥2.41 时，在一定的 β 范围内|μ|>1，表明基于二维的流动在三维展向扰动下是不稳定的，研究发现了两种不稳定模态，对应波长分别约为 λ=0.21（β=30)和 λ=1.05（β=6），且短波长模态总是先于长波长模态出现，因此可以判断长波长模态为非物理可观察模态。

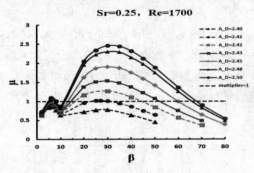

图 5　Floquet 乘子|μ|随波数 β 的变化

　　因此，通过对不同的 S_r 和 A_D 工况下|μ|随 β 的变化图中最大的|μ|与 1 比较，可以确定二维到三维的转捩线。图 6 中，黑色实线即为插值得到的尾流由二维到三维的转捩线。

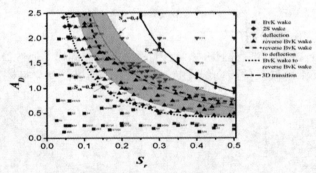

图 6　拍动翼尾流二维到三维转捩

4　结论

　　本文对俯仰振荡水翼尾流场的涡结构进行研究，确定了其尾流模态及其转捩边界。研究发现，在频率-振幅参数空间内存在三种基本尾流模态，分别是：卡门涡街、反卡门涡街

以及非对称尾流。其中，尾流从卡门涡街到反卡门涡街的转捩表示尾流转变为推进模态。当进一步提高频率或增大振幅，反卡门涡街对称性破坏从而出现非对称性尾流。通过研究水翼的时均阻力，发现尾流中卡门涡街到反卡门涡街的转捩要早于阻力到推力的转捩，因此，可以判断反卡门涡街也可能产生阻力。通过将三维 N-S 方程线性化，并将展向模态通过傅里叶展开，研究不同波长的展向线性扰动在基本流场里的演化特性。运用 Floquet 稳定性分析了各波长下 Floquet 乘子|μ|并与 1 比较，可以发现有两种不稳定模态，对应波长分别约为 λ=0.21 和 λ=1.05，且短波长模态总是先于长波长模态出现，因此可以判断长波长模态为非物理可观察模态。本文进而得到了频率-振幅参数空间内的另一条转捩曲线，即二维尾流到三维尾流的转捩。

参 考 文 献

1 F. E. Fish and G. V. Lauder, Annu. Rev. Fluid Mech. **38**, 193(2006).

2 K. V. Rozhdestvensky and V. A. Ryzhov, Prog. Aerosp. Sci.**39**, 585(2003).

3 M. S. Triantafyllou, A. H. Techet, and F. S. Hover, IEEE J.Ocean. Eng. **29**, 585(2004).

4 M. S. Triantafyllou, G. S. Triantafyllou, and D. K. P. Yue,Annu. Rev. Fluid Mech. **32**, 33(2000).

5 Z. J. Wang, Annu. Rev. Fluid Mech. **37**, 183 (2005).

6 Knoller, R.: Die Gesetze des Luftwiderstandes. Flug- undMotor-technik (Wien). **3**, 1–7 (1909).

7 Betz, A.: Ein Beitrag zur Erkl¨arung des Segelfluges. Zeitschrift fur Flugtechnik und Motorluftschiffahrt **3**, 269–272(1912).

8 von Karman, T., Burgers, J.M.: General Aerodynamic Theory Perfect Fluids, Aerodynamic Theory. Durand, W. F. edn. Division E **2**, Julius-Springer, Berlin (1943).

9 Bohl, D.G., Koochesfahani, M.M.: MTV measurements of the vertical field in the wake of an airfoil oscillating at high reduced frequency. J. Fluid Mech. **620**, 63–88 (2009).

10 von Ellenrieder, K.D., Parker, K., Soria, J.: Fluid mechanics offlapping wings. Experimental Thermal and Fluid Science **32**,1578–1589 (2008).

11 Godoy-Diana, R., Aider, J.L., Wesfreid, J.E.: Transitions in the wake of a flapping foil. Physical Review E **77** (2008).

12 Deng J, Caulfield C P. Three-dimensional transition after wake deflection behind a flapping foil[J]. Physical Review E, 2015, 91(4): 043017.

13 J. M. Anderson, K. Streitlien, D. S. Barret, and M. S. Triantafyllou,J. Fluid Mech. **360**, 41(1998).

14 D. A. Read, F. S. Hover, and M. S. Triantafyllou, J. Fluids Struct. **17**, 163 (2003)..

Numerical simulation of the transition behind a pitching hydrofoil

SUN Li-ping, DENG Jian, SHAO Xue-ming

(State Key Laboratory of Fluid Power Transmission and Control, Department of Mechanics, Zhejiang University, Hangzhou 310027. Email:zjudengjian@zju.edu.cn)

Abstract: In this paper, we numerically simulated the wake field of a pitching hydrofoil. A NACA0015 airfoil experiencing sinusoidal pitching motion was considered. The Reynolds number was set to 1700 (calculated from the chord length). Firstly, through two-dimensional numerical simulation, the vortex structures of the wake flow field were investigated and the transition boundaries between different wake patterns were determined. Furthermore, the full three-dimensional Navier-Stokes equations were linearized and the spanwise mode was expanded by Fourier method. The development of the spanwise disturbances with different wavelength in the main flow was investigated. By calculating the Floquet multipliers $|\mu|$ of each wavelength, we predict the transition from the two-dimensional wake to the three-dimensional wake. Two unstable modes were observed corresponding to the wavelength of $\lambda=0.21$ and $\lambda=1.05$ respectively. However, the long wavelength mode is not expected to be observed physically because its growth rate is always less than the short wavelength mode, at least for the parameters we have studied in the paper. Finally, another transition boundary was obtained within the frequency-amplitude phase space, i.e., the transition from the two-dimensional wake to three-dimensional wake.

Key words: Oscillating hydrofoil; Reverse BvK vortex streets; Wake transition; Asymmetric wake

半主动拍动翼海流能采集系统的惯性及阻尼影响研究

滕录葆，邓见，邵雪明

(浙江大学力学系 流体动力与机电系统国家重点实验室，杭州，310027，Email:zjudengjian@zju.edu.cn)

摘要： 传统的海流能采集系统采用叶轮机械，拍动翼海流能采集系统采用系统的流致振荡来采集能量。目前对拍动翼海流能采集系统的惯性及阻尼的影响缺乏系统性研究。本研究以半主动拍动翼海流能采集系统为研究对象，通过数值模拟一个二维 NACA0015 水翼来研究惯性和阻尼对半主动拍动翼海流能采集系统的影响，雷诺数取 1000。水翼做转动和垂直方向的升沉两个自由度的耦合运动。水翼转动运动由函数给定，升沉运动由作用在水翼上的流体作用力决定。研究发现，在本研究的参数范围内，系统的能量采集效率随水翼质量的增大而减小；随着阻尼的增大先增加后减小，在无量纲的阻尼为 $\pi/2$ 时取得最大值。系统净能量输出功率与效率随惯性和阻尼的变化具有不同的趋势，主要是由于水翼垂直方向的位移受惯性和阻尼的影响所致。

关键词： 拍动翼；能量采集；流致振荡；惯性；阻尼

1 引言

化石能源不仅贮量有限，而且对其大量使用会导致严重的环境问题。为满足日益增长的能源需求，学者们一直在探索对可再生能源的利用。海洋中蕴藏着丰富的可再生能源，这些可再生能源包括：波浪能、海流能、潮汐能、热能和盐度差。拍动翼海流能采集系统是受动物游动或飞翔启发而产生的利用水翼的流致振荡从海流中采集能量的装置。与传统的叶轮机械相比，拍动翼海流能采集系统具有以下特点：叶片形状简单，易于加工；没有高速旋转的叶轮，不会威胁海洋生物的安全；工作平面是矩形，能够充分利用空间；易于在浅水布置。因此，拍动翼海流能采集系统近年来受到学者的广泛关注[1]。学者们对拍动翼海流能采集系统的研究，主要使用三种模型：全主动、半主动和全被动。半主动拍动翼海流能采集系统更加接近实际应用。2003年英国的Energy Business 公司设计了一个150kW的商业样机Stingary[2]，采用了半主动的设计形式。因此，以半主动拍动翼海流能采集系统为研究对象。

半主动拍动翼海流能采集系统可以看作水翼的有阻尼流致振荡。其能量采集性能受水翼的转角幅值、转动中心、拍动频率、水翼的展弦比及质量和阻尼的影响。Zhu等研究了水翼的转角幅值，转动中心，拍动频率对半主动拍动翼海流能采集系统的影响[3]。在Zhu等的研究中，忽略了水翼质量的影响并基于平板模型的势流理论确定阻尼的最佳值为 π 。Deng等[4]研究了展弦比对全主动拍动翼海流能采集系统能量采集性能的影响。半主动拍动翼海流能采集系统的能量采集效率由阻尼及其垂直方向振荡的振幅决定。因此，理解半主动拍动翼海流能采集系统的质量和阻尼对其运动的影响对研究半主动拍动翼海流能采集系统具有重要意义。Deng[5]等研究了惯性对半主动拍动翼海流能采集系统的影响。根据Khalak等[6]对圆柱系统涡激振荡的研究，惯性与阻尼的影响可以相互抵消。但是，对于拍动翼海流能采集系统，缺乏关于惯性阻尼对其运动特性影响的综合研究。因此，主要研究惯性和阻尼对半主动拍动翼海流能采集系统的影响。

剩余部分安排如下:第2部分介绍本研究所使用的计算模型及数值方法；第3部分给出计算结果及分析；第4部分给出结论。

2 问题描述及计算方法

2.1 问题描述

本研究对象为半主动拍动翼海流能采集系统。系统示意图如图1所示，将能量转化装置简化为图1所示的系统，其中恒定阻尼c，来流速度U_∞，水翼转动的转角θ，水翼弦长a，水翼前缘距转动中心的距离为b。在计算中，水翼前缘距转动中心的距离取为1/3水翼弦长。水翼选取NACA0015翼型。水翼按给定的方式转动，竖直方向的运动由作用在水翼上的流体力决定。水翼运动的控制方程为：

$$\theta = \theta_0 \sin(\omega t) \tag{1}$$

$$m\ddot{y} + c\dot{y} = F_y \tag{2}$$

其中，$\omega = 2\pi f$ ，定义无量纲化的拍动频率 $f^* = fa/U_\infty$，m 为水翼质量，c 为水翼垂直方向运动的阻尼，F_y 为水翼垂直方向的受力。

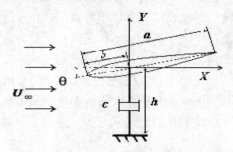

图1 半主动拍动翼海流能采集系统示意图

系统采集能量由转动和垂直方向的运动两部分组成。对于半主动系统来说，转动运动需要输入能量，所以将转动部分的输入功率定义为 $P_i(t) = -M(t)\dfrac{\mathrm{d}\theta}{\mathrm{d}t}$，其中，$M(t)$ 为水翼受到的转矩，$d\theta / dt$ 为水翼的转动角速度。$P_i(t) > 0$ 表示转动运动需要输入能量，反之，输出能量。垂直方向运动的输出功率定义为 $P_o(t) = cV_y^2$，其中 c 为水翼垂直方向运动的阻尼，V_y 为水翼垂直方向运动的速度。系统总的输出功率为 $P(t) = P_o(t) - P_i(t)$。

系统的能量采集效率为一个周期内系统采集到的能量占流过系统工作面的流体动能的比例。在计算中，系统的能量采集效率通过下式计算：

$$\eta = \frac{\dfrac{1}{T}\displaystyle\int_0^T P(t)\,\mathrm{d}t}{\dfrac{1}{2}\rho U_\infty^3 sd} \tag{3}$$

在式(3)中，ρ 为流体密度；s 为水翼展长，d 为水翼所能到达的最高和最低位置之间的距离，T 为水翼转动的周期。

为便于分析，分别对输出功率、输入功率、静能量输出功率，阻尼按如下方式无量纲化：

$$C_{po} = \frac{P_o}{\dfrac{1}{2}\rho U_\infty^3 sa}\ ,\quad C_{pi} = \frac{P_i}{\dfrac{1}{2}\rho U_\infty^3 sa},\quad C_p = \frac{P}{\dfrac{1}{2}\rho U_\infty^3 sa} \tag{4}$$

$$c^* = \frac{c}{\rho a U_\infty s} \tag{6}$$

2.2 数值方法及网格收敛性验证

使用开源计算流体力学软件OpenFOAM进行计算[7]。计算采用雷诺数为1000，流场可以认为是不可压缩层流流动，不需要湍流模型。流场使用有限体积法离散。流场控制方程使用任意欧拉拉格朗日法在动网格上求解。积分形式的流场控制方程为：

$$\frac{\mathrm{d}}{\mathrm{d}t}\int_V \rho U\,dv + \oint_S \mathrm{d}s \cdot \rho(U - U_b)U = \oint_S \mathrm{d}s \cdot (-pI - \rho \nabla U) \tag{7}$$

其中，ρ 为流体密度；U 为流体速度；U_b 为控制体边界的速度；S 为控制体边界。

在计算中，对流项采用二阶迎风离散，扩散项采用高斯二阶离散，时间项采用欧拉隐式离散。压力速度耦合采用Pimple算法。计算区域入口距水翼前缘20倍弦长，出口距水翼前缘40倍弦长，上下边界各距水翼20倍弦长。水翼表面设为动壁面边界条件，入口、上下壁面及出口均设为固定速度，压力零梯度。计算中使用的网格数为68930，时间步取为0.001

（每个周期中6250个时间步）。根据本文以前的计算经验[5]，此网格数和时间步能够保证足够的计算精度。

3 计算结果及分析

3.1 惯性影响

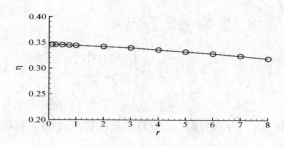

图2 系统的能量采集效率随水翼质量的变化

根据以前的计算结果[5]，半主动拍动翼海流能采集系统在 $f^* = 0.16, \theta_0 = 75°$ 时能量采集效率最高。因此，本文的所有计算都在 $f^* = 0.16, \theta_0 = 75°$ 下进行。系统能量采集效率随水翼与流体密度比增加的变化如图 2 所示。从图 2 中可以看出，在本研究的参数范围内，能量采集效率随密度比的增大成缓慢下降的趋势。当密度比从 0.125 增大到 8 时，能量采集效率从 0.346537 下降到 0.319208，下降了 7.89%。本研究的密度比范围基本能够覆盖工程中常用材料的密度比（铝与水的密度比约为 2.7，铁与水的密度比约为 7.9）。因此，减小水翼与流体的密度比可以提高系统的能量采集效率。

为进一步理解惯性对系统能量采集性能的影响，画出了系统的输入功率，输出功率及净输出功率随密度比的变化（图 3）。从图 3 中可以看出，输入功率与输出功率相比所占的比例很小。因此，系统的净能量输出功率主要由输出功率决定。从图 3 中可以看出，惯性对系统的能量输出功率影响较小，当 $r = 6$ 时取得最大值（0.737）与当 $r = 0.125$ 时取得的最小值（0.680）相差 7.73%。分析净能量输出功率，当 $r = 6$ 时取得最大值（0.695）与当 $r = 0.125$ 时取得最小值（0.666）仅相差 4.17%。因此，与能量采集效率的变化趋势不同，减小水翼质量，净能量输出功率降低。根据公式（4），系统的能量采集效率为一个周期内系统采集到的能量占流过系统工作面的流体动能的比例，系统的能量采集效率还与水翼垂直方向上所能到达的范围有关。水翼垂直方向的位移随水翼惯性的变化如图 4 所示，从图 4 中可以看出随着水翼质量的增加，水翼垂直方向的位移会有所增大。因为水翼质量较小时垂直方向的位移较小，所以效率会有所提高。

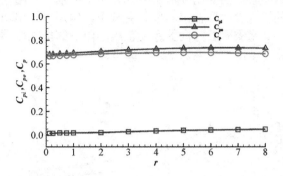

图3 系统的输入功率、输出功率、净输出功率随水翼质量的变化

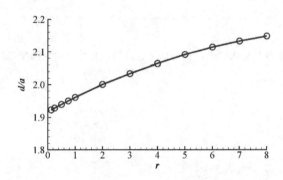

图4 水翼垂直方向的运动范围随水翼质量的变化

3.2 阻尼影响

如前文所述，半主动拍动翼海流能采集系统可以看作水翼的有阻尼流致振荡，其运动特性不仅与水翼的惯性有关，还与阻尼有关。同时，在实际应用中，阻尼与能量转化装置的功率有关，因此，研究阻尼的影响对于实际工程应用具有重要意义。

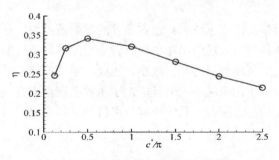

图5 系统的能量采集效率随阻尼的变化

系统的能量采集效率随阻尼的变化如图5所示。从图5中可以看出，与惯性的影响不同，阻尼对系统能量采集效率的影响更加显著。随着阻尼的增加，系统的能量采集效率先增加后减小，在$c^* = \dfrac{\pi}{2}$的时候取得最大值。系统的输入功率，输出功率，净输出功率及水

翼在垂直方向的运动范围随阻尼的变化分别如图 6 和图 7 所示。从图 6 和图 7 可以看出，随着阻尼的增加，水翼的输入功率和输出功率都会减小，但是，输出功率减小的更快，因此导致净输出功率的减小。水翼垂直方向的运动范围随阻尼的增加减小，并且在阻尼较小时变化较快，所以会导致系统能量采集效率先增加后减小。

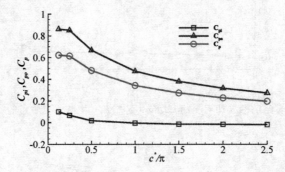

图 6 系统的输入功率、输出功率、净输出功率随阻尼的变化

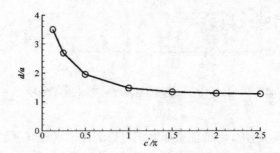

图 7 水翼垂直方向的运动范围随水翼阻尼的变化

4 结论

根据以上分析，可以得出以下结论：在本研究的参数范围内，系统在 $r=6$ 时取得最大净输出功率。减小水翼质量，净输出功率会有较小幅度的降低。但是，随着水翼质量的减小，水翼在垂直方向上所能到达的范围减小，因此，系统的能量采集效率会有提高。随着阻尼的增加系统的净输出功率减小，但是，由于水翼在在垂直方向的运动范围也减小，并且在阻尼较小时变化较快。因此，系统的能量采集效率随着阻尼的增加先增大后减小，在 $c^* = \dfrac{\pi}{2}$ 取得最大值。

参 考 文 献

1.   Xiao Q. , Q. Zhu, A review on flow energy harvesters based on flapping foils. Journal of Fluids and Structures, 2014. 46: 174-191.

2.   Limited, T.E.B., Research and development of a 150 kW tidal stream generator. 2002.

3.   Zhu Q. , Z. Peng, Mode coupling and flow energy harvesting by a flapping foil. Physics of Fluids, 2009. 21(3): 033601.

4.   Deng J., C.P. Caulfield, X. Shao. Effect of aspect ratio on the energy extraction efficiency of three-dimensional flapping foils. Physics of Fluids, 2014. 26(4): 043102.

5.   Deng J., et al. Inertial effects of the semi-passive flapping foil on its energy extraction efficiency. Physics of Fluids, 2015. 27(5): 053103.

6.   Khalak, A ,C. Williamson. Motions, forces and mode transitions in vortex-induced vibrations at low mass-damping. Journal of fluids and Structures, 1999. 13(7): 813-851.

7.   Jasak, H. Error Analysis and Estimation for the Finite Volume Method with Applications to Fluid Flows. 1996, Imperial College. 156-156.

Effects of inertial and damping on the semi-active flapping foil flow energy harvesters

TENG Lu-bao, DENG Jian, SHAO Xue-ming

(State Key Laboratory of Fluid Power Transmission and Control, Department of Mechanics, Zhejiang University, Hangzhou 310027. Email:zjudengjian@zju.edu.cn)

Abstract：   The flapping foil flow energy harvesting systems utilize the flow-induced oscillation of the foil to acquire energy instead of turbomachinery which has been extensively used by traditional energy harvesters. Inertial and damping have significant effects on flow induced oscillating systems and have earn widespread research. However, there's no systematic research about the effects of inertial and damping on semi-active flow energy harvesting systems at present. In this paper, we investigate the effects of inertial and damping on the semi-active flow energy harvesting systems by simulating a NACA0015 foil with the Renolds number of 1000. The flapping foil performs the coupled motion of pitching and heaving. It pitches according the given function and heaves depending on the hydraulic forces acting on the foil. According to this study, it's found that the energy harvesting efficiency of the system decreases with the increasing of the mass of the foil, at least within the parameter space of this paper. Furthermore, the energy harvesting efficiency of the system increases first and then decreases with the increasing of the damping and reaches its peak when the dimensionless damping is $\pi/2$ .The net power output appears different trend with the efficiency as the inertial or damping increases because the vertical displacement of the foil is affected by inertial and damping.

Key words：Flapping foil; Semi-active; Flow-induced oscillation; Inertial; Damping

浅水浮式波浪能发电装置弹性系泊系统的数值研究

黄硕，游亚戈，盛松伟，张运秋

（中国科学院可再生能源重点实验室，中国科学院广州能源研究所，广州，510640，
Email:huangshuo@ms.giec.ac.cn）

摘要：通过对系泊系统材料、尺寸，布置进行设计分析，提出了一种适合浅水台风海况下浮式波浪能发电装置的自动对浪型弹性系泊系统。采用三点系泊，每根系泊缆从下到上由海底锚链、重块锚链、高弹性索、浮筒以及上部锚链组成。对极限工况下波能装置系泊系统做了一系列的静态和动态数值模拟，考察了波浪能装置运动及其引起的系缆力响应。研究表明本文弹性系泊系统能够满足波能装置在浅水大漂移载荷等恶劣海况下对锚泊系统的要求。

关键词：浮式波浪能装置；弹性系泊系统；浅水；高弹性索

1 引言

为限制浮式波浪能发电装置在生存和作业海况时的漂移，避免电缆受到过大张力而损坏，系泊线在指定环境条件下的强度应满足工业标准及以下需求：① 高效波能俘获性，尽量使装置正对波浪，不能对入射波造成遮蔽，致使装置迎浪方向的波能有明显下降。② 稳定性。装置在浪、流、风的组合动力中，以及不同潮位中，保持正常浮态。③ 生存性。在台风等恶劣海况下，无论是锚泊系统还是装置都不应导致巨大应力。④ 经济性及满足系泊区域的限定。系泊线应具有较小的极限张力以及较短的长度、较小的漂移范围和较低的材料使用量。本研究针对上述浅水浮式波浪能发电装置系泊设计的特殊要求，参考海上平台及 FPSO 的系泊方式[1]，以鹰式波浪能装置为例[2]。应用水动力软件 HydroStar 及系泊分析软件 Ariane，从工程实际出发，对系泊系统材料、尺寸选择，系泊系统布置进行分析。

基金项目：国家海洋局海洋可再生能源专项资金资助项目(GHME2013ZB01,GHME2010GC01)，中国科学院广州能源研究所创新培育基金-博士启动（Y307RF1001）

为了减小系泊覆盖面积，考虑到浅水环境特点，在设计中应用一种新型高弹性索，通过与锚链、浮筒及沉块等组成适合浅水环境的自动对浪型多点弹性系泊系统。

2 环境载荷计算

浅水系泊计算中，二阶波浪力主要计及二阶平均漂移力和低频力。Dai 等[3]提出中场公式，具有很好的数字精度。采用全 QTF 法计算低频波浪载荷表达式为

$$F_D(t) = \sum_{i=1}^{N}\sum_{j=1}^{i} a_i a_j \left\{ \text{Re}[QTF(\alpha, \omega_i, \omega_j)]\cos[(\omega_i - \omega_j)t + (\varphi_i - \varphi_j) - (k_i - k_j)x] \right\} +$$
$$\sum_{i=1}^{N}\sum_{j=1}^{i} a_i a_j \left\{ \text{Im}[QTF(\alpha, \omega_i, \omega_j)]\sin[(\omega_i - \omega_j)t + (\varphi_i - \varphi_j) - (k_i - k_j)x] \right\} \tag{1}$$

式中，α 为相对入射波角；N 是规则波个数；$a_i, \omega_i, \varphi_i, k_i$ 分别为第 i 个规则波的波幅、圆频率、相位、波数，QTF 为频域计算得到的二阶传递函数。

作用于装置的风载荷 F_w 与流载荷 F_C 以气动系数表达（OCIMF[4]）：

$$F_w = \frac{1}{2}\rho_{\text{air}} S_t C_w V_w^2, \quad F_c = \frac{1}{2}\rho_\omega L_{BP} T_d C_c V_c^2 \tag{2}$$

式中，ρ_{air} 和 ρ_ω 分别为空气和海水密度，V_w 和 V_c 分别为风速与流速，C_w 和 C_c 分别为风力和流力系数，S_t，L_{BP} 和 T_d 分别为装置受风面积、垂线间长和吃水。

3 环境条件与计算模型

3.1 环境条件

环境条件基于极限波浪及其对应的风和流，设计系泊半径小于 100m。设计台风海况为 50 年一遇的风浪，对应 10 年一遇的流。具体设计参数如表 1 所示，其中风速为海平面以上 10m 位置的 1 小时平均风速，水深 28m。海浪谱采用 JONSWAP 谱。

表 1 极限环境条件

项目		值	项目		值	项目		值
波浪	有义波高	9.07m	流	表层流速	1.1 m/s	风	1h 平均风速	40.7 m/s
	谱峰周期	14.3s		中间流速	0.63 m/s			
	谱峰因子	1.336		底层流速	0 m/s			

3.2 水动力模型

系泊分析中，浮体坐标系原点位于装置基线上，与中纵剖面及中横剖面相交；X 轴-正向指向装置北侧。0°和 90°浪向分别定义为波浪沿 X 轴和 Y 正向传播。采用的鹰式波浪能

转换装置如图 1，其重心坐标为（0.0，-0.01，4.85）m，回转半径为（8.04，9.97，11.19）m，吃水 13m，排水体积为 4027t。水动力计算暂不考虑获能浮体与支撑主体的相对运动，获能浮体取向下的极限位置。对于鹰式装置半潜驳型浮体，纵荡及横荡，横摇、纵摇及首摇和垂荡线性阻尼系数分别取临界阻尼的 3%，5% 和 10%。

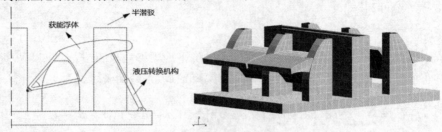

图 1 鹰式波浪能转换装置示意图及水动力模型

3.3 系泊线材料选择

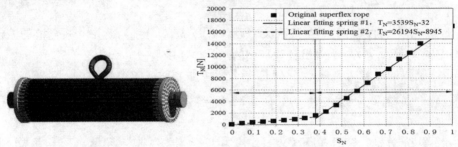

图 2 高弹性索　　　　图 3 SUPFLEX D26 单根高弹性索拉力曲线

常规系泊线材料如铁锚链，若要增加储备系泊力，需增加躺链长度，占用更宽广的海域；如减小预张力，需减小悬链线跨距，增加躺链的相对长度，则浮体飘曳范围变大，不利于稳性[5]。为减少上述设计矛盾，本文系泊线部分采用高弹性索。该材料是一种具有超高非线弹性的人工合成缆绳如图 2，每组由多根较细的弹性索组成，单根破断力为 1.225t。其高弹性段随着拉力的变化而出现明显的拉伸变形如图 3，可有效地吸收浮体动能，减小锚泊系统的极限载荷。对于聚酯缆、钢链等常规材料，根据 API 规范，安全系数可取 1.67。由于高弹性索单根失效产生的经济损失小于增加冗余所产生的费用，单根失效的概率又很小，因此弹性索安全系数取 1.0。由于 ARINE 无法模拟非线弹性系泊线，数值模拟中将弹性索等效为分段线性弹簧，其弹性模量分别为 EA=3539N 和 EA=26194N 如图 3。

4 数值模拟

4.1 初始设计

为了满足装置对浪性要求，首摇恢复力矩要尽可能的小，系泊系统采用三点系泊。每根系泊缆从下到上由海底锚链、重块锚链、高弹性索、浮筒以及上部锚链组成如图 4，系泊线初始参数的设置依据多成分锚泊线方程计算得到。加入海底锚链及重块锚链是为了防止起锚，加入上部锚链为了防止装置撞击浮筒。由于高弹性索是多根细缆组合在一起，应始终保持张紧状态，以防止系统松弛后细缆间的碰撞摩擦发生破坏疲劳，需加载有足够净浮力的浮筒，提供系泊系统刚度，使得上部锚链具有一定的预张力及减小系泊系统的极限张力。首部的两根系泊线与装置中纵剖面成45度夹角，承受大部分系泊力，尾部一根为0度夹角，主要起限位作用。海底锚链长40m，重块锚链长40m，湿重1410 [kg/m]，上部链长 25m，锚链外径均为 0.062m。系泊线锚点坐标分别为（96.5，85.1，-28）m，（-96.5，85.1，-28）m 和（137.5，0，-28）m。由于 0-90deg 浪向下尾锚线 line#3 受力始终小于首锚的受力，只需首锚系泊力满足安全要求，尾锚线自然满足。而 45 度浪向（风浪流同向）为最危险工况，主要 Line#2 单根系泊线受力，设计如满足该工况安全要求，其他工况自然满足。由表2可知，方案 4 中 Line#2 最大张力约等于最小破断力，已满足设计要求，再增加弹性索根数及长度会造成材料冗余浪费。

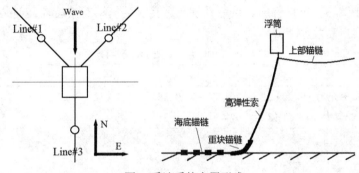

图 4 系泊系统布置形式

表 2 45°浪向 line#2 张力，高弹性索方案

方案		高弹性索 D26 型号		浮筒	最大偏移	最大张力	起锚力
序号	长/m	数量/根	最小破断力/t	净浮力/kg	/m	/t	/t
1	10.45	240	293.9	30000	28.3	345.5	0.00
2	10.45	260	318.4	30000	28.1	363.3	0.00
3	12.31	220	269.4	30000	25.3	283.4	0.00
4	12.31	240	293.9	30000	25.1	297.2	0.00
5	12.31	260	318.4	30000	25.0	310.2	0.00

4.2 系泊线材料影响

表 3 45°浪向 line#2 张力，聚酯缆方案

方案	海底锚链	聚酯缆			最大位移/m	最大张力/t	起锚力/t
序号	长/m	长/m	直径/m	许用张力/t			
1	150	290	0.151	315	28.66	265.58	0
2	150	250	0.151	315	32.89	339.02	0
3	150	270	0.151	315	32.62	312.45	0

以锚链代替弹性索，以聚酯缆代替上部锚链。海底锚链长取 150m，悬挂链长 20m。系泊方案及系泊线 line#2 张力计算结果见表 3，发现需使用 270m 以上的聚酯缆和 150m 长的海底锚链才能满足规范设计要求。其系泊半径远远大于弹性索方案的 137.7m，系泊线最大位移也明显增大。因此，加入高弹性索不但可以减少普通锚链的用量，有效减小系泊线长度，更适用于浅水较小系泊半径的区域。

4.3 动态分析

通过对初始设计方案进行动态响应研究，调整初始设计尺寸。时域模型中采用随机波浪结合稳态风和流。系泊线#2 张力动态结果如表 4。系泊线#2 最大张力 289.5 t，小于初始设计得到的 297.2 t，而弹性索破断力为 293.9 t。由于弹性索安全系数取 1.0，此方案满足安全要求。产生了一定的起锚力，是由于系泊链的动力效应所引起，而起锚力最大为 5.54 t，小于拖曳锚的重量（有一定的承受垂向提升力的能力），因此不会产生起锚现象。锚根据具体的海底土壤环境可选择拖曳锚、重力锚、吸力锚等。系泊系统在波浪和海流不同入射方向下的风标性如图 5。可以看出，系泊系统具有良好的自动对浪特性，使装置获能浮体绝大部分正对波浪，高效俘获波能。

表 4 45°浪向 line2 张力动态结果

极值响应 t		0°	15°	30°	45°	60°	75°	90°
系泊线 #2	最大张力	209.21	261.37	285.55	289.52	271.78	263.03	258.93
	起锚力	1.18	2.45	3.31	3.87	4.35	5.54	4.17

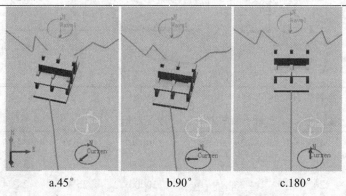

a.45°　　　　　b.90°　　　　　c.180°

图 5 系泊系统在浪流不同向下的风标性

5 结语

浅水台风海况下由于受到大漂移载荷、水深和系泊半径的限制，采用无弹性单一系泊线材料的传统系泊系统不适用于浮式波能装置的系泊。因此本研究提出了一种适用于极浅水环境的弹性系泊系统，采用三点系泊具有良好的自动对浪性，在接近自由水表面与海底间加入非线性高弹性索并与锚链、重块及浮筒等构成混合式系泊线。通过与采用常规聚酯缆的系泊线设计相比，采用混合弹性锚线设计形式能够大大减小系泊半径和系泊线长度并有效减小系泊线位移。更适用于浅水环境较小系泊半径的区域。混合弹性锚线设计形式能够满足波能装置在浅水恶劣海况对锚泊系统的要求。

参 考 文 献

1　Johanning L, Smith GH ,Wolfram, J. Measurements of static and dynamic mooring line damping and their importance for floating WEC devices. Ocean Engineering, 2007,34, 14-15, 1918-1934.

2　Sheng SW, You YG, Wang,KL,et al. Research and Development of Sharp Eagle Wave Energy Convertor.C. 6th International Conference on Ocean Energy, Halifax, 4 Nov., 2014.

3　Dai, YS, Chen XB , Duan, WY. Computation of low-frequency loads by the middle-field formulation. 20th International Workshop on Water Waves and Floating Bodies, Longyearbyen, Norway, 29 May, 2005.

4　OCIMF. Prediction of Wind and Current Loads on VLCCs. 2nd Edition，England: Oil Companies International Marine Forum. 1994.

5　Fonseca N, Pascoal, R, Morais, T ,et al. Design of a mooring system with synthetic ropes for the FLOW wave energy converter. 28th International Conference on Ocean, Offshore and Arctic Engineering, Hawaii,1-10 June, 2009.

Numerical study of a flex mooring system of the floating wave energy converter in shallow water

HUANG Shuo，YOU Ya-ge，SHENG Song-wei，ZHANG Yun-qiu

(Key Laboratory of Renewable Energy，Guangzhou Institute of Energy Conversion，Chinese Academy of Sciences, Guangzhou，510640，Email: huangshuo@ms.giec.ac.cn)

Abstract：The paper proposes a novel superflex design for the mooring system of the floating wave energy converter (WEC) in shallow water under typhoon Sea state. It is composed of three hybrid lines, each one with a segment of superflex ropes respectively connected to the buoy and clump chain, the buoy which is connected through chain to floating WEC, and a part of chain that contacts with the sea bottom and ends at the anchor. In critical conditions, the quasi-static and dynamic analysis of the WEC and mooring system coulped motion in time-domain are implemented. These conditions include environmental conditions and directions in which the mooring system produces the maximum tension. The mooring analyses are established in survival sea-state. It is observed that the present superflex design is reliable and effective.

Key words：Floating WEC; Flex mooring system, Shallow Water; Superflex ropes

风与波浪联合作用下浮式风机系统的耦合动力分析

李鹏飞，程萍，万德成*

(上海交通大学 船舶海洋与建筑工程学院 海洋工程国家重点实验室，
高新船舶与深海开发装备协同创新中心，上海 200240)
*通信作者 Email: dcwan@sjtu.edu.cn

摘要： 本文对 OC4 项目的一种半潜式浮式风机系统进行了不同程度的动力耦合分析。首先忽略平台运动对风机气动性能的影响，将风机载荷简化为定常的推力作用于平台；然后，本文将风机叶片简化为致动线模型，并结合到两相流 CFD 求解器 naoeFOAM-SJTU 中，进行了风机-平台-锚链的耦合动力分析。该耦合分析模型考虑到了平台运动对风机气动性能的影响，以及风机和锚链载荷对平台运动响应的影响。最后，本文对比了两种不同简化程度的方法的差别。结果显示：气动载荷对平台的纵荡和纵摇影响较大，而平台运动也使气动载荷产生较大的波动。耦合分析模型还捕捉到了简化模型不能捕捉到的平台横荡和首摇运动。

关键词： OC4；浮式风机；致动线；耦合；气动载荷

1 引言

风能被认为是最有潜力的可再生能源之一，更被预言为'第三次工业革命'的能源支柱[1]。当前陆上风力发电已经取得了与水力发电相当的发电成本，但在环境友好和可持续性方面则远胜水电。在开发陆上风电的同时，人们将目光投向了海上风电。相比于陆上风场，海上风场的风资源具有强劲、稳定、湍流度小的优点。截止到 2014 年年底，中国已经安装了 229.3MW 的海上风电，这些风机全部安装在潮间带和滩涂。与此同时，许多欧洲国家开始向海上浮式风电技术进军。

在众多备选的浮式方案中，spar、TLP 和 semi-submersibles 是三种可行性较高的方案[2]。本文主要研究半潜式风机平台在风与波浪联合作用下的耦合动力性能。由于面临复杂的海洋环境，设计海上风机是一项非常具有挑战性的工作，特别是对于浮式风机。由于浮式平台的运动而增加的额外自由度使得海上浮式风机的尾流场呈现高度不稳定的特性[3]。在先前的研究中，浮式风机表现出显著地纵荡和纵摇运动[4-6]。由于问题本身的复杂度及大尺度实验数据的缺乏，准确模拟海上风机气动力-平台水动力-系泊力之间的动力耦合效应十分困难。目前，几乎所有具有整体耦合分析能力的代码都使用叶素动量理论（BEM）来计算风力机叶片上的气动载荷[3]。Karimirad 和 Moan[4] 使用 Simo-Riflex-TDHMILL 程序包，对 OC3-Hywind Spar 浮式风机系统进行了简化分析。他们将气动力简化为随相对风速变化的函数，水动力则采用 Panel 方法和 Morison 公式计算。Nielsen 等[7]对 hywind 浮式系统进行了模型尺度的耦合动力分析，并与尺度模型试验的结果进行了比较。Riddier 等[8]指出，Morison 公式和势流理论的经验特性无助于新的浮式支撑平台的设计。Sebastian 和 Lackner[9]指出传统的 BEM 加上一些修正（如动态入流、偏航/倾斜模型等）并不能准确描述叶片和尾流之间的相互作用。更先进的耦合分析模型似乎成为必要。其他研究者如：郭真祥基于 star-CCM+研究了三种浮式平台的运动性能的优劣[5]；Nematbakhsh 等[10]将风机简化为恒定的推力，研究了一种 TLP 浮式系统的动态响应；Idaho 大学的 Quallen[11]等人进行了浮式风机系统的两相流全 CFD 模拟，他们采用 Overset 技术来处理平台和风机叶片周围的网格运动。在这些研究中，自由面是完全非线性的，并且没有使用任何经验修正。

在本文中，两相流 CFD 求解器 naoeFOAM-SJTU[12]用于求解浮式平台在波浪上的运动，naoeFOAM-ms 模块用于求解系泊系统。为了在可接受的时间代价下准确模拟风机叶片和尾流的相互作用，本文基于原本的致动线模型（Actuator Line Model,以下简称 ALM），将其扩展到适用于非稳态情形，即考虑平台运动对致动线模型的影响，下文将详细阐述其实现。

2　数值方法和求解流程

本文主要关注平台的运动响应以及波动变化的气动载荷。为了模拟平台水动力和系泊力，以及风机气动力之间的耦合动力效应，本文基于 OpenFOAM 平台开发了非稳态致动线模块，并实现与 naoeFAOM-SJTU 的耦合。

2.1 流体控制方程

naoeFOAM-SJTU 采用不可压的雷诺平均 Navier-Stokes 方程作为水气两相流的总控制方程[12]：

$$\nabla \cdot U = 0 \tag{1}$$

$$\frac{\partial \rho U}{\partial t} + \nabla \cdot \left(\rho \left(U - U_g \right) \right) U = -\nabla p_d - g \cdot x \nabla \rho + \nabla \cdot \left(\mu_{eff} \nabla U \right) + \\ \left(\nabla U \right) \cdot \nabla \mu_{eff} + f_\sigma + f_s + f_\varepsilon \tag{2}$$

其中，U 和 U_g 分别表示流场速度和网格节点速度；$p_d = p - \rho g \cdot x$ 为流场动压力，等于总压力减去静水压力；g、ρ 分别为重力加速度、流体密度；$\mu_{eff} = \rho (v + v_t)$，称为等效动力黏性系数；$f_\sigma$ 为表面张力，只有在自由面处有影响，其余位置取值为零；f_s 为数值造波中的消波源项，作用是减少波浪反射，该项仅对于消波区有效；f_ε 为代表叶片对流场影响的体积力，由致动线模型给出。

2.2 致动线模型

Quallen 等[10]采用先进的 Overset 网格技术，进行了浮式风机系统的两相流全 CFD 模拟，是浮式风机系统 CFD 全耦合模拟方面的一次勇敢尝试，尽管他们给出的结果十分有限。虽然基于 CFD 方法即 overset 技术，完全求解平台及叶片表面流动是可能的，但要花费高昂的计算代价。因此，本文尝试改造致动线模型，并将其结合到 naoeFOAM-SJTU 中，使之能够求解叶片与其尾流的相互作用。致动线模型将真实的风机叶片用虚拟的致动线来代替，因此它不需要求解复杂的叶片表面流动，从而网格量可大大减小，而且不需要处理叶片旋转的复杂网格技术，因此大大降低了计算时间[13]。叶片沿展向离散成一系列具有恒定弦长和扭角的截面，流场力分布其上(图 1-a)。Vaal 等[14]考虑平台 surge 运动对致动盘模型的影响，尝试了用致动盘方法研究浮式风机的气动性能。受其启发，在本文中，对原始的致动盘 ADM 方法做了一些修改，以使其能体现平台运动自由度所导致的叶片与其尾流的相互作用。如图 1-b 所示，某个致动点的相对风速 U_{rel} 等于来流速度 U_{in} 加上旋转速度 U_{rot} 在加上平台运动引起的速度U_w。相对风速 U_{rel} 及相对于风轮平面的流动角 φ 由下式计算：

$$U_{rel} = U_{in} + U_{rot} + U_w \tag{3}$$

$$\varphi = \arctan\left(\frac{U_{rel,z}}{|U_{rel}|}\right) \tag{4}$$

得到了流动角 φ，进一步就可以得到局部攻角 α=φ-γ。其中 γ 为局部桨距角。然后用叶素理论计算叶片上受到的升力和阻力。

$$f = (L, D) = \frac{\mathrm{d}F}{r\mathrm{d}r\mathrm{d}\theta\mathrm{d}z} = \frac{\rho U_{rel}^2 c N_b}{2r\mathrm{d}r\mathrm{d}\theta\mathrm{d}z}\left(C_l\overrightarrow{e_L} + C_d\overrightarrow{e_D}\right) \tag{5}$$

其中，C_l 和 C_d 分别是二维机翼的升阻力系数。为了避免奇异性，机翼截面受到的升阻力需要以体积力的形式光滑地分布在附近流场的网格节点中。实际上，我们一般采用高斯分布函数来光顺，即求升阻力与一个正则核的卷积，$f_\varepsilon = f \otimes \eta_\varepsilon$，其中：

$$\eta_\varepsilon\left(d\right)=\frac{1}{\varepsilon^3\pi^{3/2}}\exp\left[-\left(\frac{d}{\varepsilon}\right)^2\right] \tag{6}$$

这里，d 表示网格中心和第 i 个致动点的距离。而宽度参数 ε 则用于调节正则化载荷的集中程度。因此，流场中 (x,y,z) 处，叶片反作用于流场的每单位体积的体积力由下式计算：

$$f_\varepsilon\left(x,y,z,t\right)=\sum_{j=1}^{N}f_i\left(x_j,y_j,z_j,t\right)\frac{1}{\varepsilon^3\pi^{3/2}}\exp\left[-\left(\frac{d_i}{\varepsilon}\right)^2\right] \tag{7}$$

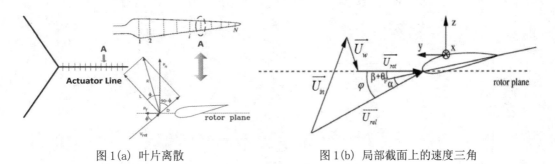

图 1(a) 叶片离散　　　　　　　　图 1(b) 局部截面上的速度三角

2.3 6DoFs 运动和求解流程

在 naoeFOAM-SJTU 中，六自由度运动的求解采用两个坐标系：一个是大地坐标系；一个是固结在船体上的随船坐标系。运动方程在随船坐标系下求解，而力的计算则在大地坐标系下进行。在每个时间步，由六自由度运动引起的某个致动点的速度分量由下式更新：

$$U_{w,i}=[J][U_c+\omega_c\times\left(x_i-x_c\right)] \tag{8}$$

其中 $[J]$ 为从随船坐标系向大地坐标系转换的转换矩阵。U_c，ω_c，x_c 分别为旋转中心的速度、角速度和位置坐标。图 2 描述了求解器进行耦合动力分析的大致流程。

3　计算模型及算例设定

3.1 计算模型

OC4-Phase II 中定义的浮式风机系统由如下三部分组成：DeepCwind 半潜式浮式平台、NREL 5MW baseline 风机、以及 3 根悬链线组成的系泊系统。平台设计水深为 200m，设计吃水 20m；风机叶片为 3 叶片，静止时轮毂位于海平面上 90m；系泊线关于 Z-axis 对称分布（见图 2a，2b）。

表 1 浮式系统的质量和惯性矩

平台总质量(包括压载水、轮毂、机舱、塔架)	1.402E+7kg
总的质心 CM(除了叶片和锚链)	(0.01228,0,-10.2604)
总的横摇惯性矩(关于 CM)	$1.0776E+10 \, kg \cdot m^2$
总的纵摇惯性矩(关于 CM)	$1.0776E+10 \, kg \cdot m^2$
总的首摇惯性矩(关于 CM)	$1.2265 \, E+7 \, kg \cdot m^2$

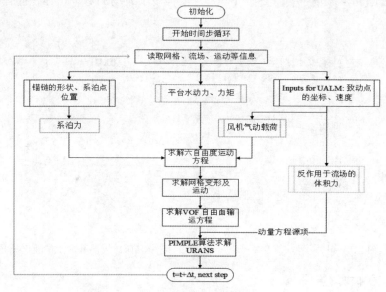

图 2. 求解器的算法流程

在本文中，风机塔架、机舱以及平台被当做一个刚性的整体，在六自由度运动方程的求解中计及了塔架和机舱的质量。表 1 列出了相关的质量和惯性矩。

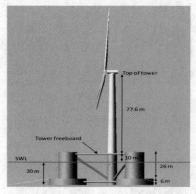

图 2(a)　DeepCwind 浮式风机系统

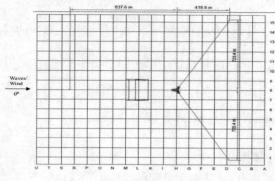

图 2(b) 系泊线布置

3.2 算例设定

在本文中，所有算例的波浪均取文献[15]所给的 5 级海况，系泊作用力用分段外推法计算。定常力简化模型（算例 a）和全耦合分析模型（算例 b）的算例设定归纳在表 2 中。在定常力简化模型中，风机的气动力简化为一个定常的推力，将之变换到平台质心，就得到一个等效的作用于平台的力（262kN）和力矩（2.63E4 kN·m），该推力按文献[15]所给的标准设计值选取。在全耦合分析模型中，瞬态致动线模型被用于计算瞬时的风机尾流场及气动载荷，并考虑风剪切，入口风速设为指数分布的剪切风。

表 2 算例的数值模拟条件

算例	风	波浪	风机转速	输出
a	无	Regular airy: H = 3.66m,T = 9.7s	Locked	平台运动响应,锚链力
b	Steady, shear: V_{hub} = 5m/s	Regular airy: H = 3.66m,T = 9.7s	9rpm	气动载荷,平台运动响应,锚链力

算例 b 的计算域及局部网格切面如图 3-a,3-b 所示,入口边界距离平台 1.5 个波长,气相计算域的高度为 4D（D 为风轮直径），水深取为 140m（在此深度波浪及平台对流场的扰动已经可以忽略）。主要在自由面、平台附近及风机近尾流区域进行了加密，网格量为 220 万。对于算例 a，计算域与算例 b 基本相同，除了气相部分，由于不需要计算气动力，只取了 50m 高，仅用于自由面的计算。对于两个算例，左边都为波浪入口边界条件，右边为远场条件，右后方设置一个波长的消波区，用于减少数值水池的波浪反射效应。

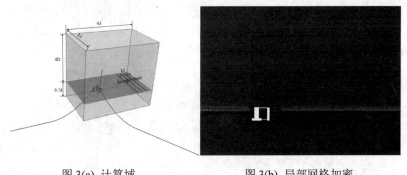

图 3(a) 计算域　　　　　　图 3(b) 局部网格加密

4　结果与分析

本文主要关注平台的瞬时运动对风机的气动载荷的影响，以及气动载荷对平台运动响应的影响。通过两个不同复杂程度的（半）耦合模型的对比分析，探讨平台运动和气动载荷之间耦合效应的重要性。同时，本文也给出了流场结构的简要分析，这也是 CFD 的优势所在。下文将给出表 2 中给出的算例的结果及分析。

4.1 气动载荷

在算例 a 中，气动力简化为定常推力（262kN），作用于平台。算例 b 中，由瞬态致动线模型计算的气动力时间序列如图 4 所示。可以看到，由于平台运动，风轮的气动载荷起伏变化较大，叶片捕获的风功率也变化很大，这表明在浮式风机中，必须采用合适的控制策略以确保输出功率的稳定。

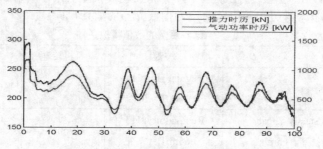

图 4 气动载荷时历曲线（case b）

4.2 平台及锚链运动响应

对于半潜式风力机平台主要是 surge、heave、pitch、yaw 的响应较大。图 5 给出了算例 a、b 平台运动响应的对比。在算例 a 中不考虑气动力和水动力的耦合，严重低估了平台的 surge、yaw 方向的运动响应，并且高估了平台的纵摇运动。在致动线全耦合模型中还捕捉到了平台具有小幅度的横荡和横摇运动。对于平台的垂荡运动，耦合效应影响很小，可以忽略。有趣的是，考虑气动力和水动力的耦合时，平台除了产生很大的纵荡运动外，还产生了幅值接近 2° 的首摇运动，而这在非耦合算例 a 中完全没有捕捉到。因此在计算平台运动响应时，有必要考虑平台和风机的耦合效应。

4.3 流场分析

叶片的尾涡结构可以使用速度梯度的二阶不变量 Q 来表示，如图*所示。图*中波浪用波高来染色。叶尖和叶根处都产生了清晰且稳定的螺旋状尾涡，可以看到尾涡向下游略微膨胀，而且由于平台运动，风轮与其尾流相互作用，尾涡结构有些变形。图*显示了 x 方向的速度云图。来流经过风轮后，速度降低较大且沿叶片展向较为均匀，特别是叶尖处的速度降低很大，而叶根处的速度降低很小，这表明越靠近叶尖，叶片上负载越大。

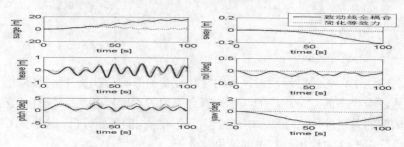

图 5 平台运动响应的对比

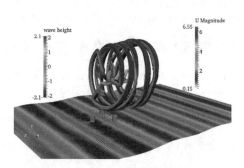
图 6 流场尾涡结构及波高

图 7 x方向的速度云图

5 结论

本文考虑平台运动对致动线模型的影响，将其扩展到非稳态情况，并实现和 naoeFOAM-SJTU 的耦合。在耦合分析模型中发现，平台除了产生较大的 surge 和 pitch 运动外，还产生了幅值接近 2° 的首摇运动。这是之前的研究没有捕捉到的。平台的运动也对风机的推力和风功率捕获产生了较大影响。因此浮式风机系统的设计中，考虑平台运动和风机气动载荷之间的相互影响很有必要。

致谢

本文工作得到国家自然科学基金项目（Grant Nos 51379125，51490675，11432009，51411130131），长江学者奖励计划（Grant No. 2014099），上海高校特聘教授（东方学者）岗位跟踪计划（Grant No. 2013022），国家重点基础研究发展计划（973 计划）项目（Grant No. 2013CB036103），工信部高技术船舶科研项目的资助。在此一并表示衷心感谢。

参 考 文 献

1 Cordle, Andrew, and Jason Jonkman. State of the art in floating wind turbine design tools. The Twenty-first International Offshore and Polar Engineering Conference. International Society of Offshore and Polar Engineers, 2011.

2 Butterfield, Sandy, Walter Musial, and George Scott. Definition of a 5-MW reference wind turbine for offshore system development. Golden, CO: National Renewable Energy Laboratory, 2009.

3 Matha, Denis, et al. "Challenges in simulation of aerodynamics, hydrodynamics, and mooring-line dynamics of floating offshore wind turbines." The Twenty-first International Offshore and Polar Engineering

Conference. International Society of Offshore and Polar Engineers, 2011.

4 Karimirad, Madjid, and Torgeir Moan. "A simplified method for coupled analysis of floating offshore wind turbines." Marine Structures 27.1 (2012): 45-63.

5 郭真祥. 浮体式风力机受风与波浪耦合作用下运动之数值模拟研究. 台湾大学工程科学及海洋工程学研究所学位论文, 1-147, 2013.

6 Tran, Thanhtoan, Donghyun Kim, and Jinseop Song. "Computational Fluid Dynamic Analysis of a Floating Offshore Wind Turbine Experiencing Platform Pitching Motion." Energies 7.8 (2014): 5011-5026.

7 Nielsen, Finn Gunnar, Tor David Hanson, and Bjø, rn Skaare. "Integrated dynamic analysis of floating offshore wind turbines." 25th International Conference on Offshore Mechanics and Arctic Engineering. American Society of Mechanical Engineers, 2006.

8 Roddier, Dominique, et al. "WindFloat: A floating foundation for offshore wind turbines." Journal of Renewable and Sustainable Energy 2.3 (2010): 033104.

9 Sebastian, T., and M. A. Lackner. "Characterization of the unsteady aerodynamics of offshore floating wind turbines." Wind Energy 16.3 (2013): 339-352.

10 Nematbakhsh, Ali, David J. Olinger, and Gretar Tryggvason. "A nonlinear computational model for floating wind turbines." ASME 2012 Fluids Engineering Division Summer Meeting collocated with the ASME 2012 Heat Transfer Summer Conference and the ASME 2012 10th International Conference on Nanochannels, Microchannels, and Minichannels. American Society of Mechanical Engineers, 2012.

11 Quallen, Sean, et al. CFD simulation of a floating offshore wind turbine system using a quasi-static crowfoot mooring-line model. The Twenty-third International Offshore and Polar Engineering Conference. International Society of Offshore and Polar Engineers, 2013.

12 Shen, Zhirong, et al. "The manual of CFD solver for ship and ocean engineering flows: naoe-FOAM-SJTU." Shanghai, China: Shanghai Jiao Tong University (2012).

13 Sørensen, Jens Nørkær, and Wen Zhong Shen. "Numerical modeling of wind turbine wakes." Journal of fluids engineering 124.2 (2002): 393-399.

14 Vaal, JB, de, M. O. Hansen, and T. Moan. "Effect of wind turbine surge motion on rotor thrust and induced velocity." Wind Energy 17.1 (2014): 105-121.

15 Robertson, A., et al. Definition of the semisubmersible floating system for phase II of OC4. Offshore Code Comparison Collaboration Continuation (OC4) for IEA Task 30 (2012).

16 Robertson, Amy, et al. Offshore code comparison collaboration, continuation: Phase II results of a floating semisubmersible wind system. EWEA Offshore 2013 (2013).

Coupled dynamic simulation of a floating wind turbine system in wind and waves

LI Peng-fei, CHENG Ping, WAN De-cheng *

（State Key Laboratory of Ocean Engineering, School of Naval Architecture, Ocean and Civil Engineering, Shanghai Jiao Tong University, Collaborative Innovation Center for Advanced Ship and Deep-Sea Exploration, Shanghai 200240, China)

*Corresponding author, Email: dcwan@sjtu.edu.cn

Abstract： The coupled dynamic response and fluctuating aerodynamic loads of a floating offshore wind turbine (FOWT) system are studied in this paper. An unsteady actuator line model (UALM) is developed and applied to the NREL 5MW baseline wind turbine in the Offshore

Code Comparison Collaboration (OC4). This model is implemented into the two-phase CFD solver, naoeFOAM-SJTU. Two kind of full-system simulations with different complexity are performed: first, the wind forces are simplified into a constant thrust; second, the fully coupled dynamic analysis with wind and wave excitation is conducted by utilizing the UALM. The interactive effects between the platform motion and aerodynamic loads are included in this model. The predicted platform surge and yaw motions in the fully coupled case are considerably high compared to simplified model. The fully coupled simulation with higher complexity predicts higher overall platform motion. The platform motion also significantly impact the power harvest of the rotor.

Key words：Coupled dynamic simulation; FOWT; unsteady actuator line model; OC4; wind and waves.

基于 MPS 方法的孤立波与平板结构相互作用问题研究

张友林，唐振远，万德成*

(上海交通大学 船舶海洋与建筑工程学院 海洋工程国家重点实验室，

高新船舶与深海开发装备协同创新中心，上海 200240)

*通信作者 Email: dcwan@sjtu.edu.cn

摘要：表面孤立波与海洋结构物的相互作用常伴随有砰击、上浪等现象，是船舶与海洋工程领域需要研究的重要问题之一。本文采用 MPS 法求解器 MLParticle-SJTU 对孤立波与平板结构相互作用问题进行研究。使用求解器的推板造波模块，分别模拟了二维和三维孤立波对平板的冲击作用过程，得到的平板受力与实验结果吻合良好，验证了该求解器在处理此类问题上的可行性。

关键词：半隐式移动粒子法(MPS)；孤立波；自由面流动；CFD

1 引言

在过去的一个多世纪里，人类对表面孤立波这种具有强非线性的波浪进行了大量的研究。在船舶与海洋工程中，孤立波常被用来探索海啸、风暴引起的巨浪等极端海况的产生机理。这种极限波浪作用在海岸、海上栈桥、桩基码头、采油平台等结构物上时，常常伴随有波浪上涌、波面破碎等现象。结构物在该种波浪作用下，可能因砰击、甲板上浪而造成严重的破坏，进而威胁到人身及经济安全。

在以往的工作中，实验是研究孤立波对结构物作用的重要而有效的手段。例如：Betsy Seiffert 等[1]研究了孤立波对放置于水面以上、水线面处及浸没在水中时平板的垂向和水平力。然而，实验研究通常需要较长的周期、高昂的费用，并且仅能获取有限的流场信息。近年来，随着计算机硬件技术的迅速发展，越来越多的研究人员采用 CFD 方法来探索孤立波对海洋结构物的作用问题。其中，无网格粒子法是一种新颖的 CFD 仿真方法，而光滑粒子法(SPH)和半隐式移动粒子法(MPS)是两种应用最为广泛的无网格方法。相较于网格类方法，粒子法能够较容易地捕捉到自由面的大变形，特别是在研究溃坝[2]、液舱晃荡[3]、射流[4]、入水砰击、波浪与物体相互作用[5]等问题上更具有优势。其中，在表面孤立波与结构物相互作用问题上，Liang Dongfang 等[6]采用 SPH 方法考察了三维的海啸波浪对三种不同结构的岸基房屋建筑的冲击作用。Parviz Ghadimi 等[7]采用 SPH 方法进行了二维的孤立波造波模拟，研究了波高和水深对斜坡面上波面爬升的影响。Huang Yu 等[8]采用改进的 MPS 方法数值分析了海啸对海防堤岸的冲击压力、描述了波面爬升及越堤的演化过程，并将仿真结果与实验数据进行了比较，结果吻合良好。Zhang Yuxin 等[9]采用并行的 MPS 方法对甲板上浪问题进行了数值模拟，完整地展示了液面与物体相互作用的流场变化过程。

本文基于 MPS 方法考察孤立波对静水面以上平板结构的冲击作用，分析平板所受冲击载荷的变化趋势及孤立波与结构相互作用的流场演化过程。本文的数值模拟工作均采用了上海交通大学自主研发的求解器 MLParticle-SJTU，分别通过二维和三维算例验证了该求解器在波浪与结构物相互作用问题上的可靠性。

2 数值方法

2.1 控制方程

对于黏性不可压缩流体，连续性方程和 N-S 方程分别为

$$\nabla \cdot V = 0 \tag{1}$$

$$\frac{\mathrm{D}V}{\mathrm{D}t} = -\frac{1}{\rho}\nabla P + \nu\nabla^2 V + g \tag{2}$$

其中：ρ 为流体密度，P 为压力，V 为速度向量，g 为重力加速度向量，ν 是运动黏性系数。式(1)和式(2)的时间导数项是以物质导数的形式给出的。在粒子法中，粒子的位置和其他物理量都是基于拉格朗日描述法表达的，因此不需要计算对流项。

2.2 核函数

在 MPS 方法中，粒子间的相互作用是通过核函数来实现的。核函数能够影响计算的精度和稳定性，故而在计算时应当慎重选取。本文采用的是 Zhang 等[2]提出的一种较新的核函数

$$W(r) = \begin{cases} \dfrac{r_e}{0.85r + 0.15r_e} - 1 & 0 \le r < r_e \\ 0 & r_e \le r \end{cases} \tag{3}$$

其中：$r = |r_j - r_i|$ 为两个粒子间的距离，而下标 i 和 j 表示粒子编号；r_e 为粒子作用域的半径。

2.3 粒子作用模型

本文所采用的粒子作用模型包括梯度模型、散度模型、Laplacian 模型，定义如下

$$\langle \nabla\phi \rangle_i = \frac{D}{n^0}\sum_{j\ne i}\frac{\phi_j + \phi_i}{|r_j - r_i|^2}(r_j - r_i)\cdot W(|r_j - r_i|) \tag{4}$$

$$\langle \nabla\cdot V \rangle_i = \frac{D}{n^0}\sum_{j\ne i}\frac{(V_j - V_i)\cdot(r_j - r_i)}{|r_j - r_i|^2}W(|r_j - r_i|) \tag{5}$$

$$\langle \nabla^2\phi \rangle_i = \frac{2D}{n^0\lambda}\sum_{j\ne i}(\phi_j - \phi_i)\cdot W(|r_j - r_i|) \tag{6}$$

$$\lambda = \frac{\sum\limits_{j\neq i} W\left(\left|\boldsymbol{r}_j - \boldsymbol{r}_i\right|\right)\left|\boldsymbol{r}_j - \boldsymbol{r}_i\right|^2}{\sum\limits_{j\neq i} W\left(\left|\boldsymbol{r}_j - \boldsymbol{r}_i\right|\right)} \tag{7}$$

其中 i、j 为粒子编号，D 为空间维数，r 为粒子的位置矢量，n^0 为初始粒子数密度，其定义如下

$$\langle n \rangle_i = \sum_{j\neq i} W\left(\left|\boldsymbol{r}_j - \boldsymbol{r}_i\right|\right) \tag{8}$$

2.4 不可压缩条件

在 MPS 方法中，流场的不可压缩条件通常用粒子数密度保持常量来表示。本文所采用的不可压缩条件是由 Tanaka[10]提出的混合源项法，表达形式如下

$$\left\langle \nabla^2 P^{k+1} \right\rangle_i = (1-\gamma)\frac{\rho}{\Delta t}\nabla \cdot V_i^* - \gamma\frac{\rho}{\Delta t^2}\frac{<n^k>_i - n^0}{n^0} \tag{9}$$

其中 k 为时间步，γ 为粒子数密度在源项中的权重系数，取值于 0~1 之间。

2.5 自由面条件

在 MPS 方法中，自由液面的准确判断对计算的精度和稳定性十分重要。在本文采用的自由面判断方法[2]中，首先定义矢量：

$$\left\langle \boldsymbol{F} \right\rangle_i = \frac{D}{n^0}\sum_{j\neq i}\frac{1}{\left|\boldsymbol{r}_i - \boldsymbol{r}_j\right|}\left(\boldsymbol{r}_i - \boldsymbol{r}_j\right)W\left(\boldsymbol{r}_{ij}\right) \tag{10}$$

再计算 $\boldsymbol{F}$ 的模 $|\boldsymbol{F}|$。当粒子满足

$$\left\langle |\boldsymbol{F}| \right\rangle_i > \alpha \tag{11}$$

时即被判定为自由面粒子，其中 α 为一参数。本文取 $\alpha = 0.9|\boldsymbol{F}|^0$，$|\boldsymbol{F}|^0$ 为初始时自由面粒子的 $|\boldsymbol{F}|$ 值。

2.6 孤立波模型

孤立波是一种奇特的波浪，纯粹的孤立波全部波剖面在静水面以上，波长为无限长。根据势流理论，孤立波的自由面形状可表示为[11]

$$\eta = H\text{sech}^2[k(x-ct)] \tag{12}$$

$$k = \sqrt{3H/4d^3} \tag{13}$$

$$c = \sqrt{g(H+d)} \tag{14}$$

其中：H 为孤立波高，d 为水深，x 为水平坐标，c 为波速，g 为重力加速度，t 为时间。

本文采用推板造波方式生成孤立波，根据 Goring[12]的研究，推板的运动速度可表示为

$$U(t) = \frac{\text{d}X(t)}{\text{d}t} = \frac{cH\text{sech}^2[k(X-ct)]}{d + H\text{sech}^2[k(X-ct)]} \tag{15}$$

由上式可得到 t 时刻推板的位置为

$$X(t) = \frac{H}{kd} \tanh(k(ct - X)) \tag{16}$$

根据上式，取 $t = +\infty$ 与 $t = -\infty$ 时刻的推板位置之差得到推板的冲程为

$$S = \sqrt{\frac{16Hd}{3}} \tag{17}$$

近似的造波周期为

$$T \approx \frac{2}{kc}(3.8 + \frac{H}{d}) \tag{18}$$

经过一个周期的运动，造波板达到最大位置处，此后保持静止状态。

3 数值结果及分析

3.1 孤立波验证

本小节首先对 MLParticle-SJTU 求解器推板造波模块的孤立波生成功能进行数值验证，计算工况参数见表 1。

表1. 工况参数

参数	值
水密度/(kg/m³)	1000
水槽深度h/m	0.114
孤立波高a/m	0.0343
粒子间距dp/m	0.002
流体粒子数	71193
粒子总数	75855

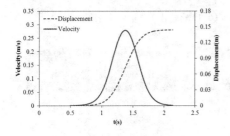

图1 造波板位移和速度

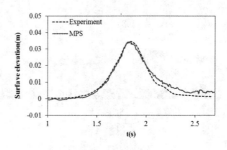

图2 波高时历曲线

依据孤立波理论模型，造波板在水平方向的位移及速度变化如图 1 所示。生成的波高时历曲线如图 2 所示。数值模拟得到的波高时历曲线与 Betsy Seiffert 等[1]的实验测量值在整体上较为吻合，数值模拟的波峰高度达到了实验测量高度，故而本文求解器的孤立波生成模块能够用于后续的孤立波对平板的冲击作用问题研究。

3.2 二维孤立波与平板相互作用

海啸等极端波浪对位于静水面以上的海洋平台、桩基码头等结构具有强烈的冲击力，此类结构物可近似为平板结构。本节考察二维孤立波对安置于水面以上平板的冲击作用问题。数值计算采用 Betsy Seiffert 实验的平板模型及孤立波条件，模型如图 3 所示，计算波高 a=0.0343m。

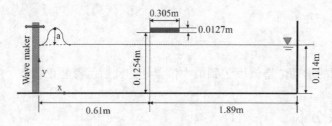

图3　计算模型示意图

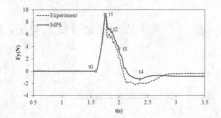
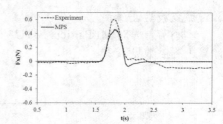

图4　孤立波对平板的垂向冲击力　　　图5　孤立波对平板的水平冲击力

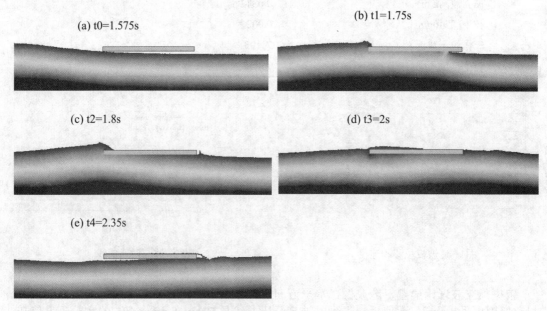

图6　孤立波对平板冲击作用的二维流场瞬时变化

图 4 与图 5 分别为孤立波对平板的垂向和水平方向冲击力时历曲线。为了分析波浪对平板冲击的详细过程，图 4 中标记了 5 个典型时刻，分别对应的时间为 $t0=1.575s$，$t1=1.75s$，$t2=1.8s$，$t3=2s$，$t4=2.35s$。由图 4 可见 MPS 方法数值模拟得到的平板垂向力与实验测量的时历曲线整体上基本吻合，尤其在波浪与平板接触的初期阶段（t0~t1）吻合良好；t1~t2 阶段，垂向力曲线出现了明显的跳跃；t2~t4 阶段，平板所受垂向力逐渐降低。

图 6 为孤立波对平板冲击作用的不同瞬时流场波形。t0 之前阶段，孤立波峰尚未到达平板安置处，但随着波面的抬升，自由面在 t0 时刻开始接触平板下表面的左侧角点；t0~t1 阶段，波面不断抬升并与平板的接触面积逐渐增加，波面抬升高度超过平板上表面，直到 t1 时刻开始出现波面的翻卷，此阶段内平板主要受到波面向上的浮力作用；t1~t2 阶段，随着波面的翻卷破碎，水体迅速下坠形成对平板的向下冲击力，故而印证了图 4 中孤立波对平板的垂向力时历曲线在此时出现的跳跃现象；t2~t3 阶段，随着孤立波峰经过平板，更多的水体留在了平板上表面，平板所受合力因上浪水体的重力作用而降低；t3~t4 阶段，随着孤立波峰远离平板，波面逐步下降，平板受到的向上浮力逐渐降低。

3.3 三维孤立波与平板相互作用

本节在前述工作的基础之上，建立了基于 MPS 方法的三维波浪水槽，用于考察三维孤立波对水平板的冲击作用。水槽尺寸、平板的布置位置、水槽深度及目标孤立波高均与二维水槽相同，水槽宽度为 0.2m，平板宽度为 0.1m。

图 7 为孤立波对平板冲击作用的不同瞬时三维流场波形变化过程。从侧视图可以看出，流场依次经历了波面在平板上逐渐爬升、翻卷、上浪直至波面离开平板的过程，与前述二维流场的演化过程基本一致，但从三维视图可看到三维流场的演化过程稍有差别。t1~t3 时段内，波面从平板前端爬升至平板上表面过程中出现了明显的局部水体堆积，同时波面从平板的内外两侧向上表面爬升，湿表面呈现 U 型，具有明显的三维特征。

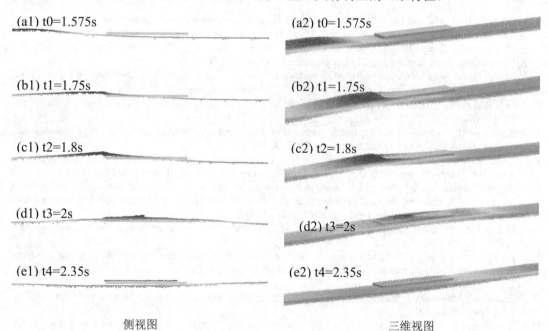

(a1) t0=1.575s   (a2) t0=1.575s

(b1) t1=1.75s   (b2) t1=1.75s

(c1) t2=1.8s   (c2) t2=1.8s

(d1) t3=2s   (d2) t3=2s

(e1) t4=2.35s   (e2) t4=2.35s

侧视图   三维视图

图7　孤立波对平板冲击作用的三维流场瞬时变化

4 结论

本文将 MPS 方法应用于二维及三维的孤立波对平板结构的冲击问题研究。在二维的数值模拟中，波高曲线、平板受到的垂向和水平方向冲击力时历曲线与实验数据吻合较好。根据垂向力时历曲线可知，平板依次经历了向上垂向力的逐渐增大、跳跃、逐渐降低阶段。结合流场的变化过程可知，平板在入射孤立波逼近阶段与自由面的接触面积逐渐增大，所受向上浮力随之增加；波面抬升超过平板上表面后出现了翻卷现象，当翻卷波尖冲击平板上表面时，平板所受垂向合力急剧下降，表现出跳跃现象；随着入射孤立波经过平板，更多的水体涌上平板上表面，平板所受垂向合力继续降低。在三维的数值模拟中，在波面爬升时平板上首部出现了水体堆积。同时，波面从平板的内外两侧向上表面爬升，在平板上形成 U 型湿表面。该现象具有明显的三维特征，说明对此类问题进行三维数值模拟很有必要。本文工作说明 MLParticle-SJTU 求解器能够应用于孤立波对平板结构的冲击问题。

致谢

本文工作得到国家自然科学基金项目（Grant Nos 51379125、51490675、11432009、51411130131），长江学者奖励计划(Grant No. 2014099)，上海高校特聘教授（东方学者）岗位跟踪计划(Grant No. 2013022)，国家重点基础研究发展计划（973 计划）项目（Grant No. 2013CB036103），工信部高技术船舶科研项目的资助。在此一并表示衷心感谢。

参 考 文 献

1　Betsy Seiffert, Masoud Hayatdavoodi, R. Cengiz Ertekin. Experiments and computations of solitary-wave forces on a coastal-bridge deck. Part I: Flat Plate [J]. Coastal Engineering, 2014, 88:194-209

2　Zhang Yuxin, Tang Zhenyuan, Wan Decheng. A parallel MPS method for 3D dam break flows [C]. 8th International Workshop on Ship Hydrodynamics, Seoul, Korea, 2013

3　Zhang Yuxin, Wan Decheng. Apply MPS method to simulate liquid sloshing in LNG tank [C]. Proc. 22nd Int. Offshore and Polar Eng. Conf., ISOPE-2012, Rhodes, Greece, 381-391

4　唐振远, 万德成. MPS方法在冲击射流问题中的应用 [C]. 2014颗粒材料计算力学会议, 中国, 兰州, 2014,456-460

5　Bouscasse B, Colagrossia A, Marrone S, Antuono M. Nonlinear water wave interaction with floating bodies in SPH [J]. Journal of Fluids and Structures, 2013, 42:112-129

6　Liang Dongfang, Thusyanthan N I, Madabhushi S P G, Tang Hongwu. Modelling Solitary Waves and Its Impact on Coastal Houses with SPH Method [J]. China Ocean Engineering, 2010, 24(2):353-368

7　Parviz Ghadimi, Shahryar Abtahi, Abbas Dashtimanesh. Numerical Simulation of Solitary Waves by SPH Method and Parametric Studies on the Effect of Wave Height to Water Depth Ratio [J]. International Journal of Engineering and Technology, 2012, 1(4):453-465

8　Huang Yu, Zhu Chongqiang. Numerical analysis of tsunami-structure interaction using a modified MPS method [J]. Nat Hazards, 2015, 75:2847-2862

9　Zhang Yuxin, Wang XY, Tang Zhenyuan, Wan Decheng. Numerical simulation of green water incidents based on parallel MPS method [C]. 23rd International Offshore and Polar Engineering Conference, Alaska, United States, 2013, 931-938

10　Tanaka M, Masunaga T. Stabilization and smoothing of pressure in MPS method by Quasi-Compressibility [J]. J Comp Phys, 2010, 229:4279-4290

11　Boussinesq JV. Theorie des ondes et des remous qui se propagent le long d'un canal rectangulaire horizontal, en communiquant au liquide contenu dans ce canal des vitesses sensiblement pareilles de la surface au fond [J]. J Math Pures Appl, 1872, 17(2):55-108

12   Goring DG. Tsunamis: the propagation of long waves onto A Shelf [D]. Ph.D. Thesis, California Institute of Technology, 1979

Simulation of solitary wave interacting with flat plate by MPS method

ZHANG You-lin, TANG Zhen-yuan, WAN De-cheng*

（State Key Laboratory of Ocean Engineering, School of Naval Architecture, Ocean and Civil Engineering,

Shanghai Jiao Tong University, Collaborative Innovation Center for Advanced Ship and Deep-Sea Exploration,

Shanghai 200240, China)

*Corresponding author, Email: dcwan@sjtu.edu.cn

Abstract：In the present study, interaction between solitary wave and structure is investigated by our in-house particle solver MLParticle-SJTU based on Moving Particle Semi-Implicit (MPS) method. Two-dimensional solitary wave acting on a flat plate is simulated. Wave forces of the flat plate are in good agreement with experimental data in the literature. Wave elevation on the flat plate is presented detailedly. Furthermore, three-dimensional solitary wave acting on a flat plate is also simulated. The course of wave running up the plate is much different from two-dimensional simulation, and U-type wetted surface of the plate is observed.

Key words：MPS; Solitary wave; Free surface flow; Computational Fluid Dynamics.

基于遗传算法与 NM 理论的船型优化

刘晓义，吴建威，赵敏，万德成*

(上海交通大学 船舶海洋与建筑工程学院 海洋工程国家重点实验室，

高新船舶与深海开发装备协同创新中心，上海 200240)

*通信作者 Email: dcwan@sjtu.edu.cn

摘要：阻力性能的优化一直是船舶设计工作的重要环节，它将直接决定船舶的经济性和可用性。本研究工作是基于 Neumann-Michell(NM)理论和遗传算法（Genetic Algorithm, GA）进行的，以标准船型 Series60 为例，利用平移法（Shifting Method）与径向基函数法（Radial Basis Function Method, RBF）修改船体曲面，将兴波阻力作为目标函数，对高航速（Fr=0.30）下的 Series60 船型进行优化。最终得到能使兴波阻力有效减小的优化船型，并对优化船型做了分析。

关键词：船型优化；兴波阻力；NMShip-SJTU；遗传算法

1 引言

船体型线设计是船舶设计过程中的重要环节，其设计水平将直接影响到船舶的水动力性能、综合航行性能和经济营运效益等。随着船舶行业的不断发展，如何得到具有更优性能的船体型线已经成为船舶设计者亟须解决的问题。传统的型线设计方法往往是通过经验丰富的船舶设计人员不断地修改母型船，经过模型试验，对所有的设计方案进行验证，并从中选择最优的设计方案，以此作为改进的新船型。这样的设计方法不仅对设计人员提出了很高的要求，效率和经济性也较低，还很难得到最优的设计方案。正因如此，船形优化设计方法需要进行全面改进。

近些年来，计算机性能的不断提升以及计算流体力学的蓬勃发展，使得基于数值计算的船型优化设计（Simulation Based Design, SBD）技术成为可能。它是集成了船型变换方法、最优化技术以及数值计算模块的新型设计模式。该设计模式现在已经大规模应用于船型优化设计领域，并取得了丰富的成果。Tahara 等[1]通过参数模型法，引入 6 个设计参数控制船型生成，并利用序列二次规划方法对 DTMB5415 的船首、声纳罩、船尾型线进行了优化。Peri 等[2]以总阻力和船艏兴波波幅作为目标函数对某油船球鼻艏的几何外形进行优化，该研究以贝塞尔曲面（Bezier Patch）方法实现船体曲面重构，利用计算流体力学（Computational

Fluid Dynamics, CFD）方法预报船舶阻力与运动，又分别基于三种不同的优化算法变梯度法，序列二次规划，最速下降法进行优化计算，同时通过模型试验对优化结果进行了验证。Peri 等[3]为了解决数值模拟耗时长、耗费高的弊端，将近似技术引入基于 CFD 的船型优化当中，并对 RSM、VFM、Kriging、RBF 等近似模型分别进行了研究，得到了详细的分析结果。冯佰威等[4]利用叠加调和方法（Morphing Approach）成功实现了对两个初始船型的线性叠加重构，并以总阻力为优化目标得到了最优的重构船型。张宝吉等[5]通过日本铃木和夫提出的船型修改函数变换船型，借助 Dawson 方法和遗传算法，以总阻力为优化目标，对某高速巡逻艇进行船型优化，得到了总阻力下降 13.1%的最优船型。

本文以兴波阻力最小为优化目标函数对标准船型 Series 60 进行优化设计。我们利用平移法与径向基函数法修改船体曲面；应用基于 NM 理论开发的求解器 NMShip-SJTU 计算船型阻力；选取遗传算法为优化方法，求解得到了指定傅汝德数下兴波阻力最小的优化船型，并对优化结果进行了分析。

2 Neumann-Michell 理论

Neumann-Michell 理论[6]是由 Francis Noblesse 等学者在 Neumann-Kelvin（NK）理论的基础上提出来的。NM 理论成功消去了 NK 理论中原有的沿船舶水线的积分项，将全部的计算转化为在船体湿表面上的积分。基于 NM 理论的阻力预报效率非常高，同时也具有一定的精度，因此非常适用于船型优化。

我们在一个固定于船上并随船运动的右手直角坐标系 $\mathbf{X} \equiv (X, Y, Z)$ 中观察船体周围的流动，无因次化坐标定义为 $\mathbf{x} \equiv \mathbf{X}/L_s$，无因次化速度定义为 $\mathbf{u} \equiv \mathbf{U}/V_s$，无因次化速度势定义为 $\phi \equiv \Phi/(V_s L_s)$。从格林第二公式出发，我们首先得到边界积分表达式：

$$\tilde{C}\,\tilde{\phi} = \int_{\Sigma} (G\,\mathbf{n}\cdot\nabla\phi - \phi\,\mathbf{n}\cdot\nabla G)\mathrm{d}a \tag{1}$$

格林函数 G 的值在远场中迅速衰减，再结合船体是表面处的不可穿透边界条件 $\mathbf{n}\cdot\nabla\phi = n^x$，并忽略了自由表面升高中的非线性项，可以得到：

$$\tilde{\phi} = \int_{\Sigma_a^H} G\,n^x\mathrm{d}a - \int_{\Sigma_a^H} \phi\,\mathbf{n}\cdot\nabla G\,\mathrm{d}a + F^2 \int_{\Gamma} \frac{\phi G_x - G\phi_x}{\sqrt{(n^x)^2 + (n^y)^2}}\,n^x\mathrm{d}l + \int_{\Sigma^F} (\pi^G\,\phi - G\,\pi^\phi)\mathrm{d}x\mathrm{d}y \tag{2}$$

其中 F 表示傅汝德数，π^G 和 π^ϕ 的定义为：$\pi^G \equiv G_z + F^2 G_{xx}$，$\pi^\phi \equiv \phi_z + F^2 \phi_{xx}$，$\Gamma$ 代表平均水线。

对于协调线性理论模型，(2)式中在船体真实湿表面积上对源强的积分项可以写成：

$$\int_{\Sigma_a^H} G n^x\mathrm{d}a \approx \int_{\Sigma^H} G n^x\mathrm{d}a + F^2 \int_{\Gamma} \frac{G\phi_x n^x\mathrm{d}l}{\sqrt{(n^x)^2 + (n^y)^2}} \tag{3}$$

将式(3)代入式(2)，两式中的水线积分项部分抵消，并将格林函数 G 分解为兴波部分 W

与当地流动部分 L 两部分，又经过一系列数学变换，得到 NM 理论的最终表达式为：

$$\tilde{\phi} = \tilde{\phi}_H + \tilde{\psi}^W \tag{4}$$

其中有：

$$\tilde{\phi}_H \equiv \int_{\Sigma^H} G\, n^x\, \mathrm{d}a - \int_{\Sigma^F} G\, \pi^\phi\, \mathrm{d}x\mathrm{d}y$$

$$\tilde{\psi}^W = \int_{\Sigma^H} (\phi_t \mathbf{d}_* + \phi_{d'} \mathbf{t}_*) \cdot \mathbf{W} \mathrm{d}a \tag{5}$$

其中 $\mathbf{d}_*$，$\mathbf{t}_*$，t'，d' 均是与船体相切的单位向量，波浪函数 $\mathbf{W}$ 与 W 满足 $\nabla \times \mathbf{W} = \nabla W$ 关系。

3 船型变换方法

在本文中，为了对接 NMShip-SJTU 求解器的求解需要，我们以母型船的表面网格为初始研究对象，因此我们的平移也是针对母型船表面的网格节点进行的。

3.1 基于平移法的整体船型变换

为了使全船的变换协调连续，本文引入修改函数 g：

$$g = \begin{cases} \alpha_1 \left[0.5(1 - \cos 2\pi \dfrac{x - \alpha_2}{\alpha_2 - x_1}) \right]^{0.5}, & x_1 \le x \le \alpha_2 \\[2ex] -\alpha_1 \left[0.5(1 - \cos 2\pi \dfrac{x - \alpha_2}{\alpha_2 - x_2}) \right]^{0.5}, & \alpha_2 \le x \le x_2 \\[2ex] 0, & elsewhere \end{cases} \tag{6}$$

平移变换法涉及四个变量：x_1，x_2 分别为船体曲面变换区域的起始位置，α_1 为变换的最大幅度，α_2 为变换区域内不动点的位置。为限制船型变化幅度，本文算例中的 α_1 的范围设置为[-0.005,0.005]。

基于修改函数，只需获取节点在船长方向上的初始位置即可求得该节点的平移矢量。平移法的特点是变量少，变换效率高，非常适用于对大范围曲面的整体修改变换。

3.2 基于 RBF 方法的局部船型变换

为了实现船体曲面的局部变换，国内外的学者都对此开展了一些尝试。其中，Boer[7]介绍了一种基于径向基函数的曲面网格变形方法，该方法在处理网格变形时简单有效，因此受到优化研究者的关注。本文在进行船体局部变形时，将整个船体曲面离散成若干三角形面元及面元上的节点。整个船体曲面的节点被划分为固定控制点、移动控制点，以及随控制点的移动而变动的其他节点。

基于此，定义位移函数 $s(\mathbf{X})$，用来表示船体表面每个节点 $\mathbf{X} = (x, y, z)$ 的位移大小：

$$s(X) = \sum_{j=1}^{N} \lambda_j \phi\left(\|X - X_j\|\right) + p(X) \tag{7}$$

上式中，$s(\mathbf{X})$ 被表示为 N 个径向基函数与一个多项式函数的和，其中，N 是所有控制点的个数，包括固定控制点和移动控制点，$\mathbf{X_j} = (x_j, y_j, z_j)$ 表示每个径向基函数的中心，也就是 N 个控制点的坐标，基函数 ϕ 是空间中任一点 $\mathbf{X}$ 与函数中心 $\mathbf{X_j}$ 的欧氏距离的函数，本文选择如下具有紧支性的 Wendland's 基函数：

$$\phi\left(\|X\|\right) = \left(1 - \|X\|\right)^4 \left(4\|X\| + 1\right) \tag{8}$$

式(7)中的多项式 p 为仿射变换的低阶多项式：

$$p(X) = c_1 + c_2 x + c_3 y + c_4 z \tag{9}$$

式(7)中的系数 λ_j 以及式(10)中的 c_j 可以通过两类控制点的位移求解得到：

$$s(X_j) = f_j \quad , \quad j = 1, 2, \ldots, N \tag{10}$$

上式中，f_j 表示每个控制点的位移值，同时附加条件：

$$\sum_{j=1}^{N} \lambda_j p(X_j) = 0 \quad , \quad j = 1, 2, \ldots, N \tag{11}$$

可以得到如下线性方程组：

$$\begin{pmatrix} f \\ 0 \end{pmatrix} = \begin{pmatrix} M & P \\ P^T & 0 \end{pmatrix} \begin{pmatrix} \lambda \\ c \end{pmatrix} \tag{12}$$

其中，

$$\lambda = [\lambda_1, \lambda_2, \ldots, \lambda_N]^T ; \quad c = [c_1, c_2, c_3, c_4]^T ; \quad f = [f_1, f_2, \ldots, f_N]^T ; \tag{13}$$

$$M_{i,j} = \phi\left(\|X_i - X_j\|\right) \quad , \quad i, j = 1, 2, \ldots, N \tag{14}$$

$$P_{i,j} = p_j(X_i) \quad , \quad i = 1, 2, \ldots, N, \quad j = 1, 2, 3, 4 \tag{15}$$

至此，我们只需求解线性方程组(12)，即可得到式(7)中的各个系数，并将所有网格节点坐标代入(7)，就可以得到所有网格节点的变形情况，从而完成船型变换。

4 serires 60 船型优化算例

4.1 目标函数

本文的船形设计优化是基于船舶的兴波阻力进行的，目标函数即指定航速下的船舶兴波阻力：

$$f_{obj} = \min Rw, \quad Fr = 0.30 \tag{16}$$

本文设计的遗传算法中种群数量设置为 30，设置的终止条件为种群代数达到 36 代，即共完成 1080 个个体计算。

表1 Series 60 模型参数

船型	航速 Fr	船长 L	船宽 B	吃水 D
Series 60	0.30	1.00m	0.13m	0.05m

4.2 设计变量

本算例的优化设计是基于上文中的两种船型变换方法进行的，共有九个设计变量：α_{1f}, α_{2f}, α_{1a}, α_{2a}, f_1, f_2, f_3, f_4, f_5。其中 α_{1f}，α_{2f}，α_{1a}，α_{2a} 分别为 3.1 中所述船型变换参数，下标 f 代表前半体，a 代表后半体；f_j 分别为五个控制点的移动距离。如图 1 所示，控制点均位于船体首部，控制点 1-4 只沿船长方向移动，控制点 5 只沿船宽方向移动。

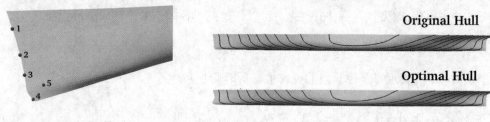

图1 控制点示意图　　　　　　　　　图2 优化型线对比

4.3 优化结果与分析

经过遗传算法的 36 代迭代，优化船型的兴波阻力系数基本收敛，兴波阻力系数变化如图 3 所示，优化结果如下表：

表2 优化结果

	兴波阻力系数/×10⁻³	湿表面积/m²	排水体积/m³
初始船型	2.00236	3.40952	0.00424552
最优船型	1.72281	3.40546	0.00424318
改变量	-13.96%	0.19%	-0.06%

从优化结果可以看出，最优船型在该航速下的兴波阻力系数有明显降低，而湿表面积与排水体积基本不变，说明我们的最优船型在基本保持初始船型特征的基础上，整体和局部较小的变化有效改善了其兴波阻力。

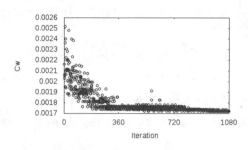

图 3 兴波阻力系数迭代　　　　　　　　　　图 4 表面兴波高度对比

　　从图 5 可以看出，优化船型的尾流场有一定改善，横波明显减小，结合图 4 中兴波高度的降低，说明优化后的船型兴波阻力降低时合理有效的。图 6 的船体表面压力同样表明其压力幅值有所减小，尤其是首部高压区和船中低压区有明显改善。

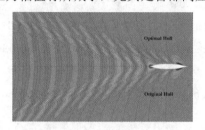

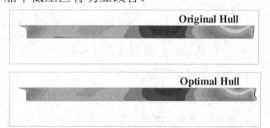

图 5 自由面兴波对比　　　　　　　　　　图 6 船体表面压力对比

5　结论

　　本文采用 NMShip-SJTU 计算船体兴波阻力，以此作为优化目标，利用平移法与基于径向基函数的船型变换方法，对标准船型 Series 60 的整体型线以及首部型线进行了优化设计。通过遗传算法优化后的最优船型，与初始船型相比，其在高航速（Fr=0.30）下的兴波阻力系数下降了 13.96%。本文成功实现了基于 NM 理论的船体型线设计优化，以后的研究中应当对其他船型及航速进一步验证，由于 NM 理论只能预报船舶兴波阻力，未来还应考虑针对船舶总阻力的优化设计。

致谢

　　本文工作得到国家自然科学基金项目（Grant Nos 51379125，51490675，11432009，51411130131），长江学者奖励计划（Grant No. 2014099），上海高校特聘教授（东方学者）岗位跟踪计划（Grant No. 2013022），国家重点基础研究发展计划（973 计划）项目（Grant No. 2013CB036103），工信部高技术船舶科研项目的资助。在此一并表示衷心感谢。

参 考 文 献

1　TAHARA Y. Flow-and wave-field optimization of surface combatants using CFD-based optimization methods[C]//23rd Symposium on Naval Hydrodynamics, September 17-22, Val de Ruil, 2000. 2000.

2　Peri D, Rossetti M, Campana E F. Design optimization of ship hulls via CFD techniques[J]. Journal of Ship Research, 2001, 45(2): 140-149.

3　Peri D, Campana E F. Variable fidelity and surrogate modeling in simulation-based design[C]//27th Symposium on Naval Hydrodynamics. Seoul, Korea. 2008.

4　冯佰威, 刘祖源, 詹成胜, 等. 基于 CFD 的船型自动优化技术研究 [C] //2008 年船舶水动力学学术会议暨中国船舶学术界进入 ITTC30 周年纪念会论文集. 2008.

5　张宝吉, 马坤, 纪卓尚. 基于遗传算法的最小阻力船型优化设计[J]. 船舶力学, 2011, 15(4): 325-331.

6　Noblesse F, Huang F, Yang C. The Neumann–Michell theory of ship waves[J]. Journal of Engineering Mathematics, 2013, 79(1): 51-71.

7　De Boer A, Van der Schoot M S, Bijl H. Mesh deformation based on radial basis function interpolation[J]. Computers & structures, 2007, 85(11): 784-795.

Ship hull optimization design based on NM Theory and GA Method

LIU Xiao-yi, WU Jian-wei, ZHAO Min, WAN De-cheng*

（State Key Laboratory of Ocean Engineering, School of Naval Architecture, Ocean and Civil Engineering, Shanghai Jiao Tong University, Collaborative Innovation Center for Advanced Ship and Deep-Sea Exploration, Shanghai 200240, China)
*Corresponding author, Email: dcwan@sjtu.edu.cn

Abstract：Resistance of performance optimization has always been an important part of ship conceptual design, for its direct demonstration to economy and usability of the ship. The paper is based on Neumann-Michell (NM) theory proposed by Francis Noblesse and genetic Algorithm (GA). We take the standard ship Series60 for an instance. By using the Shifting Method and Radial Basis Function Method to modify the hull surface, minimizing the wave drag as the objective function, the Series60 ship form is optimized under the high speed (Fr = 0.30) . Finally the optimal hull design with low wave drag has been got. And further analysis is drawn in the last.

Key words：ship hull optimization; wave drag; NMShip-SJTU; GA

基于 MPS 方法模拟耦合激励下的液舱晃荡

易涵镇，杨亚强，唐振远，万德成*

（上海交通大学 船舶海洋与建筑工程学院 海洋工程国家重点实验室，

高新船舶与深海开发装备协同创新中心，上海 200240）

*通信作者 Email: dcwan@sjtu.edu.cn

摘要：本文采用自主开发的 MLParticle-SJTU 求解器对矩形液舱在耦合激励下的晃荡问题进行了数值模拟。将数值模拟的结果与实验结果进行比对验证求解器的可靠性，并对不同自由度耦合激励下的液舱晃荡进行比较和分析。研究结果表明：对于共振频率下的晃荡运动，晃荡液体对舱壁造成很大的拍击压力，拍击压力具有周期性，且呈现出双峰特征；对于横荡方向长度比纵荡方向长的液舱，横荡方向舱壁测点压力峰值较纵荡方向更大；不同相位关系的横荡、纵荡耦合激励下，横荡方向测点压力时历曲线差别较小，而纵荡方向测点压力时历曲线相差较大。

关键词：液体晃荡；MLParticle-SJTU；横荡激励；纵荡激励；耦合作用

1 引言

晃荡是一种部分装载液体的液舱在外界激励下舱内液体产生波动的现象[1]。当激励幅值较大，激励频率与液舱的共振频率接近时，舱内的液体会产生剧烈的晃荡对舱壁产生较大的拍击压力，这可能威胁到船舶舱室的结构强度安全。在真实海况下，船舶的运动往往包含多个自由度的耦合，因此，研究多自由度耦合激励下液体晃荡对舱壁产生的拍击压力具有重要的意义。

剧烈的液体晃荡往往包含着复杂的非线性自由面流动现象，势流理论计算往往会遇到很大的困难，因此 CFD 方法是研究晃荡的一种主要方法。近年来逐渐发展起来的无网格粒子法基于拉格朗日法，粒子之间没有固定的拓扑关系，善于处理一些自由面变化较为复杂的问题[2-5]，因此在处理自由面破碎、翻卷等现象时较网格方法更有优势，是求解晃荡问题的一种有效的方法。Landrini 等[6]通过 SPH 方法对二维矩形液舱的在横荡激励下的晃荡进行了模拟，并给出了自由面高度的时历曲线；杨亚强等[7]利用 MPS 方法对较高充水率的液舱晃荡问题进行了数值模拟，并将结果与有网格 VOF 方法以及实验结果进行比较，发现 MPS 方法在模拟晃荡问题时能较好地保持周期性，并更好地捕捉冲顶、飞溅等复杂流动现象。MLParticle-SJTU 求解器正是基于 MPS 方法开发出来的，并在传统 MPS 方法的基础上，对核函数、压力梯度模型及自由面判断方法进行了一些改进[8]。

本文的主要工作是基于自主开发的求解器 MLParticle-SJTU，对多自由度耦合激励下的矩形液舱晃荡问题进行研究。首先，对横荡激励下液舱晃荡问题进行了数值模拟，并将结果与实验结果进行比较，验证 MLParticle-SJTU 的可靠性；其次对不同相位关系的横荡、纵荡耦合激励和横荡、纵荡、垂荡的耦合激励下的晃荡问题进行数值模拟，得到横荡和纵荡方向上测点压力和舱内液体自由面变化情况，并分析多自由度耦合激励下晃荡产生的拍击压力的特点。

2 数值方法

2.1 控制方程

MPS 方法的控制方程包括连续性方程和 Navier-Stokes 方程，对于不可压缩流体，方程可写成下式：

$$\frac{1}{\rho}\frac{D\rho}{Dt}=-\nabla\cdot V=0$$

$$\frac{DV}{Dt}=-\frac{1}{\rho}\nabla P+\nu\nabla^2 V+g \tag{1}$$

其中，ρ 为密度；P 为压力；V 为速度；g 为重力；ν 为运动黏度系数；t 为时间。

2.2 粒子作用模型

在粒子法中，控制方程以粒子形式表达，而粒子间的相互作用是通过核函数来实现的。MLParticle-SJTU 求解器中提供了无奇点的核函数[8]：

$$W(r)=\begin{cases}\dfrac{r_e}{0.85r+0.15r_e}-1 & 0\leq r\leq r_e \\ 0 & 0\leq r\leq r_e\end{cases} \tag{2}$$

其中 $r=\left|r_j-r_i\right|$ 为粒子 i, j 之间的距离，r_e 为粒子作用域半径。

2.3 梯度模型

梯度算子的粒子离散形式表示成径向函数的加权平均，以粒子 i 为例，其压力梯度为：

$$<\nabla\phi>_i=\frac{D}{n^0}\sum_{j\neq i}\frac{\phi_j+\phi_i}{\left|r_j-r_i\right|^2}\left(r_j-r_i\right)\cdot W\left(\left|r_j-r_i\right|\right) \tag{3}$$

其中 D 为空间维数，n^0 为初始粒子数密度。

2.4 拉普拉斯模型

MPS 方法中拉普拉斯模型是由 Koshizuka[9]给出的，形式如下：

$$< \nabla^2 \phi >_i = \frac{2D}{n^0 \lambda} \sum_{j \neq i} \left(\phi_j - \phi_i \right) \cdot W \left(\left| r_j - r_i \right| \right) \tag{4}$$

其中 D 为空间维数，n^0 为初始粒子数密度，

$$\lambda = \frac{\sum\limits_{j \neq i} W \left(\left| r_j - r_i \right| \right) \cdot \left| r_j - r_i \right|^2}{\sum\limits_{j \neq i} W \left(\left| r_j - r_i \right| \right)} \tag{5}$$

上式是一种守恒格式，其推导源于非定常扩散问题，其中 λ 的引入是为了使得数值结果与扩散方程的解析解相一致。

2.5 自由面的判断

本文采用张雨新[8]提出的自由面判断方法。首先定义矢量

$$\langle F \rangle_i = \frac{D}{n^0} \sum_{j \neq i} \frac{1}{\left| r_i - r_j \right|} \left(r_i - r_j \right) W \left(r_{ij} \right) \tag{6}$$

当粒子满足 $\langle \left| F \right| \rangle_i > \alpha$ 时即被判定为自由面粒子，其中 α 为一参数，本文取 $\alpha = 0.5$。

需要注意的是，上式仅被用于满足 $0.8 < n^* < 0.97$ 的粒子。这是因为 $n^* \leq 0.8$ 的粒子其粒子数密度过小应该被判定为自由面粒子，而 $n^* \geq 0.97$ 的粒子一定不是自由面粒子需要参与压力 Poisson 方程求解。这二者都不需进行多余的自由面判断。

3 数值结果及分析

计算模型为三维矩形液舱，与 Kang 和 Lee[10]试验中所采用的模型一致，长 800mm，宽 350mm，高 500mm。在横荡和纵荡方向设置了两组压力监测点，液舱大小和压力监测点的位置如图 1 所示。液舱的充液率为 50%，对应的水深为 250mm。

两个自由度的激励分别为：

横荡方向：$x = A \sin \left(\omega t \right)$，沿长度方向

纵荡方向：$y = A \sin \left(\omega t + \phi \right)$，沿宽度方向

其中，激励幅值 $A = 20$mm，激励频率 $\omega = 5.82 rad/s$，为横荡方向共振频率。相位差 ϕ 分别取 $0°, 90°, 180°, 270°$。计算算例如表 1 所示。计算所用的粒子总数为 750793，其中流体粒子数为 537579。运动粘性系数为 $\nu = 1.01 \times 10^{-6} \text{m}^2/s$，重力加速度为 $g = 9.81 \text{m/s}^2$，时间步长取 5×10^{-4}s。

为了验证 MLParticle-SJTU 求解器的可靠性，本文对横荡激励下液舱晃荡问题进行数值模拟，并将计算结果与实验结果进行对比。

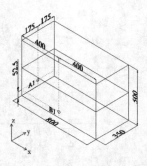

图 1 液舱大小和压力监测点的位置

表 1 计算算例

算例序号	激励成分	横荡和纵荡相位差/（°）
1	横荡	/
2	横荡、纵荡	0
3	横荡、纵荡	90
4	横荡、纵荡	180
5	横荡、纵荡	270

3.1 单自由度横荡的计算结果

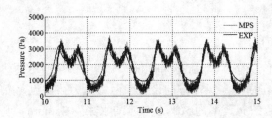

测点 A1

图 2 横荡激励下计算结果与实验结果对比

图 2 给出了测点 A1 处的压力时历曲线。从图 2 可以看出，数值模拟得到的拍击压力曲线能够较好与实验给出的结果相吻合，因此 MLParticle-SJTU 能够较好地预测晃荡产生的抨击压力。

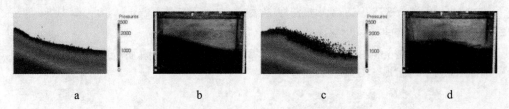

图 3 横荡激励下一个周期内自由面变化情况

图 3 给出了一个周期内的自由面变化情况。其中，a 和 c 是计算给出的测点 A1 压力为峰值时自由面的形状，b 和 d 是实验给出的测点压力为峰值时的自由面的形状，可以看出，两者给出的液体沿舱壁上升、回落时自由面形状较为相似，因此 MLParticle-SJTU 对晃荡自由面的模拟结果也与实验吻合较好。

3.2 耦合激励的计算结果

3.2.1 测点压力特征

图 4 给出了横荡激励，横荡和纵荡耦合激励这两种激励下各测点的压力时历曲线。从图 4 可以看出，在横荡激励下，横荡方向和纵荡方向上测点在一个周期内都有两个压力峰值，但两个方向上测点压力峰值的大小不同，两个压力峰值间的时间间隔也不相同。

图 5 给出了仅有横荡激励时横荡和纵荡方向测点压力峰值时自由面的情况。其中图 a，b 为横荡方向测点压力峰值时自由面形状，c，d 为纵荡方向测点压力峰值时自由面形状。可以看出，在仅有横荡激励的情况下，横荡方向测点第一个压力峰值是由于舱壁阻碍液体运动液体对舱壁产生撞击产生的，而第二个压力峰值是由于液体沿液舱舱壁上升并撞击液舱顶部以后，在重力的作用下回落并冲击底部液体产生的；纵荡方向测点压力是由于晃荡波的波峰两次运动至测点位置产生的。

图 6 给出了横荡、纵荡耦合激励下横荡与纵荡方向测点压力峰值时自由面变化情况。可以看出，耦合激励作用对横荡方向的检测点压力影响较小；而纵荡方向测点压力则由耦合激励产生的自由面高度变化和纵荡方向液体对舱壁拍击两个原因产生，其中自由面高度变化为主要因素。其原因有二，首先，液舱在纵荡方向上的长度较小，限制了液体的流动；其次，横荡激励频率为横荡方向的共振频率，而纵荡激励频率不是纵荡方向的共振频率，因此液体在纵荡方向上的晃荡较为缓和，对舱壁的拍击较小。

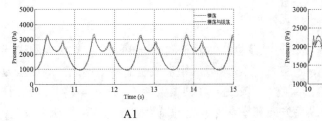
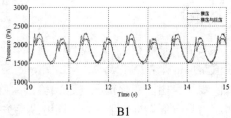

A1   B1

图 4 横荡，横荡纵荡耦合激励下的测点压力

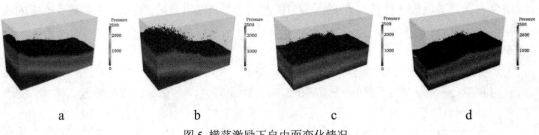

a   b   c   d

图 5 横荡激励下自由面变化情况

a   b   c   d

图6 横荡、纵荡耦合激励下自由面变化情况

3.2.2. 耦合激励对测点压力的影响

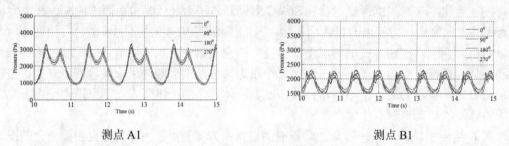

测点 A1   测点 B1

图 7 不同相位关系横荡与纵荡耦合激励下的测点压力

图 7 给出了横荡、纵荡激励以不同相位关系耦合时测点压力的时历曲线。可以看出，两个自由度的激励以不同相位关系耦合时横荡方向测点压力曲线相差不大；纵荡方向测点的压力峰值大小则相差较大，对于一个周期内的纵荡方向的两个压力峰值，横荡与纵荡激励相位差为 0° 和 180° 的情况交替出现最大值。

3 结论

本文基于移动粒子法（MPS）对横荡与纵荡耦合激励下的三维矩形液舱晃荡问题进行了数值模拟。计算结果表明：MLParticle-SJTU 能够较好的矩形液舱的晃荡问题，测点压力时历曲线和自由面变化情况与都实验结果吻合地较好；在共振频率下，液体晃荡非常剧烈，晃荡压力具有周期性，且一个周期内纵荡方向和横荡方向上的压力测点都有两个压力峰值；横荡方向上的压力峰值主要由液体对舱壁的拍击引起，而纵荡方向的两个压力峰值是因为水平晃荡波的波峰经过液舱中部的压力测点引起的。不同相位关系下横荡与纵荡耦合激励和横荡、纵荡合激励下横荡方向测点压力的时历曲线相差不大；而纵荡方向测点压力的压力峰值大小则有所不同。

致谢

本文工作得到国家自然科学基金项目（Grant Nos 51379125，51490675，11432009，51411130131），长江学者奖励计划(Grant No. 2014099)，上海高校特聘教授（东方学者）岗位跟踪计划(Grant No. 2013022)，国家重点基础研究发展计划（973 计划）项目（Grant No. 2013CB036103)，工信部高技术船舶科研项目的资助。在此一并表示衷心感谢。

参 考 文 献

1 Faltinsen O M, Timokha A N. Sloshing. New York, NY: Cambridge University Press, 2009.

2 Zhao Zheng, Li Xiaojie, Yan Honghao, Ouyang Xin. Numerical simulation of particles impact in explosive-driven compaction process using SPH method. Chinese Journal of High Pressure Physics, 2007, 21(4): 373-378.

3 Zhang Yuxin, Wan Decheng. Application of MPS in 3D dam breaking flows. Scientia sinica, phys, Mech & Astron, 2011. 41(2): 140-154.

4 Xie Heng, Koshizuka S, Oka Y. Simulation of drop deposition process in annular mist flow using three-dimensional particle method. Nuclear Engineering & Design, 2005. 235(16): 1687–1697.

5 Gotoh H, Sakai T. Key issues in the particle method for computation of wave breaking. Coastal Engineering, 2006. 53: 171–179.

6 Landrini M, Colagrossi A, Faltinsen O M. Sloshing in 2-D Flows by the SPH Method. Computers & Mathematics with Applications, 1998. 35(1): 95–102.

7 Yaqiang Yang, Chonghong Yin, Decheng Wan. Comparative study of MPS and VOF methods for numerical simulations of sloshing, CFD Symposium on Naval Architecture, Ocean Engineering, 2014.5: 198-203.

8 Zhang Yuxin, Wan Decheng. Application of improved MPS method in sloshing problem.Proceedings of the 23th National Conference on Hydrodynamics & 10th National Congress on Hydrodynamics, 2011: 156-162.

9 Koshizuka S, Nobe A Oka. Y. Numerical analysis of breaking waves using the moving particle semi-implicit method. International Journal for Numerical Methods in Fluids, 1998. 26(7): 751-769.

10 Kang D H, Lee Y B. Summary report of sloshing model test for rectangular model. Daewoo Shipbuilding 7 Marine Engineering Co., 2005.

Research of liquid sloshing in tanks under coupled excitations based on MPS method

YI Han-zhen, YANG Ya-qiang, TANG Zhen-yuan, WAN De-cheng*

（State Key Laboratory of Ocean Engineering, School of Naval Architecture, Ocean and Civil Engineering, Shanghai Jiao Tong University, Collaborative Innovation Center for Advanced Ship and Deep-Sea Exploration, Shanghai 200240, China)
*Corresponding author, Email: dcwan@sjtu.edu.cn

Abstract: In this paper, liquid sloshing in rectangular tanks is simulated with MPS solver MLParticle-SJTU. The numerical results and experiment results are compared to validate MLParticle-SJTU, and the results of sloshing in rectangular tanks under coupled excitations is analyzed. Results show that when the oscillation frequency is equal to the natural frequency, a large impact pressure on the side wall of the tank is observed and two peaks of impact pressure are observed in one period. For tanks which has large dimension in the sway direction than in the surge direction, the peak value of pressure on the side walls in the sway direction is larger than that in the surge direction. For sway-and-surge coupled excitation with phase differences, the pressure in sway direction varies little while the pressure in surge direction is much different.

Key words: sloshing, MLParticle-SJTU, sway excitation, surge excitation, coupling

用重叠网格技术数值模拟船舶纯摇首运动

王建华，刘小健，万德成*

(上海交通大学 船舶海洋与建筑工程学院 海洋工程国家重点实验室，

高新船舶与深海开发装备协同创新中心，上海 200240)

*通信作者 Email: dcwan@sjtu.edu.cn

摘要： 本文采用基于非定常 RANS 方程的黏性数值模拟方法，对标准船模 DTMB5415 裸船体在平面运动机构（PMM）控制作用下的纯摇首运动进行了数值模拟。文中数值计算采用基于开源 CFD 软件 OpenFOAM 和重叠网格技术开发的多功能求解器 naoeFOAM-os-SJTU。根据 SIMMAN2014 提供的标准算例，对航速为 Fn=0.28 工况下 3 种不同横荡和摇首幅值叠加工况下的纯摇首运动进行了数值计算，得出了船舶不同工况下的阻力、侧向力和转首力矩的历时曲线。所有计算结果同模型试验数据进行比较，验证了数值求解纯摇首运动的可靠性。

关键词： 重叠网格；PMM；纯摇首；naoeFOAM-os-SJTU

1 引言

近年来，伴随着对于船舶航行的安全性能的日益提升，船舶操纵性的重要性也变得越来越凸显。因此在船舶设计的初始阶段，一个准确的评估船舶操纵性能的研究方法就变得极其重要。目前，对于船舶操纵性能的研究主要还是基于物理试验进行，其中最为常用的一种方法就是采用平面运动机构(Planner Motion Mechanism)进行限制船模试验。目前 PMM 试验主要分为静态试验（斜拖试验）和动态试验（纯横荡、纯摇首等）。平面运动机构试验有其特有的优势，可以很好的实现多个运动的叠加，但是同样它也有很多自身的缺点：需要的设备成本很高，多个工况下需要进行重复性的工作；运动过程中由于不同工况下船体各个方向的受力范围差别较大，因此对于传感器的灵敏度要求较高；物理试验不能给出在各个工况下船体周围流场的信息，不便于研究分析等。

最近的这些年里伴随着计算机能力的大幅度进步，计算船舶流体力学领域在船舶水动力学方面的研究取得了巨大的进展，包括船舶静水阻力预报、船舶耐波性计算、船舶自航推进和船舶操纵性预报等方面。目前国内外关于数值分析船舶操纵性方面的研究有很多，Ohmori[1]采用有限体积法对船舶操纵运动条件下的粘性流场进行计算求解，得出了只有求解出船体周围的细致流场才能精确的给出船体的受力和力矩的结论。Turnock[2]等采用 CFD 计算软件 CFX 对 KVLCC2 船模在直航、斜拖和纯横荡运动条件下进行了数值求解，同时也对浅水工况进行了分析。Stern 等[3]给出了 SIMMAN2008 会议上关于船舶操纵性数值研究的整体进展，并且指出细网格和 DES 方法对操纵性数值计算的精度会有提升。

通过重叠网格技术求解船舶大幅度运动是目前主流的方法，Sakamoto[4]等采用船舶水动力学软件 CFDShip-Iwoa Ver. 4 对标准船模 DTMB5415 裸船体进行了 PMM 静态和动态试验的数值模拟，同时给出了相应的验证工作。Carrica[5]等通过求解非定常 RANS 方程，采用重叠网格方法对 DTMB5415 船模进行了回转运动和 Z 型操纵试验的数值模拟。Mofidi[6]等采用对船桨舵全耦合条件下的船体 Z 型操纵试验进行了数值求解，其中关于船桨舵的耦合采用一套多级物体运动求解模块进行计算。沈志荣[7]等基于开源 CFD 软件 OpenFOAM 和重叠网格技术开发了针对船舶与海洋工程结构物大幅度运动条件下的水动力学求解器 naoeFOAM-os-SJTU，对标准船模 KCS、DTMB 等在波浪上的运动、船舶操纵性模拟等方面均取得了一定的成果。

2 数学模型

2.1 控制方程

本文采用 naoeFOAM-os-SJTU 求解器[7]进行数值模拟求解。其控制方程为非定常两相不可压的 RANS 方程：

$$\nabla \cdot \mathbf{U} = 0 \tag{1}$$

$$\frac{\partial \rho \mathbf{U}}{\partial t} + \nabla \cdot (\rho (\mathbf{U} - \mathbf{U}_g)\mathbf{U}) = -\nabla p_d - \mathbf{g} \cdot \mathbf{x} \nabla \rho + \nabla \cdot (\mu_{eff} \nabla \mathbf{U}) + (\nabla \mathbf{U}) \cdot \nabla \mu_{eff} + f_\sigma + f_s \tag{2}$$

其中：$\mathbf{U}$ 代表速度场，$\mathbf{U}_g$ 表示网格移动速度。p_d 为动压力，其数值等于总压力值减 $\nabla \cdot \mathbf{U} = 0$ 去静水压力，ρ 为液体或者气体的密度，$\mathbf{g}$ 为重力加速度向量。μ_{eff}表示有效动力黏性，ν表示运动黏度，ν_t表示涡黏度。f_σ 为表面张力项，f_s 是用于消波的源项。

本文中采用SST $k - \omega$ 湍流模型来实现RANS方程的闭合。其中k表示流体质点的湍动能，ω 表示特征耗散率。该湍流模型综合了标准$k - \omega$模型和$k - \varepsilon$模型的优点，既不受自由面的影响，又能保证在壁面处求解的精确性和可靠性。本文使用带有人工可压缩项的VOF方法来处理自由面。VOF输运方程定义为：

$$\frac{\partial \alpha}{\partial t} + \nabla \cdot [(\mathbf{U} - \mathbf{U}_g)\alpha] + \nabla \cdot [\mathbf{U}_r (1 - \alpha)\alpha] = 0 \tag{3}$$

其中，$\mathbf{U}_r$ 为用于压缩界面的速度场，α 为两相流体的体积分数，代表液体部分所占体积的百分比，具体分布如公式（4）所示。

$$\begin{cases} \alpha=0 & \text{air} \\ \alpha=1 & \text{water} \\ 0<\alpha<1 & \text{interface} \end{cases} \tag{4}$$

其中 $\alpha=0$ 表示空气，$\alpha=1$ 表示水，$0<\alpha<1$ 表示水和空气的交界面。RANS 方程和 VOF 输运方程都采用有限体积法来进行离散。对于离散后所得到的压力速度耦合方程，采用 PISO（Pressure-Implicit-Split-Operator）算法进行循环迭代求解。

2.2 重叠网格技术

重叠网格又称 Chimera、Overlapping 或者 Overset。该方法是将模型中的每个部分单独划分网格，然后再嵌套到背景网格中去。网格可以是结构化网格或者非结构化网格，同时各套网格之间存在网格重叠的部分。计算过程中首先标记哪些是洞点和插值点，然后执行挖洞命令，去除物面内部的单元和多余的重叠单元，通过在重叠网格区域相互的插值，使得每套网格可以在重叠区域的边界进行数据的交换，从而完成整个流场的求解。

本文计算采用的求解器 naoeFOAM-os-SJTU[]是在开源 CFD 软件 OpenFOAM 平台基础上加入重叠网格技术和多级物体运动求解模块。在基于 OpenFOAM 的数值方法、数据存储方式以及非结构网格的特点上，利用插值程序 SUGGAR++生成重叠网格的插值信息。多级物体运动模块中，船体作为父级物体在自由面上进行六自由度运动的同时，螺旋桨和舵（假如存在的话）作为子物体还能相对于船体进行转动。通过该模块实现船、桨、舵相互配合问题的 CFD 计算。

3 计算模型与网格生成

本文针对标准船模 DTMB5415 裸船体在平面运动机构作用下的纯摇首运动进行了数值模拟。船体三维模型见图 1，具体参数见表 1。本文计算针对于裸船体，分为两套网格，一个是船体周围网格，另外一个则是背景网格。计算域的示意图如图 3 所示，文中计算采用的网格通过 OpenFOAM 自带的网格生成工具 snappyHexMesh 生成，其中船体周围网格范围为 $-0.2L_{pp}<x<1.2L_{pp}$, $-0.2L_{pp}<y<0.2L_{pp}$, $-0.1L_{pp}<z<0.1L_{pp}$，网格量为 68 万，背景网格范围是 $-1.5L_{pp}<x<5.0L_{pp}$, $-1.5L_{pp}<y<1.5L_{pp}$, $-1.0L_{pp}<z<0.5L_{pp}$，网格量为 121 万。船体网格周围边界条件设置为 overlap，从而实现两套网格之间的插值计算。由于采用重叠网格控制船体运动，本文中 3 种不同振荡幅值条件下的计算均采用同一套网格，总网格量为 189 万。两套网格的局部示意图如图 2 所示。

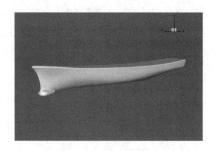

图 1　DTMB 三维模型

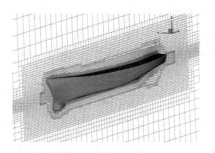

图 2　船体周围局部网格分布

表 1 DTMB 5415 模型参数

主要参数	标识	实船	船模
缩尺比	λ	1	46.588
垂线间长	L_{pp} /m	142.000	3.048
型宽	B/m	19.060	0.409
吃水	T /m	6.150	0.132
排水量	Δ/kg	84244000	82.600
重心沿船长方向位置	LCG/m	70.348	1.539
重心距基线距离	KG /m	5.582	0.120
纵摇惯性半径	K_{yy} /m	35.500	0.777
横摇惯性半径	K_{xx} /m	7.052	0.131
初稳性高	GM / m	1.950	0.096

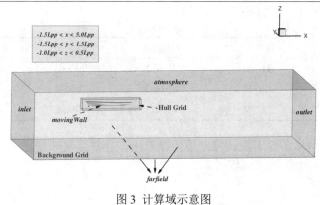

图 3　计算域示意图

4　计算工况及数值结果

4.1　计算工况

本文根据 SIMMAN 2014 会议提供的标准计算工况对 DTMB5415 裸船体进行纯摇首运

动的数值模拟。船舶纯摇首运动的实现是通过控制同频率条件下的横荡幅值和摇首幅值来达到船体坐标系下每一时刻均没有摇首角速度。本文中选取标准工况中频率同为 0.134Hz 下 3 种不同振幅的横荡运动和摇首运动，对应的的计算工况如表 2 所示。

表 2 计算工况

算例	频率/Hz	横荡幅值/m	摇首幅值/（°）
case1	0.134	0.055	1.7
case2	0.134	0.164	5.1
case3	0.134	0.327	10.2

文中所有计算结果均采用由垂线间长 L_{pp}，吃水 T，航速 U_0，密度 ρ 进行无因次化的系数来表示，无因次表达式如下：

$$\begin{bmatrix} X' \\ Y' \\ N' \end{bmatrix} = \begin{bmatrix} \dfrac{X}{0.5\rho U_0^2 T L_{pp}} \\ \dfrac{Y}{0.5\rho U_0^2 T L_{pp}} \\ \dfrac{N}{0.5\rho U_0^2 T L_{pp}^2} \end{bmatrix} \tag{5}$$

4.2 网格收敛性验证

本文中所有工况下采用同一套重叠网格，为减少计算量和分析的不确定性，本文对该网格在计算静水阻力工况下进行网格收敛性的验证。这里采用 3 套不同的网格，网格缩放的比例为 $\sqrt{2}$。网格收敛性的验证结果见表 3

表 3 收敛性验证

网格	网格量	Ct (CFD)	Ct(EFD)	误差
粗网格	0.64M	1.597e-2	1.706e-2	-6.39%
中网格	1.87M	1.661e-2	1.706e-2	-2.64%
细网格	3.67M	1.678e-2	1.706e-2	-1.66%

通过 3 套不同网格条件下的计算结果可以看出，计算结果表现出一致收敛的趋势，因此在该网格条件下的计算结果比较可靠。

4.3 计算结果及分析

三种不同振幅条件下的纯摇首运动计算得出的船体受力和力矩历时曲线如图4-1所示，其中，实现为本文计算结果，带点的虚线为 SIMMAN2014 上提供的模型试验数据。从计算结果可以看出，对于沿船长方向的阻力计算同试验值差别较大，CFD 计算结果更为平滑，而试验值波动较大，但两者均值保持一致。

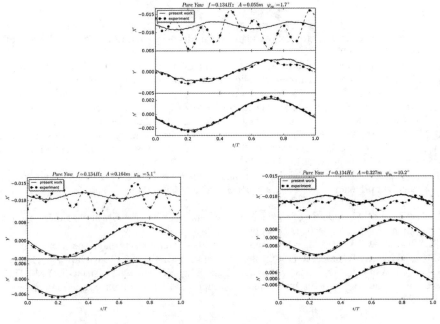

图 4 不同频率条件下船体受力及力矩曲线

从图 4 中可以看出，通过重叠网格方法计算船舶在不同运动幅度情况下的水动力特性，均能达到比较满意的结果，同时也验证了 naoeFOAM-os-SJTU 求解器对于船舶操纵性的数值模拟可以达到很好的效果。

5 结论

本文利用基于重叠网格方法的 naoeFOAM-os-SJTU 求解器对标准船模 DTMB5415 裸船体在平面运动机构作用下的纯摇首试验进行了数值模拟，首先对本文计算所用的网格进行了收敛性验证，同时数值计算得出的船体受力和力矩与模型试验结果符合较好。结果表明：CFD 计算结果中船体阻力与试验值均值一致，但表现到历时曲线中波动较小，船体侧向力和摇首力矩同试验值吻合较好。本文计算所得结果展示了基于非定常 RANS 方法和重叠网格技术的 naoeFOAM-os-SJTU 求解器可以很好的处理船舶操纵性中大幅度运动如 PMM 试验等问题，可以给出比较准确的数值预报，为船舶初步设计提供参考。

致谢

本文工作得到国家自然科学基金项目（Grant Nos 51379125，51490675，11432009，51411130131），长江学者奖励计划(Grant No. 2014099)，上海高校特聘教授（东方学者）岗位跟踪计划(Grant No. 2013022)，国家重点基础研究发展计划（973 计划）项目（Grant No. 2013CB036103），工信部高技术船舶科研项目的资助。在此一并表示衷心感谢。

参 考 文 献

1　Ohmori, T. Finite-volume simulation of flows about a ship in maneuvering motion. [J] Journal of Marine Science and Technology, 1998 (3): 82-93

2　Turnock, S. R. Urans simulations of static drift and dynamic maneuverers of the KVLCC2 tanker. [C] Proc SIMMAN 2008 workshop on verification and validation of ship manoeuvring simulation methods, Lyngby, Denmark.

3　Stern, F., Agdrup, K., kim, S. Y., et al. Experience from SIMMAN2008—The first workshop on verification and validation of ship maneuvering simulation methods. [J] Journal of Ship Research, 2011, 55(2), 135-147.

4　Sakamoto, N., Carrica, P. M. , Stern, F. URANS simulations of static and dynamic maneuvering for surface combatant: part1. Verification and validation for forces, moment, and hydrodynamic derivatives. [J] Jouranl of Marine Science and Technology, 2012,17(4), 422-445.

5　Carrica, P. M., Ismall F., Hyman, M., et al. Turn and zigzag maneuvers of a surface combatant using a URANS approach with dynamic overset grids. [J] Journal of Marine Science and Technology, 2013,18(2), 166-181

6　Mofidi, A., Carrica, P.M. Simulations of zigzag maneuvers for a container ship with direct moving rudder and propeller. [J] Computers &. Fluids 2014, 96: 191–213.

7　Shen, Z R., Zhao W W, Wang J H, et al. Manual of CFD solver for ship and ocean engineering flows: naoeFOAM-os-SJTU. [R] Technical Report for Solver Manual, Shanghai Jiao Tong University, 2015.

8　Wang J H, Liu X J, Wan D C. Numerical Simulation of an Oblique Towed Ship by naoe-FOAM-SJTU Solver. [C] Proceedings of the Twenty-fifth International Offshore and Polar Engineering Conference (ISOPE), Hawaii, USA. 2015.

Numerical simulation of pure yaw test using overset grid

WANG Jian-hua, LIU Xiao-jian, WAN De-cheng*

（State Key Laboratory of Ocean Engineering, School of Naval Architecture, Ocean and Civil Engineering, Shanghai Jiao Tong University, Collaborative Innovation Center for Advanced Ship and Deep-Sea Exploration, Shanghai 200240, China)

*Corresponding author, Email: dcwan@sjtu.edu.cn

Abstract：This paper presents the numerical simulations and analysis of the hydrodynamic characteristics for the surface combatant Model 5415 bare hull under dynamic planar motion mechanism (PMM). All the numerical computations are carried out by solver naoeFOAM-os-SJTU and the main purpose of this research is to investigate the capability of our solver for ship maneuvering prediction. In the present work, the ship model is subjected to pure yaw motion at Froude number 0.28. The hydrodynamic forces and moments acting on the ship are obtained for further analysis. All the above numerical results have been compared to the experimental data presented at SIMMAN 2014. Taking free surface into consideration and using dynamic overset grid technology, the numerical results show good agreement with experimental data. Grid convergence studies are performed for the bare hull DTMB 5415 model to further validate the numerical results and the implementation of the overset grid approach in OpenFOAM.

Key words：Pure yaw; PMM; Overset; naoeFOAM-os-SJTU solver.

船舶驶入构皮滩船闸过程水动力数值研究

孟庆杰，万德成[*]

(上海交通大学 船舶海洋与建筑工程学院 海洋工程国家重点实验室，
高新船舶与深海开发装备协同创新中心，上海 200240)

*通信作者 Email: dcwan@sjtu.edu.cn

摘要： 为研究船舶驶入升船机过程中的水动力性能，预报船舶在构皮滩水域航行的可行性，本文以乌江构皮滩船闸为计算环境，结合重叠网格技术，采用 Level-set 自由面捕捉方法，以及 PISO 算法求解不可压缩 RANS 方程和 K-ω SST 湍流模型，综合考虑黏性流动与自由面，在全相似的条件下，对船舶驶入构皮滩船闸过程进行数值仿真，展现船舶驶入构皮滩船闸过程的流场情况。对船舶驶入构皮滩过程的阻力、侧向力、转艏力矩、船体周围水流速度等信息进行分析，为船舶在构皮滩水域的航行、操纵提供数据支持与参考。

关键词： 构皮滩，船闸，重叠网格

1 引言

为加快贵州省经济社会的快速发展，贵州省政府决定打通乌江航运，建设乌江构皮滩水电站翻坝运输系统，改写贵州没有四级航道和闸坝过船设施的历史。为此，贵州省政府投资 35 亿，按 IV 级航道、500 吨级船型标准同步建设构皮滩水电站通航建筑物。由于构皮滩水域水位差大，构皮滩水域采用垂直升船机实现船舶顺利通航。

但由于闸室水域环境具有水浅、航道窄等特殊性，船闸在驶入驶入闸室的过程中，对船舶操纵性要求非常高。Vrijburcht 利用 six-waves-model 对船舶驶入船闸过程的船体兴波进行了研究。Vergote 对 six-waves-model 进行了完善。Chen 提出了 viscous frictional 模型来计算船-闸的相互作用。Delefortrie 等对不同船型驶入第三组巴拿马运河的船舶水动力性能进行了研究，并对引墙形式、偏心距离、螺旋桨转速、水深等因素进行了讨论。Wang 等在不计及自由面的情况下，利用 fluent 对船舶驶入 Pierre Vandamme Lock 过程进行了数值研究。Meng 等利用自主开发程序，综合考虑自由面与黏性的影响，对 12000TEU 船型驶入第三组巴拿马船闸过程进行了数值研究，并对航速、水深以及偏心距离等进行了研究。

为研究船舶驶入构皮滩船闸过程的水动力性能，预报船舶在构皮滩船闸运行的可行性，

本文对船舶以 1.0m/s 航速驶入构皮滩船闸过程进行数值预报与分析。本计算采用基于有限差分方法（FDM）自主开发的黏性求解器。该求解器在解决限制水域船舶水动力性能方面可靠性较高（Meng et al. 2014, 2015）。考虑到闸室环境阻塞系数较高，当船舶驶入闸室，水流将被推入闸室而不能及时回流。这将导致闸室内水位上升，船舶所受阻力增加。为保证仿真的准确性，本计算计及自由面的变化。此外，为保证在整个过程中网格具有良好的正交性，避免由于网格变形或重构带来的精度、效率下降问题，本次计算采用重叠网格方法。通过对整个过程中船舶所受阻力、侧向力及转艏力矩的分析、对整个过程中船表压力、水位变化、以及船体周围水流速度等信息的考察，为船舶在构皮滩水域的航行、操纵提供数据支持与参考。

2 控制方程

本文采用无量刚化方式对船舶静水流场进行模拟计算。其控制方程可写为：

$$\frac{\partial U_i}{\partial x_i} = 0 \tag{1}$$

$$\frac{\partial U_i}{\partial t} + U_j \frac{\partial U_i}{\partial x_j} = -\frac{\partial P}{\partial x_i} + \frac{1}{Re_{eff}} \frac{\partial^2 U_i}{\partial x_j \partial x_i} + \frac{\partial \upsilon_t}{\partial x_j}\left(\frac{\partial U_i}{\partial x_j} + \frac{\partial U_j}{\partial x_i}\right) \tag{2}$$

方程中所有变量都据船舶运动速度 U_0，长度 L_{pp} 以及水密度 ρ 进行无量刚化，进而得到有效雷诺数 Re_{eff} 以及 Froude 数：

式中，

$$\frac{1}{Re_{eff}} = \frac{1}{Re} + u_t = \frac{u}{U_0 L} + u_t, \ Fr = \frac{U_0}{\sqrt{gL}} \tag{3}$$

γ_t 为无量刚化的湍动粘度。$P = \frac{P_{abs}}{\rho U_O^2} + \frac{z}{Fr^2} + \frac{2}{3}k$。$P_{abs}$ 为绝对压力值，z 为垂向坐标，

k 为湍动能。

3 仿真设计

本文研究的是一艘集装箱船自宽阔水域驶入构皮滩船闸过程中船舶水动力性能及流场的变化情况。

3.1 船闸模型

本次计算以构皮滩水域实际环境为计算环境。船闸及引航河道模型见图 3.1 及 3.2。计算中船闸按缩尺比 1:10 进行。

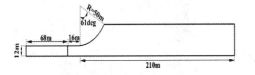

a) 船闸及引航航道俯视

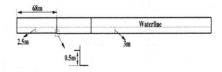

b) 船闸及引航航道侧视

图 1 构皮滩船闸计算模型二维示意图

图 2 构皮滩船闸计算模型三维示意图

3.2 船舶模型

本计算采用的船型为一艘集装箱船型，船舶几何模型见图 3.3，模型尺度船型主要参数见表 1。

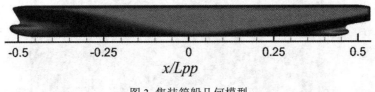

图 3 集装箱船几何模型

表 1 计算船型主要参数（模型尺度）

参数	模型数值
水线长 L_{pp}(m)	4.35
型宽 B(m)	0.613
吃水(m)	0.19
C_B(-)	0.65
航速(m/s)	1.00

3.3 坐标系及边界条件

本次计算采用的边界条件主要包括不可滑移边界（船体表面）、无穷远边界以及壁面边界条件（船闸边界）三类。计算中我们采用右手直角坐标系。坐标原点位于闸门、自由液面以及闸室中纵剖面交点处。x 轴由闸室指向宽阔水域，z 轴垂直向上。具体边界设定及坐标系见图 4。

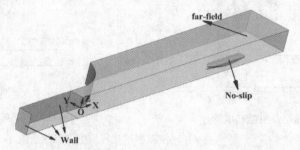

图 4　边界条件及坐标系

3.4　网格

本文计算全部采用结构化网格，由 O 型船体边界层网格与完全正交的背景网格组成。网格总量约为 380 万，其中船舶随体网格约为 190 万，背景网格约为 310 万。计算网格在自由液面以及船体表面部分进行局部细化，以便精确捕捉自由液面和处理船体表面边界层内流速等物理量的剧烈变化。具体网格情况见表 2。计算采用的全局网格以及局部网格如图 5 所示。图 6 为计算采用的重叠网格示意图。

计算在上海交通大学船建学院高性能计算集群（处理器：IBM E5-2680V2×2，2.8GHz，每节点 20 核心、64G 内存）上完成，每个工况的计算使用 20 个 CPU，耗时约 3d。

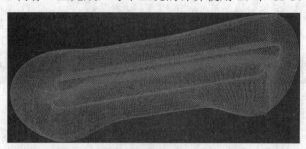

a)　船舶随体网格

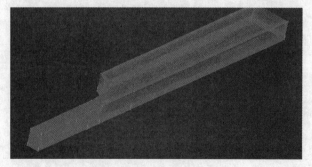

b)　全局网格

图 5　计算网格

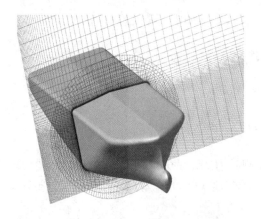

a) 重叠网格嵌套示意图

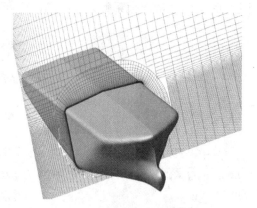

b) 重叠网格插值示意图

图 6 重叠网格示意图

表 2 网格信息汇总

名称	数量	网格类型	各方向网格数量	网格量
边界层网格	1	O 型网格	159×87×91	1258803
背景网格-闸室	1	H 型网格	44×101×107	475508
背景网格-引航河道	1	H 型网格	174×101×117	2056158
网格总量			3790469	
最小网格尺度		船体表面	5E-6	
		自由面	1.0E-3	

4 结果与分析

为更好的研究船舶驶入船闸过程中，船舶水动力性能变化过程，我们定义了三个典型时刻，如图 7 所示。Time 1 时刻船舶在宽阔水域（如海洋或湖泊）；Time 2 时刻船舶完全进入引航航道；Time 3 时刻船舶处于升船机中。

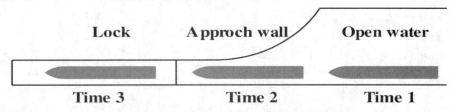

图 7 船舶驶入船闸过程三个典型时刻示意图

4.1 船舶受力

图 8 给出了研究船舶受力所采用的坐标系。本文所关注的船舶受力及力矩主要包括总

阻力系数 C_X、侧向力系数 C_Y 及转艏力矩系数 C_N。其定义如下：

$$\left.\begin{array}{l} C_X = FX \Big/ \left(\dfrac{1}{2}\rho U^2 L_{PP}d\right) \\[3mm] C_Y = FY \Big/ \left(\dfrac{1}{2}\rho U^2 L_{PP}d\right) \\[3mm] C_N = MZ \Big/ \left(\dfrac{1}{2}\rho U^2 L_{PP}{}^2 d\right) \end{array}\right\}$$

其中，FX、FY 分别代表船舶所受总阻力及侧向力(N)；MZ 表示船舶受到的转艏力矩 (Nm)；ρ 为水的密度（Ns^2/m^4）；U 与 Lpp 表示船舶航速（m/s）以及船体水线间长（m）；d 为吃水（m）。

图 9 至图 12 为整个过程中船舶所受总阻力系数 C_X、侧向力系数 C_Y 及转艏力矩系数 C_N 的历时曲线。计算结果表明：

（1）由于构皮滩船闸水域环境既浅又窄，船体周围流场呈现明显的岸壁效应与浅水效应。因此，船舶驶入闸室过程中其总阻力、侧向力及转艏力矩呈现明显的震荡。

（2）当船舶驶入闸室，船舶阻力显著升高。这可能是由于阻塞系数较高，水流被推入闸室，致使船舶首尾水位差增加所致。

（3）在船舶驶入闸室之前，由于船舶两侧流场的不对称性，导致船舶所受侧向力与转艏力矩不为零。船舶存在发生碰壁或者转艏的可能性，因此，在船舶实际运行中，建议采用防碰壁措施。

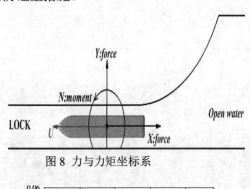

图 8 力与力矩坐标系

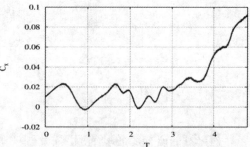

图 9 总阻力系数 CX 历时曲线

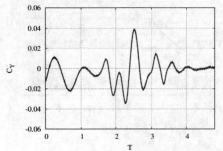

图 10 侧向力系数 CY 历时曲线

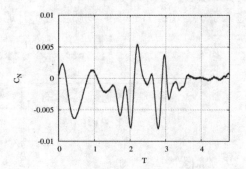

图 11 转艏力矩系数 CN 历时曲线

4.2 船舯剖面水体流速

图 12 至图 14 分别为船舶驶入闸室过程中,三个时刻船舯剖面周围水体流速 U 示意图。图中结果表明:

（1）Time 1 时刻，由于浅水效应，船体周围流体发生回流。此外，由于岸壁效应，流场呈现明显的不对称性。

（2）Time 2 时刻，船体周围水域较 Time 1 时刻更为狭窄，船体周围水流回流速度升高。此外，流场仍呈现显著的不对称性。

（3）Time 3 时刻，船体周围水域最为窄浅，阻塞系数最高，导致船体周围水流回流速度增加。但是由于水域的对称性，此时，船体周围流场呈现对称特性。

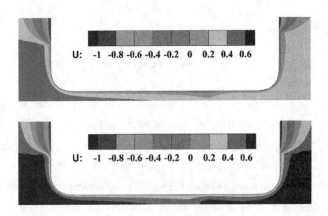

图 12 Time 1 时刻船舯周围水流速示意图　　图 13 Time 2 时刻船舯周围水流速示意图

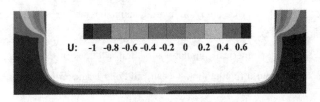

图 14 Time 3 时刻船舯周围水流速示意图

5　结论

本文依据构皮滩模型数据为计算环境，数值模拟了船舶驶入升船机的过程。从计算结果来看:

（1）由于船闸环境既浅又窄，船舶在通过船闸的过程中受到闸室两侧固壁以及闸室底部的影响明显，即存在岸壁效应与浅水效应。

（2）船舶在引航河道以及宽阔水域内时，由于流场的不对称性以及侧壁的影响，船舶受到较大的侧向力及转艏力矩，可能引起船舶碰壁或转艏。

（3）船舶驶入升船机时，水域浅窄，闸室内水流被推出，导致船舶艏艉水位差增加。

进而使得船舶触底的可能性增加。

根据以上结果：我们认为：①船舶在船闸中航行时，由于船闸环境既浅又窄，对船舶操纵性有较高要求；②船舶在通过船闸过程中，建议采用防碰壁措施（如在船侧安装防撞橡胶，拖车引航等）。

致谢

本文工作得到国家自然科学基金项目（Grant Nos 51379125，51490675，11432009，51411130131），长江学者奖励计划(Grant No. 2014099)，上海高校特聘教授（东方学者）岗位跟踪计划(Grant No. 2013022)，国家重点基础研究发展计划（973 计划）项目（Grant No. 2013CB036103），工信部高技术船舶科研项目的资助。在此一并表示衷心感谢。

参考文献

[1] Chen, X. N. From water entry to lock entry. [J], Journal of Hydrodynamics, Ser. B, 22(5), 885-892, 2010.

[2] Delefortrie, G., Willems, M., et al. Tank test of vessel entry and exit for third set of Panama locks. [C], In Proceedings of the International Navigation Seminar following PIANC AGA, 517-523, 2008.

[3] Delefortrie, G., Willems, M., et al. Behavior of post panamax vessels in the Third Set of Panama locks. [C], In International Conference on Marine Simulation and Ship Maneuverability (MARSIM'09), 2009.

[4] Vrijburcht, A. Calculations of wave height and ship speed when entering a lock. [J], Delft Hydraulics Publication 391, 1-17., 1998.

[5] Wang, H. Z., & Zou, Z. J. Numerical study on hydrodynamic interaction between a berthed ship and a ship passing through a lock. [J], Ocean Engineering, 88, 409-425, 2014.

[6] Meng Q. J., & Wan, D. C. Numerical Simulations of Ship Motions in Confined Water by Overset Grids Method. [C], The Twenty-fourth International Ocean and Polar Engineering Conference, 15-20 June, Busan, Korea, 2014.

[7] Meng Q. J., & Wan, D. C. Numerical Simulations of Viscous Flows around a Ship While Entering a Lock With Overset Grid Technique. [C], The Twenty-fifth International Ocean and Polar Engineering Conference, 21-26 June, Hawaii, USA, 2015.

Numerical solution of hydrodynamic performance of a ship while entering Goupitan Lock

MENG Qing-jie, WAN De-cheng*

（State Key Laboratory of Ocean Engineering, School of Naval Architecture, Ocean and Civil Engineering, Shanghai Jiao Tong University, Collaborative Innovation Center for Advanced Ship and Deep-Sea Exploration, Shanghai 200240, China)

*Corresponding author, Email: dcwan@sjtu.edu.cn

Abstract： To investigate the hydrodynamic performance of a ship while entering Goupitan Lock and to predict the feasibility for a ship maneuvering in Goupitan Lock, the unsteady viscous flow around a ship model while entering Goupitan lock is simulated by solving the unsteady RANS (Reynolds Averaged Navier–Stokes) equations in combination with the k-ω SST turbulence model, Level-set method as well as PISO algorithm. Overset grid technology is used to maintain grid orthogonality. The effects of the free surface are taken into account. The hydrodynamic forces, yawing moment as well as wake field are predicted and analyzed. The numerical results might provide data support for the maneuver of ships in the water area of Goupitan Lock.

Key words： Goupitan; Lock; Overset grid.

某型重力式海洋平台二阶波浪力分析

倪歆韵，程小明，田超

（中国船舶科学研究中心，无锡，214082，Email：nixinyun@cssrc.com）

摘要： 在海洋波浪环境下，海洋平台不仅受一阶波浪力的作用，而且还会受到二阶波浪力的影响，在对海洋平台设计时会考虑波浪力对平台运动、强度、系泊等的影响，本文重点研究平台的二阶波浪力。现有的平台二阶波浪力计算方法包括两种，一种是基于动量守恒原理的远场方法；另一种是基于单元压力积分的近场方法。本文采用自主开发的水动力及水弹性分析软件 Thafts 对一型重力式平台的一阶和二阶波浪力进行了数值计算，分析了一阶和二阶力对作用于平台的水平力及倾覆力矩的各自贡献。计算结果与商业软件 AQWA 进行的比对分析验证了自主开发软件的正确性。该项工作不仅为此重力式平台的稳定性分析提供输入，也推进了自主软件在海洋工程中的进一步应用。

关键词： 重力式海洋平台，二阶力，近场法，自主软件

1 引言

现有的浮体二阶波浪力计算方法包括两种，一种是远场方法；一种是近场方法。1960年，Maruo[3]介绍了基于动量守恒原理的远场方法，随后 Newman[4]在 1967 年对其进行了进一步扩展；近场方法是由 Pinkster[5]发展起来的，该方法基于直接压力积分。本文采用直接压力积分方法，并将此方法扩展到弹性模态，具有更强的应用性。拓展到弹性模态的二阶波浪力计算可以追溯到1997吴有生院士推导的三维弹性结构二阶力计算表达式，陈徐均[9]、田超[10]对表达式进行了一些修正改进，并开展了应用研究。本文回顾梳理了二阶波浪力计算公式，采用自主开发的水动力及水弹性分析软件 Thafts 对一型重力式平台的一阶和二阶波浪力进行了数值计算，分析了一阶和二阶力对作用于平台的水平力及倾覆力矩的各自贡献。因为此重力式平台不涉及弹性模态，所以仅在刚体模态范围内进行计算，计算结果与商业软件 AQWA 进行的比对分析验证了自主开发软件的正确性。该项工作不仅为此重力式平台的稳定性分析提供输入，也推进了自主软件在海洋工程中的进一步应用。

基金项目：国家重点基础研究发展计划资助（2013CB036102）

2 计算方法

2.1 广义二阶流体力

根据三维线性水弹性理论，作用于船体的广义水动力的第 r 阶分量可以表示为：

$$Z_r(t) = -\iint_{\bar{S}} \bar{n} \cdot \bar{u}_r^0 P \, \mathrm{d}S \tag{1}$$

广义二阶流体力 $Z_r^{(2)}(t)$ 可表示为[8-10]：

$$Z_r^{(2)}(t) = F_r^{(2)}(t) + E_r^{(2)}(t) + D_r^{(2)}(t) + S_r^{(2)}(t) + \Delta Z_r^{(2)}(t) \tag{2}$$

它们可分别表示为：

$$F_r^{(2)}(t) = \rho \iint_{\bar{S}} \left[(\mathbf{R}\bar{n}) \cdot \bar{u}_r^0 + (\bar{n} \cdot \bar{u}_r^0)(\bar{u}^{(1)} \cdot \nabla) \right] (\frac{\partial}{\partial t} + \bar{W} \cdot \nabla) \left[\varphi(t)_I + \varphi_D(t) \right] \mathrm{d}S$$
$$+ \rho \iint_{\bar{S}} \bar{n} \cdot \bar{u}_r^0 \frac{1}{2} \left[\nabla \varphi_I(t) + \nabla \varphi_D(t) \right]^2 \mathrm{d}S \tag{3}$$

$$E_r^{(2)}(t) = \sum_{k=1}^{m} \rho \iint_{\bar{S}} \bar{n} \cdot \bar{u}_r^0 \nabla \left[\varphi_I(t) + \varphi_D(t) \right] \cdot \nabla \varphi_k(t) \, \mathrm{d}S \tag{4}$$

$$D_r^{(2)}(t) = \sum_{k=1}^{m} \rho \iint_{\bar{S}} \left[(\mathbf{R}\bar{n}) \cdot \bar{u}_r^0 + (\bar{n} \cdot \bar{u}_r^0)(\bar{u}^{(1)} \cdot \nabla) \right] (\frac{\partial}{\partial t} + \bar{W} \cdot \nabla) \varphi_k(t) \, \mathrm{d}S$$
$$+ \sum_{k=1}^{m} \sum_{l=1}^{m} \frac{1}{2} \rho \iint_{\bar{S}} (\bar{n} \cdot \bar{u}_r^0) \nabla \varphi_k(t) \cdot \nabla \varphi_l(t) \, \mathrm{d}S \tag{5}$$

$$S_r^{(2)}(t) = \rho \iint_{\bar{S}} (\mathbf{R}\bar{n}) \cdot \bar{u}_r^0 \left[gw + \frac{1}{2}(\bar{u}^{(1)} \cdot \nabla)W^2 \right] \mathrm{d}S$$
$$+ \rho \iint_{\bar{S}} (\mathbf{H}\bar{n}) \cdot \bar{u}_r^0 \left[gz' + \frac{1}{2}(W^2 - U^2) \right] \mathrm{d}S$$
$$+ \rho \iint_{\bar{S}} (\bar{n} \cdot \bar{u}_r^0)(\mathbf{H}\bar{r}' + \mathbf{R}\bar{u}_d) \cdot \nabla (gz' + \frac{1}{2}W^2) \, \mathrm{d}S \tag{6}$$

$$\Delta Z_r^2(t) = \rho \iint_{\Delta S} \bar{n} \cdot \bar{u}_r^0 \left\{ \begin{array}{l} \left[(\frac{\partial}{\partial t} + \bar{W} \cdot \nabla)\varphi + \frac{1}{2}(W^2 - U^2) + \frac{1}{2}(\bar{u}^{(1)} \cdot \nabla)W^2 \right] \\ + g(z' + w) \end{array} \right\} \mathrm{d}S \tag{7}$$

式中 $F_r^{(2)}(t)$ 是与入射势和反射势有关的项；$E_r^{(2)}(t)$ 是辐射势与入射势、反射势的耦合项；$D_r^{(2)}(t)$ 是与辐射势有关的项；$S_r^{(2)}(t)$ 是与非稳态速度势无关的项；$\Delta Z_r^{(2)}(t)$ 则是由于瞬时湿表面变化引起的二阶力。$\Delta S = S - \bar{S}$ 为瞬时湿表面与平均湿表面值差。

2.2 广义二阶流体力系数

根据 2.1 节中给出的二阶力计算公式，可以获得不规则波中广义二阶流体力系数的计算公式，各二阶力公式中的详细系数可参考文献[8-10]。

（1）$F_r^{(2)}(t)$——广义二阶波浪激励力

$$F_r^{(2)}(t) = \sum_{k=1}^{m}\sum_{i=1}^{N}\sum_{j=1}^{N}\zeta_i\zeta_j\xi_{rk}(\omega_{ei})\frac{1}{2}\left\{\overline{p}_k(\omega_{ej})e^{i\left[(\omega_{ei}-\omega_{ej})t+(\varepsilon_i-\varepsilon_j)\right]} + p_k(\omega_{ej})e^{i\left[(\omega_{ei}+\omega_{ej})t+(\varepsilon_i+\varepsilon_j)\right]}\right\}$$
$$+\sum_{i=1}^{N}\sum_{j=1}^{N}\zeta_i\zeta_j\frac{1}{2}\left\{f_r^*(\omega_{ei},\omega_{ej})e^{i\left[(\omega_{ei}-\omega_{ej})t+(\varepsilon_i-\varepsilon_j)\right]} + f_r(\omega_{ei},\omega_{ej})e^{i\left[(\omega_{ei}+\omega_{ej})t+(\varepsilon_i+\varepsilon_j)\right]}\right\} \tag{8}$$

（2）二阶力中辐射势与入射势和反射势的耦合项 $E_r^{(2)}(t)$

$$E_r^{(2)}(t) = \sum_{k=1}^{m}\sum_{i=1}^{N}\sum_{j=1}^{N}\zeta_i\zeta_j p_k(\omega_{ei})\frac{1}{2}\left\{\begin{array}{l}h_{rk}^*(\omega_{ei},\omega_{ej})e^{i\left[(\omega_{ei}-\omega_{ej})t+(\varepsilon_i-\varepsilon_j)\right]}\\+h_{rk}(\omega_{ei},\omega_{ej})e^{i\left[(\omega_{ei}+\omega_{ej})t+(\varepsilon_i+\varepsilon_j)\right]}\end{array}\right\} \tag{9}$$

（3）$D_r^{(2)}(t)$——广义二阶辐射力

$$D_r^{(2)}(t) = \sum_{k=1}^{m}\sum_{l=1}^{m}\sum_{i=1}^{N}\sum_{j=1}^{N}\zeta_i\zeta_j p_k(\omega_{ei})\frac{1}{2}\left\{\begin{array}{l}\overline{p}_l(\omega_{ej})\left[q_{rkl}(\omega_{ei})+t_{rkl}^*(\omega_{ei},\omega_{ej})\right]\\ \cdot e^{i\left[(\omega_{ei}-\omega_{ej})t+(\varepsilon_i-\varepsilon_j)\right]}\\ +p_l(\omega_{ej})\left[q_{rkl}(\omega_{ei})+t_{rkl}(\omega_{ei},\omega_{ej})\right]\\ \cdot e^{i\left[(\omega_{ei}+\omega_{ej})t+(\varepsilon_i+\varepsilon_j)\right]}\end{array}\right\} \tag{10}$$

（4）与非稳态速度势无关的项 $S_r^{(2)}(t)$

$$S_r^{(2)}(t) = \sum_{k=1}^{m}\sum_{l=1}^{m}\sum_{i=1}^{N}\sum_{j=1}^{N}\zeta_i\zeta_j g_{rkl}\frac{1}{2}p_k(\omega_{ei})\left\{\begin{array}{l}\overline{p}_l(\omega_{ej})e^{i\left[(\omega_{ei}-\omega_{ej})t+(\varepsilon_i-\varepsilon_j)\right]}\\+p_l(\omega_{ej})e^{i\left[(\omega_{ei}+\omega_{ej})t+(\varepsilon_i+\varepsilon_j)\right]}\end{array}\right\} \tag{11}$$

（5）瞬时湿表面积的变化引起的二阶力 $\Delta Z_r^{(2)}(t)$

$$\Delta Z_r^{(2)}(t) = J_{r0}+\sum_{j=1}^{N}\zeta_j\left[\overline{J}_r(\omega_{ej})e^{-i(\omega_{ej}t+\varepsilon_j)}+3J_r(\omega_{ej})e^{i(\omega_{ej}t+\varepsilon_j)}\right]$$
$$+\sum_{k=1}^{m}\sum_{j=1}^{N}\zeta_j\left[\overline{J}_{rk}(\omega_{ej})\overline{p}_k(\omega_{ej})e^{-i(\omega_{ej}t+\varepsilon_j)}+3J_{rk}(\omega_{ej})p_k(\omega_{ej})e^{i(\omega_{ej}t+\varepsilon_j)}\right]$$
$$+\sum_{i=1}^{N}\sum_{j=1}^{N}\zeta_i\zeta_j\left\{K_r^*(\omega_{ei},\omega_{ej})e^{i\left[(\omega_{ei}-\omega_{ej})t+(\varepsilon_i-\varepsilon_j)\right]}+K_r(\omega_{ei},\omega_{ej})e^{i\left[(\omega_{ei}+\omega_{ej})t+(\varepsilon_i+\varepsilon_j)\right]}\right\}$$
$$+\sum_{k=1}^{m}\sum_{i=1}^{N}\sum_{j=1}^{N}\zeta_i\zeta_j\left\{\begin{array}{l}\left[\begin{array}{l}\overline{K}_{rk}(\omega_{ei},\omega_{ej})\overline{p}_k(\omega_{ej})\\+K_{rk}(\omega_{ei},\omega_{ej})p_k(\omega_{ej})\end{array}\right]e^{i\left[(\omega_{ei}-\omega_{ej})t+(\varepsilon_i-\varepsilon_j)\right]}\\ +K_{rk}^*(\omega_{ei},\omega_{ej})p_k(\omega_{ej})e^{i\left[(\omega_{ei}+\omega_{ej})t+(\varepsilon_i+\varepsilon_j)\right]}\end{array}\right\}$$
$$+\sum_{k=1}^{m}\sum_{l=1}^{m}\sum_{i=1}^{N}\sum_{j=1}^{N}\zeta_i\zeta_j\left\{\begin{array}{l}G_{rkl}^*(\omega_{ei},\omega_{ej})p_k(\omega_{ei})\overline{p}_l(\omega_{ej})e^{i\left[(\omega_{ei}-\omega_{ej})t+(\varepsilon_i-\varepsilon_j)\right]}\\+G_{rkl}(\omega_{ei},\omega_{ej})p_k(\omega_{ei})p_l(\omega_{ej})e^{i\left[(\omega_{ei}+\omega_{ej})t+(\varepsilon_i+\varepsilon_j)\right]}\end{array}\right\} \tag{12}$$

组合上述二阶力系数，可以得到二阶差频力和二阶和频力。

二阶差频力：

$$Q_{rij} = K_r^*\left(\omega_{ei}, \omega_{ej}\right) + \frac{1}{2} f_r^*\left(\omega_{ei}, \omega_{ej}\right)$$

$$+\frac{1}{2}\sum_{k=1}^{m}\left\{\begin{array}{l}\xi_{rk}\left(\omega_{ei}\right)\bar{p}_k^{(1)}\left(\omega_{ej}\right) + h_{rk}^*\left(\omega_{ei}, \omega_{ej}\right)p_k^{(1)}\left(\omega_{ei}\right) + 2\bar{K}_{rk}\left(\omega_{ei}, \omega_{ej}\right)\bar{p}_k^{(1)}\left(\omega_{ej}\right)\\ +2K_{rk}\left(\omega_{ei}, \omega_{ej}\right)p_k^{(1)}\left(\omega_{ei}\right)\\ +p_k^{(1)}\left(\omega_{ei}\right)\sum_{l=1}^{m}\left[\begin{array}{l}\bar{p}_l^{(1)}\left(\omega_{ej}\right)[q_{rkl}\left(\omega_{ei}, \omega_{ej}\right) + t_{rkl}^*\left(\omega_{ei}, \omega_{ej}\right)]\\ +g_{rkl}\bar{p}_l^{(1)}\left(\omega_{ej}\right) + 2G_{rkl}^*\left(\omega_{ei}, \omega_{ej}\right)\bar{p}_l^{(1)}\left(\omega_{ej}\right)\end{array}\right]\end{array}\right\} \quad (13)$$

二阶和频力：

$$D_{rij} = K_r\left(\omega_{ei}, \omega_{ej}\right) + \frac{1}{2} f_r\left(\omega_{ei}, \omega_{ej}\right)$$

$$+\frac{1}{2}\sum_{k=1}^{m}\left\{\begin{array}{l}\xi_{rk}\left(\omega_{ei}\right)p_k^{(1)}\left(\omega_{ej}\right) + h_{rk}\left(\omega_{ei}, \omega_{ej}\right)p_k^{(1)}\left(\omega_{ei}\right) + 2K_{rk}^*\left(\omega_{ei}, \omega_{ej}\right)p_k^{(1)}\left(\omega_{ej}\right)\\ +p_k^{(1)}\left(\omega_{ei}\right)\sum_{l=1}^{m}\left[\begin{array}{l}p_l^{(1)}\left(\omega_{ej}\right)[q_{rkl}\left(\omega_{ei}, \omega_{ej}\right) + t_{rkl}\left(\omega_{ei}, \omega_{ej}\right)]\\ +g_{rkl}p_l^{(1)}\left(\omega_{ej}\right) + 2G_{rkl}\left(\omega_{ei}, \omega_{ej}\right)p_l^{(1)}\left(\omega_{ej}\right)\end{array}\right]\end{array}\right\} \quad (14)$$

当 $\omega_{ei} = \omega_{ej}$ 时，Q_{rij} 可以给出定常慢漂力，定常慢漂力对工程应用具有重要意义。

3 计算对象

本文采用上述的二阶力系数计算公式，对某一重力式坐底平台进行了计算。该平台分为三段，分别为上圆柱、下圆柱和中间过渡段。上圆柱高 60m，直径 20m；下圆柱高 5m，直径 80m；过渡段高 20m。平台高度总计 85m。对平台进行网格划分，总计四边形单元 984 个，因为平台坐底，所以平台底部不用划分网格，网格划分如图 1 所示。

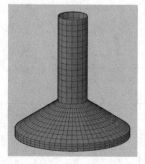

图 1 重力式平台网格划分

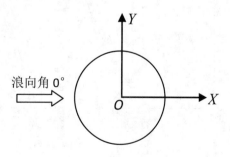

图 2 坐标系定义

平台重心位置在过渡段下平面的中心位置，坐标系原点定义在平台重心上，如图 2 所示，OZ 轴向上满足右手坐标系，浪向和 OX 正方向同向时定义为 0° 浪向角。

4 计算结果

本文计算对象重力式平台前后左右都是对称的，所以只计算 0° 浪向角下的一阶和二阶波浪力系数。图 3 和图 4 分别给出一阶波浪力（包括水平波浪力、垂向波浪力和纵摇力矩）的计算结果，并且与 AQWA 结果进行了比较，结果表明两者结果一致，为二阶力的计算提供了准确的输入数据。

图 5 给出了基于一阶速度势结果以及二阶力计算公式得到的二阶波浪力，这里给出了与平台稳定性相关的二阶水平力及倾覆力矩，并与 AQWA 结果进行了比较，图中曲线表明，两者在趋势基本一致，吻合程度较好，但在低频区，Thafts 计算所获得的水平二阶力略大于 AQWA 的结果，Thafts 结果在这一频率区域均为正值，而 AQWA 结果在这一频率区域出现了较小的负值，在后续的研究中需要进一步分析产生这一差异的原因。图中结果显示，二阶水平力和倾覆力矩（关于重心位置）随频率的增大而逐渐变大，在 1.0rad/s 时二阶水平力达到了约 7 吨力的量级。

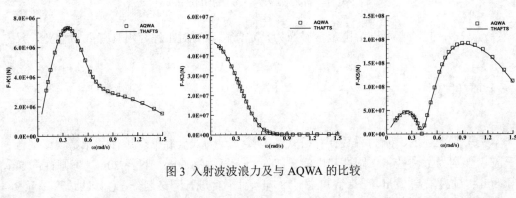

图 3 入射波波浪力及与 AQWA 的比较

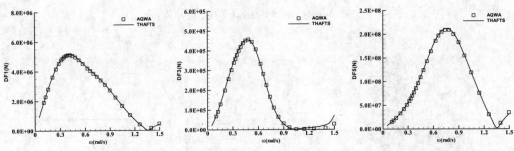

图 4 绕射波波浪力及与 AQWA 比较

图 6 给出了二阶力相对于一阶力的贡献。从图 6 中可以看出，二阶水平力的相对大小

随频率增大而增大，在低频区贡献几乎为零，在 1.0rad/s 处为 1.6%；二阶倾覆力矩的相对大小随频率先增大再减小而后再增大，同样在低频区贡献几乎为零，在 0.25rad/s 附近出现一个极大值，在 1.0rad/s 处为 1.9%。

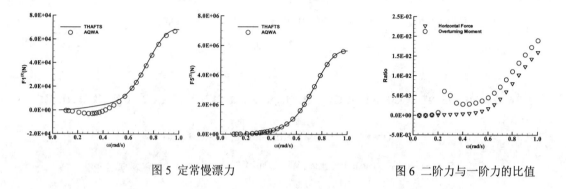

图 5 定常慢漂力　　　　　　　　　图 6 二阶力与一阶力的比值

5　结论

本文采用广义的二阶波浪力计算公式，针对某重力式平台初步开展了应用研究，并与商业软件 AQWA 的计算结果进行比较，比较结果显示 Thafts 一阶力计算结果与 AQWA 结果一致，二阶力刚体模态结果与 AQWA 基本一致，有效地验证了 Thafts 计算结果的准确性，同时计算结果为此重力式平台的性能分析提供输入数据。下一步将开展包含弹性模态的二阶力计算应用研究。

<h2 style="text-align:center">参 考 文 献</h2>

1　　Wu, Y.S. Hydroelasticity of floating bodies[D], Brunel Univ., U.K. , 1984.

2　　Bishop, R.E.D., Price, W.G., Wu, Y.S. A general linear hydroelasticity theory of floating structures moving in a seaway[J]. Phil. Trans. Of Royal Society, London, 1986, A316: 375-426.

3　　Maruo, H. The drift force on a body floating in waves[J]. J. Ship Res., 1960, 4(3): 1-10.

4　　Newman, J.N. The drift force and moment on ships in waves[J]. J. Ship Res., 1967, 11(1): 51-60.

5　　Pinkster, J.A., Oortmerssen, G. van. Computation of the first- and second-order wave forces on oscillating bodies in regular waves[C]. Proc. 2nd Int. Conf. Num. Ship Hydrodynamics, Berkeley, 1977, 136-156.

6　　Pinkster, J.A.. Low frequency second order wave exciting forces on floating structures [D]. Delft, 1980.

7　　Kudou, K.. The drifting force acting on a three dimensional body in waves[J]. J. Soc. Nav. Arch. Japan, 1977, 71-77.

8　Wu, Y.S., Hisaaki, M., Takeshi, K. The second order hydrodynamic actions on a flexible body[J]. SEISAN-KENKYU, 1997, 49:190-201

9　陈徐均. 浮体二阶非线性水弹性力学分析方法[D]. 中国船舶科学研究中心, 2000.

10　田超. 航行船舶的非线性水弹性理论与应用研究[D]. 中国船舶科学研究中心, 2007.

The analysis of second order forces on a type of gravity platform

NI Xin-yun, CHENG Xiao-ming, TIAN Chao

（China Ship Scientific Research Center, Wuxi, 214082, Email：nixinyun@cssrc.com）

Abstract: A platform suffers not only first order wave forces, but also second order forces in ocean. The effects of wave forces on motions, strength, and mooring of platform have to be included when designing a platform. We focus on the second order forces of platform in this article. There are two methods to compute second order forces, one of which is called far field method based on conservation of momentum, the other is called near field method based on pressure integration. In this article, the first and second order wave forces of a type of gravity platform have been computed using own software-*Thafts*. The contribution of first and second wave forces on the horizontal forces and overturning moments have been analyzed. The results from *Thafts* have been compared with the *AQWA* results to verify the correction of *Thafts*. The work have been completed can offer data for the stability analysis of the gravity platform, and also promote the application of own software-*Thafts* in ocean project.

Key words: Gravity Platform; Second Order Force; Near Field Method; Own Software

Does ship energy saving device really work?

SUN hai-su

(Shanghai Merchant Ship Design & Research Institute, Shanghai, 201203, China.
Email: sun-hai-su@163.com)

Abstract：In the past years the costs for fuel oil have almost doubled. The currently high prices force ship owners and operators to think about measures to reduce costs for fuel oil. A question often presented to naval architect today is: "What can we do to reduce the fuel oil costs of our ships?" Maybe the no doubt choice is the ship energy saving device (ESD). However, does the ESD really work? What are the pros and cons of the ESD? Analyzing from hydromechanics principle, results of model/trial tests and the economics angle, the paper gives some insight into the ESD.

Key words：Energy Saving Device; Fuel oil costs; Potential problems

1 Background

With the development of international trade and shipping industry, ship transportation produces more and more greenhouse gases and consumes more and more energy sources, as shown in Figure 1. The less production of the greenhouse gases and energy saving have been the questions of reality, which the people of shipping industry must solve [1]. Meanwhile, with the oil price rising internationally and the enforcement of EEDI laws and regulations in 2013, it is an irresistable trend that people of shipping industry want to satisfy the needs of the ship owners, act according to the requirements of laws, save more energy sources and make less or even zero pollution by advanced technology.

Fig 1 Green house gas emission and higher oil prices of ship industry

The use of ESDs has been widely considered as the most effective measure and in recent three years this method has grown up and been widely applied.

2   The brief introduction of Ship Energy Saving Devices

Ship energy saving devices (ESDs), as the name suggests, is a device based on hydrodynamics principle[2], installed on the ship to save energy by reducing ship resistance, lowering down the losses of propeller race, improving the flow field, improving the efficiency of propeller and so on[5].

People have a lot of choices about ESDs[4], as shown in Figure 2.

On the whole, they can be divided into two types:

The fist type: pre-propeller ESDs, seen in Figure 3 to Figure 5, means the ESDs installed in the front of the propeller, including Mevis Duct, Pre Swirl Stator(PSS), Wake Equalizing Duct(WED) and so on.

The second type: aft-propeller ESDs, seen in Figure 6 to Figure 8, means the ESDs installed at the back of the propeller, including Twisted Rudder, Rudder Bulb, Propeller Boss Cap Fins (PBCF) and so on.

Fig 2   Ship energy saving devices

Fig 3　Mevis Duct

Fig 4　PSS

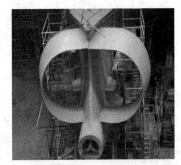

Fig 5 WED

Fig 6　Twisted Rudder

Fig 7　Rudder Bulb

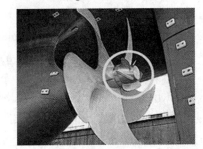

Fig 8 PBCF

3　Several kinds of popular ESDs and declared energy saving effects.

Some popular ESDs and their declared energy-saving effects are shown in Table 1.

Table 1.　Several kinds of popular ESDs and declared energy-saving effects

Device	Energy Saving /%
Mevis Duct	3-7
Pre Swirl Stator (PSS)	2-10
Rudder Bulb	2
Twisted Rudder	2
Wake Equalizing Duct (WED)	3-7
Propeller Boss Cap Fins (PBCF)	3-5

4　Analysis of energy saving effect

Seen from Table 1, the energy saving efficiency of different energy saving device are not the same, but they ate more or less attracting the ship owner [3]. However, where do the data come from?

How reliable are the data? These are meaningful problems. So far, the expression ways of energy saving are as follows.

    A. Fuel consumption of operational ship (seen from Table 2).

    B. Ship trial results (seen from Table 3).

    C. Model test results (seen from Table 4).

    D. CFD results (seen from Table 5).

A can directly reflect the operation cost which the owners care most. And fuel consumption is the final evaluation criteria; B is the best way to know the energy saving effect except for operation fuel consumption; C is the effective way to predict the effect of ESD in the absence of real ship; D is the most cost saving and the most convenient way.

No doubt, from the persuasive speaking, A, B, C and D are in a decreasing manner.

But they all have arguments.

For A, fuel consumption can truly reflect the energy conservation effect, but the two ships which are used for comparison must have: same hull line, same equipments especially the main engine, same route of operation, same dead weight, same construction process and so on. Obviously, this is not possible. So, A can only give a cursory effect of ESD.

For B, there are so many variables (such as wind, wave, the correction formula, tester and so on) involved that ship trial results can be difficult to show the effect of ESD.

For C, someone once said this is the most accurate method to estimate the energy saving of ESD, because model tests can almost guarantee same ship model, same hydrological environment, same device status, underwater installation of ESD model and so on. However, the final evaluation criteria is to predict the effect of ESD on the real ship, how to reasonably predict from model scale to real ship is still a problem. The core problem is to correct the wake fraction, some towing tankers use ITTC1978 method, some use Ei method, and some use the recommended method upon the ESDs which have pre-swirl function to the propeller. Different correction formulas of wake fraction result in different energy saving of the same ESD, of course, theoretically only one is reasonable, but It will take some time to solve the problem.

For D, it's the cost-optimal and the most convenient way, but also the minimally credible way. It only gives directional analyzing; quantifiable results still need to carry out model tests or real ship tests.

Table 2   Fuel consumption of operational ship [2]

Hull no.	Vessel name	Operation condition	Speed /kn	M/E power /(r/min)	Actual M/E daily H.F.O consumption	W/O HAVF
HT070	MANDARIN	Ballast	14.3	116	29.1	with

	OCEAN	Full-load	13.7	116	29.7	
HT030	MANDARIN	Ballast	14.2	116	30.1	without
	NOBEL	Full-load	13.6	116	30.7	
HT045	MANDARIN	Ballast	14.1	116	30.1	without
	RIVER	Full-load	13.6	116	30.8	

Table 3   Ship trial results [2]

Comparison Condition	Without PBCF	With PBCF	Difference
Speed under giving PS=90%MCR with 15% sea magin, PS=8833x0.9x0.985/1.15=6809kW	14.52kn	14.63kn	+0.11kn
Power under giving Vs=14.50kn	6760kW	6553kW	-207kW

Table 4   Model test results [2]

Vessel Type	DWT	Device	Energy saving
Bulk carrier	30000DWT	Wake Equalizing Duct	3.0%
Container vessel	4300TEU	Twisted Rudder	2.0%
Oil tanker	160000DWT	Mevis Duct	5.0%

Table 5   CFD results [2]

Case	Vs kn	Vm m/s	Nm r/s	Tm N	Qm N*M	Rm N	Z N	Energy saving
Without Mevis Duct	16	1.221	8.58	30.29	0.8379	47.64	17.35	--
With Mevis Duct	16	1.221	8.40	30.03	0.8106	47.62	17.35	5.3%

5   Potential problems caused by ESD

Besides the consideration of the profit of ESD, potential problems caused by ESD also require constant attention. For example: the increase of the cost, insecure welding, influence on dismantling propeller, inaccurate installation of ESD, adhesion of sediment or oyster and some other unpredictable problems.

With regard to the ESDs in Table 1, the potential problems are shown in Table 6.

Table 6. Potential problems of popular ESDs

Device	Impact on the energy saving effect	Safety hidden trouble	Else
Mevis Duct	Dirty surface Inaccurate installation	Insecure welding	Increased cost
Pre Swirl Stator (PSS)	Dirty surface Inaccurate installation	Insecure welding	Increased cost
Twisted Rudder	-	-	Increased cost
Rudder Bulb	-	-	Increased cost Influence on dismantling propeller
Wake Equalizing Duct (WED)	Dirty surface Inaccurate installation	Insecure welding	Increased cost
Propeller Boss Cap Fins(PBCF)	Dirty surface Inaccurate installation		Increased cost

6 Conclusions and suggestions

In the first place, how to evaluate the energy saving effect of real ship is a difficult argument. Maybe the consequence could come after a long dispute and abundant acceleration of real ship fuel consumption data.

In the next place, you should not only concern about the profit, but also pay attention to the possible impact when you choose the type of ESD. If the ESD can bring energy saving, but also minimize the risks, that could be an ideal outcome. Complex ESDs are not necessarily good, contrarily simple ESDs may be effective.

After that, in order to reduce the impact of different conversion methods from model scale to real ship, in the assessment phase of the ESD, the best choice is the simple ESDs, such as Rudder Bulb and PBCF. Complex ESDs, just like Mevis Duct,PSS and WED, are not recommended when the evaluation results under 3%.

So, all in all, rational treatment with ESD is essential. The right decision can bring not only the happiness of saving money, but also the reduction in risk of potential problems caused by ESD.

References

1. STX Advanced Technologies for Green Dream, PhysShip Efficiency, 3rd International Conference, Hamburg (2011).

2. Energy Saving Decive, Public literature of Shanghai Branch of China Ship Scientific Research Center (2014).

3. Mahdi Khorasanchi, What to expect from hydrodynamic energy saving devices. Low Carbon Shipping Conference, London. (2013).

4. Ship Energy Efficiency Measures (Status and Guildance), ABS. (2014).

5. Tom van Terwisga, On the working principles of Energy Saving Devices. Third International Symposium on Marine Propulsors, Launceston, Tasmania, Australia. (2013).

Suppress sloshing impact loads with an elastic structure

LIAO Kang-ping[1], HU Chang-hong[2], MA Qing-wei[1]

([1] College of Ship Building Engineering, Harbin Engineering University, Harbin, 150001, CHINA.
Email: liaokangping@hrbeu.edu.cn)

([2] Research Institute for Applied Mechanics, Kyushu University, 6-1 Kasuga-koen, Kasuga, Fukuoka 816-8580, JAPAN.)

Abstract: In rough sea conditions, free floating ships or platforms often suffer from large-amplitude motion. For the ships or platforms with partially-filled tank(s), such as LNG carriers and FPSO vessels, the large-amplitude motion can result in sloshing phenomena. Large impact loads induced by the sloshing can result in structural damage. Therefore, it is important to reduce the sloshing impact loads for the ship or platform design. In this paper, a rectangular sloshing tank with an elastic structure is studied. The elastic structure is used to suppress the sloshing impact loads. The coupled FDM-FEM method, proposed by the authors, is applied to analyzed the influence of the elastic structure motion on the impact loads. In the coupled FDM-FEM method, the Finite Difference Method (FDM) based on a fixed regular Cartesian grid system is applied for solving flow field, and the FEM based on a Lagrangian grid system is used to solve structural deformation. A volume weighted scheme based on Immersed Boundary (IB) method is adopted to couple the flow solver and the structural solver. Comparison of impact loads between cases with and without elastic baffle are carried out. Results show that the elastic structure motion has great influence on the impact loads.

Key words: Sloshing impact loads; Coupled FDM-FEM method; Elastic structure; Fluid-Structure interaction.

1 Introduction

In rough sea conditions, free floating ships or platforms often suffer from large-amplitude motion. For the ships or platforms with partially-filled tank(s), such as LNG carriers and FPSO vessels, the large-amplitude motion can result in sloshing phenomena. Sloshing motion in partially-filled tank(s) will be violent when the frequency of the tank-excited motion is equal or closed to the natural frequency of fluid inside the tank or the amplitude of the tank motion is very large. The violent sloshing motion in tank(s) can produce considerable impact loads which will lead to instability or rollover of ships or platforms. Moreover, the violent sloshing motion can generate excessively high impact pressure on the tank wall and result in structural damage. Therefore, it is important to suppress the sloshing impact loads for ships or platforms design.

One way to suppress the sloshing impact loads is using baffles. Baffles are some additional internal components, which can increase the hydrodynamic damping and consequently decrease the sloshing impact loads. Effects of baffles on suppressing impact loads have been investigated intensively. Isaacson and Premasiri[1] studied the hydrodynamic damping of baffles in a rectangular tank with horizontal oscillations with theoretical and experimental methods. They found that the baffles located close to the free surface give a higher damping than the other locations. Goudarzi and Sabbagh-Yazdi[2] analyzed the hydrodynamic damping due to lower and upper mounted vertical baffles as well as horizontal baffles in rectangular tanks based on theoretical and experimental methods. It is revealed that the upper mounted vertical baffles are more effective and more practical than the lower mounted vertical baffles. They also concluded that the horizontal baffles have significant damping effects in slender tanks while the vertical baffles are more effective in broad tanks. A two-phase flow model was applied by Xue et al. [3] to investigate sloshing phenomena in cubic tank with horizontal baffle, perforated vertical baffle and their combinatorial configurations. According to their investigations, it is found that the use of the non-conventional combinatiorial baffles not only remarkably reduces the sloshing amplitude and impact pressures on the tank wall but also shifts the natural frequency of tank system. A membrane LNG tank with a baffle was studied by Wang and Xiong[4]. They concluded that the maximum impact pressure for the tank with baffle can be reduced nearly by 50% comparing with the cases without baffle. An experiment was conducted by Jin et al.[5] to study the effect of an inner horizontal perforated plate on the sloshing impact loads. The experimental results show that the horizontal perforated plates are useful in restraining violent sloshing effects in a rectangular tank under horizontal excitation.

Rigid baffles are commonly used in most of the researches in the literature. In this paper, a rectangular sloshing tank with an elastic structure is studied. The elastic structure as a baffle is used to suppress the sloshing impact loads. The coupled FDM-FEM method[6], proposed by the authors, is applied to analyzed the influence of the elastic structure motion on the impact loads. In the coupled FDM-FEM method, the Finite Difference Method (FDM) based on a fixed regular Cartesian grid system is applied for solving flow field, and the FEM based on a Lagrangian grid system is used to solve structural deformation. A volume weighted scheme based on Immersed Boundary (IB) method is adopted to couple the flow solver and the structural solver. Comparison of impact loads between with and without elastic structure are carried out.

2 Numerical Method

In this study, the coupled FDM-FEM method is applied to analyze the influence of the elastic structure motion on the impact loads. A detailed description of the coupled FDM-FEM method has been presented in our previous research work[6]. Only a brief introduction of it is given in this section for comprehensive.

In the coupled FDM-FEM method, the FDM, based on a fixed regular Cartesian grid system, is applied for the fluidic domain. The Constraint Interpolation Profile (CIP) method[7], which is a high order upwind scheme with a compact structure, is adopted into the FDM to reduce numerical diffusion. Tangent of Hyperbola for Interface Capturing with Slope Weighting (THINC/SW)[8], is applied as an interface capture scheme for simulation of violent free surface flows. For the structural domain, the conventional FEM, based on Lagrangian framework, is used to solve the structural dynamic equation. Since the flow solver is based on a fixed regular Cartesian grid system, and the structural solver is based on a moving Lagrangian framework, the Immersed Boundary (IB) method[9] is a reasonable choice for dealing with the moving interface. The biggest benefit of the IB method is that it is suitable for dealing with the problem when a body with complex geometry undergoes large amplitude motion or deformation. In our coupled FDM-FEM method, a volume weighted scheme is adopted for coupling the flow solver and the structural solver. The scheme is based on the direct-forcing IB method[10] but does not need complicated interpolation process. Conservation of momentum at the moving interface between the fluid domain and the solid domain is guaranteed by using the volume weighted scheme.

3 Results

As shown in Fig.1, in this paper, a rectangular sloshing tank system, same as in[11], is applied to analyze the effect of an elastic baffle on the sloshing impact loads. Firstly, grid convergence of the coupled FDM-FEM method is checked by comparing with the experimental data, as shown in Table 1 and Fig.2. Results show that the coupled FDM-FEM method has good accuracy with reasonable fine mesh. Thus, without special illustration, all the following calculations are carried out with the fine mesh (600×330). In the calculation, two elastic baffles with different length (h and $h/2$) are considered, where h is the depth of liquid. Figure 3 and 4 show comparison of impact pressure with and without baffle at P1 and P2, respectively. It is found that the sloshing impact pressure can be remarkably reduced with an elastic baffle. Effect of the baffle with h length on the impact pressure is larger than that with $h/2$. Results also show that frequency of the liquid motion in the tank can be changed by the effect of the elastic baffle. Comparison of free surface profile at some typical time steps is shown in Fig.5. It can be seen that the liquid sloshing motion is suppressed greatly with an elastic baffle.

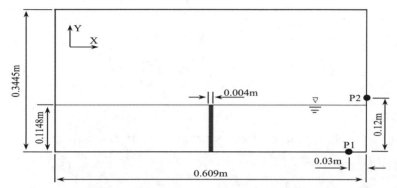

Fig.1 Rectangular sloshing tank system

Table 1 Two computational cases with different grid number

Number of element	Thickness /m	Case	Grid	Minimum grid spacing/m
10	0.004	Case 1	400X230	$\Delta x=\Delta y=0.001$
		Case 2	600X330	$\Delta x=\Delta y=0.0005$

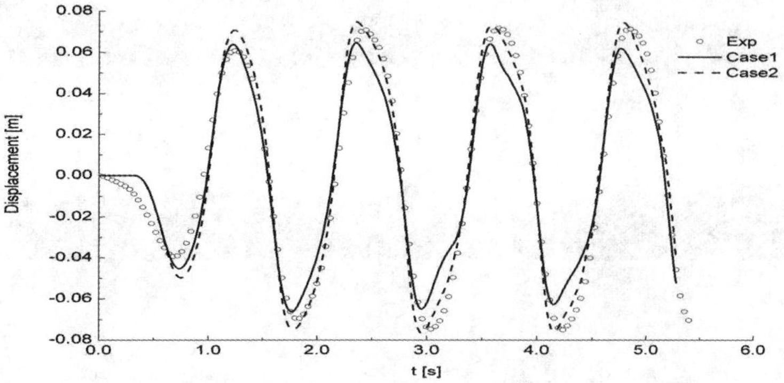

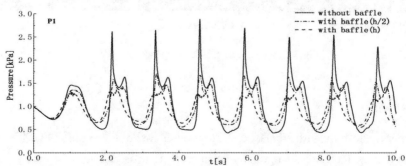

Fig.2　Comparison of experimental data and numerical results

Fig.3 Comparison of impact pressure with and without baffle at P1

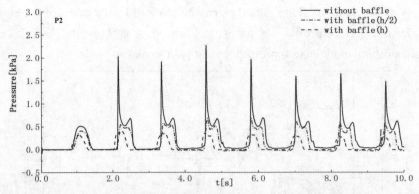

Fig.4　Comparison of impact pressure with and without baffle at P2

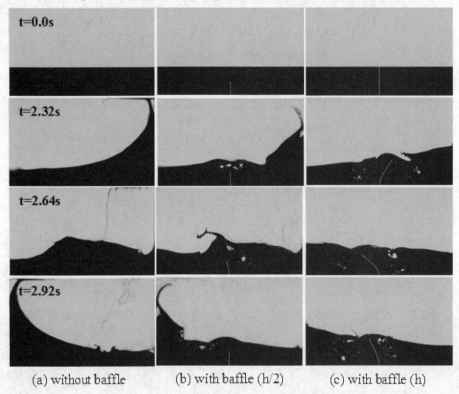

　(a) without baffle　　　(b) with baffle (h/2)　　　(c) with baffle (h)

Fig.5　Free surface profile at typical time step

4 Conclusions

In this paper, sloshing with an elastic baffle is studied with the coupled FDM-FEM method. Two elastic baffles with different length are considered in the calculation. Comparisons of impact pressure with and without baffle at P1 and P2 are analyzed. Results show that liquid sloshing motion and impact pressure can be remarkably suppressed with an elastic baffle. In this paper, only some preliminary results are presented. Further research will focus on optimization of elastic baffle's material, shape, position, etc. Model test will be also conducted in our future work.

Acknowledgments

This research was partially supported by the National Natural Science Foundation of China (51409060).

References

[1] Isaacson M., Premasiri S. Hydrodynamic damping due to baffles in a rectangular tank [J]. Canadian Journal of Civil Engineering, 2001, 28(4): 608-616.

[2] Goudarzi M.A., Sabbagh-Yazdi S.R. Analytical and experimental evaluation on the effectiveness of upper mounted baffles with respect to commonly used baffles [J], Ocean Engineering, 2012, 42: 205-217.

[3] Xue M.A., Zheng J.H., Lin P.Z. Numerical simulation of sloshing phenomena in cubic tank with multiple baffles [J], Journal of Applied Mathematics, 2012, 2012: 1-22.

[4] Wang W., Xiong Y.P. Minimising the sloshing impact in membrane LNG tank using a baffle [C], Proceeding of the 9th International Conference on Structural Dynamics, Porto, Portugal, 2014, 3171-3177.

[5] Jin H., Liu Y., Li H.J. Experimental study on sloshing in a tank with an inner horizontal perforated plate [J], Ocean Engineering, 2014, 82: 75-84.

[6] Liao K.P., Hu C.H. A coupled FDM-FEM method for free surface flow interaction with thin elastic plate [J], Journal Marine Science and Technology, 2013, 18(1): 1-11.

[7] Takewaki H, Yabe T. Cubic-interpolated pseudo particle (CIP) method—Application to nonlinear or multi-dimensional problems [J], Journal of Computational Physics, 1987, 70: 355–72.

[8] Xiao F., Satoshi I., Chen C.G. Revisit to the THINC scheme: A simple algebraic VOF algorithm [J], Journal of Computational Physics, 2011, 230: 7089-92.

[9] Peskin C.S. Flow patterns around heart valves [J]. Journal of Computational Physics, 1972, 10: 252-71.

[10] Mittal R., Iaccarino G. Immersed boundary methods [J]. Annual Review of Fluid Mechanics 2005, 37: 239-61.

[11] Idelsohn S.R., Marti J., Souto-lglesias A., et al. Interaction between an elastic structure and free-surface flows: experimental versus numerical comparisons using the PFEM [J], Computational Mechanics, 2008, 43:125-132.

薄膜型 LNG 液舱新型浮式制荡板的数值模拟研究

于曰旻[1,2]，范佘明[2]，马宁[1]，吴琼[2]

1 上海交通大学 海洋工程国家重点实验室，上海，200240
2 中国船舶及海洋工程设计研究院 上海市船舶工程重点实验室，上海，200011

摘要：薄膜型液舱广泛用于 FLNG（浮式液化天然气储存装置）、FSRU（浮式储存和再气化装置）和 LNGC 等 LNG 储运装置，液舱晃荡是目前国际上的一个重要的研究热点。晃荡会产生沿舱壁的爬高和冲击，各国研究人员相继提出了各类制荡措施，以确保液舱安全。本研究根据港口工程中浮式防波堤的原理，提出在液舱壁面附近安装浮式制荡板的新设想。首先，针对日本学者提出的在液舱中部放置浮式制荡板的方案，建立带有浮式制荡板的二维液舱晃荡数值模拟，并与试验结果进行对比，验证该方法的有效性；之后，采用该数值方法，对本文提出的方案，进行数值模拟和分析，探讨新型浮式制荡装置的效果，为下一步结构优化和实船应用奠定基础。

关键词：晃荡；薄膜型 LNG 液舱；浮式制荡板；CFD

1 前言

能源需求的增长，以及出于环保的理念，天然气开发和使用成为了以上两个方面较理想的契合点。海底天然气占了全球天然气储量较大的比重，而其所处的位置又处于较深的海域，因此，运输成为其使用的重要环节。由于水深较大，距离近海又远，那么采用铺设海底管线的方式显然既不经济也不安全，近些年，天然气液化技术，以及 FLNG（Floating Liquefied Natural Gas units）和 FSRU（Floating Storage Regasification units）等大型液化天然气运输船的投入使用为液化天然气的贮藏和海上运输提供了必要的条件，并且液化天然气运输船正朝着大型化发展，这也带来了贮藏液化天然气的舱体的大型化，薄膜型 LNG 液舱所占的市场份额逐渐增大。与此同时，液舱的大型化，以及部分装载率，均会给舱壁的安全带来隐患。因此，如何在液化天然气的运输途中保证舱壁的安全性，成为了近几年各大高校、科研机构和相关企业的研究热点。

晃荡就是在外界激励下，载液舱体内自由液面的波动现象。它具有强烈的非线性和随机性。当外界激励接近自由液面的固有频率时，晃荡最剧烈，同时对舱壁作用巨大的冲击压力，会对舱壁结构的安全性产生非常大的影响。通过在液舱内部增加制荡设施可以起到降低冲击压力，保护舱壁结构的作用。目前的制荡设施主要分为固定式和浮式两种。其中固定式制荡设施又分为水平隔板、垂直隔板、环形隔板和它们的组合。Warnitchai 等[1]通过物理模型试验，研究了直立圆柱、直立半平板和直立整流网三种固定式的制荡措施对矩形液舱晃荡的抑制效果。Kobayashi 等[2-3]研究了矩形容器中带有插板的 U 管晃荡问题，并将容器内液体的流动分为三个模式：小漩涡交替模式、单个大漩涡与单个小漩涡模式和双大漩涡模式。之后，通过插板上气阀的开关来抑制容器内液体的晃荡。Mohan[4]基于 CFD 软件数值模拟了直立开孔插板、直立环状开孔插板和十字形开孔插板三种固定式的制荡措施对八边型液舱晃荡的影响。Wei Zhi-Jun 等[5]通过模型试验，研究了在浅水条件下，外界激励为较大振幅时，具有不同实积比的栅板对运动流场、波面、冲击压力及其空间分布的影响。而浮式制荡设施主要分为浮球、垂直浮板、水平浮板（带有锚链）和它们的组合。Anai 等[6]提出了带有锚链的浮式薄膜的制荡措施，该薄膜的一部分通过浮子悬浮于自由液面，另一部分通过固定于液舱地板的锚链置于液体中。Arai 等[7]提出了不同形状的浮式插板的制荡措施，且该插板随着自由液面的变化，相对于液舱坐标平面，只能发生垂荡运动，通过安装该设施，自由液面被分隔成两个或者多个子表面，因此改变了自由液面的共振频率，从而抑制了晃荡的发生。Sauret 等[8]依据与水相比，啤酒不容易晃荡的原理，提出了在液体表面添加泡沫的方法，可以抑制液体的晃荡。采用物理模型试验对不同层数的泡沫的制荡效果进行了分析，并得出结论仅接近于侧壁的气泡对能量耗散起重要影响。

基于 ANSYS FLUENT 软件建立了带有浮式制荡板的液舱晃荡的数学模型，并采用 Arai 等[7]的模型试验数据对该数学模型进行了验证，然后对本文提出的新型浮式制荡装置进行了一系列的数值模拟，来分析其制荡效果。

2 新型浮式制荡装置

Arai 等[7]提出浮式插板的制荡措施可以减少晃荡沿边壁的爬高，但在薄膜型液舱内的实际应用中比较难以安装，本文基于浮式防波堤原理，提出了在靠近边壁设置浮板的新型制荡装置，在减少波面沿边壁爬高的同时，也减少了壁面所受到的冲击载荷，在薄膜型液舱中更具有实用性。

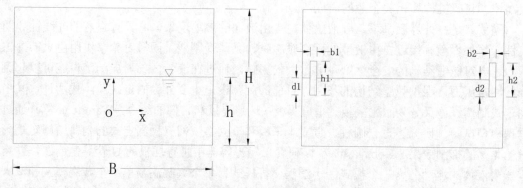

图 1 液舱布置示意图

液舱尺寸和布置示意图见图 1。液舱宽 B=0.9m，高 H=0.6m，载液高度 h=0.3m，载液率为 50%，液舱内为水和空气。在距离液舱左侧边壁 0.01m 处放置一数值波浪仪，用来记录晃荡中波面随时间变化的数据。两个浮式制荡板完全一样，其横剖面为矩形，其密度为 500kg/m³，宽度 b1=b2=0.03m，高度 h1=h2=0.15m，吃水 d1=d2=0.075m，在相对于液舱坐标平面中，该浮式制荡板仅发生垂荡运动。

3 数值模拟及验证

基于 ANSYS FLUENT 软件，建立了带有浮式制荡板的液舱晃荡的数学模型。并采用 Arai 等[7]的试验结果作为对比，来验证该数学模型。

该数学模型应用 VOF 方法（Volume of Fluid Method）来追踪自由液面，同时采用动网格模型和六自由度求解器相结合的方式模拟浮式制荡板的运动。动网格模型用来模拟由于区域边界运动引起的的区域形状随着时间变化的流动；网格的更新是基于边界的新位置在每一时间步进行的。六自由度求解器用来计算制荡板重心的平移和转动，并进一步用于更新其位置。湍流模型采用剪切应力输运 $k\text{-}\omega$ 模型。

采用三角形网格，其空间步长取为 0.005m，总网格数为 48156 个，由于不同的外界激励产生的晃荡剧烈程度的差异，使得浮式制荡板波动幅度不同，因此有必要针对不同的外界激励频率采用不同的时间步长，这里取为 0.001~0.005s。

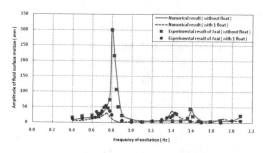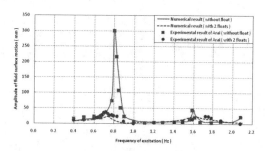

图 2　平整液舱和装有浮式制荡板后自由液面的最大值

　　当液舱内中部安装 1 个浮式制荡板时，在不同激励频率下，液舱边壁上自由液面的最大爬高见图 2 中的左图。图中圆点代表 Arai 等[7]的试验结果，虚线代表本文模型的数值模拟结果。无制荡板液舱中，在不同激励频率下液舱边壁上自由液面的最大爬高也标示于图中，其中方形点代表 Arai 等[7]的试验结果，实线代表本文模型的数值模拟结果。在无制荡板液舱中和带有 1 个浮式插板的液舱中，不同激励频率下自由液面的最大爬高的数值模拟结果与 Arai 等[7]的试验结果吻合较好。

　　当距离液舱左、右边壁 0.305m 处各安装 1 个浮式制荡板时，在不同激励频率下，液舱边壁上自由液面的最大爬高见图 2 中的右图。图中圆点代表 Arai 等[7]的试验结果，虚线代表本文模型的数值模拟结果。带有 2 个浮式插板的液舱中，不同激励频率下自由液面的最大爬高的数值模拟结果与 Arai 等[7]的试验结果也吻合较好。

　　由以上可知，本文建立的数值模拟方法可以用于模拟液舱内安装浮式制荡板的晃荡的研究。

4　新型浮式制荡装置的数值模拟

　　为了研究新型浮式制荡装置的制荡效果，以下采用与Arai等[7]相同的工况，外界激励为单自由度的横摇运动，其运动中心位于液舱的中心线上，纵坐标在液舱底板之上0.15m。该激励为简谐运动，运动的振幅为1°，激励的频率位于0.4～2.1Hz之间。

　　当距离液舱左、右边壁 0.05m 处各安装 1 个浮式制荡板时，在不同激励频率下，液舱边壁上自由液面的最大爬高见图 3。图中虚线代表本文模型的数值模拟结果，作为对比，圆点代表 Arai 等[7]在距离液舱左、右边壁 0.305m 处各安装 1 个浮式制荡板后的试验结果，实线代表已经验证后的无制荡板液舱中采用本文模型的数值模拟结果。

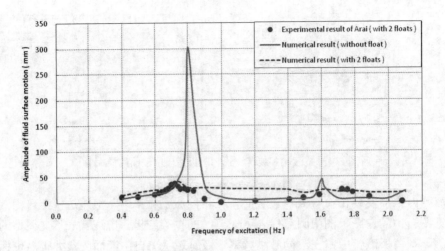

图 3　距离左、右边壁 0.05m 处各装有 1 个浮式制荡板后自由液面的最大值

　　从上图可以看到，在外界激励频率为 0.4～2.1Hz 范围内时，液舱边壁自由液面的爬高曲线仅出现了 1 个比较明显的极大值，但其数值均远小于无制荡板液舱边壁自由液面爬高的最大值，这说明液舱边壁附近安装浮式制荡板对晃荡起到了较好的制荡效果。在无制荡板液舱条件下，自由液面的一阶和三阶固有频率为 0.8 和 1.4Hz；但在距离液舱左、右边壁 0.05m 处各安装 1 个浮式制荡板后，其一阶固有频率向低频转移，它的值为 0.74Hz，该一阶固有频率与 Arai 等[7]在距离液舱左、右边壁 0.305m 处各安装 1 个浮式制荡板后的试验结果相同，与 Arai 等[7]试验结果不同的是，采用本文的新型浮式制荡装置后，其自由液面的三阶固有频率几乎消失，且当外界激励频率大于自由液面的一阶固有频率时，沿边壁的爬高的最大值接近水平，但均小于一阶固有频率对应的爬高最大值。

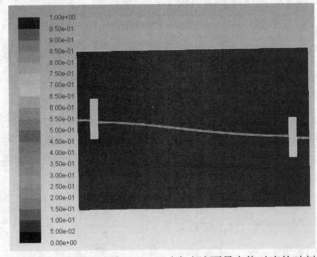

图 4　外界激励频率为 0.74Hz 时自由液面最大值对应的时刻

图 4 为新型浮式制荡装置在外界激励频率为 0.74Hz 下，自由液面爬高最大值对应的时刻，由于浮式制荡板本身的重力，以及其一定程度上阻挡了晃荡对边壁的冲击的双重作用，因此该新型浮式制荡装置可以较好地减轻在不同外界激励频率下的晃荡引起的自由液面沿边壁的爬高和冲击载荷。

5　结论和展望

通过以上分析，我们可以得到以下结论：

（1）本文基于浮式防波堤原理提出了一种更具实用性的新型浮式制荡装置；

（2）通过与文献中已有试验结果的对比，说明本文建立的数值模拟方法可以有效模拟内部装有浮式制荡板的液舱晃荡现象；

（3）通过数值模拟证实新型浮式制荡装置具有较好的制荡效果。

下一步将通过模型试验和数值模拟对新型浮式制荡装置的结构和安装方式作进一步优化，为实现实船应用打下坚实的基础。

参 考 文 献

1　Warnitchai P, Pinkaew T. Modelling of liquid sloshing in rectangular tanks with flow-dampening devices [J], Engineering Structures, 1998, 20 (7): 593–600

2　Kobayashi N, Watanabe M, Honda T, Ohno T, Zhang Y. Suppression characteristics of sloshing in vessels by a bulkhead [C], 2006 ASME Pressure Vessels and Piping Division Conference, Vancoucer, BC, Canada, 2006

3　Kobayashi N, Koyama Y. Semi-active sloshing suppression control of liquid in vessel with bulkhead [J], Journal of Pressure Vessel Technology, 2010, 132

4　Mohan A. Finite element analysis on trapezoidal tank to suppress sloshing effect [J], International Journal of Innovative Research in Advanced Engineering, 2014, 1 (10): 121–125

5　Wei Zhi-Jun, Faltinsen O, Lugni C, Yue Qian-Jin. Sloshing-induced slamming in screen-equipped rectangular tanks in shallow-water conditions. Phys. Fluid, 2015, 27

6　Anai Y, Ando T, Watanabe N, Murakami C, Tanaka Y. Development of a new reduction device of sloshing load in tank [C], Proceedings of the 20th International Offshore and Polar Engineering Conference, Beijing, China, 2010

7　Arai M, Suzuki R, Ando T, Kishimoto N. Performance study of an anti-sloshing floating device for membrane-type LNG tanks [J], Developments in Maritime Transportation and Exploitation of Sea Resources, 2014, 1: 171–181

8　Sauret A, Boulogne F, Cappello J, Dressaire E, Stone H. Damping of liquid sloshing by foams. Phys. Fluid, 2015, 27

The research on the numerical simulation of new suppressing floating device in the membrane-type LNG tank

YU Yue-min[1,2], FAN She-ming[2], MA Ning[1], WU Qiong[2]

1 State Key Laboratory of Ocean Engineering, Shanghai Jiao Tong University, Shanghai, 200240

2 Shanghai Key Laboratory of Ship Engineering, Marine Design & Research Institute of China, Shanghai, 200011

Abstract：The membrane-type tank are widely used in LNG storage devices, which include FLNG, FSRU, LNGC, and so on, and sloshing is an internationally important research focus. The runup along the side wall of the tank and impact will produce. Many researchers have proposed a variety of suppressing measures to ensure the safety of the tank. Based on the principle of wave eliminating, the new idea is put forward in the vicinity of the liquid surface mounting the floating bulkheads. Firstly, the mathematical model of sloshing is established, which is a two-dimensional model with the suppressing float device and is verified preferably compared to the test results of the references. Later, using the mathematical model is to analyze and explore the effect of the suppressing float devices, which lay the foundation for the optimization and application in the future.

Key words：Sloshing; Membrane-type LNG tank; Suppressing floating device; CFD.

基于不同水深下的半潜式平台水动力性能分析

朱一鸣，王磊，张涛，徐胜文，贺华成

(海洋工程国家重点实验室 上海交通大学，上海，200030，Email: zym262513@sjtu.edu.cn)

摘要：半潜式平台以抗风浪能力强，适应水深范围广，具有良好的运动特性等特点，在深水油气开发中得到了广泛的应用。本研究通过三维势流理论，利用 HydroD 软件在频域下探究在不同水深下的半潜式平台的水动力性能，深入研究水深的变化对其水动力性能的影响规律，对进一步优化深水半潜式平台的定位系统和指导工程实际，具有十分重要的意义。

关键词：半潜式平台；水动力性能；水深变化

1 引言

随着近些年海洋油气资源的不断开发，半潜式平台由于其适应工作水深广，运动性能优良等特点逐渐得到广泛的应用[1]。基于这些优点，半潜式平台不仅可用于钻井，其他海上船舶如铺管船、起重船等均可采用。随着海洋资源开发与利用向深海进发，半潜平台的应用将会逐渐增多。当半潜式钻井平台在深水区域作业时，往往需依靠定位设备，一般采用锚泊定位系统，当水深超过 300～500m 时，需要采用动力定位系统或深水锚泊定位系统。随着水深增加，半潜式平台的水动力性能与定位系统也发生很大变化，因此有必要研究半潜式平台在不同水深情况下的水动力性能，并为进一步研究半潜式平台的定位系统提供理论依据。

2 三维势流理论

2.1 坐标系定义

在海洋工程领域实际工程中遇到的大部分问题中，都可以认为水是均匀，不可压缩和无黏性的，其流动无旋，即采用势流理论进行分析。为了研究流体对浮式结构物的作用力以及海洋结构物的水动力性能，在势流理论中通常采用两个坐标系：空间固定坐标系和随船坐标系[2]。

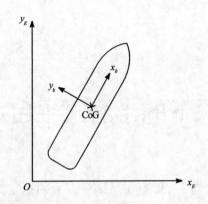

图 1 坐标系示意图

(1)空间固定坐标系 $O - X_E Y_E Z_E$：固定在流场中，不随流体或结构物运动。$X_E Y_E$ 平面位于静水面内，OZ_E 轴垂直向上为正，海洋结构物的位置以及姿态一般在该坐标内表示。

(2)随船坐标系 $G - X_b Y_b Z_b$：随船坐标系固定于浮式结构物上，随浮体运动。原点一般定义于浮式结构物的重心位置，GX_b 轴以船首方向为正，GY_b 以左舷方向为正，GZ_b 向上为正，与重力方向相反。

2.2 六自由度运动定义

海洋结构物在任何时刻的运动都可以分解为在 $G - X_b Y_b Z_b$ 坐标系内重心 G 沿三个坐标轴的直线运动及海洋结构物围绕三个坐标轴的转动。海洋结构物的六自由度运动通常在随船坐标系内表示，可以分为两种不同特征的运动。一种是垂直面运动，包括垂荡、横摇和纵摇运动；第二种是水平面运动，包括纵荡、横荡和首摇运动[3]。

2.3 势流问题的定解条件

流场速度势可用非定常速度势 $\Phi(x, y, z, t)$ 来表示，假设船舶处于微幅波中摇荡运动很小，根据线性波浪理论，非定常速度势 $\Phi(x, y, z, t)$ 满足以下定解条件：

Laplace 方程：$\nabla^2 \Phi(x, y, z, t) = 0$ 　　　　　　　　　　　　　(1a)

自由面条件：$\dfrac{\partial^2 \Phi}{\partial t^2} + g \dfrac{\partial \Phi}{\partial z}\bigg|_{z=0} = 0$ 　　　　　　　　(1b)

物面条件：$\dfrac{\partial \Phi}{\partial n}\bigg|_S = \dot{x}_j \tilde{n}_j$ 　　　　　　　　　　　(1c)

海底条件：$\dfrac{\partial \Phi}{\partial n}\bigg|_{z=-H} = 0$ 　　　　　　　　　　(1d)

辐射条件：远离物体的自由面上有波浪外传

式中，t 为时间；g 为重力加速度；$\tilde{n}_j$ 为包括转角的广义法向矢量；指向物体内部；$\dot{x}_j$ 为船体运动速度；j 代表第 j 个运动模态。

哈斯金特(Haskind)提出可以采用线性叠加原理将非定常速度势分解成三部分：波浪未受扰动的入射速度势 Φ_I，假设浮体不动，波浪绕过船体产生的绕射速度势 Φ_D 以及船体在强迫振荡振动作用下而产生的辐射速度势 Φ_R：

$$\Phi = \Phi_I + \Phi_D + \Phi_R \tag{2}$$

船体的摇荡速度势 $\Phi(x,y,z,t)$ 可以进一步表示为时间因子与空间速度势的乘机：

$$\Phi(x,y,z,t) = \mathrm{Re}\left\{\phi(x,y,z)e^{-i\omega t}\right\} \tag{3}$$

$$\phi(x,y,z) = \phi_I(x,y,z) + \phi_D(x,y,z) + \phi_R(x,y,z) \tag{4}$$

式中，$\phi(x,y,z)$ 是空间速度势，与时间无关；ϕ_I 作为入射波速度势，是已知的，其表达式为：

$$\phi_I = \frac{\xi_a g}{i\omega}\frac{\cosh k（z+H）}{\cosh kH}\mathrm{e}^{ik(x\cos\beta+y\sin\beta)} \tag{5}$$

式中，ξ_a 为入射波波幅；H 为水深；β 为浪向角。

再利用哈斯金特(Haskind)关系式：

$$\iint\limits_{S_0}\phi_D\tilde{n}dS = \iint\limits_{S_0}\phi_D\frac{\partial\phi_R}{\partial n}\,\mathrm{d}S = \iint\limits_{S_0}\phi_R\frac{\partial\phi_D}{\partial n}\,\mathrm{d}S = -\iint\limits_{S_0}\phi_R\frac{\partial\phi_I}{\partial n}\,\mathrm{d}S \tag{6}$$

可用 ϕ_I 和 ϕ_R 来表示 ϕ_D，而 ϕ_R 则需要通过上述的定解条件方程采用格林函数法进行求解。

2.4 附加质量与阻尼系数

从上述理论计算求解得到速度势，进而利用伯努利方程继续求解浮体湿表面上所受到的线性水动压力。

$$p(x,y,z,t) = -\rho\frac{\partial\Phi}{\partial t} - \rho gz \tag{7}$$

式中，压力忽略了速度平方项的贡献。流体作用在浮体上的水动力包括由入射速度势引起的傅汝德—克雷洛夫力、由绕射速度势引起的绕射力和由辐射速度势引起的辐射力三部分。其中，傅汝德—克雷洛夫力与绕射力合称一阶波浪力，而辐射力则包括附加质量力和兴波阻尼力两部分，即

$$f_j = f_{wj}^{F-K} + f_{wj}^{D} + f_{Rj} \tag{8}$$

$$f_{Rj} = \ddot{\xi}_k\mu_{jk} + \dot{\xi}_k\lambda_{jk} \tag{9}$$

与加速度有关的附加质量表达式为：

$$\mu_{jk} = Re\left\{\rho\iint\limits_{S_0}\phi_k\frac{\partial\phi_j}{\partial n}\,\mathrm{d}S\right\} \tag{10a}$$

与速度有关的阻尼系数表达式为：

$$\lambda_{jk} = \mathrm{Im}\left\{\omega\rho\iint\limits_{S_0}\phi_k\frac{\partial\phi_j}{\partial n}\,\mathrm{d}S\right\} \tag{10b}$$

式中，$j,k=1,2,3$ 表示结构物在 x,y,z 三个方向上的受力或运动响应，$j,k=4,5,6$ 表示结构物在绕 x,y,z 轴方向旋转所受的力矩或运动响应。

2.5 幅值响应算子 RAO

在线性理论中，如果假定海洋结构物对与线性作用力的响应是稳定的，那么就形成了一个线性响应系统，输入是一阶波浪力，输出是海洋结构物的运动响应。在已知某规则波作用下，海洋结构物的一阶波频运动可以用频域上的方程表示：

$$\sum_{k=1}^{6} \xi_k [-\omega^2 (M_{jk} + \mu_{jk}) - i\omega\lambda_{jk} + c_{jk}] = f_{wj} \tag{11}$$

式中，M_{jk} 是海洋结构物的固有质量；μ_{jk} 和 λ_{jk} 分别为附加质量和阻尼系数；c_{jk} 是恢复力系数；f_{wj} 是一阶波浪力；ξ_k 是结构物 k 模态的运动响应。

求解上式便可得到海洋结构物对于入射规则波的运动响应关系：

$$RAO = \xi_k / \xi_a \tag{12}$$

即为海洋工程中常用的幅值响应算子 RAO，式中，ξ_a 为入射波波幅。

3 半潜平台水动力性能研究

本研究以某半潜平台为研究对象，利用基于三维势流理论的水动力计算软件 HydroD 进行了频域分析,得到了平台各项水动力参数及运动幅值响应算子，进而分析得到了整个半潜平台在不同水深环境下的水动力性能。

3.1 计算模型的建立

本研究以某半潜平台为研究对象，该平台主体由两个下浮体、四根立柱、四根横撑以及一个封闭箱型甲板组成，该平台各部分的具体尺寸详见表 1。

表 1　半潜式平台主要参数

	符号	平台尺寸
下浮体总长	L	109.44 m
下浮体宽	H	17.92 m
下浮体高	d	10.24 m
立柱高度	-	20.26 m
立柱宽度	-	17.92 m
立柱中心距离（纵向）	-	62.72 m
立柱中心距离（横向）	-	60.04 m
吃水	D	19.00 m
排水量	Δ	52509 t
重心高度（距基线）	KG	25.84 m
横向惯性半径	K_{xx}	33.20 m
纵向惯性半径	K_{yy}	32.80 m
垂向惯性半径	K_{zz}	37.80 m

首先在 GeniE 中建立平台的有限元模型，然后将有限元模型导入 HydroD 中，生成水动力模型，建立模型时对实际平台的某些细小部件采用了简化处理。由于只关注平台在海

洋环境中的运动性能，不涉及结构应力分析，因此只需建立半潜式平台的湿表面模型。本研究所建的有限元模型如图 2 所示。

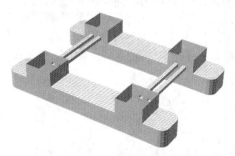

图 2 半潜平台有限元模型

3.2 频域计算结果分析

在频域下计算该半潜式平台在不同水深的情况下的水动力参数，包括：附加质量、阻尼系数与幅值响应算子。数值模拟计算的水深分别为 40m、100m、200m、2000m（即水深分别为 2D,5D,10D,100D），海水密度为 $1025\text{kg}/\text{m}^3$，重力加速度为 $9.80665\text{m}/\text{s}^2$。

3.2.1 附加质量与阻尼系数

附加质量与阻尼系数均为 6×6 矩阵，本文主要分析对目标平台的水动力性能起主要作用的主对角线上的六个值。附加质量矩阵和附加阻尼矩阵的主对角线系数如图 3 和图 4 所示。

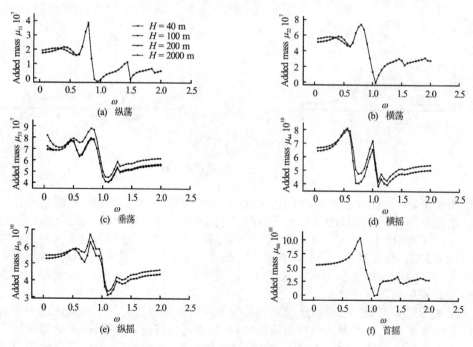

图 3 不同水深下附加质量曲线

　　由图 3 可知，当水深超过 10D 时，水深的变化对附加质量的影响可以忽略不计。除此以外，水深变化对平台垂直面运动响应的附加质量的影响相较于水平面运动响应的附加质量更明显。在高频范围内，水深对水平面运动响应的附加质量的影响很小，仅在低频范围内有所体现。当 $0 < \omega < 0.3$ 时，水深越大，水平面内运动响应的附加质量越小，而在 $0.3 < \omega < 0.6$ 范围内，附加质量随着水深增加而增大。平台垂直面运动响应的附加质量受水深变化的影响较为明显，水深越大，垂直面运动响应的附加质量越小，当水深超过 10D 时，影响可忽略不计。

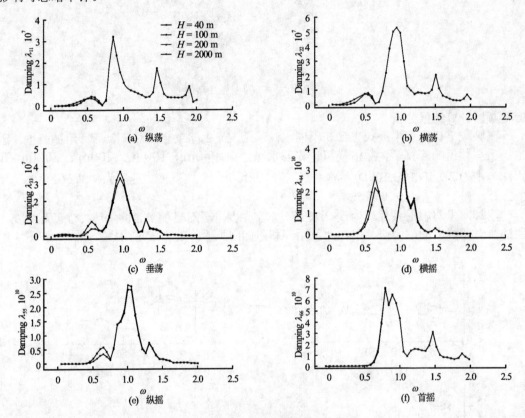

图 4　不同水深下阻尼系数曲线

　　由图 4 可知，当水深超过 10D 时，水深的变化对阻尼系数的影响可以忽略不计。除此以外，水深变化对平台垂直面运动响应的阻尼系数的影响相较于水平面运动响应的阻尼系数更明显。在高频范围内，水深对平台水平面与垂直面运动响应的阻尼系数的影响很小。当 $0 < \omega < 0.5$ 时，水深越大，阻尼系数越小，在 $0.5 < \omega < 0.6$ 范围内，阻尼系数随着水深增加而增大，在 $0.6 < \omega < 1.2$ 范围内，水深越大，垂直面运动响应的阻尼系数越小。当水深超过 10D 时，影响可忽略不计。

　　由图 3 和图 4 可知，平台的水动力性能受到入射波频率变化与水深变化的影响较大，水深的变化更多的是对半潜式平台垂直面内运动(垂荡、横摇、纵摇)的水动力参数产生影响，而对水平面内运动(横荡、纵荡、首摇)的水动力参数的影响主要体现在低频范围内，除此之外，当水深超过 10D 时，水深的变化对平台水动力性能的影响可忽略不计。

3.2.2 幅值响应算子 RAO

计算了在不同浪向角的情况下的平台运动响应，在 0°浪向角时，平台主要产生纵荡、垂荡与纵摇运动，在 90°浪向角时，平台主要产生横荡、垂荡与横摇运动。图 5 为平台幅值响应算子 RAO 曲线。

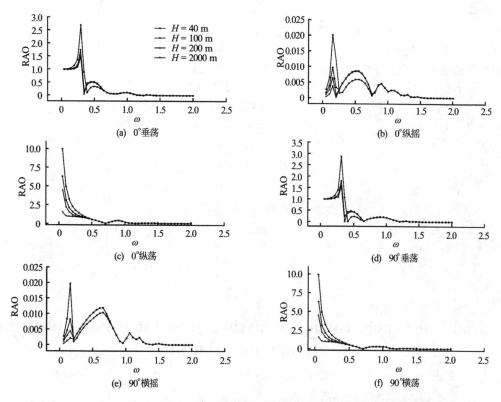

图 5 不同水深下 RAO 曲线

由图 5 可以看出，在低频范围内，半潜式平台的 RAO 变化剧烈，高频范围内变化较为缓和。在高频范围内，水深的变化对平台运动响应的 RAO 几乎没有影响；在低频范围内，水深的变化对平台在垂直面内的运动的影响相较于水平面的运动更大。当 $0 < \omega < 0.35$ 时，水深越大，平台垂直面内的运动响应的 RAO 越小，当 $0.35 < \omega < 0.8$ 时，水深越大，垂直面内的运动响应的 RAO 相应的越大。平台水平面内的运动响应的 RAO 在 $\omega > 0.7$ 时，水深变化的影响可忽略不计，而在 $0 < \omega < 0.7$ 时，水深越大，水平面内的运动响应的 RAO 越小。

3.2.3 分析与讨论

由上述可知，当水深超过 10D 时，平台的水动力性能受水深的影响已经很小，可忽略不计。水深变化对平台水动力性能的影响更多的体现在平台垂直面的运动响应上，而对水平面运动响应的水动力性能的影响主要体现在低频范围内。

可以想象，在浅水环境下，由于浅水效应，流场的速度势受水深的影响较大，平台的辐射速度势与水动力性能也因此受到较大的影响。随着水深的增加，浅水效应逐渐减弱，平台的水动力性能受到水深的影响也逐渐减小。因此，当水深足够大时，水深对平台水动力性能的影响可忽略不计。其次，水深的变化对垂直方向的速度势影响相较于水平分析的速度势更为明显，因次，水深变化对平台水动力性能的影响更多的体现在平台垂直面的运动响应上。

4 结语

本研究通过三维势流理论，以某半潜平台为对象，建立该半潜式平台的有限元模型，在频域下探究该平台在不同入射波频率和不同水深下的半潜式平台的水动力性能，发现并得到水深的变化对平台水动力性能的影响规律，可主要归纳为以下两点：①当水深超过 10D 时，平台的水动力性能受水深的影响已经很小，可忽略不计。② 水深的变化对平台垂直面运动响应的水动力性能的影响较大，而对水平面运动响应的水动力性能的影响主要体现在低频范围内。

参 考 文 献

[1] 杨立军, 肖龙飞, 杨建民. 半潜式平台水动力性能研究[J]. 中国海洋平台, 2009, 24(1): 1-9.
[2] 船舶在波浪上的运动理论[M]. 上海交通大学出版社, 1987.
[3] 李博. 动力定位系统的环境力前馈研究[D]. 上海交通大学, 2013.

Hydrodynamic performance analysis of semi-submersible platform based on different depth

ZHU Yi-ming, WANG Lei, ZHANG Tao, XU Sheng-wen, HE Hua-cheng

(State Key Laboratory of Ocean Engineering, Shanghai Jiaotong University, Shanghai, 200030.
Email: zym262513@sjtu.edu.cn)

Abstract：Semi-submersible platform has been widely adopted in developing oil and gas resource for its great capacity of anti-storm and depth variation. In this paper, 3D potential theory has been used to research the hydrodynamic performance of the semi- submersible platform under different depths in frequency domain by HydroD software. It is important to research the effects of depth variation on the hydrodynamic performance of the semi- submersible platform which is helpful to optimize the position system of platforms and conduct engineer practice.

Key words：Semi-submersible platform; Hydrodynamic performance; Depth variation

FPSO 串靠外输作业系统时域多浮体耦合动力分析

王晨征，范菊，缪国平，朱仁传

(上海交通大学 船舶海洋与建筑工程学院，上海 200040，Email: wangcz@sjtu.edu.cn)

摘要： 本文基于三维频域势流理论计算浮体频域水动力参数，采用间接时域法将频域的结果转换到时域，并应用非线性有限元方法对系泊缆索进行了模拟。通过完全时域多浮体耦合分析方法求解串靠系统浮体运动方程组，得到各浮体运动响应，系缆张力与浮体间系泊大缆张力变化。针对一张紧式系泊 FPSO 与其配套的系泊穿梭油轮及两船间系泊大缆组成的串靠输油系统进行了理论计算，给出了两浮体的运动响应时历，系泊缆索张力时历，系泊大缆张力时历，并分析了低频力对于整个系统的影响。该数值模型可用于串靠多浮体系统的耦合计算，计算结果可为串靠外输作业系统提供一定的安全参考和依据。

关键词： FPSO；穿梭油轮；时域耦合；多浮体；系泊

1 引言

FPSO（浮式生产储卸油平台）在工作海况下的石油外输问题，是当下研究的一个热点。由于 FPSO 的工作海域距离陆地较远，原油外输时若采用海底管道运输，耗费将会极其巨大，不具有经济性，因此采用穿梭油轮在海上进行石油转运是当下普遍采用的做法。FPSO 的外输方式按照其与穿梭油轮的停靠方式不同主要有旁靠外输和串靠外输。旁靠外输方式是将穿梭油轮的一舷系靠在 FPSO 的一舷进行外输作业，应用这种作业方式时，FPSO 与油轮两舷非常接近，中间仅间隔几米，需要采用橡胶护舷来吸收能量避免由于碰撞引起的船体损坏。串靠外输方式即一前一后的串联式外输方式，常规做法是将油轮艏部通过系泊大缆连接在 FPSO 的艉部，根据两船的吨位大小，两船间的系泊距离一般为 60~100m。与旁靠外输方式相比，串靠外输方式对两船吨位匹配、装载工况、海况条件等要求较低，可以在更苛刻的环境中使用，并且串靠系统在快速解脱和迅速脱离方面可以提供更大的弹性，安全性较高。

FPSO 串靠外输系统模拟需要采用耦合分析方法。目前耦合分析主要有频域分析法和时域分析法。频域法又称为摄动法，求解时将所有的非线性项都进行线性化，并认为动态量是静力平衡位置上的摄动小量，而质量、附加质量、刚度等不变，严格来说只适用于线性和弱非线性情况；而时域法在模型化时考虑所有的非线性，在每一个时间节点上，对每一个质量项、阻尼项、刚度项和载荷项都重新进行计算，因而可以解决强非线性的问题。

本文采用时域分析法建立了串靠外输系统的耦合运动模型，开发了相应的 Fortran 计算程序，针对一张紧式系泊 FPSO 与其配套的系泊穿梭油轮及两船间系泊大缆组成的串靠输油系统进行耦合计算，得到的结果对工程实际具有一定的指导意义。

2 理论模型及计算方法

2.1 系泊缆索运动控制方程

本文中的系泊缆索采用非线性有限元模型进行模拟：

$$\int_0^L \left(\mathbf{M}\ddot{\mathbf{r}} - (\tilde{\lambda}\mathbf{r}')' - \mathbf{q} \right) a_i(s) \mathrm{d}s = 0 \qquad (1)$$

式中，$\mathbf{M}$ 为系缆的质量矩阵，$\mathbf{r}$ 为位置矢量，$\tilde{\lambda}$ 为节点的有效张力，$\mathbf{q}$ 为单位长度系缆受到的外力矢量。s 为从缆索的下端点到当前点的缆索实际长度，$a_i(s)$ 为形状函数。变量上的点代表对时间的导数，变量上的撇代表对长度 s 的导数。系缆质量矩阵 $\mathbf{M}$ 记及了缆索的附加质量效应，而外载荷矢量 $\mathbf{q}$ 包含了缆索所受到的所有分布力。

2.2 单浮体时域运动方程

单浮体在波浪上的时域运动方程为：

$$\sum_{j=1}^6 [M_{ij} + m_{ij}]\ddot{x}_j(t) + \int_0^t R_{ij}(t-\tau)\dot{x}_j(\tau)\mathrm{d}\tau + C_{ij}x_j(t) = F_i^w(t), i = 1, 2, \ldots, 6 \qquad (2)$$

式中：M_{ij} 为浮体的质量，m_{ij} 为浮体的时域附加质量系数，$R_{ij}(t)$ 为时延函数，C_{ij} 为浮体的静恢复力系数，$x_j(t)$ 为浮体各模态的位移，$F_i^w(t)$ 为浮体各方向上受到的波浪力。

为了得到浮体时域的附加质量，时延函数及波浪力，本文采用间接时域法。时域附加质量系数 m_{ij} 由频域附加质量系数 μ_{ij} 转换得到：

$$m_{ij} = \mu_{ij}(\infty) \qquad (3)$$

时延函数 R_{ij} 由频域阻尼系数 λ_{ij} 经过傅里叶变换得到：

$$R_{ij}(\mathrm{t}) = \frac{2}{\pi}\int_0^\infty \lambda_{ij}(\omega)\cos(\omega\tau)\mathrm{d}\omega \qquad (4)$$

对于波浪力计算部分，由于 FPSO 及穿梭油轮的水平恢复力和水动力阻尼较小，自然频率很低，波浪力的低频部分将会诱发大幅度的慢漂运动，从而引起较大的系泊力，因而除了一阶波浪力之外，二阶波浪力的预报对于整个系泊系统至关重要。本文采用波浪力脉冲响应函数与波浪抬高卷积的方式计算浮体受到的波浪力，包含了二阶项的浮体波浪力为：

$$F^W(t) = \int_0^t g_1(\tau)\zeta(t-\tau)\mathrm{d}\tau + \int_0^t\int_0^t g_2(\tau_1,\tau_2)\zeta(t-\tau_1)\zeta(t-\tau_2)\mathrm{d}\tau_1\mathrm{d}\tau_2 \tag{5}$$

其中，$\zeta(t)$ 为波面升高的时历，$g_1(\tau)$ 与 $g_2(\tau_1,\tau_2)$ 分别为一阶和二阶波浪力脉冲响应函数，可由频域计算得到的波浪力频率响应函数进行傅里叶逆变换得到。

2.3 串靠外输系统时域耦合方程组

串靠外输系统是两浮体在波浪上的运动，严格的计算需要记及二者之间的水动力干扰作用，然而，由于实际作业过程中，二者之间的距离较远（通常在 60~100m），水动力参数之间的影响较小，因而本文建立的时域耦合运动方程组为：

$$\begin{cases} \sum_{j=1}^6 [M^{(1)}{}_{ij} + m^{(1)}{}_{ij}]\ddot{x}_j^{(1)}(t) + \int_{-\infty}^t R^{(1)}{}_{ij}(t-\tau)\dot{x}_j^{(1)}(\tau)\mathrm{d}\tau + C^{(1)}{}_{ij}x^{(1)}{}_j(t) = F_{1i}(x_j^{(1)}, x_j^{(2)}, t) \\ \sum_{j=1}^6 [M^{(2)}{}_{ij} + m^{(2)}{}_{ij}]\ddot{x}_j^{(2)}(t) + \int_{-\infty}^t R^{(2)}{}_{ij}(t-\tau)\dot{x}_j^{(2)}(\tau)\mathrm{d}\tau + C^{(2)}{}_{ij}x^{(2)}{}_j(t) = F_{2i}(x_j^{(1)}, x_j^{(2)}, t) \end{cases} \tag{6}$$

其中，$F_1(x^{(1)}, x^{(2)}, t)$，$F_2(x^{(1)}, x^{(2)}, t)$ 分别为两船受到的总的外力，其表达式为：

$$F_{1i}(x_j^{(1)}, x_j^{(2)}, t) = F^{(1)}{}_{wi}(t) + F^{(1)}{}_{mi}(x_j^{(1)}, \dot{x}_j^{(1)}, \ddot{x}_j^{(1)}, t) + F_{21i}(x_j^{(1)}, x_j^{(2)}, t)$$
$$F_{2i}(x_j^{(1)}, x_j^{(2)}, t) = F^{(2)}{}_{wi}(t) + F^{(2)}{}_{mi}(x_j^{(2)}, \dot{x}_j^{(2)}, \ddot{x}_j^{(2)}, , t) + F_{12i}(x_j^{(1)}, x_j^{(2)}, t) \tag{7}$$

式中：$i=1,2,\ldots6$ 代表 6 个自由度，上标（1）（2）为船舶的代号，F_w 为一、二阶波浪力之和，F_m 为船舶系泊缆索的系缆力，F_{12} 和 F_{21} 为两船之间系泊大缆的力，二者大小相等方向相反。方程组求解时采用 Newmark-β 方法。

串靠系统耦合运动方程组具体求解步骤如下：① 采用间接时域法分别计算两船的水动力参数；② 给定系统初始状态；③ 在时刻 t，求解耦合运动方程组；④ 根据求得的浮体运动给定该时刻两船的系泊缆索及两船之间系泊大缆的边界条件，采用非线性有限元方法求解各缆索的张力；⑤ 将求得的张力代回浮体耦合运动方程组，重新求得浮体的运动；⑥ 比较前后两次计算得到的浮体位移，判断计算是否收敛。若位移之差为小量，则认为计算收敛，进入下一时刻的计算，若不收敛，则转回步骤 ③。

3 数值算例及其分析

3.1 FPSO 及穿梭油轮的主要参数

本文采用一南海海域转塔式单点系泊 FPSO，及其配套穿梭油轮，二者主要参数如下：

表 1 FPSO 及穿梭油轮的主要参数

参数	FPSO	穿梭油轮
垂线间长/m	210.2	272
型宽/m	42.974	46
型深/m	22.515	24
吃水/m	14.025	10.5
排水量/t	1.185×10^5	1.0875×10^5

3.2 系泊方式及系缆的主要参数

FPSO 使用张紧式系泊进行定位，采用 4 根对称布置的缆索，穿梭油轮船尾采用 1 根张紧式系泊缆索进行定位，具体布置图及系缆参数见图 1 和表 2。

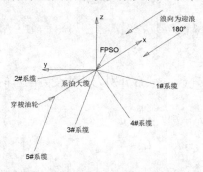

图 1 FPSO 外输系统系泊布置图

表 2 FPSO 外输系统系缆参数

参数	FPSO 系缆	穿梭油轮系缆	系泊大缆
预张力（KN）	5602.56	5602.56	2500
数量	4	1	1
长度（m）	450	450	100
垂向跨距（m）	227.2	227.2	0
水平距离（m）	426.44	426.44	100
水下线密度（kg/m）	7.77	7.77	\
刚度 EA（KN）	7.623×10^4	7.623×10^4	4.3×10^4

3.3 环境参数

外输系统的工作海况选用南海一年一遇海浪条件,不考虑风、流影响,波浪采用Jonswap谱,有义波高为7.3m,过零周期为8.8s,浪向为迎浪。

3.4 计算结果及讨论

FPSO在作业时由于其风标效应,会处于迎浪状态,因而本文计算180°迎浪的情况。由于在串靠外输作业时,我们最关心两船纵向的位置、船体系泊缆张力和两船间系泊大缆的张力,本文给出了FPSO与穿梭油轮相对于各自初始位置的纵荡运动、5条系泊缆绳张力和系泊大缆张力的时历曲线以及运动谱(或张力谱)。数值计算时,船舶是从静止的位置开始的,而在实际海况中,船舶在开始计算时已经处于一定的运动状态,为了减小初始状态对于结果造成的影响,本文对整个系统进行了6500s的模拟,而且计算结果从1000s之后开始认为有意义。

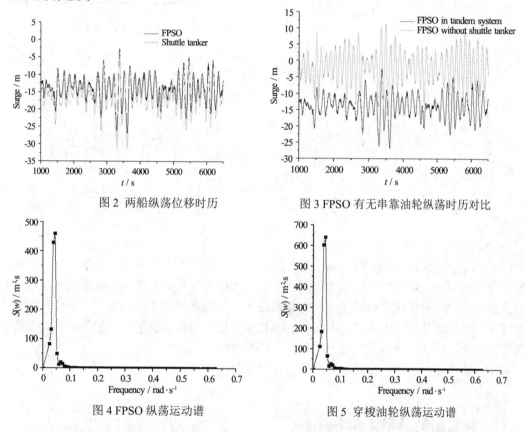

图2 两船纵荡位移时历　　　　　图3 FPSO有无串靠油轮纵荡时历对比

图4 FPSO纵荡运动谱　　　　　图5 穿梭油轮纵荡运动谱

图2为FPSO与穿梭油轮的纵荡时历曲线,从图2中可以看出,二者的纵荡运动趋势一致,并且运动有明显的低频特性。这是由于系统在水平方向的回复力较小,自然频率很低,在频率相近的二阶波浪力的作用下产生共振,发生大幅度的低频慢漂运动。图3为单独FPSO在海浪上作业时的纵荡运动时历曲线和串靠系统中FPSO纵荡运动时历曲线的对

比，从图3中可以看出，串靠穿梭油轮之后，FPSO由于穿梭油轮的拖拽，往波浪前进方向出现了较大程度的偏移；且串靠系统的纵荡运动周期稍长，说明串靠了穿梭油轮之后，整个系统的柔性增加，系统的固有频率变低。图4和图5分别是串靠系统两船的纵荡运动谱，通过谱分析可以得出，纵荡运动的峰值大概在0.05rad/s，具有明显的低频特性。

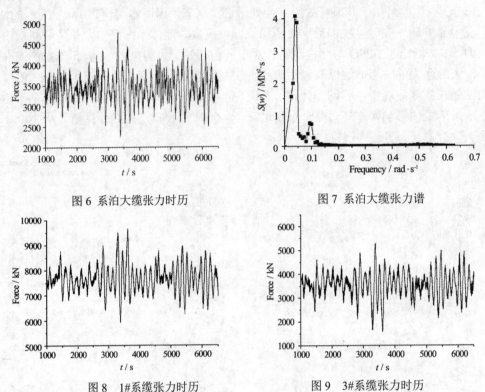

图6 系泊大缆张力时历　　　　　　　　　图7 系泊大缆张力谱

图8　1#系缆张力时历　　　　　　　　　图9　3#系缆张力时历

图6为串靠系统两船之间系泊大缆张力时历图，图7为系泊大缆张力谱，图8和图9分别为1#和3#FPSO系泊缆张力时历图。从图中可以看出，这三根缆绳张力表现出与纵荡运动相似的变化规律和低频特性。这是由于三根缆绳均处于迎浪方向，FPSO大幅度的纵向慢漂运动对其张力贡献最大。由于1#缆位于船艏方向，3#缆位于船尾方向，而船舶为迎浪工况，所以1#缆绳张力比3#缆绳张力大4000KN左右。

2#，4#缆绳由于对称布置，各自张力结果几乎相同。

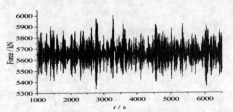

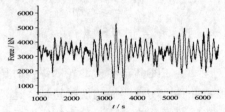

图10　2#、4#系缆张力时历　　　　　　　　图11　5#系缆张力时历

2#，4#缆绳表现出高频特性，这是由于该缆与浪向垂直，FPSO 大幅度的纵向慢漂运动对其张力贡献不大，而波频运动如垂荡对其张力的贡献更大。5#缆绳位于穿梭油轮船尾，为迎浪方向，张力同样表现为低频特性。

4　结论与展望

本文对实际作业的 FPSO 串靠输油系统进行了动态耦合数值模拟，开发了一套能够模拟串靠系泊系统在波浪中运动的计算程序。本程序通过间接时域法求解两船的水动力参数，并采用非线性有限元方法对系泊缆索进行模拟，浮体所受波浪力为一阶和二阶波浪力的总和，浮体运动方程组采用 Newmark-β 法进行数值求解。

本文对一张紧系泊 FPSO、船尾张紧系泊穿梭油轮及两船间系泊大缆组成的串靠外输系统进行数值计算，求解得到两船在真实海况下的纵荡运动响应时历，所有系泊缆绳及系泊大缆的张力时历，分析了运动和张力的频率特性，并探讨了产生这些特性的原因。

本次数值模拟没有考虑到两船间水动力相互耦合影响，虽然在一定程度上这种近似是可以接受的，但是毕竟和真实情况有一定的差距，今后可以探讨一下考虑水动力耦合的影响，并与此次分析得到的结果进行比对分析。

参 考 文 献

1　郑成荣,范菊,缪国平,等. 深水 FPSO 时域耦合动力分析[J]. 水动力学研究与进展 A 辑,2012,04:376-382.

2　郑成荣. 深海系泊浮体的耦合分析及锚系的动力特性研究[D]. 上海：上海交通大学,2012.

3　王强. FPSO 串靠外输时的多浮体系统响应分析[D]. 哈尔滨：哈尔滨工程大学,2010.

4　袁梦. 深海浮式结构物系泊系统的非线性时域分析[D]. 上海：上海交通大学,2011.

5　Chen H B, Moan T, Haver S, et al. Prediction of relative motion and probability of contact between FPSO and shuttle tanker in tandem offloading operation. Journal of Offshore Mechanics and Arctic Engineering, 2004，126(3): 235–242.

6　Hong SY, Kim JH, Cho SK. Numerical and experimental study on hydrodynamic interaction of side　by side moored multiple vessels. Proc. of the Int. Symposium on Deepwater Mooring Systems Concepts, Design Analysis, and Materials,2003，198-215.

Coupled dynamic analysis of multi-body FPSO tandem offloading system in time domain

WANG Chen-zheng, FAN Ju, MIAO Guo-ping, ZHU Ren-chuan

(School of Naval Architecture, Ocean and Civil Engineering, Shanghai Jiao Tong University, Shanghai 200240,
Email: wangcz@sjtu.edu.cn)

Abstract: In this paper, three dimensional potential flow theory is adopted to calculate floating bodies' hydrodynamic parameters in frequency domain. And Indirect time domain method is adopted to transfer the results from frequency domain to time domain. The mooring cables are simulated by nonlinear finite element method. By solving tandem floating bodies motion equations by means of complete time domain multiple floating bodies coupled analysis method, the floating bodies' motion responses, cable tensions and the mooring line tensions between two ships are obtained. The theoretical calculation is carried out for a FPSO tandem offloading system consisting of a taut mooring FPSO, a matched shuttle tanker and the mooring line between two ships. And the two floating bodies' motion response time history curves, mooring cables' tension time history curves and mooring line's tension time history curves are obtained. Also, the influence of low frequency forces for the whole system is analyzed. This numerical model can be used in coupled dynamic calculation of multi-body tandem system, and the results can provide with some security reference and guidance for tandem offloading system.

Key words: FPSO; Shuttle tanker; Coupled in time domain; Multi-body system; Mooring system

中高航速三体船阻力预报

蒋银，朱仁传，缪国平，范菊

(上海交通大学船舶海洋与建筑工程学院海洋工程国家重点试验室，上海，200040, Email: datoujiangyin@sina.com)

摘要： 船体航行姿态对于高速航行三体船阻力的影响不可忽略。基于计算流体动力学理论，结合重叠网格方法，对某三体船模设计吃水、轻载吃水两种工况不同航速下的绕流场进行数值模拟。阻力计算结果与模型试验结果对比，误差较小，验证了计算方法的有效性。与满载吃水工况相比较，轻载状态下阻力在各航速下的阻力又明显降低。这为船舶实际运营具有重要的指导作用。

关键词： 三体船；重叠网格方法；阻力；姿态

1 引言

三体船优良的水动力性能令其在军事、民用上均有广阔前景，因此研究三体船阻力是一项基本同时又很重要的工作。国内外研究者分别从实验数值等方面预报三体船阻力性能。早在 20 世纪 90 年代末，Ackers[1]对大量三体船模型进行阻力试验，研究侧体位置布置对三体船阻力的影响。之后，Bertorello 等[2]对某一三体船多个航速下进行拖曳试验。同年，李培勇等[3]一三体船模进行拖曳试验。随着计算机技术发展，CFD 技术在船舶阻力性能预报应用广泛。Mizine 等[4]数值试验相结合讨论了三体船的兴波特点。倪崇本等[5]分别使用固定模、考虑航行姿态两种数值方法获得三体船阻力结果，与试验值对比，考虑航行姿态的数值结果精度较高。重叠网格方法对于复杂曲面离散以及物体大幅运动具有无可比拟的优势。赵发明等[6]应用重叠网格技术对三体船的阻力进行预报，测试了重叠网格技术的适用性。

本文基于黏性流理论，应用 STAR-CCM+软件，结合 OVERSET 网格技术，考虑航行姿态，对某三体船模设计吃水、轻载吃水两种工况不同航速下的绕流场进行数值模拟。

2 控制方程与数值计算方法

2.1 控制方程

连续方程、动量方程分别为：

$$\frac{\partial \rho}{\partial t} + \frac{\partial (\rho \bar{u}_i)}{\partial x_i} = 0 \qquad (i = 1,2,3)$$

$$\frac{\partial (\rho \bar{u}_i)}{\partial t} + \frac{\partial (\rho \bar{u}_i \bar{u}_j)}{\partial x_j} = \frac{\partial}{\partial x_j}\left[\mu \frac{\partial \bar{u}_i}{\partial x_j} - \rho \overline{u_i' u_j'}\right] - \frac{\partial \overline{p}}{\partial x_i} + \rho f_i \quad (i,j = 1,2,3)$$

（1）

流体体积输运方程：

$$\frac{\partial a_q}{\partial t} + \frac{\partial (\bar{u}_i a_q)}{\partial x_i} = 0 \qquad (q = 1,2; i = 1,2,3)$$

（2）

式中，$\bar{u}_i$ 为流体微团在 i 方向上的速度，f_i 为质量力，$\overline{p}$ 为流体压力，流体密度定义为 $\rho = \sum\limits_{q=1}^{2} a_q \rho_q$，其中体积分数 a_q 表示单元内第 q 相流体体积占总体积的比例，并且有 $\sum\limits_{q=1}^{2} a_q = 1$，$\mu$ 为相体积分数的平均动力黏性系数，与密度定义的形式一致。

2.2 船体运动控制方程

假定船体为一刚体，若选择一个动坐标系，以 $oxyz$ 表示，坐标原点位于船体质心，x 指向船首，y 指向左舷，z 竖直向上。船体的运动方程为：

$$m \frac{\partial v_{0i}}{\partial t} = F_i \qquad I_{ij} \frac{\partial \omega_j}{\partial t} = M_i \qquad i,j = 1,2,3$$

（3）

其中，m 为船体质量，I_{ij} 船体的转动惯量，v_{0i}（i=1,2,3）分别为 xyz 方向上的速度，ω_j（j=1,2,3）分别为绕过质心 xyz 轴的转动角速度。F_i，M_i 分别为作用于船体的各个方向外力（矩）的分量。

2.3 离散格式

基于有限体积法，首先对控制方程进行离散。湍流模型采用 SST k-ε 模型。控制方程的对流项、扩散项的离散分别使用二阶迎风格式、中心差分格式。压力和速度耦合采用 SIMPLE 算法解耦，运用非定常分离隐式求解器，采用自由液面追踪法处理自由液面，运行环境中的参考压力值设置为一个大气压强，考虑重力影响。使用 Gauss-Seidel 迭代求解离散得到的代数方程组。

3 重叠网格方法

重叠网格方法是一种区域分割与网格组合策略，复杂的流场区域按需分割为多个子区域，由一个规则背景区域和嵌套于其中的一个或是多个重叠区域组成，如图 1 所示。在本算例中，通过人为给定挖洞面，以确定流域内网格单元类型。在重叠网格中，网格单元有两种类型：有效单元、无效单元。有效单元是指那些在计算域内参与离散求解流场控制方程的网格单元；而在计算域外的，不需要参与流场计算的网格单元称为无效单元；受者单元通常是指那些位于网格块之间的重叠区域、在流场数值求解时需要通过插值计算从其他网格块的数值结果中获取流动信息的网格。而为受者单元提供流场变量信息的那些位于其他网格块内的网格单元被称为贡献单元。重叠网格必须通过插值的方法来实现各区域块的流场信息交流。受者单元的流动的物理量 $\phi_{receptor}$ 采用特定的近似函数来替代，该函数的表达式为其周边的贡献单元的流动物理量 ϕ_i 和单元的基函数 α_i 的线性组合，即：

$$\phi_{receptor} = \sum \alpha_i \phi_i \qquad (4)$$

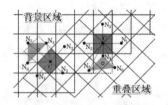

图 1 流场信息交换原理图[7]

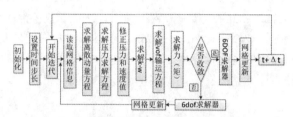

图 2 数值模拟计算流程

图 2 为考虑姿态预测三体船阻力的计算流程，耦合求解黏性流体流动控制方程和船体运动方程，得到当前时刻船体姿态，重叠区域的运动以实现船体姿态的更新，流域内的网格进行新一轮地分类。

（a） 三体船侧体布置

（b） 三体船尾部形状

（c） 三体船整体效果

图 3 三体船几何模型

4 计算结果

4.1 三体船几何模型与计算工况

表 1 三体船主尺度和船型参数

项目	设计吃水					轻载吃水			
	水线长/m	型深/m	吃水/m	排水量/t	湿表面积/m²	水线长/m	吃水/m	排水量/t	湿表面积/m²
主体	3.434	0.2313	0.1125	0.0341	0.8816	3.234	0.099	0.0267	0.794
片体	1.2705	0.1625	0.0469	0.00106	0.1039	1.092	0.033	0.00058	0.074

三体船的型线图有上海交通大学船舶设计研究所提供。几何模型如图 3 所示，主尺度和船型参数可参看表 1。表 2 给出了三体船阻力计算工况。

表 2 三体船计算工况

吃水	Fr
设计吃水/轻载吃水	0.387/0.524/0.729

4.2 计算域网格划分和边界条件

静水中船体扰流数值模拟，假设均匀来流，惯性坐标系原点在三体船主体船中未扰动的自由面处，x_1 轴正向指向船首。整个流场背景区域大小：$-5/2L<x_1<3/2L$，$0<x_2<1L$，$-1L<x_3<2/3L$；其中 L 为主体设计水线长。包含运动船体的重叠区域的大小：$-1/4L<x_1<1/4L$，$0<x_2<2/3B$，$-1/5L<x_3<1/5L$。在自由液面附近、船体近壁面区域中，流场中某些物理变量随着空间变化梯度大，所以在这些区域需要适当的网格加密，如图 4 所示。不同航速船体近表面网格略有不同，整个流场区域的网格总数为 100 万左右。

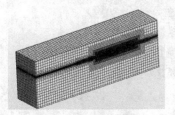 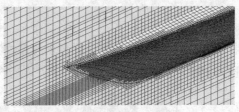 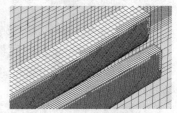

（a） 计算域整体网格   （b）船首附近网格   （c） 船尾附近网格
图 4 网格生成

背景区域：x_{1max}、x_3 方向界面均采用速度进口边界，x_{1min} 为压力出口，x_2 方向界面设置成对称边界；而重叠区域内边界即船体表面为不可滑移壁面条件，其外边界（除 x_{2max} 为对称边界）均采用 overset mesh 边界条件。

4.3 结果分析

采用动态重叠网格方法，模拟某三体船航行姿态，即考虑升沉纵倾两个自由度运动。计算分为两个阶段：初始阶段，船体固定不动，计算若干时间步；第二阶段，考虑船体航行姿态，对船体绕流场进行数值模拟。当计算收敛，船体的升沉与纵倾趋于稳定。表 3 详细列出了不同工况下三体船模阻力以及航行姿态结果。总阻力、摩擦阻力和压阻力的无因次形式如式（5）所示，数值结果见表 4。

$$C_t = \frac{R_t}{\frac{1}{2}\rho V^2 S}, \quad C_s = \frac{R_s}{\frac{1}{2}\rho V^2 S}, \quad C_p = \frac{R_p}{\frac{1}{2}\rho V^2 S} \tag{5}$$

表 3 数值模拟结果

Fr	设计吃水					轻载吃水		
	Rt_CFD(N)	Rt_EXP(N)	Error_Rt	Sinkage/m	Trim/(°)	Rt_CFD/N	Sinkage/m	Trim/(°)
0.387	11.451	11.131	0.0287	0.0178	1.0087	8.501	0.0067	0.4281
0.524	22.484	21.820	0.0304	0.0209	0.3094	16.502	0.0089	-0.1742
0.729	38.356	36.775	0.0430	0.0177	-0.0067	28.542	0.0058	-0.4175

表 4 不同工况下阻力系数数值结果

Fr	设计吃水			轻载吃水		
	Ct	Cs	Cp	Ct	Cs	Cp
0.387	0.00441	0.00359	0.00082	0.00379	0.00327	0.00052
0.524	0.00472	0.00331	0.00142	0.00401	0.00304	0.00097
0.729	0.00416	0.00316	0.00100	0.00358	0.00290	0.00069

从表 3 可以看出，设计吃水工况，与实验值对比，不同航速计算结果精度较高，误差约 3%~4% 不等，在工程可接受范围。轻载排水量较满载排水量减少 23%，轻载状态下的阻力较满载状态下的阻力平均降低了 26%。吃水一定，船体阻力随着航速的提高而增大。同时，表 4 指出，排水量一定的情况下，总阻力、压阻力系数随着航速的增大先增大后减小，而摩擦阻力系数随着航速加快而略减小。

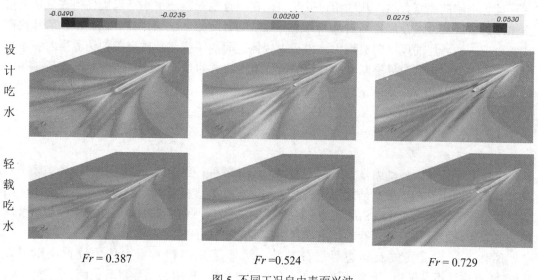

图 5 不同工况自由表面兴波

三体船在静水中航行自由表面兴波如图 5 所示。从图中可以看出，吃水一定，航速的增大使得船艏兴波更高。有趣的是设计吃水、Fr 0.524 工况下船尾后方的兴波高度相对于同一吃水下其他两个航速（Fr 数分别为 0.387、0.729）的要高，并且兴波的扇形区域较广。三体船船模一定的情况下，航速影响着主片体的兴波相对位置，决定了兴波干扰的结果。Fr=0.524 时，三体船的片体与主体之间的兴波干扰为不利干扰，这与压阻力系数在该航速下最大相对应。航速一定，轻载状态下的兴波相对于满载状态下的要小。主片体之间的兴波干扰对船体的阻力性能有可能有不利影响。设计航速一定，如何利用主片体之间的有利兴波干扰对三体船船型设计有重要的影响，可以改变片体纵向或横向的相对位置进行船阻力型优化分析。

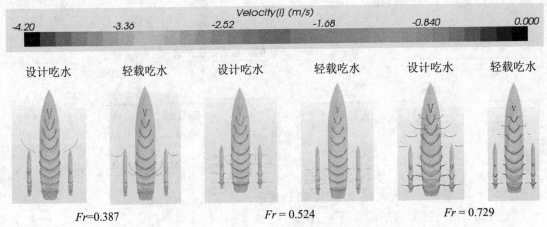

Velocity(i) (m/s)
-4.20   -3.36   -2.52   -1.68   -0.840   0.000

设计吃水   轻载吃水   设计吃水   轻载吃水   设计吃水   轻载吃水

Fr=0.387   *Fr* = 0.524   *Fr* = 0.729

图 6 不同工况船体剖面速度等值线图

图 6 为不同工况下沿船长分布的速度场等值线图。三体船十个分段之间的 9 个横切面显示船体周围的速度分布。从图中可以看出，在船首底部，产生小小涡旋使得该处边界层微微隆起，涡旋慢慢发展，沿着流速方向传递的同时向船体艉部传播，在尾部，船体底部到艉部范围边界层的厚度明显增大。由于主片体之间的干扰，片体尾部的边界层右左不对称，靠近主体一侧的边界层厚度较外侧的大。值得注意的是 Fr 数为 0.729 片体靠近主体侧的边界层厚度比 Fr 为 0.524 的薄。

5 结论

文中基于计算流体动力学，采用 STAR-CCM+软件，结合重叠网格技术，考虑姿态对某三体船在两个吃水、中高航速工况的绕流问题进行数值模拟。其中设计吃水状态下的阻力计算结果与试验值对比，精度较高，误差在 3%~4%范围内，表明中高航速下采用重叠网格方法以实现航行姿态是可行的，重叠网格技术定有很好的工程应用。

船体不同工况兴波及其边界层分布统一说明了片体相对于主体的位置决定了在 Fr0.524 形成了不利干扰，解释了该航速下的总阻力系数、压阻力系数较其他两个航速的大。

参 考 文 献

[1] Ackers B B, Michael T J, Tredennick O W, et al. An investigation of the resistance characteristics of powered trimaran side-hull configurations. [J]. Transactions-Society of Naval Architects and Marine Engineers, 1997, 105: 349-373.

[2] Bertorello C, Bruzzone D, Cassella P, et al. Trimaran model test results and comparison with different high speed craft[C]. Shanghai, China: 2001.

[3] 李培勇, 裘泳铭, 顾敏童, 等. 三体船阻力模型试验[J]. 中国造船. 2002(04): 6-12.

P Li, Y Qiu, M Gu, et al. 2002(04): 6-12.

[4] Mizine I, Karafiath G, Queutey P, et al. Interference phenomenon in design of trimaran ship[C]. Athens, Greece: 2009.

[5] 倪崇本, 朱仁传, 缪国平, 等. 计及航行姿态变化的高速多体船阻力预报[J]. 水动力学研究与进展, A 辑, 2011(01): 101-107.

C Ni, R Zhu, G Mou, et al. 2011(01): 101-107.

[6] 赵发明, 高成君, 夏琼. 重叠网格在船舶CFD中的应用研究[J]. 船舶力学, 2011(04): 332-341.

F Zhao, C Gao, Q Xia. 2011(04): 332-341.

[7] CD-adapco. USER GUIDE STAR-CCM+ Version 8.04[EB/OL]. 2014.

Resistance prediction of trimaran in medium and high speed

JIANG Yin, ZHU Ren-chuan, MIAO Guo-ping, FAN Ju

(The State Key Laboratory of Ocean Engineering, School of Naval Architecture, Ocean and Civil Engineering, Shang Hai Jiao Tong University, Shang Hai 200240

Email: datoujiangyin@sina.com)

Abstract：Numerical simulation of the viscous flow around the trimaran under two different drafts have been carried out based on computational fluid dynamics by adopting the overset mesh technology. The numerical resistances are good agreement with the experimental data in design draft. The displacement in light draft is lower than in design draft of some 23 percent, and roughly 26 percent for total resistance, which provide significant information for the navigation of the trimaran.

Key words：Trimaran; Overset mesh technology; Resistance; Attitude.

波浪中相邻浮体水动力时域分析的混合格林函数法

周文俊，唐恺，朱仁传，缪国平

(上海交通大学 船舶海洋与建筑工程学院，海洋工程国家重点实验室，上海 200240)

摘要： 针对波浪中相邻两浮体的水动力耦合作用，采用时域混合格林函数法，即通过假想的直壁控制面将流场分割成内域和外域并分别引入Rankine源和时域自由面Green函数，对两浮体时域辐射和绕射问题进行求解.研究对相邻Wigley型船和方形浮体的耦合水动力系数及波浪力作了数值计算与对比分析，计算结果和试验数据吻合良好，表明本文方法适用于处理相邻浮体的时域水动力耦合问题，在计算效率上具有明显优势，能够正确预报共振现象的发生.

关键词： 时域；自由面Green函数；Rankine源；混合；水动力耦合；相邻浮体

1 引言

本文基于三维时域势流理论，通过假想的直壁控制面进行流域分割并同时运用Rankine源和时域自由面Green函数建立时域混合格林函数法，并利用脉冲响应函数法来求解相邻浮体水动力耦合问题.针对Wigley型船和方形浮体在波浪中耦合的水动力系数和波浪力进行了数值计算，比较了相邻浮体的时延函数与浮体单独存在时的不同之处，并与试验值作了对比讨论.研究证明本文方法准确高效，能够正确预报共振现象的发生.

周文俊(1991－)，男，江苏南通人，博士研究生，研究方向：船舶水动力学
朱仁传(联系人)，男，教授，博士生导师，Email: renchuan@sjtu.edu.cn

2 问题的提出和求解

2.1 坐标系的选取

假设在波浪中有两个相邻的浮体1和2(图 1)。建立如下的坐标系系统对问题进行研究：空间固定坐标系O_0-$x_0y_0z_0$，；参考坐标系O-xyz，它不随浮体摇荡，原点O位于两浮体之间的静水面上，Oz轴垂直向上，通过两浮体重心连线的中点；随体坐标系分为O_1-$x_1y_1z_1$和O_2-$x_2y_2z_2$两组，分别固结在浮体1和2上并随之摇荡，原点位于浮体重心处，x轴正方向指向浮体首部。

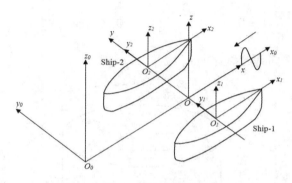

图 1 坐标系系统

假定流体理想不可压，流动无旋，基于时域势流理论，与摇荡有关的非定常速度势可分解为入射势、辐射势和绕射势.两浮体耦合的辐射问题可以分解成以下两种情况[1]：(1)浮体1作摇荡运动，浮体2静止；(2)浮体2作摇荡运动，浮体1静止.上述两种情况产生的辐射势叠加，即为总的辐射势.因此流场中速度势可分解为如下形式：

$$\varPhi = \varPhi_0 + \sum_{l=1}^{2}\sum_{i=1}^{6}\varPhi_i^{(l)} + \varPhi_7 \tag{1}$$

其中$\varPhi_0$表示入射势， $\varPhi_i^{(l)}$ (i=1,2,...,6)为第l浮体的第i模态运动诱导的辐射势，

$\varPhi_7$表示绕射势。

辐射势满足如下的初边值问题：

$$
\begin{cases}
\dfrac{\partial^2 \Phi_i^{(l)}}{\partial x^2} + \dfrac{\partial^2 \Phi_i^{(l)}}{\partial y^2} + \dfrac{\partial^2 \Phi_i^{(l)}}{\partial z^2} = 0 & \text{流域内} \\[4mm]
\dfrac{\partial^2 \Phi_i^{(l)}}{\partial t} + g\dfrac{\partial \Phi_i^{(l)}}{\partial z} = 0 & \text{自由面上} \\[4mm]
\dfrac{\partial \Phi_i^{(l)}}{\partial n} = \dot{x}_i^{(l)}(t)\, n_i^{(l)} & \text{物面 } S_b^{(l)} \text{ 上} \\[4mm]
\dfrac{\partial \Phi_i^{(l)}}{\partial n} = 0 & \text{物面 } S_b^{(v)} \text{ 上}(v \neq l) \\[4mm]
\Phi_i^{(l)}, \dfrac{\partial \Phi_i^{(l)}}{\partial n}, \nabla \Phi_i^{(l)} \to 0 & R \to \infty \\[4mm]
\Phi_i^{(l)} = 0, \dfrac{\partial \Phi_i^{(l)}}{\partial t} = 0, & t=0,\text{自由面上}
\end{cases}
\tag{2}
$$

2.2 流域的划分和积分方程的建立

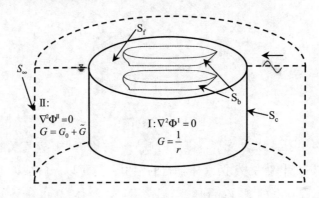

图 2 流域划分示意图

通过引入包括直壁面及水平底面在内的控制面，整个流域被分割为内域和外域两部分，如图 2.内域由浮体湿表面S_b、内自由面S_f和控制面S_c围成，记作域I；外域由控制面S_c、外自由面和远方辐射面S_∞围成，记作域II.为便于观察，图中只给出了自由面和控制面的右半部分，两个浮体都需要包含在域I中。

域I的边界积分方程：

上述初边值问题采用边界元法来进行求解.在内域中引入Rankine源作为Green函数，源偶混合分布形式的边界积分方程如下：

$$
\alpha(p)\Phi_i^{(l)}(p,t) = \iint\limits_{S_b+S_f+S_c} \left[\frac{1}{r}\frac{\partial \Phi_i^{(l)}(q,t)}{\partial n_q} - \Phi_i^{(l)}(q,t)\frac{\partial}{\partial n_q}\left(\frac{1}{r}\right) \right] \mathrm{d}S_q
\tag{3}
$$

其中 $r = \sqrt{R^2 + (z-\zeta)^2}$, $R = \sqrt{(x-\xi)^2 + (y-\eta)^2}$. (x, y, z) , (ξ, η, ζ) 分别为场点 p 和源点 q 的坐标, $\partial/\partial n_q$ 为沿内域表面外法向的偏导数. $\alpha(p)$ 为场点 p 对应的固体角, 其表达式[2]如下:

$$\alpha(p) = 4\pi - \iint_{S_b} \frac{\partial}{\partial n_q}\left(\frac{1}{r} + \frac{1}{r'}\right)\mathrm{d}S_q \tag{4}$$

其中 $r' = \sqrt{R^2 + (z+\zeta)^2}$.

域II的边界积分方程:

外域使用时域自由面Green函数, 表达式如下:

$$G = G_0 + \tilde{G}(p,q,t,\tau) \tag{5}$$

其中 $G_0 = \dfrac{1}{r} - \dfrac{1}{r'}$, $\tilde{G}(p,q,t,\tau) = 2\displaystyle\int_0^\infty \sqrt{gk} \cdot \mathrm{e}^{k(z+\zeta)} J_0(kR)\sin\left[\sqrt{gk}(t-\tau)\right]\mathrm{d}k$, J_0 为第一类零阶Bessel函数。

外域只需在控制面上布置源汇, 其边界积分方程为:

$$\alpha(p)\Phi_i^{(l)}(p,t) - \iint_{S_c} \Phi_i^{(l)}(q,t)\frac{\partial G_0}{\partial n_q}\mathrm{d}S_q = -\iint_{S_c} G_0 \frac{\partial \Phi_i^{(l)}(q,t)}{\partial n_q}\mathrm{d}S_q$$

$$-\int_0^t \mathrm{d}\tau \iint_{S_c}\left[\tilde{G}(p,t;q,\tau)\frac{\partial \Phi_i^{(l)}(q,\tau)}{\partial n_q} - \Phi_i^{(l)}(q,\tau)\frac{\partial \tilde{G}(p,t;q,\tau)}{\partial n_q}\right]\mathrm{d}S_q \tag{6}$$

其中 $\partial/\partial n_q$ 仍为沿内域表面外法向的偏导数。

在控制面上, 内外域的速度势及其法向导数处处连续:

$$\Phi_i^{(l)}\Big|^{\mathrm{I}} = \Phi_i^{(l)}\Big|^{\mathrm{II}} , \quad \frac{\partial \Phi_i^{(l)}}{\partial n}\Big|^{\mathrm{I}} = \frac{\partial \Phi_i^{(l)}}{\partial n}\Big|^{\mathrm{II}} \tag{7}$$

其中上标 I、II 指速度势对应的区域。

2.3 水动力系数和波浪力的求解

应用脉冲响应函数法[3], 辐射势 $\Phi_i^{(l)}$ 可表示如下:

$$\Phi_i^{(l)}(p,t) = \int_0^t \varphi_i^{(l)}(p,\tau)\ddot{x}_i^{(l)}(t-\tau)\mathrm{d}\tau \tag{8}$$

根据物面条件, $\varphi_i^{(l)}(p,t)$ 可以分解为瞬时效应和记忆部分:

$$\varphi_i^{(l)}(p,t) = \psi_i^{(l)}(p)\delta(t) + \chi_i^{(l)}(p,t) \tag{9}$$

其中$\delta(t)$是Dirac函数。

由线性 Bernoulli 方程，作用在浮体 l 上的时域辐射力和力矩可以表示为

$$F_i^{R(l)}(t) = -\rho \iint_{S_b^{(l)}} \frac{\partial \Phi_j^{(l)}(q,t)}{\partial t} n_i \mathrm{d}S_q \tag{10}$$

类似地可得Froude-Krylov力的表达式：

$$F_{il}^{(l)}(t) = -\rho \iint_{S_b^{(l)}} \frac{\partial \Phi_0(q,t)}{\partial t} n_i \mathrm{d}S_q = \int_{-\infty}^{\infty} K_{il}^{(l)}(t-\tau)\zeta_0(\tau)\mathrm{d}\tau \tag{11}$$

其中 $K_{il}^{(l)}(t) = -\rho \iint_{S_b^{(l)}} \frac{\partial \hat{\Phi}_0(q,t)}{\partial t} n_i \mathrm{d}S_q$。

时域波浪力包含 Froude-Krylov 力和绕射力两部分：

$$F_{Wi}^{(l)}(t) = F_{il}^{(l)}(t) + F_{i7}^{(l)}(t) \tag{12}$$

将式(11)代入上式，波浪力可表示成如下形式：

$$F_{Wi}^{(l)}(t) = \int_{-\infty}^{\infty} \left[K_{il}^{(l)}(t-\tau) + K_{i7}^{(l)}(t-\tau) \right] \zeta_0(\tau)\mathrm{d}\tau \tag{13}$$

频域波浪力幅值可通过下面的关系由时域波浪力求得：

$$F_i^{(l)}(\omega) = \sqrt{\left[\mathrm{Re}\, F_i^{(l)}(\omega) \right]^2 + \left[\mathrm{Im}\, F_i^{(l)}(\omega) \right]^2} \tag{14}$$

其中

$$\mathrm{Re}\, F_i^{(l)}(\omega) = \int_{-\infty}^{\infty} \left[K_{il}^{(l)}(\tau) + K_{i7}^{(l)}(\tau) \right] \cos(\omega\tau)\mathrm{d}\tau$$

$$\mathrm{Im}\, F_i^{(l)}(\omega) = -\int_{-\infty}^{\infty} \left[K_{il}^{(l)}(\tau) + K_{i7}^{(l)}(\tau) \right] \sin(\omega\tau)\mathrm{d}\tau$$

从式(14)可以看出，由于采用了脉冲响应函数法，只要求出时域辐射势和绕射势，就可以得到任意频率规则波中的频域水动力系数和波浪力。由于时域初边值问题的求解不需要重新划分网格，因此在计算效率方面具有明显的优势。

3 算例与分析

3.1 数值算例

本文基于前述理论和算法自主编制了一套Fortran计算程序，对波浪中相邻Wigley型船和方形浮体的水动力相互作用进行了数值计算.它们的主尺度见表 1，Wigley型船的型线表达式如下：

$$\frac{y}{b} = (1-X)(1-Z)(1+0.2X) + Z(1-Z^4)(1-X)^4 \tag{15}$$

表 1 Wigley型船和方形浮体主尺度

	垂线间长 L/m	型宽 B/m	吃水 d/m	排水体积 ∇ (m³)	水线面面积 A_w/m²
Wigley 型船	2	0.3	0.125	0.042	0.416
方形浮体	2	0.3	0.125	0.075	0.6

注：Wigley型船和方形浮体的湿表面面元划分见示意图

二者分别划分为200个和324个网格。图 4是数值计算所使用的计算域网格划分示意图，为便于观察图中略去了方形浮体外侧部分的自由面和控制面网格。

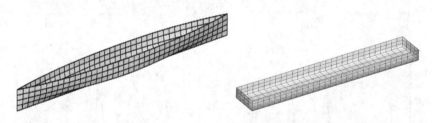

(a) Wigley型船　　　　　　　　　　　　　(b) 方形浮体

图 3 Wigley型船和方形浮体湿表面网格划分示意图

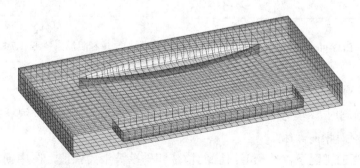

图 4 计算域网格划分示意图

3.2 水动力系数的计算结果与分析

数值模拟对波浪中相邻Wigley型船和方形浮体的水动力系数进行了计算和分析.设Wigley型船为浮体1，方形浮体为浮体2，两浮体水线面中心连线与浮体中纵剖面垂直，中心间距S=1.797m.

图 给出了浮体1的附加质量和阻尼系数，图中横轴为无因次化波数kL，$A_{23}^{\prime(11)}$ 和 $A_{33}^{\prime(11)}$ 为浮体1的垂荡运动诱导其自身的横荡和垂荡无因次附加质量，$A_{23}^{\prime(11)} = A_{23}^{(11)} / \left(\rho \nabla^{(1)} \right)$，$A_{33}^{\prime(11)} = A_{33}^{(11)} / \left(\rho \nabla^{(1)} \right)$；$B_{23}^{\prime(11)}$ 和 $B_{33}^{\prime(11)}$ 为物理意义相同的阻尼系数，$B_{23}^{\prime(11)} = B_{23}^{(11)} / \left(\rho \nabla^{(1)} \omega \right)$，$B_{33}^{\prime(11)} = B_{33}^{(11)} / \left(\rho \nabla^{(1)} \omega \right)$；其中实线表示用时域混合格林函数法计算并时频转换得到的结果；矩形点为Kashiwagi等的试验结果.从图中可以看出数值计算结果与试验值吻合良好，并且在一些特定频率上正确显示出了共振现象的发生.另外在波数较小时计算结果与试验值存在一定差异，这可能是因为低频试验时波浪在池壁的两侧发生反射，从而造成了干扰.

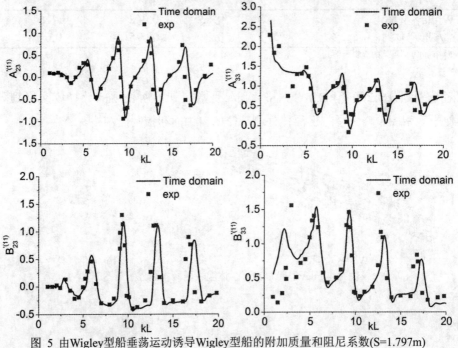

图 5 由Wigley型船垂荡运动诱导Wigley型船的附加质量和阻尼系数(S=1.797m)

3.3 波浪力的计算结果与分析

求解绕射问题时，两浮体水线面的中心间距S=1.097m，且处于横浪状态(β=90°)，波浪传播方向从浮体1指向浮体2。

图 给出了当前工况下浮体1和浮体2的横荡和垂荡波浪力幅值，图中横轴为无因次波长λ/L，无因次化波浪力幅值 $F_i^{\prime(l)} = F_i^{(l)} L / \left(\rho g \zeta_a A_w^{(l)} \right)$；实线表示用时域混合格林函数法计算并通过式(14)转换得到的结果；矩形点为Kashiwagi等的试验值.总体来看数值计算结果与试验值吻合良好，但在波长较长时计算结果与试验值存在一定差异。除了上一节所述的波浪在池壁上反射的缘故外，计算中没有考虑黏性影响也是原因之一。

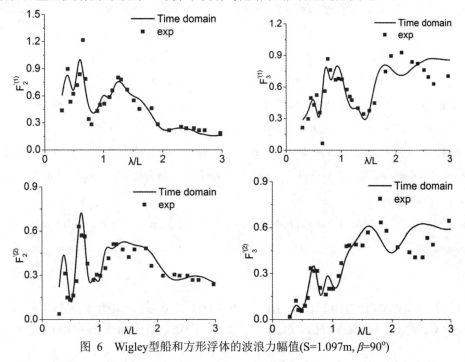

图 6　Wigley型船和方形浮体的波浪力幅值(S=1.097m, β=90°)

4 结论

本文在三维时域势流理论范畴内，建立混合格林函数法对相邻两浮体在波浪中的水动力相互作用进行了研究.利用自主开发的数值程序对Wigley型船和方形浮体的耦合水动力系数及波浪力作了计算，比较了相邻浮体的时延函数与浮体单独存在时的不同之处，并对浮体间的水动力耦合作用进行了讨论.数值结果和试验数据在计算频率范围内吻合良好，表明本文方法准确可靠，能够正确预报共振现象的发生.相对于通常的Rankine源法，由于计算域包含的自由面范围较小且无需重复划分计算网格，在计算效率上具有明显的优势.在本文工作的基础上，可以进一步开展对波浪中相邻两浮体耦合运动的研究.

参考文献

[1] Ohkusu M.. Ship motions in vicinity of a structure[C]. Proc. of International Conference on the Behavior of Offshore Structures. Trondheim, 1976, 1:284-306.

[2] Oortmerssen G V. Hydrodynamic interaction between two structures floating in waves[C]. Proc. Boss Conference, London, 1979:339-356.

[3] Kashiwagi M., Endo K., Yamaguchic H. Wave drift forces and moments on two ships arranged side by side in waves[J]. Ocean Engineering. 2005, 32:529~555.

[4] Zhu Ren-chuan, Miao Guo-ping, Zhu Hai-rong. The radiation problem of multiple structures with small gaps in between[J]. Journal of hydrodynamics, Ser.B, 2006, 18(5):520-526.

[5] ZHU Ren-chuan, MIAO Guo-ping, ZHU Hai-rong: The Radiation Problem Of Multiple Structures With Small Gaps In Between [J]. Journal of Hydrodynamics Ser.B, 2006, 18(5):520-526.

[6] ZHU Hai-rong, ZHU Ren-chuan, MIAO Guo-ping: A time domain investigation on the hydrodynamic resonance phenomena of 3-D multiple floating structures[J]. Journal of Hydrodynamics Ser.B, 2008, 20(5):611-616.

[7] Naciri M., Waals O., Wilde J. Time domain simulations of side-by-side moored vessels lessons learnt from a benchmark test[C]. June 10-15, OMAE 2007, San Diego, California, USA.

[8]

Hybrid green function method for time-domain analysis of hydrodynamic interaction of two floating bodies in waves

ZHOU Wen-jun, TANG Kai, ZHU Ren-chuan, MIAO Guo-ping

The State Key Laboratory of Ocean Engineering, School of Naval Architecture, Ocean and Civil Engineering,

Shanghai Jiao Tong University, Shanghai 200240, China

Abstract: A time-domain hybrid Green function method is applied for investigating the hydrodynamic interaction of two floating bodies in waves. The fluid filed is decomposed into inner and outer domain by an imaginary control surface, the radiation and diffraction problem of two floating bodies are solved by use of both Rankine source and transient Green function. The hydrodynamic interactions between a Wigley hull ship and rectangular barge arranged side by side in waves are investigated. current method is efficient and accurate.

Key words: time domain; transient Green function; interaction; floating bodies side by side

基于 DES 方法的 VLCC 实船阻力预报与流场分析

尹崇宏，吴建威，万德成*

(上海交通大学 船舶海洋与建筑工程学院 海洋工程国家重点实验室，
高新船舶与深海开发装备协同创新中心，上海 200240)
*通信作者 Email: dcwan@sjtu.edu.cn

摘要：随着 CFD 技术的发展和计算机运算能力的提高，CFD 在船舶设计中发挥着越来越重要的作用。目前 CFD 对于船舶阻力的计算基本集中在模型尺度，一方面因为实尺度缺乏相关的实验数据；另一方面也是因为在实尺度高雷诺数下，数值计算的复杂性会大大增加，传统的 RANS 方法处理起来较为困难。本文应用 DES 方法，同时采用三因次法换算和直接实尺度 CFD 计算两种方法对 32 万吨 VLCC 进行了实船阻力预报，并与 RANS 的计算结果和模型实验进行比较分析。本文验证了采用 DES 方法在实船阻力预报中的可靠性和有效性，同时也对流场进行了讨论与分析。

关键词：DES；S-A IDDES；naoe-FOAM-SJTU；实船阻力预报；VLCC

1 引言

对船舶阻力的预报是船舶设计中的一个重要的课题。由于各种条件的限制，目前对于船舶阻力的预报大多基于模型试验。模型试验一般是在傅汝德数相等的条件下进行的，不能保证雷诺数的相等。由于尺度效应，船模雷诺数（约 10^6 量级）与实船雷诺数（约 10^9 量级）通常存在 3 个量级的差距。为了解决尺度效应的问题，在实际工程中诞生了一系列的外推经验公式，如傅汝德方法（二因次法）和 1954 年 Hughes 提出的三因次法，它们从模型试验测得的船模阻力出发，利用外推经验公式和船体粗糙度补贴系数得到实船阻力。这些方法虽然在工程上具有很强的实用性，但随着造船工业的精细化发展以及各种节能装置的出现，人们在试图寻找一种能够直接给出实船雷诺数下的流场信息的新的船舶阻力预报方法。

随着计算机技术和数值方法的迅速发展，运用计算流体力学技术（Computational Fluid Dynamics, CFD）来解决船舶与海洋工程水动力学问题越来越受到大家的重视。CFD 方法不仅可以充分考虑流体的粘性作用，还可以将流体的非线性因素计算在内，与传统的势流理论相比，CFD 方法展现出巨大的优势。近年来，采用 CFD 技术直接进行实尺度船舶数值计算的探索也越来越多。Tahsin Tezdogan 等[1]采用商业软件 Star-CCM+、控制方程 URANS，对迎浪下的实尺度 KCS 进行了波浪增阻的模拟研究，并与势流理论结果和实验数据进行了比较分析。Pablo M. Carrica 等[2]采用其开发的重叠网格求解器 CFDShip-Iowa v4.5 对实尺度 KCS 的自航试验进行了数值模拟，并对模型尺度和实尺度计算结果的桨盘面伴流场进行了比较分析。国内的学者在这方面也开展了一系列的工作。易文彬，王永生等[3]对傅汝德数 0.15-0.41 内的实尺度 DTMB5415 船型进行了流场模拟和阻力计算，同时采用了基于模型尺度数值模拟外推方法、虚流体粘度方法和实尺度船舶 RANS 计算等三种方法；对实尺度船型在 5 种不同 y+下进行阻力计算，并将摩擦阻力系数与平板摩擦阻力系数比较，认为船体表面第一层网格厚度应该使 y+在 5000~10000 的范围，这时能够准确模拟实船雷诺数下的摩擦阻力。倪崇本，朱仁传等[4]提出将实尺度下势流理论与模型尺度下湍流理论相结合的方法来求取实船的阻力，虽然阻力预报有较高的精度，但是不能给出实船雷诺数下的流场信息。

不难发现，目前基于 CFD 方法进行的实船阻力预报工作，仍然集中在采用 RANS 方法进行计算。但是 RANS 方法在实船计算中却存在以下两个方面的问题。一方面，在高雷诺数下的实船边界层厚度相对模型尺度更加薄，划分网格时需要在船体表面生成非常薄的第一层网格来捕捉边界层中的粘性力，这对网格的生成造成较大的困难。另一方面，由于实船计算中雷诺数更大，非定常的特征更加明显，目前传统 RANS 方法的涡黏性会被高估，这将抹去流场中重要的涡结构，RANS 长度尺度存在的缺陷会更加明显。

本文利用基于开源代码 OpenFOAM 工具箱和数据结构开发的针对船舶与海洋工程复杂水动力学问题的 RANS/DES 求解器 naoe-FOAM-SJTU[5]，采用 S-A IDDES 模型和 RANS 中的 k-ε 可 SST 模型对 VLCC 实船的静水阻力进行了预报，同时与从模型尺度阻力经三因次换算得到的结果进行比较。考虑到实尺度计算中边界层更薄的情况，采用了相对较小的第一层网格厚度来捕捉黏性力。计算中采用带可压缩技术的 VOF 法进行对自由液面的捕捉。控制方程和 VOF 方程采用有限体积法进行离散。速度压力耦合采用 PISO 算法[6]求解。

2 数学模型

为了弥补 RANS 在非定常湍流预测方面的不足，同时避免 LES 较大的网格量和计算量，Spalart 等[7]在 1997 年提出了一种混合 RANS/LES 的分离涡模型，即 DES (Detached Eddy Simulation)模型，之后又进一步发展为 DDES[8]（Delayed Detached Eddy Simulation）模型。它将标准的 Spalart-Allmaras（S-A）RANS 模型与 LES 模型进行结合。在近壁面以及亚格子区域(Sub-Grid Scale，SGS)采用 S-A 模型进行计算，在远场采用 LES 进行大涡模拟计算。DES 模型通过计算域中某一处的网格尺度 Δ 和该处距最近壁面的距离 d_w 来进行 RANS/LES 的切换。这样就能使得边界层内仍然受湍流模型的控制，在远离壁面区域达到类似 LES 的滤波效果。由于近壁面仍然采用壁面函数来计算，因此其网格需求量远小于理想的LES，仅略大于三维的RANS。

本文采用的DES模型是最新修正的DES模型——S-A IDDES模型，其近壁面采用S-A一方程RANS模型进行计算。IDDES（Improved Delayed Detached Eddy Simulation）模型是Travin[9]在2006年最初提出，并在2008年由Shur[10]进一步发展的一种融合DDES和WMLES（Wall Modeled LES）的方法。

IDDES在网格尺度Δ的定义中即引入距壁面距离的影响：

$$\Delta = f\left\{\Delta_x, \Delta_y, \Delta_z, d_w\right\} = \min\left\{\max\left[C_w d_w, C_w \Delta_{max}, \Delta_{wn}\right], \Delta_{max}\right\} \tag{1}$$

当来流中没有湍流成分时，IDDES采用DDES来计算；当来流不稳定、包含湍流成分、且网格足够密可以计算边界层中的漩涡时采用WMLES来计算。

DDSE分支的长度尺度为：

$$l_{DDES} = l_{RANS} - f_d \max\left\{0, l_{RANS} - l_{LES}\right\} \tag{2}$$

WMLES分支的长度尺度为：

$$l_{WMLES} = f_B(1 + f_e)l_{RANS} + (1 - f_B)l_{LES} \tag{3}$$

其中：$l_{RANS} = d_w$，$l_{LES} = C_{DES}\psi\Delta$。$C_{DES}$ 为常数，对 S-A 模型一般建议取 0.65，ψ 为 IDDES

网格尺度Δ的系数函数，当亚格子涡黏度大于 10ν时=1；当小于 10ν时 LES 则会对的尺度起到修正作用。

DDES的引入是为了解决传统DES计算中产生的GIS（Grid Induced Separation）问题，其在长度尺度中引入了湍流模型的第二长度尺度，而不是使用LES的滤波尺度。其中函数f_d的定义如下：

$$f_d = 1 - \tanh(8r_d)^3 \tag{4}$$

函数r_d的定义如下，其中κ 为von Karman常数：

$$r_d = \frac{\nu_t + \nu}{\kappa^2 d_w^2 \max[\sqrt{\dfrac{\partial U_i}{\partial x_j}\dfrac{\partial U_i}{\partial x_j}};10^{-10}]} \qquad (5)$$

在LES区域中，$r_d \ll 1$，函数fd 的值为1，其余区域则为0.

引入WMLES的主要目的则是为了解决传统DES产生的LLM（Log-Layer Mismatch）问题。WMLES的基本思想是将边界层中的黏性底层单独分离出来用RANS计算，其余有湍流发展的部分采用LES计算。其中的f_B, f_e为经验函数。

3 计算模型及网格

本次计算的船型为排水量 32 万吨的超大型油轮 VLCC (Very Large Crude Carrier)，其垂线间长 L_{pp} 为320m，设计吃水 20.5m，模型尺度的缩尺比为 40，设计航速 16kn。船型参数如下表 1 所示，船体模型如下图 1 所示。

表 1 船型主尺度

参数	单位	模型尺度	实尺度
缩尺比	—	40	—
垂线间长	L_{PP}/m	8	320
设计水线长	L_{wl} /m	8.1498	325.992
吃水	T /m	0.5125	20.5
船模质量	M /kg	5011.57	3.207×10^8
湿表面积	S/m^2	17.9	28640
密度	ρ/(kg/m^3)	998.1	1025

(a)整体视图   (b)船尾局部视图

图 1 计算船型

本文中模型尺度算例和实尺度算例均采用相同的计算域进行计算。地球坐标系下该网格计算域为：$1.0L<x<4.0L$，$-1.5L<y<1.5L$，$-1.0L<z<1.0 L$.

船体网格的生成具体采用 OpenFOAM 自带工具的网格生成工具 snappyHexMesh 来完成。具体方法为：首先生成均匀的笛卡尔坐标系下的背景网格，再通过将均匀网格分割成多个六面体单元，形成八叉树(octree) 的网格结构，来得到最后所需的网格。

计算中 DES 和 RANS 方法采用同一套网格，为了捕捉实船更薄的边界层，网格采用了较小的船体表面第一层边界层网格厚度，整个计算域的网格数约为 $3.44×10^6$。全局网格以及船首局部网格如图 2 所示。

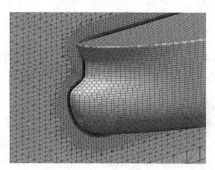

(a)全局网格   (b)船首局部网格

图 2 计算网格

4 计算结果及分析

我们对设计航速 16kn（Fr=0.147）下该 VLCC 在实船阻力阻力进行预报，计算中船体固定。本文同时采用了两种方式预报实尺度下的总阻力系数：

1、对船模进行 CFD 计算，再通过三因次法换算得到实船总阻力系数；

2、直接对实尺度船型进行 CFD 计算。

每种预报方式同时采用 DES、RANS 两种方法。其中 DES 方法采用的 S-A IDDES 模型；RANS 方法采用的是 k-ε SST 模型。

首先我们进行了船模阻力的计算。由于 S-A IDDES 中处理近壁面计算的是 S-A 一方程 RANS 模型，为了使 DES 和 RANS 的比较更具说服力，我们也采用 S-A 模型进行了模型尺度的计算。下表 2 中列出了模型尺度计算中三种湍流模型计算得到的船舶各项阻力系数与实验值的比较。

表 2　模型尺度下三种湍流模型计算所得的各项船舶阻力系数比较

	C_p	C_f	C_t	R_t	总阻力误差
EFD	0.00098	0.00297	0.00395	59.02	—
S-A	0.00138	0.00312	0.00450	68.236	15.6%
S-A IDDES	0.00117	0.00287	0.00404	61.198	3.69%
$k\text{-}\omega$ SST	0.00124	0.00294	0.00418	63.375	7.37%

　　分析表 2 的结果可以看到，S-A 模型的计算结果与实验值相差较大。可见 S-A 作为一方程的 RANS 模型，在处理高雷诺数湍流时存在一定的问题。S-A IDDES 模型的计算结果与实验值最为接近，特别是在压阻力的计算上，展示出了相对两种 RANS 模型更高的精度。S-A IDDES 模型在计算中，仅用 S-A 模型在近壁面边界层内进行计算，实质更多是利用 S-A 的壁面函数，因此有效的克服了 S-A 模型的不足。

　　实船阻力的计算结果以及船模阻力的三因次换算结果如下表 3 所示。在船模阻力的三因次法换算中，形状因子 $1+k$ 和补偿系数 ΔC_f 均采用与船模实验相同的值。由表 3 结果可以看到，两种实船阻力预报方法均与模型实验三因次法换算得到的实船阻力结果接近。无论是直接实尺度计算的结果还是模型尺度换算的结果，S-A IDDES 模型预报的值相对 $k\text{-}\varepsilon$ SST 模型均偏小 6%左右的，保持了一致性。

表 3　两种实船阻力预报方法与船模试验换算值对比

	C_{tm}	$1+k$	ΔC_f	C_{ts}	误差
船模实验三因次法换算	0.00395	1.280	0.00031	0.00221	—
S-A IDDES 实尺度计算	—	—	—	0.00215	-2.71%
$k\text{-}\omega$ SST 实尺度计算	—	—	—	0.00229	3.62%
S-A IDDES 三因次法换算	0.00404	1.280	0.00031	0.00217	-1.81%
$k\text{-}\omega$ SST 三因次法换算	0.00418	1.280	0.00031	0.00230	4.07%

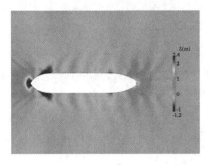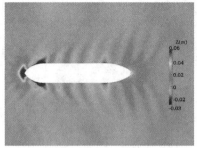

k-ω SST k-ω SST

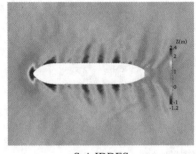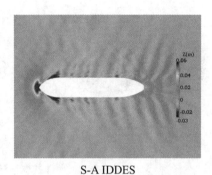

S-A IDDES   S-A IDDES

(a)实船尺度   (b)模型尺度

图 3 船体附近兴波比较

S-A IDDES 和 k-εSST 两种模型计算得到的自由面比较如图 3 所示。为了便于比较，将实船兴波的高度范围设为模型尺度的 40 倍（即缩尺比）。可以看到实船的自由面兴波要整体大于模型尺度，这是因为在模型尺度雷诺数下，边界层厚度相对较大，粘性作用导致了兴波波幅减小。同时，S-A IDDES 模型捕捉到的自由面相对 k-εSST 模型更加的精细，特别在船尾处，S-A IDDES 计算结果的自由面清晰的捕捉到了两列波峰。

S-A IDDES 和 k-εSST 两种模型计算结果的桨盘面伴流场比较如图 4 所示。从桨盘面伴流场的比较中我们可以看出，由于实船雷诺数下黏性的作用相对较弱，导致伴流较模型尺度下更弱；而且实船的伴流场不像模型尺度伴流场一样对称均匀，相对更紊乱一些，这也是由高雷诺数下的粘性效应下降所导致的。同时也可以发现，S-A IDDES 模型计算得到的桨盘面伴流场相对 k-εSST 模型更加紊乱，非定常的特征更加明显。

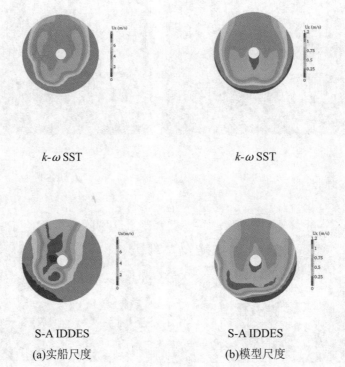

$k\text{-}\omega$ SST $k\text{-}\omega$ SST

S-A IDDES   S-A IDDES

(a)实船尺度   (b)模型尺度

图 4 桨盘面伴流场比较

    S-A IDDES 和 $k\text{-}\omega$ SST 两种模型计算得到的船尾涡结构比较如下图 5 所示。由于实船尺度黏性效应下降，船尾泻涡不明显，此处我们仅对模型尺度的船尾涡结构进行比较。取 Q=50 的截面，采用轴向速度染色。从图中可以看到，S-A IDDES 模型清晰的捕捉到了船尾的涡结构以及泻涡被舵打碎的形态，而 $k\text{-}\omega$ SST 模型则几乎没有捕捉到船尾的涡结构。

    实尺度和模型尺度 DES 计算中 RANS/LES 区域如下图 6 所示。可以看到，船体壁面一定范围内的区域是采用 RANS 来计算的，而远离壁面的绝大部分区域都是采用 LES 模型来计算。相对模型尺度，实尺度计算由于边界层更薄，其近壁面的 RANS 计算范围也更窄。

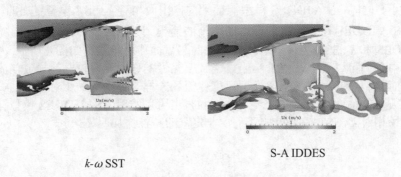

$k\text{-}\omega$ SST   S-A IDDES

图 5 船尾涡结构比较比较

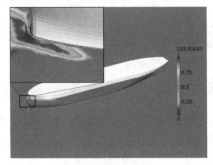 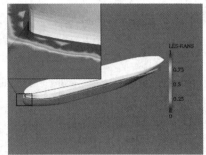

S-A IDDES	S-A IDDES
(a)实船尺度	(b)模型尺度

图 6 DES 计算中的 RANS/LES 区域，红色表示 LES 计算区域，蓝色表示 RANS 计算区域

5 总结

本文利用基于开源代码 OpenFOAM 开发且专门运用于船舶与海洋工程水动力学问题的 RANS/DES 求解器 naoe-FOAM-SJTU，对 VLCC 实尺度阻力进行了数值预报，并与模型实验三因次法换算结果进行了比较验证。综合以上比较分析的结果，我们得到以下结论：

（1）在对于模型尺度 VLCC 的计算中，DES 方法相对 RANS 方法有更高的精度；在对实尺度 VLCC 的计算中，虽然缺乏实船实验数据比较，但 DES 方法相对 RANS 捕捉到了更加精细的流场结构，体现了 DES 方法的优势，也证明了其可靠性。

（2）RANS 由于长度尺度的问题对于高雷诺数强非定常湍流计算存在不足，这一点在实船计算中表现的尤为明显；DES 方法较好的弥补了 RANS 的不足，可以提供实船精细的流场信息供设计参考，这弥同时补了模型试验和势流理论预报的不足。

（3）实船有相对模型尺度更大的兴波，这是因为实船的边界层更薄，粘性效应更弱。更高的雷诺数和较低的粘性也导致实船尾部伴流场更弱，更紊乱。

综上所述，本文计算结果探讨了采用 CFD 技术，特别是 DES 方法在实船阻力和流场预报中的可行性。目前该方法正被应用于船-桨-舵相互作用的数值模拟之中。

致谢

本文工作得到国家自然科学基金项目（Grant Nos 51379125，51490675，11432009，51411130131），长江学者奖励计划(Grant No. 2014099)，上海高校特聘教授（东方学者）岗位跟踪计划(Grant No. 2013022)，国家重点基础研究发展计划（973 计划）项目（Grant No. 2013CB036103），工信部高技术船舶科研项目的资助。在此一并表示衷心感谢。

参 考 文 献

1　Tezdogann T, Demirel Y K, et al. Full-scale unsteady RANS CFD simulations of ship behavior and performance in head seas due to slow steaming [J]. Ocean Engineering, 97 (2015) 186–206.
2　Carrica P M, Castro A M, et al. Full scale self-propulsion computations using discretized propeller for the

KRISO container ship KCS[J]. Computers & Fluids, 51 (2011) 35–47.

3　易文彬,王永生,杨琼方,等. 实船阻力及流场数值预报方法[J]. 哈尔滨工程大学学报, 2014, 35(5): 532-536.

4　倪崇本,朱仁传,缪国平,等. 基于CFD进行实船阻力预报的一种新方法[C]. 第九届全国水动力学学术会议暨第二十二届全国水动力学研讨会,中国,2010.

5　Shen Z R, Cao H J, Wan D C. Manual of CFD solver naoe-FOAM-SJTU[R]. Shanghai Jiaotong University, Shanghai, China, 2012.

6　Issa R I. Solution of the implicitly discretized fluid flow equations by operator-splitting [J]. Journal of Computational Physics, 1986, 62(1): 40-65.

7　P. Spalart, W. Jou, M. Strelets, and S. Allmaras. Comments on the feasibility of LES for wings, and on a hybrid RANS/LES approach. Advances in DNS/LES, 1, 1997.

8　Spalart P R, Deck S, Shur ML, et al. A new version of detached-eddy simulation, resistant to ambiguous grid densities. Theoretical and Computational Fluid Dynamics, 2006, 20: 181-195.

9　A.Travin, M.Shur, P.Spalart, et al. Improvement of delayed detached-eddy simulation for LES with wall modelling. In P.Wesseling, E.Oñate, and J. Périaux, editors, Proceedings of the European Conference on Computational Fluid Dynamics ECCOMAS CFD 2006, Egmond aan Zee, The Netherlands, 2006.

10　M.L. Shur, P.R. Spalart, M.Kh. Strelets and A.K. Travin. A hybrid RANS-LES approach with delayed-DES and wall-modeled LES capabilities, International Journal of Heat and Fluid Flow, 29: 1638-1649, 2008.

Full scale VLCC resistance prediction and flow field analysis based on DES method

YIN Chong-hong, WU Jian-wei, WAN De-cheng

（State Key Laboratory of Ocean Engineering, School of Naval Architecture, Ocean and Civil Engineering, Shanghai Jiao Tong University, Collaborative Innovation Center for Advanced Ship and Deep-Sea Exploration, Shanghai 200240, China)
*Corresponding author, Email: dcwan@sjtu.edu.cn

Abstract: With the development of CFD technology and the improvement of computing capacity, CFD is playing an increasingly important role in ship design. However, at present CFD computations of ships are typically performed in model scale due to the lack of experimental results in full scale, and the increasingly complexity of numerical simulation at very high Reynolds numbers that RANS is hard to solve. In this paper, a DES solver for naval architecture and ocean engineering named naoe-FOAM-SJTU, which is developed from OpenFOAM, is applied to carry out the numerically simulation of VLCC. For model scale, we adopt the three-dimensional extrapolation method, and full scale calculation is carried out on the cruise speed of VLCC. Results are compared with the three-dimensional extrapolation results from model experiment. Analysis results show reliability and validity of our DES method in ship resistance prediction. This paper also made a discussion on the flow fields of full scale ship.

Key words: DES; S-A IDDES; naoe-FOAM-SJTU; full scale resistance prediction; VLCC

螺旋桨吸气状态下水动力学性能数值模拟研究

姚志崇，张志荣

(1. 中国船舶科学研究中心船舶振动噪声重点实验室，江苏 无锡，214082；

2. 江苏省绿色船舶技术重点实验室，无锡 214082，Email: yaozc800501@163.com)

摘要： 本研究采用 CFD 数值模拟方法，对不同浸深、不同低进速系数下螺旋桨的性能进行模拟，分析了螺旋桨抽吸作用对自由面形态的影响，小浸深、低进速情况下模拟出了螺旋桨吸气现象。结果表明随着浸深变浅、进速系数变小，螺旋桨的敞水性能下降，并产生脉动，发生吸气时，性能会进一步恶化。

关键词： 螺旋桨；吸气；水动力性能；数值模拟

1 引言

随着船舶工业技术的发展，人们对船舶航行性能要求越来越高，对船舶及螺旋桨设计水平也提出了越来越高的高求，考虑因素越来越全面和精细，其中螺旋桨发生吸气时对螺旋桨性能的影响也受到了关注。当螺旋桨以低进速系数工作时，如操纵运动时、动力定位时，螺旋桨的负荷较重，很容易发生吸气现象（空气卷入螺旋桨流动中），若有表面风浪，更容易产生吸气现象。吸气现象发生时，螺旋桨的性能会发生变化，甚至产生突变，严重影响推进系统的正常工作，还会引起振动和噪声。

因此有必要了解发生吸气时螺旋桨的水动力学性能，为船舶低进速系数航行时操纵推进系统提供指导，另外也为设计者考虑桨吸气状态恶劣工况下螺旋桨设计提供参考依据。

早期主要开展了关于螺旋桨吸气的试验研究和理论分析，Kempf[1]是第一个研究吸气对螺旋桨影响的人，他研究了不同浸深不同转速下螺旋桨推力和扭矩损失。Shiba[2]研究了螺旋桨不同设计参数，如盘面比、桨的轮廓、螺矩分布、侧斜，以及舵的影响、湍流特征对吸气性能的影响。还有一些学者[3~7]研究了吸气状态时对船操纵、波浪增阻、推力损失的影响。

近年来，挪威 MARINTEK 学者 Koushan[8~10] 及其研究团队对桨吸气进行了系统的研究。2006 年，针对一个全回转推进器开展了系列试验研究，分析了浸深、航速、螺旋桨转速、垂荡周期和幅值，以及螺旋桨带导管和不带导管，推式还是拉式对桨吸气的影响，这些试验较深入全面的了解了吸气发生时推力损失及力矩变化的产生机理。

关于桨吸气数值研究，主要是针对半浸桨通气性能和形态的研究，这些研究主要针对高速船的，通气时对桨性能影响的机理有很大的不同，但是数值模拟的方法是类似的[11-14]。Koushan[14] 首次将数值模拟方法用于桨吸气的模拟，采用非定常方法，自由面用 VOF 方法处理，模拟给出了吸气状态下推力及扭矩系数，还模拟出了推力和扭矩突然恶化的状态。

本研究采用 CFD 数值模拟方法，对不同浸深、不同低进数系数下螺旋桨的性能进行模拟，确定发生桨吸气现象的产生点，并分析发生吸气时，螺旋桨推力和力矩变化情况。

2   模拟对象

本文以某 4 叶桨为对象进行了计算和分析。其几何造型如图 1 示。主要参数如下：

直径：   D=250 mm
叶数：   Z=4
0.7R 螺距比： $(H/D)_{0.7R}$=0.8257
盘面比： A_e/A_0= 0.58

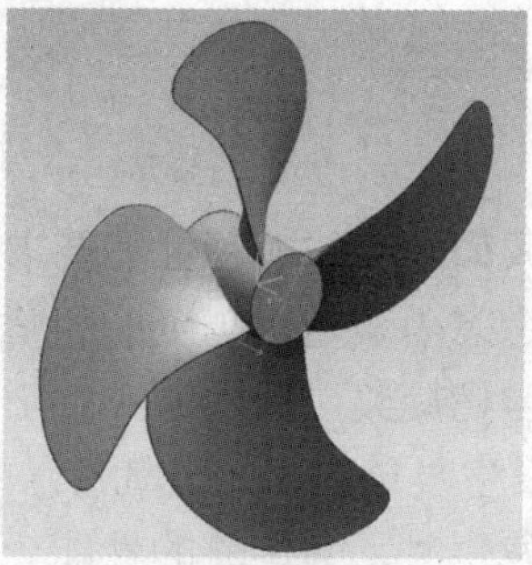

图 1   螺旋桨模型三维造型

3   数值方法

计算采用软件 Fluent 进行，求解黏性不可压缩两相流 RANS 方程。计算区域如图 2 所示，计算域为：30D（长）×10（高）×10D。上部为空气，下部为水，自由面距桨轴中心线的距离为 h，调整自由面的位置即可实现螺旋桨不同浸深的模拟。定义 H/D 为浸深比。

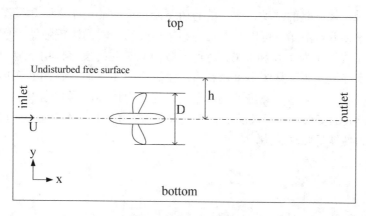

图 2　数值计算区域

　　螺旋桨附近区域采用非结构化网格，其余部分采用结构化网格。网格总数为 156 万。

　　计算域的坐标系定义如下：坐标原点位于桨盘面中心处，轴向为 X 轴，指向下游为正正向，y 轴正向沿竖直向上方向，z 轴沿侧向方向，遵守右手法则。入口设置为速度入口，侧面、顶部和底部设置为对称边界条件，出口设置为自由出流条件。对于螺旋桨区域采用了滑移网格（sliding mesh,SM）非定常方法来处理。

　　采用 VOF 方法模拟带自由面，螺旋桨旋转采用滑移网格计算（sliding mesh，SM），螺旋桨是随时间按真实的转速在转动，这种处理方法较为真实的反映了螺旋桨运动情况。湍流模型采用 SST-Kω。压力项采用体积力加权法离散，动量、湍动能和耗散率采用二阶迎风格式，多相流体积分数采用修正的高精度捕捉界面捕捉格式（Modified HRIC, a modified version of the High Resolution Interface Capturing scheme）。

4　结果与分析

4.1　浸深比对螺旋桨性能的影响

　　螺旋桨水动力性能的无量纲参数进速系数、推力系数、扭矩系数、效率定义如下：

$$J = \frac{U}{nD} , \quad K_T = \frac{T}{\rho n^2 D^4} , \quad K_Q = \frac{Q}{\rho n^2 D^5} , \quad \eta = \frac{J}{2\pi} \frac{K_T}{K_Q}$$

　　式中，U 为来流速度，n 为螺旋桨转速，D 为螺旋桨直径，T 为螺旋桨推力，Q 为螺旋桨扭矩。

　　浸深比对螺旋桨的性能有重要的影响。浸深越小，螺旋桨越容易发生吸气现象，螺旋桨的水动力性能脉动也越剧烈。图 3 是进速系数 J 为 0.6 时，不同浸深时推力系数和扭矩系数随时间的变化曲线。从图中可以看到，浸深比为 1.5 和 1.0 时，计算时间大于 0.2s 后，曲线收敛，推力和力矩脉动值很少，两者差别很小，这说明此时螺旋桨受自由面影响较少。

浸深比为 0.8 时，螺旋桨的水动力学性能有所下降，但脉动还不太强。浸深比为 0.6 时，螺旋桨叶梢已很接近自由面，可以看到推力和扭矩脉动作用已比较强烈。

图 4 给出了浸深比为 1.5 和 0.6、进速系数为 0.6 时螺旋桨作用下自由面形态图。图中显示的是密度等值线图。从图中可以看出，浸深比为 1.5 时，自由面变形很小，螺旋桨对自由面影响很小，相应地，螺旋桨的水动力性能受自由面的影响也很小。浸深比为 0.6 时，自由面有较大的变形，但尚未发生吸气现象，从图 3 可以看到受自由面变形波动影响，螺旋桨的水动力性能呈脉动状态。

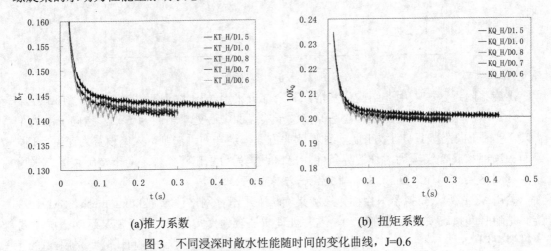

(a)推力系数　　　　　　　　　　　(b) 扭矩系数

图 3　不同浸深时敞水性能随时间的变化曲线，J=0.6

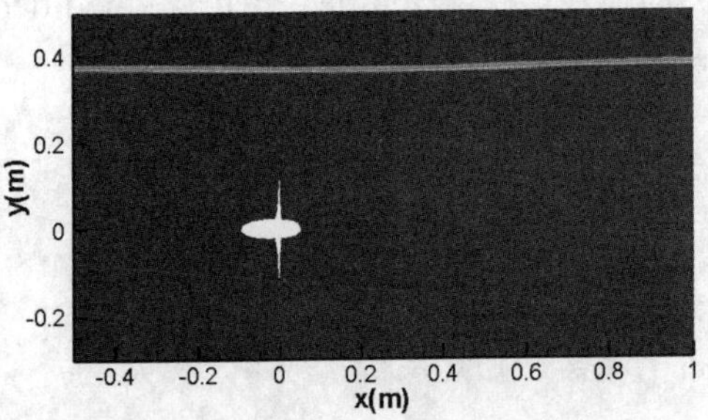

(a) H/D=1.5，J=0.6 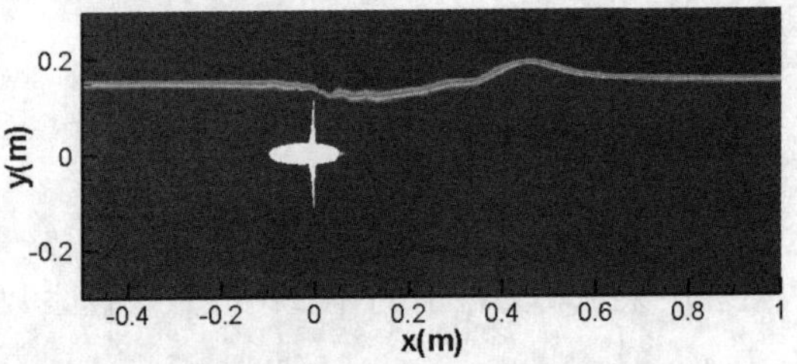　　　　　　(b) H/D=0.6，J=0.6

图 4　螺旋桨作用下自由面形态图

4.2　进速系数对螺旋桨性能的影响

图 5 至图 8 给出了浸深比为 0.6 时，不同进速系数下螺旋桨作用下自由面形态图。从图中可以看出，浸深比为 0.6 时，随着进速系数减少，螺旋桨的负荷增大，抽吸作用增强，自由面变形越来越大，进速系数为 0.4 时，空气开始往桨叶卷吸（图 6），进速系数为 0.3 时，空气已可卷吸至桨轴中心线附近，并形成明显的空腔气穴，发生的明显的吸气现象（图 7），进速系数为 0.2 时，吸气现象进一步增强（图 8）。

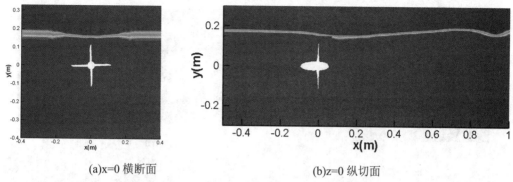

(a)x=0 横断面　　　　　　　　　　(b)z=0 纵切面

图 5　螺旋桨作用下自由面形态图，H/D=0.6，J=0.6

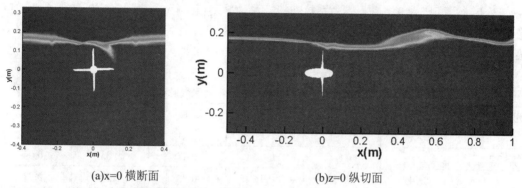

(a)x=0 横断面　　　　　　　　　　(b)z=0 纵切面

图 6　螺旋桨作用下自由面形态图，H/D=0.6，J=0.4

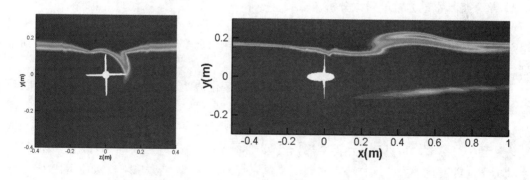

(a)x=0 横断面　　　　　　　　　　(b)z=0 纵切面

图 7　螺旋桨作用下自由面形态图，H/D=0.6，J=0.3

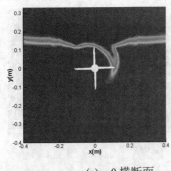 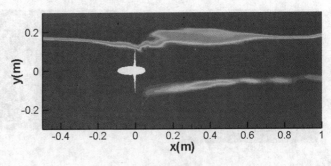

(a)x=0 横断面　　　　　　　　　　　　(b)z=0 纵切面

图 8　螺旋桨作用下自由面形态图，H/D=0.6，J=0.2

　　表 1 对浸深比为 0.6 时，推力系数和扭矩系数脉动值进行了统计。K_{T0} 和 K_{Q0} 是不考虑自由面时正常敞水计算获得的推进力系数和扭矩系数。可以看到，随着进速系数减小，螺旋桨的推力系数和扭矩系数是逐渐减小的，并且脉动值越来越大。进速系数为 0.2 是，最小推力系数仅为正常螺旋桨的 84%。

表 1　浸深比为 0.6 时，推力系数和扭矩系数脉动值统计

进速系数 J	K_T/K_{T0} 最大值	K_T/K_{T0} 最小值	K_T/K_{T0} 脉动值	K_Q/K_{Q0} 最大值	K_Q/K_{Q0} 最小值	K_Q/K_{Q0} 脉动值
0.2	0.88	0.84	0.04	0.87	0.83	0.04
0.3	0.94	0.91	0.03	0.93	0.90	0.03
0.4	0.96	0.945	0.015	0.95	0.935	0.015

4.3　单个桨叶水动力性能对比分析

　　图 9 给出了浸深比为 H/D=0.6，进速系数为 J=0.4 时，单个桨叶和全桨推力系数和扭矩系数随时间的变化曲线。表 2 对该工况下单个桨叶和全桨的推力系数和扭矩系数脉动值进行了统计。

　　从图 9 可以看出，单个桨叶的推力和扭矩脉动变化值要远大于全桨。单个桨叶的脉动频率是全桨的 1/4，与螺旋桨的旋转周期一致。从表 2 可以看出，最小推力系数为正常螺旋桨的 94.5%，推力下降不是太大，但是单个桨叶最小推力系数为正常螺旋桨的 82.5%，脉动值达到了 13.5%，可见受自由面变形以及吸气的影响，螺旋桨在旋转运行过程中，桨的水动力学性能变化很大，这样势必对整个推进系统的性能产生很大影响，如振动增强，噪音增大等。由于计算过程中没有对其它工况单个桨叶的受力情况进行监视记录，在以后的研究中将进一步对单个桨叶的受力脉动情况分析。

表 2　进速系数为 0.4 时，推力系数和扭矩系数脉动值统计

进速系数 J	K_T/K_{T0} 最大值	K_T/K_{T0} 最小值	K_T/K_{T0} 脉动值	K_Q/K_{Q0} 最大值	K_Q/K_{Q0} 最小值	K_Q/K_{Q0} 脉动值
0.4(整个桨)	0.96	0.945	0.015	0.95	0.935	0.015
0.4(单桨叶)	0.96	0.825	0.135	0.99	0.868	0.122

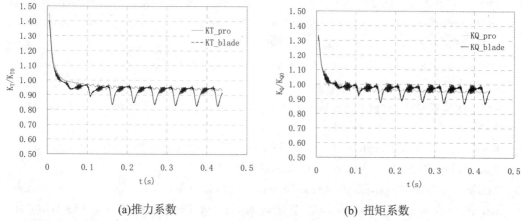

(a)推力系数   (b) 扭矩系数

图 9 单个桨叶和全桨敞水性能随时间的变化曲线，H/D=0.6，J=0.4

5 结论

本研究采用 CFD 数值模拟方法，对不同浸深、不同低进数系数下螺旋桨的性能进行模拟，分析了螺旋桨抽吸作用对自由面形态的影响，低浸深、小进速情况下模拟出了螺旋桨吸气现象。反过来，也分析了自由面变形以及发生吸气时对螺旋桨水动力学性能的影响。

随着浸深变浅、进速系数变小，螺旋桨的敞水性能下降，并产生脉动，发生吸气时，性能会进一步恶化。

本研究没有考虑风浪的影响，有风浪时，螺旋桨更容易发生吸气现象，因此需要进一步对此开展深入研究。

参 考 文 献

1   Kempf, G. (1933). 'Immersion of Propeller', T.NEC, Vol. 50.

2   Shiba, H. (1953). 'Air - Drawing of Marine Propellers' Transportation Technical Research Institute, Report no. 9, Japan

3   Faltinsen, O., Minsaas, K., Liapias, N., Skjørdal, S.O. (1981). `Prediction of Resistance and Propulsion of a Ship in a Seaway`. Proceedings of 13th Symposium on Naval Hydrodynamics, Edited by T.Inui, The Shipbuilding Research Association in Japan.

4   Fleisher, K.P. (1973). 'Untersuchungen über das Zusammenwirken von Schiff und Propeller bei tilgetauchten Propellern', Publication 35/75 of Forschungszentrum des Deutchen Schifbaus, Hamburg, Germany.

5   Minsaas, K., Wermter, R., and Hansen, A.G. (1975). 'Scale Effects on Propulsion Factors', 14 th International Towing Tank Conferences, Proceedings Volume 3.

6   Minsaas, K., Faltinsen O., Person, B. (1983). 'On the Importance of Added Resistance, Propeller Immersion and Propeller Ventilation for Large Ships in a Seaway' Proc. of 2 nd Int. Symp. on Practical Design in Shipbuilding (PRADS) ,Tokyo& Seul. pp.149-159.

7   Olofsson N. (1996). 'Force and Flow Characteristic of a Partially Submerged Propeller', Ph.D. thesis, Chalmers University of Technology, Goteborg.

8   Koushan, K. (2006 I). 'Dynamics of Ventilated Propeller Blade Loading on Thrusters', World Maritime Technology Conference, London, U.K.

9   Koushan, K. (2006 II). 'Dynamics of Ventilated Propeller Blade Loading on Thrusters Due to Forced Sinusoidal Heave Motion', 26th Symp. On Naval H, Rome, Italy.

10   Koushan, K. (2006 III). 'Dynamics of Propeller Blade and Duct Loadings on Ventilated Ducted Thrusters Operating at Zero Speed', Proceedings of T-Pod conference 2006, Conference held at L'ABER WRAC'H.

11   Young, Y. L. and Kinnas, S. A. (2004). Performance prediction of surface-piercing propellers. Journal of Ship Research, 48(4):288 – 304.

12   Caponnetto, M. (2003). Ranse simulations of surface piercing propellers. In 6th Numerical Towing Tank Symposium - NuTTS'03.

13   Olofsson, N. (1996). Forces and Flow Characteristics of a Partially Submerged Propeller. PhD thesis, Chalmers Tekniska H¨ogskoIa.

14   Koushan, K. (2006). Dynamics of ventilated propeller blade loading on thrusters. In World Maritime Technology Conference - WMTC'06.

Numerical simulation research on the hydrodynamics of propeller ventilation

YAO Zhi-chong, ZHANG Zhi-rong

(1. China Ship Scientific Research Center, National Key Laboratory on Ship Vibration & Noise, Wuxi 214082, China; 2. Jiangsu Key Laboratory of Green Ship Technology, Wuxi 214082, China, yaozc800501@163.com)

Abstract：CFD was used to research the hydrodynamics of propeller for different immersion ratio and advanced coefficient. The shape of deformed free surface generated by propeller was analyzed. The phenomenon of propeller ventilation was simulated at low immersion ratio and low advanced coefficient. The open water performance will descend and propeller will be vibration with the decrease of immersion ratio and advanced coefficient. Propeller ventilation will make the performance worse in further.

Key words：Propeller; Ventilation; hydrodynamics; Numerical Simulation

风帆助推 VLCC 船数值模拟方法研究

司朝善，姚木林，李明政，郑文涛，潘子英

(中国船舶科学研究中心，无锡，214082，Email: sichaoshan1988@126.com)

摘要：随着绿色船舶概念的推广，采用风帆助推技术降低船舶运营能耗成为节能减排的重要手段，并逐步得到应用。本文以一艘加装了两套风帆装置的 VLCC 船为研究对象，探索风帆助推船舶阻力和自航工况的数值模拟方法。以实验室尺度模型为对象，考虑了水面以上和水面以下部分流动介质、流动速度以及方向的不同。通过网格分区，建立包括上层建筑、风帆以及水下部分的计算网格，应用 VOF 方法考虑自由液面的影响，滑移网格技术模拟螺旋桨的旋转，湍流模型采用 RNG $k-\varepsilon$ 模型，探索风帆助推 VLCC 船数值模拟的方法。

关键词：风帆船；风场；自航模拟；计算流体力学

1 引言

针对海洋环境保护问题，国际海事组织（IMO）对 MARPOL 公约重新审视梳理，修订并出台了一系列减少排放的规范规则，引导着全球船舶工业的发展方向，绿色船舶风暴席卷全球。世界各主要造船强国为在新一轮技术竞争中继续保持领先和支配地位，积极投入，大力发展绿色船舶技术及设备。根据海上特定的条件，发展传统的利用风能助推的船舶越来越被更多的国家所推崇。

风帆在船上的应用已有数千年之久，到了近代，随着人类科技的高速发展，机械动力慢慢取代了风帆。当时间之轮转过 21 世纪，当节能环保越来越为人们所提倡时，世界又一次将目光缓缓移向了风动力这一没有任何油耗和排放的绿色能源。

开发应用风力资源为助推动力的节能环保 VLCC，具有显著的环保性和经济性，是未来船舶研发的主要方向。CFD 方法是预报风帆船气动力、水动力以及二者耦合特性的重要手段之一。采用 CFD 研究技术还可获得模型周围的精细流场，为风帆构型设计和布局设计提供输入条件。本文的目的就是针对风帆助推 VLCC 船，建立可行可靠的数值模拟方法。

2 数学模型

2.1 研究对象

针对给定的 VLCC 母船，设计了两套风帆装置加装在甲板上，对阻力工况和自航工况开展数值模拟方法研究，加装风帆后的三维模型见图 1。

VLCC 实船长度为 333m，满载吃水 22.45m，航速为 15.36kn。计算中缩尺比取 50，模型长度 6.66m，满载吃水 0.449m，根据弗洛德数相似得到航速为 1.12m/s。

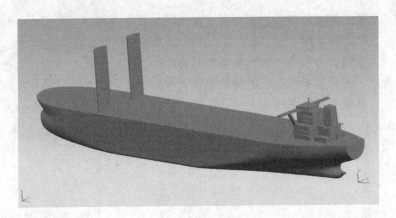

图 1 风帆助推 VLCC 船

2.2 控制方程

计算中求解的是不可压缩流体的连续性方程和 RANS 方程，其张量形式为：

$$\frac{\partial \overline{u_i}}{\partial x_i} = 0$$

$$\rho \frac{\partial \overline{u_i}}{\partial t} + \rho \overline{u_j} \frac{\partial \overline{u_i}}{\partial x_j} = \rho \overline{F_i} - \frac{\partial \overline{P}}{\partial x_i} + \frac{\partial}{\partial x_j}(\mu \frac{\partial \overline{u_i}}{\partial x_j} - \rho \overline{u_i' u_j'})$$

其中，$\overline{u_i}$ 为时间平均速度，u_i' 为脉动速度，速度相关项 $-\rho \overline{u_i' u_j'}$ 称作雷诺应力(Reynolds Stress)。

自由液面两相流处理采用 VOF 方法，VOF 界面捕捉法能捕捉发生复杂变形的自由面。其体积分数（VOF）方程：

$$\frac{\partial \alpha_q}{\partial t} + u_i \frac{\partial \alpha_q}{\partial x_i} = 0$$

其中，α_q 为第 q 种流体在一个单元中流体占有的体积分数，求解后用以确定交界面位置。

对于水和空气两相流，体积分数满足：

$$\alpha_w + \alpha_a = 1$$

在每个控制体中，流体性质参数 S（如密度、黏性等）由体积分数得到：

$$S = \alpha_w S_w + \alpha_a S_a$$

这样，在整个计算区域内，动量方程、湍动能 k 和耗散率 ε 或者其它的输运方程，通过密度 ρ 和黏性系数 μ 与体积分数联系起来。

2.3 湍流模型

在对风帆助推 VLCC 船进行阻力和自航数值模拟计算时，均采用 RNG $k-\varepsilon$ 湍流模型来封闭方程，RNG $k-\varepsilon$ 湍流模型来源于严格的数理统计技术。在 RNG $k-\varepsilon$ 湍流模型中，通过对大尺度运动的计算和修正黏性项来体现小尺度的影响，而且该湍流模型还提供了一个可以更加有效对待壁面区域的解析函数，这些都使得 RNG $k-\varepsilon$ 模型比标准 $k-\varepsilon$ 模型更加精确、可靠。

模型中的湍动能 k 方程为：

$$\frac{\partial}{\partial t}(\rho k) + \frac{\partial}{\partial x_i}(\rho k u_i) = \frac{\partial}{\partial x_j}\left[\alpha_k \mu_{eff} \frac{\partial k}{\partial x_j}\right] + C_{1\varepsilon}\frac{\varepsilon}{k}(G_k + C_{3\varepsilon}G_b) - C_{2\varepsilon}\frac{\varepsilon^2}{k} + S_\varepsilon$$

湍流耗散 ε 方程为：

$$\frac{\partial}{\partial t}(\rho \varepsilon) + \frac{\partial}{\partial x_i}(\rho \varepsilon u_i) = \frac{\partial}{\partial x_j}\left[\alpha_k \mu_{eff} \frac{\partial \varepsilon}{\partial x_j}\right] + C_{1\varepsilon}\frac{\varepsilon}{k}(G_k + C_{3\varepsilon}G_b) - C_{2\varepsilon}\frac{\varepsilon^2}{k} + S_\varepsilon$$

2.4 离散格式及求解方法

微分方程的离散使用有限体积法，其中对流项采用二阶迎风差分格式，扩散项采用中心差分格式；压力和速度耦合采用 SIMPLE（Semi-Implicit Method for Pressure Linked Equations）方法；离散得到的代数方程使用 Gauss-Seidel 迭代求解。

3 风帆船阻力数值模拟方法研究

3.1 边界条件与网格划分

针对加装了风帆的目标船，阻力数值模拟过程中，水线以下部分船体受水的作用，水线以上部分受风的作用，同时还要考虑到波浪对阻力的影响。

边界条件设定如下：

（1）速度入口，根据船模运动速度和自由面位置，给定入口水和空气的流动速度以及各自的体积分数。

（2）压力出口。船体尾部向后 $3L$ 处，设定相对于参考压力点的流体静压值。

（3）壁面。船体外表面，设定无滑移边界条件。

（4）外场。距离艇体表面约 $1L$ 处，速度为未受扰动的主流区速度。

边界条件设置示意图见图2，模型表面网格见图3。

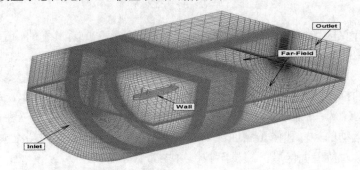

图2 计算域及边界条件设置

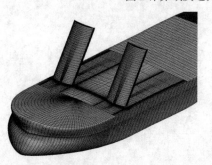 

图3 船体表面网格

3.2 计算结果

计算中，船固定不动，设定水流速为 1.12m/s，风速为 2.24m/s，风向与水流方向相同，均沿正向。计算结果稳定后船体表面吃水见图5。

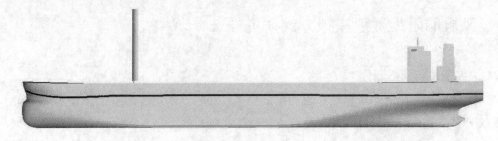

图5 船体表面水线分布

自由面兴波见图6。

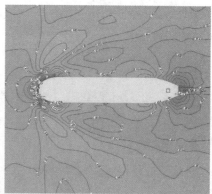

图6 自由面兴波

船体及上层建筑附近的流线分布见图7。

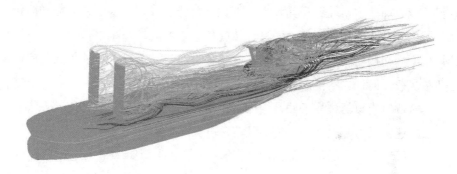

图7 船体表面流线分布

风帆船表面的压力分布见图8。

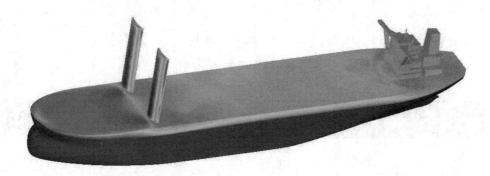

图8 风帆船表面压力分布

船体各部分受到的阻力见表1。

表 1 各部分阻力计算结果(Vwater=1.12m/s, Vair=2.24m/s,)

船体/N	风帆/N	上层建筑/N	合计/N
28.67	1.87	0.57	31.11

4 风帆船自航数值模拟方法研究

4.1 边界条件与网格划分

开展自航数值模拟时，参考普通水面船自航数值模拟方法，认为螺旋桨对船体兴波阻力以及上层建筑风阻力影响很小，可以采用叠模模型开展自航计算，自航计算中船体总阻力等于叠模计算得到的船体阻力加上第 3 节阻力计算中得到的兴波阻力和风阻力。

自航计算中采用滑移网格模型（Sliding Mesh）处理螺旋桨旋转问题。滑移网格技术以很好地处理非定常问题，其基本原理如是将计算域划分为滑移子域和静止子域，在相邻计算域之间设置网格交接面，通过计算交接面上的流动通量来传递各计算域之间的信息；计算中允许交接面两侧网格之间彼此互相移动，而且不要求各域之间的网格形式相同，这方便了复杂几何计算网格的构建。

自航数值模拟的边界条件设定如下：

(1) 速度入口，设定入口处的来流速度。

(2) 压力出口。船体尾部向后 $2L$ 处，设定相对于参考压力点的流体静压值。

(3) 壁面。船体外表面，设定无滑移边界条件。

(4) 外场。距离艇体表面约 $1L$ 处，速度为未受扰动的主流区速度。

(5) 对称面。垂直于对称面的速度分量为零；平行于对称面的速度分量的法向导数为零。

自航计算模型网格见图 9，螺旋桨网格形式见图 10。

图 9 自航计算模型网格

图 10 螺旋桨网格

4.2 计算结果

计算了模型航速为 1.1174m/s 时的螺旋桨艇后作用曲线和艇体受力（表 2）。

表 2 自航计算结果（Vwater=1.12m/s）

N/(r/s)	R_{ship}/N	T_p/N	Q_p/(N*m)
5	30.82	6.02	0.238
7.5	33.26	22.71	0.786
10	36.49	47.95	1.589

表 2 中 R_{ship} 为自航状态下船体阻力，T_p 为螺旋桨推力，Q_p 为螺旋桨扭矩。

5 结论

本文针对一艘加装了风帆助推装置的 VLCC 船，建立了其阻力和自航数值模拟方法，得到了合理的计算结果。应说明的是，文章中的计算状态并非风帆船实际航行时对应的状态，在实际航行中，该船的平衡状态应该是给定航速下受一定风速、风向作用，通过调整风帆转角、舵角共同作用下达到的平衡状态。

本文建立的数值模拟方法，可为下一步开展该类船舶的快速性分析工作打下基础。

参 考 文 献

1 P. Rautaheimo, T. Siikonen. Simulation of Incompressible Viscous Flow Around a Ducted Propeller Using a RANS Equation [C]. Twenty-Third Symposium on Naval Hydrodynamics, 2001.

2 Takuji Nakashima, Yoshihiro Yamashita, A Basic Study for Propulsive Performance Prediction of a Cascade of Wing sails Considering Their Aerodynamic Interaction. Proceedings of the Twenty-first (2011)

International Offshore and Polar Engineering Conference Maui, Hawaii, USA, June 19-24, 2011.

3   William C. Lasher, James R. Sonnenmeier. An analysis of practical RANS simulations for spinnaker aerodynamics. Journal of Wind Engineering and Industrial Aerodynamics 96 (2008) 143－165.

4   William C. Lasher, James R. Sonnenmeier. The aerodynamics of symmetric spinnakers. Journal of Wind Engineering and Industrial Aerodynamics 93 (2005) 311－337

Study on numerical simulation method for a VLCC with wind sails

SI Chao-shan, YAO Mu-lin, LI Ming-zheng, ZHENG wen-tao, PAN zi-ying

(China Ship Scientific Research Center, Wuxi 214082, China, Email: sichaoshan1988@126.com)

Abstract： "Green ship" is widely known in recent years, the key point of the "green ship" is energy saving and pollution reducing. Putting wind sails on ship has been proven to be a feasible solution.In this paper, a VLCC with two wind sails was chosen to develop the towing condition and self-propulsion numerical simulation method. A scaled ship was studied since the numerical result can be certified with experiment data. Above the free surface, the wind speed and direction should be considered for this kind of ship. By dividing the computation zone into several parts, the integrated model was built containing wind sails, upper structure and ship. Dealing the free surface with VOF method and dealing the propeller with sliding mesh method, adopting the RNG k-ε turbulence model, the simulation method for VLCC ship with wind sails was built at last.

Key words： CFD; Wind field; Wind sails; Self-propulsion

一种桨前预旋节能装置的数值设计

张越峰，于海，王金宝，蔡跃进

(中国船舶及海洋工程设计研究院，上海，200011，Email: jeff_zhang@163.com)

摘要： 本文以 8.4 万 VLGC 为研究对象，基于数值手段开发了一种新型节能装置-桨前扇形导管预旋鳍。本文首先对 VLGC 船尾部流场进行数值分析，开发、设计了一种新型节能装置；其次，对安装节能装置前后，进行了阻力、伴流和自航性能数值对比计算，分析该节能装置的流场适配性，研究桨前预旋节能装置对推进性能的影响；再次，优化了节能装置的尺度和安装位置；最后，为了进一步验证新节能装置的效果，进行了模型试验。本文的工作可为新型节能装置的设计提供参考。

关键词： 桨前预旋节能装置；数值设计；功率预报；模型试验

1 前言

近年来，能源紧缺随着工业化的进程不断凸显。节能减排技术在各行各业越来越被重视，国际海事组织加快了实施绿色造船的步伐，提出船舶的能效指标等要求[1]。在这个背景下，本文采用商用软件，以 8.4 万吨 VLGC 为研究对象，开发了一种新型节能装置-桨前扇形导管预旋鳍。本文首先对 VLGC 船尾部流场进行数值分析，开发、设计了一种新型节能装置；其次，对安装节能装置前后，进行了阻力、伴流和自航性能数值对比计算，分析该节能装置的流场适配性，研究桨前预旋节能装置对推进性能的影响；再次，优化了节能装置的尺度和安装位置；最后，为了进一步验证新节能装置的效果，进行了模型试验。本文的工作可为新型节能装置的设计提供参考。

2 数学模型和数值方法

取尾垂线和基平面交点为原点，从船尾指向船首为 x 方向，船宽左舷方向为 y 方向，z 方向垂直向上，形成右手系(图 1)。

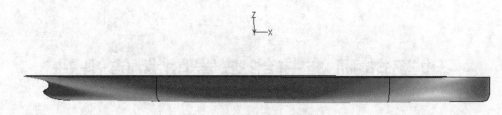

图 1　坐标系和计算模型

控制方程描述如下：

$$\frac{\partial \rho}{\partial t} + \nabla \cdot (\rho \vec{v}) = 0 \tag{1}$$

$$\frac{\partial (\rho \vec{v})}{\partial t} + \nabla \cdot (\rho \vec{v} \vec{v}) = -\nabla p + \nabla \cdot \overline{\overline{\tau}} + \rho g \tag{2}$$

这里 $\vec{v}$ 是在直角坐标系下的速度矢量，p 是静压，$\overline{\overline{\tau}}$ 为应力张量，具体如下：

$$\overline{\overline{\tau}} \equiv \mu[(\nabla \vec{v} + \nabla \vec{v}^{T}) - \frac{2}{3}\nabla \cdot \vec{v}I] \tag{3}$$

这里 μ 是分子黏性，I 是单位张量，右边第二项为体积膨胀引起的变化。

　　控制方程用隐式非定常的方法来离散。对于对流项选择二阶精度的迎风格式，同时扩散项和体积分数项用二阶精度的中心差分格式。连续性方程和动量方程相继迭代求解（Weiss 和 Smith，1995）。可行的带不等价壁面函数的 k-ε 湍流模式用于湍流闭合。残差用来作为收敛准则，所有的残差设置为 10^{-6}。

3　桨前预旋节能装置初步数值设计

　　为船舶配置合适的水动力节能装置，需要在船体数值计算基础上，进行船体周围流场分析。本文以 8.4 万吨 VLGC 为研究对象，其主尺度如下表。

垂线间长 L_{PP}(m)	216.5
型宽 B (m)	36.6
首吃水 T_F(m)	11.4
尾吃水 T_A(m)	11.4
方形系数 C_B	0.75

由于本文设计的节能装置紧邻螺旋桨，距离静水面较远，自由面对节能效果的影响可

以忽略，故本文采用叠模计算。

考虑到 8.4 万吨 VLGC 方形系数 0.75，设计航速傅氏数 0.19，其水线去流角较小，尾部流动并无分离。图 2 为该船桨盘面的伴流计算结果，与肥大船（即在上盘面有两个环状的高伴流区）存在明显差异，和集装箱船的流动接近。由图 3 船体尾部流线图可见，本船尾部及桨盘面处流动流畅。而肥大船常用的节能导管的机理是加速、整流、减少分离，在这里就很难起到较好的节能效果[2]。桨前预旋节能装置会起到较好的效果[3]。

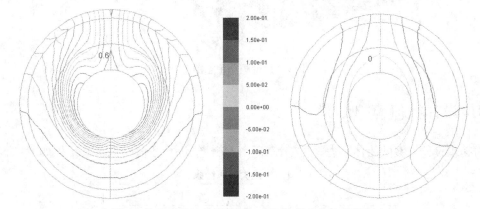

图 2　桨盘面伴流等值线图（左侧为轴向，右侧为切向）

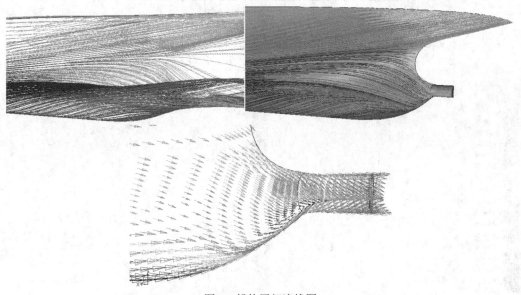

图 3　船体尾部流线图

根据 8.4 万吨 VLGC 尾部流场的 CFD 结果，初步设计桨前预旋节能装置见图 4，其中左舷侧上方安装角度为绕 x 轴 45°，左右两侧都为正中 0°，考虑该船为 4 叶螺旋桨，左舷侧下方设计绕 x 轴 60°。叶片的攻角都为 0°。

图 4 尾部模型示意图

4 初步设计数值模拟结果

对初步设计方案的船体阻力、尾部流场、自航性能进行数值模拟，其结果如下：

表 1 阻力计算结果

	Rt/N
裸船体	31.66
初步节能方案	31.79

表 2 自航计算结果

	N/(n/s)	Q/（N·m）	N·Q	Δ /%
裸船体	8.975	0.687	6.166	-
初步节能方案	8.819	0.677	5.971	-3.2

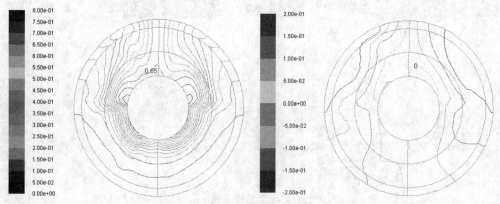

图 5 初步设计方案桨盘面伴流等值线图（左侧为轴向，右侧为切向）

对比图 2、3 和图 5 中可以看出，4 片预旋鳍对于其后桨盘面流场的影响都是局部的，左、右舷正中的两片鳍影响最强、左上鳍次之，左下鳍影响最弱。通过后续的分片数值模拟分析，4 片鳍对于阻力增加贡献基本一致；左上鳍和左下鳍对于推进性能提高的贡献仅占左中鳍的一半左右，右鳍由于安装角度不适合，并没有起到作用。增加右鳍较大的安装角度，应该会对自航节能起到较好的效果，通过流场分析和自航计算优选出节能装置方案 2，只安装左右舷正中叶片，左舷叶片安装角度 0°，右舷叶片安装角度 12°，对其进行数值模拟和试验验证如下：

表 3　方案 2 自航计算结果

	N/(n/s)	Q/（N·m）	N·Q	Δ /%
方案 2	8.818	0.676	5.961	-3.3

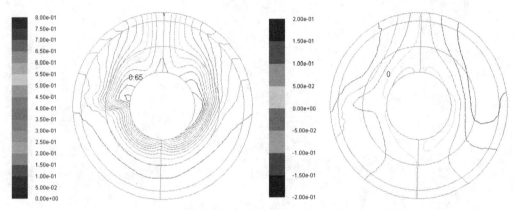

图 6　方案 2 桨盘面伴流等值线图（左侧为轴向，右侧为切向）

节能装置方案 2 的自航性能通过数值模拟和后续的试验验证，模型尺度的 N·Q 有约 3％的得益，但经过阻力计算、试验和分析发现，右侧的叶片由于安装角度过大，模型阻力增加太多，导致实船换算后的收到功率 Pd 并没有明显得益。

表 4　方案 2 阻力计算结果

	Rt/N
方案 2	31.95

5　节能装置优化设计方案

经过试验验证，虽然节能装置方案 2 实船换算后的收到功率并没有明显得益，但仍然验证了利用数值手段设计桨前预旋节能装置的可行性。为了寻找更加合适的节能装置方案，对裸船体尾部流动细节进行更加深入的分析，取出图 7 中桨前速度与叶片的预旋角度，发现螺旋桨 0.5R~1.1R 范围内，来流的切向角度沿径向比较稳定；而在该范围内的左上 0°~45°流动的角度变化很大，不适合设置鳍片（除非鳍片做成沿径向扭曲来适应不同的来流角度）。经过前面两个节能装置的计算分析，左舷下方 60° 以后的叶片节能效果并不明显，也不适合在该区域放置鳍片。在左舷上方 45° 到左舷下方 60° 之间，0.5R 径向上来流的切向角度比较一致，适合放置导管一类的节能装置。根据以上的考虑优化设计得到的节能装置如图 8 所示。优化节能装置的计算结果见表 5~表 6，其阻力增加略小于初步方案，根据自航计算再根据 ITTC 方法换算得到的节能效果略有增加。该节能装置方案有待后续开展模型试验进行验证。

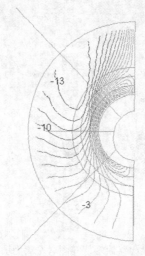

图 7　桨前速度与叶片的预旋角度

 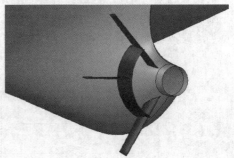

图 8　尾部模型示意图

表 5　　阻力计算结果

	Rt/N
节能方案	31.86

表6   自航计算结果

	N/(n/s)	Q/（N·m）	N•Q	Δ/%
优化节能方案	8.766	0.678	5.9433	-3.6

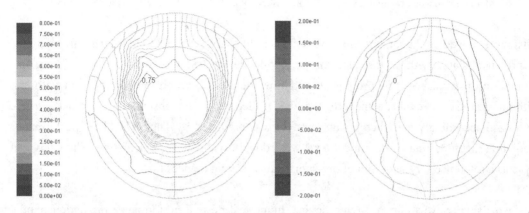

图9   优化节能装置桨盘面伴流等值线图（左侧为轴向，右侧为切向）

6. 结论

虽然优化后节能装置的模型试验验证由于进度的关系还有待开展，通过CFD计算和对计算结果尤其是流场的细致分析，加上方案2模型试验的验证，初步说明利用数值方法设计桨前预旋节能装置是可行的。

参 考 文 献

1   Jie Dang. An Exploratory Study on the Working Principles of Energy Saving Devices(ESDs)-PIV,CFD Investigations and ESD Design Guidelines, Proceeding of the 31st International Conference On Ocean, Offshore and Arctic Engineering(OMAE2012), Rio de Janeiro, Brazil,2012

2   孔为平,于海等. VLCC船安装尾部导管数值设计研究，2013年船舶水动力学学术会议论文集，中国西安,2013

3   Friedrich Mewis, Thomas Guiard. Mewis Duct-New Developments, Solutions and Conclusions, Second International Symposium on Marine Propulsors, Hamburg, Germany,2011

Numerical design of a kind of pre-swirl energy saving device

ZHANG Yue-feng，YU Hai, WANG Jin-bao, CAI Yue-jin

(Marine Design & Research Institute of China, Shanghai, 200011. Email: jeff_zhang@163.com)

Abstract： Based on the numerical aft body flow field analysis for a 84000 m^3 gas carrier, a kind of pre-swirl stator with sector duct energy saving device(ESD) was developed. . Numerical simulation of resistance, self propulsion and flow field was carried out for the ship with and without the ESD to evaluate the effect of ESD. Geometric and installation parameters were optimized accordingly and energy saving effect was predicted by The 1978 ITTC performance prediction method. Finally, the model tests were done to validate the calculation. The study can serve as a reference for the design of pre-swirl energy saving devices.

Key words： pre-swirl energy saving device, numerical design, performance prediction, model test.

船模快速性试验的不稳定现象分析

冯毅, 范佘明

(中国船舶及海洋工程设计研究院,上海市船舶工程重点实验室,上海,200011, Email: fengyi1982@139.com)

摘要: 本文以某大型散货船和某中型豪华游船为研究对象,分析船模快速性试验过程中测试数据重复性差的原因,发现由于模型尺度的限制,其周围流动处于层流与紊流的临界状态,引起船模阻力试验、自航试验以及敞水试验等快速性试验测试结果的不稳定。根据上述原因,本文提出改善船模快速性试验稳定性的措施和建议。

关键词: 尺度效应;临界雷诺数;层流与紊流

1 前言

船模快速性试验是船舶快速性能定量预报的主要手段。众所周知,由于船模与实船不能同时满足雷诺数和傅汝德数的相等,所以船模快速性试验中无法满足全相似条件。一般仅保证傅汝德数相等,而雷诺数的差异通过尺度效应分析加以弥补。由于实船雷诺数相对模型大4到5个量级,其周围流动一般为紊流。为了提高尺度效应分析的稳定性和可靠性,一般通过激流等方式,使模型周围流动与实船相似,达到紊流状态。随着航运业的发展,出现了一些巨大尺度船舶和超低转速螺旋桨,由于试验水池条件限制,只能采用常规尺度的模型,其周围流动往往处于层流与紊流的临界状态,引起船模阻力试验、自航试验以及敞水试验等快速性试验测试结果的的不稳定。本文对这一现象进行深入分析,在此基础上,提出改善船模快速性试验稳定性的措施和建议。

2 某散货船模型快速性试验结果分析

某散货船为低速肥大型船(Fn<0.17,C_B>0.78),其船长约300m,设计航速15.5kn。由于水池条件限制,船模缩尺比取为41,在首部19站处设置一根直径为1.4mm激流丝。[1]

在某次船模试验过程中,对其压载吃水阻力进行了多次重复性试验,试验在同一天内连续进行,以分析测试结果的稳定性。图1为船模压载吃水状态下连续六次阻力试验结果的曲线。

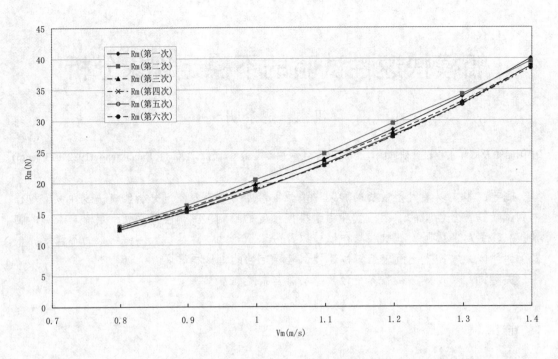

图 1 某散货船压载吃水状态船模阻力试验曲线

由图 1 可见多次重复性试验得到的船模阻力分布在一个带状区间，相同速度下的模型阻力值波动较大，试验结果不够稳定。其每一名义速度下拖车速度及船模阻力的极限偏差进行分析见表 1。

表 1 拖车速度及船模阻力的极限偏差百分比

$V_{M 名义}$	$(V_{Mmax}-V_{Mmin})/V_{M 名义}\times100\%$	$(R_{Mmax}-R_{Mmin})/R_{M 平均}\times100\%$
m/s	-	-
0.80	0.03%	4.55%
0.90	0.02%	6.59%
1.00	0.02%	8.70%
1.10	0.02%	8.23%
1.20	0.02%	7.73%
1.30	0.02%	4.92%
1.40	0.01%	3.85%

由表 1 可知重复试验的拖车速度（即船模速度）稳定性很好，极限偏差仅为名义速度

的 0.03%，而船模阻力的极限偏差达到了 8.7%。一般认为阻力偏差与速度偏差有如下关系，

$$\frac{\mathrm{d}R}{R} = n\frac{\mathrm{d}\upsilon}{\upsilon} \qquad (1)$$

通常可取 n=5，即速度波动 0.03%会导致阻力波动 0.15%。[2]显然实际测量的船模阻力的波动已经远远超过拖车速度的波动，虽然这样直接比较极限偏差值不够严格，但从一方面反映了模型阻力的不稳定性与不同次试验拖车速度的波动关系不大。

图 2 为压载吃水船模自航试验结果，在同一航速下设定 4 个不同转速，自航动力仪测得的模型推力 T_M、转矩 Q_M 以及拉力传感器测得的强制力 Z 的两次重复性试验结果比较。

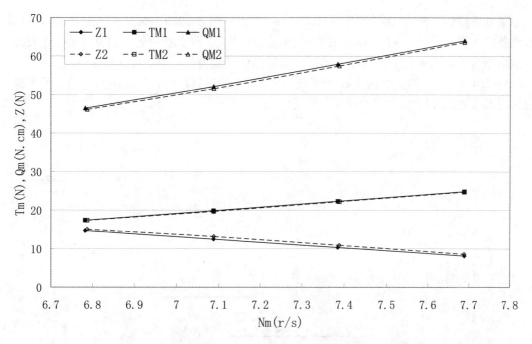

图 2 某散货船压载吃水状态同一航速的重复性自航试验曲线

对图 2 中的两次试验的 N_M、Z、T_M 和 Q_M 数据进行比较，结果列于表 2。

表 2 两次试验 N_M、Z、T_M 和 Q_M 的波动偏差百分比

$N_{M2}/N_{M1}\times100\%$	$Z_2/Z_1\times100\%$	$T_{M2}/T_{M1}\times100\%$	$Q_{M2}/Q_{M1}\times100\%$
100.1%	102.3%	99.8%	99.3%
100.0%	105.6%	99.1%	98.9%
100.0%	105.6%	99.5%	99.2%
100.0%	105.6%	99.5%	99.3%

可见两次测量结果中强制力的波动最大，匀速航行的船模，应有力的平衡关系式 $T_M(1-t')+Z=R_M$（t' 非自航点时的推力减额），若假定 t' 的变化不大，则阻力的不稳定是造成强制力波动较大的主要原因。而强制力的大幅波动将引起自航点的转速 N_{Mi} 的插值变化，从而影响到自航点处的 T_{Mi} 和 Q_{Mi}，最终将导致预报结果的偏差。

3 某豪华游船自航试验结果分析

某豪华游船为内旋双桨船，其船长约 300m，设计航速 22kn，低速航行速度 6kn。根据水池条件，取缩尺比为 32.9545，在首部 19 站处以及 1/2 球首长度的纵向位置处分别设置一根直径为 1.4mm 和 1.15mm 激流丝。在该船模自航试验过程中，设计航速附近（Fn=0.151~0.217）的自航试验数据较为正常，而低速航行段的自航试验结果出现了不稳定的现象（如图 3 所示）。

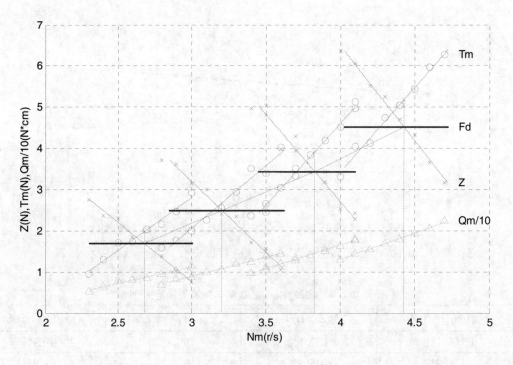

图 3 某豪华游船低速段自航试验曲线

从图 3 某豪华游船低速段自航试验曲线图 3 中可以看出，由于航速低，N_M、T_M、Q_M、Z 的绝对数值都很小。每一个航速都进行了多次试验，但从图上来看自航试验中的强制力 Z

波动很大，T_M、Q_M 的线性度较差，而且航速越低 T_M、Q_M 的波动越大。这样通过回归插值的到的结果可能与自航点时的真实值并不一致。实际上，在以此时的 T_{Mi}、Q_{Mi} 和 N_{Mi} 进行后续的换算中发现该吃水状态的下的自航因子出现了异常的情况见表 3。

表 3 某豪华游船结构吃水状态下低速段自航试验的自航因子

V_S	t	w_M	η_H	η_R	η_{OM}
kn	-	-	-	-	-
4	-0.176	0.093	1.296	0.621	0.671
5	-0.117	0.120	1.270	0.687	0.677
6	-0.023	0.142	1.192	0.750	0.675
7	0.038	0.153	1.136	0.805	0.670

表中的推力减额 t 出现了负值，相对旋转效率 η_R 也异常低，这样的结果是十分不合理的。

4 船模快速性试验不稳定现象的原因分析

从根本上来说，两例试验发生的不稳定现象都与模型周围水流流态有关，由于船模试验的雷诺数 Rn_M 并不满足与实船雷诺数 Rn_S 相等的条件，而尺度效应的存在使得船模边界层的流态与实船的情况有所不同。从微观来看，若局部雷诺数低于下临界雷诺数时发生的流动为较为稳定的层流，若局部雷诺数高于上临界雷诺数时发生的时完全的紊流，而局部雷诺数介于下临界雷诺数和上临界雷诺数之间则是两种流动的转捩状态。转捩状态时层流和紊流同时存在，层流可转化为紊流，但这个过程充满了不确定性，这也是致使模型试验测量数据不稳的主要原因。

下面从层流段的长度和螺旋桨 0.75R 处的雷诺数两个参数指标来考察雷诺数对试验结果稳定性的影响。

对于平板来说，层流何处转变为紊流可以粗略地用临界雷诺数来判断。若定义局部雷诺数 Rn_x 为：

$$Rn_x = \frac{U_e x}{\nu} \qquad (2)$$

式中的 x 为所考虑之点距前端的距离，U_e 为来流速度。粗略地取 $Rn_x = 5 \times 10^5$ 为临界值，即可估算层流与紊流转变的位置 x。[2]

通过上述方法分别计算两型船船模及实船在试验速度范围内层流段长度占船长的百分

比,如表 4 所示。

表 4 层流段长度占船长的百分比

速度条件	层流段长度占船长的百分比 $x/L_{WL} \times 100\%$					
	20.8 万吨散货船 阻力试验		某型豪华邮轮 低速段自航试验		某型豪华邮轮 高速段自航试验	
	模型	实船	模型	实船	模型	实船
V_{MIN}	8.42%	0.04%	20.85%	0.10%	5.21%	0.02%
V_{MAX}	4.84%	0.02%	11.91%	0.05%	3.63%	0.02%

由表 4 可以看出,两型船的实船状况下层流段长度占船长的百分比都很小,可视全船均处于紊流状态。而模型试验情况则大不一样,模型试验时层流段长度占船长的百分比不可忽略。

散货船有着直立式的首部,压载吃水时方形系数达到了 0.785,同时中横剖面系数接近于 1,有较长的平行中体,Fn=0.10~0.17,属于典型的低速肥大型船。由表 4 可知,散货船阻力试验最低速度时的层流段长度占到船长的 8.42%,尽管首部设置的一根激流丝,对于这种的低速肥大船,在船模试验中还可能经常出现实际船舶中不存在的层流现象,这是导致阻力试验不稳定的原因之一。另外,船模处于尾倾吃水状态,使得尾轴线下部及螺旋桨的下部很可能变为层流,而首部激流丝产生的紊流常在其上部通过,螺旋桨盘面进流中伴有层流及紊流两种流态,从而导致自航试验结果的不稳定。有文献指出,像这种低速肥大船应将船模尺寸尽量做大,至少要在 9m 以上,但这一要求并不是所有的水池都能够实现的。为弥补船模尺寸偏小的影响,根据奥地利船舶试验水池的经验,可在接近尾部的地方另外加设激流措施,以保证尾部的水流达到紊流状态。[3]

豪华游船方形系数不大,但是其低速段 V_S=4kn~7kn 时的傅汝德数十分低 Fn=0.038~0.066。从表 44 中可知,低速段自航试验的最低速度时层流段长度甚至占到船长的 20.85%(约 4 站站距),此时首部的激流装置不能完全消除其后船体表面产生的层流,最终船体首部 4 站范围内伴随着紊流和不稳定的层流。显然若此时仍然用紊流条件下的平板公式来计算其摩擦阻力是不合适的。若要消除这种层流流动的影响,可将船模做大,或通过增加激流措施来消除层流。

再来看流态对螺旋桨试验结果的影响,忽略伴流分数的影响,通过(3 可以粗略地计算自航试验时螺旋桨 0.75R 处的弦长雷诺数 Rn'(此时计算得到的弦长雷诺数较实际值偏大)并与敞水试验时的雷诺数 Rn 进行比较。图中 Vm 表示螺旋桨沿前进方向的速度。

$$Rn = \frac{b_{0.75R}\sqrt{V_A{}^2 + (0.75\pi nD)^2}}{\nu} \tag{3}$$

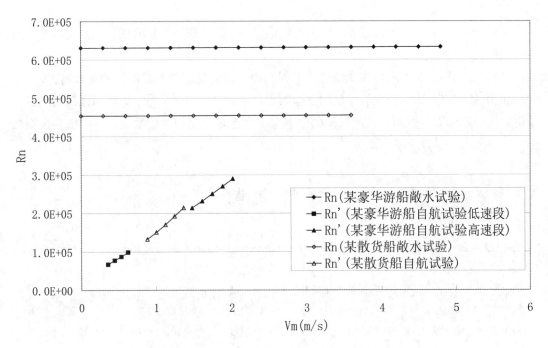

图 4 自航试验及敞水试验中螺旋桨 0.75R 处的弦长雷诺数比较

从图 4 可以看出，两型船在敞水试验时螺旋桨 0.75R 处的弦长雷诺数 Rn 均超过敞水试验临界雷诺数 3×10^5。[4]然而，散货船自航试验时的弦长雷诺数 Rn'均在 2.2×10^5 以下，豪华游船低速段自航试验时的弦长雷诺数 Rn'不到 1.0×10^5。此时螺旋桨可能处于自航试验临界雷诺数区间，在这个区间内层流的不稳定性将导致试验结果的不稳定。这也是导致豪华游船自航因子（表 3）不合理的另一个主要原因。而豪华游船高速段自航试验的弦长雷诺数 Rn'都高于 2.2×10^5，设计航速时已经十分接近与敞水临界雷诺数，相对低速段试验而言，其自航试验结果也相对稳定得多。若要得到稳定合理的数据应尽量提高弦长雷诺数，尽量消除层流，以降流动的不稳定性。采用较大的船模及螺旋桨模型可以有效减小不稳定层流的影响。除此之外，有些水池在螺旋桨叶片及附体上局部增加紊流发生器，也能够有效地提高局部雷诺数，消除不稳定的层流流动。

将模型做大可以直接有效地降低流动不稳定带来的影响，但是如果受到水池条件的限制，无法采用较大模型时，也可以仿效循环水槽中某些试验的做法，采用假体进行试验，如缩短平行中体部分或仅加工尾部，将关注的船模尾部和螺旋桨尽量做大，以获得稳定的试验结果，分辨出螺旋桨和尾部型线优化以及安装节能装置的效果。

5 结论

（1）随着船舶大型化和低转速主机的广泛应用，船模快速性试验的不稳定现象时常发生，值得关注。

（2）增大模型尺度和增加激流措施是提高模型试验稳定性和精确度的有效措施。

（3）目前普遍采用的螺旋桨敞水试验临界雷诺数（3×10^5）对于大侧斜螺旋桨已经不适用，对于船模阻力试验、自航试验的临界雷诺数更是缺乏相关的数据。针对临界雷诺数还需要开展大量细致的研究。

参 考 文 献

[1]Feng Yi.Model Test Report for a 208,000DWT Bulk Carrier[R]. Marine Design & Research Institute of China, 2014.

[2]李世谟. 船舶阻力[M]. 北京: 人民交通出版社, 1989. 14-15.

[3]施内克鲁特(德). 船舶水动力学[M]. 上海: 上海交通大学出版社, 1997. 276-277.

[4]盛振邦, 刘应中, 盛正为, 等. 螺旋桨尺度作用的试验研究[J]. 上海交通大学学报, 1979, 02: 71-84.

Analysis on the unstable phenomena of ship model speed & power tests

FENG Yi, FAN She-ming

(Marine Design & Research Institute of China, Shanghai, Shanghai Key Laboratory of Ship Engineering ,200011. Email: fengyi1982@139.com)

Abstract：A bulk carrier and a luxury cruiser are taken as examples to analyze the causes of repeatability error during ship model speed & power tests. It is found that the unstable phenomena during resistance test and self-propulsion test arise in the critical situation between laminar and turbulent flow, when the scales of models are limited by the size of towing tank. Based on the analysis, some suggestion and methods to improve the stability and accuracy of model test are proposed.

Key words：scale effect, critical Reynolds number, laminar and turbulent flow.

某超浅水船的阻力性能研究

詹杰民，陈宇，周泉，陈学彬

(中山大学工学院，应用力学与工程学系，广州 510275， Email: stszjm@mail.sysu.edu.cn)

摘要： 由于浅水效应，船在浅水中航行时的水动力性能与深水时有显著区别。本文通过模型试验和数值模拟的方法对某超浅水船的阻力性能进行研究。模型试验测量了在相同初始状态不同航速时的船体阻力及倾角。根据试验工况，选取相应状态进行数值模拟。数值模拟中使用结构化网格，在自由液面及船底与水底之间网格进行适当加密。湍流模型使用 RNG k-ε 模型，采用 VOF 模型扑捉自由液面。数值模拟结果与试验结果吻合良好，表明 CFD 方法在研究超浅水船阻力性能的适用性。

关键词： 谱方法超浅水；阻力；数值模拟；结构化网格；自由液面

1 引言

船舶航行在内河航道和湖泊的浅水区时，易发生浅水效应。浅水效应对船舶航行带来诸多不利影响,影响运输业和旅游观光业的发展。长期以来，船模试验是研究船舶水动力学的主要方法之一，随着计算流体力学（CFD）和计算机技术的发展，数值模拟方法也逐渐应用于船舶的水动力性能的预测[1-3],S.L.Toxopeus[4]等研究过船舶在不同吃水下的阻力。

2 船模试验

2.1 船型主要参数

表 1 船型主要参数

	缩尺比	水线长/m	型宽/m	吃水/m	排水量/t	航区平均水深/m
实船	1	58.0	14.8	1.26	850	2.0
模型	9.5	6.105	1.557	0.133	0.991	0.21

2.2 试验测量结果

试验水池深 0.21m，宽 6.0m，长 100m。试验初始状态为满载排水量 850t(模型 991kg) 平浮，稳定状态时速度、阻力与倾角测量结果见表 2。

表 2 满载平浮船模阻力及倾角

Vs/(km/h)	Vm/(m/s)	Rtm/kg	Degree/（°）
6	0.5427	1.7	-0.000667
7	0.6322	3.2	0.088333
8	0.7228	5.47	-0.022815
9	0.8124	10.22	-0.229900
10	0.9037	20.25	-0.695353

3 数值模拟

3.1 控制方程

在本问题中，水和空气的可压缩性均可忽略不计，因此本文中流体运动的控制方程采用不可压缩黏性流体的Navier-Stokes方程组：

$$\begin{cases} \dfrac{\partial \rho}{\partial t} + \dfrac{\partial}{\partial x_i}\left(\rho u_i\right) = 0 \\[2mm] \dfrac{\partial}{\partial t}\left(\rho u_i\right) + \dfrac{\partial}{\partial x_j}\left(\rho u_i u_j\right) = -\dfrac{\partial p}{\partial x_i} + \rho g_i + \dfrac{\partial}{\partial x_j}\left(\mu \dfrac{\partial u_i}{\partial x_j}\right) + S_i \end{cases} \tag{1}$$

式中，ρ 为流体密度，$x_i(i=1，2，3)$ 为三个方向上的空间坐标，u_i 为3个方向的速度分量；p 为压强；g 为重力加速度；μ 为动力黏性系数；S_i 为源项。

RNG $k\text{-}\varepsilon$ 模型应具有更高的精确度和可信度，已被广泛应用到各种工程湍流模拟中在船舶阻力的计算中也取得了较好的结果。本文采用RNG $k\text{-}\varepsilon$ 模型进行湍流模拟，对于不可压缩流体，其输运方程为：

$$\begin{cases} \dfrac{\partial k}{\partial t} + \dfrac{\partial}{\partial x_i}\left(k u_i\right) = \dfrac{\partial}{\partial x_j}\left(\alpha_k v_{eff} \dfrac{\partial k}{\partial x_j}\right) + G_k - \varepsilon \\[3mm] \dfrac{\partial \varepsilon}{\partial t} + \dfrac{\partial}{\partial x_i}\left(\varepsilon u_i\right) = \dfrac{\partial}{\partial x_j}\left(\alpha_\varepsilon v_{eff} \dfrac{\partial \varepsilon}{\partial x_j}\right) + C_{1\varepsilon} \dfrac{\varepsilon}{k} G_k - C_{2\varepsilon} \dfrac{\varepsilon^2}{k} + R_\varepsilon \end{cases} \tag{2}$$

$$R_\varepsilon = \frac{C_\mu \rho \eta^3 (1 - \eta / \eta_0) \varepsilon^2}{(1 + \beta \eta^3) k} \qquad (3)$$

其中 $\eta = Sk / \varepsilon$，η_0=4.38，β=0.012，v_{eff} 为有效粘度，G_k 为由于平均速度梯度引起的湍动能 k 的产生项，常数 $C_{1\varepsilon}$=1.42，$C_{2\varepsilon}$=1.68。

自由液面[5][6]采用VOF方法进行追踪：

$$\begin{cases} \dfrac{\partial F_q}{\partial t} + \dfrac{\partial}{\partial x_i}\left(F_q u_i\right) = 0 & (q = 1, 2) \\ F_1 + F_2 = 1 \end{cases} \qquad (4)$$

式中，F_q 定义为单元内第 q 相流体所占有体积与该单元的总体积之比；由于本问题只有空气和水两相，故 q=1,2。

在VOF方法中，物性参数由控制体积内各相流体的物性参数以及各相的体积分数函数所决定，即控制体积内的物性参数 φ 由下式计算得到：

$$\varphi = \varphi_1 F_1 + \varphi_2 F_2 \qquad (5)$$

该式保证了在水相和气相单元中，计算用到的物性参数分别为水和空气的物性参数；交界面单元的物性参数则由两相共同决定。

3.2 数值方法

根据满载平浮初始状态的试验结果，选择数值模拟状态如表 3：

表 3 数值模拟状态

	1	2	3	4	5
Vm/(m/s)	0.54	0.63	0.72	0.81	0.90
Degree/（°）	0	0	0	-0.23	-0.70

考虑对称关系，只取船体一侧计算，计算域宽度、水深与模型试验水池参数相同，即宽度取 3m，水深 0.21m，自由液面以上高度取 0.42m，船首往前取 1.5 倍船长，船尾往后取 2.5 倍船长。船体不同倾角时网格划分方法一致。为了更好的模拟船底与水底之间的浅水效用以及自由液面波形，在船底与水底之间、自由液面附件、船体表面边界层出网格进行加密，采用多块结构化网格，共分 1436 块，网格数为 160 万。网格特点如图 1、2、3、4。采用 RNG k-ε 湍流模型，VOF 模型扑捉自由液面。入口边界条件为速度入口，出口和顶部边界条件为压力出口，侧壁和底部边界条件为固壁，中剖面为对称边界。

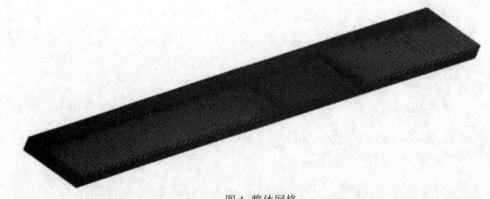

图 1 整体网格

图 2 船体表面网格

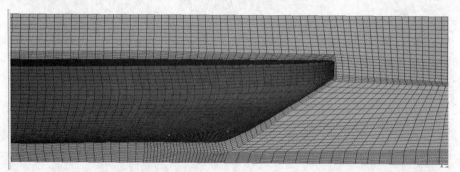

图 3 船首附近网格

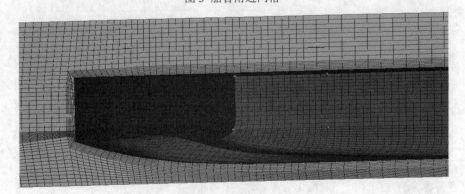

图 4 船尾附近网格

3.3 阻力计算结果及与试验结果比较

数值模拟所得的阻力结果如表 4，与试验值比较如图 5。由于试验时航速越高，船体波动较大，航速 0.9m/s 时出现擦底现象，故数值模拟比模型试验结果偏小符合预期，总体变化趋势一致。

表 4 数值模拟结果

	1	2	3	4	5
速度 Vm(m/s)	0.54	0.63	0.72	0.81	0.90
倾角	0	0	0	-0.23	-0.70
阻力 Rtm（kg）	2.24	2.88	4.33	8.56	14.01

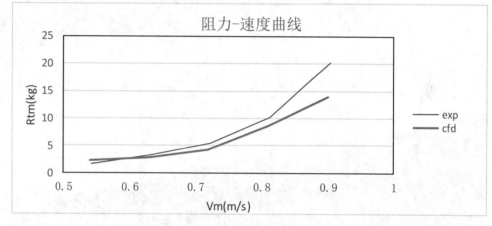

图 5 阻力-速度对比

3.4 波形数值模拟结果及与试验结果比较

在航速较低时，自由液面波高较小，波形不明显。速度达到 0.9m/s 时，可以看到明显的由于浅水效应造成的首尾跟随横向波。最小速度与最大速度时的试验尾部波形如图 6 所示，数值模拟波形如图 7 和图 8 所示。

图 6 Vm=0.5427m/s （左）　　　Vm=0.9037m/s （右）

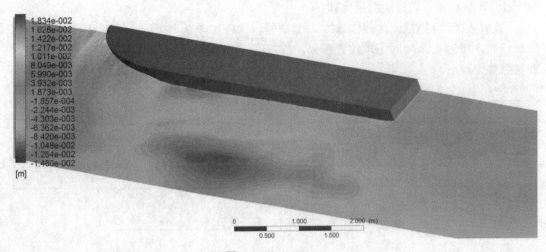

图 7　Vm=0.54m/s

图 8　Vm=0.90m/s

3.5 流场分析

　　由于浅水效应，限制了水流在垂向方向的流动，水流会往横向方向外扩和内缩。同时航速越快，尾倾现象加剧，导致尾部过流面积减小，使水流速度变快。数值模拟所得的流场图与理论分析相吻合，最低速和最高速流场图如图 9 和图 10。

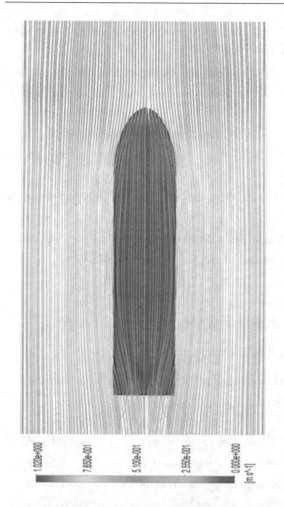

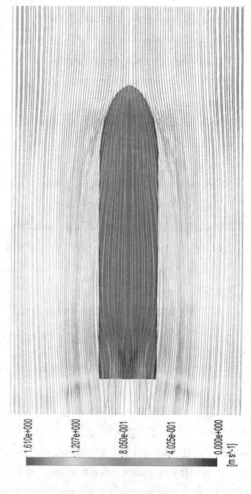

图 9　Vm=0.54m/s　倾角 0　　　　　　　　图 10　Vm=0.90m/s　倾角-0.70°

4 结果分析

　　通过船模试验与数值模拟的方式，研究了某超浅水船的阻力性能，随着试验速度增加，船体尾倾明显加剧，船体阻力也快速上升。试验速度超过 0.81m/s，对应实船速度 9.0km/h 时，浅水效应会对航行产生较大的不利影响。数值模拟获得了与模型试验相一致的结果，同时数值模拟为试验不便测量的物理量如自由液面波形，流场特征等提供了精细的数据，为更好的认识和减小浅水效应对航行造成的影响提供参考。

参 考 文 献

1　高新秋. 船舶CFD研究进展[J]. 船舶力学 1991,13(4):8.

2　Joseph J. Gorski.et al. The Use of a RANS Code in the Design and Analysis of a Naval Combatant. 24th Symposium on Naval Hydrodynamics[C],Fukuoka,Japan, 2002.

3　Tahara.Y. Paterson E.P. Stern.F. Himeno.Y. Flow and Wave-Field Optimization of Surface Combatant Using CFD-based Optimization methods. Proceedings of the 23rd Symposium of Naval Hydrodynamics[C],Val de Reuil,France, 2000.

4　Toxopeus.S.L. Simonsen.C.D. Guilmineau. E. Visonneau.M. Xing.T. Stern. F. Investigation of water depth and basin wall effects on KVLCC2 in manoeuvring motion using viscous-flow calculations. [J] ,Mar Sci Technol, 2013,18:471-496.

5　Nichols B.D. Hirt.C.W. Calculating Three Dimensional Free Surface Flows in the Vicinity of Submerged and Exposed Structures[J],Comp. Phys,1971,.12,234.

6　Nichols B.D. Hirt.C.W.Methods for Calculating Multidimensional Transient Free Surface Flows Past Bodies. Proc. Of the Firsr International Conf. On Num.Ship Hydrodynamics[C] , Gaithersburg,ML,1975.

Reaserch of an extremely shallow water ship resistance

ZHAN Jie-min, CHEN Yu, ZHOU Quan, CHEN Xue-bin

(Department of Applied Mechanics and Engineering, Sun Yat-sen University, Guangzhou, 510275. Email: stszjm@mail.sysu.edu.cn)

Abstract：A ship navigating in extremely shallow water will produce a shallow water effect which has a significant effect on the hydrodynamic performance of the ship. This article researched the resistance performance of a ship navigating in extremely shallow water by model experiments and numerical simulations. The hull resistance and inclination angle of different speed in the same initial state were measured. Based on the experimental cases, the corresponding are selected to be simulated. A structured grid is employed in the numerical simulations and the gird has been encrypted around the free surface and between the ship bottom and the water bottom. The RNG k-ε model is applied to simulate turbulence, while the VOF model is used to capture the free surface. The numerical results are in good agreement with the experimental results and show the applicability of CFD method in the extremely shallow water situation

Key words：Extremely shallow water; Resistance; Numerical simulation;The structured grid; Free surface

海南儋州海花岛水动力及海床冲淤影响数值模拟研究

左书华，张征，李蓓

（交通运输部天津水运工程科学研究所 工程泥沙交通行业重点实验室，天津，300456，E-mail: zsh0301@163.com）

摘要： 建立波浪潮流共同作用下水动力及海床冲淤变化数学模型，并基于 2011 年 7 月实测水文泥沙资料对模型进行了验证，验证表明，潮位、垂线流速、流向及含沙量过程的计算值与实测值吻合良好，模型能够较好地复演了海花岛工程建设后海域流场、含沙量场变化。运用该模型对海花岛工程建设后水动力、海床冲淤变化进行了研究，研究表明，海花岛的建设无疑是缩窄了过水通道面积，挤压了水流，使得局部水流流速有所增大；三年期内，海花岛与小铲礁之间的水域总体较工程前呈现为微冲的趋势，幅度在 0.03～0.12m；洋浦港区航道外段有微弱冲刷，对内航道淤积基本没有影响；南沙滩区域淤积在 0.06～0.18m；海花岛之间的水道均呈现出淤积趋势，幅度在 0.06～0.30m；在 50 年一遇 SW 大浪作用 24h 后周围海域海床淤积幅度在 0.05～0.15m/d。

关键词： 海花岛；波浪；潮流；泥沙；数学模型；洋浦湾

1 前言

近年来，我国围海造地迅速发展，建人工岛式围填海造陆，有利于增加海岸线长度、海域面积及景观价值，可提升围填海造地的社会经济和环境效益，实现科学合理用海。儋州海花岛国际旅游度假岛项目位于儋州市排浦港与洋浦湾之间的海湾区域，南起排浦镇，北至马井镇，总跨度 6.8 km，拟在工程区域新建护岸，吹填造陆，共建 3 个人工岛，人工岛之间以联系桥连接，总圈围形成陆地面积 7.53 km²，形成海岸线 39.44 km（图 1）。海花岛形成陆域面积较大，其物料来源一部分来自陆域开山石料，一部分来自对海花岛周围水域开挖和两处挖沙区得到的泥沙，其开挖情况如图 1 所示。

儋州海花岛所在洋浦湾海域的潮汐属于以全日潮为主的性质，多年平均潮差 1.91m，历史最高潮位 4.38m（理论基面）。潮流以不正规日潮流为主，潮流具有往复流性质，涨潮流方向与落潮流方向基本相反，海花岛工程区附近水域涨、落流向为 NE—SW 向，涨、落潮最大平均流速一般在 0.3～0.5m/s。全年以风浪为主的混合浪以 SSW 方向最多，NNE 方向次之；年平均 $H_{1/10}$ 为 0.8m，平均周期 6.0 s；月最大 $H_{1/10}$ 的最大值均出现在 9 月，一般由台风引起的，如 9618 号台风所引起最大 $H_{1/10}$ 为 4.1m。海花岛工程海域含沙量很低，潮平均含沙量在 0.02～0.03 kg/m^3 之间，基本没有外来泥沙来源；工程附近底质主要以相对较粗的粗砂和粗中砂为主，平均中值粒径在 0.05～0.9mm。

　　滩海地区人工岛工程等构筑物的修建，将会打破原有的平衡，使工程区域的流场、海床冲淤的发生变化。本文采用波浪潮流泥沙数值模拟技术，以海花岛工程为例，模拟计算海花岛人工岛工程建设后，人工岛周围海域水动力和海床冲淤变化，给相关研究提供基本依据。

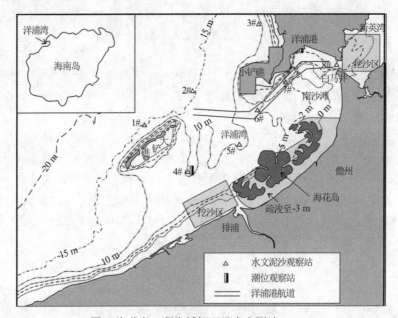

图 1 海花岛工程海域概况及水文测站

2 数学模型原理

　　在该模型中，应用全球潮汐模型和三维河口海岸海洋模式（ECOMSED），进行深海潮汐及海流的模拟，并与实测的潮汐和潮流资料作比较，确定模型中参数，给模型提供准确的边界条件。通过波浪模型模拟计算出本工程实施前、后海区的有关波浪参数，为波浪潮流数学模型提供辐射应力值[3]。在此基础，应用海岸河口多功能数学模型软件 TK-2D[4][5]，利用在工程海域得到的大小潮潮位、流速及流向的实测数据，对模拟结果进行验证，然后在验证误差允许的范围内模拟海区建设前后的水动力变化状态及海床冲淤等模拟计算。模型原理在此就不再赘述，详见参考文献[4～7]。

3 相关参数及处理技术

（1）对于水动力学模型，初始条件为 $u|_{t=0}=0$，$v|_{t=0}=0$，$z|_{t=0}=0$，计算区域边界分为水—陆边界（闭边界）和水—水边界（开边界）两种。关于水-陆边界，假设其满足 $\partial u/\partial n=0$ 和 $\partial v/\partial n=0$，即沿闭边界的外法向流量为零；水-水边界由已知的流量或水位资料给出。

（2）根据计算海区岛屿和岸线特点，本模型采用任意三角形计算网格。此网格的优点在于：在计算域内可以准确的模拟出岛屿岸线的任意曲折走向变化，可以解决其它计算网格对复杂边界处理时难以达到的精度问题。也可以在重点研究段内随意进行网点加密，次要区域将网点安排稀疏，并且也考虑到了这二者之间的渐变过程，既要保证计算成果的精度和又要考虑到计算机的处理速度。

（3）时间步长

$$\Delta t \leq \frac{r\Delta L_{\min}}{\sqrt{gH_{\max}}}$$

式中：$H_{\max}$ 为计算域内的最大水深，$\Delta L_{\min}$ 为三角形单元的最小边长，r 为系数（$r=1.0\sim1.5$）。计算中取 $\Delta t=2s$。

（4）阻力系数。方程中阻力项的计算，可近似采用曼宁公式：$C=1/n\times H^{1/6}$，即谢才公式。式中 n 是曼宁阻力系数，经过多组调试计算，确定 $n=0.010\sim0.025$。在数学模型中，n 除反映底床粗糙度外，还包括了其他因素对水流的综合影响。所以它已不是原有意义的糙率系数，应当把它看成是一个综合的影响因素。

（5）动水边界的处理。随着潮汐周期性的涨落，岸边界发生相应的移动。对于具有浅滩的计算区域，涨潮时潮滩淹没，落潮时潮滩出露，这种"干""湿"交替的变化给模型的边界处理带来一定的困难。从计算稳定性和浅滩流态考虑，需要作动边界处理。本文采用冻结法。选定一判别水深 H_0（通常 $H_0=0.1\sim0.2m$），每个计算时刻对计算区域的网格节点进行扫描，得到每个网格节点上的计算信息。某一网格节点实际水深 $H\leq H_0$ 时，认为该结点干出，关闭该点所在计算单元，并将其水位贮存起来。在计算过程中当某一干出点水深 $H>H_0$ 时，说明该点已被淹没，单元重新打开参与计算。

4 模型验证

根据 2011 年 7 月 2 日—8 日海花岛工程海域大小潮水文含沙量和潮位实测资料（站位

见图1），对模型进行验证，如图2至图4可见（部分验证图）。验证结果表明计算潮位、流速与流向均与实测值达到较好的一致性，大范围流场可以如实反映洋浦湾海域的潮流特性；计算含沙量与实测值相比处于同一量级，两者最大变率不超过30%，可以很好地反映洋浦湾海域在一般天气下的含沙量分布特征；数值计算的结果与实测数据吻合较好，满足有关技术规程[9]的要求；地形验证采用了不同时期的水深断面测图对比与洋浦港港池淤积资料综合验证，计算得出的地形情况与实际水深地形情况基本一致。表明本文建立的模型是合理的，可以用于儋州海花岛工程海区建设前后的潮流和泥沙运动进行数值模拟的计算分析。

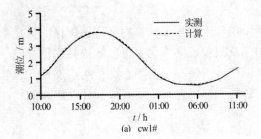
(a) cw1#

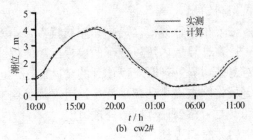
(b) cw2#

图2 大潮潮位验证曲线

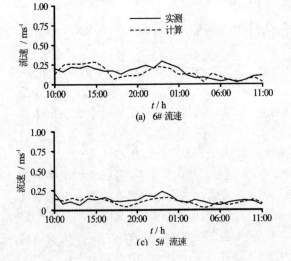
(a) 6# 流速

(c) 5# 流速

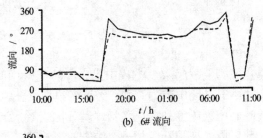
(b) 6# 流向

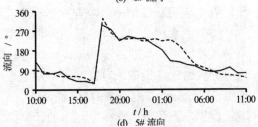
(d) 5# 流向

图3 大潮流速流向部分验证曲线

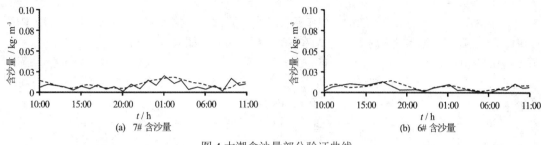

图 4 大潮含沙量部分验证曲线

5 工程海域流场变化影响分析

如图 5 所示，现状情况下，涨潮时，主要是西侧进入的潮波经大铲礁和工程海域浅滩水域汇入新英湾方向，在小铲礁处受地形边界作用流向有所偏转；南浅滩水流属于上滩状态，水流由浅滩汇入洋浦港前深槽内，浅滩水流基本呈垂直于现有码头岸线，深槽内主流向于码头岸线一致。落潮时，水流从新英湾口门呈射流状流出，出新英湾后一部分沿深槽向西运动，深槽内水流流速仍然较大，经小铲礁处往西北流动；一部分向南浅滩扩散，经工程海域浅滩处往西或西南流动。其海花岛工程区附近流势主要为 NE 向的涨潮流以及 SW 向的落潮流所控制，由于水深较小，其流速也较弱，绝大多数流速均在 0.4m/s 以下。

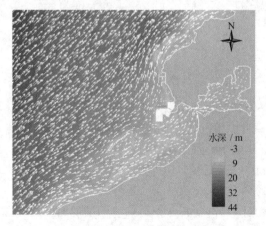

图 5 现状下洋浦湾海域涨潮流场图

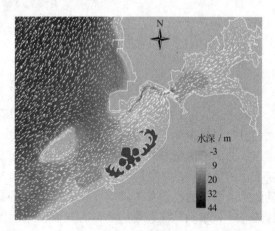

图 6 海花岛实施后海域涨潮流场图

海花岛建设后，洋浦湾深槽内的潮流主流向仍为呈 NE-SW 向的往复流（图 6）。不过海花岛的建设无疑是缩窄了过水通道面积，挤压了水流，使得局部水流流速有所增大，增大的范围主要集中在小铲礁与海花岛之间水域，流速增加 10% 或 0.02m/s 的区域范围约 5.4km×2.6km，洋浦港航道最大流速增加了 0.05m/s 左右（图 7）；受阻流影响南沙滩流速有所减小。另外新英湾口门东侧区域受到取料开挖的影响，水流流速有所减小，最大流速减小 0.1m/s 左右。

海花岛附近受到水深开挖和岛体阻流的影响，局部有增加和减小的，增大的区域主要在海花岛西南侧与陆域之间水道，增加在 10%或 0.05m/s，如 $H0$-2 和 $H0$-3 两个特征点平均流速增加在 0.03m/s，局部变化在 0.05m/s 以上；而位于海花岛 1#、2#和 3#岛之间水道偏西侧的点则都是减弱的，减小都在 20%以上，如 $H0$-4、$H0$-5 和 $H0$-6 点平均流速减小在 0.04～0.08m/s 之间，最大流速减小在 0.09～0.13m/s（图 7）。

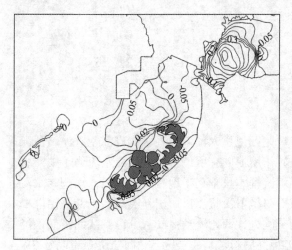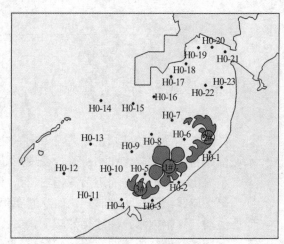

图 7 现状条件下海花岛实施后平均流速变化等值线（"+"表示增加，"-"表示减小）

（右侧为特征点布置情况）

6 工程海域海床冲淤变化及影响

6.1 正常天气下的海床冲淤变化

采用 2a 一遇波浪与潮流、泥沙组合下的水动力作用为条件，同时考虑悬沙和底沙对地形的影响，模拟计算工程后一般天气下 3a 的海底冲淤情况（图 8）。从图 8 可以看出，三年内其冲淤范围值主要集中在-0.12m～0.48m；三年期内，海花岛与小铲礁之间的水域总体较工程前呈现为微冲的趋势，幅度在 0.03～0.12m；洋浦港区航道外段有微弱冲刷，对洋浦港内航道淤积的影响基本没有变化；南沙滩区域淤积在 0.06～0.18m；虽然海花岛之间水道局部流速有增加，流速增加的同时也到来了泥沙来源，再受其开挖影响，仍呈现出淤积趋势，幅度在 0.06～0.30m；海花岛南侧 1#填料开挖区域和新英湾内填料开挖区域淤积幅度相对较大，最大淤积在 0.4m 以上。

6.2 非正常天气下的海床冲淤变化

洋浦湾海域不同位置的强浪向有所不同，以洋浦港波浪资料，强浪向以 SW 为主；以神尖角波浪资料，强浪向以 NW 为主。SW 向大浪可以直接传入洋浦港区海域，考虑到主要研究本工程对周围海域冲淤影响，因此，本次计算取 50 年一遇 SW 向波浪，作用 24 小时情况下工程区的冲淤分布。

图9给出了海花岛后周围海域地形24h冲淤变化情况，结果显示：海花岛实施后，在50年一遇SW大浪作用24h后周围海域地形有一定淤积，海花岛与小铲礁之间的水域淤积幅度在0.05～0.15m/d；洋浦港区航道淤积强度在0.01～0.17m/d，最大淤积集中在新口门附近；南沙滩区域淤积在0.04～0.05 m/d。

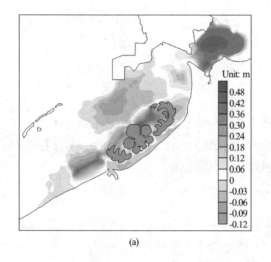
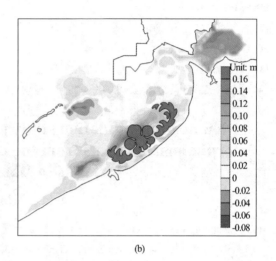

(a)　　　　　　　　　　　　　　　　　(b)

图8 海花岛实施后海床冲淤变化
（a：正常天气下；b：大风天气下）

8 结语

本文基于儋州海花岛工程海域现场实测资料，建立了任意三角形网格的海花岛工程海域波浪潮流共同作用下的海床冲淤变化数学模型，并对模型的潮位、流速及悬沙等进行充分验证模拟，结果表明计算的流速、流向、潮位过程及含沙量过程与实测数据符合良好，模型能够较好地复演了工程建设后海域流场、含沙量场变化。

通过计算和模拟得到了海花岛建设对区域海洋潮流场及海床的影响程度，结果表明海花岛人工岛的建设对区域潮流和海床冲淤会产生一定的影响，为工程选址、用海规划和相关研究提供了重要依据。

参考文献

[1] 王宝灿, 陈沈良, 龚文平, 等. 海南岛港湾海岸的形成与演变[M]. 北京: 海洋出版社, 2006.

[2] 左书华, 李蓓, 杨华. 基于GIS的海南洋浦港洋浦深槽稳定性分析[J]. 水道港口, 2010, 31(4): 242-246.

[3] 李孟国. 海岸河口泥沙数学模型研究进展[J]. 海洋工程, 2006, 24(1): 139-154.

[4] 李孟国. 张华庆, 陈汉宝, 等. 海岸河口多功能数学模型软件包 TK- 2D 的研究与应用[J]. 水道港口,

2006, 27(1): 51-56.

[5] 李孟国, 张华庆, 陈汉宝, 等. 海岸河口多功能数学模型软件包 TK-2D 的开发研制[J]. 水运工程, 2005(12): 51-56.

[6] ZUO Shu-hua, ZHANG Ning-chuan, LI Bei, et al. Numerical simulation of tidal current and erosion and sedimentation in the Yangshan deep-water harbor of Shanghai[J]. International Journal of Sediment Research, 2009, 24(3):287-298.

[7] 左书华, 张宁川, 张征, 等. 岛群海域环境下泥沙运动及地形冲淤变化数值模拟研究[J]. 泥沙研究, 2011（02）：1-8.

[8] 曹祖德, 王运洪. 水动力泥沙数值模拟[M]. 天津: 天津大学出版社, 1994.

[9] 中华人民共和国交通运输部. 海岸与河口潮流泥沙模拟技术规程(JTS/T 231-2-2010)[S]. 2010.

Numerical simulation study on hydrodynamic and seabed morphological effects from the construction of Haihua artificial islands in Danzhou, Hainan

ZUO Shu-hua, ZHANG Zheng, LI Bei

(Key laboratory of Engineering Sediment of Ministry of Communications，Tianjin Research Institute of Water Transport Engineering, Tianjin 300456, China, E-mail: zsh0301@163.com)

Abstract：Combining the effects of tides and waves, a 2-D numerical model was set up to simulate hydrodynamic, sediment transport and erosion and siltation in the Yangpu sea area of Danzhou of Hainan. The model is verified by the measured hydrology and sediment data obtained in July 2011. The verification of calculation shows the calculated values are in good agreement with the measured data. The field of tidal currents, suspended sediment concentration and the deformation of seabed can be successfully simulated. Using the numerical model, Haihua artificial island project was applied to research regional hydrodynamic condition and seabed morphological effects to the sea area. The results show: (1) the construction of Haihua Island makes the local flow velocity increase; (2) within three years, the waters between Haihua Island and Xiaochanjiao are eroded with the value from 0.03m to 0.12m; (3) the outer channel of Yangpu Port is slightly flushed, however Haihua project has no effect on siltation of the internal channel;   (4) the seabed deposits with the value from 0.06m to 0.18m in the South Shoal; (5) the waterways between the islands are deposited with the value from 0.06m to 0.30m; (6) the seabed is deposited in the surrounding sea area of the Haihua Island by the SW wave of 50-years return period, and the deposited rate is 0.05 - 0.15 m/d.

Key words：Haihua Island; Wave; Tidal currents; Sediment; Mathematical model; Yangpu Bay

水交换防波堤特性试验研究

沈雨生[1]，孙忠滨[1]，周子骏[2]，金震天[2]

（1.南京水利科学研究院 河流海岸研究所，江苏 南京，210024；

2.河海大学港口海岸与近海工程学院，江苏 南京，210098，Email:shenyusheng09@163.com）

摘要： 港口工程中常建设防波堤掩护港内水域，以满足码头的泊稳条件。然而，在潮流较弱的海域，港内波高减小后，港内动力条件减弱，可能造成水体交换减少，使局部水域的水质发生恶化。随着人们对环境要求的提高，为了改善港内的水质条件，国外一些工程中提出在防波堤局部段建设可以进行水体交换的防波堤，在掩护港内波浪条件的基础上，具有一定的透水功能。本文以韩国丽水新港北港区水交换防波堤工程为例，开展波浪断面物理模型试验，测量防波堤反射系数、透射系数、越浪量、透水流速和结构物波浪压强等，对这种新型防波堤的水动力特性进行研究，可为类似工程设计提供借鉴。

关键字： 水体交换；新型防波堤；水动力特征；波浪；模型试验

1 引言

防波堤是一种重要的港口和海岸工程建筑物,港口工程中常建设防波堤掩护港内水域,以提供港内平稳的船舶装卸作业环境。然而，在潮流较弱的海域，港内波高减小后，港内动力条件减弱，可能造成港内外水体交换能力减小，使港内局部水域的水质发生恶化。随着人们对海岸环境要求的提高，港内水质在港口设计和运营过程中愈来愈受到各方关注[1]。港内水质条件主要取决于港内水体与外海水体的周期性交换[2]。美国国家环境保护局（USEPA）[3]提出了多种改善改善港内水质条件的方法，主要包括抽灌水、建设透空式防波堤以及在传统坐底式防波堤内增设透水箱涵等，其中，带有透水箱涵的水交换防波堤的建设和使用较为经济。

近年来，越来越多的国外学者开始关注带有透水箱涵的水交换防波堤。Stamou 等[4]对某港口内带有透水箱涵的水交换防波堤进行了数值模拟研究，研究结果表明设置带有透水箱涵的防波堤可使港内水体交换周期缩短 10%~32%。Fountoulis 和 Memos[5]通过比较港内水体交换能力和港内波高这两个参数对带有透水箱涵的水交换防波堤的布置型式进行了优化。Tsoukala 等[6-7]对带有透水箱涵的水交换防波堤进行了系列物理模型试验研究，提出了其波浪透射系数经验公式。为了改善港内的水质条件，国外一些港口工程中提出在防波堤局部段建设带有透水箱涵的可以进行水体交换的防波堤，在掩护港内波浪条件的基础上，具有一定的水体交换功能。

由于水交换防波堤的种类较多，其水动力特征差别较大。本文以韩国丽水新港水交换防波堤工程为例，开展波浪断面物理模型试验，测量该防波堤的反射系数、透射系数、越浪量、透水流速和结构物波浪压强等，对这种新型水交换防波堤的水动力特性进行研究。

2 试验概况

2.1 工程简介及试验断面

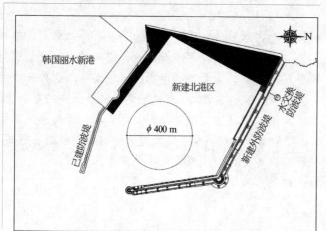

图 1 工程平面布置

韩国丽水新港位于韩国全南罗道省东海岸，本工程拟在丽水新港基础上扩建北港区，工程平面布置见图1。为了增强北港区港内的水体交换能力、改善港内水质，规划在北港区外侧防波堤根部局部约33m段内采用一种新型水交换防波堤，该防波堤断面结构见图2。

该水交换防波堤外侧为斜坡堤，坡度为1:1.5，护面采用5t四角锥体，胸墙顶高程为+9.5m；内侧为沉箱结构，沉箱共包括四个隔舱，每个隔舱均开孔，其中为了减小对港内泊稳的不利影响，最内侧开孔位置较低。

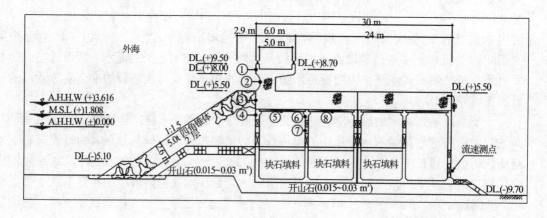

图 2 水交换防波堤断面结构

2.2 试验条件

试验包括 4 个水位和 3 个波浪重现期，水位包括极端高水位（+5.4m）、设计高水位（+3.6m）、中间水位（+1.8m）和设计低水位（+0.0m），波浪包括 100 年一遇（$H_{1/3}$=3.50m，$T_{1/3}$=18.96s）、50 年一遇（$H_{1/3}$=3.30m，$T_{1/3}$=17.50s）和平常波浪（$H_{1/3}$=2.50m，$T_{1/3}$=5.10s），各个水位下的波浪要素相同。

2.3 试验内容及方法

试验在南京水利科学研究院波浪水槽中进行，水槽长 62m，宽 1.8m，高 1.8m。水槽的一端配有消浪缓坡，另一端配有丹麦水工研究所（DHI）生产的推板式不规则波造波机，由计算机自动控制产生所要求模拟的波浪要素。试验遵照《波浪模型试验规程》[8]相关规定，采用正态模型，按照 Froude 数相似律设计。根据潮位、波浪要素、试验断面及试验设备条件等因素，模型比尺取为 1:30。

本次试验主要测量该新型水交换防波堤的堤前波浪反射系数、堤后波浪透射系数、堤顶越浪量、出口（港内侧）透水流速和结构物波浪压强等。在堤前按要求布置三根波高仪，采用 Mansard 和 Funke[9]最小二乘方法进行入反射波浪分离，得到反射系数。在堤后 1 倍波长外布置波高仪，测量堤后波高，得到透射系数。堤顶越浪量采用接水箱称取水重。出口的透水流速采用多普勒流速仪（ADV）进行测量。在结构物上安装压强传感器测量波浪压强。出口透水流速测点位置和结构物波浪压强测点布置见图 2。

3 试验结果及分析

3.1 反射系数

试验测量了设计高水位（+3.6m）和设计低水位（+0.0m）下该新型水交换防波堤的堤前波浪反射系数，试验结果见表 1。

表 1 反射系数试验结果

水位	入射波浪			反射系数
	波浪重现期	波高 $H_{1/3}$/m	周期 $T_{1/3}$/s	
设计高水位+3.6m	100 年	3.50	18.96	0.569
	50 年	3.30	17.50	0.544
	平常	2.50	5.10	0.301
设计低水位+0.0m	100 年	3.50	18.96	0.494
	50 年	3.30	17.50	0.337
	平常	2.50	5.10	0.302

由表 2 可见，在不同水位与不同重现期波浪作用下，该新型水交换防波堤的反射系数在 0.301~0.569 之间。波浪较大（100 年一遇和 50 年一遇波浪）时，高水位下反射系数相比低水位较大；波浪较小（平常波浪）时，不同水位下反射系数差别很小。

3.2 透射系数和越浪量

水交换防波堤在透水的同时，同时会使波浪透进港内可能对港内泊稳产生不利影响。试验测量了极端高水位（+5.4m）和设计高水位（+3.6m）下该新型水交换防波堤的透射系数和越浪量，试验结果见表 2 和表 3。

表 2　透射系数试验结果

水位	入射波浪			堤后波高	透射系数
	波浪重现期	波高 $H_{1/3}$/m	周期 $T_{1/3}$/s	$H_{1/3}$/m	
极端高水位+5.4m	100 年	3.50	18.96	0.56	0.160
	50 年	3.30	17.50	0.51	0.155
	平常	2.50	5.10	——	——
设计高水位+3.6m	100 年	3.50	18.96	——	——
	50 年	3.30	17.50	——	——
	平常	2.50	5.10	——	——

注："——"表示堤后波高和透射系数很小。

表 3　越浪量试验结果

水位	入射波浪			越浪量
	波浪重现期	波高 $H_{1/3}$/m	周期 $T_{1/3}$/s	m^3/(s·m)
极端高水位+5.4m	100 年	3.50	18.96	0.056
	50 年	3.30	17.50	0.031
	平常	2.50	5.10	0.004
设计高水位+3.6m	100 年	3.50	18.96	0.012
	50 年	3.30	17.50	0.003
	平常	2.50	5.10	0.001

由表 2 和表 3 可见，在极端高水位（+5.4m）及 100 年一遇和 50 年一遇波浪作用下，堤顶越浪较大，该新型水交换防波堤透射系数分别为 0.160 和 0.155。在极端高水位（+5.4m）及平常波浪作用下，堤顶越浪较小，堤后透射波高和透射系数很小。在设计高水位（+3.6m）及 100 年一遇和 50 年一遇波浪作用下，虽然入射波浪较大，但是堤顶越浪较小，堤后透射波高和透射系数也均很小。由此可见，从沉箱开孔处传至堤后的波浪很小，堤后波浪主要是由堤顶越浪引起的，这是由于外海侧沉箱开孔进水口受护面块石掩护很好且港内侧沉箱

开孔出口处高程较低。

3.3 透水流速

为了评价该新型水交换防波堤的水体交换能力，试验测量了港内侧沉箱开孔出口处的透水流速（流速测点见图 2），水位包括设计高水位（+3.6m）和中间水位（+1.8m），波浪重现期包括 50 年一遇和平常波浪，试验结果见表 4。设计高水位（+3.6m）下透水流速过程线见图 3。

表4 透水流速试验结果

水位	入射波浪			透水流速 V/(m/s)	
	波浪重现期	波高 $H_{1/3}$/m	周期 $T_{1/3}$/s	$V_{出}$	$V_{进}$
设计高水位+3.6m	50 年	3.30	17.50	0.46	-0.52
	平常	2.50	5.10	0.22	-0.19
中间水位+1.8m	50 年	3.30	17.50	0.47	-0.48
	平常	2.50	5.10	0.22	-0.18

注：$V_{出}$表示由港内流向外海的水流流速；$V_{进}$表示由外海流向港内的水流流速。表中水流流速结果为一个波浪序列作用过程中的最大流速。

由表 4 可见，在设计高水位（+3.6m）及 50 年一遇和平常波浪作用下，港内侧沉箱开孔出口处由港内流向外海的最大水流流速分别为 0.46m/s 和 0.22m/s，由外海流向港内的最大水流流速分别为 0.52m/s 和 0.19m/s。中间水位（+1.8m）下透水流速与设计高水位（+3.6m）相比差别不大。结合图 3 可见，由港内流向外海的水流流速和由外海流向港内的水流流速大小差别不大。由此可见，该新型水交换防波堤具有一定的水体交换能力。

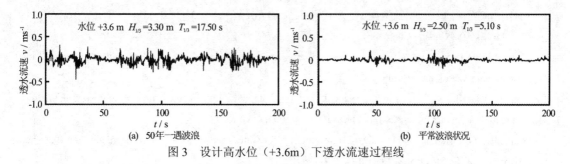

(a) 50年一遇波浪   (b) 平常波浪状况

图 3 设计高水位（+3.6m）下透水流速过程线

3.4 结构波浪压强

由于沉箱结构开孔，波浪对该新型水交换防波堤结构的作用复杂。试验测量了胸墙以及沉箱结构的波浪压强（压强测点布置见图 2），水位包括极端高水位（+5.4m）和设计高水位（+3.6m），波浪重现期包括 100 年一遇和 50 年一遇，试验结果见表 5。

由表 5 可见，极端高水位（+5.4m）及 100 年一遇波浪作用下，各测点的波浪压强最大。各工况下，胸墙所受波压力相对较大，最大波压力点发生在③号位置；沉箱结构内部所受波压力相对较小，沉箱结构内部各测点的最大波压力约为胸墙最大波压力的 0.5 倍左右。

表 5　波浪压强试验结果

水位	入射波浪			波浪压强 p/kPa							
	波浪重现期	波高 $H_{1/3}$/m	周期 $T_{1/3}$/s	①	②	③	④	⑤	⑥	⑦	⑧
极端高水位+5.4m	100 年	3.50	18.96	58.1	62.8	70.6	25.1	37.2	31.8	27.3	31.9
	50 年	3.30	17.50	33.0	54.7	62.7	22.1	32.7	24.0	26.5	24.4
设计高水位+3.6m	100 年	3.50	18.96	25.5	57.9	69.5	22.2	31.3	27.9	23.2	28.1
	50 年	3.30	17.50	20.2	37.3	51.9	21.0	31.5	24.5	22.2	23.9

注：表中波浪压强结果为一个波浪序列作用过程中各测点的最大波压力。

4　结语

本文以韩国丽水新港水交换防波堤工程为例，通过波浪断面物理模型试验对这种新型水交换防波堤的水动力特性进行了研究。研究结果表明该新型水交换防波堤具有普通防波堤的防浪能力，反射系数在在 0.301~0.569 之间，从沉箱开孔处传至堤后的波浪很小，堤后波浪主要是由堤顶越浪引起。透水流速结果表明该新型水交换防波堤具有一定的水体交换能力，沉箱结构内部所受波压力相对较小。本文试验结果可为类似工程提供借鉴。

参 考 文 献

1　左其华, 窦希萍, 段子冰. 我国海岸工程技术展望. 海洋工程, 2015, 33(1): 1-13.

2　EM 1110-2-1100, Coastal Engineering Manual.

3　EPA841-B-01-005, National management measures guidance to control non-point source pollution from marinas and recreational boating.

4　Stamou, A.I., Katairis, I.K., Moutzouris, C.I. and Tsoukala, V.K. Improvement of marina design technology using hydrodynamic models. Global Nest Journal, 2004, 6(1): 63-72.

5　Fountoulis, G. , Memos, C. Optimization of openings for water renewal in a harbor basin. Journal of Marine Environmental Engineering, 2005, 7 (4): 297-306.

6　Tsoukala, V.K., Moutzouris, C.I. Wave transmission in harbors through flushing culverts. Ocean Engineering, 2009, 36: 434-445.

7　Tsoukala, V.K., Gaitanis, C.K., Stamou, A.I. and Moutzouris, C.I. Wave and dissolved oxygen transmission analysis in harbors. Global Nest Journal, 2010, 12(2):152-160.

8　JTJ/T 234-1-2001, 波浪模型试验规程.

9   Mansard E.P.D., Funke E.R. The measurement of incident waves and reflected spectra using a least squares method. 17th Int. Conf. of Coastal Engineering, Sidney,1980: 154-172.

Experimental study on the hydrodynamic characteristics of a seawater exchange breakwater

SHEN Yu-sheng, SUN Zhong-bin, ZHOU Zi-jun, JIN Zhen-tian

(1 River and Harbor Engineering Department, Nanjing Hydraulic Research Institute, Nanjing, 210024,; 2. College of Harbour, Coastal and Offshore Engineering, Hohai University, Nanjing, 210024. Email:shenyusheng09@163.com)

Abstract: Breakwaters are widely constructed in harbor engineering to shield the harbor basin to meet the ship mooring requirement. However, in sea areas with weak tide, the water quality can be deteriorated with the diminished seawater exchange caused by small wave height and weak hydrodynamic condition in harbor. With more requirement of coastal environment, seawater exchange breakwaters are proposed and adopted in some foreign harbor projects. Seawater exchange breakwaters are permeable on the base of shielding the harbor basin. In this paper, the seawater exchange breakwater of Yeosu new north port, Korea, is studied. The hydrodynamic characteristics of this new type seawater exchange breakwater including reflection ratio, transmission ration, wave overtopping, outlet velocity and wave pressure is tested and analyzed by a 2D physical model. It can be referred by other similar harbor projects.

Key words: Seawater exchange; New type breakwater; Hydrodynamic characteristics; Wave; Model test.

黄、渤海近海海浪环境测量与分析

孙慧，孙树政，李积德

（哈尔滨工程大学船舶工程学院，哈尔滨，150001，Email: sh685258@163.com）

摘要： 利用近海海浪环境开展大尺度船模试验是一种有效的船舶性能试验技术，了解近海海浪环境特征对该试验的开展具有重要意义。文中对黄、渤海多个海域近海海浪进行实地测量，采用谱分析法得到测量海浪的有义波高、特征周期、波能谱等参数，并将实测波浪谱与大洋谱进行无因次化比较，讨论实测波浪谱与大洋谱的相似性。分析结果表明特定风向与潮汐条件下近海海浪谱与与大洋谱具有相似性。

关键词： 黄、渤海；近海海浪；大尺度船模试验；浪高仪；谱分析

1 引言

海浪研究对海上军事活动、海洋结构物设计、海洋工程建设、海洋开发、交通航运、海洋捕捞等具有重要意义。海浪研究的一个重要方法是测量实际海浪环境。国内外的波浪观测技术在近 30 年内迅速发展，依据不同工作原理研制出的波浪观测仪器种类繁多，如测波杆式、压力式、声学式、重力式和遥感测波仪等。使用者根据不同的需求，采用不同的仪器，以适用于特定的海况[1]。

测量实际近海海浪环境，运用谱分析法计算海浪谱并统计波浪要素，讨论近海遮蔽海区海浪与实际大洋谱的相似性，是利用沿海海域开展实际海浪环境下大尺度船模试验的关键之一，对船舶环境适应性研究具有重要意义[2]。

本文利用自制浮标式浪高仪对黄、渤海多个海域近海的海浪环境进行了测量，采用谱分析法对所测海浪数据进行分析，获得波浪要素统计，讨论实测波浪谱与大洋谱的相似性，并分析了水深、气象、潮汐等环境条件对海浪要素的影响。

2 海浪环境测量

2.1 浪高仪设计

本文使用自制的浮标式浪高仪进行波浪测量。该浪高仪体积小，重量轻，造价低，便

于携带，操作简单。浪高仪采用重力加速度原理进行波浪测量，当波浪浮标随波面变化作深沉运动时，安装在浮标内的垂直加速度计输出一个反映波面深沉运动加速度的时历信号，对该信号做傅里叶变换及二次积分处理后，即可得到对应于波面起伏高度的各种特征值及其对应的波浪特征周期[3-4]。

浮标整体外形为球形，这种形状综合考虑了浮标的抗倾覆能力和随波性。浪高仪主体材料采用玻璃钢，仓口盖及仓口法兰盘材料采用不锈钢。仓内重心位置处安装加速度传感器，底部加装压载并固定，水线处安装阻尼圈，浪高仪设计方案如图1所示。

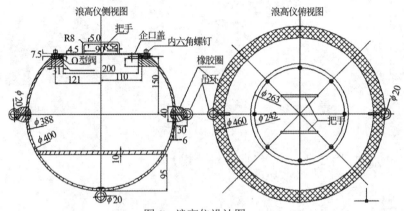

图1　浪高仪设计图

设计浪高仪时，为了选取适宜的直径，分别计算了直径 0.2m, 0.25m, 0.3m, 0.35m, 0.4m, 0.45m 及 0.5m 的浪高仪，在规则波中的升沉及摇荡运动响应，计算结果如图2所示。综合考虑圆球运动响应频带及实用性，选择直径为 0.4m 圆球作为浪高仪浮标主体。

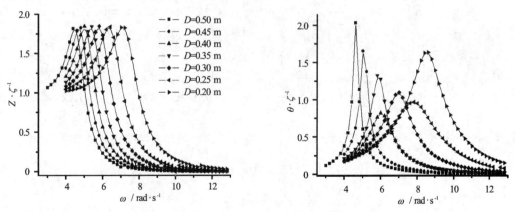

图2　不同直径浪高仪的运动响应

2.2　海浪测量

实际海浪测量前，需要对浪高仪进行标定。标定在哈尔滨工程大学船模拖曳水池进行，通过造波机生成的不规则波理论谱，与该浪高仪测量的波浪谱吻合良好。

实际海浪测量时，测试系统如图3所示。实验组对黄、渤海海域荣成靖海卫凤凰尾、荣成西霞口龙眼港、大连小黑石、大连小平岛、葫芦岛等地近海海浪进行测量。波浪数据由上述自制的浮标式浪高仪测量，数据采集时间间隔为 0.05s，每次采集时间为 10min 左右。测量时同步记录潮汐、离岸距离、测点水深、气象等信息。测量海域地图如图 5 所示。

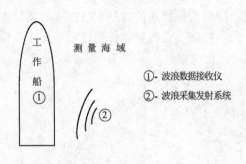

图 3　海浪测试系统　　　　　　　　　　　　图 4　测量海域

3　测量海浪谱与实际大洋谱分析方法

3.1　相关函数法估计海浪谱

本文使用相关函数法估计海浪谱。该方法首先计算相关函数，取采样间隔 Δt（一般取 $\Delta t = 0.5 \sim 2\,\mathrm{s}$），相关函数为

$$R(v\Delta t) = \frac{1}{N-v}\sum_{n=1}^{N-v} x(t_n + v\Delta t)x(t_n) \qquad \tau = v\Delta t, v = 0,1,2,\cdots,m \tag{1}$$

然后估算谱粗值，定义 L_n 为频率 f_n 对应的谱粗值

$$L_n = \frac{2\Delta t}{\pi}\left[\frac{1}{2}R(0) + \sum_{v=1}^{m-1} R(v\Delta t)\cos\frac{\pi v n}{m} + \frac{1}{2}R(m\Delta t)\cos\pi n\right] \quad n = 0,1,2,\cdots,m \tag{2}$$

最后平滑谱粗值，令不同的 $R(v\Delta t)$ 具有不同的权。通常采用海明平滑，光滑后的谱值为

$$S(\omega_n) = 0.23L_{n-1} + 0.54L_n + 0.23L_{n+1} \tag{3}$$

由海浪谱计算波高时，首先计算谱的 r 阶矩

$$m_r = \sigma^2 = \int_0^\infty \omega^r S(\omega)d\omega \tag{4}$$

有义波高和平均周期分别为

$$H_{1/3} = 4\sqrt{m_0} \quad T_0 = 2\pi\sqrt{m_0 / m_2} \tag{5}$$

3.2 常见大洋谱公式

(1) ITTC 谱

$$S_\zeta(\omega) = \frac{A}{\omega^5} e^{-\frac{B}{\omega^4}} \tag{6}$$

其中 $A = 8.10 \times 10^{-3} g^2$，$B = 3.11/(h_{1/3})^2$ 时为 ITTC 单参数谱；$A = 173 h_{1/3}^2 / T_1^4$，$B = 691/T_1^4$，$T_1 = 2\pi m_0 / m_1$ 时为 ITTC 双参数谱。

(2) JONSWAP 谱

$$S_\zeta(\omega) = \alpha g^2 \frac{1}{\omega^5} \exp\left[-\frac{5}{4}\left(\frac{\omega_m}{\omega}\right)^4\right] \gamma^{\exp\left[-(\omega-\omega_m)^2 / (2\sigma^2 \omega_m^2)\right]} \tag{8}$$

其中 ω_m —谱峰频率；α —能量尺度参量；γ —谱峰升高因子，一般取 $\gamma = 1.5 \sim 6$，平均值为 3.3；σ —峰形参数，一般取 $\sigma = 0.07$（当 $\omega \leq \omega_m$ 时），$\sigma = 0.09$（当 $\omega > \omega_m$ 时）。

(3) Ochi-Hubble 六参数谱

实测到的一些海浪谱常呈双峰形，有时还出现第三个峰，不过它比其他两个峰要小得多。Ochi 和 Hubble 提出一个六参数谱公式，它把整个谱分为低频和高频两个组成部分，每一部分分别用三个参数——有义波高 H_s、谱峰频 ω_m 和形状参数 λ 表示，即

$$S_\zeta(\omega) = \frac{1}{4} \sum_j \frac{\left[(4\lambda_j + 1)\omega_{mj}^4 / 4\right]^{\lambda_j}}{\Gamma(\lambda_j)} \frac{H_{sj}^2}{\omega^{4\lambda_j+1}} \exp\left[-\left(\frac{4\lambda_j + 1}{4}\right)\left(\frac{\omega_{mj}}{\omega}\right)^4\right] \tag{9}$$

式中，$j = 1, 2$ 分别代表低频和高频部分。式中共有六个参数 $H_{s1}, H_{s2}, \omega_{m1}, \omega_{m2}, \lambda_1, \lambda_2$ 可根据实测谱形，每次改变一个参数，使理论谱与实测谱的差值最小[5-6]。

3.3 测量谱与大洋谱相似性分析

讨论遮蔽海区波浪谱与实际大洋波浪谱是否相似的问题时，常转化为求两者的谱型及其谱形主要特征是否相似的问题。我们将测量海域的波浪谱与大洋谱进行了无因次化比较，谱的无因次化采用波浪要素作为参数，通常以 $S(\omega) \cdot \overline{\omega} / m_0$ 或 $S(\omega) \cdot \omega_m / m_0$ 表示，其中 ϖ 为谱的平均圆频率，$\varpi = \sqrt{\int_0^\infty \omega^2 S(\omega) d\omega / m_0}$，$\omega_m$ 为峰频，m_0 为谱面积[6]。

4 试验数据分析

试验测量的波浪信号在前面已有介绍,试验组于 2014 年 10 月 27 日在葫芦岛进行海浪测量, 表 1 给出测量结果, 图 5 给出测得的一部分波面升沉加速度时历曲线, 图 6 给出第一次海浪测量的波能谱, 图 7 给出测量谱与大洋谱的比较结果, 图 8 给出三组波能谱与大洋谱的无因次化比较结果。

表 1 2014.10.27 葫芦岛海域海浪测量结果

测量次数	离岸边距离/m	潮汐	风向	有义波高/m	平均周期/s
1	1000	干潮	北风(3~4 级)	0.408	3.06
2	1500	涨潮	北风(3~4 级)	0.455	2.45
3	2500	涨潮	北风(3~4 级)	0.632	2.31

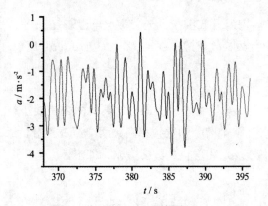

图 5 波面升沉加速度时历   图 6 2014.10.27 葫芦岛第一次测量波能谱

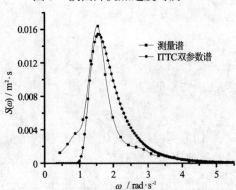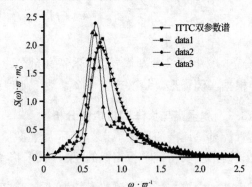

图 7 2014.10.27 葫芦岛波能谱比较   图 8 2014.10.27 葫芦岛无因次波能谱比较

由图 7 和图 8 可知, 葫芦岛海域在涨潮期的海浪中心频率缓慢减小, 其海浪谱与大洋谱主要特征基本相似, 频率范围及能量分布较宽。

图 9 给出 2007 年 7 月的葫芦岛海浪测量谱结果。图 10 至图 12 给出 2009 年 8 月底大

连小黑石与小平岛、2010 年 9 月荣成的测量结果。

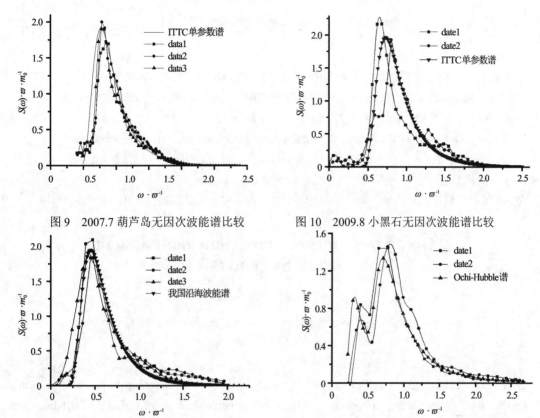

图 9　2007.7 葫芦岛无因次波能谱比较　　　图 10　2009.8 小黑石无因次波能谱比较

图 11　2009.9 小平岛无因次波能谱比较　　　图 12　2010.9 荣成无因次波能谱比较

　　由图 8 至图 12 可知：①根据测量谱的中心频率、频率范围、能量分布、单峰或多峰情况，可以找出适宜的大洋谱与之相似，说明黄、渤海近海海浪谱形与大洋谱相似；②黄、渤海不同海域的海浪谱形的中心频率相差较大，相似于不同的大洋谱，主要与 ITTC 单参数谱、ITTC 双参数谱、我国沿海谱相似；③因多风场而产生的双峰谱一般与 Ochi-Hubble 谱相似；④在适宜的环境条件下，黄、渤海沿海海浪谱与大洋谱主要特征基本相似，频率范围及能量分布较宽，满足大尺度模型试验对波浪环境的要求。

5　结语

　　采用重力加速度原理研制的便携式浮标浪高仪能够有效测量海浪；通过对黄、渤海近海海浪测量与分析，表明气象与潮汐等条件对海浪参数有重要影响，环境条件适宜的情况下，沿海遮蔽海域的波浪谱特征与单峰大洋波浪谱特征相似，沿海双峰波浪谱与 Ochi-Hubble 谱相似。

参 考 文 献

[1]左其华. 现场波浪观测技术发展和应用[A].南京：南京水利科学研究院，2008.

[2]赵劲草.实际海浪环境下大尺度模型试验技术研究[D].哈尔滨：哈尔滨工程大学，2011：32.

[3]唐原广，王金平.SZF 型波浪浮标系统[B].山东：中国海洋大学 海洋环境学院，2008.

[4]Yoshiaki Hirakawa,Takehiko Takayama,Tsugukiyo Hirayama. Development of Ultra-Small-Buoy for measurement directional waves[J].Yokohama National University, Yokohama-City, Japan,2012.

[5]李积德.船舶耐波性[M].哈尔滨：哈尔滨工程大学，1992：21-28.

[6]俞聿修，柳淑学.随机波浪及其工程应用[M].大连：大连理工大学出版社，2011:137-186.

Ocean wave measurement and analysis along the Yellow Sea and Bohai Sea

SUN Hui,SUN Shu-zheng,LI Ji-de

(Harbin Engineering University,College of Shipbuilding Engineering, Harbin,150001.

E-mail: sh685258@163.com)

Abstract： Taking advantage of offshore wave environment to carry out large-scale ship model test is an effective testing technology for ship performance. The characteristics of offshore waves should be adequately researched when the large-scale ship model tests are conducted, which is a key factor to success. In this paper the offshore waves in several area along the Yellow Sea and Bohai Sea are measured and the method of spectral analysis is adopted to calculate the significant wave height, period, wave spectrum and some other parameters. The measured wave spectrum and the ocean spectrum are handled into dimensionless form to evaluate their similarity. The results show that the offshore wave spectrum is similar to the ocean spectrum under specific conditions.

Key words： The Yellow Sea and Bohai Sea; Offshore wave; Large-scale ship model test; Buoy; Spectral analysis.

天津大神堂海域人工鱼礁流场效应与稳定性的数值模拟研究

刘长根，杨春忠，李欣雨，刘嘉星

(天津大学力学系，天津，300072，Email: lchg@tju.edu.cn)

摘要：依据渤海湾天津大神堂海域的潮流场，利用数值方法对大窗箱型鱼礁、大小窗箱型鱼礁、"卐（万）"字型鱼礁、双层贝类增殖礁等四种人工鱼礁进行流场分析，以鱼礁背涡流区域和上升流区域的体积作为评价鱼礁流场效应的指标，得出"卐（万）"字型鱼礁背涡流和上升流体积最大。并进一步依据人工鱼礁的受力情况，对此4种礁体进行了安全性校核，得出双层贝类增殖礁抗滑移系数最高，"卐（万）"字型鱼礁抗倾覆系数最高。

关键词：人工鱼礁；背涡流；上升流；安全性

1 引言

人工鱼礁是人工设置在水中的构造物，可以给鱼类等海洋生物创造生长、发育和繁殖的良好环境，从而达到增殖渔业资源、进一步改善海洋环境的目的。目前，已有很多学者通过各种方法对人工鱼礁的流场效应进行了研究，并取得了一些初步成果。Yan Liu 等[1]利用 Fluent 软件研究了星体型人工鱼礁的不同摆放方式的对周围流场的影响，并与实验进行了对比，对比结果较好。P.V. Gatts 等[2]在巴西东南部海域研究了不同体积（1m³、2m³、3m³）的人工鱼礁对当地生物量的影响，结果表明 1m³ 的人工鱼礁更适宜在该海域投放，说明投放人工鱼礁时应该选择合适的尺寸。Tsung-Lung Liu 和 Dong-Taur Su[3]通过 CFD 软件研究了人工鱼礁的不同摆置方式对鱼礁附近流场的影响。刘洪生等[4]分别对实心和空心人工鱼礁流场效应进行了试验研究，指出在相同来流速度下，实心礁型产生的流场效应比空心礁型显著。。赵海涛等[5]从人工鱼礁工程实施的角度出发，对人工鱼礁的礁体设计问题进行了分析与讨论，并简要说明了人工鱼礁的安装、维护和效果评估等方面的内容。邵万骏等[6]用三维积分的方法统计上升流和背涡流区域的体积，精度更高、结果更准确。

本研究依据天津大神堂海域人工鱼礁投放区的潮流场特征，利用FLUENT软件，对四种不同人工鱼礁周围的流场进行模拟，得到人工鱼礁单体周围的流场和压力场。用上升流和背涡流区域的体积作为指标，分析其流场效应；依据人工鱼礁的压强分布，计算礁体受到的力和力矩，对四种不同的人工鱼礁的抗滑移抗倾覆能力进行了计算，并对计算结果进行了分析。

2 人工鱼礁流场效应分析

天津大神堂活牡蛎礁独特生态系统的保护和修复项目地点位于滨海新区汉沽大神堂外海，示范区的总面积为 $6300hm^2$，在项目区域中拟投放的备选四种鱼礁礁型见图 1 所示。大窗箱型鱼礁、大小窗箱型鱼礁底座长和宽都为 1.5m，"卐（万）"字型鱼礁底座的长和宽都为 2.05m，他们的高都为 1.5m；而双层贝类增殖礁底座长和宽都为 1.2m 的正方形，高为 1.2m；壁厚为 0.15m。大窗尺寸为 0.9m×0.9m，小窗尺寸为 0.5m×0.5m，"卐（万）"字型鱼礁开孔尺寸为 0.9m×0.4m，双层贝类鱼礁开孔尺寸 0.8m×0.3m。

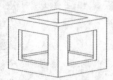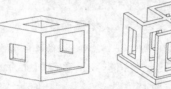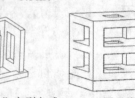

(a) 大窗箱型鱼礁　　(b) 大小窗箱型鱼礁　　(c) "卐（万）"字型鱼礁　　(d) 双层贝类增殖礁
图 1 四种鱼礁礁型

2.1 人工鱼礁流场分析

在计算四种鱼礁的流场时，计算区域布置相同，长 30m，宽 10m，高 7.5m，鱼礁中心布置在计算区域的原点位置处（原点位置处于 x 轴的 1/4 处，即距离入口边界为 7.5m），（图 2）。并进行了网格无关性检验。

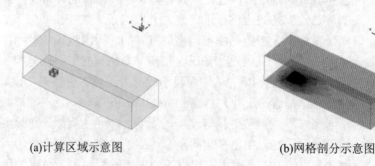

(a)计算区域示意图　　　　　(b)网格剖分示意图

图 2 计算区域布置及网格剖分示意图

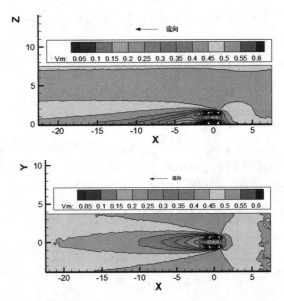

(a) 垂直剖面（y=0m 截面）　　　　　　(b) 水平剖面（z=0.75m 截面）

图 3　大窗箱型鱼礁典型剖面的流场速度大小等值线

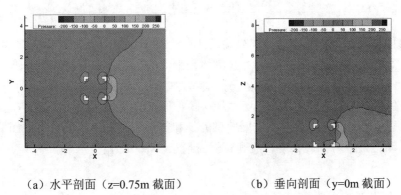

（a）水平剖面（z=0.75m 截面）　　　　　　(b) 垂向剖面（y=0m 截面）

图 4　大窗箱型鱼礁水平、垂向截面压强云图

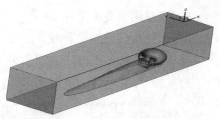

图 5　大窗箱型鱼礁上升流和背涡流区域

球形：上升流；　　　长条形：背涡流

依据基于浅水长波潮流数学模型对渤海湾潮流场的数值模拟结果，人工鱼礁的入口流速取为 0.5m/s。以大窗箱型鱼礁为例，图 3 为整个计算区域垂向剖面和水平剖面的流速大小等值线图，图 4 为型鱼礁水平、垂向截面压强云图，图 5 为上升流和背涡流区域，通过此区域可以计算出上升流和背涡流的体积。

2.2 上升流和背涡流的体积计算

背涡流区为迎流面之后速度较小的区域，本文定义背涡流区为流速小于来流速度的 80%的区域，上升流区域定义为 z 方向流速大于来流速度的 5%的区域。运用 Tecplot360 软件对数值模拟的结果进行分析，可以积分求得四种鱼礁背涡流区域和上升流区域的体积。相同初始条件和边界条件下各礁体的背涡流区体积和上升流区体积详见表 1。

表 1 四种礁体上升流和背涡流区域的体积

区域 类型	背涡流区体积 /m^3	上升流区体积 / m^3
大窗箱型鱼礁	69.69	44.57
大小窗箱型鱼礁	71.60	61.42
"卐（万）"字型鱼礁	86.54	67.02
双层贝类增殖礁	41.21	26.78

由数值模拟的结果可知，在相同初始条件和边界条件下，"卐（万）"字型鱼礁礁体产生的背涡流区体积最大，为 86.54m^3；上升流体积最大的也是"卐（万）"字型鱼礁，为 61.42m^3。这是由于"卐（万）"字型鱼礁的底座长和宽都为 2.05m，体积最大，对流动的扰动最大，因此其上升流和背涡流最大；而大小窗型鱼礁迎流面开孔率较大窗箱鱼礁小，其上升流和背涡流比大窗箱鱼礁的大。双层贝类增殖礁的长和宽都为 1.2m，高度也为 1.2m，体积最小，对流场的扰动也最小，因此其上升流和背涡流最小。

3 人工鱼礁安全性研究

若礁体过轻过小，容易在海流作用下发生滑移或倾覆，因此，在设计人工鱼礁时，应对人工鱼礁的稳定性进行校核，保证鱼礁的效果和寿命。依据鱼礁的压强分布，求出鱼礁受力和 ，并利用抗滑移系数 S_1 和抗翻滚系数 S_2[7]作为指标，对 4 种鱼礁进行安全性核算。

鱼礁受力如图 6 所示，W 为鱼礁质量，g 为重力加速度，F_0 为浮力，L_1 为垂向力至倾覆支边的力臂，F_{max} 为最大水平作用力，L_{max} 为水平作用力到倾覆支边的力臂。

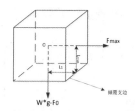

图 6 鱼礁受力示意图

礁体在潮流作用下不发生滑动的条件为最大静摩擦力大于波流的作用力，鱼礁抗滑移能力可以用抗滑移系数来描述，抗滑移系数可以用公式（1）计算，μ 为水泥礁与底部的摩擦系数，计算中取值为 0.55，若 $S_1 > 1$，则礁体不会滑移。

$$S_1 = \frac{(Wg - F_0)\mu}{F_{max}} \qquad (1)$$

礁体在潮流作用下不发生翻滚的条件为重力和浮力的合力矩 M_1 大于水流作用下礁体所受最大作用力对倾覆支边的力矩 M_2，M_1 与 M_2 的比值 S_2 称为抗倾覆系数，可以用公式 (2) 计算。鱼礁抗翻滚能力可以用抗翻滚系数来描述，若 $S_2 > 1$，则礁体不会倾覆。

$$S_2 = \frac{M_1}{M_2} = \frac{(Wg - F_0)L_1}{F_{max}L_{max}} \qquad (2)$$

混凝土礁体的密度为 2500kg/m³。依据礁体几何形状，可以得出礁体的尺寸、迎流面积、礁体质量如表 2 所示；通过计算得到的礁体表面的压强分布，通过积分，可以得出鱼礁受到的水平力。积分得到四种礁型受到的水平力 F_h 如表 2 所示。

表 2 　四种礁体的规格及所受水平冲击力

礁体类型	尺寸/m	迎流面积/m²	礁体质量/kg	水平力/N
大窗箱型鱼礁	1.5×1.5×1.5	2.61	2295	373.50
大小窗箱型鱼礁	1.5×1.5×1.5	3.69	2967.5	502.67
"卐（万）"字型鱼礁	2.05×2.05×1.5	4.62	3202.5	378.42
双层贝类增殖礁	1.2×1.2×1.2	1.38	2625	243.05

将所计算的各礁型的受力代入安全性核算的计算公式，可得礁体在 0.5m/s 的来流速度下礁体模型的抗滑移系数 S_1 和抗翻滚系数 S_2，结果见表 3，当来流速度为 0.5m/s 时，各礁体的抗滑移系数 S_1 和抗翻滚系数 S_2 均大于 1，安全性能表现良好。

表3   四种礁型抗滑移系数和抗翻滚系数

礁体类型	S_1	S_2
大窗箱型鱼礁	19.90	18.09
大小窗箱型鱼礁	19.12	17.38
"卐（万）"字型鱼礁	27.40	34.05
双层贝类增殖礁	34.35	17.18

4   结论

本研究利用 Fluent 软件，对天津大神堂海域四种不同的人工鱼礁周围流场进行数值模拟，用三维积分的方法统计了上升流和背涡流区域的体积，并对四种不同人工鱼礁抗滑移和抗倾覆能力进行研究。结果表明：由于"卐（万）"字型鱼礁尺寸比其他礁型略大的原因，其背涡流区和上升流区体积最大，分别为 86.54m³、61.42m³；人工鱼礁的流场效应与礁体的形状、大小、迎流面开口大小有关，同样条件下，开口越小，上升流越强，背涡流区越大，体积越大，上升流越强，背涡区越大。当来流速度为 0.5m/s 时，各礁体的抗滑移系数 S_1 和抗翻滚系数 S_2 均大于1，安全性能表现良好。其中双层贝类增殖礁的水平力较小，而体积和质量同比较大，其抗滑移系数最高；"卐（万）"字型鱼礁由于底座面积较大，其抗倾覆系数最高。

参 考 文 献

1   Yan Liu, Yun-pengZhao, Guo-haiDong, et al. A study of the flow field characteristics around star-shaped artificial reefs. Journal of Fluids and Structures, 2013, 39: 33-35

2   P.V. Gatts, M.A.L. Franco, L.N. Santos, et al. Influence of the artificial reef size configuration on transientIchthyofauna-Southeastern Brazil. Ocean & Coastal Management, 2014, 98: 113-118

3   Tsung-Lung Liu,Dong-Taur Su. Numerical analysis of the influence of reef arrangements on artificial reef flow fields. Ocean Engineering, 2014, 74: 83-89

4   LIU Hong-sheng, MA Xiang, ZHANG Shou-yu, et al. Research on model experiments of effects of artificial reefs on flow field. Journal of Fisheries of China, 2009, 33(2): 229-236

5   赵海涛，张亦飞，郝春玲，等. 人工鱼礁的投放区选址和礁体设计. 海洋学研究, 2006, 24（4）: 70-75

6   邵万骏，刘长根，聂红涛，等. 人工鱼礁的水动力学特性及流场效应分析. 水动力学研究与进展, 2014, 24（5）:581-584

7   贾晓平, 陈丕茂, 唐振朝,等. 人工鱼礁关键技术研究与示范. 北京, 2011: 55-56.

Numerical simulation study of artificial reefs' flow field effect and its stability in Dashentang waters of Tianjin

LIU Chang-gen, YANG Chun-zhong, LI Xin-yu, LIU Jia-xing

(Dept. Mechanics, Tianjin University, Tianjin, 300072. Email: lchg@tju.edu.cn)

Abstract: Flow field effects of the box-shaped artificial reef with large windows, box-shaped reef with large and small windows, swastika-shaped reef and shellfish breeding reef with double-layer are analyzed with numerical method. The volume of back eddy flow and upwind flow of the reef are taken as the most significant indices to evaluate the flow field effect of the reef, among all of the reefs, swastika-shaped reef has the biggest volume of back eddy flow and upward flow. What's more, the securities of different reefs are checked according to their force situation, the shellfish breeding reef with double-layer has the best ability of anti-sliding, swastika-shaped reef has the best ability of anti-overturning.

Key words: Artificial reef; Back eddy flow; Upwind flow; Security

不同含沙量情况下黏性泥沙的沉降规律

刘春嵘，杨闻宇

(厦门理工学院土木工程与建筑学院，厦门，361024, Email: liucr@tsinghua.edu.cn)

摘要：对不同含沙量情况下，黏性含量大于 50%的泥沙在清水和盐水中的沉降规律进行了实验研究。在含沙量较低的情况下，采用图像灰度法测量泥沙沉速累积概率；对于高含沙的情况，采用比重计法测量泥沙沉速累积概率。给出了含沙量从 1～50kg/m³ 范围内，黏性泥沙在清水和盐水中沉速累积概率函数和各级沉速。结果发现，黏性泥沙在盐水中沉降时，若含沙量较低，由于絮凝作用的影响，泥沙的沉速比清水中的明显增大。随着含沙量的增大，絮凝团之间的间距减少，由于阻塞效应，泥沙的沉速很快降低，在清水和盐水中沉降速度的差别也随之变小。

关键词：黏性泥沙；沉降特性；图像灰度法；比重计法；絮凝

1 引言

黏性泥沙的沉降特性是研究淤泥的输运、航道的冲淤等问题所必须的重要参数[1-2]。黄建维 [3]对黏性泥沙在静水中的沉降特性进行了试验研究,指明了黏性泥沙沉降的四个阶段,并初步探讨了含盐度、沉降距离、含沙量、水温、粒径等因素对于絮凝沉速的影响。严镜海 [4]通过理论和实验的方法初步研究了黏性细颗粒泥沙初期絮凝沉降速度。李亦工 [5]研究了细颗粒泥沙群体在静水中的沉降速度公式,并与长江口泥沙沉速的试验资料进行了对比。费祥俊 [6]研究了浆体浓缩或浑水澄清中非均匀沙沉速公式计算及测量。詹咏等 [7]总结了泥沙自由沉降和群体沉降速度的计算公式,并对泥沙沉降速度的影响因素进行了讨论。金文和王道增 [8]通过 PIV 方法测量了长江口水库泥沙的静水沉降速度,并分析了含沙量、絮凝等因素对泥沙沉降的影响。李富根和杨铁笙 [9]总结了国内外学者对于黏性泥沙的沉速公式的研究,并指出需要考虑浑水比重等因素对于黏性泥沙群体沉降规律的影响。

对于黏粒（粒径小于 0.005mm 的泥沙颗粒）含量大于 30%的泥沙，盐水引起的絮凝对沉降特性的影响很大。由于絮凝作用，黏性泥沙的沉降速度比 Stokes 公式计算得到的单颗粒沉速高出一个量级。除了絮凝作用外，水体含沙量对沉降速度的影响也很大。目前，同时考虑絮凝和含沙量对黏性泥沙沉降特性影响方面的研究尚不多见。

2 非均匀泥沙沉降特性的描述及测量方法

对于非均匀泥沙，其沉降速度各不相同，不能单一值来描述其沉降特性。本研究采用沉速的累积概率，即泥沙沉速小于某一临界沉速 V_i 的概率 P（$V<V_i$），来描述泥沙的沉降特性。为测量静水情况下泥沙沉速的累积概率，我们设计制作了图1所示的沉降槽。沉降槽实验段的尺寸为 4cm×15cm×40cm，在其底部安装一风帽。高压空气经风帽吹向沉降槽底，保证泥沙在水中混合均匀。为方便观察和进行图像测量，沉降槽前后壁面均采用有机玻璃。

图 1 沉降槽

在进行实验时，先将水和泥沙样品放入沉降槽中。然后向沉降槽中充入高压空气，进行气力搅拌。当水和泥沙混合均匀后，停止充气，泥沙开始沉降。停止充气的时刻记为初始时刻。测量水面下距水面 H 处的观察点的含沙量随时间的变化过程，可获得沉速的累积概率。设初始时刻观察点处的含沙量为 c_0，$t=t_i$ 时观察点处的含沙量为 c（t_i），泥沙沉速的累积概率可采用下式计算

$$P(V < V_i) = \frac{c(t_i)}{c_0}, V_i = \frac{H}{t_i} \tag{1}$$

式中，H 值是固定的，任意时刻的含沙量 c（t）采用两种方法测量。当泥沙的初始含沙量较低时（含沙量低于或等于 3.35kg/m^3）采用图像灰度法进行测量；当泥沙的初始含沙量较高时（含沙量高于或等于 15kg/m^3），采用比重计法进行测量。

在用图像灰度法测量含沙量时，在沉降槽的前方安放黑白 CCD 镜头，在沉降槽的后方布置一平面光源。当光线透过沉降槽时，光能会被泥沙颗粒所吸收。含沙量越大，被吸收的光能越多，CCD 采集到的图像灰度值就越低。因此，含沙量与图像灰度之间存在对应关系。这种对应关系受到外界光学条件、镜头光圈、泥沙颗粒粒径及组成的化学成分多种因

素的影响。为了保证含沙量与图像灰度之间存在唯一的对应关系，必须严格控制光学条件、镜头光圈。并且对于不同的沙样都要进行标定。为了避免外界光线的干扰，我们制作了一个暗室和光源系统。光源系统的光强是可以控制的。同时，标定了不同黏粒含量的泥沙在不同光圈下，含沙量与图像灰度的关系。标定结果发现，镜头光圈的影响很大，对于不同镜头光圈，必须采用不同的拟合公式给出含沙量与图像灰度的关系。黏粒含量对标定结果也有影响，拟合公式和实验数据的误差与黏粒含量的变化范围有关。 本研究对黏粒含量高于 50%的泥沙进行了标定，给出了统一的拟合公式，拟合公式与实验数据之间的相对误差不超过 20%。式（2）和式（3）分别给出了镜头光圈为 1.4 和 4.0 情况下，含沙量 c 与图像灰度 g 的关系。

$$c' = \frac{0.8}{g' + 0.8} \tag{2}$$

$$c' = \frac{1.4}{g' + 1.4} \tag{3}$$

式中，$c' = \dfrac{c}{c_{max}}$，$g' = \dfrac{g}{g_{max}}$，当光圈分别为 1.4 和 4.0 时，最大含沙量 c_{max} 分别为 3.36kg/m^3

和 1.94kg/m^3，最大灰度值 $g_{max}=255$。

对于比重计法，含沙量 c 可根据比重值由式（4）计算出来的。

$$c = \frac{\gamma\rho_0 - \rho_w}{\rho_s - \rho_w}\rho_s \tag{4}$$

式中，γ 为浆体的比重，ρ_0 为 4 摄氏度时纯水的密度，ρ_s 为泥沙颗粒的物质密度，ρ_w 为水的密度。

在比重计测量含沙量时，比重计的测量值是整个比重计在液体中所占空间的平均值。而采用式（1）计算沉速累积概率时，含沙量必须是某一位置处的当地值。为了保证比重计的测量值能应用于式（4）的计算中。比重计的结构需作特殊要求。图2是比重计的示意图。比重计最下端是浮力球，它集中了比重计绝大部分的重量。比重计上端是一根细长的圆柱体。圆柱体的体积远小于浮力球的体积。当浮力球的半径远小于浮力球距水面的距离 H 可近似认为，水面下 H 处的当地比重与比重计的测量值相等。

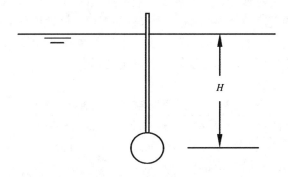

图2　比重计示意图

3　沉降特性测量结果及讨论

分别研究了清水和盐水中，同一种泥样在不同初始含沙量情况下的沉降特性。实验泥样是从连云港徐圩海域的表层淤泥样中取来的。取来的泥样中，有少量大的砂粒及杂质混杂在一起。为除去大的砂粒及杂质，先将泥样配置成浓度较低的泥浆放入沉降筒进行沉降。沉降 1h 后，将沉降筒上部的泥浆用虹吸管吸出，放入玻璃量筒中进一步沉降后获得淤泥泥样。对所获得的泥样进行颗粒级配分析，得到泥样的中值粒径 d_{50} 为 0.00348mm，累积概率 $P(d<d_{60})$=60%所对应的 d_{60}=0.0036mm，$P(d<d_{70})$=70%所对应的 d_{70}=0.00372mm，粘粒含量为 90%。

分别测量了含沙量为 1.87kg/m³、2.5 kg/m³、3.35 kg/m³、15.17kg/m³、27. kg/m³、47 kg/m³ 情况下泥沙沉速的累积概率。根据沉速的累积概率得到 $P(V<V_{50})$=50%，$P(V<V_{60})$=60% 和 $P(V<V_{70})$=70% 所对应的各级沉速 V_{50}，V_{60} 和 V_{70}。表 1 给出了清水中不同含沙量下的各级沉速。在含沙量很低的情况下，图像灰度无法识别含沙量的变化。因此，含沙量为 1.87kg/m³ 下的 V_{50} 和 V_{60}，含沙量为 2.50kg/m³ 下的 V_{50} 测量不到。根据对泥样颗粒级配分析得到的 d_{50}，d_{60}，d_{70} 由 Stokes 单颗粒沉速公式可计算出相对应的 V_{50}=0.0112mm/s，V_{60}=0.012 mm/s，V_{70}=0.013 mm/s。由表 1 可以看出，淤泥在清水中沉降时，当含沙量低于 47 kg/m³，含沙量对沉降速度没有明显的影响。由图像灰度法测量得到的值和由比重计法测量得到的值都围绕着由 Stokes 单颗粒沉速公式所得到的值波动。由图像灰度法测量得到的值与 Stokes 单颗粒沉速公式所得到的值较为接近。由比重计法测量得到的值波动较大。这可能是由于比重计法测速的相对误差较大造成的。

对于黏性泥沙而言，盐水引起的絮凝对沉降特性的影响很大。本研究在对表 1 中给出的含沙量下，盐水中泥沙沉速的累积概率进行了测量，并给出各级沉速（表 2）。由表 2 可看出，在相同的含沙量下，泥沙在盐水中的沉降速度明显比清水中的要高。这主要是由于盐水的作用使尺寸较小的泥沙颗粒聚集成尺寸较大的絮凝团。在含沙量较低的情况下，大尺度絮凝团具有较大的沉降速度。因此，盐水中的泥沙沉降速度比清水中的要高出 20 倍左右。随着含沙量的增加，絮凝团的间距减少，由于阻塞效应的影响，泥沙的沉降速度很快降低，清水中和盐水中泥沙沉降速度的差别也随之变小。

表 1 清水中不同含沙量下的各级沉速

含沙量/（kg/m³）	1.87	2.50	3.35	15.1	27.2	47.0
V_{50}/（mm/s）	-	-	0.011	0.0097	0.0091	0.0073
V_{60}/（mm/s）	-	0.0067	0.012	0.016	0.014	0.014
V_{70}/（mm/s）	0.012	0.0087	0.013	0.039	0.023	0.029

表 2 盐水中不同含沙量下的各级沉速

含沙量/（kg/m³）	1.87	2.50	3.35	15.1	27.2	47.0
V_{50}/（mm/s）	-	-	0.315	0.203	0.0621	0.037
V_{60}/（mm/s）	-	0.234	0.335	0.231	0.0687	0.0399
V_{70}/（mm/s）	0.305	0.253	0.357	0.261	0.0767	0.0407

4 结论

本文对不同含沙量下，清水和盐水中粘性泥沙的沉降特性进行了测量，得到如下结论。

（1）黏性泥沙颗粒在清水中沉降时，在含沙量低于 47 kg/m³ 的情况下，其沉降速度可近似地采用单颗粒的沉速公式计算。

（2）黏性泥沙在盐水中沉降时，由于絮凝的影响，沉降速度明显增大。但随着含沙量的增大，由于阻塞效应，泥沙沉降速度很快降低，清水和盐水中沉降速度的差别也随之变小。

参 考 文 献

1 Berlamont J, Ockendan M, et al. The Characterization of Cohesive Sediment Properties. Coastal Engineering, 1993, 21:105-128.

2 王光谦. 河流泥沙研究进展. 泥沙研究, 2007, 2: 64-81.

3 黄建维. 黏性泥沙在静水中沉降特性的试验研究. 泥沙研究, 1981, 2: 30-41.

4 严镜海. 黏性细颗粒泥沙絮凝沉降的初探. 泥沙研究, 1984, 1: 41-49.

5 李亦工. 静水中细颗粒泥沙群体沉降规律的探讨. 海洋工程, 1990, 8(1): 60-68.

6 费祥俊. 泥沙的群体沉降—两种典型情况下非均匀沙沉速计算. 1992, 3: 11-20.

7 詹咏，王惠明，曾小为. 泥沙沉降速度研究进展及其影响因素分析. 人民长江, 2001, 32(2):23-24.

8 金文，王道增. PIV 直接测量泥沙沉速试验研究. 水动力学研究与进展, 2005, 20(1): 19-23.

9 李富根,杨铁笙. 粘性泥沙浑液面沉速公式研究现状及展望. 水利发电学报, 2006, 25(4): 57-61.

Settling characteristics of cohesive sediment with different concentration

LIU Chun-rong, YANG Wen-yu

(School of Civil Engineering and Architecture, Xiamen University of Technology, Xiamen, 361024.
Email: liucr@tsinghua.edu.cn)

Abstract： In this paper the settling characteristics of cohesive sediment in fresh and salty water with different concentration are studied. Cumulative probability of settling velocity is measured by image-grey method in the case of low concentration, and by hydrometer method in the case of high concentration. The cumulative probability of settling velocity and its corresponding velocity are obtained with concentration of 1-50 kg/m^3. The results show that the settling velocity of cohesive sediment in the case of low concentration in salty water is faster than that in fresh water due to the flocculation effect, while the settling velocity in the salty water approaches that in fresh water because of the hinder effect with the increase of concentration.

Key words： Cohesive sediment; Settling characteristics; Image-grey method; Hydrometer method; Flocculation.

天津港海域潮流特征模拟与分析

宋竑霖[1]，匡翠萍[1]，谢海澜[2]，夏雨波[2]

(1. 同济大学土木工程学院，上海，200092，Email: 021_hlsong@tongji.edu.cn)

(2. 中国地质调查局天津地质调查中心，天津，300170)

摘要： 近年来天津港展开了大面积围海造陆工程与防波堤工程建设，这使得其海域的潮滩容量、涨落潮水体交换以及局部流场发生变化。基于 Delft3D-FLOW 建立天津港二维潮流数学模型，模拟分析天津港 2014 年工况下的潮流场特征，得到以下结论：天津港海域潮波具有显著的驻波特性，潮流具有往复流特征；天津港涨潮平均流速略大于落潮平均流速；工程建设使得潮滩容量减小，潮流动力减弱，新工况下各港区潮流动力强弱顺序依次为南港工业区、临港经济区、主航道区。

关键词： 天津港；潮流特征；Delft3D-FLOW

1 引言

天津港地处京津城市带和环渤海经济圈的交汇点上，东距曹妃甸 70 km^2，西距天津 56 km^2。它是我国北方重要的对外贸易口岸，腹地广阔，服务辐射范围大。天津港地处欧亚大陆桥最佳位置，拥有亚欧大陆桥全部三条通道且运量最大，是连接东北亚与中西亚的纽带。然而，坐落在典型淤泥质缓坡海岸上的天津港自建港以来经过了非常曲折的发展过程：从 1952 年重新开港至 20 世纪末，航道泥沙回淤严重的问题曾一度制约天津港的发展[1]。经过半个多世纪的调查研究分析与针对性工程建设，天津新港已由原来的强淤港逐渐转变为现今的轻淤港[2-3]。近年来，天津港展开了大面积围海造陆工程与防波堤工程建设，其海域潮滩容量、涨落潮水体交换以及局部区域的流场发生改变。不少学者就工程建设对天津港的影响展开了大量研究：许婷、孙连成[4]对天津港正常天气下 2007 年工程实施后的海域潮流场分布情况进行了模拟分析；聂红涛、陶建华[5]应用水动力学、水质数学模型，模拟了海岸带开发活动对渤海湾近岸海域水环境的影响与天津港围海造地工程实施前后的近岸流场变化；邓凌[6]通过滨海新区二维潮流数学模型研究分析了天津港近海海域（2000、2011 年工况）在夏季大、小潮下的潮流场变化特征。

本研究基于 Delft3D-FLOW 建立天津港二维潮流数学模型，并用实测潮位、流速及流向资料对其进行验证，验证结果显示计算值与实测值有较好拟合，模型可用于模拟分析天津港 2014 年工况下的潮流场特征

2 数学模型建立与验证

2.1 模型介绍

Delft3D 是目前世界上较为先进的、全面的三维水动力—水质模型系统，该软件能够精确地进行大尺度的潮流、波浪、泥沙、水质和生态的计算，在世界范围内应用较为广泛。其数值离散采用 ADI 法，通过联立偏微分方程并结合初始条件与边界条件求解，得到相应问题在网格节点上的差分近似解。Delft3D-FLOW 模型数值求解的基本思路是：在浅水假定和 Boussinesq 假定的条件下求解不可压缩流体的 Navier-Stokes 方程，垂向动量方程在不计竖向加速度的情况下简化为流体静压方程。

2.2 计算范围与网格

坐标系统采用大地坐标，高程以85高程水准原点为零点。为保证天津港潮流数学模型计算边界不受工程建设的影响以确保数值计算的准确性，模型东边界距离天津港主航道口门31 km，南边界距离大沽沙航道口门36 km，计算范围为117º34′~118º16′E，38º34′~39º13′N的海域（图1）。模型计算网格采用235×162的非均匀正交曲线网格，并对工程区域与航道处的网格进行加密。网格空间步长为50~835 m，时间步长为1 min，对应柯朗数（Courant）小于10，满足Delft3D模型要求。垂向采用 σ 坐标系，均分为10层。

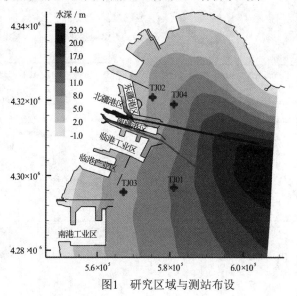

图1　研究区域与测站布设

2.3 边界条件及参数设置

模型计算区域由东、南两条海域开边界以及一条岸线闭边界确定。其中，两条海域开边界采用潮位过程控制，数据由开边界为大连—烟台的渤海模型计算得来，岸线闭边界采用流速为零的不可滑移条件。水平紊动粘滞系数为 20 m²/s，曼宁系数取 0.025，滩地干湿交换过程采用动边界处理，临界水深为 0.1 m。

2.4 模型验证

采用潮位站 2014 年 9 月 6 日 00:00 至 9 月 9 日 23:00 实测潮位数据与测站 TJ01-04 2014 年 9 月 6 ~7 日、8 ~9 日实测潮流数据对数学模型进行验证（站点位置如图 1 所示）。验证结果如图 2 所示，由图 2 可知潮位、潮流的计算值与实测值拟合效果极好。

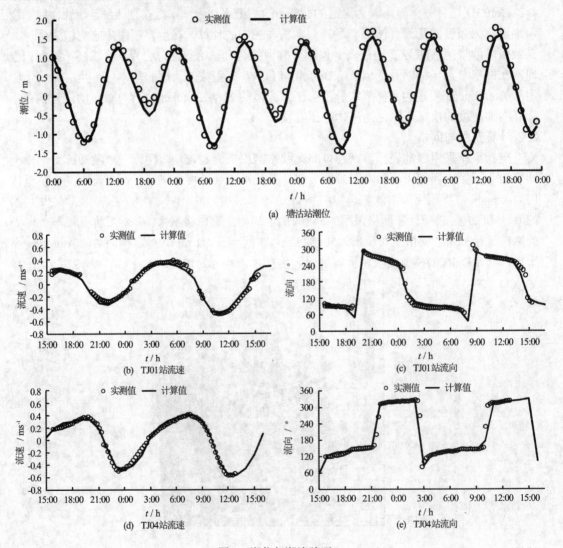

图 2　潮位与潮流验证

3 计算结果分析

通过数值计算得到天津港海域典型大、小潮下的流场特征，并选取研究海域中部点两个潮周期内的潮位、流速、流向过程进行分析，相应过程曲线如图 3 所示。由图 3 可知：天津港海域潮波有明显的驻波特性，在低潮位（落憩）与高潮位（涨憩）时，潮流处于转流阶段，流速最小，中潮位（涨急、落急）时，潮流流速达到最大值。潮流具有往复流特征。其中，涨、落急时刻流场具有较强代表性，可作为典型时刻进行研究分析。

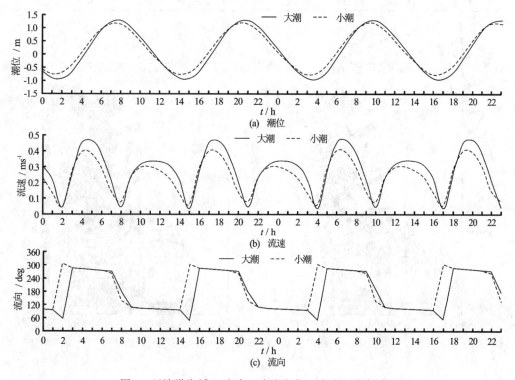

图 3 天津港海域 O 点大、小潮潮位、流速、流向过程

天津港近岸海域受工程影响显著，其在大潮影响下的流场如图 4 所示（小潮相似），各区域潮流特征如表 1 所示。结合图表分析可知：典型大、小潮下，天津港近岸海域潮流动力由南向北逐渐减小，即南港工业区>临港经济区>主航道区。涨急平均流速大于落急平均流速，且涨急时刻大、小潮流速差异较落急时刻大。涨、落急时刻的流速分布特征有：南港工业区流速由近岸向外海逐渐增大，口门束窄与导堤挑流处流速有极大值；临港经济区流速基本呈近岸向口门增大，再由口门向外海减小的规律；主航道区流速由近岸向外海增大；三区域潮流具有明显的沿堤往复流特征，涨、落潮流向基本在同一直线上。大沽沙航道与涨、落急流向夹角均很小，有效地防止了口门横流携带泥沙在航道处落淤，延长了航

道的使用寿命，而主航道与涨、落急流向夹角较大，为 27.5°~30.0°，所产生的口门横流作用会携带泥沙在航道处落淤，对天津港主航道航运造成一定的影响。

表 1　天津港近岸各区域典型大、小潮流特征

区域	涨急时刻				落急时刻			
	流速/（m/s）		流向/(°)		流速/（m/s）		流向/(°)	
	大潮	小潮	大潮	小潮	大潮	小潮	大潮	小潮
南港工业区	0.421	0.315	260.3	262.6	0.286	0.249	83.0	81.8
临港经济区	0.331	0.242	273.2	275.5	0.215	0.184	94.9	95.0
主航道区	0.280	0.221	307.2	306.6	0.192	0.162	128.6	129.5

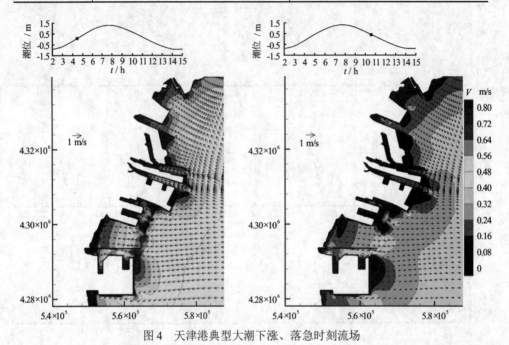

图 4　天津港典型大潮下涨、落急时刻流场

4　结论

本研究利用 Delft3D-FLOW 建立天津港海域二维潮流数学模型，使用实测资料对模型进行验证，结果表明计算值与实测值拟合效果极好，模型合理。运用已验证的模型对天津港海域（2014 年工况）典型大、小潮作用下的流场特征进行模拟分析，得到以下结论：天津港海域潮波具有显著的驻波特性，潮流具有往复流特征，导堤两侧沿堤流现象明显，各港区口门横流作用较弱；天津港涨潮平均流速略大于落潮平均流速；工程建设使得潮滩容量减小，潮流动力减弱，新工况下各港区潮流动力强弱顺序依次为南港工业区、临港经济区、主航道区；导堤掩护段内水域平稳，利于船舶进出。

参 考 文 献

1 翟征秋. 天津港大沽沙航道施工期回淤研究[J]. 水道港口, 2013(02): 128-132.

2 孙连成. 淤泥质海岸天津港工程泥沙治理与功效[J]. 水运工程, 2011(1): 66-74.

3 孙连成. 天津港工程泥沙研究及其进展[J]. 水道港口,2006(06): 341-347.

4 许婷, 孙连成. 天津港外航道水动力条件及工程泥沙淤积研究[J]. 中国港湾建设, 2008(01): 26-30.

5 聂红涛, 陶建华. 渤海湾海岸带开发对近海水环境影响分析[J]. 海洋工程,2008(03): 44-50.

6 邓凌. 大滨海新区海洋动力分析及模拟[D]. 上海: 同济大学, 2012.

Simulation and analysis of the current features of Tianjing Harbor

SONG Hong-lin[1], KUANG Cui-ping[1], XIE Hai-lan[2], XIA Yu-bo[2]

(1. College of Civil Engineering, Tongji University, Shanghai, 20092, Email: 021_hlsong@tongji.edu.cn)

(2. Tianjing Center of Geological Survey, China Geological Survey, Tianjin, 300170)

Abstract：In recent years, the Tianjin Harbor launched large areas of reclamation works and breakwater constructions, which makes the tidal prism volume, the flood and ebb flow exchange and the local current field changes. In this study, a two-dimensional version of *Delft3D* software is used to establish a hydrodynamic model of Tianjin Harbor. According to the simulation analysis of its current features in 2014, the results show that: the tidal wave has significant characteristics of standing wave and its tide has reciprocating flow characteristics; the mean velocity of flood flow is slightly larger than the ebb flow; the constructions makes the tidal prism volume decrease and tidal dynamic weakened. The order of tidal current from high to low is Nangang Industrial Zone, Lingang Economic Zone and the main waterway zone.

Key words：Tianjing Harbor; Current features; Delft3D-FLOW

相似路径台风的增水差异影响因子分析

江剑，牛小静

(清华大学水利水电工程系，北京，100084，Email: nxj@tsinghua.edu.cn)

摘要：探讨台风过程中不同增水因子的贡献有利于深入认识风暴潮现象。本文通过数值模拟并采用因子分解的方法，分析了具有相似路径的超强台风"威马逊"和强台风"海鸥"引起的增水过程，并与这两次典型台风过程中的水位实测数据进行对比分析，探讨了气压和风速对增水的影响作用。结果表明：两次典型台风在秀英站的增水差异大部分来源于气压场单独产生的增水差异，拖曳力系数在大风速下的特殊变化规律使风场对增水差异几乎没有贡献。

关键词：台风；增水；数值模拟；影响因子

1 引言

风暴增水受气旋中心低气压、强风、天文潮以及地形等多个因子的影响，其中风和气压的影响作用最大。探讨各影响因子对风暴增水的贡献以及相互之间的耦合效应，有利于深入认识风暴潮现象、优化风暴潮预报算法、提高预报精度。关于风和气压对增水的影响，前人做了大量的研究工作。潘嵩研究了长江口及杭州湾内的台风增水，发现气压每下降10hPa，增水极值升高约 0.02~0.05m[1]。徐洋在台湾海峡进行了不同风场特征下的风暴潮增水差异实验，结果表明最大增水随着最大风速的增加而逐渐增大[2]。Weisberg 在坦帕湾（Tampa Bay）的风暴潮模拟研究中认为，强风作用下的增水与风速的平方近似成正比的关系[3]。这些学者的研究成果都表明，台风中心气压越低，风速越大，台风强度就越大，产生的增水也越高。

本文主要探讨风和气压对增水的影响，为尽量降低台风运动路径和登陆位置的影响，本文选取 2014 年的 9 号台风"威马逊"和 15 号台风"海鸥"进行分析。这两次台风过程具有高度相似的运动路径，登陆位置也很接近。在接近我国沿海地区时，"威马逊"为超强台风，中心最低气压和最大风速分别为 910hPa、60m/s；"海鸥"为强台风，中心最低气压和最大风速分别 960hPa、40m/s[①]。无论是中心最低气压还是最大风速，"威马逊"的强度都要远远强于"海鸥"，但根据海南省秀英站的实测增水数据，二者的最大增水仅相差0.16m。这样的增水差异明显和两次台风的强度差异不相符合。

本文基于 MIKE21-FM 模式，采用数值模拟以及因子分解的方法，对相似路径典型台风产生的增水进行研究，探讨拖曳力系数的取值对增水计算的影响，以及气压和风速对两次典型台风增水差异的贡献，并最终分析得出导致两次典型台风增水差异与台风强度差异不相符合的主要原因。

2 数学模型

本文的数值模式的基本控制方程为二维非线性浅水方程：

$$\frac{\partial h}{\partial t}+\frac{\partial hu}{\partial x}+\frac{\partial hv}{\partial y}=0 \tag{1}$$

$$\frac{\partial hu}{\partial t}+\frac{\partial hu^2}{\partial x}+\frac{\partial huv}{\partial y}=fhv-gh\frac{\partial \eta}{\partial x}-\frac{h}{\rho_0}\frac{\partial P_a}{\partial x}+\frac{\tau_{sx}}{\rho_0}-\frac{\tau_{bx}}{\rho_0}$$
$$+\frac{\partial}{\partial x}\left(hT_{xx}\right)+\frac{\partial}{\partial y}\left(hT_{xy}\right) \tag{2}$$

$$\frac{\partial hv}{\partial t}+\frac{\partial hv^2}{\partial y}+\frac{\partial huv}{\partial x}=-fhu-gh\frac{\partial \eta}{\partial y}-\frac{h}{\rho_0}\frac{\partial P_a}{\partial y}+\frac{\tau_{sy}}{\rho_0}-\frac{\tau_{by}}{\rho_0}$$
$$+\frac{\partial}{\partial x}\left(hT_{xy}\right)+\frac{\partial}{\partial y}\left(hT_{yy}\right) \tag{3}$$

式中，t 表示时间，u、v 分别为 x 和 y 两个水平方向上的垂向平均流速分量；P_a 为大气压强，ρ_0 为水的参考密度，f 为科里奥利系数，g 为重力加速度；$\tau_{si}(i=x,y)$ 表示表面风应力分量，$\tau_{bi}(i=x,y)$ 表示底部摩阻力分量；η 为水面高程，h 为水深，二者的关系为 $\eta=h+z_b$，z_b 为底部高程。T_{xx}、T_{xy} 和 T_{yy} 表示紊动涡黏性应力，采用 Smagorinsky 的子涡粘性应力模型计算。

风暴潮计算中的台风气压场模型表示如下：

$$P_a=P_c+\left(P_n-P_c\right)e^{-\frac{R_m}{R}} \tag{4}$$

式中，P_c 为台风中心最低气压，P_n 为台风外围的标准大气压（一般可取为 1013hPa），R_m 为最大风速半径，R 为模型范围内任一点至台风中心的距离。

风场模型中任意一点的风速均由转动分量和平动分量组成，其中转动分量 V_r 为：

[①]浙江省水利信息管理中心，台风路径实时发布系统，typhoon.zjwater.gov.cn/default.aspx

$$\begin{cases} V_r = V_{\max}\left(\dfrac{R}{R_m}\right)^7 \exp\left(7\dfrac{1-R}{R_m}\right) & ,\ \text{当} R < R_m \text{时} \\[4mm] V_r = V_{\max} \exp\left((0.0025R_m + 0.05)\left(1 - \dfrac{R}{R_m}\right)\right), & \text{当} R \geq R_m \text{时} \end{cases} \tag{5}$$

平动分量 V_t 为:

$$V_t = -0.5V_f\left(-cos\varphi\right) \tag{6}$$

式中,V_f 为台风移动速度,φ 为最大风速线与径向臂(风场中任意一点与台风中心的连线)之间的夹角。则总风速可以表示为:

$$V = V_r + V_t \tag{7}$$

3 拖曳力系数取值对增水的影响

在 MIKE21-FM 给定的风场计算模式中,对于风的拖曳力系数的取值采用了 Wu [4-5]给出的经验公式:

$$C_d = \begin{cases} c_a & ,\ w_{10} < w_a \\[2mm] c_a + \dfrac{c_b - c_a}{w_b - w_a}(w_{10} - w_a), & w_a \leq w_{10} < w_b \\[2mm] c_b & ,\ w_{10} > w_b \end{cases} \tag{8}$$

式中,w_{10} 为海面 10m 高度处的风速,c_a、c_b、w_a 和 w_b 均为经验系数。但是根据 Powell 对气旋中心风速实测数据的研究,拖曳力系数在大风速下会呈现出下降的趋势[6],这与 Wu 的经验公式曲线在高风速下的表现完全不同。因此本文对于模型中的拖曳力系数的取值进行了调整。由于受到模型预定模式的限制,只能根据两次典型台风的最大风速将各自的拖曳力系数取为常数。

拖曳力系数调整后,两次典型台风的增水模拟结果都能和秀英站的实测数据符合较好。从图 2 中还可以看出,如果采用默认的拖曳力系数取值(即 Wu 的公式),"威马逊"的增水会被高估,而"海鸥"的增水则基本没有影响。这是因为在 Powell 的研究中,当风速大约超过 40m/s 后拖曳力系数才开始下降,而"海鸥"的最大风速正好为 40m/s,因此采用 Wu 和 Powell 的拖曳力系数取值计算出来的增水不会有太大差异;而"威马逊"的最大风速为 60m/s,Wu 的公式给出的拖曳力系数明显地偏大,因此算出的增水会被严重高估。

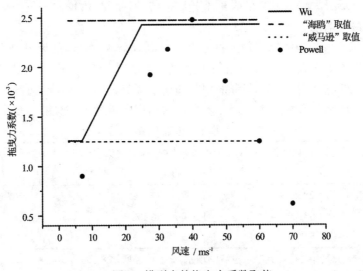

图 1   模型中的拖曳力系数取值

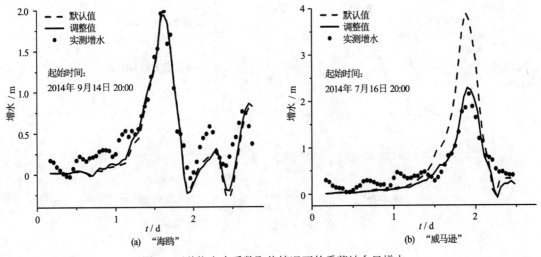

图 2   两种拖曳力系数取值情况下的秀英站台风增水

4   风场和气压场对增水的贡献

在准确地模拟了两次台风增水的基础上，将风场和气压场分离后计算各自产生的增水，结果如图 3 所示，此外表 1 中还给出了两次台风的增水贡献以及增水差异的对比。

表 1 中的对比结果表明，"威马逊"和"海鸥"的风场最大增水所占百分比都要大于气压场最大增水所占百分比，即风场的增水贡献大于气压场的增水贡献。另外，由于风场

最大增水与气压场最大增水发生的时刻不相同，导致风场最大增水与气压场最大增水之和并不等于台风最大增水。

结合图 3 以及表 1 中的增水差异百分比，可以看出两次台风的风场增水差异很小，而气压场增水差异占了很大比重。这是由于拖曳力系数在大风速情况下存在特殊的变化规律，导致"威马逊"的超强大风并没有带来相应的增水优势，因此两次台风的风场增水基本上差不多，而气压场单独产生的增水差异才是两次典型台风增水差异的主要来源。

表 1 增水贡献以及增水差异对比

项目	台风最大增水	风场最大增水/占台风最大增水的百分比	气压场最大增水/占台风最大增水的百分比
威马逊	2.282m	1.758m / 77.0%	0.907m / 39.7%
海鸥	1.939m	1.670m / 86.1%	0.630m / 32.5%
增水差异百分比	15.0%	5%	30.5%

注：增水差异百分比=(威马逊增水－海鸥增水)÷威马逊增水×100%

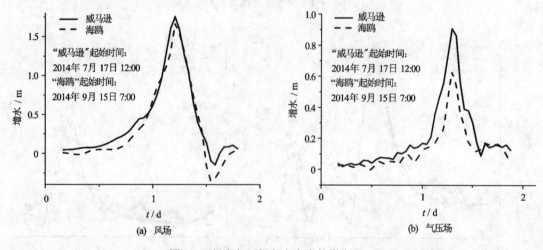

图 3 风场和气压场各自产生的增水

5 结论

通过探讨大风速下风暴增水计算中拖曳力系数的取值，并分析风和气压对"威马逊"以及"海鸥"增水差异的贡献，本文明确了两次典型台风增水差异和台风强度差异不相符合的主要原因为：这两次典型台风的增水差异大部分来源于气压场单独产生的增水差异，风场强度的差异对增水差异几乎没有贡献。研究结果也表明，由于拖曳力系数在强风条件下随风速增加而逐渐变小，超强台风风场引起的增水并不一定明显比强台风情况更大；在超强台风的增水模拟中，常规的风拖曳力系数选取方法可能会造成增水的高估。

参 考 文 献

1　潘嵩. 长江口及杭州湾台风风暴潮增水数值分析[D]. 青岛：中国海洋大学, 2012.

2　徐洋. 台湾海峡台风风暴潮数值分析[D]. 青岛：中国海洋大学, 2014.

3　Weisberg R H, Zheng L. Hurricane storm surge simulations for Tampa Bay. Estuar Coast, 2006, 29(6A): 899-913

4　Wu J. The sea surface is aerodynamically rough even under light winds. Bound-Lay Meteorol, 1994, 69: 149-158

5　Wu J. Wind-stress Coefficients over sea surface and near neutral conditions—A revisit. J. Phys Oceanogr, 1980, 10:727-740

6　Powell M D, P J Vickery and T A Reinhold. Reduced drag coefficient for high wind speeds in tropical cyclones. Nature, 2003, 422(6929): 279-283

Analysis of impact factors for the difference of surge induced by typical typhoons with similar track

JIANG Jian, NIU Xiao-jing

(Department of Hydraulic Engineering, Tsinghua University, Beijing, 100084.
Email: nxj@tsinghua.edu.cn)

Abstract: Storm surges are mainly induced by the low central pressure and the strong wind along with cyclones. Study on the contribution of each factor helps to get better understanding on storm surges. Based on non-linear shallow water equations, storm surges induced by the two typical typhoons Rammasun and Kalmaegi are numerically investigated, and the effect of pressure and wind speed are discussed. The comparison of simulated water level at Xiuying station with the measurement is also conducted. The result shows that the difference of the storm surge is almost owing to the difference of pressure field, and the contributions of winds on water level rise in the two typhoons are very close, although the maximum wind speed in Rammasun is much larger than in Kalmaegi. That may because the drag coefficient becomes small in the condition of very strong wind speed.

Key words： typhoon； storm surge； numerical simulation； impact factors

长江口越浪量敏感因素分析与越浪公式对比

鲁博远,辛令苊,梁丙臣,刘连肖,马世进,金鑫

(中国海洋大学 青岛 266100 Email：897310274@qq.com)

摘要： 在海岸工程（海堤，护岸）的设计中，越浪量是一项重要的控制条件，直接决定我们设计堤顶的高度。越浪量是指波浪作用在海堤上水体上爬后越过堤顶的水量，现今在几十年的研究基础下，国内外对于越浪量计算公式提出了多种建议方法。由于这些方法与公式大多是在室内水工实验室中，根据物理模型试验的结果提出的，对于实际问题，各种计算方法考虑的影响因素不尽相同，所以各个越浪公式的形式和参数存在较大差异，导致计算得到的越浪量存在误差。比如在特定的地区，特定的地形，在考虑风的作用下，观测得到的数据与现有的越浪计算公式所得结果存在较大不符合的地方。所以需要对我们测量的数据进行校核和分析。

收集了英国、荷兰等国及我国的越浪量计算方法。大部分的越浪公式是根据数值模拟分析与物理模型实验所得，各个公式间存在较大的针对性与局限性。所以运用这些不同公式计算所得到的结果也存在较大差异。

在长江口越浪量观测数据的基础上，首先对于各个越浪公式进行运算，并与实测得到的数据进行统计比较。然后分析各个越浪公式的敏感要素，推求其特点。最后对于长江口地区的越浪实际情况进行分析，判断各个公式在长江口地区的适用性与局限性。

关键字： 长江口；越浪公式；数据分析

1 引言

目前，我国现行的水工建筑物规范当中，对于海堤的堤顶高度，建议使用允许越浪量作为海堤的高度的限制条件，越浪量是指波浪作用在海堤上水体上爬后越过堤顶的水量，而我国一般采用单宽越浪量，即单位长度海堤上所能越过的水量，其单位为 m^3/m。针对如何求解计算越浪量问题，国、内外学者进行过大量研究，做了大量物理模型实验，然后提出了多种计算平均越浪量的建议方法，但各个公式考虑的因素并不相同，导致运用越浪公式计算得到的结果与工程实际存在较大差异。

国外允许越浪量的控制标准分为两个方面[3]，一种是正常使用时的越浪量，允许越浪量很小；另一种是承载力极限状态的越浪量，允许越浪量相对较大；越浪量的允许值通过物模试验和现场试验得到。本文所考虑的越浪量为正常使用时的越浪量。

本文收集了英国、荷兰等国及我国国内的越浪量控制标准。控制标准中允许越浪量是一个测量的平均值的概念，一般对 100 个波列下产生的越浪量进行平均后得到。。

下面介绍几个目前较为使用的越浪量计算方法：

Van der Meer 方法[2]

当 $\gamma_b \xi_0 \leq 2$，堤上发生卷破波现象时，

$$\frac{q}{\sqrt{gH_{mo}^3}}\sqrt{\frac{S_o}{\tan\partial}} = 0.067\gamma_b\exp(-K_1 R_c \frac{\sqrt{S_o}}{H_{mo}\gamma_b\gamma_f\gamma_\beta\gamma_v\tan\partial})$$

当 $\gamma_b \xi_0 > 2$，堤上波浪发生激波破碎现象时，此时为越浪量的最大值

$$\frac{q}{\sqrt{gH_{mo}^3}} = 0.2\exp(-\frac{K_2 R_c}{H_{mo}\gamma_f\gamma_\beta})$$

海港水文规范[2]

当斜坡堤顶有防浪墙时，堤顶的越浪量可按式（F.0.1-2）计算：

$$Q = 0.07^{H_C'/H_{1/3}}\exp\left(0.5 - \frac{b_1}{2H_{1/3}}\right)BK_A\frac{H_{1/3}^2}{T_P}\left[\frac{0.3}{\sqrt{m}} + th\left(\frac{d}{H_{1/3}} - 2.8\right)^2\right]\ln\sqrt{\frac{gT_P^2 m}{2\pi H_{1/3}}}$$

大连理工大学研究公式[2]

当 $\varepsilon_0 \leq 2$ 时，

$$\frac{q}{\sqrt{gH_s^3}}\sqrt{\frac{S_{op}}{\tan\partial}} = 0.025\exp(-4.33R_c\frac{\sqrt{S_{op}}}{H_s\gamma_{\beta\sigma}\gamma_d\tan\partial})$$

当 $\varepsilon_0 > 2$ 时，$\dfrac{q}{\sqrt{gH_s^3}} = 0.074\exp(-\dfrac{1.73R_c}{H_S\gamma_{\beta\sigma}\gamma_d})$

英国水力研究站(HR)方法[2]

英国水利研究站的 Owen 等学者采用不规则波，对单坡和复合边坡断面的海堤进行较为系统的试验研究后发现：无因次平均越浪量和无因次堤高之间有较好的相关性。总结出如下计算公式：

$$\frac{q}{TgH_S} = A\exp(-\frac{BR_c}{T \cdot K_R\sqrt{gH_S}})$$

照不允许越浪设防标准设计的大堤，堤顶高程较高，投资相对较大。随着长江口地区

高滩资源的进一步减少，促淤圈围工程逐步转向中低滩进行，技术难度增大，造价较高。从我国广东、浙江等海岸线长、台风登陆频繁、地基条件差的沿海省市来看，很多工程以允许越浪量来控制堤顶高程，积累了不少成功的经验。相比于按不允许越浪设计的大堤，降低了堤身高度，减少工后沉降量及地基处理费用，投资节省[3]。

2 越浪观测概况

长江口构型独特，平面上呈喇叭形，窄口端江面宽度5.8km，宽口江面宽度90km。6000～7000年前，长江河口为一溺谷型河口湾，湾顶在镇江、扬州一带。近2000多年来河口南岸边滩平均以40年1km的速度向海推进，北岸有沙岛相继并岸，口门宽度从180km束狭到90km，河槽成形加深，主槽南偏，逐渐演变成一个多级分汊的三角洲河口(3)。

越浪水体收集和观测：共有3个集水井，每个集水井布置1~2个水位计，共4个；在集水井泄水槽内设置流量仪，每个集水井布置1~3个流量计，电缆通过已预埋在堤身结构内的钢管铺设到观测房内。

图1 集水井

3 越浪数据整理

此次现场越浪观测试验于2013年5月开始逐步进行数据采集，并进行系统整体调试。本文章采用2013年12月18日至20日观测试验数据进行研究分析。

越浪量实测值计算[3]：池内10min水位变化为H，则10min越浪量Q为：（仪器高于集水井小水槽底部0.12m，小水槽高0.4m，则$H<0.28$，时，越浪量为41.76（小水槽的面积）*(H+0.12)，$H>=0.28$m时，越浪量为0.4*41.76+39*14*(H-0.28)。每延米越浪量q实为：Q/10

分钟/60 秒/39（集水井长度），单位 m³/(m.s)。

计算越浪量 q 计：按照海堤规范计算，取有效波高。

计算结果见表 1。（选用越浪量大于 0.001 的数据）

表 1 越浪量计算

日期	时间	最大风速	平均风速	风向	气温	气压	雨量	累计雨	北潮	南潮	1#井	2#井	3#井	1#实测量	2#实测量	3#实测量
2013/12/19	7:20:00	11.1	10	329	2.7	1028.9	0	469	1.63	1.46	0	0.11	0.71	0.00002	0.00005	0.02660
2013/12/18	21:40:00	11.4	10.5	331	7.2	1027.1	1	469	3.06	2.78	0	0.04	0.05	0.00000	0.00000	0.01960
2013/12/19	1:20:00	10.3	9.3	330	5.8	1026.9	0	469	3.02	3.09	0	0.06	0	0.00000	0.00002	0.01423
2013/12/18	21:50:00	12.2	10.6	331	7.2	1027.8	1	469	3.13	2.92	0	0.04	0.89	0.00000	0.00000	0.01073
2013/12/19	2:30:00	10.4	9.5	329	4.7	1027.3	0	469	2.36	2.38	0	0.08	0.21	0.00000	0.00002	0.00910
2013/12/19	4:00:00	10.2	8.4	326	3.7	1027.2	0	469	1.63	1.5	0	0.1	0.33	0.00000	0.00000	0.00887
2013/12/18	12:30:00	16.8	13.9	5	9.3	1023.6	1	469	4.28	4.23	0.37	1.63	0.34	0.00002	0.00002	0.00863
2013/12/18	20:40:00	10.2	8.8	331	7.5	1028	1	469	2.42	1.99	0	0.05	1.41	0.00000	0.00002	0.00840
2013/12/18	19:30:00	9.1	8.2	331	7	1026.4	1	469	1.64	1.47	0	0.07	0.29	0.0000	0.00000	0.00840
2013/12/18	12:20:00	14.4	12.1	348	9.5	1023.9	1	469	4.3	4.34	0.37	1.62	0	0.00000	0.00002	0.00793
2013/12/18	22:30:00	11.2	10.2	331	6.7	1026.7	1	469	3.44	3.3	0	0.04	0	0.00000	0.00000	0.00793
2013/12/19	6:00:00	11.9	10.6	329	3.2	1027.5	0	469	1.59	1.46	0	0.11	0.6	0.00000	0.00000	0.00793
2013/12/19	2:50:00	10.7	9.3	329	4.7	1027.4	0	469	2.18	2.16	0	0.09	0.24	0.00000	0.00000	0.00700
2013/12/18	23:00:00	13.4	12	331	6.6	1026.6	1	469	3.6	3.62	0	0.04	0.17	0.00000	0.00000	0.00607
2013/12/18	19:20:00	9.5	8.3	331	7.2	1026.1	1	469	1.63	1.47	0	0.07	0.05	0.00000	0.00000	0.00560
2013/12/19	3:20:00	9.9	8.6	327	4.1	1027.4	0	469	1.87	1.85	0	0.1	0.34	0.0000	0.00000	0.00560
2013/12/19	6:50:00	11.1	9.5	329	2.9	1028.3	0	469	1.64	1.46	0	0.12	0.65	0.00000	0.00002	0.00513
2013/12/19	19:40:00	9.5	8.5	330	7.1	1026.8	1	469	1.65	1.48	0	0.07	0.65	0.00000	0.00000	0.00490
2013/12/19	3:40:00	9.6	8.3	327	4.1	1027.5	0	469	1.69	1.69	0	0.1	0.4	0.00000	0.00000	0.00490
2013/12/18	10:00:00	15	11.8	352	9.6	1024.6	1	469	3.97	3.66	0	0	1.55	0.00000	0.00021	0.00467
2013/12/19	5:30:00	10.4	8.9	329	3.5	1027.5	0	469	1.63	1.46	0	0.11	0.53	0.00000	0.00000	0.00443
2013/12/20	0:00:00	7.7	6.2	316	4	1029.9	0	469	3.22	3.39	0	0.1	0.49	0.00000	0.00000	0.00420
2013/12/18	20:20:00	10.4	8.8	331	7.3	1027.6	1	469	1.8	1.71	0	0.05	1.22	0.00000	0.00000	0.00350
2013/12/18	19:50:00	10	9.3	331	7.2	1026.9	1	469	1.66	1.49	0	0.06	0.86	0.00000	0.00000	0.00350
2013/12/18	23:30:00	12.3	11.4	331	6.3	1027.2	1	469	3.6	3.71	0	0.04	0.29	0.00000	0.00002	0.00350
2013/12/19	6:20:00	12.2	10.9	329	3.1	1027.7	0	469	1.55	1.46	0	0.12	0.59	0.00000	0.00000	0.00327

4 越浪公式探究

在观测数据的基础上，首先对于各个越浪公式进行运算，并与实测得到的数据进行统计比较。对比结果如下：

日期	时间	3#井	3#实测量	有效波高	平均周期	owen	大连理工	海港水文规范
2013/12/20	0:00:00	0.49	0.00420	0.3	6.72	0.00001	0.08770	0.00001
2013/12/19	7:20:00	0.71	0.02660	0.05	4	0.00000	0.00017	0.00000
2013/12/19	1:20:00	0	0.01423	0.85	6.74	0.00257	0.41788	0.00257
2013/12/19	2:30:00	0.21	0.00910	0.37	6.39	0.00001	0.11001	0.00001
2013/12/19	4:00:00	0.33	0.00887	0.25	5.79	0.00000	0.04464	0.00000
2013/12/19	6:00:00	0.6	0.00793	0.04	5.01	0.00000	0.00029	0.00000
2013/12/19	2:50:00	0.24	0.00700	0.46	6.43	0.00006	0.15681	0.00006
2013/12/19	3:20:00	0.34	0.00560	0.39	5.94	0.00001	0.10178	0.00001
2013/12/19	6:50:00	0.65	0.00513	0.05	3.75	0.00000	0.00011	0.00000
2013/12/19	3:40:00	0.56	0.00490	0.37	6.39	0.00001	0.11001	0.00001
2013/12/19	5:30:00	0.53	0.00443	0.06	5.02	0.00000	0.00105	0.00000
2013/12/19	6:20:00	0.59	0.00327	0.04	4.85	0.00000	0.00024	0.00000
2013/12/18	21:40:00	0.05	0.01960	0.68	6.58	0.00068	0.29265	0.00068
2013/12/18	21:50:00	0.89	0.01073	0.75	6.68	0.00129	0.34564	0.00129
2013/12/18	12:30:00	0.34	0.00863	1.29	8.26	0.05975	1.00150	0.05975
2013/12/18	20:40:00	1.41	0.00840	0.38	5.74	0.00000	0.09017	0.00000
2013/12/18	19:30:00	0.29	0.00840	0.18	5.05	0.00000	0.01592	0.00000
2013/12/18	12:20:00	0	0.00793	1.29	8.26	0.05975	1.00150	0.05975
2013/12/18	22:30:00	0	0.00793	0.83	6.62	0.00197	0.39176	0.00197
2013/12/18	23:00:00	0.17	0.00607	0.87	6.92	0.00357	0.45160	0.00357
2013/12/18	19:20:00	0.05	0.00560	0.12	4.8	0.00000	0.00538	0.00000
2013/12/18	19:40:00	0.65	0.00490	0.18	5.05	0.00000	0.01592	0.00000
2013/12/18	10:00:00	1.55	0.00467	1.09	6.54	0.00627	0.55629	0.00627
2013/12/18	20:20:00	1.22	0.00350	0.29	5.43	0.00000	0.04935	0.00000
2013/12/18	19:50:00	0.86	0.00350	0.2	5.49	0.00000	0.02537	0.00000
2013/12/18	23:30:00	0.29	0.00350	0.96	7.4	0.00929	0.57689	0.00929

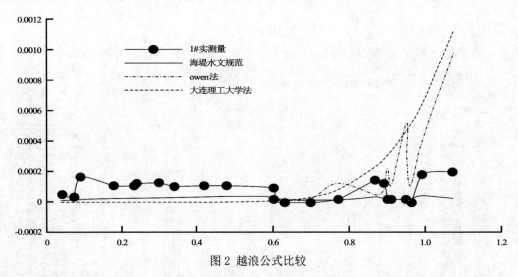

图 2 越浪公式比较

由图表中的数据可知，实测得到的越浪量与计算得到的越浪量存在较大差异，在波高较小的范围里面，实测数据要稍稍大于计算的越浪量。原因可能为双面越浪与风的作用导致越浪量偏大。随着波高增大，计算越浪量快速增大，而观测值却没有变化或者变化较小。比较三个越浪公式之间的差异，可以发现 Owen 法和大连理工大学的计算方法表现出相似的规律：在波高较大时，越浪量急剧增大。而规范给出的公式计算得到的越浪量并无较大的增长。而通过实测数据的变化规律分析，可知规范的计算结果相比其余两个计算公式，更加符合实际的越浪情况。规范公式中考虑了堤顶有胸墙时的越浪情况，越浪量[4]可以表示为 $\frac{Q*T}{H_s} = F\left(m, \frac{h}{H_s}, \frac{d}{H_s}\right)$。其中 h 为从墙顶到水面的距离，由于考虑到墙高，对于越浪的阻滞更为明显，所得到的结果偏小，更加符合实际情况。

5 总结

目前的越浪公式并不能很好的反映越浪现象的规律。现在的越浪公式一般为 $Q = f(T, h, d, H_s, m,)$，这是综合了水体与墙体的特征要素后得到的计算公式。但是此次的研究表明：① 风对于越浪产生了较大影响，导致在较小波浪时产生较大越浪；② 堤前地形的影响：坡度，崎岖度等因素也会对越浪产生较大影响。建议后期物理模型实验再对这些因素加以考虑。

参 考 文 献

1 海港水文规范.（JTJ213-98）.

2 防波堤设计与施工规范. (JTS154-1-2011).

3 丁亮. 长江口促淤圈围工程允许越浪研究. 青岛: 中国海洋大学, 2014.

4 章家昌. 坡堤上的越浪量，水运工程, 1993.

5 李昌良, 梁丙臣. 不规则波越浪率计算的一个新公式. 海洋通报. 2008(05).

Yangtze Delta overtopping sensitive factor analysis and comparison of overtopping formula

LU Bo-yuan,XIN Ling-peng,LIANG Bing-chen

（Ocean University of China,Qingdao,266100, Email： 897310274@qq.com）

Abstract: Coastal Engineering (seawalls, revetments) design, overtopping is an important control conditions, directly determine the height of our design dike. Overtopping wave action refers to the body after climbing over the seawall, Sheung Shui water dike, now in the research base for decades, the domestic and the overtopping formulas put forward a number of recommendations methods. Because these methods and formulas are mostly indoors hydraulic laboratory in accordance with the results of the physical model tests proposed for practical problems, various factors considered in the calculation method is different, so each overtopping formulas and parameters exist in the form of quite different, resulting in overtopping the calculated error exists. For example, in a particular region, a particular terrain, in consideration of the effect of wind, observation data obtained with the existing computing overtopping there is a big place does not meet the formula for the results. So we need to be checked and measured data analysis. For the Yangtze Delta region of the formula overtopping performed sensitivity analysis and comparison of factors is very important.

This collection of the United Kingdom, the Netherlands and other countries and China's overtopping calculation. Most formulas are obtained overtopping analysis and physical model experiments, between the various formulas targeted and there is a big limitation based on numerical simulations. Therefore, the results of these calculations using different formulas obtained are quite different.

In this paper, in the estuary of the original Ding Liang (3) conducted overtopping on the basis of observational data, the first for each overtopping formula for computing, and the measured data obtained for statistical comparisons. Then analyze the sensitive elements of the various overtopping formulas, Deriving its features. Finally, the actual situation for overtopping Yangtze Delta region were analyzed to determine the various formulas in the estuary area of the applicability and limitations.

Key words: Yangtze Delta; overtopping formula; data analysis

海滩剖面演变的试验研究

屈智鹏，周在扬，刘馥齐，曹明子，苟可佳，徐照妍

(中国海洋大学，山东青岛，266100，Email:qvzhipeng@sina.com)

摘要： 岸滩的演变和侵蚀，对工程的建设安全有一定的影响。在海岸侵蚀的各种因素中，波浪变化是对海岸侵蚀最为主要的影响因素之一。为了探究波浪对岸滩的影响，我们建立海滩剖面演变的实验模型。在实验中分别采用细砂（中值粒径 0.176mm）、中砂（中值粒径 0.226mm）、粗砂（中值粒径 0.33mm）三种粒径的泥沙试验用沙。在水槽中铺设了 1/5 与 1/15 两种坡度，分别改变水槽中水深、波高、泥沙粒径这些参数，进行造波试验，以此模拟岸滩断面的形态变化，为分析泥沙冲淤位置，布设人工沙坝提供帮助。

我们使用全站仪测量了实验初始时的剖面形状与实验结束后的剖面形状，获得了 94 组工况的数据。采用了分离变量的方法，将不同波况下，不同泥沙粒径，不同坡度，不同水位，不同波高与不同周期下得到的稳定的地形剖面进行对比分析，得出了不同波浪参数影响下剖面相应的变化趋势。对于近海土地的利用等都有着一定的指导意义。

关键词： 海滩剖面；地形；演变

1 引言

海滩的平衡剖面是在一定条件下，海滩上任一点的泥沙均没有净位移，剖面形状维持不变的海滩形态[1]。海岸平衡剖面的形成是一个复杂漫长的过程，它的存在是相对的和短暂的。泥沙自重沿坡度的分量，浅水波浪的非线性，泥沙的运动形式都是影响海滩剖面形态的主要因素。本文在实验室可控条件下，研究波浪因素、泥沙粒径、坡度变化情况下，海滩剖面（沙纹疏密，沙源移动方向，侵蚀程度，沙坝，滩肩等）的响应规律。

2 实验布置与研究方式

2.1 实验布置

试验在中国海洋大学海岸及近海工程重点实验室波浪水槽内进行，水槽长 60m，宽 3m，

最大水深 1.2m。水槽一端配有磁浮电机推板式造波机，由计算机控制造波。水槽另一端装有消波网，来削减波浪反射对试验的影响。试验布置如图 1 所示。

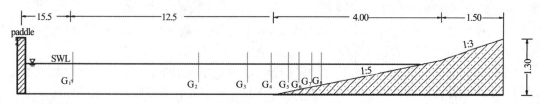

图 1 试验 1/5 坡度布置示意图

2.2 试验方式

本试验为概化模型试验，目的是研究泥沙粒径、坡度、波浪因素对于岸滩剖面变化的影响。试验中采用规则波作为入射波，采用组合坡度的斜坡，离岸区、外滩与前滩概化为同一组坡度，试验选取 1:5 和 1:15，后滩坡度根据泥沙自然休止角统一概化为 1:3。

参数变量	中值粒径 grain size /mm	周期 period /s	波高 wave height /m	坡度 slope	水位 water level /m
	0.176	1.2	0.1	1/5	0.5
	0.226	2.1			
	0.33	3	0.2	1/15	0.7

表 1 实验工况 Experimental parameters

如表 1 所示，试验方式采用控制变量方法，参数变量如下：中值粒径为 0.176mm、0.226mm、0.33mm 三种泥沙粒径；1/5、1/15 两组坡度；0.5m、0.7m 两种水位；0.1m、0.2m 两种波高与 1.2s、2.1s、3s 的三种周期。

岸滩演变是一个不断的长期过程，考虑造波系统的工作建议时限，每组试验共分两部分，每部分时长 30 分钟。在试验前期的波要素率定过程中，经 DS-30 型智能测波仪及数据采集系统验证，造波机造波的重现性良好。

试验高程测定采用宾得 R202NE 系列激光全站仪进行海滩高程测定，测试精度 1mm，误差在 ±0.1%F.S，可以满足实验精度要求。全站仪布置在在水槽内距模型 8.5m 处，每组试验开始前，使用全站仪测量初始地形。造波试验结束后，待水面充分平静后缓慢放水，用全站仪测量平衡后的地形。在波浪影响区域采取间隔 10cm 步长进行高程测点，地形变化复杂区域，步长缩小至 5cm。

3 实验结果与讨论

对已有的全站仪测量数据进行筛选整理，用 matlab 分别画出波浪作用后的岸滩剖面图。在此基础上进行机理性探讨，通过控制变量的方式，研究水位、波高、周期、坡度与泥沙粒径中每一个参数变量对剖面演变的影响。

3.1 水位因素对岸滩形态的影响分析

多组图像显示，在波高、周期、坡度与泥沙粒径影响因素相同，仅水位不同的情况下，演变后的岸滩剖面中变化形状几乎一致，仅在位置上有交错。

水位因素对岸滩演变的影响不大，如图 2 所示以粒径为 0.226mm，坡度 1/15，波高 0.2m，周期为 1.2s 的岸滩演变为例，两个水位下的岸滩剖面除了各有一个明显沙坝以外其他部分几乎没有变化。0.5m 水位中的沙坝约在 X=15m 处，0.7m 水位中的沙坝位置约在 X=18m 处。

另一方面，除变化形态大致相同、位置有交错以外，多幅图像表明，水位较高时的岸滩演变其变化幅度相对要大一些。如图 3 中粒径为 0.226mm，坡度 1:5，波高 0.2m，周期为 1.2s 的测线，高水位的变化幅度略大于低水位。

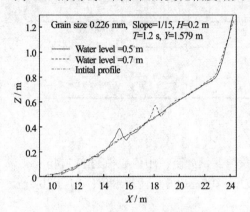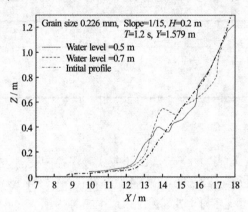

图 2 粒径 0.226mm 坡度 1/15 波高 0.2m 周期 1.2s　　图 3 粒径 0.226mm 坡度 1/5 波高 0.2m 周期 1.2s

3.2 周期因素对岸滩形态的影响分析

在 1/5 的坡度，粒径 0.176mm 的情况下由 1.2s 到 3s 的增大过程中，沙源向下移动，剖面侵蚀程度随周期增加轻微加重（图 4）。如图 5 所示，在 1/15 的坡度，粒径为 0.226m，0.33mm 的情况下由 1.2s 到 3s 的增大过程中，水位上方沙源向滩肩推移，在滩肩处形成明显淤积。

多组图像显示：粒径较大（0.226m，0.33mm），周期为 3s 下泥沙冲刷作用明显，整体向离岸方向输移，沙坝消失，在水位之下形成较集中的淤积。如图 6、7 所示：长周期波相对于短周期波作用下，沙纹密集，沙纹高度和间隔随周期的增大呈增大趋势，沙纹的数量随周期的增加也有明显的增长趋势，整体的离岸趋势更强。

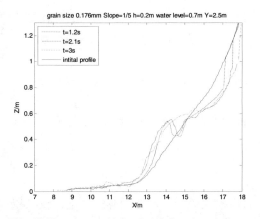

图 4 粒径 0.176mm 坡度 1/5 波高 0.2m 水位 0.7m

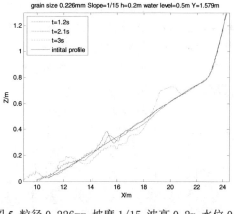

图 5 粒径 0.226mm 坡度 1/15 波高 0.2m 水位 0.5m

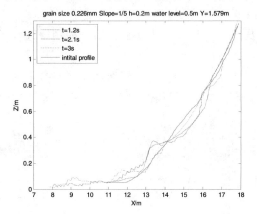

图 6 粒径 0.226mm 坡度 1/5 波高 0.2m 水位 0.5m

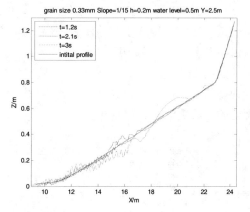

图 7 粒径 0.33mm 坡度 1/15 波高 0.2m 水位 0.5m

3.3 波高因素对岸滩形态的影响分析

在 h=0.1m,0.2m 的两种波高情况下，波浪作用后地形的大概走势基本一致。

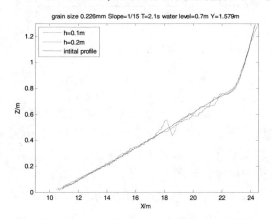

图 8 粒径 0.226mm 坡度 1/15 周期 2.1s 水位 0.7m

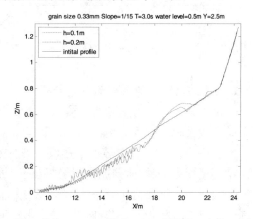

图 9 粒径 0.33mm 坡度 1/15 周期 3s 水位 0.5m

剖面变化在波浪侵蚀区域的差异较大，具体表现在随着波高的增大，剖面的受侵蚀程度增加，图像对原始地形的偏离越大。在周期为 2.1s 的两种波高下波浪侵蚀区域呈现倒 S 形状，沙坝部分与侵蚀部分大小相仿（图 8）。

在水位、周期、坡度与泥沙粒径影响因素相同的情况下，波高越大沙纹更为明显，沙纹高度随波高增加而更高（图 9）。

综上，在坡脚处，不同波高的影响较为明显，沙纹平均 5～6 个波峰/m；在滩肩处，波高对剖面的影响差距较小，图像基本吻合。

3.4 粒径因素对岸滩形态的影响分析

对比中值粒径为 0.176mm、0.226、0.33mm 的三种粒径图像，在同等条件下，粒径越小，越容易受波浪因素影响。

在 1/5 坡度下，较之另外两个粒径，0.176mm 的小粒径更容易被波浪卷起，向离岸方向输送，沙坝高度低于其他两种粒径，沙坝向来离岸方向偏移更为明显。后方冲刷侵蚀程度也相对更严重（图 10）。

由图 11 发现，小粒径相对于大粒径，曲线较平滑，沙纹较少，波浪对剖面形态产生的侵蚀现象更加严重。粒径增大，在水位上往滩肩方向，大粒径堆积现象更为严重，靠近坡脚处的沙纹更清晰且纹络更大。

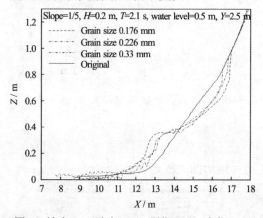 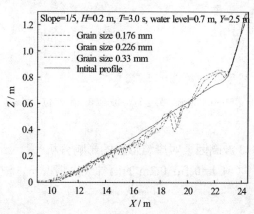

图 10 坡度 1/5 波高 0.2m 周期 2.1s 水位 0.5m　　　图 11 坡度 1/15 波高 0.2m 周期 3s 水位 0.7m

3.5 坡度因素对岸滩形态的影响分析

坡度为 1/5 时的岸滩剖面较之于坡度为 1/15 时的岸滩剖面，岸滩侵蚀区域从水位以上开始，侵蚀范围较大。泥沙作离岸运动，其变化幅度明显，沙坝形成更加明显。

由图 12 为例，1/5 坡度下形成的坡脚处的沙纹更加多，间隔更大，岸滩上部被侵蚀的泥沙向离岸方向输送，在临近侵蚀区的下方形成更为明显的淤积。

对于起始坡度为 1/15 的岸滩，多幅图像表明，在波高较小周期较大的波浪条件下，岸滩剖面存在堆积形态，岸滩剖面更容易在滩肩处产生轻微堆积。

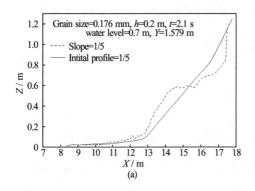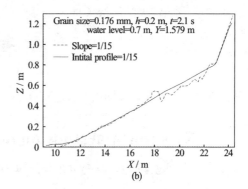

图 12 粒径 0.176mm 波高 0.2m 周期 2.1s 水位 0.7m

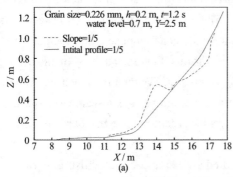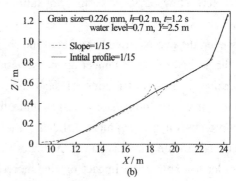

图 13 粒径 0.226mm 波高 0.2m 周期 1.2s 水位 0.7m

4 总结

本文思考了水位、波高、周期、坡度与泥沙粒径五种参数变量对于岸滩剖面演变的影响，在概化模型基础上进行机理型研究，主要结论如下：

（1）水位因素对岸滩剖面变化趋势的影响不大，演变后的岸滩剖面变化形状近似，仅在位置上有交错。水位影响波浪爬升的位置和波浪破碎的位置。

（2）长周期波相对于短周期波：岸滩剖面整体的离岸趋势更强，在坡面与坡脚延伸区交界附近淤积程度更大，形成沙纹更密集，沙纹的数量变多、高度增大、间隔变大。

（3）同等条件下，不同波高作用后地形的走向基本一致。波高越高，岸滩侵蚀程度更大，形成沙纹明显。

（4）粒径越大，沙纹较多，在水位上到滩肩处岸滩堆积更明显。粒径小容易受波浪因素影响，剖面冲刷侵蚀严重。

（5）1/5 坡度，坡度较陡，成阶梯状的离岸堆积，属于侵蚀型剖面。波浪发生破碎时为卷破波，泥沙作离岸运动。坡度为 1/15 的岸滩，波高较大周期较小，剖面呈弱侵蚀状态；

在波高较小周期较大的波浪条件下，泥沙的向岸堆积趋势明显。

参 考 文 献

1 海岸动力学[M]. 人民交通出版社, 2009.

Experimental study on the evolution of beach profile

QU Zhi-peng, ZHOU Zai-yang, LIU Fu-qi, CAO Ming-zi, GOU Ke-jia, XU Zhao-yan

(Ocean University of China, Qingdao, 266100, Email: qvzhipeng@sina.com)

Abstract： Nowadays, increasingly quantities of airports, nuclear power plants, factories are built alone the seaside. Waterfront project plays a crucial role in development of marine economy. However, the evolution and erosion of the shoreside along the coast impose a detrimental impact on the safety of the engineering construction. Since various factors, such as deposition of shoreside, uneven distribution of sand, loss caused by erosion, vegetation covering, random motion of waves, tides, storm surges and other extreme conditions, the research on shoreside evolution becomes much more difficult. Among the diversified factors of coastal erosion, change of coastal erosion waves is one of the major factors.

In order to explore the impact on the shoreside resulted by waves. We establish experimental models of evolution of the shoreside section. In the experiment, we use miniature sand (median diameter 0.176mm) medium sand (median diameter 0.226mm), coarse sand (median diameter 0.33mm) as three sediment grain size sand. And two types slope, 1/5 and 1/15, are lied in the tank. The parameters like depth, wave height, sediment particle size are adjusted in the wave-making test, in order to simulate the cross section of morphological changes of the shoreside. Meanwhile it provides some useful analysis of the position of the sediment erosion, which facilities the decoration of the artificial sand dam.

Total station are used to measure the initial and the terminal cross-sectional shape in the experiment, and 94 sets of data under different conditions are accumulated. By the approach, separation of variables, we compare and analyze the profiles of stable topography under different conditions which are classified by sediment grain size, slope, water altitude, wave height and period. Therefore, we obtained the trend of profile affected by different wave parameters, which will impose a great significance on the utilization of coastal land.

Key words： Beach profile; Topography; Evolution.

复杂地形上异重流模拟研究：水卷吸和泥沙侵蚀经验公式对比分析

胡元园[1]，胡鹏[1*]

[1]浙江大学海洋学院，浙江 杭州 (310058)
*通讯作者，Email: pengphu@zju.edu.cn，Tel: 86 18329121008

摘要：本文采用异重流层平均水沙耦合二维数学模型，模拟典型异重流水槽实验，分析异重流上下界面水卷吸系数(e_w)和泥沙侵蚀系数(E_S)对模拟复杂地形上异重流演化的影响和适用性。本文考虑两个水卷吸系数经验公式：e_w86、e_w87；考虑四个泥沙侵蚀系数经验公式：E_S86、E_S87、E_S93以及E_S04。初步模拟分析发现：计算所得淤积形态基本和实测淤积形态一致。对于开闸式异重流(lock-release turbidity currents)而言，无论采用何种经验公式，计算所得淤积厚度均与实测数据有较大差异。对于采用恒定入流驱动的异重流(constant-flux turbidity currents)而言，采用E_S87或E_S93公式时，淤积厚度吻合较好。

关键词：异重流，复杂地形，水卷吸，泥沙侵蚀，经验公式

1 引言

异重流发生于湖泊、水库和海洋等复杂地形环境。室内水槽实验对于地形往往相对简化，如考虑平坦底床上突变障碍物上异重流[1]；考虑坡折处异重流[2]；以及针对多个底坡隆起的异重流[3]。相对于室内试验，数学模型能够模拟多种情况。1980年代异重流的数学模型大多针对恒定异重流过程[4-6]。20世纪以来，非恒定异重流数学模型开始发展[7]，但没有充分考虑异重流、泥沙输移、底床地貌形态之间存在相互作用。近年来，Hu and Cao [8]建立了异重流一维水沙床耦合模型；Hu 等[9-10]将其扩展到了二维情况。

异重流数值模拟需要采用经验公式，如水卷吸系数(e_w)和泥沙侵蚀系数(E_S)经验公式等。以往异重流数值模拟研究往往选取任意泥沙侵蚀经验公式，没有交代其原因。实际上，经验公式的选取可能对计算结果造成较大的定量甚至定性影响。本文应用异重流水沙耦合二维数学模型，对水槽异重流的传播和淤积进行数值模拟，对比分析了异重流上下界面水卷吸系数和泥沙侵蚀系数对复杂地形上异重流演化模拟的适用性。

2 数学模型

2.1 控制方程

异重流层平均控制方程包括浑水质量守恒方程、两个方向的动量守恒方程、泥沙连续方程和河床变形方程，即（Hu et al. 2012）：

$$\frac{\partial \boldsymbol{U}}{\partial t} + \frac{\partial \boldsymbol{F}}{\partial x} + \frac{\partial \boldsymbol{G}}{\partial y} = \boldsymbol{S}_b + \boldsymbol{S}_f . \tag{1}$$

$$\boldsymbol{S}_b = \begin{bmatrix} 0 \\ -g'h\dfrac{\partial z}{\partial x} \\ -g'h\dfrac{\partial z}{\partial y} \\ 0 \end{bmatrix}, \quad \boldsymbol{S}_f = \begin{bmatrix} e_w\overline{U} + (E-D)/(1-p) \\ -u_*^2(1+r_w) - \dfrac{u(E-D)(\rho_0-\rho)}{\rho(1-p)} - \dfrac{\rho_w-\rho}{\rho}ue_w\overline{U} \\ -v_*^2(1+r_w) - \dfrac{v(E-D)(\rho_0-\rho)}{\rho(1-p)} - \dfrac{\rho_w-\rho}{\rho}ve_w\overline{U} \\ E-D \end{bmatrix}. \tag{2a, b}$$

$$\boldsymbol{U} = \begin{bmatrix} h \\ hu \\ hv \\ hc \end{bmatrix}, \quad \boldsymbol{F} = \begin{bmatrix} hu \\ hu^2+0.5g'h^2 \\ huv \\ huc \end{bmatrix}, \quad \boldsymbol{G} = \begin{bmatrix} hv \\ huv \\ hv^2+0.5g'h^2 \\ hvc \end{bmatrix}, \tag{2c, d, e}$$

$$\frac{\partial z}{\partial t} = -\frac{E-D}{1-p}$$

(3)

式中：$\boldsymbol{U}$=守恒变量向量；$\boldsymbol{F}$，$\boldsymbol{G}$= 通量向量；$\boldsymbol{S}_b$=几何源项向量，$\boldsymbol{S}_f$= 底床摩擦、底床变形、水体卷吸等源项向量；z= 底床高程，$\partial z/\partial t$ 为底床随时间的变形；$E = \omega E_s$、$D = \omega c_b$，为泥沙上扬通量和沉降通量，ω 为泥沙沉速，除特殊说明均采用 Dietrich et al. (1982)计算公式[11]，E_s 为泥沙侵蚀系数；$c_b = r_b c$ 为近底泥沙浓度，r_b 为近底与水深平均泥沙浓度比值；$U_* = \sqrt{c_D\overline{U}}$ 为全局摩阻流速，$\overline{U} = \sqrt{u^2+v^2}$；$x$，$y$= 水平坐标；$t$ = 模拟时间；h= 异重流厚度；u，v = x 和 y 方向上层平均速度；c=层平均含沙量；g = 重力加速度；$g' = Rgc$= 水下有效重力加速度；$u_* = \sqrt{c_D u\overline{U}}$、$v_* = \sqrt{c_D v\overline{U}}$ 为水平方向上的底床摩阻流速；c_D= 拖拽系数；r_w= 异重流上下界面阻力比值，$r_w = 0.43$（Parker et al. 1986）；e_w= 水卷吸系数；ρ_w、ρ_s= 水、沙密度；p= 泥沙空隙率；$\rho = \rho_w(1-c) + \rho_s c$= 水沙混合体密度；$R = (\rho_s-\rho_w)/\rho$= 重力修正系数。

2.2 经验公式

根据研究目的，本文考虑作者涉猎文献范围内所有与异重流相关的水卷吸系数（2 个）和泥沙侵蚀系数经验公式（4 个），总结如下表：

表1 水卷吸系数经验公式

e_w86 经验公式 (Parker et al. 1986)	$e_w = 0.00153 / (0.0204 + Ri)$
e_w87 经验公式 (Parker et al. 1987)[12]	$e_w = 0.075 / \sqrt{1 + 718 Ri^{2.4}}$

表2 泥沙侵蚀系数经验公式

E_S86 经验公式, (Parker et al. 1986)	$E_s = \begin{cases} 0.3 & Z_m \geq 13.0 \\ 3\times10^{-12} Z_m^{10}(1-5/Z_m) & 5 < Z_m < 13.0 \\ 0 & Z_m \leq 5 \end{cases}$, $Z_m = R_{ep}^{0.5} U_* / \omega \cdot$
E_S87 经验公式, (Parker et al. 1987)	$E_s = \dfrac{3\times10^{-11} Z_m^7}{1 + 1\times10^{-10} Z_m^7}$, $Z_m = R_{ep}^{0.75} U_* / \omega \cdot$
E_S93 经验公式, (Garcia and Parker 1993)	$E_s = \dfrac{1.3\times10^{-7} Z_m^5}{1 + 4.3\times10^{-7} Z_m^5}$, $Z_m = \begin{cases} R_{ep}^{0.6} U_* / \omega & R_{ep} \geq 3.5 \\ 0.586 R_{ep}^{1.23} U_* / \omega & 1 < R_{ep} < 3.5 \end{cases} \cdot$
E_S04 经验公式, (Wright and Parker 2004)[13]	$E_s = \dfrac{7.8\times10^{-7} Z_m^5}{1 + 7.8\times10^{-7} Z_m^5 / 0.3}$, $Z_m = u_* / \omega R_{ep}^{0.6} (u_* / gh)^{0.08} \cdot$

其中 $R_{ep} = \sqrt{Rgd}\, d / \nu$ 为颗粒雷诺数, ν=水体运动黏度, d=泥沙粒径。

2.3 数值计算方法

本文数值计算方法基于结构网格，采用有限体积法对控制方程离散如下：

$$U_{i,j}^* = U_{i,j}^n - \frac{\Delta t}{\Delta x}(F_{i+1/2,j} - F_{i-1/2,j}) - \frac{\Delta t}{\Delta y}(G_{i,j+1/2} - G_{i,j-1/2}) + \Delta t S_{bi,j}, \tag{4a}$$

$$U_{i,j}^{n+1} = U_{i,j}^* + \Delta t S_f(U_{i,j}^*). \tag{4b}$$

其中 Δt = 时间步长, Δx、Δy= 空间步长；下标 i, j= 空间节点号，上标*、n= 时间层；$F_{i+1/2,j}$、$G_{i,j+1/2}$ = 体积单元间的数值通量，采用基于 WSDGM 的 SLIC 近似黎曼算子方法计算。详见 Hu et al. (2012)；时间步长按克朗条件设定。

底床变形方程(3)可离散为： $z_{i,j}^{n+1} = z_{i,j}^n + \Delta t \times (D-E)_{i,j}^* / (1-p)$

3 数值算例研究

3.1 开闸式异重流水槽实验——Mulder and Alexander (2001)

实验采用 lock-release 的水槽模型。模型设置如图1所示：

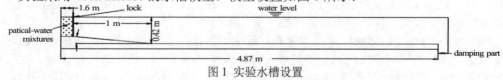

图1 实验水槽设置

水槽长 4.87m，宽 0.17m，高 0.42m，四面为固壁，水槽下游设有水跌泄流。初始底床不可冲。水槽左端为长为 0.16m 的初始浑水，给定其厚度和初始含沙量，出流前充分搅拌。初始厚度随着右侧底坡角度改变而改变，斜坡长为 1m。

出流处坡度 α、泥沙粒径和初始沙量浓度如表 1 所示。其他基本参数给定如下：p =0.4，g =9.8m/s²，ρ_w =1000kg/m³，ρ_s =3220kg/m³，ν =1×10⁻⁶ m²/s，c_D =0.03，r_b =2.0，u_0 =0.0m/s，v_0 =0.0m/s，d_r =51 μm，Cr =0.9.

表 1 算例参数

Case no.	1	2	3	4	5	6	7	8	9	10
α	0°	3°	6°	9°	12°	0°	3°	6°	9°	12°
c_i (vol%)	0.05	0.05	0.05	0.05	0.05	0.1	0.1	0.1	0.1	0.1

水槽实验模拟了不同坡度和不同初始浓度共 10 种异重流情况，此处我们选择 Case 3、6、8 作为实例进行对比分析：

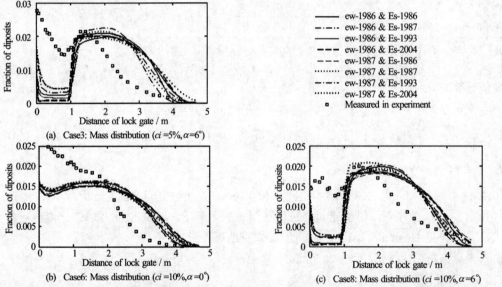

图 2　各点泥沙沉降与总沉降质量之比的沿程分布，不同 E_S、e_w 公式组合模拟与文献测量结果对比

图 2 为各点泥沙沉降与总沉降质量之比的沿程分布，其由 8 项不同经验公式组合模拟得出。8 种情形的模拟结果和趋势大致相同，近闸门一米缓坡处的淤积程度与文献实测结果相差较大；缓坡处可以看出，泥沙淤积分布大致分为两组，分别为 E_S87、E_S93 与 E_S86、E_S04，第一组的模拟结果更加贴近文献实测结果；坡折处的淤积迅速增大，达到实测水平；x =2m 处开始，实测和模拟淤积量都开始下降，但模拟结果下降明显较为缓慢。

Case 6 与 Case 8 的算例结果比较来看，最大的区别在于 x =0m 到 1m 处的淤积情况，坡度对泥沙沉积的影响很大，成反比关系。Case 3 与 Case 8 的算例结果比较来看，在缓坡处 E_S87、E_S93 组合的泥沙沉积模拟结果波动较大，在平底处则 e_w87、E_S04 组合的模拟最为敏感。

这些现象说明，在开闸式异重流数值模拟中，总体效果不算理想，特别在缓坡处模拟的异重流泥沙沉降速度过慢，对底床坡度改变处的沉降敏感度很高。E_s 是影响泥沙沉降的主要因素，e_w 则相对次要。原因有以下两点：① 此水槽实验的侧重点在于研究高浓度泥沙异重流，对于此，Dietrich et al. (1982)的泥沙沉降速度计算公式对于高浓度异重流可能并不适用；② 实验所采用的是非均匀沙，数值模拟采用的为特征粒径 d_r 而非中值粒径。

3.2 恒定入流式异重流水槽实验——Garcia and Parker (1989, 1993) [5, 14] & Garcia et al.

实验均采用 constant flux 恒定入流的水槽模型，模型设置如图 3 所示。

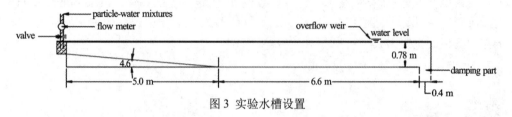

图 3 实验水槽设置

水槽长 11.6m，宽 0.3m，高 0.7m，水槽下游为水跌泄流。初始底床不可冲。异重流进口设置在水槽左边，异重流的产生为恒定入流方式，进口高 h_0 = 0.03 m，进口右侧是向下倾斜的底坡（水平长为 5m，坡度 S_{bx} = 0.08），斜坡下游长为 6m，坡度 S_{bx} = 0.0

此处选取具有代表性的两组异重流实验：GLASSA2 和 MIX6。

GLASSA2，砂砾特征粒径 d_r = 0.03 mm，沉降速度 ω = 0.084 cm/s，p = 0.4，g = 9.8m/s^2，ρ_w = 1000kg/m^3，ρ_s = 2500kg/m^3，v = 1×10^{-6} m^2/s，c_D = 0.01，c_0 = 0.00339，r_b = 2.0，v_0 = 0.0 m/s，异重流入流速度 u_0 = 0.083 m/s，Cr = 0.95，实验时的温度为 25 ℃。

MIX6，砂砾特征粒径 d_r = 0.027 mm，p = 0.5，g = 9.8m/s^2，ρ_w = 1000kg/m^3，ρ_s = 2650kg/m^3，v = 1×10^{-6} m^2/s，c_D = 0.01，c_0 = 0.0109，r_b = 2.0，v_0 = 0.0 m/s，异重流入流速度 u_0 = 0.11 m/s，Cr = 0.95，实验时的温度为 5 ℃。

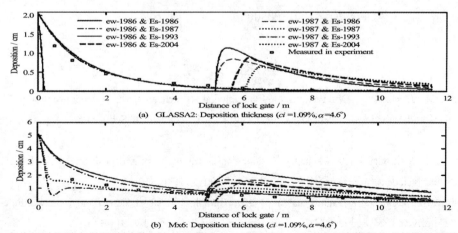

图 4 各点泥沙沉降与总沉降质量之比的沿程分布，不同 E_S、e_w 公式组合模拟与文献测量结果对比

上图是 GLASSA2 和 MIX6 的异重流泥沙淤积沿程分布的数值解与实测数据的对比。GLASSA2 中 E_S87 和 E_S93 两个组合的模拟结果与文献实测值拟合得较好，E_S86 和 E_S04 则不够理想，其受坡度影响太大，在缓坡处淤积量几乎为 0，但在 $x=5m$ 坡折处附近淤积迅速增大。MIX6 中整体效果不如 GLASSA2，但亦是 E_S86 和 E_S04 两个组合的模拟结果拟合得不够理想，E_S87 和 E_S93 两个组合的模拟结果拟合得相对较好，特别是 E_S93。

MIX6 中，全耦合模型高估了其沉积高程，这是由于 MIX6 使用的是分级泥沙混合，因此，现有模型受制于其均匀泥沙输移。然而，均匀泥沙 GLASSA2 中沉积的测量值与模拟值拟合得很好。总之，在此模型的模拟对比中，E_S87 和 E_S93 泥沙淤积模拟结果较好，地形变化对其拟合性影响较小；在本实验各参数设置、恒定入流的条件下，Dietrich et al. (1982)的泥沙沉降速度计算公式适用性很好；E_S86 和 E_S04 对底床坡度改变的敏感度很高；E_s 是影响泥沙沉降的主要因素，e_w 则相对次要。

4 结论

本文采用水沙耦合二维数学模型，模拟典型的水槽异重流实验，分析异重流上下界面水卷吸系数(e_w)和泥沙交换经验公式(E_S)对复杂地形上异重流演化模拟的适用性，并与文献中实验测量结果进行对比。初步模拟分析发现：对于高含沙量的异重流，数值模拟并不理想；对于开闸式异重流而言，无论采用何种经验公式，计算结果均与实测数据差异较大；对于采用恒定入流驱动的异重流而言，E_S87 或 E_S93 公式计算结果和实测淤积厚度吻合较好；影响泥沙沉降淤积 e_w 则相对 E_s 次要，且 E_S87、E_S93 对于低浓度泥沙异重流模拟得较佳；E_S86 或 E_S04 对复杂地形异重流的模拟结果不够理想，受坡度影响很大；总体上恒定入流式比开闸式异重流表现得更好，这与 E_s、e_w 经验公式是由恒定入流驱动的异重流实验中推出相符。

致谢

浙江省自然科学基金项目 （LQ13E090001）

参 考 文 献

1　Alexander J, Morris S. Observations on Experimental, Nonchannelized, High-Concentration Turbidity Currents and Variations in Deposits Around Obstacles [J]. Journal of Sedimentary Research, 1994,Vol. 64A.

2　Mulder T, Alexander J. Abrupt change in slope causes variation in the deposit thickness of concentrated particle-driven density currents [J]. Marine Geology, 2001,175(1):221-235.

3　Kubo Y. Experimental and numerical study of topographic effects on deposition from two-dimensional, particle-driven density currents [J]. Sedimentary Geology, 2004,164(3-4):311-326.

4　Parker G, Fukushima Y, Pantin H M. Self-accelerating turbidity currents [J]. Journal of Fluid Mechanics,

1986,171(1):145-181.

5   Garcia M, Parker G. Experiments on the entrainment of sediment into suspension by a dense bottom current [J]. Journal of Geophysical Research: Oceans, 1993,98(C3):4793-4807.

6   Hu P, Pähtz T, He Z. Is it appropriate to model turbidity currents with the Three-Equation Model? [J]. Journal of Geophysical Research: Earth Surface, 2015.doi: 10.1002/2015JF003474

7   Garcia M H, Associate Member A. Depositional Turbidity Currents Laden with Poorly Sorted Sediment [J]. Journal of Hydraulic Engineering, 1994,120(11):1240-1263.

8   Hu P, Cao Z. Fully coupled mathematical modeling of turbidity currents over erodible bed [J]. Advances in Water Resources, 2009,32(1):1-15.

9   Hu P. Coupled modelling of turbidity currents over erodible beds [D]. Edinburgh: Heriot-Watt University, 2012.

10   Hu P, Cao Z, Pender G, et al. Numerical modelling of turbidity currents in the Xiaolangdi reservoir, Yellow River, China [J]. Journal of Hydrology, 2012,464-465:41-53.

11   Dietrich W E. Settling velocity of natural particles [J]. Water Resources Research, 1982,18(6):1615-1626.

12   Parker G, Garcia M, Fukushima Y, et al. Experiments on turbidity currents over an erodible bed [J]. Journal of Hydraulic Research, 1987,25(1):123-147.

13   Wright S, Parker G. Flow Resistance and Suspended Load in Sand-Bed Rivers: Simplified Stratification Model [J]. Journal of Hydraulic Engineering, 2004,130(8):796-805.

14   GARCIA M, PARKER G. Experiments on Hydraulic Jumps in Turbidity Currents Near a Canyon-Fan Transition [J]. Science, 1989,245(4916):393-396.

Simulation study on the turbidity currents on complex bed topography: comparative analysis of water erosion and sediment entrainment empirical formulae

HU Yuan-yuan [1], HU Peng [1*]

[1] Ocean College (Zijinggang Campus), Zhejiang University Hangzhou 310058, CHINA
[*] Corresponding author, Email: pengphu@zju.edu.cn, Tel: 86 18329121008

Abstract: In this paper, a 2D layer-averaged fully coupled mathematical modelling is used to simulate turbidity currents in laboratory flume experiments. The impact and applicability of water entrainment coefficient (e_w) and sediment erosion coefficient (E_S) are analyzed for the evolution of turbidity current on the complex bed topography. Two empirical formulae of water entrainment coefficient (e_w86, e_w87) and four empirical formulae of sediment erosion coefficient (E_S86, E_S87, E_S93, E_S04) are considered. Preliminary simulation analysis found that the calculated deposition is morphologically similar to the measured deposition. For the lock-release turbidity currents, the calculated deposition cannot simulate well with the measured regardless of the change of empirical formulae. For using a constant inflow of density-driven flow (constant-flux turbidity currents), the calculated and measured thickness of sediment are in good agreement when using $E_S 87$ and $E_S 93$.

Key words: turbidity current; complex bed topography; water entrainment; sediment erosion; empirical formulae.

条子泥围垦工程对近海水动力影响的数值模拟研究

刘晓东 [1,2]，涂琦乐 [1]，华祖林 [2,*]，丁珏 [1]，周媛媛 [1]

（1.浅水湖泊综合治理与资源开发教育部重点实验室，江苏 南京 210098；2. 河海大学环境学院，江苏 南京 210098）

摘要： 基于 EFDC 模型建立了条子泥海域三维水流数学模型，对条子泥围垦前、一期围垦后、全部围垦后的潮流场进行了模拟研究。根据模拟计算结果，对条子泥分期围垦后对附近水域的流场、流速、水位的影响进行了分析，从潮流动力角度论证了围垦方案的可行性。研究结果表明：一期围垦实施后，对辐射沙洲整个潮流场影响不大，主要是对工程附近水域增加了阻水效应，围堤东侧局部流速减小；围垦全部实施后，阻隔了工程区沿岸的南北向潮流，对工程区外侧岸堤周围近岸水域的潮流方向产生一定影响，但对辐射沙洲外海流场影响较小，围垦后梁垛河口和方塘河口周围的潮位均有一定的抬升。

关键词： 条子泥；EFDC；数学模型；围垦；潮流影响

1 引言

滩涂围垦是沿海地区开发利用土地资源和促进经济发展的重要手段，如何科学合理地进行围垦开发是一个值得研究的问题[1-3]。条子泥围垦工程为江苏沿海最大的滩涂围垦工程，为江苏"第一围"。条子泥位于海陆交互地带，动力过程复杂，地貌变化活跃，生态环境独特，水域潮沟、潮脊的演变呈多样化、网络化特点，在南黄海旋转潮波与东海前进潮波系统的共同作用下，水域潮动力强劲，潮差较大，水域水下地形具有极强的多变性[4-6]。围垦工程在短时间、较大范围内改变自然海岸格局，对局部区域的水文水动力条件产生较为显著的影响，进而对伴随水流运动的物质输运规律产生影响，因此，围垦工程对周边海域的水动力环境的影响分析[7-9]是十分重要的。

本研究使用 Environmental Fluid Dynamics Code(EFDC)模型对条子泥周围海域及围垦情况进行模拟，比较条子泥海域在围垦工程实施前、一期围垦后、全部围垦实施后的水文水动力变化情况。

2 条子泥海域三维水流数学模型

2.1 基本方程

模型水平方向上采用笛卡尔坐标系，垂直方向上采用 σ 坐标变换进行归一化处理。在 σ 坐标系下水流运动三维基本方程为：

连续方程：

$$\partial_t(m\zeta) + \partial_x(m_y Hu) + \partial_y(m_x Hv) + \partial_z(mw) = 0$$

动量方程：

$$\partial_t(mHu) + \partial_x(m_y Huu) + \partial_y(m_x Hvu) + \partial_z(mwu) - (mf + v\partial_x m_y - u\partial_y m_x)Hv$$

$$= -m_y H\partial_x(g\zeta + p) - m_y(\partial_x h - z\partial_x H)\partial_x p + \partial_z(mH^{-1}A_v\partial_z u) + Q_u$$

$$\partial_t(mHv) + \partial_x(m_y Huv) + \partial_y(m_x Hvv) + \partial_z(mwv) + (mf + v\partial_x m_y - u\partial_y m_x)Hu$$

$$= -m_x H\partial_y(g\zeta + p) - m_x(\partial_y h - z\partial_y H)\partial_z p + \partial_z(mH^{-1}A_v\partial_z v) + Q_v$$

式中，H 为总水深，$H = h + \zeta$；f 是科里奥参数；A_v 是垂直涡动黏滞系数；Q_u 和 Q_v 是动力源汇项；u、v 分别表示正交曲线坐标系下 x、y 方向的速度分量；m_x 和 m_y 为正交曲线坐标系的拉梅系数，$m = m_x \cdot m_y$；w 为垂直方向的速度分量。

2.2 模型边界条件

2.2.1 初始条件

$$u_i(x, y, z, 0) = u_{i0}(x, y, z)$$

2.2.2 边界条件

(1)固壁边界：岸线或建筑物边界可是为闭边界，即边界不透水，水质点沿切向可自由滑移，法向流速为零。

（2）开边界：本次模拟开边界为海洋边界，采用水（潮）位过程。

（3）动边界条件：在计算区域内存在潮间带，一些计算点有可能随着潮汐水位的变化而被淹没或露出来，从而出现干湿网格。EFDC 模型通过干湿网格法对潮间带的这种性质进行了描述，在存在露滩现象的浅滩，涨潮时滩面被逐渐"淹没"，落潮时逐渐"干出"。

2.3 模型离散与数值求解

控制方程运用有限差分法（FDM）进行离散。在水平方向上采用交错网格布置，使用二阶迎风格式离散；垂向方向上的数值解分为沿水深积分的外模式和计算垂直流结构的内模式两部分，其中，外模式采用逐次超松弛法进行求解；内模式利用外模式得到的水位和垂线平均流速，求解垂向扩散的动量守恒方程，得到剪切应力与流速的垂向分布，以达到求解三维流场的目的。

2.4 计算区域及网格划分

本次模型计算范围包括了整个辐射沙脊群区域，北部边界延伸到大丰港以北，南部边界延伸至洋口港以南，南北长约 155km，东西长约 102km。模型闭边界为自然岸线，开边界采用东中国海潮波模型提供的潮位边界。模型使用网格为 EFDC 中的扩展网格，该网格是一个可变距的笛卡尔网格，它可以从一个焦点往各个方向扩展。指定焦点坐标位于围垦区域的中央，初始最小网格为 200m×200m，扩展因子为 1.02，最大网格为 1000m×1000m，模型计算范围及网格划分见图1。

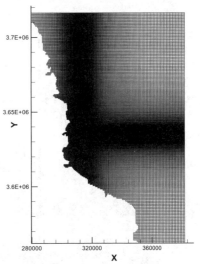

图1 模型计算范围及网格划分

4 条子泥围垦工程对近海水动力影响分析

4.1 流场变化

图 2 和图 3 为围垦前、一期围垦后、全部围垦后的涨落急潮流场。从围垦前的流场可知，辐射沙洲周边水域的潮流受到前进潮波和选择潮波的影响，潮流呈辐射状，并以往复流为主，略带一点旋转流的性质。受海底辐射状地形的影响，涨落潮主流基本与深槽走向一致，浅滩上则流速较小。一期围垦工程实施后，条南、条北边滩被匡围，会使原本流入该区域的潮流限制在围堤外，围垦区外的水流流速会有所减小。而在落潮期间，落潮流在沿着固有潮流通道落潮同时，也有部分水流沿围堤外侧流动。总体来看，一期围垦工程对辐射沙洲整个潮流场影响不大，但长时间段的累积影响需引起重视。全部围垦工程后将垦区继续向海域扩展，使得岸线有较大改变。涨潮时刻，来自岸堤东南侧的西北向潮流受到南侧岸堤的阻隔，沿岸堤分成两股，分布向西、北两个方向流动；而岸堤东北侧的西向潮流受到岸堤阻隔，沿西北向流动。落潮时刻，原沿岸南向潮流受到全部工程围堤阻隔，沿北侧围堤向东南方向流动，与南侧围堤周围潮流汇集向南流向海域。对于围堤南北两侧的方塘河和梁垛河，由于河口前沿的如海通道走向基本与围堤走向一致，因此围堤并未明显改变这两个河口前沿的入海通道的位置及水流的走向。大丰港、川东港、洋口港远离规划围垦区，一期围垦工程基本不会对这些区域造成影响。

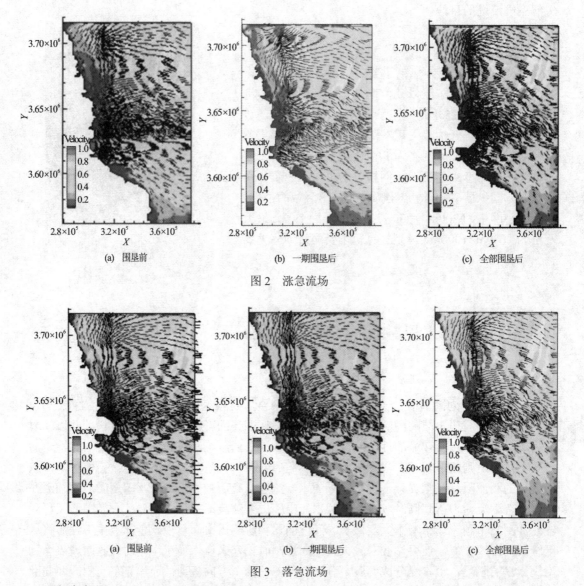

(a) 围垦前　　　　　　　　　(b) 一期围垦后　　　　　　　　　(c) 全部围垦后

图 2　涨急流场

(a) 围垦前　　　　　　　　　(b) 一期围垦后　　　　　　　　　(c) 全部围垦后

图 3　落急流场

4.2 流速变化

条子泥附近是南北潮流通道交汇区域，一期围垦工程实施对潮流通道内流速的影响范围较小，主要是增加了阻水效应，流速减小超过 0.1m/s 的范围在 20km 以内，工程对落潮流速的影响大于涨潮时。距离工程越近，流速减小越多。全部围垦后，阻隔了工程区沿岸的南北向潮流，对工程区外侧岸堤周围的潮流方向产生一定影响。全部工程东侧围堤周围流速相较一期工程时有 0.1m/s 左右的增加，增加范围在 16km² 以内。

4.3 水位变化

在工程区周围设置 8 个取样点, 如图 4 所示。比较采样点在围垦前、一期围垦后、全部围垦工程后的水位大小。

比较结果表明: 一期、全部围垦工程实施后, 梁垛河口的潮位有明显增加的趋势, 这是由于围垦堤岸阻隔了涨潮时海水的南北流, 使得附近的水位增加。全部围垦的岸线向内海延伸较多, 全部围垦东侧区域的潮位比围垦前、一期围垦时增加明显。相较于围垦前、一期围垦后, 方塘河口周围的潮位在全部围垦后有比较大的抬升。

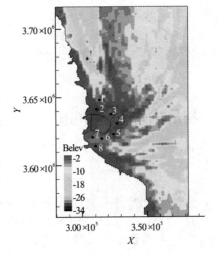

图 4　潮位分析点位置

5　结论

本研究基于 EFDC 模型建立了条子泥海域三维水流数学模型, 对条子泥围垦前后的潮流场进行了模拟研究。根据模拟计算结果, 对条子泥分期围垦后对近海水动力的影响进行了分析, 结果表明: 一期围垦实施后, 对辐射沙洲整个潮流场影响不大, 主要是对工程附近水域增加了阻水效应, 围堤东侧局部流速减小; 围垦全部实施后, 梁垛河口和方塘河口周围的潮位均有一定的抬升, 阻隔了工程区沿岸的南北向潮流, 对工程区外侧岸堤周围近岸水域的潮流方向产生一定影响, 但对辐射沙洲外海流场影响较小, 从潮流动力角度讲, 围垦方案是可行的。

参 考 文 献

1　徐向红, 陈刚. 江苏沿海滩涂围垦与可持续发展[J]. 河海大学学报: 哲学社会科学版, 2002, 4(4): 26-28.

2　陈才俊. 沿海滩涂围垦开发的再定位思考[J]. 河海大学学报: 自然科学版, 2002, 30(增刊 2): 38-41.

3　胡海清, 胡明华. 基于 GIS 的滩涂围垦管理信息系统[J]. 水资源保护, 2007, 23(4): 56-58.

4　诸裕良, 严以新, 薛鸿超. 南黄海辐射沙洲形成发育水动力机制研究—I.潮流运动平面特征[J].中国科学(D 辑), 1998, 28 (5): 403-410.

5　宋志尧, 严以新, 薛鸿超, 等. 南黄海辐射沙洲形成发育水动力机制研究—Ⅱ.潮流运动立面特征[J].中国科学(D 辑), 1998, 28 (5): 411-417.

6　薛鸿超. 论南黄海辐射沙洲潮汐通道建港[C] //薛鸿超.海岸工程及水运经济:薛鸿超教授文集.北京:海洋出版社, 2008: 534-541.

7 叶泽标. 围海堵口截流体的施工要求和防护[J]. 水利水电科技进展，2002，22(5)：58—60.

8 吴前金. 过桥山围垦筑堤的施工技术问题[J]. 水利水电科技进展，2000，20(6)：54-56.

9 王义刚，王超，宋志尧. 福建铁基湾围垦对三沙湾内深水航道的影响研究[J]. 河海大学学报：自然科学版，2002，30(6)：99—103.

Numerical simulation of hydrodynamic impact on coastal waters of Tiaozini reclamation project

LIU Xiao-dong[1,2], TU Qi-le[1], HUA Zu-lin[1,2], DING Jue[1], ZHOU Yuan-yuan[1]

(1.Key Laboratory of Integrated Regulation and Resource Development on Shallow Lake of Ministry of Education , Nanjing 210098, P.R. China

2. College of Environment, Hohai University, Nanjing 210098, P.R. China)

Abstract：　Based on EFDC model, a 3D flow model was established to assess the impact of Tiaozini reclamation project on hydrodynamic characteristics of Tiaozini waters in this paper. According to the simulation results, the accumulated influences of the project on flow velocity, flow direction and water level were analyzed. It can be concluded that the effect of the first phase reclamation project will mainly limited to the waters near the project where the water blocking effect will be increased and the local velocity on the eastern side of the embankment will be reduced. The reclamation fully implemented will cause a barrier of tidal current to north or south. But it has little effect on the flow field in the radiation sandbar offshore. So according to the effect on hydrodynamic characteristics the reclamation plan can be accepted.

Key words： Tiaozini; EFDC; Mathematical model; Reclamation; Tidal effect

基于不同风场模型的台风风浪数值模拟

秦晓颖，史剑，蒋国荣

（解放军理工大学气象海洋学院军事海洋中心，南京，211101，Email: xiaoying7588@126.com）

摘要： 为了检验 FVCOM 海洋模式模拟台风浪的效果，本文分别以 CCMP 风场和 WRF 模式模拟风场构建驱动台风浪的海面风场模型，基于 FVCOM 海洋模式，以 2010 年的"凡比亚"台风为例进行台风浪数值模拟，并用站点浮标资料进行了模拟结果检验。结果表明：FVCOM 海洋模式模拟的水位、有效波高结果与实际观测结果的整体误差较小，模拟效果较好；受到风场与地形的影响，最大增水与减水的区域分别位于台风中心的左侧沿岸和右侧沿岸；风场与表面流场的模拟结果也符合台风过程中的风生流分布特征，即风场与表面流场方向、大小存在一致性。此外，对比分析两种不同海面风场模型下的台风浪模拟结果发现，二者均能较好的模拟此次台风过程，但存在一定的差异，增加 WRF 模式模拟风场作为强迫驱动风场模拟的有效波高更接近观测值。

关键词： 台风风场；台风浪； FVCOM 模式； 数值模拟

1 引言

中国是世界上遭受台风灾害最严重的少数国家之一。每年平均约 7～8 个台风登陆中国，最多可达 12 个，一般年份，影响中国的台风 (不一定在中国登陆)可达 10 个左右。这些台风给中国约造成 250 多亿经济损失和数百人的人员伤亡。如 2006 年 7 月 12 日"碧丽斯"台风在福建露浦登陆以后向西移动,在湖南、江西南部和广东北部带来特大暴雨，7 月 14 日晚在上述地区降雨量达 400mm 多，引发了严重的滑坡和泥石流灾害，造成 600 多人死亡和 200 多人失踪；2009 年 9 月 7 日"莫拉克"台风在台湾南部登陆，降雨量达 3000mm 多，造成了台湾 461 人死亡和 192 多人失踪。因此，开展有关西北太平洋台风活动的研究具有重要的科学意义，它不仅可以为影响我国的西北太平洋台风活动预报研究提供科学依据，而且对于台风路径和登陆地点的预报也具有广泛的应用价值。

台风不但会造成暴雨危害，还会在近海沿岸引起风暴潮灾害。针对台风引起的风暴潮的风浪数值实验，本文主要选用较新、较先进的 FVCOM 海洋模式，由于采用了无结构三角网格，FVCOM 海洋模式处理近岸复杂的海底地形更为精确，因此对近岸海浪的模拟效果可能更好。台风个例选取 2010 年 9 月的强台风"凡比亚"，分别用 CCMP 风场和 WRF 模式产生的风场作为模式的驱动风场，对台风过程进行模拟实验，并开展一些敏感性实验，利用站点的实际观测数据进行检验，来分析不同台风风场模拟的台风浪分布特征差异及FVCOM 模式模拟台风浪的效果。

2 模式和资料

2.1 FVCOM 模式

FVCOM 模式又称有限体积海岸海洋模式，源代码由陈长胜博士领导的马萨诸塞州达特默斯大学海洋生态动力学模型实验室与伍兹霍尔海洋学协会的罗伯特 C.比尔兹利博士合作开发。全球海洋内部大陆架和河口有复杂的礁岛、水湾、广阔的高潮线与低潮线之间的盐碱湾等特征，这种不规则的海岸边界系统对于研究模型发展的海洋学家是一个严峻的挑战。常用的有两种数学方法解决大洋环流模型：（1）有限差分方法（Blumberg and Mellor, 1987; Blumberg, 1994;Haidvogel et al., 2000)（2）有限元方法(Lynch and Naimie, 1993;Naimie, 1996)。有限差分法基于离散方法并具有计算和编码效率的优点。在有限差分法中引入正交或非正交水平曲线坐标转换可以为简单海岸区域提供适当的边界，但这种转换不能解决许多海岸的高度不规则内部陆架/河口几何学(Blumberg 1994; Chen et al. 2001; Chen et al.2004a)。有限元法最大的优点是几何学的灵活性。任意空间尺寸的三角网格通常用于这种方法，并可精确的适用于不规则海岸边界。P 型有限元法(Maday and Patera, 1988)或不连续 Galerkin 方法(Reed and Hill,1979; Cockburn et al., 1998)已应用于解决海洋问题并取得了较好的计算精确性和效率。与有限差分法和有限元法使用的微分形式不同，FVCOM 是对控制方程进行离散。在自由尺度三角网格中（与有限元方法相同）用通量计算（与有限差分法相同）可以从数学上解得这些积分方程，有限体积近似可以保证单独控制要素和整体计算范围的质量守恒。FVCOM 采用的这种无结构三角网格，相比于其他格式的网格，能够更好地拟合几何形状复杂的岸线和对关心的局部区域进行过渡平稳的加密处理，垂直方向采用坐标，能够更精确地模拟复杂的海底地形。

本文采用的是 FVCOM3.1.6 版本，该版本将 SWAN 海浪加入到了 FVCOM 模式中，构建了一个无结构网格的浪流双向耦合模型 FVCOM-SWAVE,该模型可以直接实现浪流之间的信息交换。

2.2 WRF 模式介绍

WRF（Weather Research and Forecast）模式是由美国 NCAR、 NOAA 预报系统实验室（FSL）、NCEP、Oklahoma 大学的风暴分析和预报中心（CAPS），与许多其他大学的科学家共同研制和发展的新一代中尺度模式。该模式是非静力原始方程模式，水平格点为 Arakawa C 格式，垂直坐标采用追随地形高度和质量坐标（也称为静压坐标）。

2.3 CCMP 风场介绍

CCMP(Cross Calibrated Multi-Platform)风场数据是一种具有较高的时间、空间分辨率和全球海洋覆盖能力的新型卫星遥感资源。CCMP海面风场计划由NASA地球科学事（ESE）提出的"让地球系统数据应用于环境研究"的合作协议公告提供项目经费支持，在此项目中，Atlas（2008，2009）等人经过理论和方法论证，提出了具有很高精度和适用性的CCMP海面风场数据集，该数据集采用一种增强的变分同化分析法（VAM）融合了QuikSCAT/SeaWinds、ADEOS-II/SeaWinds、AMSR-E、TRMM TMI 和SSM/I 等诸多海洋被动微波和散射计遥感平台上采集的海面风场数据，由NASA（美国国家航空航天局，National Aeronautics and Space Administration）于2009年推出。CCMP风场的时间范围1987年7月至2014年12月，时间分辨率为6h，其空间范围为0.125°～ 359.875°E，78.375°～78.375°N，空间分辨率达到了0.25°×0.25°。

3 台风浪数值模拟及结果分析

本文选择的台风案例是发生于 2010 年 9 月的台风"凡比亚"（FANAPI，国际编号：1011），台风"凡亚比于" 2010 年 9 月 13 日（世界时间）生成于台湾岛以东的太平洋面上并迅速发展为热带风暴，生成后向西北台湾岛方向移动，9 月 15 号发展为台风、强台风，最强时中心最大风速达到 52m/s，中心气压为 944hPa，9 月 19 日 1 时前后于台湾省花莲县丰滨乡附近沿海登陆，登陆后由东向西横穿台湾岛进入台湾海峡，并于 9 月 19 日 23 时左右在福建省漳浦县沿海再次登陆，登陆时最大风速为 35m/s,台风中心气压为 970hPa。"凡亚比"整体的移动路径如图 1 所示，台风数据来源于 JTWC（Joint Typhoon Warning Center，联合台风警报中心）所提供的台风最佳路径资料，图中红色标志为所选的浮标观测站点。

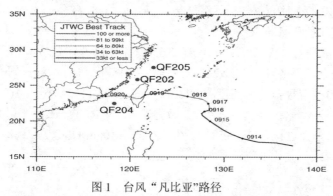

图1 台风"凡比亚"路径

3.1 区域及网格的设置

考虑到本次台风过程的影响区域主要在中国东南沿海及台湾海峡一带,故模式的计算区域设定为 15°~40°N，105°~140°E。模式的网格采用可视化地表水模拟分析软件 SMS 8.1 生成的三角网格系统，为不重叠的三角形单元网格，为了保证风暴潮增水的模拟效果，保留了部分岛屿。海岸和岛屿的边界为固体边界，外边界为开边界。网格和区域的配置如图 2a。文中的水深数据采用的是 NOAA（National Oceanic and Atmospheric Administration,美国国家海洋和大气管理局）的高分辨率 ETOP1 水深数据，其分辨率为 1°×1°，模拟区域的水深如图 2b 所示，海岸线数据则采用 GSHHS 全球高分辨率海岸线数据。

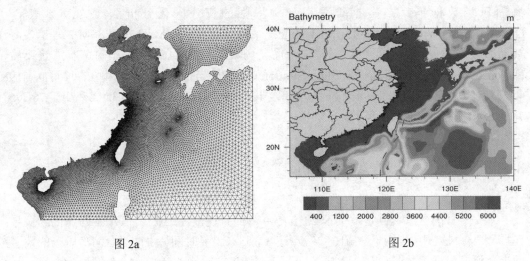

图 2a   图 2b

3.2 FVCOM 模式计算方案设置

本次实验 FVCOM 模式的计算时间为 2010 年 9 月 13 日 00 时～21 日 00 时，总共 8 天，模型在水平方向上采用球坐标，在垂直方向上采用 σ 坐标分层，共分为 40 层。温度和盐度设置为常数，初始的水位和流场都设置为 0。模型的内模式的时间步长为 600s，外模型的时间步长为 60s，每 1 小时输出一次计算结果。

3.3 WRF 模式计算方案设置

本文台风风场模拟所用的 WRF 模式是 WRFv3.6 版本，模拟实验选取的范围是以（22.5° N，127.5° E）为中心点，网格点为 220x200，网格距为 15km，时间积分步长为 60s，模式在垂直方向上分为 30 层。模拟的时间范围为 2010 年 9 月 13 日 00 时至 2010 年 9 月 21 日 00 时。模式选用的主要参数化方案有：WSM5 微物理方案，RRTM 长波辐射方案，Dudhia 短波辐射方案，Noah 陆面过程方案，YSU 边界层方案，Monin-Obukhov 近地面层方案等。由 WRF 模型构成的台风"凡比亚"风场如图 3（a,b,c,d）所示：

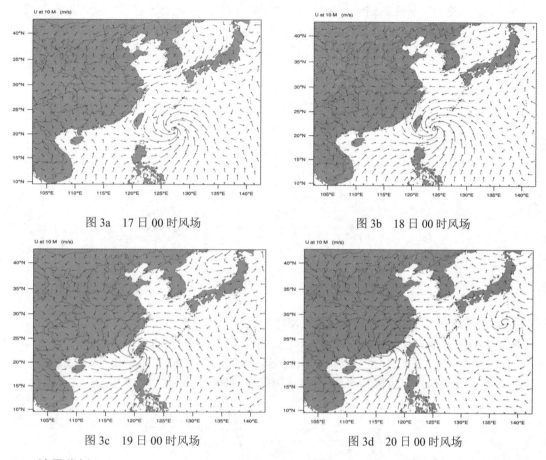

图 3a　17 日 00 时风场　　　　　　　　图 3b　18 日 00 时风场

图 3c　19 日 00 时风场　　　　　　　　图 3d　20 日 00 时风场

3.4 结果分析

　　分别以 CCMP 混合风场为强迫场和以 WRF 模拟风场为强迫场，使用 FVCOM 模式对台风"凡比亚"进行数值模拟实验，输出的结果与实测浮标进行对比分析，浮标站点选取 QF202 与 QF205 两个站点。计算所得有效波高与浮标对比图（图 4.1a，图 4.1b），可以看出，两种不同风场驱动下有效波高的变化趋势与实际情况基本一致。在台风过程的初期，有效波高与实测值十分接近；但当台风逐渐加强接近时，计算的有效波高的上升期比实际观测偏早，如 QF202 计算有效波高在 17 日就有明显的上升，而观测值 18 日才开始上升，QF205 浮标有类似情况，其产生原因可能与模拟风场较之实际风场移动更快导致的。为说明这一点，进一步给出 CCMP 风场的风速值与观测值的对比图（图 4.2a，图 4.2b）所示，模拟风速与实际观测风速大致变化趋势一致，但最大风速的大小与实际值相比偏小，这与 CCMP 风场最大风速较实测值偏小有关；图中还可发现风速的变化明显比实际观测偏早，尤其是 QF205 站点实测风速更为明显，这可能是造成上述有效波高变化趋势的原因。

　　为了给出更为定量化的比较结果，表 1 给出了两种不同风场下有效波高计算值与实测值对比的误差统计结果。选取偏差和平均相对误差和相关系数对实验结果与实测值进行对比分析。偏差 Bias，平均相对误差 E_{MAE} 和相关系数 R 的表达式分别如下：

$$Bias = \frac{\sum_{i=1}^{N} xi - \sum_{i=1}^{N} yi}{N}$$

$$E_{MAE} = \frac{1}{N} \sum_{i=1}^{N} \frac{|xi - yi|}{xi}$$

$$R = \frac{\sum_{i=1}^{N} (xi - \overline{x})(yi - \overline{y})}{\sqrt{\sum_{i=1}^{N} (xi - \overline{x})^2} \sqrt{\sum_{i=1}^{N} (yi - \overline{y})^2}}$$

　　其中，xi 和 yi 分别为模拟值和实测值，$\overline{x}$ 和 $\overline{y}$ 分别代表模拟的平均值和实测的平均值，N 代表总次数；从表中可以看出，模拟有效波高的平均相对误差在 15%~20%之间，相关系数均超过 0.9，相关性较好，偏差在 QF205 比 QF202 大，偏差达到 0.2m，这可能与 QF205 离台风过境路径相对较远，受到台风影响较小有关。对比 CCMP 风场和 WRF 风场结果，发现 WRF 风场驱动模拟的有效波高的偏差和平均相对误差均小于 CCMP 风场模拟结果，效果相对较好。

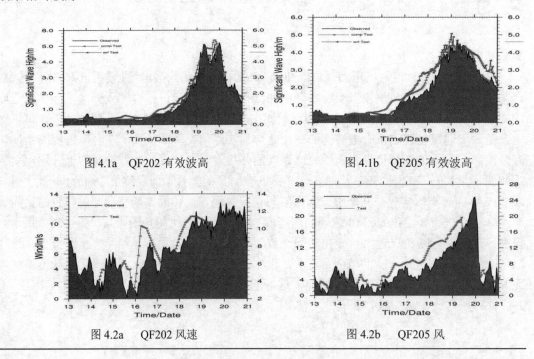

图 4.1a　QF202 有效波高　　　　　　　　图 4.1b　QF205 有效波高

图 4.2a　QF202 风速　　　　　　　　　　图 4.2b　QF205 风

表 1 有效波高模拟值与实测值对比误差

浮标编号	偏差 Bias	平均相对误差 E_{MAE}	相关系数
QF202 (CCMP)	0.0570	0.2082	0.9127
QF202 (WRF)	0.0166	0.1889	0.9363
QF205 (CCMP)	0.2281	0.1921	0.9448
QF205 (WRF)	0.1397	0.1736	0.9681

本次台风生成于 9 月 13 日，并一路西移，于 19 日登陆台湾岛后，继续西移，于 20 日登陆福建后逐渐减弱。有效波高的变化也随之变化，所选取的浮标站点 QF202 和 QF205 的有效波高从 17,18 日开始明显增加，说明台风在这个时刻开始影响到了站点所在的位置，到了 19 日与 20 日之间有效波高达到最大值，之后由于台风的远离，又逐渐降了下来，图 4.3a，4.3b，4.3c 分别给出了有效波高与风场的分布图，可以看到，有效波高的大值区出现在台风中心移动方向的右侧区域，且呈现出越靠近台风中心，有效波高越小，越远离台风中心，有效波高越大。

对比 CCMP 风场和 WRF 风场驱动所得的有效波高的结果，我们发现，CCMP 风场驱动的有效波高结果比实测结果偏小，而 WRF 风场驱动所得的结果与实际观测值相当，最大值略微偏大，这也与 CCMP 风场最大风速较实测值偏小，而 WRF 模拟风场较实测值接近有关。从有效波高的分布来看，WRF 风场驱动模拟的有效波高分布更接近于实测风场的分布，与实测风场相比略微偏西北，这与实际情况接近，而 CCMP 风场模拟的有效波高位置则与实测风场偏离较远，模拟效果不如 WRF 风场。

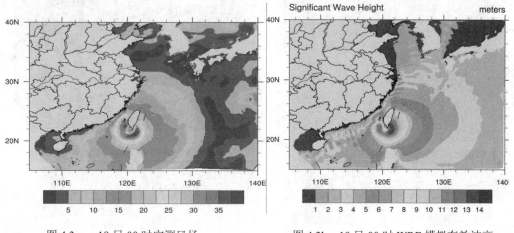

图 4.3a   19 日 00 时实测风场   图 4.3b   19 日 00 时 WRF 模拟有效波高

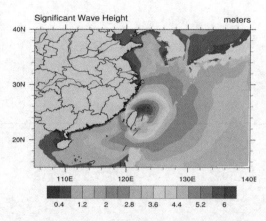

图 4.3c 19 日 00 时 CCMP 模拟有效波高

　　台风"凡比亚"过程中的最大增水和减水见图 4-4（a,b），从图中可以看出，本次台风过程中，由于台风分别在台湾和福建两地登陆，故台风带来的增水和减水区主要位于台湾海峡两岸沿岸，当台风经过台湾海峡时，福建沿海区域位于处于台风中心的右侧，且位于台风的最大风速半径内，而台风中心右侧区域的风向为朝向陆地的风，所以造成了沿岸的海水堆积，又由于地形的阻挡，使得在附近区域出现了较大的增水，相反地，在位于台风中心区域左侧的台湾沿海区域，台风为离岸风，该区域也在台风最大风速半径内，较大的风速导致了较大的离岸流，使得水位出现明显的下降，出现最大减水区。从最大增水和最大减水区的位置可以看出，对水位影响较大的因素是台风的移动路径，风场的范围和地形的作用，增水值较大的区域出现在台风中心右侧沿岸区域，减水值较大的区域出现在台风中心左侧风速较大的区域。流场的分布也与最大增水和减水的位置向符合，从流场图（图4.4b）可以看出，流场流速最大的区域与最大增水和最大减水区对应。

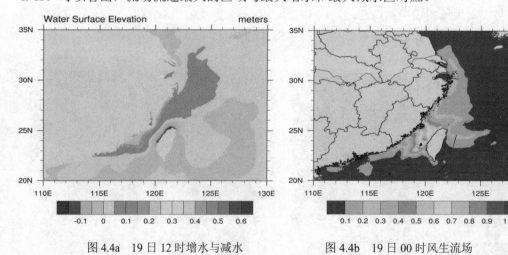

图 4.4a　19 日 12 时增水与减水　　　　　　图 4.4b　19 日 00 时风生流场

4 结论

本文基于 FVCOM 模式，利用不同台风风场作为强迫场，对台风个例进行数值模拟，分析台风过程中，我国近海海域的风浪分布特征，并对比分析不同风场下的模拟效果。通过与实际观测数据对比验证，主要得到以下结论：

（1） 我国近海海域的海浪分布受到过境台风的影响，与台风的路径，强度，风速等要素直接相关，有效波高最大值分布于台风中心移动路径的右侧，且呈现出越靠近台风中心，有效波高越小，越远离台风中心，有效波高越大。

（2） 台风过程带来的增水和减水区主要位于台湾海峡两岸沿岸，对水位影响较大的因素是台风的移动路径，风场的范围和地形的作用，增水值较大的区域出现在台风中心右侧沿岸区域，减水值较大的区域出现在台风中心左侧风速较大区域。

（3） 通过两种不同风场模拟结果的对比发现，两种风场均能对此次台风过程有较好的模拟，但 CCMP 风场模拟的海浪较实际观测值较小，且有效波高分布位置有所偏离，WRF 风场模拟与实际观测相近，效果更好。

参 考 文 献

[1] Changsheng Chen, Richard A Luettich Jr. Extratropical storm inundation testbed: Intermodel comparisons in Scituate, Massachusetts [J]. JOURNAL OF GEOPHYSICAL RESEARCH: OCEANS, VOL. 118, 1–20

[2] Pengfei Xue, Changsheng Chen, Jianhua Qi, Robert C. Beardsley   Mechanism studies of seasonal variability of dissolved oxygen in Mass Bay: A multi-scale FVCOM/UG-RCA application[J]. Journal of Marine Systems 131 (2014) 102–119

[3] Chen, C., R. C. Beardsley, G. Cowles. An unstructured grid, finite-volume coastal ocean model (FVCOM) system[J], Oceanography,19, 78–89, doi:10.5670/oceanog.2006.92.

[4] Beardsley, R. C., and L. K. Rosenfeld (1983), Introduction to the CODE-1 moored array and large-scale data report, in CODE-1: Moored Array and Large-Scale Data Report, edited by L. K. Rosenfeld, Tech. Rep. WHOI-83-23, CODE Tech. Rep. 21, p. 1216, Woods Hole Oceanogr. Inst.,Woods Hole, Mass

[5] Chen, C. (2000), A modeling study of episodic cross-frontal water transports over the inner shelf of the South Atlantic Bight, [J]. Phys. Oceanogr.,30, 1722–1742.

[6]冯芒，张文静，李岩，等. 台湾海峡及近岸区域精细化海浪数值预报系统，[J].海洋预报，2013,30(2).

[7]姬厚德，蓝尹余，赵东波. SWAN 波浪模型和缓坡方程在0903号台风"莲花"波浪数值计算中的联合应用[J].应用海洋学报Vol. 32 No.1 Feb., 2013.

[8]张鹏，陈晓玲，陆建忠，等.基于CCMP 卫星遥感海面风场数据的渤海风浪模拟研究 [J].海洋通报，2011,30(3).

[9]唐建，史剑，李训强，等.基于台风风场模型的台风浪数值模拟[J].海洋湖沼通报,2013, 2-004.

[10] 王坚红，耿姗姗，苗春生,等. 近海水动力要素对入侵台风响应的 FVCOM 数值模拟研究，[J] 气象科学，2011，31（6）：694-703.

[11] 邓波、史剑，蒋国荣，驱动大洋海浪模式的两种海面风场对比分析研究[J]. 海洋预报.

[12] 徐洋，陈德文，李磊,等. 台风"凡亚比"在台湾海峡所引起风暴潮的数值模拟[J]，中国海洋大学学报，2015，45（2）：008-017.

Numerical simulation of typhoon waves based on different wind field

QIN Xiao-ying , ,SHI-jian ,JIANG Guo-rong

(PLA University of Science and Technology,Nanjing,211100)

Abstract: In order to test the effect of the FVCOM ocean model, this paper takes the CCMP wind field and the WRF model simulated wind field as the wind field, based on FVCOM ocean model, take typhoon " Fanapi " in 2010 as an example for numerical simulation of typhoon waves, and the simulation results were carried out with the site data. The results show that the overall error of the water level, significant wave height results from FVCOM model is small, the simulation effect is good. Affected by the wind field and the terrain, the area of maximum increase and decrease water located at the left side of the typhoon center and the right side of the coast. Wind field and surface flow field simulation results is also accord to the characteristics in typhoon process. In addition, compare and analyze the simulation results of the typhoon waves in two different sea surface wind fields, find that the two wind field can simulate the typhoon process, but there are some differences, the simulation of wave height is closer to the observed when increase the wind field simulated from the WRF model.

Key words: Wind field of typhoon; Wave of typhoon; FVCOM model; Numerical simulation

基于差分方程与人工神经网络结合的长江口某水源水库藻类浓度预测

田文翀[1]，李国平[2]，张广前[3]，廖振良[3]，李怀正[3]

(1.同济大学数学系，上海，200092　2.上海城投原水有限公司，上海，200050

3.同济大学环境科学与工程学院，上海，200092 Email: lihz@tongji.edu.cn)

摘要： 预测湖库水体中藻类生长趋势并采取相应的预防措施是目前应对湖库水源地藻类爆发问题的重要手段。国内外学者已经提出了许多预测方法，但由于藻类的生长机理复杂，水体环境差异较大，不同的方法仍存在不同的困难。本文从藻类生长机理和统计学原理角度出发，提出差分方程与人工神经网络相结合的方法。应用该方法对上海市长江口某水源水库藻类浓度进行预测，预测结果与实测结果趋势一致，相对误差控制在 20%以内，满足藻类浓度预测的要求。

关键词： 差分方程；人工神经网络；藻类浓度预测模型

1 引言

近年来，湖泊、水库等淡水水体中藻类暴发，已经成为我国乃至世界面临的主要水环境问题之一。湖泊、水库等富营养化是指水体中由于营养盐的增加而导致藻类和水生植物生产力的增加、水质下降等一系列的变化，从而使水的用途受到影响的现象[1]。大量研究表明[2]:我国目前 66%以上的湖泊、水库处于富营养化的水平，其中重富营养和超富营养的占 22%，这使富营养化成为我国湖泊目前与未来一段时期内重大的水环境问题。

为控制藻类的暴发，需对藻类生长趋势进行准确的预测，国内外学者对藻类生长的机理进行了研究。Grover[3]从藻类生长的机理出发，分析藻类生长过程对各种营养元素的需求，提出了藻类对营养资源竞争的潜在优势，构建机理模型，具有较强的理论基础。但由于藻类生长需要考虑众多因素，采用简单的数学模型难以对藻类生长进行准确描述，而复杂模型则会给参数率定带来困难，造成模型的过参化。Ohkubo N[4]和 Recknagel F[5]等先后利用人工神经网络方法，采用数理统计的思想，将模型中的参数进行有效简化，对湖库藻类进行更加准确地预测。但是由于人工神经网络模型中，其权值的意义及其对输出变量的影响很难解释，同时输入、输出变量也很难确定，使得其应用也受到一定程度的限制。

鉴于上述方法的优劣，我们提出一种结合机理分析和人工神经网络的新方法。根据藻类生长的机理，初步建立藻类含量关于时间的差分方程模型。该差分方程模型中包含无法确定的参数，再运用人工神经网络求出这些不确定的参数，从而求解模型，得到藻类含量关于时间的迭代关系。以此达到测藻类生长趋势的目的。为验证该方法的可靠性，文中以长江口某水源水库为例进行研究。

2 模型构建

2.1 研究区域概况

长江口某水源水库是我国最大的江心水库，现已成为南方某市的主导供水水源地。由于该水库是一个河口浅水型水库，水质情况受到水库氮磷营养盐、气象等众多因素的影响，水库存在发生藻类水华的潜在风险。

2.2 构建差分方程模型

差分方程[6]是用于描述因变量随时间及其他因素变化而变化的数学建模，是离散的微分方程。通过分析一段时间内，因变量的变化量与这段时间内各因素对因变量的作用，可以建立该时间间隔内，因变量的变化量与各个因素间数量关系的数学模型，即差分方程模型。通过求解该模型，可得到因变量关于时间变化的数量关系，即因变量关于时间的函数。

在湖库藻类形成的因素研究中，目前多数观点认同藻类的形成是由藻类自身特点、水体中的物理因素、化学因素、生物因素共同引发的，各种因素之间相互影响，关系非常复杂，具有较强的非线性关系。采用差分方程模型构建藻类数量和各影响因素及时间之间的关系，并通过求解该模型，得到藻类含量关于时间的迭代关系。

在本案例分析中，以长江口某水源水库中叶绿素的含量作为衡量藻类数量的指标。将湖库近似看作平面，对其上任意一点而言，认为该点的叶绿素含量 y 是随时间 t 变化的函数 $f(t)$。以下我们将在区间 $[t_0, t_0 + T]$ 内研究 $f(t)$ 性质，这里 T 为水体的更替周期，$[t_0, t_0 + T]$ 为任意取定的初始时间点。首先我们将区间 $[t_0, t_0 + T]$ 离散化：

$$t_0 = t_1 < t_2 < \cdots < t_n = t_0 + T \tag{1}$$

记 $f(t)$ 为该点叶绿素含量关于时间的可微函数，则对取出的时间节点，有相应的级数 $\{f(t_k)\}, k = 1, 2, \ldots n$。其中 n 为项数。

对此离散序列分析，由于在某一时刻任意一点的叶绿素含量都是在之前时刻的叶绿素含量的基础上变化而来的，即可得到差分方程：

$$f(t_k)=f(t_{k-1})+\Delta(t_{k-1}) \qquad k=2,3...,n \qquad (2)$$

其中 $\Delta(t_{k-1})$ 为两个时刻间的叶绿素含量的变化量。化简(2)有：

$$\frac{f(t_k)-f(t_{k-1})}{t_k-t_{k-1}}=\frac{\Delta(t_{k-1})}{t_k-t_{k-1}} \qquad k=2,3...,n \qquad (3)$$

当 n 趋近与无穷时由于 $f(t)$ 可导，可知(3)的左边即为 $f(t)$ 的一阶导数，即：

$$\frac{df}{dt}=\frac{\Delta(t_{k-1})}{t_k-t_{k-1}}+\delta \qquad (4)$$

其中的 δ 为待定余项，由 f 可导，所以分析 $\frac{df}{dt}$ 的 Taylor 展开可知 δ 是关于 f 的各项高阶导数求和的等价量，即存在 $\sigma\in(t-t_k)$ 使得：

$$\delta=\sum_{i=0}^{\infty}\frac{f^{(i)}(\sigma)}{(i+1)!}(t-t_k)^i \qquad (5)$$

在实际情况下，f 往往只有有限阶可导，所以上述 δ 只是有限项求和。又由于分划程度足够精细时 $t-t_k$ 是趋近于 0 的。由此可知 δ 是可以随着分划的加细而趋于 0 的。即上述差分方程模型带来的误差是可控的。

由关于藻类生长趋势的分析可知，上述 $\Delta(t_{k-1})$ 同时也是若干理化因素的函数。与叶绿素相同，我们可以假设这些因素都是关于时间的可导函数。这里需要利用从水源地采集到的这些因素的数据，利用相关性分析和主成分分析确定与叶绿素含量变化有密切关系的因素。若这些物质一共有 P 种，则其中第 k 种记为 $x_k(t)$。则有：

$$\Delta(t_{k-1})=g(x_1(t_{k-1}),x_2(t_{k-1}),...,x_p(t_{k-1})) \qquad (6)$$

这里 $g(x_1,x_2,...,x_p)$ 是一定时间内叶绿素的变化量，关于 $x_k(t)$ 的函数。对每个 $x_k(t)$ 而言，它们与 $\Delta(t_{k-1})$ 间的关系十分复杂，且互相之间也有很复杂的联系，所以在差分方程模型中无法准确计算得到，是待定的参数。

若当前时刻为 t_{k-1}，为了求得下一时刻 t_k 的叶绿素含量，我们需要设法求出待定参数 $\Delta(t_{k-1})$ 并带入(5)，由此可得到 t_k 时刻的叶绿素含量，达到预测的目的。为此我们将通过收集相应数据，采用人工神经网络求出该相邻时间间隔内的参数 $\Delta(t_{k-1})$ 的具体值。

2.3 人工神经网络应用

人工神经网络是基于生物学中神经网络的基本原理而建立的一种智能算法理论，进行分布式并行信息处理的算法模型[7]。对于一般的前向神经网络，其结构主要包括[8]：输入层、隐含层、输出层，其基本结构见图 1。每层中含有一定数量的神经节点，每个神经元节点将包含一个用于激活其功效的阈值，层与层之间的神经节点通过一定的映射方式相连接。

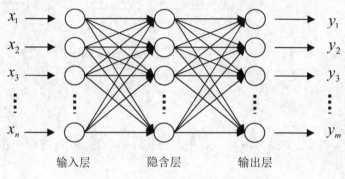

图 1. 人工神经网络基本机构图

在上述求解 $\Delta(t_{k-1})$ 的问题中，我们取 t_0 至 t_{k-3} 的所有因素的数据作为网络训练样本的输入值，取 t_1 至 t_{k-2} 的 $\Delta(t_i)$ 的叶绿素变换量数据作为网络训练样本的输出值，以此 $k-1$ 组数据为样本训练出一个"由前一天的所有因素作为输入即可求出后一天叶绿素变化率"的 BP 人工神经网络。再用 t_{k-2} 的所有因素作为该网络的输入值，即可求出 $\Delta(t_{k-1})$。

与传统人工神经网络的方法相比，该模型将人工神经网络这一工具用于计算叶绿素含量的变化量。叶绿素含量之所以会变化，其主要原因是在一段时间内水体中已有的藻类由于氮磷元素以及各类因素的作用而新生成或减少了叶绿素，从而导致水体中叶绿素浓度的变化。所以将各类因素作为叶绿素变化量的输入，而非已存在于水体中的叶绿素，使得模型更加合理。另一方面，由于该模型将已存在于水体中的叶绿素含量从人工神经网络中去除，减少了网络对于不必要因素的计算，从而降低了网络的负担，提高了计算速度。

3 结果分析

选取长江口某水源水库某监测点位 2013 年 5 月 1 日至 2013 年 7 月 31 日的数据为例。通过对数据进行主成分分析选取天气(对数据进行量化处理)、总碱度、风速、水温、浊度、氯化物、TN、NH_3-N、NO_3-N、NO_2-N、COD_{MN}、TP、BOD_5、前一天的 chl-a（叶绿素 a）浓度共 14 个指标作为影响藻类生长的影响因素。并随机选取所有数据中的 20 组数据按照模型所述的方法构造数据样本，以此对模型进行测试。同时，我们也运用传统的人工神经网络对这 20 组样本进行测试，模拟测试结果见图 2。

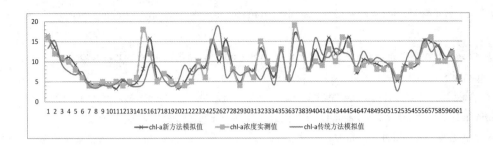

图 2. 长江口某水源水库藻类浓度模拟值与实测值结果对比

从上图的对比结果可知，新方法的模拟结果相对于传统的人工神经网络方法更接近于实测值。

新方法一方面相比于传统的模型而言更具有指向性；另一方面，该模型将过于复杂、难以通过机理模型处理的因素交由人工神经网络处理，有效地避免了模型的不可求解现象的发生，更具有实用性；同时，相比传统的人工神经网络模型而言，由于模型是对差分方程中变化量这一不确定参数使用人工神经网络进行分析，而非对叶绿素含量本身分析。使得在构建人工神经网络模型的过程中无需考虑已经确定的量对预测结果产生的影响，减少了人工神经网络不必要的负担，加快了模型运算的效率，同时也提高了模型的准确性。

4 结语

通过对藻类生长趋势的预测方法的研究，结合各方法的优点，本文提出了一种差分方程与人工神经网络相结合的藻类生长趋势预测模型。通过本论文研究得到如下结论：

（1）从模拟结果看，在试验测试期间内，相对于传统的人工神经网络方法，该方法具有更高的预测能力；由于库区生态系统会发生不断变化，该模型应用于湖库藻类生长趋势预测需要进一步验证。

（2）该模型给出了一种分析藻类生长数量关系的新思路，即综合使用机理分析、统计分析和智能计算。机理分析可以有效地计算出关系中确定的因素，统计分析和智能算法可以尽可能精确的求解关系中不确定的因素。这种将确定因素与不确定因素结合起来分析的思路值得进一步推广和深入研究。

参 考 文 献

1 OECD. Eutrophication of Waters Monitoring, Assessment and Control. Final Report, OECD Cooperative Program on Monitoring of In land Waters (Eutrophication Control), Environment Directorate, OECD, Paris, 1982. 154.

2　Huang Y P. Contamination and control of aquatic environment in Lake Taihu[M]. Beijing: Science Press, 2001.

3　Grover J P. Resource Competition in a variable environment-phytoplankton growing according to the variable-internal-stores model [J]. American Naturalist. 1991, 138 (4): 811-835.

4　Ohkubo N, Yagi O, Okada M. Studies on the succession of Blue-Green-Algae, Microcystis , anabaena, oscillatoria and phormidium in lake kasumigaura[J]. Environmental Technology. 1993, 14 (5): 433-442.

5　Recknagel F. ANNA - Artificial Neural Network model for predicting species abundance and succession of blue-green algae [J].HYDROBIOLOGIA. 1997, 349: 47-57.

6　周义仓，曹慧，肖燕妮. 差分方程及其应用. 北京：科学出版社，2014

7　张立明. 人工神经网络的模型及其应用. 上海：复旦大学出版社，1993.

8　胡守仁，余少波，戴葵. 神经网络导论. 长沙：国防科学技术大学出版社，1993.

An algae bloom predicting model based on the combination of differential equation and artificial neural network

TIAN Wen-chong [1], LI Guo-ping[2], ZHANG Guang-qian [3], LIAO Zhen-liang [3], LI Huai-zheng [3]

(1.　Department of Mathematics, Tongji University, Shanghai 200092; 2. Shanghai city for raw water co., LTD; 3.School of Environmental Science and Engineering，Tongji University, Shanghai 200092,

Email: lihz@tongji.edu.cn)

Abstract：One of the effective ways to prevent algae bloom in lakes and reservoirs is early-warning and taking preventive measures. Even though many methods have been developed, this issue still keeps as a difficult one, as the mechanism of algae-water system is very complex. In this paper, a new model based on the combination of differential equation and artificial neural network is developed. The model is used to predict the algae growth trend of a real reservoir located in the water source of the Yangtze estuary. By the comparison of the results of the model and the real value of algae growth, it can be found that the outcome of the new model catches the trend of the real value. Also, the fractional error is lower than 20%.

Key words：differential equation; artificial neural network; the prediction model of algae concentration

嵊泗围海工程波流泥沙数值模拟研究

季荣耀，陆永军，左利钦

（南京水利科学研究院 水文水资源与水利工程科学国家重点实验室 江苏 南京 210024）

摘要：针对浙江嵊泗中心渔港工程海区波浪动力作用强，泥沙以波浪掀沙、潮流输沙为主的特点，建立了波浪和潮流共同作用下的泥沙数学模型。围海工程方案实施前后的水沙动力环境影响计算表明，工程海区的潮流场整体结构没有明显改变，局部变化主要集中在老港区内，其中港区通道深槽内水流更为集中，流速以增加为主，海床主要表现为冲刷作用；东口门附近流速均减小态势，海床以淤积作用为主。方案对比分析表明，配合一定的开挖工程措施可以显著减小工程海区水动力和海床冲淤变化影响，其中采取开挖工程措施的方案 F2，对周边海区的影响相对较小，平均流速变化多在 0.10m/s 以内，海床冲淤最大变幅小于 0.2m/a。

关键词：围海工程；影响；波流作用；泥沙数学模型；嵊泗

1 工程海区概况

浙江嵊泗列岛位于长江口与钱塘江口的交汇区（图1），地处舟山渔场中心，有着良好的区位优势和丰富的渔业港口资源。嵊泗中心渔港为泗礁山岛和金鸡山岛环抱的半封闭水域，是舟山渔场目前仅有的避风良港。为减少台风暴潮造成的严重破坏，嵊泗中心渔港海区于 20 世纪 90 年代初以来陆续建设了一系列的防波堤和围填海工程[1,2]，取得了极大的经济、社会效益，但由于港区内泥沙淤积明显使得泊区水域使用的矛盾有所突出。为进一步发展港口产业，加快嵊泗城镇建设，现拟围填老港区浅滩水域增加土地资源，亟待论证了不同围海工程方案实施对周边海区水动力环境的影响，为工程决策和科学合理开发利用海洋资源提供科技支撑。

基金项目：国家自然科学基金资助项目（41306081 和 51379127）；国家科技支撑计划资助项目（2012BAC07B02）．

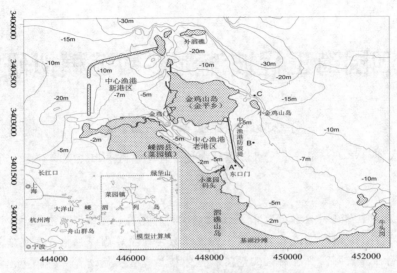

图 1 嵊泗中心渔港周边海区水下地形图

嵊泗中心渔港可分为老港区和新港区（图1），其中老港区目前水域面积约 2.0km²，有东、西两口门。港区西侧金鸡门宽约 250m，低潮时仅宽 110m；东侧口门原宽约 1600m，但自 1995 年防波堤工程完成后，堤头与对岸码头形成仅宽约 400m 的新口门，港区成为以往复流运动为主的潮流通道。港区内潮流通道深槽乘潮水深大于 7m，最大水深约 13m；紧靠防波堤内侧低潮时有大片滩涂出露水面，面积约 0.6km²。老港区防波堤外侧和泗礁山岛东北海域为一开敞型弧形海湾，其水下岸坡地势平缓，等深线基本与岸线平行。此外，嵊泗列岛海区岛礁众多，水下滩槽地形与水沙运动特征受岛礁分布的影响显著，特别是岛礁之间常因过水断面所长使得水流能力集中，海床冲刷形成较深的峡道。如金鸡山以北的外泗礁列岛之间发育一巨大深槽，其 30m 深槽全长约 5.5km，宽约 1～3km，最大水深可达 64m。这些深槽内潮流动力强劲，是外海潮波传播的重要通道。

本海区属于以台湾暖流为主的外海高盐水和以长江、钱塘江等径流为主形成的沿岸低盐水相互作用的交汇水域。潮汐性质为正规半日潮，2013 年 10 月期间小菜园码头实测平均潮差 2.29m，最大潮差 4.83m。受岛屿岸线与中心渔港防波堤的控制，老港区潮流运动基本呈往复流形式（图2），涨潮西流，落潮东流。波浪以风浪为主，浪向具有明显的季节变化规律，夏季多偏 S 向、冬季多偏 N 向波浪。工程海区南、西至偏北侧受到陆域的掩护作用，因此主要控制波向为 N～E 向。由于 N～E 向水域宽阔，因此强浪向也以偏 N、NE 向为主。本海区悬移质泥沙主要源于长江、钱塘江等径流输沙以及波浪、潮流引起的海床表层沉积物的再悬浮。水体平均含沙量一般在 0.05～0.50kg/m³ 之间。由于海域水深较浅，风浪作用对水体含沙量的变化影响明显。其中 1991 年 9 月实测平均含沙量为 0.06 kg/m³；2004 年 12 月测验期间海域风浪较大，实测最大含沙量达 1.8kg/m³；2013 年 10 月实测平均含沙量为 0.233kg/m³，最大含沙量为 0.666kg/m³。表层沉积物主要为粘土质粉砂和粉砂质粘土，其级配曲线平缓，说明分选性较差，海床附近水动力条件较弱。其颗粒较细，与悬沙中值粒径极为相近，表明海床淤积是以悬沙落淤为主。

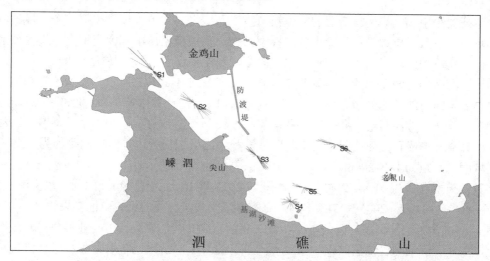

图 2　工程海区 2013 年 10 月大潮垂向平均流速矢量图

2 波流二维泥沙数学模型

2.1 模型关键问题处理

　　嵊泗中心渔港工程海区波浪动力作用较强，风浪作用对水体含沙量的变化影响明显，泥沙主要以波浪与潮流共同作用下的运动形式。有鉴于此，本文把波浪运动过程概化为在潮周期中具有平均意义的波浪流要素，引入潮流运动方程来计算长时段的流场结构以及其对泥沙的作用。该模型包括贴体正交曲线坐标系下水流运动方程、悬沙不平衡输移方程和底床变形方程等[1-5]。由于表层沉积物颗粒较细，与悬沙中值粒径极为相近，表明参与造床作用的泥沙以悬移质为主，因此数学模型中波浪与潮流联合作用下的各粒径泥沙分组挟沙

能力采用下式：$S_L^* = P_{SL}S_t^* + S_{wL}^*$。对于 S_t^*，引进前期（或背景）含沙量 S_0 的概念，由实

测含沙量与水力因子间的关系回归得到：$S_t^* = k_0 \dfrac{V^2}{h} + S_0$；波浪挟沙能力采用窦国仁公式[6]：

$S_{wL}^* = \alpha_0 \beta_0 \dfrac{\gamma_s}{\gamma_s - \gamma} \dfrac{H_w^2}{hT_w\omega_L}$，式中 $\alpha_0 = 0.023$，$\beta_0 = 0.0004$。底床冲淤计算采用含沙量与挟沙能

力对比的判别条件。即当含沙量大于挟沙能力，底床淤积；当含沙量小于挟沙能力，且流速大于起动流速，底床冲刷。考虑粘性细颗粒泥沙容重由于密实作用而随固结时间变化，泥沙起动流速采用唐存本公式[7]。

2.2 数学模型验证

本研究采用大、小区域嵌套的数值模拟技术，即采用大范围模型模拟整个海域的潮流运动规律，然后提供边界条件给小范围模型，由小范围模型由小范围模型对工程区域的波流共同作用下的泥沙运动进行细致模拟。大范围数学模型包括整个杭州湾和长江口，小尺度的工程海区二维波流泥沙数学模型计算范围与模型网格如图 1 所示。模型边界东侧至嵊山，西侧至洋山港，北侧接近长江口，南侧为衢山岛[2]，计算水域总覆盖面积约 2300km^2。模型在平行海岸方向布置 296 个网格断面，与断面垂直的方向布置 281 个网格节点；经正交曲线计算，形成正交曲线网格。工程区域进行了网格加密处理，网格间距约为 50m，外海区域网格间距为 100~200m。

数学模型选择 2004 年 12 大、中、小潮与 2013 年 10 月大潮、小潮的同步水文测验资，以及 1992～1998 年、2005～2013 年的间海床冲淤资料进行了验证，验证结果较好[2]。其中 2004 年测次含 1 个验潮站与 3 条垂线，2013 年测次含 2 个验潮站与 6 条垂线。不同测次的潮位、流速、流向与含沙量过程，以及不同年份的海床冲淤验证结果表明，模型值与实测值吻合较好（图 3、图 4），能够较好复演工程海区的水流泥沙运动规律。

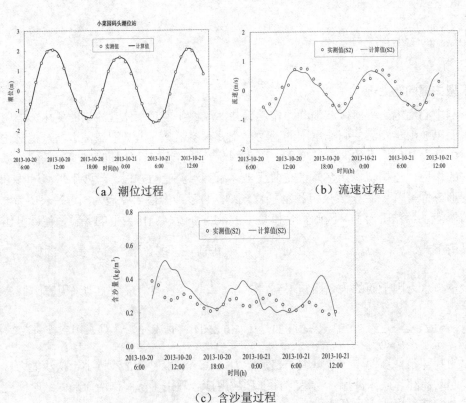

（a）潮位过程　　　　　　　　　（b）流速过程

（c）含沙量过程

图 3　2013 年 10 月大潮水沙过程模型验证

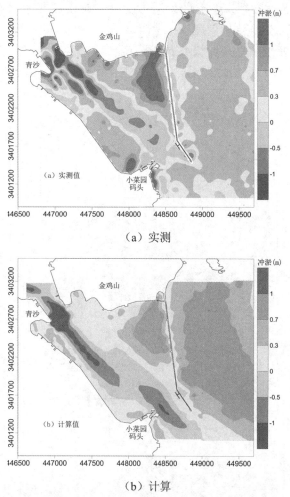

（a）实测

（b）计算

图 4　嵊泗中心渔港港区 2005～2013 年实测与计算冲淤变化比较图

3 围海工程动力地貌演变效应

　　嵊泗中心渔港围填海应符合水沙运移、滩槽演变自然规律的因势利导原则，应以不影响周边海区滩槽稳定性为前提。目前老港区西侧金鸡门宽约 270m，东口门宽约 400m，两个口门的存在对本海区水流运动与滩槽演变具有控制性作用；东、西口门之间发育有明显的潮流通道深槽，两侧为浅滩缓流区；港区内水流运动受到防波堤的约束，以往复流运动为主，具有沿等深线方向运动的特点。有鉴于此，老港区内的围填海开发应以两侧高滩围填为主，围填海控制线也应顺应水流主流向，即沿等深线走向布置，以尽量减小围海工程对周边海区水沙输移的影响。以上述原则为基础，围填海控制线采用平滑曲线连接东、西口门，基本沿-3m 等高线布置，潮流通道宽约 270～530m，围填水域面积共计 1.18km² （图5）。此外，从是否开挖通道深槽角度设计了两个对比方案，其中无开挖措施的的方案 F1，南、北围区之间的潮流通道保持现状水下地形；有开挖措施的方案 F2，通道内开挖底高程设计为-6.0m，与港区东口门附近深槽底高程基本一致。

（a）涨急

（b）落急

图 5　围海工程方案 F2 实施后涨急和落急流场图

3.1 潮流场变化

工程前老港区东、西口门较窄，束流作用明显，潮流基本沿深槽呈往复流运动，但经口门进出港区时均有明显的分流扩散现象，且港区内两侧的浅滩区在涨、落潮时均形成明显的回流区；新港区防波堤与周边岛屿形成了一个近乎封闭的港区，港区内形成大片的回流缓流区，潮流动力条件整体较弱。围填海工程各方案实施后，潮流场的整体结构没有明显改变，局部流场变化主要集中在老港区内（图 5）[2]。其中老港区南北两侧的回流缓流区因围海造地而消失，而港区中部过水断面被大幅缩窄，深槽内的水流更为集中，向两侧的扩散作用明显减弱。对比分析有、无开挖工程措施的涨、落急流场图，开挖工程实施前后的潮流场结构基本不变[1,2]。

3.2 口门进出潮量变化

围填海工程方案实施后，超过 50％以上的港区水域将围填成为陆地，港区内过水断面和纳潮水域面积的改变导致口门断面的涨、落潮量也出现了不同程度的变化。对于通道深槽不开挖的方案 F1，工程后港区内过水断面和纳潮水域的面积均为减小，因此口门断面的涨、落潮量都呈减小态势，分别减小 11.2％和 5.9％；对于方案 F2，由于港区潮流通道具有一定的开挖，过水断面面积有所增大，口门断面出现了进出潮量增大的变化现象，涨、落潮量分别增大 11.8％和 1.7％。

3.3 流速变化

老港区工程前涨落潮平均流速，两个口门附近约为 0.5～0.6m/s，港区中部深槽内多在 0.3m/s～0.4m/s 左右，防波堤两侧则在 0.2m/s 以内；新港区除 4 个口门附近流速较大外，其他水域平均流速多在 0.1m/s～0.2m/s 之间[2]。对于无开挖工程措施的方案 F1，由于围填海缩窄了港区内涨、落潮通道和纳潮水域面积，通道深槽内流速以增加为主，而其两个口门附近流速则呈减小态势（图 6）[2]。其中，东口门附近落潮流速变化幅度和影响范围明显大于涨潮，西口门附近则是涨潮影响略大于落潮。相比方案 F1，方案 F2 在实施开挖工程后，老港区潮流通道的过流断面面积和能力都有所提高，这对减缓围填海工程影响起到了明显作用，工程海区流速的影响幅度和范围均有减小，西口门区的流速变化已转变为整体增加态势，增大幅度一般小于 0.10m/s；潮流通道内落潮平均流速以增加为主，增幅约为 0.05～0.10 m/s，涨潮以减小为主，减幅约为 0.02～0.05 m/s；东口门落潮期间的影响范围缩短约 1.5km（图 6）。

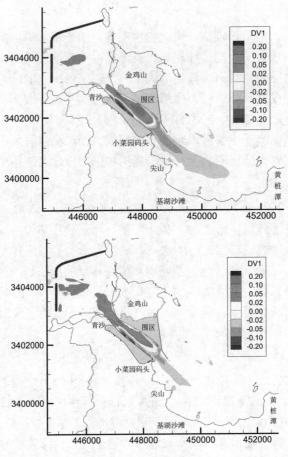

（a）无开挖措施　　　　　　　　　　　（b）有开挖措施

图 6　围海工程方案实施后落潮平均流速变化（DV1：m/s）

3.4 海床冲淤变化

工程实施后，水动力与含沙量条件的改变必然带来海床的冲淤变化。模型计算了方案 F2 实施前后的波－流共同作用下的含沙量场与海床变形。模型计算中波浪重现期主要选择了常见的一年一遇，计算的主要浪向有 E、ENE、NNE 和 N 向[2]。计算过程中，不同潮位下的波要素由高、中、低潮位下的波要素进行线性差值求得。

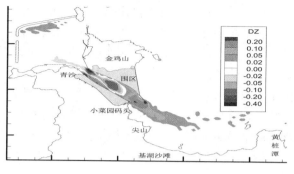

（a）无开挖措施方案 F1

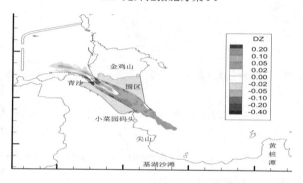

（b）有开挖措施方案 F2

图 7　波流作用下工程海区海床年冲淤变化

海床冲淤变化计算结果表明（图 7），方案 F1 实施 1 年后，老港区西口门和潮流通道内因水动力增强，海床以冲刷作用为主，年冲刷深度多在 0.1～0.2m 之间；东口门区附近由于工程后水动力条件减弱，海床以淤积作用为主，淤厚多在 0.15m/a 以内；相比方案 F1，方案 F2 在实施开挖工程后，工程引起的海床冲淤变化幅度和范围也相对较小，其中在西口门和潮流通道西段的冲深多在 0.1～0.2m/a 之间，潮流通道东段和东口门区淤厚则多在 0.10m/a 以内。

4　主要结论

针对嵊泗中心渔港工程海区波浪动力作用较强，泥沙以波浪掀沙、潮流输沙为主的特点，通过把波浪运动过程概化为在潮周期中具有平均意义的波浪流要素，引入潮流运动方程来计算长时段的流场结构以及其对泥沙的作用，建立了工程海区波浪和潮流共同作用下的泥沙数学模型，并采用 2004 年 12 月、2013 年 10 月的同步水文测验资料，以及 1992～1998 年、2005～2013 年海床冲淤资料进行了验证，验证结果较好，成功复演了工程海区的水沙输移过程。

围海工程方案实施前后的动力地貌演变数值模拟分析表明，工程海区潮流场整体结构没有明显改变，局部变化主要集中在老港区内，其中港区内南北两侧的回流缓流区因围海造地而消失，而中部通道深槽内水流更为集中，流速以增加为主，海床主要表现为冲刷作用；东口门海区流速均减小态势，海床以淤积作用为主。

围海工程各方案的影响对比分析表明，配合一定的开挖工程措施对于减小工程海区水动力和海床冲淤变化影响可起到显著效用。采取开挖工程措施的方案 F2 明显优于无开挖工程措施的方案 F1，其对周边海区影响相对较小，平均流速变化多在 0.10m/s 以内，海床冲淤最大变幅小于 0.2m/a。

参考文献

[1] 陆永军，季荣耀，左利钦. 金平综合开发工程对基湖沙滩水动力泥沙环境影响的数学模型研究[R]. 南京水利科学研究院，2006.

[2] 季荣耀，陆永军，左利钦. 嵊泗中心渔港老港区围填海工程滩槽稳定性分析及波流泥沙数学模型研究[R]. 南京水利科学研究院，2014.

[3] Lu Yongjun, ZuoLiqin, Shao Xuejun et.al. A 2D mathematical model for sediment transport by waves and tidal currents[J]. China Ocean Engineering，2005，19(4)：571-586.

[4] 陆永军，左利钦，王红川等. 波浪与潮流共同作用下二维泥沙数学模型[J]. 泥沙研究，2005，（6）：1-12.

[5] 季荣耀，陆永军，左利钦. 岛屿海岸工程作用下的水沙动力过程研究[J]. 水科学进展，2008，19（5）：640-649.

[6] 窦国仁，董凤舞. 潮流和波浪的挟沙能力[J]. 科学通报，1995，40（5）：443-446.

[7] 唐存本. 泥沙起动规律[J]. 水利学报，1963，7（2）：1-12.

Sediment mathematical model by the tidal currents and waves in the Shengsi reclamation area

JI Rong-yao，LU Yong-jun，ZUO Li-qin

（Nanjing Hydraulic Research Institute　State's Key Laboratory of Hydrology Water Resources and Hydraulic Engineering Science, Nanjing 210029, Email: ryji@nhri.cn）

Abstract：With regard to the characteristics of waves, tidal currents, sediment and seabed evolution in the Shengsi fishery port area, a 2D sediment mathematical model by waves and tidal currents is developed, and the changes of the tidal current field and the deposition-erosion caused by the reclamation are predicted and analyzed by use of the model. The results prove that, after the implement of the reclamation, the whole structure of tidal current field has not changed significantly, and the local changes are mainly concentrated in the old fishery port area. In the deep channel, the hydrodynamic conditions are increased and the seabed is eroded slightly, and near the east entrance, the hydrodynamic conditions are decreased and the seabed is silted slightly. The effects by the reclamation could be significantly reduced with excavation measuresl, with an average flow rate variation much less than 0.10m/s and seabed maximum amplitude less than 0.2m/a after the implement of the program F2.

Key words: reclamation; effects; by the tidal currents and waves; sediment mathematical model; Shengsi

珠江河口复杂动力过程复合模拟技术初探

何用，徐峰俊，余顺超

（1 珠江水利委员会珠江水利科学研究院，广州，510611）

（2 水利部珠江河口动力学及伴生过程调控重点实验室，广州，510611）

摘要：珠江河口是一个多区复合、多场耦合、人类活动干扰强烈的复杂系统，具有"三江汇流、网河密布，八口入海，整体互动"的特点。本文从水系结构、口门形态、河口动力过程及其影响因素等方面，全面论述了珠江河口复杂动力特性和独特性。分析了现有水动力研究手段在珠江河口的适应性和局限性，指出系统全面研究珠江河口复杂动力过程，仅凭单一技术手段无法实现准确、高效的模拟与分析。在传统物模数模复合模拟基础上，提出以原型分析、遥感信息分析、数值模拟、物理模拟和测控技术等研究手段相融合的"五位一体"复合模拟技术框架，探讨了复合模拟模式，总结复合模型在河口规划及工程论证应用模式。"五位一体"复合模拟技术实现了多种技术手段的融合发展，推动了点面结合、动静结合、定性与定量结合等多种复合研究的发展，形成了取长补短、交融发展的复合机制，提升了河口复杂动力过程研究的广度和深度。

关键词：珠江河口；复杂动力过程；复合模拟

1 引言

珠江河口受径流、潮汐、波浪等多种动力的影响，水动力及其伴生过程复杂。河口动力研究方法主要有动力地貌学及动力学方法。河口动力学方法从研究河口动力特征入手，分析径、潮、风、波浪、等动力对河口咸潮运动及泥沙输移、河床演变的影响，从河口动力的变化去认识河口的演变规律及河口的形成过程。

河口动力过程研究方法目前主要有数值模拟、物理模型试验以及遥感信息资料分析等。在数值模拟方面，进入 21 世纪后发展模拟技术飞速，陈晓宏[1]、徐峰俊[2]、郑国栋[3]、逄勇[4]、张蔚，严以新[5]等学者针对不同需求开展了珠江口数学模型研究，为研究珠江河口动力过程发挥了重要技术手段。物理模型试验技术发展较快，以长江、珠江、钱塘江河口整体潮汐物理模型[6~8]的建成为标志，在 20 世纪中后期河口物理模型试验技术逐步开始领先于国际水平。在遥感信息资料分析方面，研究始于 20 世纪中期，最初用于分析河口悬浮泥沙运动特性，随后发展到研究河口表层盐度、水质以及潮流流路等，许祥向，余顺超[9]、邓孺孺[10]、丁晓英，余顺超[11]等对珠江口水流、泥沙、盐度等进行了遥感分析研究。

国内外也有综合应用上述研究河口动力方法。德国汉诺威大学 HOLZ 最早提出"复合模型"概念，他们将水工物理模型与一维数值模型相"复合"组成所谓的"复合模型"，由数模给出水工模型上、下游的边界，水工模型集中研究三维水流细部。复合模型是一项新技术，加拿大水力试验所、美国水道试验站等也尝试研究过复合模型。数学模型与物理模型的有机结合，可充分发挥这两种模型的优点和特长，是一种有发展前途的新的模型技术。"复合模型"模拟技术目前还有待进一步发展和完善，为河口动力过程提供了新方法和新前景。

2 珠江河口复杂动力特性与独特性

珠江河口是世界上水系结构、动力特性、人类活动最复杂的河口之一，具有"三江汇流、网河密布、八口入海、整体互动"的特点，其人类活动、河口动力及其影响因素众多。

2.1 珠江河口动力特性

珠江河口动力主要特征体现在三个方面。

（1）水系结构复杂、口门形态独特

珠江流域的西江、北江和东江汇入珠江三角洲后，在思贤窖以下形成西北江三角洲，在石龙以下形成东江三角洲。经过长期的历史演变，珠江三角洲网河密布，其中西北江三角洲主要水道近百条，总长约 1600km，河网密度为 0.81km/km^2，东江三角洲主要水道 5 条，总长约 138km，河网密度达到 0.88km/km^2。除此之外，河道多级分汊，形成三角洲如织的河网体系，水系结构十分复杂。

珠江经虎门、蕉门、洪奇门、横门、磨刀门、鸡啼门、虎跳门和崖门等八大口门汇入南海（见图 1）。珠江三角洲前沿发育了以径流动力作用为主的磨刀门口门，以潮流动力作用为主的伶仃洋河口湾和黄茅海河口湾；形成了潮优型河口与

图 1 珠江河口水系及动力格局遥感影像图

河优型河口相互依存、耦合共生的形态独特的复合型河口。

（2）河口动力过程复杂

珠江河口动力过程的影响因素众多，其复杂性主要表现在：①动力要素复杂：受上游径流、外海潮流、风、浪、咸淡水混合等因素影响，动力要素十分复杂；②上游来水来沙变化复杂：受全球气候变化及三江上游工程控制及人类活动等影响，上游来水来沙变化复杂；③河网分流分沙复杂：河口河网密布，水流相互贯通、相互影响，呈"牵一发而动全身"之势，河网间分流分沙情况极为复杂；④河口演变过程复杂：八大口门分属不同水系，动力条件差异较大，潮优型河口与河优型河口相互依存、耦合共生，致使河口演变过程复杂；⑤三江径流、洪水组合变化复杂：三江汇入三角洲后，径流组合变化多样，洪水相互

遭遇复杂；⑥河口洪潮遭遇复杂：河口潮流受天文、气象等影响，经常出现天文大潮、台风暴潮与上游大洪水"三碰头"现象，致使河口洪潮遭遇更加复杂；⑦近岸海流体系复杂：珠江口外大洋海流、风成漂流、气压梯度流、水层温度差、盐度差引起的密度梯度流、波浪破碎形成的波浪流以及局部地区的补偿流等，使得近岸海流体系复杂。上述珠江河口动力过程的复杂性，使得其伴生的河口泥沙运动、咸潮运动、水环境与水生态演变等过程亦十分复杂。

（3）复杂人类活动加剧河口变化

近 30 多年来，珠江河口人类活动加剧，三角洲地区联围筑闸、河口滩涂围垦、航道整治开挖、港口码头建设、河道采砂、桥梁建设等对珠江河口动力过程影响巨大，极大地改变网河及河口区径、潮动力结构和网河各汊口水沙分配，引发河口径流、潮流、输沙、盐水楔运动等动力及伴生过程特性的调整，客观上使得对河口动力过程研究变为更加复杂和困难。

2.2 珠江河口动力的独特性

国内外潮汐河口在河口自然属性、基本格局、水文泥沙特征、地貌沉积特征、河口演变和形成等方面存在各自的特点。从河口水系结构、河口动力及人类活动影响等几个方面，与国内外典型河口对比，珠江河口动力有以下突出特点：

（1）多河入汇，径流动力过程更加复杂。国内外河口多数是由一条主干水系汇入形成，而珠江河口入汇河流除西北江和东江主要干流外，还涉及潭江、流溪河及河口湾诸河，这些河流水系均在河口入汇，其涉及流域面积大，范围广，暴雨径流差异的大，多河入汇的径流遭遇复杂。

（2）多级分汊，径潮动力过程更加复杂。国内外河口多数河口存在河口三角洲，一般几汊组成，而珠江西、北和东江主干多级，形成密布河网水系。西北江三角洲主要水道近百条，总长约 1600km，河网密度为 0.81km/km^2，东江三角洲主要水道 5 条，总长约 138km，河网密度达到 0.88km/km^2，为世界河口之最。

（3）多口门复合，海洋动力过程更加复杂。珠江是国内外河口中入汇口门最多的河口之一，其入汇口门与湄公河口相当。不但如此，珠江河口既有径流动力作用为主的磨刀门口门，又有以潮流动力作用为主的伶仃洋河口湾和黄茅海河口湾，其口门动力差异大。

（4）多区耦合，河口动力系统相互作用更加复杂。与国内外河口相比，其河口区范围之广，湾口之阔也是屈指可数的。珠江河口三角洲自三角洲顶点~口门~河口湾外-30m 等高线区域，纵深范围约 150km 以上，河口湾自东部的大鹏湾至西部的大鹏湾，东西约 300 km，南北约 125 km，控制水域面积约 2000 km^2。

（5）多场耦合，河床演变及咸潮活动机理更加复杂。与国内外河口相比，珠江河口的含沙量不大，但河口输沙量十分可观。在强大的径流作用下和丰富的泥沙堆积下，河口区泥沙运动和河床冲淤演变呈显出复杂多变的特点，由于口门动力差异，也表现出独特河床演变特点。

（6）多目标开发利用，人类活动影响更加复杂。与湄公河口等尚未大规模开发的河口相比，珠江河口地区的城镇化水平高，河口资源开发利用的强度十分突出。河口治理、港航工程建设、滩涂资源的利用、河口水沙资源利用等人类活动，在国内外河口是十分典型的。

3 珠江河口动力研究手段的适应性和局限性

基于珠江河口特殊的水系结构和复杂的动力结构，加之近年来河口动力环境的变化，采用资料遥感分析、数值模拟和物理模型试验其中任何单一手段研究河口动力过程，解决河口问题都存在一定的局限性，无法实现准确、高效的模拟与分析。

（1）原型资料及遥感技术分析

实测资料是开展珠江河口动力过程研究的基础，上游水沙变化、外海动力条件同时也是河口模拟的水文边界条件，实测水位、流速流向等水文要素是模型验证的依据。

珠江河口浅海区与三角洲河网区为一个相互影响的整体，所涉及的范围相面积约9750km²，以往的研究限于研究内容和经费等因素，水文测量往往只进行局部区域的观测，可以帮助对区域局部环境动力过程的认识，但由于缺少河口系统、完整的大同步地形及水文资料，要从整体地认识水沙的运动规律及其动力过程还远远不够。而且现场观测的空间范围很有限，观测的时间序列的长度也非常有限，不能够提供这些区域详细的河口水动力和泥沙时空分布特征。

遥感信息是水沙实测资料的有益补充。采用遥感信息技术与水文测验相结合，通过遥感信息解译，可以对河口岸线的变化、水流的整体流动特征、局部环流特征、水沙输移和交换特征进行分析，加强对河口的动力过程及其演变规律的认识。但由于遥感信息只是瞬时的信息，记录着现在及过去某一刻的影像，对工程建设引起动力过程的调整及其演变无法预测及评价。

（2）数学模型研究

数学模型不仅可以模拟淡水径流及潮汐动力的相互作用，还可以模拟风对潮流运动的影响、波浪幅射应力的作用、波浪对滩地掀沙的作用、盐度异重流对动力的影响、盐度对泥沙输移的影响等，可以较好地模拟河口的动力结构及水动力环境，模拟河口水沙运动及滩、槽演变趋势。但数学模型发展本身受水沙运动基本理论、数值计算方法、计算网格尺度和精度等方面的不足。尤其在复杂的几何边界、复杂的局部三维流态方面，其模拟水平尚未达到工程研究的要求，需要依靠物理模型进行来解决。此外，数学模型的相似性需要大量原型观测资料作为支撑，对模型进行验证及校正。而河口大范围同步实测原型观测资料极为缺乏，遥感资料对其整体流动特征、局部环流特征、水沙输移和交换特征进行校验，从而进行辅助验证。

（3）物理模型试验

物理模型试验是研究水流泥沙运动最直观、最有效的手段之一，可以严格控制试验对象的主要参数而不受外界条件和自然条件的限制，做到结果准确；能在复杂的试验过程中突出主要矛盾，便于把握、发现现象的内在联系，并且有时可用来对原型所得的结论进行校验，预测尚未建设工程的影响。

物理模型试对工程结构近区模拟的准确性高，并能准确反映复杂几何边界、复杂流态等方面的优点，具有直观性强、对于特殊地形具有较好的复验性，更能反映物理过程本身的特征。但物理模型主要存在着比尺效应，投资大，周期长，可移植性差，很难完全适应多因素、大范围的工程规划等问题研究。

4 珠江河口复合模拟技术及应用模式

4.1 珠江河口复合模拟技术基础

珠江水利科学研究院在珠江河口动力过程研究中，在原型分析、遥感信息分析、物理模拟、数值模拟和测控技术等方面发展了一整套具有特色的研究方法，为开展珠江河口动力过程复合模拟研究奠定了坚实的基础。

在原型分析及遥感信息分析方面发展了河口水文实测资料分析、河床演变分析、卫星遥感影像分析等技术。在物理模拟方面发展了潮流模型、潮流悬沙模型、潮流动床模型等模拟技术。在数值模拟方面发展了潮流模型、潮流泥沙模型、盐度模型、波浪模型、波浪潮流共同作用下的泥沙模型、河床变形模型等模拟技术。在测控技术方面发展了潮汐模拟的变频生潮技术，咸潮模拟的测控技

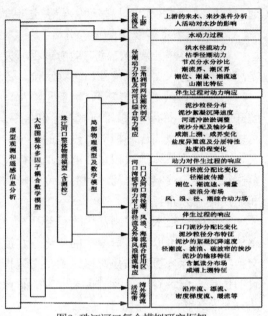

图2 珠江河口复合模拟研究框架

术，同步潮流加沙技术等，并采用现代信息化技术，将各专业应用系统、数据资源和科研成果进行整合，为复合模拟的实现提供一个统一、共享的环境，为科研业务提供一个全面的解决方案。

4.2 珠江河口复合模拟研究框架

河口开发利用的实践对河口研究内容、研究深度和系统性提出了更高的要求。从研究内容来看，由于因素之间的联系性更为紧密，关注对象增多，研究由单因子单要素扩展为多要素多因子研究。如河口咸潮上溯加剧，保障河口的供水安全与防洪安全同等重要，河口研究不单以洪潮运动为主，必须加强咸潮研究；同时研究考虑的因子更多，河口泥沙输移时必须充分考虑盐水絮凝的影响。从研究的深度来看，对变化环境下的河口水、沙、盐运动规律的认识是一个持续深入的过程。环境的变化使得河口治理的效果往往与预期存在一定差异，也就要求进一步深化河口研究，研究问题更为细致、全面。从研究的系统性来看，无论是割裂河口各组成部分的联系，单独研究三角洲河道、单个口门或口门区均存在局限性，还是割裂河口径潮流、波浪、盐度、泥沙之间的联系，都是难以揭示河口动力过

程变化的成因。研究必须将把不同特征的动力因子耦合，并将河口作为一个有机的整体进行系统研究。

　　珠江河口复合模拟研究框架以珠江河口动力分区为基础，以各分区动力特性及其相互联系为纽带，将气候变化和人类活动的影响涵盖研究范围内各动力要素，围绕着珠江三角洲及口门区动力环境的重要环节和关键技术指标，融合原型分析、遥感信息分析、数值模拟、物理模拟和测控技术等研究技术手段，形成珠江河口动力过程"五位一体"复合模拟研究框架（见图2）。通过各种研究技术手段有机结合，互为补充、相互验证，形成多参数（场）、全过程、多层次、全方位、多尺度、全区域的复合模拟，实现提高复杂动力过程模拟的准确性，深化河口动力过程研究。

　　基于各种研究手段的特性，在河口动力过程研究中，复合模拟在研究参数、研究流程、研究区域、研究对象等多方面采用不同的配置模式。研究参数复合，即在原型分析、遥感信息分析、物理模拟、数值模拟中实现初始场和边界等的互补；研究流程复合，即在原型分析、遥感信息分析、物理模拟、数值模拟等研究的相关环节动态复合；研究动力分区复合，根据研究的重点区域不同，在上游径流控制区、三角洲网河区、口门及河口湾区、外海区，采取不同复合配置模式；研究对象复合，即在珠江河口动力、泥沙运动规律、咸潮活动机理、河口演变机理等关键因素相互影响的研究中，不同要素复合模拟。

4.3 复合模拟模式在河口规划及工程论证应用模式

　　基于珠江河口水动力条件复杂性，维护其泄洪纳潮功能和河势稳定对于珠江河口防洪、航运、供水安全意义重大。河口治理规划和重大涉水工程方案的确定和优化，必须全面深入研究对珠江河口防洪、纳潮、排涝及河势稳定的影响，为河口管理提供科技支撑。珠江水利科学研究院经过多年的实践，初步形成了复合模型研究应用模式（见图3）。

　　（1）采用水文资料，结合遥感信息综合分析河口动力环境、水沙输移特征、历史及近期演变研究规律，对河口规划及重大涉水工程方案合理性进行初步评估。

　　（2）实测水文资料，结合遥感信息分析成果作为物理模型及数学模型水动力及泥沙特征参数、河口动力环境要素、水沙输移特征、平面环流结构等宏观流场和局部流态、河口的淤积量及形态进行系统的验证及校核。

　　（3）采用历史水文资料设计上游水文过程及外海水文过程，作为模拟的边界条件。

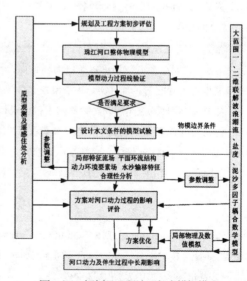

图3　河口规划及工程论证复合模拟模式

　　（4）利用大范围多因子耦合模型模拟设计水文条件下珠江河口的动力过程，并为河口整体物理模型提供边界条件。

（5）以河口整体物理模型为核心，综合应用大范围一、二维联解潮流模型、局部物理及数值模拟等手段，模拟河口动力系统的响应，结合原型及遥感信息分析，综合评价方案对河口行洪、纳潮、河势稳定等特征呀。

（6）方案对河口动力过程及河口演变中长期累积影响研究，以大范围多因子耦合数值模拟为核心，与物理模拟短期预测相互验证，实现大尺度长时段模拟预测，并结合原型和遥感信息分析预测，评价规划及工程方案产生的中长期影响。

5 结语

珠江河口动力特性复杂性和独特性决定了单一技术手段研究珠江河口问题必然存在局限性。基于珠江河口复杂动力特征，本文探讨了融合原型分析、遥感信息分析、数值模拟、物理模拟和测控技术等研究技术手段的复合模拟技术。各种技术手段的差异是其复合应用的内在驱动力，复合模拟技术推动了点面结合、动静结合、定性与定量结合等多种复合形式的发展和完善，形成了取长补短、交融发展的复合机制。如何实现从各种技术手段松散耦合到无缝耦合，复合模拟技术需要不断发展和完善。

参考文献

1 陈晓宏,陈永勤等,珠江口悬浮泥沙迁移数值模拟[J],海洋学报,2003(2)。

2 徐峰俊,朱士康等,珠江河口区水环境整体数学模型研究[J],人民珠江,2003(5)：12~18.

3 郑国栋, 黄东等. 一、二维嵌套潮汐模型在河口工程中的应用[J].水利学报,2004（1）:22~27

4 逄勇,黄智华.珠江三角州河网与伶仃洋一、三维水动力学模型联解研究[J]. 河海大学学报(自然科学版). 2004(01)：10~13.

5 张蔚,严以新等,珠江河网与河口一、二维水沙嵌套数学模型研究[J].泥沙研究2006(12)11~17.

6 陈志昌, 罗小峰,长江口深水航道治理工程物理模型试验研究成果综述[J].水运工程,2006（12）:134~140.

7 吴小明,邓家泉等, 珠江河口大型潮汐整体物理模型设计与应用[J],人民珠江,2002(6)：14~16.

8 熊绍隆,曾剑,等.杭州湾跨海大桥河工模型设计与验证[J].东海海洋海,2002,20(4):50~56.

9 许祥向,余顺超等,珠江河口澳门水域遥感监测分析[J]. 人民珠江. 1999(05)：24~27.

10 邓孺孺,何执兼等,珠江口水域水污染遥感定量分析[J]. 中山大学学报(自然科学版). 2002(03)：99~103.

11 丁晓英,余顺超. 基于遥感的珠江口表层盐度监测研究[J]. 遥感信息. 2014(05)：96~100.

参 考 文 献

1 Schmid PJ, Henningson D S. Stability and transition in shear flows. New York, Springer Verlag, 2000.

2 Grosch CE, Orszag S A. Numerical solution of problems in unbounded regions: coordinate transforms . J. Comput. Phys., 1977, 25: 273–296

3 Lewis H R, Bellan P M. Physical constraints on the coefficients of Fourier expansions in cylindrical coordinates . J. Math. Phys., 1990, 31(11): 2592–2596

4 Bridges T J. Boundary layer stability calculations. Phys. Fluid, 1987, 30 (11): 3351–3358

5 Xie Mingliang, Xiong Hongbing, Lin Jianzhong. Numerical research on the hydrodynamic stability of Blasius flow with spectral method . Journal of Hydrodynamics Ser. B, SUPPL., July, 2006, 18(3): 265–269

6 Davis A M J, Smith S G L. Perturbation of eigenvalues due to gaps in two-dimensional boundaries . Proc. R. Soc. A., 2007, 463: 759–786

7 Matsushima T, Marcus P S. A Spectral Method for Unbounded Domains . J. Comput. Phys., 1997,321–345

8 Jordinson R. Spectrum of eigenvalues of the Orr-Sommerfeld equation for Blasius flow . Phys. Fluids, 1971, 14: 2535-2537

9 Drazin P G, Reid W H. Hydrodynamic Stability . Cambridge, Cambridge University Press, 2nd Ed., 2004

The application of composite simulation in the research on hydrodynamic and sediment transport tin the Pearl river estuary

HE yong , YUshunchao, XU fengjun

(1 Pearl River Scientific Research Institute , Pearl River Water Resources Commission , Guangzhou ,510611,China;2 Key Laboratory of the Pearl River Estuarine Dynamics and Associated Process Regulation, Ministry of the Water Resources，Guangzhou ,510611,China)

Abstract： Pearl River estuary is a complex system which includes different hydrodynamic zonings and coupling fields with strong human disturbance. Pearl River delta is made up of West River, North River and East River with eight entrances into the sea. The river network is highly developed and the characteristics of interaction between entrance is obvious. In this paper, from characteristics of drainage structure, form at the entrance, hydrodynamic process and its influencing factors, etc., the complex hydrodynamic characteristics of the pearl river estuary is comprehensively discussed. The adaptability and limitation of existing research of hydrodynamic in the Pearl River estuary is also analyzed. During the research on hydrodynamic in the pearl river estuary, a single technology can't achieve accurate and efficient simulation and analysis. Based on the traditional composite simulation by numerical model and physical model, the "five one" composite simulation technology is put forward which is Integrated by with measured data analysis, remote sensing information analysis, numerical simulation, physical simulation and combining the research methods such as measurement and control technology. The composite simulation mode is discussed, and the application mode of composite simulation in the research on planning and engineering demonstration in the estuary is introduced. The composite simulation has realized the integration of a variety of technical means, to form the complement each other, and this will improve the breadth and depth of the research on hydrodynamic in the estuary.

Key words: Pearl River estuary；Complex hydrodynamic process；composite simulation

钱塘江河口水质测试及时序预测分析

†张火明[1]，洪文渊[1]，方贵盛[2]，陈阳波[1]，谢卓[1]

(1. 中国计量学院 浙江流量计量技术重点实验室，杭州，310018；2. 浙江水利水电学院 机械与汽车工程学院，杭州，310018)

摘要： 钱塘江是浙江省最大的河流，其潮水由于受到地球自转的离心作用和杭州湾处的特殊喇叭口地形而造成了特大潮涌，被称为"天下第一潮"。根据地表环境 III 类水质量标准在钱塘江河口四桥至闻堰水域一特定测点进行水样提取。在此测点连续 27 小时每隔一小时提取 6 层水样，并完成了总共 162 个样本的 PH 值、氨氮、总磷、总氮、COD_{Mn} 和 Bod_5 共计 6 个参数的测试，得到了该测点处 6 个指标的达标率。最后根据灰色-马尔科夫链预报方法对其中 4 个指标进行了拟合和预测，验证了该方法的有效性和正确性，对河水治理有一定的帮助和参考意义。

关键字： 钱塘江；水质检测；灰色-马尔科夫链预报

1 引言

钱塘江北源头于新安江，南源头于衢江上游马金溪，并于上海市南汇区和宁波市、舟山市嵊泗县之间注入东海。其中杭州附近河段，称为"之江"或"罗刹江"，因特殊的地理环境造成特大涌潮而闻名于世，被誉为"天下第一潮"。钱塘江是浙江省内最大的河流，对浙江省的经济建设有着非常最大的意义。但是近些年来由于环境治理力度的不足，导致了河水污染情况愈发严重。因此，对河水水质的检测与治理刻不容缓。

目前常见的污水检测参数有 pH 值、氨氮、总磷、总氮、COD_{Mn} 和 Bod_5 等，国内外已有一些先进检测技术投入使用。李玉春[1]研制了水质检测仪器，可快速同步测量 COD、硝酸盐氮、色度、浊度等多个参数，单次测量在 1s 内完成；赵敏华等[2]建立了一种基于无线传感器的水质监测系统，所采集的数据通过 Zigbee 网络进行汇总和处理，数据通过 GPRS

基金项目：浙江省自然科学基金项目（Y14E090034，Y13F020140），浙江省青年科学家培养计划项目（2013R60G7160040），国家自然科学基金资助项目（51379198）。
作者：张火明(1976-)，男，湖北武穴人，博士后，副教授，主要研究领域为海洋工程流体力学。
Email：zhm102018@163.com。

进行远程传送；周皓东等[3]也将无线传感器应用于水产养殖的水质检测系统中，通过建立无线传感器网络采集温度、pH 值等数据并将其传入检测中心，实现了对水产养殖的实时监控。Sevinc Ozkul 等[4]在水质监测网络中引入了熵的概念，介绍了联合空间/时间频率监测网的评价新方法，并对密西西比河的案例进行了分析。

本文依托项目支持，于钱塘江一特定地点进行了水样提取与检测，对比地表环境 III 类水质量标准[5]进行了水质达标率分析，最后对水质监测结果进行了灰色-马尔科夫链拟合和预测。

2 钱塘江河口水质测试

水质测试的水样提取地点为钱塘江河口四桥至闻堰水域一特定测点，具体位置为120° 15.755´ E，30° 17.379´ N，如图 1 所示。水样提取时间段为：2012 年 11 月 29 日 10:40-2012 年 11 月 30 日 13:20，当时天气为：杭州，2012-11-29，阴转小雨，13～9° C，北风 3～4 级；杭州，2012-11-30，小雨，13～9° C，北风微风级。

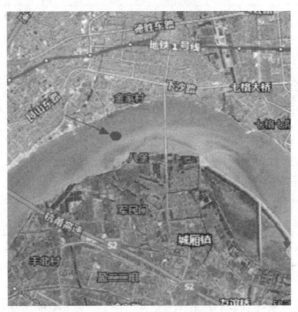

图 1 水样提取点

在此测点连续 27 h 每隔一小时提取 6 层水样，也就是将水深（表示为 H）分为 6 层，分别为底层（离底 0.5m）、0.8H（离水面 0.8 倍水深处，其余类似）、0.6H、0.4H、0.2H 和表层（水表面以下 30cm），每次采集水量不小于 1000mL，每小时所采水样为一组。测点水深通过滑轮转动圈数获得，每往下转动一圈大约向水下推进 0.1m，记录取水器触底时的圈数即可获知此时的水深，要提取 0.8H 水深的水样只要将取水器从水面开始往下放触底圈数的 0.8 倍即可，其余类推。采集完成后根据地表环境 III 类水质量标准（表 1），完成对 162

个样本的 pH 值、氨氮、总磷、总氮、COD_{Mn} 和 Bod_5 共计 6 个参数的测试。检测方法如表 2 所示。

表 1　地表水环境质量标准基本项目标准限值　　　　　　　　　　mg/L

	I 类水	II 类水	III 类水	IV 类水	V 类水
pH 值			6~9		
氨氮	0.15	0.5	1	1.5	2
总磷	0.02(湖、库 0.01)	0.1(湖、库 0.025)	0.2(湖、库 0.05)	0.3(湖、库 0.1)	0.4(湖、库 0.2)
总氮	0.2	0.5	1	1.5	2
COD_{Mn}	15	15	20	30	40
Bod_5	3	3	4	6	10

表 2　检测方法（依据标准）

检测参数	检测方法
pH 值	玻璃电极法，GB/T6920-1986
氨氮	纳氏试剂比色法，GB/T7479-1987
总磷	钼酸铵分光光度法，GB/T11893-1989
总氮	碱性过硫酸钾消解紫外分光光度法，GB/T11894-1989
COD_{Mn}	重铬酸盐法，GB/T11914-1989
Bod_5	稀释与接种法，GB7488-87

图 2 至图 7 为 6 个参数 27h 的实测数据，每组数据分为 6 层分别进行检测。
水质检测结果如表 3 所示。

表 3　水质检测结果

指标	PH 值	氨氮	总磷	总氮	COD_{Mn}	Bod_5
达标率/%	99.38	69.136	46.296	0.6173	100	11.728

本次提取的 162 个水样其 PH 值和 COD_{Mn} 的指标较为符合地表环境 III 类水质量标准，氨氮指标总体上是符合 III 类水标准的，总磷接近符合 III 类水标准，BOD_5 符合程度很差，总氮几乎都不符合，所以，可以认定这批水样总体上是不符合地表环境 III 类水质量标准的。

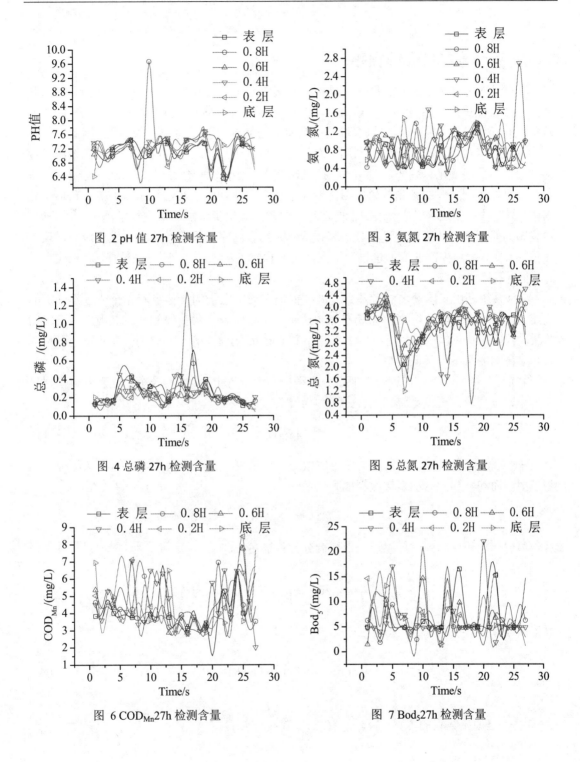

图 2 pH 值 27h 检测含量

图 3 氨氮 27h 检测含量

图 4 总磷 27h 检测含量

图 5 总氮 27h 检测含量

图 6 COD$_{Mn}$27h 检测含量

图 7 Bod$_5$27h 检测含量

3 灰色—马尔科夫链预报

目前广泛使用的预测方法包括趋势预测、灰色系统预测和马尔科夫链模型预测。这几种方法各有优缺点。趋势预测计算简单，但准确度较低；灰色预测可以进行短期预测，但是其对长期和波动较大的数据拟合较差；马尔科夫链模型相反与灰色预测[6]。因此，一般都将灰色预测与马尔科夫链模型预测结合，综合两者优点，这样，既可以用灰色系统预测揭示数据的发展变化总趋势，又可以用马尔科夫链预测来确定状态规律，从而这两种方法的互补可以达到更好的预测效果。国内专家很早之前就开始了灰色马尔科夫链的预报研究工作。彭定桂和林燕菁[7]基于该预报原理对福建省的航空货运发送量进行了预测；徐军委[8]对我国的能源消费结果也进行了分析和预测，并结合国家实际需求给出了优化调整建议；沈哲辉等[9]对大坝内部的变形也进行了预测，并肯定了灰色马尔科夫模型的精确性。

3.1 灰色系统预报

灰色系统是由我国著名学者邓聚龙教授提出来的，它指的是信息不完全或者不确定的系统。在短短几十年里，灰色系统已经渗透到经济、气象、农业等领域，展现出广泛应用前景。常用的灰色理论模型有 GM(1, 1)模型和 GM(0, N)模型等[10]，分别代表着单一影响变量和多影响变量下的不同模拟。

GM(1, 1)中第一个 1 代表着近似微分方程中有一个待定系数，后一个 1 代表着该模型只有一个影响变量。假设系统真实行为序列为

$$X^0 = [x^0(1), x^0(2), \cdots, x^0(n)] \tag{1}$$

对原始数据序列作一次累加，使生成数据序列呈现一定的单调递增规律，从而构造预测模型，而观察到的一次累加数据序列为

$$X^1(k) = \sum_{i=1}^{k} X^0(i) \quad k = 1, 2, \cdots, n \tag{2}$$

对于单调递增的新数列，可以近似地用微分方程描述，即

$$\frac{dx^{(1)}}{dt} + ax^{(1)} = u \quad (\text{其中 } a、u \text{ 为待定系数}) \tag{3}$$

解该微分方程可得

$$\hat{a} = \begin{pmatrix} a \\ u \end{pmatrix} = \left(B^T B\right)^{-1} \cdot B^T \cdot y_n \tag{4}$$

式(4)中 y_n 是原始数列的转置：$y_n = \left(x^0(2), x^0(3), \cdots, x^0(n)\right)^T$

$$B = \begin{pmatrix} -\dfrac{1}{2}\left(x^{(1)}(2)+x^{(1)}(1)\right) & 1 \\ -\dfrac{1}{2}\left(x^{(1)}(3)+x^{(1)}(2)\right) & 1 \\ \vdots & \vdots \\ -\dfrac{1}{2}\left(x^{(1)}(n)+x^{(1)}(n-1)\right) & 1 \end{pmatrix} \qquad (5)$$

得到原始数列预测值为

$$\hat{x}^{(0)}(k) = \hat{x}^{(1)}(k+1) - \hat{x}^{(1)}(k) \qquad k=1,2,\cdots,n \qquad (6)$$

3.2 马尔科夫链预报模型

根据马尔科夫链，将数据序列分为若干状态，以 E_1，E_2，$\cdots$，E_n 来表示，按时序将时间取为 t_1，t_2，$\cdots$，t_n，p_{ij} 表示数列由状态 E_i 经过 k 步变成 E_j 的概率，即

$$p_{ij}^{(k)} = \frac{n_{ij}^{(k)}}{N_i} \qquad (7)$$

式中，$n_{ij}^{(k)}$ 表示状态 E_i 经过 k 步变成 E_j 的次数，N_i 表示状态 E_i 出现的总次数。则 k 步状态转移概率为

$$R^{(k)} = \begin{pmatrix} p_{11}^{(k)} & p_{12}^{(k)} & \cdots & p_{1j}^{(k)} \\ p_{21}^{(k)} & p_{22}^{(k)} & \cdots & p_{2j}^{(k)} \\ \vdots & \vdots & & \vdots \\ p_{j1}^{(k)} & p_{j2}^{(k)} & \cdots & p_{jj}^{(k)} \end{pmatrix} \qquad (8)$$

若状态 E_i 的初始向量为 $V^{(0)}$，则经过 k 步转移后，向量 $V^{(k)}$ 为

$$V^{(k)} = V^{(0)} \cdot R^{(k)} \qquad (9)$$

3.3 拟合与预报

基于上述理论，下面在得到实测数据的基础上对钱塘江河口水质进行拟合计算和预报，这里选取氨氮、总氮、COD_{Mn} 和 Bod_5 4 个参数进行分析，表 4 为 4 个参数 0.6H 层的 27h 实测数据。

表 4　4 参数 0.6H 层实测数据

时间/h	氨氮/(mg/L)	总氮/(mg/L)	COD_{Mn} / (mg/L)	Bod_5/ (mg/L)
1	0.839618	3.828396	5.36	1.451
2	0.54989	3.908476	4.32	11.341
3	1.132364	4.123691	4.4	11.259
4	1.117274	4.399967	4.32	10.382
5	0.930158	3.678246	5.52	5.655
6	0.420116	2.383953	4.56	4.8
7	0.954302	2.722291	3.84	4.821
8	0.377864	2.883452	3.6	4.337
9	0.782276	2.607176	4	7.754
10	0.528764	3.032601	4	14.642
11	0.812456	3.369938	3.76	4.8
12	1.050878	3.0316	3.84	4.8
13	0.498584	3.67224	2.88	4.8
14	0.619304	3.328897	2.96	17
15	0.676646	3.884452	3.76	6
16	0.954302	3.736304	3.2	9.8
17	0.513674	3.825393	3.04	5
18	1.090112	3.629197	2.88	5.398
19	1.15349	3.529097	3.28	4.8
20	0.691736	3.564132	4.24	1.273
21	0.854708	3.066635	4.64	7.357
22	1.06295	3.428997	4.96	6.739
23	0.872816	3.829397	3.52	3.118
24	0.951284	3.541109	6.32	9.8
25	0.800384	3.066635	7.76	5
26	0.97241	3.911479	3.84	5
27	0.601196	3.831399	4.4	14.642

　　图 8 至图 11 分别为氨氮、总氮、COD_{Mn} 和 Bod_5 4 个参数 27 组数据的实测值、预报值和拟合值曲线，其中预报值和拟合值在实测值数据的基础上对后两步的数据进行了预报。

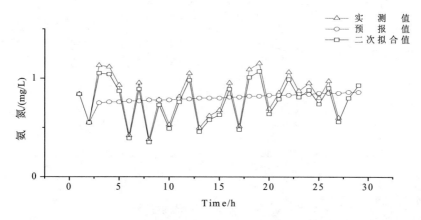

图 8 氨氮实测、预报与拟合曲线

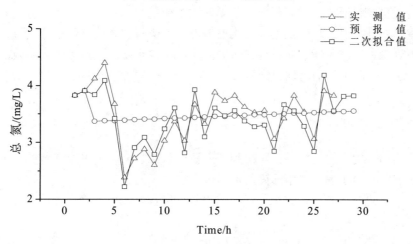

图 9 总氮实测、预报与拟合曲线

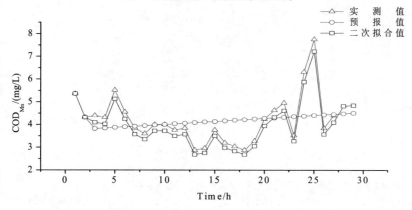

图 10 COD_{Mn} 实测、预报与拟合曲线

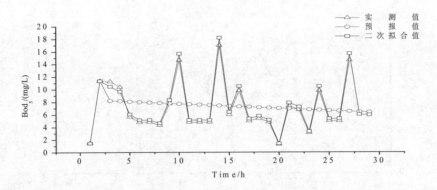

图 11   Bod₅ 实测、预报与拟合曲线

由以上 4 图可以看出，预报值只是简单对实测值的趋势进行了简单预测，吻合度与预报性均较差。在预报值的基础上进行二次拟合后，其值与实测值已经十分接近，因此其预报结果更为可靠。这也验证了灰色马尔科夫方法在河口水质的预报中较为有效，适合推广进行使用，这将对河水污染治理起到积极的作用。

3   结论

通过连续 26h 的河水采样，试验得到了氨氮、总磷、总氮等 6 个参数的河水含量与达标率，发现情况不容乐观，河水污染的治理迫在眉睫。同时基于灰色马尔科夫链预报方法对其中 4 个参数进行了拟合与预报，计算结果吻合度较好，可以将该方法利用于现在中的河水治理。

参 考 文 献

1   李玉春. 基于紫外可见光谱的水下多参数水质检测技术研究[D]. 天津大学, 2012.

2   赵敏华, 李莉, 呼娜. 基于无线传感器网络的水质监测系统设计[J]. 计算机工程与设计, 2014, 40(2):4568-4570.

3   周皓东, 黄燕, 刘炜. 基于 WiFi 无线传感器网络的水质监测系统设计[J]. 传感器与微系统, 2015, 34(5):99-105.

4   Ozkul S, Harmancioglu N B, Singh V P. Entropy-Based Assessment of Water Quality Monitoring Networks[J]. American Society of Civil Engineers, 2014, 5(1):90-100.

5   国家环境保护总局. 中华人民共和国地表水环境质量标准[EB/OL]. http://www.syx.gov.cn/a/1696/2013-9 /10001.html.

6   董胜, 石湘. 海洋工程数值计算方法[M]. 中国海洋大学出版社, 2007.

7   彭定桂, 林燕菁. 基于灰色马尔科夫预测模型的福建省航空货运发送量预测[J]. 物流工程与管理, 2014, 36(2):54-55.

8　徐军委. 基于灰色-马尔科夫模型的我国能源消费结构优化调整[J]. 工业安全与环保, 2015, 41(2):62-65.

9　沈哲辉, 黄腾, 唐佑辉. 灰色-马尔科夫模型在大坝内部变形预测中的应用[J]. 测绘工程, 2015, 24(2):69-74.

10　韦灼彬, 高屹, 吴森. 灰色-马尔科夫模型在机场道面使用性能预测中的应用[J]. 海军工程大学学报, 2009, 21(4): 53-57.

Water quality testing and time series forecasting of Qiantang River Estuary

†ZHANG Huo-ming[1], HONG Wen-yuan[1], FANG Gui-sheng[2], CHEN Yang-bo[1], XIE Zhuo[1]

(1.　Zhejiang Provincial Key Laboratory of Flow Measurement Technology, China Jiliang University, Hangzhou, 310018, China; 2. Zhejiang Water Conservancy and Hydropower College, Mechanical and Automotive Engineering, Hangzhou 310018, China)

Abstract:　The Qiantang River is the largest river in Zhejiang Province, the tide due to the centrifugal effect of the earth's rotation and the Hangzhou Bay special trumpet shaped topography caused by the large influx, known as "peerless tide". According to the water quality standards of the surface environment III, water samples were extracted from a specific point of the river mouth of the Qian Tang River Estuary fourth bridge to the Wenyan water area. Extract water samples from measuring point in 27 consecutive hours and every one hour extract from 6 layers, completed a total of 162 samples the pH, ammonia nitrogen, total phosphorus, total nitrogen, COD_{Mn} and Bod_5 of the test, obtained the standard rate of 6 indexes of the measurement points. At last, according to Grey-Markov chain prediction method to fitted and predicted the four indicators,　verify the correctness and effectiveness of the method, have certain help and reference significance for water treatment.

Key words:　Qiantang River; Water quality monitoring; Grey - Markov chain prediction method

长距离供水工程空气罐水锤防护方案研究

张健，苗帝，黎东洲，蒋梦露，罗浩

（河海大学水利水电学院，江苏南京，210098, Email: jzhang@hhu.edu.cn）

摘要：为了保证供水工程中加压泵站与输水管道的运行安全，通常在泵后设置空气罐进行水锤防护。对于输水线路高程差不大、主要克服管道摩阻的长距离供水工程，在满足输水系统安全的前提下，此种布置方案所需空气罐容积往往较大，造价较高。以减小空气罐容积为目的，提出了一种新的空气罐布置方案，即在输水管道首尾两端分别布置空气罐，并结合管道中的阀门关闭规律，论证了该种布置方案的水锤防护原理及体型优化的可行性。工程算例表明，该种空气罐布置方案能够有效的减小空气罐总容积，并取得良好的水锤防护效果。

关键词：停泵水锤；水锤防护；空气罐；布置方案；体型优化

1 引言

在泵站输水系统中，由于抽水断电事故的发生，水泵机组转速迅速减小，泵后压力迅速降低，降压波向泵后管道传播，导致输水系统管道沿线出现严重降压，管道初始压力较小点可能因为降压过大而降至汽化压力，产生液柱分离现象，其诱发的弥合水锤将产生很大压力，危及管道的安全[1-3]。当在泵后设置空气罐防护后，罐内高压气体驱使罐内水体向管道补充，以避免管道中压力下降过快，其防护原理类似于电站中气垫调压室。

空气罐是密闭的高压容器，其上部为高压气体，下部为水体，底部通过短管与主管道相连，利用罐体壁面与水面所形成的封闭气室，依靠气体的压缩和膨胀特性，来反射水锤波，抑制水位波动，保证输水系统的安全稳定运行。空气罐反射水锤波和控制涌浪的性能主要取决于其罐体气体特性、气室容积、孔口的大小等设计参数[4-6]。为了充分发挥空气罐的水锤调节能力，空气罐应当尽量地靠近水泵布置，以防止泵后管道出现负压[7]。在消除长距离输水泵站负压的措施中，空气罐具有安装管理方便，对场地没有严格要求等优点。由于其对停泵水锤的防护效果良好，目前在国外已被广泛采用，如韩国 Kangbook 输水工程，在国内江苏省常熟县水厂、江西省庐山水厂先后采用，消除水锤效果显著[8-9]。

基金项目：国家自然科学基金资助项目（51379064）

作者简介：张健：（1970—），男，河南信阳人，教授，博士，主要从事系统瞬变流及电站水力学研究

2 泵后设置空气罐方案

由于空气罐的诸多特点，其作为有效的负水锤防护措施，在供水工程中得到了良好应用。但若输水管道较长，流量较大，管道中水体动能较大，则所需的空气罐容积也必然较大，设置不当将会会造成防护成本过高及运行管理不便。

某输水工程布置如图 1 所示，其中输水系统长约 45km，设计流量 1.32m³/s，水泵设计扬程 65m，其中地形扬程 11.6m，克服管道摩阻扬程 53.4m。要求输水管道内不出现负压，以 60m 的水锤压力作为管道最大控制压力。

当水泵出现停泵事故且无防护措施时，泵后流量、压力变化如下图 2 和图 3 所示。

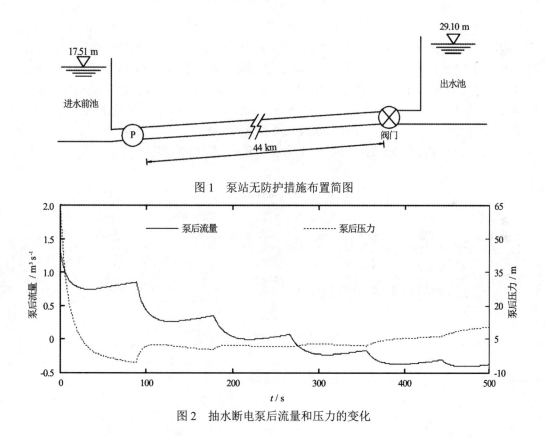

图 1   泵站无防护措施布置简图

图 2   抽水断电泵后流量和压力的变化

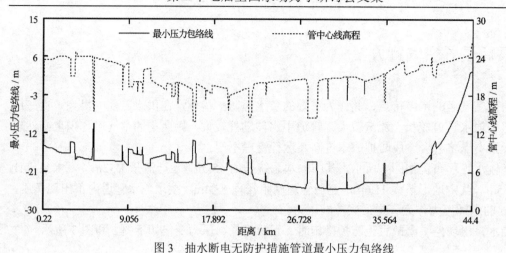

图 3　抽水断电无防护措施管道最小压力包络线

　　由图 2 可知，在停泵事故发生后，泵后流量和压力不断减小，由于输水系统长达 45km，水锤波速约 1000m/s，故在事故停泵后 88.5s，泵后发生首相水锤，压力降幅达到 60m 以上，导致泵后压力值降至汽化压力附近。由图 3 可知，水泵抽水断电后引起降压波的传播使得管道沿线产生较严重降压，大部分管道压力降至汽化压力以下。为保证输水系统安全运行，需设置防护措施。综合考虑，在输水系统泵后设置空气罐（布置简图 4），经过大量试算得出该方案优化后的空气罐参数，计算结果见表 1 至表 2 和图 5 至图 7。

表 1　空气罐体型参数

空气罐位置	水深/m	气室高度/m	总高度/m	面积/m²	空气罐安装高程/m	初始气体绝对压力/m	空气罐总容积/m³
泵后（桩号 0+281）	6.0	2.5	8.5	75.4（6×12.6）	21.0	60.0	640.6（6×106.8）

注：空气罐内水深及气室高度为泵站正常运行时的参数

表 2　输水管路沿线较小压力点统计

最小压力位置（桩号）	2+515	5+085	8+988	3+7356
最小压力/m	0.37	0.60	3.18	1.30

注：压力以管中心线为基准

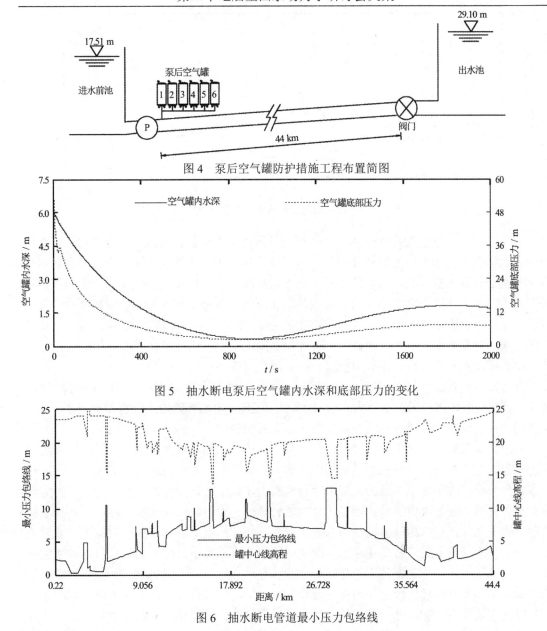

图 4　泵后空气罐防护措施工程布置简图

图 5　抽水断电泵后空气罐内水深和底部压力的变化

图 6　抽水断电管道最小压力包络线

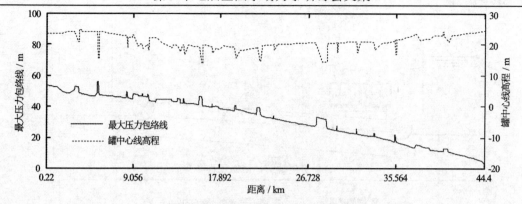

图 7 抽水断电管道最大压力包络线

　　由图 5 可知，水泵抽水断电后，空气罐向管道内补水，罐体内压力下降，消减了管道内的负水锤压力。由于该工程管线相对平直，地形扬程小，水体倒流动力小，导致泵后空气罐基本上只反射负压波。当水体倒流后，水流继续冲击空气罐内的气室，产生的压力增幅并不大，尚未达到正常工作压力，管道预防正压的安全裕度相对加大。采用泵后设置空气罐方案后，为使管道不出现负压，所需的空气罐容积较大，经计算，须 640.6m³。如此巨大的容积，需要采用多个空气罐联合设置才能够满足要求。结合工程布置，如图 4 所示，该方案需要设置 6 个直径为 4m，高度为 8.5m 的空气罐。

　　此方案下设置的空气罐容积较大主要原因是：① 管道长达 44km，管道内部水体动能较大，停泵后管道内所需补水量大；② 管线较为平直，输水管路地形扬程相对较小，水体倒流动力小，断电后管道系统的补水主要来自泵后空气罐。

　　对于该类长距离供水工程，管道较长，其内水体惯性相应较大，同时其管线走势起伏小的特点，使之与向高处扬水的供水系统不同——其内的水体倒流动力相对较小。故在发生事故停泵后，为平复水锤压力，避免管道内的水体动能转化为弹性势能，空气罐内的水体将流入管道，使管道内的水体动能转化为重力势能。管道越长，水流动能越大，为了保证管道内无负压，空气罐需要提供的水量就越多，相应的空气罐的容积也就越大。故理论上可增大供水管道干线流量变化梯度，使空气罐的补水量减小。注意到，可以通过增加供水管道尾部压力，人为地增大管道内水体的倒流动力，使之类似于向高处扬水的供水系统。当泵站发生事故停泵后，快速关闭供水管道末端阀门，可以极大的抬升末端压力，使之与泵后降压正负抵消，这仅是一理想的方案，需要可靠地计算与精确的阀门控制，否则该方法危险性极大，尤其对于长距离供水工程，末端尾部阀门（出水池）的快速关闭极易产生直接水锤，导致管道破坏，但如阀门关闭过慢，管道中水量流出较多，则起不到减小空气罐容积的效果，如何寻找既能够减少空气罐容积又不产生过大的内水压力的合理水锤防护措施，是本文研究的重点。

3 首尾两端设置空气罐方案

通过上述分析可知，发生停泵事故时，须快速关闭出水池前尾部阀，减小泵后空气罐的出水量，且产生的关阀水锤压力不超过管道承压标准才有意义。否则发生停泵事故后，虽然供水系统首部产生的负压可以通过泵后空气罐消除，但其尾部因快速关闭尾部阀所产生的正压可能导致末端管道发生爆管。供水管道长达45km，通过大量试算可知，尾部阀的关闭时间至少要超过100s，否则系统将产生直接水锤。而尾部阀门关闭过慢则又对减小泵后空气罐的补水量与容积的效果不明显。所以，无论是从阀门动作的可靠性还是从过流特性的准确性出发，单纯地仅通过优化尾部阀门关闭规律来实现既减小泵后空气罐容积又消减输水系统水锤的目的是很困难的。

对于管道较平直的输水系统，水泵扬程大部分用来克服管道摩阻，地形扬程小，泵后空气罐基本上只用来反射负水锤波，并没有充分利用其反射正压波的性能；且末端管道管材的抗压性能也未得到充分的利用。综合考虑，可在管道末端设置另一较小空气罐，使其一方面能够较好地缓冲由于快速关闭尾部阀门所产生的正压波，使其不至于超过管道的承压标准。另一方面使管道末端压力上升至一个较高的水平，可加剧管道内流量的衰减。虽然随着管道内流量减小，管道末端水锤压力变小，但此时末端空气罐内涌浪幅值增加，涌浪压力抬高，两者此消彼长，使空气罐底部压力在关阀过程中能够一直维持在一个较高水平，对管道内流量的衰减起到重要作用。由以上分析可知，在管道末端设置另外一个空气罐大幅缩短关阀时间，且不会因关阀过快而导致管道末端压力超过控制标准，同时保证了管道末端压力维持在一个较高水平，从而加速了水体倒流，减少了首部空气罐出水量，继而缩小了首部空气罐容积。

针对上述输水工程实例，计算分析首尾两端设置空气罐方案的水锤防护效果，布置简图见图8。在该防护方案中，除了在泵后设置空气罐，还须在管道末端设置一个较小空气罐。确保与泵后设置空气罐方案具有相同防护效果的条件下，首尾设置空气罐方案中的空气罐体型参数计算结果见表3，计算结果见表4和图9至图12。

该方案的计算分析，以与泵后设置空气罐方案的管道最小压力（无负压）相近为基准，以60m的水锤压力作为管道最大压力控制标准。

表 3 空气罐体型参数表

空气罐 位置	水深 /m	气室高度 /m	总高度 /m	面积 /m²	空气罐安装 高程/m	初始气体绝 对压力/m	空气罐总 容积/m³
泵后 （桩号 0+281）	5.5	3	8.5	25.1 （2×12.6）	21.5	60.0	213.5 （2×106.8）
管线末端 （桩号 44+175）	0.5	6.0	6.5	12.6 （1×12.6）	26.5	12.4	81.6

注：空气罐内水深及气室高度为泵站正常运行时的参数。

表 4　输水管路沿线较小压力点统计

最小压力位置（桩号）	3+516	8+998	37+372	40+261
最小压力/m	7.26	7.69	5.15	4.59

注：压力以管中心线为基准。

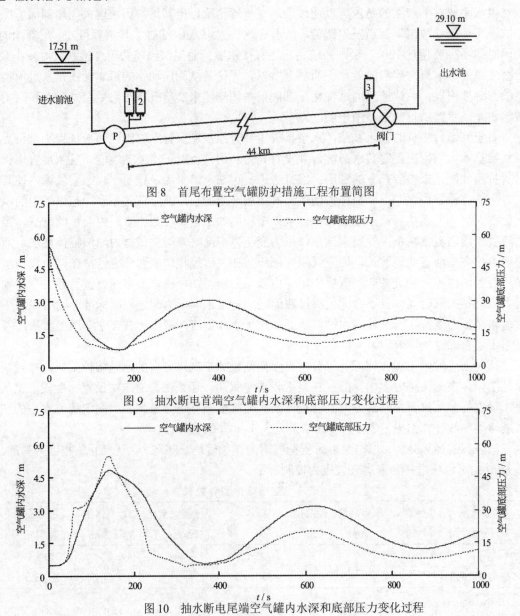

图 8　首尾布置空气罐防护措施工程布置简图

图 9　抽水断电首端空气罐内水深和底部压力变化过程

图 10　抽水断电尾端空气罐内水深和底部压力变化过程

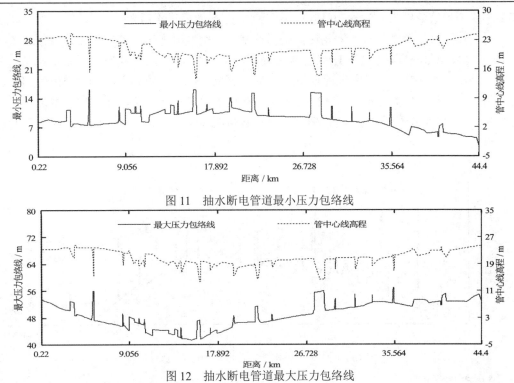

图 11　抽水断电管道最小压力包络线

图 12　抽水断电管道最大压力包络线

由表 3 和表 4 及图 9 至图 12 可知，发生停泵事故后，泵后压力降低，首端空气罐向管道内补水，当因尾部阀关闭所产生的正压传递至管道首部时，泵后压力升高，水体流出首端空气罐的速度减缓；对于尾部空气罐，发生停泵事故后，尾部阀门快速关闭，尾部空气罐底部压力迅速上升，水体进入罐体内，尾部空气罐内气体压缩，缓冲了关阀产生的水锤压力。采用首尾布置空气罐的改进方案，空气罐容积大幅缩小，首部设置两个直径 4m、高 8.5m 的空气罐，尾部设置一个直径 4m，高 6.0m 的空气罐，且水泵断电时管道沿线没有出现负压，最大压力也在控制标准之内。

4　水锤防护方案比较

根据相关计算结果可以看出，采用首尾两端布置空气罐方案得到的管线最小压力值大于同种条件下采用泵后设置空气罐方案所得到的管线最小压力值。这是由于在关闭管道尾部阀门之后，管道末端产生的正压波传递至上游使得管道全线的压力都有一定的升高，但均在控制标准之内，可充分利用管道管材的承压能力。上述两种方案的水锤防护计算结果如图 13 和图 14 所示。

由图 13 和图 14 可知，两种防护方案均可使管道不出现负压，且管道最大压力值均控制在 60m 之内。首尾布置空气罐方案管道最小压力包络线普遍高于泵后布置空气罐方案，其最小压力极值分别为 4.59m、0.37m，说明前者防护效果优于后者。

与采用泵后布置空气罐方案相比，采用首尾布置空气罐方案，使空气罐总容积从之前 640.6m³（6×106.8m³）降至 295.1m³（首端空气罐容积 2×106.8m³，尾端空气罐容积 81.6m³），总容积缩小了 54.0%，首部空气罐容积更是缩小了 66.7%，大大降低了防护措施的工程投资；另外，首部直径为 4m、高为 8.5m 的空气罐由 6 个减少至 2 个，虽然尾部增加了一个直径为 4m，高为 6.0m 的空气罐，但空气罐总数量减少了 3 个，有利于输水系统工程的运行管理。

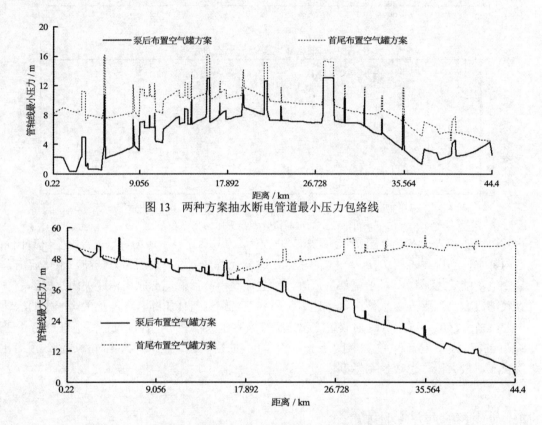

图 13　两种方案抽水断电管道最小压力包络线

图 14　两种方案抽水断电管道最大压力包络线

5　结论

为了防止管道负压，避免断流弥合水锤现象的发生，对于泵站加压供水工程，在泵后管道上设置空气罐可有效保护输水管道。但当供水线路较长、地形起伏与落差较小时，水泵抽水断电后，空气罐向管道中补水量很大，导致空气罐容积较大，造价较高，运行维护不便。从实际工程出发，提出首尾两端布置空气罐方案，并论证了其可行性及防护效果。

通过数值模拟计算对比，表明首尾两端布置空气罐联合防护方案相比泵后单独布置空气罐方案，可较多减小空气罐容积，且防护效果也有较大提高，有助于降低工程投资，保障输水系统的安全运行。

参考文献

[1]黄玉毅,李建刚,符向前,等. 长距离输水工程停泵水锤的空气罐与气阀防护比较研究[J]. 中国农村水利水电,2014,08:186-188+192.

[2]马世波,张健. 长距离输水工程停泵水锤防护措施研究[J]. 人民长江,2009,01:85-86+99.

[3]胡建永,张健,陈胜. 串联加压输水工程事故停泵的应急调度[J]. 人民黄河,2013,08:74-76.

[4]胡建永. 长距离输水工程水锤防护与运行调度研究[D]. 南京: 河海大学,2008,07.

[5]张健. 气垫式调压室水力性能研究[D]. 南京: 河海大学,1999.06.

[6]龚娟,张健,俞晓东. 高扬程输水系统空气罐阻抗孔尺寸优化[J]. 水电能源科学,2013,05:166-169.

[7]兰刚,蒋劲,李东东,等. 空气罐在长距离输水管线水锤防护中的应用[J]. 水电站机电技术,2013,04:42-44.

[8]M. Hanif Chaudhry. Applied Hydraulic Transient [M]. New York: Springer，2014.

[9]郑克敬. 泵站水锤现象及其防护措施[J]. 人民黄河,1983,03:36-38.

.On water hammer protection schemes of air vessels in long distance water transfer project

ZHANG Jian, , MIAO Di, LI Dong-zhou, JIANG Meng-lu, LUO Hao

（College of Water Conservancy and Hydropower Engineering, Hohai University, Nanjing, 210098, China, Email: jzhang@hhu.edu.cn）

Abstract: In order to ensure the safe operation of the pump station and water pipe, an air vessel is usually set to protect the water system from water hammer. For those water transfer systems, which have few changes in elevation and mainly overcome the pipe friction, on the basis of the security of the water transfer systems, it is required that the air vessel's volume should be large, and the cost is high. In order to reduce the volume of the air vessel, a new air vessel layout scheme, namely setting air vessels at both ends of the water pipeline, is proposed. And combined with the pipeline valve closure rule, the feasibility of the principle of water hammer protection and the shape optimization of the air vessel is demonstrated. The engineering example shows that the new air vessel layout scheme is able to effectively reduce the total volume of the air vessels and obtain good effect of water hammer protection..

Key words: Pump-stopping water hammer; Water hammer protection; Air vessel; Layout scheme; Shape optimization

水动力条件下苦草对水环境中重金属的富集

耿楠，王沛芳，王超，祁凝

(河海大学浅水湖泊综合治理与资源开发教育部重点实验室，南京，210098，E-mail：pfwang2005@hhu.edu.cn)

摘要： 浅水湖泊中，沉水植物不仅可以减缓水动力作用降低沉积物重金属释放，还能富集水环境中重金属，改善生态环境，因此研究水动力条件下苦草富集水环境中重金属有重要意义。本研究借助长形循环水槽研究水动力条件下苦草（*Vallisneria natans* L.）对水流形态的影响，并在 40d 的实验周期内检测沉积物、上覆水及苦草中重金属（Cd、Pb、Cu、Zn）的含量变化。研究结果表明：沉水植物苦草有效地减小动水槽水流流速，特别是上层流速，并且减少了水流的紊动作用；苦草能够减少水动力作用下上覆水中的悬浮颗粒物，缓解了沉积物中重金属的释放；水动力条件能够促进苦草叶、根组织中对重金属的富集，增加组织对沉积物重金属的富集系数。本研究旨在为沉水植物对动水条件下的沉积物重金属释放量和富集量的影响估算及水环境质量评价提供科学依据。

关键词： 苦草；水动力；重金属；沉积物；富集

1 引言

当沉积物受水动力扰动时，其中富集的重金属会在各种物理、化学、生物作用下重新释放进入水环境中，造成二次污染[1]。水生植物是自然水环境中十分重要的组织部分，水环境中重金属对植物细胞有一定的伤害作用[2-3]，但是通常很多水生植物对重金属有较好的耐受性，所以利用水生植物去除水环境中重金属的研究已较为成熟[4-5]。潘义宏等[6]研究表明 9 种沉水植物对重金属（As、Zn、Cu、Cd、Pb）的富集系数均大于 1，具有共富集特性。轮叶黑藻（*Hydrilla verticillata*）体内富集的 Pb、Hg、Zn、Cu、Cr、Cd、As 分别可以达到 95、175、1.51、55、8.1、10、0.03 g/g dw[4]。Bareen 和 Khilji[7]研究表明长苞香蒲在 90d 内吸收了沉积物中 42%的 Cr，38%的 Cu 和 36%的 Zn。关于水生植物对水流特征的研究也较为成熟。王忖等[8]分析了水生植物对明渠水流的水力特性的影响，认为沉水植物冠层交界处及挺水植物的茎秆和枝叶分叉处的紊流强度最大，沉水植物对沉积物再悬浮的抑制效果较好。郝文龙等[9]研究表明在水槽有植物区域，无论是否淹没，水流流速垂向分布呈"S"型。但是水动力条件下水生生物对沉积物中重金属的影响研究还不够充分。苦草（*Vallisneria natans*（Lour.）Hara）是淡水中常见的水生植物，它生活在沉积物表层，对重金属有较高的敏感度和较强的富集性。本研究主要讨论苦草的存在对水流形态产生的影响以及水动力条件对苦草富集重金属的影响。此研究对评价沉积物中重金属的动态循环、分析大型水生植物对沉积物重金属环境作用，把握湖泊水污染发生机制，控制水体重金属污染均具有重要的意义。

2 材料与方法

2.1 材料与装置

实验沉积物取自太湖梅梁湾。用彼得森采泥器采集表层沉积物，采集的样品保存于洁净的聚乙烯袋中（排出空气），迅速带回试验室。取少量沉积物作背景值分析，其理化性质见表1。

表1 梅梁湾沉积物的理化性质

沉积物特性指标		重金属指标	
pH	8.0 ± 0.3	Cd (μg/g dw)	0.20 ± 0.04
Eh/mv	263 ± 10	Pb (μg/g dw)	12 ± 1
AVS /(μmol/g)（dw）	0.16 ± 0.02	Cu (μg/g dw)	28 ± 0.2
TOC /%	0.67 ± 0.07	Zn (μg/g dw)	110 ± 3

受试沉水植物苦草由杭州清清水环境修复技术有限公司提供。采回后静水槽驯养30d。期间保持曝气。30d后取少量室内分析，其余均匀种植于各槽所铺沉积物上。

为了使实验条件最大限度地接近自然水体条件，本实验采用大型循环水槽装置来模拟了自然水体环境并设置静态水槽作为对比，动水槽装置介绍见前研究[10]。

2.2 试验设计

为了更好地接近于自然环境，试验装置置于玻璃房内。将采集的沉积物均匀铺在动水槽平行水槽中间位置，长度约为1.5 m，厚度8 cm，两端用挡板固定。静水槽中的沉积物铺于小泥槽中。实验用水采用除氯水。动水槽一组种苦草（V），一组不种植，作为对照组（C）。另外，静水处理一组种苦草（V0），一组不种苦草（C0）。

实验时间在6—7月份进行，设定装置运行前的时间为第0天，并采集水样和沉积物样，测定的值分别表示为水中重金属的初始含量、沉积物中重金属初始含量。静沉1d后开始运行实验装置。运行稳定后用三维声学多普勒流速仪（ADV）测水槽流速，在8个时间点（0d、1d、3d、6d、12d、20d、30d 和 40d）监测沉积物和水的理化性质并取上覆水 200 mL 储存在聚乙烯瓶中，做总悬浮颗粒（TSS）的测定；另取 100 mL 的水样加硝酸调 pH < 2，4℃ 冷藏做重金属检测。为了避免沉积物采样对水动力的干扰，沉积物采样只在试验前以及试验末采集，采样点为水槽左中右部随机取三点混合，-80℃ 储存待分析。

本研究中的重金属含量用电感耦合等离子体质谱仪（ICP-MS，Agilent 7700）。

3 结果与讨论

3.1 水流和物理化学特征变化

在自然湖泊中，水流方向受到多种因素的影响，如湖水环流、风力、航运等，水流运动不是理想的一维或者二维流动，而是三维空间的波动。而影响沉积物污染物质释放的不仅是水流方向的流速，不同方向的水动力为沉积物再悬浮提供不同方向的剪切力和垂直应力。水生植物苦草对水流有较大的影响，所以本章研究对苦草组（V）和对照组（C）水槽中流速的三个方向都进行了全面测量（图 1）。无植物组平均水深为 15 cm，植物组平均水深为 20 cm。ADV 能够测量水面下 5 cm 左右的水流速度。

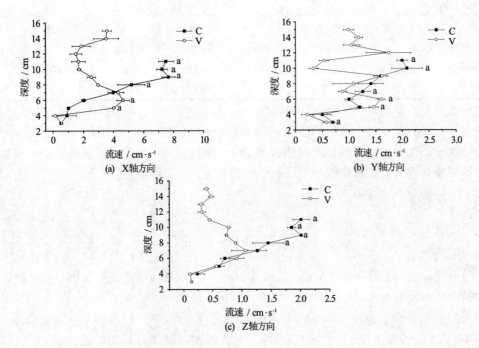

注：a，苦草组和对照组的流速有显著差异。

图 1　苦草组（V）和对照组（C）水槽水流平稳区域 X 轴方向流速在深度方向分布

X 轴方向流速为水槽水流方向。在理想层流情况，流速分布应该呈"J"型分布，对照组 C 的水流速随着距沉积物表面距离增加而增大，总体呈"J"型分布。当水槽中有植物分布时，即 V 水槽，水深增加，整体流速减缓，总体呈"S"型分布，上层水流在距离沉积物深度方向 12 cm 处流速达到最小。在深度方向 5~6 cm 和 8~11 cm 苦草组和对照组的流速有显著差异。Y 轴方向流速为水平面上垂直于水流方向的流速。没有苦草分布的 C 组上覆水 Y 轴方向流速随深度增加变小，上层流速在 2 cm/s 左右。当水槽中有植物分布时，水深增加，上覆水 Y 轴方向流速波动较明显，表层流速在 1 cm/s 左右。苦草对水槽 Y 轴方向流速的影响不太明显，在深度方向 5~7 cm 和 10~11 cm 苦草组和对照组的流速有显著差异。Z 轴方向流速为水槽纵向流速。对照组 C 水槽上覆水水流沿深度方向速度总体呈增加趋势，表层流速在 2.0 cm/s 左右。苦草组 V 水槽中水深增加，流速减缓。沿深度方向 Z 轴方向流速波动较大。在深度方向 8~11 cm 苦草组和对照组的流速有显著差异。沉水植物苦草对水槽 X 轴和 Z 轴方向流速分布有较大的影响。水槽平均流速有所下降。苦草的叶片基本集中在水流上层，对水流流速有较大的影响，水流较缓，紊动减少。在王忖等 [8] 的研究中，沉水植物水蕨使水流呈反"S"型分布，挺水植物菖蒲使水流总体呈正"S"型分布。本研究中的苦草虽然是沉水植物，但是由于上覆水较浅，苦草叶片已浮于水面，所以对水流形态的影响和挺水植物相似。

在动水条件下，沉积物中 pH 值显著下降，Eh 升高，上覆水 Eh，浊度黏土含量和 TSS 浓度上升（表2）。这些变化均会促进沉积物中重金属的释放，并且使重金属的可生物利用性增加 [11]。由于各试验组流速较小，故沉积物和上覆水理化性质，如沉积物 AVS，TOC 和上覆水 pH 变化较为不明显。

表2　动水槽中沉积物和上覆水的理化性质变化

项目	指标	初始值	V	C
表层沉积物	pH	8.02±0.12	6.53±0.12 [a]	6.84±0.11 [a]
	Eh (mV)	83±2	107±6 [ab]	169±43 [a]
	AVS (μmol/g dw)	5.3±1.1	5.2±0.9	5.2±0.4
	TOC (%)	0.74±0.02	0.71±0.02 [b]	0.60±0.07
上覆水	pH	8.10±0.33	8.29±0.44	8.42±0.37
	Eh (mV)	300±11	398±9 [ab]	351±4 [a]
	Clay (%)	10.6±0.3	66.4±2.8 [a]	71.2±3.5 [a]
	Turbidity	2.60±0.2	9.90±0.13 [ab]	7.26±0.4 [a]
	TSS (μg/L)	0	25±1 [ab]	60±5 [a]

注：a，试验各组指标最终值和初始值之间有显著差异；b，苦草组和对照组之间有显著差异。

上覆水 TSS 是水环境中一种常见又重要的污染物质。动水条件对沉积物颗粒物再悬浮有显著的促进作用，而沉水植物苦草对悬浮颗粒的截留作用也非常明显。沉水植物能减缓水流速度和水动力的剪切力，郭长城等[12]在静水条件下对植物影响悬浮颗粒物做了研究发现，植物对悬浮颗粒的吸附作用和其表面形态密切相关，并且对于粒径在 2.5 μm 以下的细颗粒吸附效果较好。本实验中的苦草生长比较旺盛，故在一定程度上起到了类似挺水植物的阻流作用，促使泥沙沉降。

3.2 重金属浓度的变化

动水槽和静水槽中沉积物和上覆水中个重金属的初始值和试验结束后的浓度见表 3。各组试验组表层沉积物的 Cd 浓度和初始值没有显著的差异，各试验组表层沉积物中 Cu 和 Zn 的浓度有较显著的下降。上覆水中几种重金属含量（Pb、Cu、Zn）的变化比较明显，并且试验组和静水对照组之间存在显著的差异，Cd 没有明显的变化。

表 3　水槽中沉积物和上覆水中重金属浓度的变化

		Cd	Pb	Cu	Zn
表层沉积物 /(μg/g)（dw）	初始值	0.20±0.01	21.6±1.2	27.9±1.2	100±5
	C	0.18±0.04	20.3±2.3	23.3±2.5[a]	79±3[a]
	V	0.19±0.02	21.2±0.7[b]	21.2±1.5[ab]	82±10[a]
	C_0	0.16±0.04	21.6±0.9	24.1±0.3[a]	74±4 [a]
	V_0	0.17±0.02	18.6±0.7[a]	26.6±1.2	86±7[a]
上覆水（μg/L）	初始值	0.03±0.01	0.01±0.00	0.1±0.0	0.5±0.1
	C	0.02±0.00	0.15±0.02 [ab]	2.5±0.2 [ab]	9.5±0.6 [ab]
	V	0.04±0.01[b]	0.25±0.01 [ab]	2.8±0.1 [ab]	11±2 [ab]
	C_0	0.02±0.00	0.19±0.01 [a]	1.7±0.2 [a]	6.0±0.4 [a]
	V_0	0.02±0.00	0.19±0.01 [a]	1.7±0.2 [a]	6.0±0.4 [a]

注：a，试验组水槽中上覆水最终值和初始值之间有显著差异；b，试验组水槽水槽中上覆水最终值和相应静水对照组之间有显著差异。

动水条件下苦草叶片中富集的重金属浓度和静水条件有明显的差异（图 2）。在动水条件（V），苦草叶片组织中重金属含量在试验开始后明显增加。在第 3 天 Pb（21 μg/g），第 20 天 Cu（20 μg/g），第 30 天 Cd（10 μg/g）或第 40 天 Zn（453 μg/g）干重浓度在苦草叶片组织内达到最大值。试验组叶片组织中 Cd、Pb、Zn 干重浓度在第 1~40 天均和其静水对照组有显著差异；Cu 干重浓度在第 1~30 天和其对照组有显著差异。动水条件能够显著促进重金属在叶片中的积累。

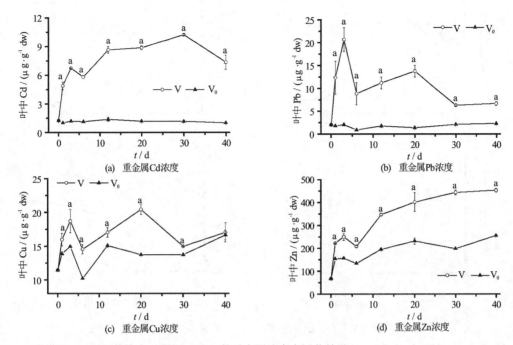

注：a，苦草组（V）和其静水对照组（V0）的重金属浓度有显著差异。

图 2　苦草叶片组织中重金属（Cd，Pb，Cu 和 Zn）浓度随时间的变化

　　动水条件下苦草根中富集的重金属浓度和静水条件也有明显的差异（图 3）。在动水条件（V）苦草根组织中重金属 Cd 和 Cu 的含量在试验开始后增加，但 Pb 和 Zn 含量有所下降。在第 3 天 Pb（7.1 μg/g）或第 30 天 Cd（14 μg/g），Cu（41 μg/g），Zn（314 μg/g）干重浓度在苦草根组织内达到最大值。试验组根组织中 Cd 干重浓度在第 1—40d 均和其静水对照组有显著差异；Pb、Cu 干重浓度在第 3、12—40d 和其对照组有显著差异；Zn 干重浓度在第 1~3、12~30 天和其对照组有显著差异。动水条件能够显著促进重金属在根中的积累。

　　本章选用生物富集系数（BCF）评价水槽中中各重金属在苦草组织内的富集积累程度。BCF 的表达式如下：

$$BCF = \frac{c_B}{c_S/c_W} \tag{1}$$

　　式中，c_B 表示污染物在生物体内的平衡浓度（mg/kg 或 μg/g），c_S/c_W 是指污染物在沉积物或水体中的总浓度（μg/g 或 μg/mL）。

　　由于沉积物中重金属是本试验中重金属的主要来源，故选用沉积物重金属的浓度作为式中分母计算苦草在不同水动力条件的水槽中暴露 40d 后的富集系数见表 4。

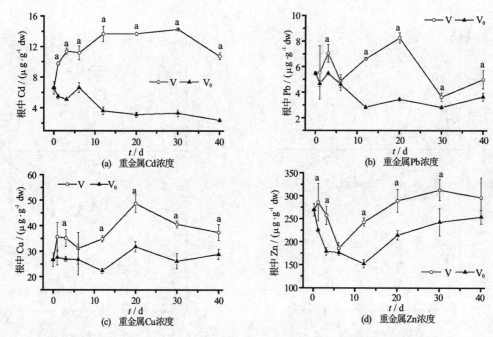

注：a，苦草组（V）和其静水对照组（V_0）的重金属浓度有显著差异。

图3　苦草根组织中重金属（Cd，Pb，Cu 和 Zn）浓度随时间的变化

不同的苦草组织对沉积物中重金属的富集系数都有所不同。对于重金属 Cd 和 Cu，根组织的富集系数明显大于叶组织。研究表明，绝大部分湿生植物中根的的富集系数比茎和叶的大，这可能是由于植物对重金属的适应机制，将沉积物中富集的重金属滞留在根部，减少根部重金属的向上迁移，降低对上部组织的毒害[13-14]。暴露 40d 后，动水条件下的苦草组织中重金属的富集系数基本大于静水对照组，各组织中 Cd 的富集系数最大，受动水条件的影响也最大。

表4　水槽中苦草暴露 40d 后组织中的重金属富集系数 BCF　　mg/kg

重金属	实验组	叶组织	根组织
Cd	V	36.84	54.12
	V_0	5.00	12.21
Pb	V	0.31	0.23
	V_0	0.11	0.17
Cu	V	0.61	1.35
	V_0	0.60	1.04
Zn	V	4.53	2.97
	V_0	2.56	2.55

4 结论

本章利用长形水槽模拟自然环境，研究水环境中在水动力作用下，沉水植物苦草对水流形态和水环境物理化学状态的影响以及苦草对水环境中重金属的富集。研究表明：

（1）苦草对流速和上覆水总颗粒物浓度都有较大的影响。沉水植物苦草有效地减小动水槽三个方向流速，水流方向流速减少最明显，并且减少了水流的紊动作用。苦草对动水条件下悬浮颗粒的截留作用也非常明显，一方面对水动力的剪切力起到减缓作用，减少沉积物的再悬浮启动，一方面植物的叶片对上覆水中悬浮的颗粒物有吸附作用。

（2）重金属在苦草叶片和根组织的浓度不同，苦草根组织中重金属的富集量较大；水动力条件能够显著的促进苦草叶、根组织中对重金属的富集，增加组织对沉积物重金属的富集系数。

参 考 文 献

1　Singh S P, Tack F M G, Gabriels D. Heavy metal transport from dredged sediment derived surface soils in a laboratory rainfall simulation experiment. Water, Air, and Soil Pollution. 2000, 118 (1-2), 73-86.

2　侯文华, 宋关铃, 汪群慧, 等. 3 种重金属对青萍毒害的研究 [J]. 环境科学研究 (增刊), 2004, 17: 40-44.

3　Sandalio LM, Dalurzo HC, Gomez M. Cadmium- induced changes in the growth and oxidative metabolism of pea plants. J Exp Bot 2001, 52(364): 2115-2126.

4　Nirmal Kumar J I, Soni H, Kumar R N. Macro phytes in phytoremediation of heavy metal contaminated water and sediments in Pariyej Community Reserve, Gu jarat, India. Turkish Journal of Fisheries and Aquatic Sciences, 2008, 8: 193-200.

5　Sasmaz A, Obek E, Hasar H. The accumulation of heavy metals in *Typha latifolia* L. grown in a stream carrying secondary effluent. Ecological Engineering, 2008, 33: 278-284.

6　潘义宏, 王宏镔, 谷兆萍, 等. 大型水生植物对重金属的富集与转移. 生态学报, 2010, 30(23): 6430 6441.

7　Bareen F, Khilji S. Bioaccumulation of metals from tannery sludge by L. African Journal of Biotechnology, 2008, 7(18): 3314-3320.

8　王忖, 王超. 含挺水植物和沉水植物水流紊动特性. 水科学进展, 2010, 21(6): 816-822.

9　郝文龙, 吴文强, 朱长军, 等. 含植物河道的水流垂向流速分布试验研究. 水电能源科学, 2015, 33(2): 85-88.

10　Geng Nan, Wang Chao, Wang Peifang, et al. Cadmium Accumulation and Metallothionein Response in the Freshwater Bivalve Corbicula fluminea Under Hydrodynamic Conditions. Biological Trace Element Research, 2015, 165(2): 222-232.

11　Zhang C, Yu Z, Zeng G. Effects of sediment geochemical properties on heavy metal bioavailability. Environment International, 2014, 73: 270–281.

12 郭长城, 江亭桂,等. 静态条件下水生植物对悬浮颗粒物沉积的影响. 人民长江, 2007, 38(1): 122-123.

13 Aksoy A, Duman F, Sezen G. Heavy metal accumulation and distribution in narrow-leaved cattail (*Typha angustifolia*) and common reed (*Phragmites australis*). Journal of Freshwater Ecology, 2005, 20 (4): 783-785.

14 Zhou S B, Wang C J, Yang H J. Stress responses and bioaccumulation of heavy metals by *Zizania latifolia* and *Acorus calamus*. Acta Ecologica Sinica, 2007, 27 (1): 281-287.

The metal accumulation in *Vallisneria natans* L. in water under hydrodynamic condition

GENG Nan, WANG Pei-fang, WANG Chao, Qi Ning

(Key Laboratory of Integrated Regulation and Resource Department on Shallow Lakes, Ministry of Education, Hohai University, Nanjing, 210098. Email: pfwang2005@hhu.edu.cn)

Abstract：   The submersed macrophytes in the shallow lakes could reduce the hydrodynamic force and accumulate the metals in the water, which could improve the ecological environment. So the research of the metal (Cd、Pb、Cu、Zn) accumulation in *Vallisneria natans* L. under hydrodynamic condition is necessary. The effects of *Vallisneria natans* L. on hydrodynamic condition were analyzed in the cyclic flumes, and the metal concentrations in sediment, water and the tissues of the *Vallisneria natans* L. were analyzed in a 40 day lab experiment. Results showed that the flow rate in the flumes, especially in the top layer of the water and the turbulence was reduced with the *Vallisneria natans* L., which also reduced the suspended solids and the release of metal from the sediment. Hydrodynamic condition increased metal accumulation in the leaf and the root tissues of *Vallisneria natans* L and the bioaccumulation fact of the tissues. This study designed to provide scientific basses for estimating the impact of submerged macrophytes on the release and accumulation of metal from sediment and the Water Environmental Quality Assessment.

Key words：Vallisneria natans L.; Hydrodynamic condition; Metal; Sediment; Accumulation

Numerical simulation of dam-break flow using the sharp interface Cartesian grid method

GAO Guan, YOU Jing-hao, HE Zhi-guo

(Ocean College, Zhejiang University, 866 Yuhangtang Road, Hangzhou, Zhejiang, People's Republic of China.
Email: chyu@zju.edu.cn)

Abstract：A sharp interface Cartesian grid method for numerical simulation of dam-break flow over an stationary object is presented. This sharp interface Cartesian grid method uses a level set approach and immersed boundary formulation for fluid-fluid and solid-fluid interface treatments, respectively. The incompressible Navier-Stokes solutions are calculated effectively using the projection method. For accurately predicting the fluid-fluid interface, the improved weighted essentially non oscillatory (WENO-Z) scheme is further applied to approximate spatial derivative terms which are shown in the advection equation and re-initialization equation of level set approach. The interface preserving level set method can predict the interface accurately and conserve mass well.

Key words：sharp interface method; Cartesian grid; dam-break flow; immersed boundary formulation; WENO-Z scheme; interface preserving level set method.

1 Introduction

Incompressible free surface flows interacting with solid bodies are commonly observed in hydraulics, oceanography and naval architecture communities. Computational methods developed for simulating free-surface flow in a complex domain can be categorized into the meshless, moving grid, and fixed grid three classes [1]. In fixed grid methods, solid boundaries and fluid-fluid interfaces may have unrestricted motions across the underlying fixed grid lines. In this study, fixed grid method is chosen to simulate incompressible fluid flow over solid bodies of different shapes.

Two important numerical aspects need to be taken into account when predicting an interface flow inside which there is a solid body. For modeling solid-fluid interface fluid flow, a completely different methodology proposed by Peskin [2] in 1972 has been implemented in body non-conforming Cartesian grids. Immersed boundary methods include the continuous forcing and the discrete forcing methods [3]. This typical continuous forcing method due firstly to the original work of Peskin was subsequently extended by Goldstein et al. [4]. In the discrete forcing methods, the forcing term is either explicitly or implicitly applied to the discretized Navier-Stokes equations [5-7]. In comparison with the first category of the immersed boundary methods, discrete forcing methods allow adopting a sharper representation of the immersed boundary [8].

How to effectively track a fluid-fluid interface has been one of the major computational tasks in the past. Level set method [9-10] is popular Eulerian interface capturing methods. This method is a successful approach developed to model two-phase flows, especially for the case with a marked topological change. Given a level set function for the physical interface, both shape and its curvature of this interface can be easily transported and accurately calculated, respectively. Choice of a proper signed distance function for re-shaping level set function and implementing re-initialization procedure for the purpose of enhancing numerical stability is normally required while applying the level set methods.

This paper is organized as follows: Section 2 presents the smoothing method for the hydrodynamic system which consists of the Navier-Stokes equations and the level set equation. In Section 3, the numerical method for solving the level set method for modeling interface is described.. Section 4, the immersed boundary method for modeling complex geometry flow in Cartesian grids is described. Section 5 presents the predicted results for the impact of dam break flow on the solid object. Finally, we will draw some conclusions in section 6.

2 Governing equations

2.1 Interface preserving level set method

We can therefore write a mathematically equivalent condition at an interface that separates the liquid and air, which is the following pure advection equation for the transport of a level set function ϕ

$$\phi_t + \overline{u} \cdot \nabla \phi = 0 \tag{1}$$

Here $\overline{u}$ denotes the flow velocity. The level set value is assigned to be zero on the free surface.

The computed solution from this equation is then employed as the initial solution to solve the following re-initialization equation so as to keep ϕ as a distance function

$$\phi_\tau + \mathrm{sgn}(\phi_0)(|\nabla \phi| - 1) = \lambda \delta(\phi)|\nabla \phi| \tag{2}$$

Use of equation (2) assures that the front of propagating interface has a finite thickness all the time. In the above, $\mathrm{sgn}(\phi_0) = 2(H^*(\phi_0) - \frac{1}{2})$. The smoothed Heaviside function H^* chosen in this study is given below

$$H*(\phi) = \begin{cases} 0 & ;\ if\phi < -\varepsilon \\ \frac{1}{2}\left[1 + \frac{\phi}{\varepsilon} + \frac{1}{\pi}\sin(\frac{\pi\phi}{\varepsilon})\right] & ;\ if|\phi| \le \varepsilon \\ 1 & ;\ if\phi > \varepsilon \end{cases} \tag{3}$$

The Dirac delta function $\delta(\phi)$ shown in (3) is approximated as

$$\delta(\phi) = \begin{cases} 0 & ;\ if|\phi| > \varepsilon = 2\Delta x \\ \frac{1}{2\varepsilon}\left[1 + \cos(\frac{\pi\phi}{\varepsilon})\right] & ;\ if|\phi| \le \varepsilon = 2\Delta x \end{cases} \tag{4}$$

To conserve the area of a flow bounded by the interface, the parameter λ shown in (3) is prescribed as

$$\lambda = -\frac{\int_{\Omega_{i,j}} \delta(\phi)(-\mathrm{sgn}(\phi_0)(|\nabla\phi| - 1))\mathrm{d}\Omega}{\int_{\Omega_{i,j}} \delta^2(\phi)|\nabla\phi|\mathrm{d}\Omega} \tag{5}$$

2.2 Navier-Stokes equations

Both liquid and gas flows are assumed to be incompressible and immiscible. The resulting equations of motion for them are represented by the following dimensionless equations

$$\bar{u}_t + (\bar{u} \cdot \nabla)\bar{u} = \frac{1}{\rho(\phi)}\left[-\nabla p + \frac{1}{Re}\nabla \cdot (2\mu(\phi)\overline{\overline{D}}) - \frac{1}{We}\delta(\phi)\kappa(\phi)\nabla\phi\right] + \frac{1}{Fr^2}\bar{e}_g \tag{6}$$

$$\nabla \cdot \bar{u} = 0 \tag{8}$$

The above incompressible Navier-Stokes equations contain the Dirac delta function δ and the level set function ϕ. In this study, across interface both density and viscosity distributions are expressed in terms of the smoothed Heaviside function $H*(\phi)$

$$\rho(\phi) = \rho_L + (\rho_L - \rho_G)H^*(\phi) \tag{9}$$

$$\mu(\phi) = \mu_L + (\mu_L - \mu_G)H^*(\phi) \tag{10}$$

The subscripts G and L shown above represent the gas and liquid phases, respectively.

3 Numerical methods for level-set equation

3.1 Temporal discretization

For incompressible flow, u is divergence free, i.e., $\nabla \cdot \overline{u} = 0$. Eq. (1) is then equivalent to the conservation law

$$\phi_t + \nabla(\overline{u}\,\phi) = 0 \tag{11}$$

Here, we solve this equation by improved fifth-order improved WENO scheme (WENO-Z) and third-order total variation diminishing (TVD) Runge-Kutta scheme for the spatial and temporal discretization, respectively. The TVD Runge-Kutta scheme for temporal discretization is consisting of the following three solution steps

$$\phi^{(1)} = \phi^{(n)} + \Delta t L(\phi^{(0)}) \tag{12}$$

$$\phi^{(2)} = \frac{3}{4}\phi^{(n)} + \frac{1}{4}\phi^{(1)} + \frac{1}{4}\Delta t L(\phi^{(1)}) \tag{13}$$

$$\phi^{(n+1)} = \frac{1}{3}\phi^{(n)} + \frac{2}{3}\phi^{(2)} + \frac{2}{3}\Delta t L(\phi^{(2)}) \tag{14}$$

3.2 Spatial discretization

For simplicity, one-dimensional equation is employed for the evolution of ϕ

$$\frac{\partial \phi}{\partial t} + \frac{\partial f}{\partial x} = 0 \tag{15}$$

Where $f = u\phi$. We consider a semi-discrete conservation finite difference scheme to discrete above equation

$$\frac{d\phi_i}{dt} = -L(\phi_i) = -\frac{1}{h}(\hat{f}_{i+\frac{1}{2}} - \hat{f}_{i-\frac{1}{2}}) \tag{16}$$

The numerical flux $\hat{f}_{i+\frac{1}{2}}$ in the above equation can be expressed as

$$\hat{f}_{i+\frac{1}{2}} = \frac{1}{12}(-f_{i-1} + 7f_i + 7f_{i+1} - f_{i+2}) - \varphi_n(\Delta f^+_{i-\frac{3}{2}}, \Delta f^+_{i-\frac{1}{2}}, \Delta f^+_{i+\frac{1}{2}}, \Delta f^+_{i+\frac{3}{2}})$$
$$+ \varphi_n(\Delta f^-_{i+\frac{5}{2}}, \Delta f^-_{i+\frac{3}{2}}, \Delta f^-_{i+\frac{1}{2}}, \Delta f^-_{i-\frac{1}{2}}) \tag{17}$$

where $\Delta \hat{f}^+_{i+1/2} = f^+_{i+1} - f^+_i$ and $\Delta \hat{f}^-_{i+1/2} = f^-_{i+1} - f^-_i$. It is note that $f^+_i = \frac{1}{2}(f_i + \alpha u_i)$,

$f^-_i = \frac{1}{2}(f_i - \alpha u_i)$ and α is adopt as maximal values of $f'(u)$ over the range of u. In

Eq.(17), φ_n is function of a, b, c, d, which can be expressed

$$\varphi_n(a, b, c, d) = \frac{1}{3}\omega_0(a - 2b + c) + \frac{1}{6}(\omega_2 - \frac{1}{2})(b - 2c + d) \tag{18}$$

In the above equation, we write

$$\omega_k = \frac{\tilde{\alpha}_k}{\sum_k \tilde{\alpha}_k}, \tilde{\alpha}_k = \frac{\tilde{c}_k}{(\tilde{\beta}_k + \varepsilon)^2}, k = 1, 2, 3 \tag{19}$$

The optimal weight are $\tilde{c}_1 = \frac{1}{10}$, $\tilde{c}_2 = \frac{6}{10}$, $\tilde{c}_3 = \frac{3}{10}$. A very small number ($\varepsilon = 10^{-6}$) is used

to prevent division by zero. The smoothness indicators $\tilde{\beta}_k$ are given to detect large

discontinuities and automatically switch to the stencil that generates the least oscillatory

reconstruction by

$$\tilde{\beta}_1 = \frac{13}{12}(f_{i-2} - 2f_{i-1} + f_i)^2 + \frac{1}{4}(f_{i-2} - 4f_{i-1} + 3f_i)^2$$
$$\tilde{\beta}_2 = \frac{13}{12}(f_{i-1} - 2f_i + f_{i+1})^2 + \frac{1}{4}(f_{i-1} - f_{i+1})^2 \tag{20}$$
$$\tilde{\beta}_3 = \frac{13}{12}(f_i - 2f_{i+1} + f_{i+2})^2 + \frac{1}{4}(3f_i - 4f_{i+1} + f_{i+2})^2$$

Since the weights ω_k are overly dissipative, the improved WENO (WENO-Z) scheme is

adopted to replace these weights

$$\tilde{\alpha}_k = \tilde{c}_k(1 + \frac{\tau}{\tilde{\beta}_k + \varepsilon}), k = 1, 2, 3 \tag{21}$$

4 Immersed boundary method

How to prescribe the nodal forces along the immersed boundary is the key to success of the application of immersed boundary method. In general, these forcing points are not necessarily located at the boundary of immersed object. It is therefore required to interpolate velocity in the solid-fluid cells. However, boundary treatment using the polynomials in algebra-based approaches may lead to numerical instability. This instability problem motivates the development of a new class of methods without the need of conducting interpolation approximation encountered in the algebraically-interpolated method. More detail can be found in [11].

5 Numerical results

5.1 Dam break flow over a rectangular obstacle

This simulation is based on an experiment which was taken from a collapsing of a water column with a obstacle in the tank. The size of the tank was 4a m long and 2.4a m high, where a = 0.146m. A obstacle was located at the middle of the tank on the bottom with geometry $h \times 2h$, where h = 2.4 cm. The experimental water was trapped by a vertical wall which is removed rapidly in 0.05s approximately in the area of $a \times 2a$ in the left bottom corner of the tank. The water density is $\rho_w = 1000 \text{kg}/\text{m}^3$ and the dynamic viscosity is $\mu_w = 0.001 \text{kg}/\text{ms}$. Fig.1 show the predicted and experimental results at different characteristic time-step. The mass only reduce 0.05%.

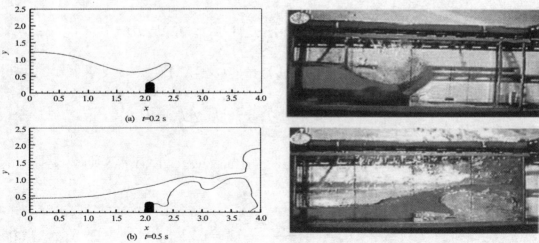

Fig.1 Numerical (left) and Experimental (right) results

5.2 3D dam break flow over a circular cylinder

Another simulation of dam break flow over a circular cylinder was investigated. The tank of area is 16m×5m×7m and the geometry of the water column is 4m×5m×4.5m in the right bottom corner of the tank. The diameter of the circular cylinder is 2m and is located in the middle. The results of simulation is shown in Fig.2, and its characteristic time is t = 0.3406s, 0.6811s, 1.0217s, 1.0750s, respectively. The mass only reduce 0.045%.

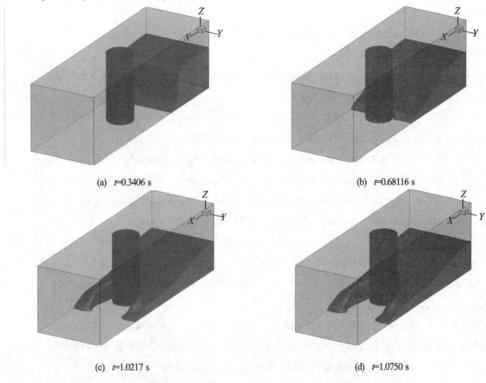

(a) t=0.3406 s   (b) t=0.68116 s

(c) t=1.0217 s   (d) t=1.0750 s

Fig.2　Predict results of collapsing water over a circular cylinder

6　Concluding remarks

This paper presents a coupled immersed boundary/level set method in collocated grids to predict dam break flow problems. A differential based interpolation immersed boundary method is used for the modeling of flow problems containing either a regular or an irregular solid object. Projection method has been applied effectively to calculate pressure field. Free surface flow for the 2D/3D dam break problems are both successfully simulated through the comparison with their corresponding experimental results.

References

1　J. Yang, F. Stern. Sharp interface immersed-boundary/level-set method for wave-body interactions. J. Comput. Phys., 2009,228: 6590-6616.

2　C. S. Peskin, Flow patterns around heart values; a numerical method. J. Comput. Phys.,　1972,10: 252-271.

3　R. Mittal, G. Iaccarino. Immersed boundary methods. Annu. Rev. Fluid Mech., 2005,37: 239-261.

4　D. Goldstein, R. Handler, L. Sirovich. Modeling a no-slip flow boundary with an external force Field. J. Comput. Phys.,　1993,105: 354-366.

5　J. Yang, E. Balaras. An embedded-boundary formulation for large-eddy simulation of turbulent flows interaction with moving boundaries. J. Comput. Phys., 2006,215: 12-40.

6　L. Lee, I. Vankova. A class of Cartesian grid embedded boundary algorithms for incompressible flow with time-varying complex geometries, Physica D,　2011,240: 1583-1592.

7　J. Yang, F. Stern. A simple and efficient direct forcing immersed boundary framework for fluid-structure interactions. J. Comput. Phys., 2012,231: 5029-5061.

8　R. Ghias, R. Mittal, H. Dong. A sharp interface immersed boundary method for compressible viscous flows, J. Comput. Phys., 2007,225: 528-553.

9　S. Osher, R. Fedkiw. Level Set Methods and Dynamic Implicit Surfaces, Springer-Verlag: New York, Berlin, Heidelberg, 2003.

10 M. Sussman, E. Fatemi. An efficient interface preserving level set redistancing algorithm and its application to interfacial incompressible fluid flow. SIAM J. Sci. Comput.,　1999,20: 1165-1191.

11 P. H. Chiu, R. K. Lin, T. W. H. Sheu. A differentially interpolated direct forcing immersed boundary method for predicting incompressible Navier-Stokes equations in time-varying complex geometries, J. Comput. Phys.,　2010,229: 4476-4500.

平原河网区调水引流优化方案研究

卢绪川，李一平，黄冬菁，王丽

(河海大学环境学院，南京，210098, Email: 791112131@qq.com)

摘要：调水引流是改善平原河网水环境污染问题最常用的方法之一，评价不同调水方案的水环境改善效果非常重要。为了评价不同调水引流方案实施后，河网内水环境的变化情况，以太仓城区河网作为研究对象，实施野外原型调水实验，建立了一维非稳态河网水量水质数学模型，并利用野外监测得到的水文、水质数据对模型进行率定验证。模拟计算了各方案实施后河网区水体 COD 和氨氮浓度的变化情况和换水面积。将城区河网分成 4 部分，选取各部分河网的换水率及 8 个重点监测断面的 COD 和氨氮浓度改善程度为评价指标。以选取的 20 个评价指标构建水环境变化情况评价指标体系，采用主成分分析法对评价指标进行降维处理，建立水环境改善驱动因子的多元线性回归模型，提取 COD 改善程度、氨氮改善程度和换水面积率 3 子系统的主成分，并用熵值法对子系统赋权，最后计算水环境改善程度综合得分并进行分析评价。结果表明：(1) 调水引流实施后，太仓市主城区河网水质有明显改善，COD 改善程度子系统权重最高。(2) 改善效果受引排水口分布、引水流量和引水水质的共同影响，并不随引水流量的增加而增加。(3) 通过主成分分析和熵值法联合有利于评估和优化调水方案的效益，可为制定调水引流方案提供依据。

关键词：调水引流；河网数学模型；主成分分析；熵值法；最优方案

1 引言

水是生命之源、生产之要、生态之基。平原河网区经济发达、人口密集、河网密布、水体流动性差，随着经济和社会的不断发展，环境污染日益加重，严重影响了人民生活水平的提高。改善水环境的根本措施是截污控源，但在大范围污染源未得到彻底治理前，合理利用引水调度方案可以增加水环境容量，一定程度上改善水环境状况。由于水文、水质、边界情况的复杂性，不同调水方案的调水效果各不相同。为研究不同工况条件下调水引流的最佳组合，需要建立河网水动力模型和水质模型，进一步深化、细化、量化分析成果，以求得技术上可行，经济上合理，管理上方便的方案。李军等从水利调度的角度对温瑞塘河引水冲污方案展开研究，得出塘河上需新建一批控制闸才能更有效的进行水利调度[1]。黄娟等以 COD 和氨氮的平均改善程度为研究对象，比较了常熟张家港河改道前后引水改善城区水环境的效果[2]。郝文斌等以湖体水龄为研究对象，研究了引江济太调水工程对太湖水动力的调控情况[3]。卢绪川等以河道换水率为研究对象，比较了太仓城区不同引水方案下水动力改善效果[4]。国内调水实验的监测频次和监测断面密度较低，有些调水实验未进行水量水质的同步观测，调水方案的影响效果评价多从单因子角度出发，未能进行多因子综合评价。本次进行了高频次、高密度野外原型同步监测实验，根据建立的河网数学模型的计算结果，采用主成分分析法对调水效果进行多因子综合评价，通过降维将高维变量进行简化综合，同时采用熵值法确定权重，避免主观随意性，能更好的确定最优调水方案。

2 研究方法

2.1 河网水环境数学模型

河网水量模型建立以质量和动量守恒定律为基本理论，在一维河道非稳态水流运动的Saint－Venant 微分方程组的基础上，以流量 $Q(x, t)$ 和水位 $Z(x, t)$ 为研究对象，补充考虑了漫滩和旁侧入流，以 Preissmann 四点中心隐式差分格式将其离散，辅以连接条件，形成河道方程，计算采用传统的"追赶法"求解[5]。

一维河流水质模型控制微分方程是建立在质量守恒基础上的对流扩散方程，对空间项采用隐式迎风格式，时间项采用前差分对每一单一河道进行离散，将整个河网水质浓度离散成节点和断面水质浓度进行数值求解[6]。

2.2 主成分分析法

主成分分析法体现在降维的思想，是在保证原始数据信息损失最小的前提下，把原来多个指标转化为几个综合指标的一种统计分析方法 [7-8]。综合指标不仅保留了主要信息，而且彼此之间相互独立，相对于原始变量更具有优越性，使得进行评价工作时更易抓住主要矛盾。

2.3 熵值法

熵值法作为一种客观综合评价方法，主要是根据各指标的信息量大小来确定其权数，如果指标的信息量越小，该指标提供的信息量则越大，在综合评价中所起作用也就越大，权重就越高[9]。

2.4 主成分分析法和熵值法联合

本文采用主成分分析法和熵值法联合求解，能够较客观的反映研究区的水环境改善情况，避免变量之间的信息量重复和权重选择的主观随意性，比较准确反映层次分析中的最后综合得分 F 中。

$$F_i = w_1 F_{i1} + w_2 F_{i2} + \cdots + w_p F_{iP} \qquad (1)$$

3 水环境改善效果综合评价

3.1 模型率定验证及模拟方案

太仓市城区外围水系：北为城北河，南为新浏河，西侧盐铁塘，东侧十八港。除致和塘和东城春河与盐铁塘直接相连外，其他内部河道与外围河道交接处均建有闸站控制。太仓主城区河网为典型的东部平原河网，主城区河道中新浏河水质较好，通城河和东城河水质较差，致和塘最差，为提升太仓主城区的总体水环境质量，改善致和塘及周边河道水质，于 2013 年 9 月开展太仓市主城区水量水质野外原型调水实验，原型调水实验设置监测断面 31 个，监测因子为流速、水深、COD、氨氮、TN、TP。具体河网闸站分布及监测点位分布见图 1。根据太仓河网现有闸站情况，考虑不同水源、不同流量、不同排水口分布制定模拟调度方案如表 1。

构建的太仓主城区河网模型，河道糙率取 0.01~0.03；COD 降解系数取 0.08~0.15/d，氨氮降解系数取 0.08~0.2/d；纵向扩散系数取 2.5 $m^2/$ $s^{[10]}$。用 2013 年 9 月 1 日和 9 月 4 日两次原型调水实验的数据进行验证，水量水质验证结果见图 3。从验证结果可以看出，各断面的水量水质模型计算值与实测值吻合较好，流量相对误差小于 8%，COD 相对误差小于 5%，氨氮相对误差小于 10%，说明模型参数选取合理，可用于描述实验区河网的水量水质变化过程。

表 1 调度方案

调度方案	方案 1	方案 2	方案 3	方案 4	方案 5	方案 6	方案 7	方案 8
东城北河闸站	关	-4	关	-4	关	关	关	关
娄江北河闸站	关	-4	关	-4	关	关	关	关
八佰泾闸站	关	关	关	关	关	关	关	关
娄江河闸站	关	关	关	关	关	关	2	4
大半泾闸站	6	关	6	关	4	2	6	4
大半泾北闸站	关	-3	关	-3	关	关	关	关
通城河闸站	2	-2	2	-2	2	2	关	关
团结河闸站	4	开	4	开	4	4	4	4
北城河闸站	关	关	开	开	关	关	关	关
总引排流量	12	13	12	13	10	8	12	12

注：单位为 m³/s, 负号代表向外抽水。

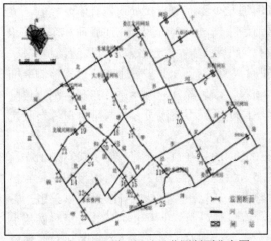
图 1　太仓城区河道、闸站及监测断面分布图

图 2　河网分区及重点分析断面分布图

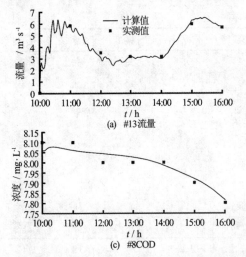

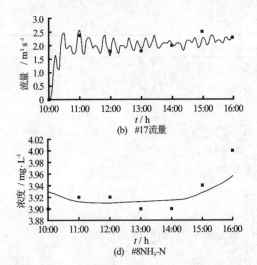

图 3　部分断面模型实测值和计算值对比图

3.3　评价指标选取

　　根据模型计算了各调水方案实施后 COD 和氨氮的浓度值,计算河网内 8 个重点分析断面的 COD 改善程度、氨氮改善程度。利用染料释放计算各调水方案的换水面积,将城区河网分成 4 部分,计算各部分河网不同方案下的换水率。改善程度和换水率计算公式如下:

$$改善程度 = (C_0 - C) / C_0 \tag{2}$$

$$换水率 = S / S_z \tag{3}$$

式中:C_0 表示初始浓度,C 表示调水结束时的浓度,S 表示染料达到的水面面积,S_z 表示分区河网内总水面面积。

　　选取各部分河网的换水率及河网内 8 个重点监测断面的 COD 改善程度、氨氮改善程度为评价指标,共选取 20 个评价指标构建水环境变化情况评价指标体系,综合评价指标体系

见表 2。河网分区及重点分析断面分布见图 2。

表 2   太仓市调水引流水质改善效果综合评价指标体系

目标层	水质改善效果 C		
准则层	COD 改善效果 C_1	氨氮改善效果 C_2	河网换水率 C_3
指标层	各断面 COD 改善程度（%）： X_{11}、X_{12}、X_{13}、X_{14}、X_{15}、 X_{16}、X_{17}、X_{18}	各断面氨氮改善程度（%）： X_{21}、X_{22}、X_{23}、X_{24}、X_{25}、 X_{26}、X_{27}、X_{28}	各河网分区换水率（%）： X_{31}、X_{32}、X_{33}、X_{34}

3.4 基于熵值的主成分分析

本文构造了 COD 改善程度、氨改善程度、河网换水面积 3 个子系统，以河网换水率子系统为例，利用 SPSS20.0 对子系统指标的原始数据标准化，然后计算相关系数矩阵，对相关矩阵求得特征值与贡献率，见表 2。从表中可以看出，前 2 个主成分的特征值大于 1，且累计贡献率已经达到 92.243%，因此选取主成分 F1、F2 进行分析，可以反映河网换水率的大部分信息，对应的两个特征值分别为 2.662、1.028。

表 3   COD 改善程度子系统主成分特征值、贡献率

主成分	特征值	贡献率/%	累计贡献率/%
F_1	2.662	66.545	66.545
F_2	1.028	25.698	92.243
F_3	0.281	7.020	99.263
F_4	0.029	0.737	100.000

通过 SPSS20.0 进一步计算旋转主成分载荷矩阵，主成分载荷反映了主成分与变量之间的相关关系，特征值 λ_1 和 λ_2 的特征根向量即主成分因子得分，两个主成分与各指标的关系式为：

$$F_{11} = 0.921X_{11} + 0.358X_{12} + 0.883X_{13} + 0.951X_{14} \tag{4}$$

$$F_{12} = -0.277X_{11} + 0.913X_{12} + 0.210X_{13} - 0.270X_{14} \tag{5}$$

将主成分 F11 和 F12 与客观权重相乘，得到河网换水率的综合评价值。采用同样的方法和步骤对其他 2 个子系统进行主成分分析，得到 COD 改善程度、氨氮改善程度的主成分分别为 3 个和 2 个。根据最大熵值法确定 3 个子系统在研究区水环境改善程度中的权重值 WA：COD 改善程度子系统权重 W1 为 0.442，氨氮改善程度子系统 W2 为 0.344，河网换水率子系统 W3 为 0.214，则水环境综合改善程度评价指数计算公式为：

$$F_Z = 0.442F_1 + 0.344F_2 + 0.214F_3 \tag{6}$$

调水水环境综合改善程度评价值数 F_Z 与 COD 改善程度评价指数 F_1、氨氮改善程度评价值数 F_2 和河网换水率评价值数 F_3 有关。根据上述计算方法得到调水水环境改善程度综合评价结果(表 4 和图 4) 。

3.5 评价结果分析

主成分分值的大小不代表 COD 改善程度、氨氮改善程度、河网换水率实际改善程度，而是代表其相对水平，综合得分值越大，说明方案 COD、氨氮的改善程度越大，河网换水率越高，方案水环境改善效果越好。

（1）各子系统影响权重分析。根据最大熵值法确定 3 个子系统的权重值，COD 改善程度子系统权重最高，为 0.442；氨氮改善程度子系统权重次之，为 0.344；河网换水率子系统的权重最低，为 0.214。说明 COD 为敏感因子，调水对 COD 的改善程度最佳。

（2）最佳调水方案分析。由评价结果可知，方案 3 对 COD 改善程度最佳，方案 4 对氨氮改善程度最佳，方案 2 的河网换水率程度最高。方案 3 的综合得分最高，对研究区水环境的综合效果最佳。

表 4　太仓市调水水环境改善程度综合评价结果

调度方案	各子系统得分			综合得分 F_Z
	COD 改善程度 F_1	氨氮改善程度 F_2	河网换水率 F_3	
方案 1	0.595	0.127	0.197	0.315
方案 2	0.346	0.876	1.000	0.577
方案 3	0.771	0.638	0.044	0.656
方案 4	0.291	0.950	0.978	0.553
方案 5	0.533	0.342	0.126	0.331
方案 6	0.531	0.318	0.065	0.306
方案 7	0.439	0.337	0.173	0.253
方案 8	0.461	0.151	0.465	0.261

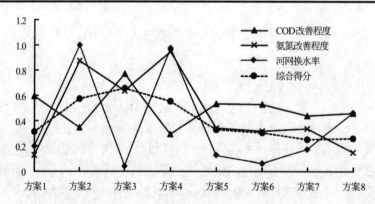

图 4　太仓市调水水环境改善程度综合评价结果图

（3）引排水口分布、引水流量和引水水质对水环境改善效果的影响。方案 1、方案 2、方案 3 的综合得分分别为 0.315、0.577 和 0.656。方案 1 和方案 3 引排流量和引水水源相同，排水口分布不同。新浏河水质较好，方案 3 从新浏河引水量大于方案 2。比较方案 1、方案 2、方案 3 可知，水环境的改善效果受引排水口分布、引水流量和引水水质的影响。方案 5、方案 6、方案 7 的调水总流量分别为 $10m^3/s$、$8\ m^3/s$ 和 $12\ m^3/s$，综合得分分别为 0.331、

0.306 和 0.253。由此可知水环境的改善程度不随引水流量的增加而增加。

4 结论

在高频次、高密度野外原型同步监测实验的基础上，通过建立太仓城区河网数学模型，利用主成分分析法和熵值法对不同调水方案下的水环境改善程度进行综合评价，并对其变化原因进行分析，根据计算结果，得出以下结论：①调水引流实施后，太仓市水质有明显改善，COD 改善程度子系统权重最高，COD 为敏感因子，不同调水方案的 COD 改善程度差别较大。②调水水环境改善效果受引排水口分布、引水流量和引水水质的共同影响，并不随引水流量的增加而增加。③通过主成分分析和熵值法联合有利于评估和优化调水方案的效益，可为制定调水引流方案提供依据。

参 考 文 献

[1]   李军, 应舒. 温瑞塘河市区河道引水冲污工程的水利调度研究. 温州大学学报，2002，2:88-90.

[2]   黄娟,逄勇,崔广柏. 引水改善常熟市城区水环境方案研究[J]. 江苏环境科技，2006，19(1):34-36.

[3]   郝文彬，唐春燕，滑磊，等. 引江济太调水工程对太湖水动力的调控效果[J]. 河海大学学报(自然科学版)，2012,40(2):130-133.

[4]   卢绪川，李一平，黄冬菁，等. 平原河网调水引流水动力改善效果研究[J]. 水电能源科学，2015, 33 (4): 93–95

[5]   汪德爟.计算水力学理论与应用[M].南京: 河海大学出版社,1989.

[6]   朱心悦，逄 勇，徐丽媛.嘉兴市区水功能区水质达标纳污能力研究[J].水资源与水工程学报，2014,25(1):22-27.

[7]   李蔚，林耿耿，赵丹丹，等. 基于主成分分析的杭州市水资源承载能力评价[J]. 河海大学学报（自然科学版),2010, 38（增刊 2）:320-323.

[8]   陈雯, 黄长生,王宁涛.广州市水资源承载力的主成分分析[J].华南地质与矿产, 2013, 29（4）:322-326.

[9]   邵磊,周孝德,杨方廷.基于熵权和主成分分析水资源承载能力评价分析[J].山东农业大学学报（自然科学版),2011,42（1）:129-134.

[10]   张刚，逄勇，崔广柏.改善太仓城区水环境原型引水实验研究及模型建立[J].安全与环境学报,2006, 6（4）：34-37.

Study on optimistic plan of water transfer and diversion in plain river network

LU Xu-chuan, LI Yi-ping

(College of Environment, Hohai University, Nanjing 210098,China.Email: 791112131@qq.com)

Abstract: Water transfer and diversion is one of the most common method to improve aquatic environmental pollution in plain river network areas. Therefore, the evaluation of different water transfer plans is essential for the effect of aquatic environmental improvement. For the purpose of evaluating the variations of aquatic environment in river networks after these plans' implement, we took the river networks in Taicang city district as research object. An experience with a simulated prototype on field is carried out, based on which a one dimension unsteady river network mathematical modeling is established, a calibration is also conduct with hydrological and water quality data collected on field. The variations on COD and ammonia-nitrogen is calculated by simulation following each plan's implement. We can get the ratio of water exchange area and the COD improving extent within 8 highly concerned monitoring sections, as well as the ammonia-nitrogen improving extent. Using the 20 selected indicators, an evaluation system of the state of aquatic environmental variation is built. More precisely, we employed the principal component analysis to reduce the dimension of these evaluating indicators, and established a multiple linear regression model of the driving factors which improve aquatic environment. Then all the principal components acting on COD improvement, ammonia-nitrogen improvement and water exchange area ration are extracted. As a result, a comprehensive score on water environmental improvement can be calculated and analyzed after determining different weight of each sub-system with entropy method.

The results indicate that: (1) The water quality has significantly improved following water transfer and drainage, the COD improvement subsystem has the highest weigh; (2) The improving effect is co-influenced by the distribution of water diversion and output points, the flow of diversion, and the quality of the drawing water, besides, it doesn't increase straightly with the flow of diversion turning bigger ; (3) The principal component analysis and the entropy method is beneficial for the assessment and improvement of water transfer plans' effect, providing supports for establishing water transfer and diversion plan.

Key words: Water transfer and diversion, river network mathematical model, principal component analysis, entropy method, optimistic plan.

水泵水轮机旋转失速现象及其影响的数值模拟

张宇宁 [1*]，李金伟 [2]，季斌 [3]，于纪幸 [2]

[1] 华北电力大学电站设备状态监测与控制教育部重点实验室，北京 102206
[2] 中国水利水电科学研究院，北京 100048
[3] 武汉大学动力与机械学院 湖北武汉 430072
*通讯作者。Email：y.zhang@ncepu.edu.cn

摘要：采用数值模拟方法研究了水泵水轮机在水轮机状态下的旋转失速现象及其对转轮受力的影响。沿 24°等导叶开度线选取了若干个有代表性的运行工况点进行数值模拟和数据分析。在深入分析水泵水轮机在水轮机工况区、飞逸工况区、水轮机制动工况和反水泵工况区运行时的转轮受力的主要特征的基础上，探讨了旋转失速对转轮受力的影响。分析结果显示旋转失速引起的异常流动对于水泵水轮机在飞逸工况和水轮机制动工况区运行时的转轮受力有很大的影响，而在水轮机工况区，由于失速团尚未形成或未充分发展，旋转失速的影响较小。

关键词：水泵水轮机；旋转失速；稳定性；数值模拟；回流

1 引言

抽水蓄能电站可以显著地增加电网的稳定性并很好地适应可再生能源（如风电，太阳能等）快速发展所带来的负荷的波动。水泵水轮机是抽水蓄能电站的核心部件，其稳定性关系到整个电站的安全稳定运行。近年来，水泵水轮机由于稳定性造成的事故频发，包括机组抬机，空载不稳定等。"旋转失速"是造成水泵水轮机不稳定现象的主要原因之一[1-4]。在水泵水轮机日常运行的过程中，为了适应电力系统的负荷变化，需要频繁的启停和工况转换，需要运行在飞逸工况区、水轮机制动工况区和零流量工况区等非设计工况区，部分情形下还会进入反水泵工况区运行。当机组运行在上述工况时且导叶开度较大时，水泵水轮机的转速（n）-流量（Q）曲线呈现明显的"S"形特性（即存在正斜率 $dQ/dn>0$），导致转轮内部流动的分离、漩涡的产生和回流等，在转轮上产生较大的应力。转轮中的回流进一步向上游传播，与来流产生撞击，在无叶区产生了大幅度的压力脉动，严重影响机组的稳定运行和机组寿命。本文采用数值模拟方法详细阐述了水泵水轮机"旋转失速"对转轮受力的影响。

2 研究对象和方法

采用商业软件对模型水泵水轮机在水轮机工况下的内部流动进行了数值模拟。相关水泵水轮机的参数详见表 1。本文重点研究了水泵水轮机在导叶开度为 24°时的内部流动。表 2 中详细汇总了数值模拟中使用的详细方法和边界条件设置等等。本文沿 24°等导叶开度线重点选取了若干个有代表性的运行工况点进行详细模拟和分析。其中,水轮机工况区选取了 4 个工况点,飞逸工况区选取了 1 个工况点,制动工况区选取了 1 个工况点,反水泵工况区选取了 3 个工况点。各个工况点的命名,相应的流量和所处的运行区域详见表 3。

表 1　水泵水轮机相关参数

参数名称	数值
转轮名义直径	1.92m
转轮叶片数	9
固定导叶数	20
活动导叶数	20
额定转速	500r/min
水轮机额定水头	510.00m
电站运行最大毛水头	570.40m
电站运行最小毛水头	494.00m
水轮机额定出力	306.0MW
水泵最大入力	315.4MW
额定频率	50Hz

表 2 数值模拟相应方法和边界条件一览

类型	所选方法
湍流模型	$SST\,k\text{-}\omega$
网格技术	非结构化四面体网格
网格数量	550 万
离散方式	有限体积法
压力项	二阶中心差分格式
对流项	高阶迎风差分格式
计算模式	并行计算
进口边界条件	流量进口
出口边界条件	压力出口
壁面条件	无滑移边界
近壁区处理	标准壁面函数

表 3 所选取工况点的命名及所处运行区域

工况点名称	运行区域	流量
24-1	水轮机工况	529L/s
24-2	水轮机工况	362L/s
24-3	水轮机工况	250L/s
24-4	水轮机工况	169L/s
24-5	飞逸工况	83L/s
24-6	水轮机制动工况	50L/s
24-7	反水泵工况	-21L/s
24-8	反水泵工况	-71L/s
24-9	反水泵工况	-104L/s

3 结果及讨论

本文的结果已采用模型实验数据进行了详细验证,详见文献[5]。结果表明,数值模拟得到的该开度下的流量—转速曲线的误差在 5%以内。本文着重分析水泵水轮机在上述 8 个工况点运行时转轮的受力情况。将转轮的受力(用 F 表示)分解为两个分力,一个是轴向力(用 F_z 表示),即沿转轮轴的方向上的力;另一个是垂直于轴的平面上的力(用 F_{xy} 表示)。

首先分析轴向力和垂直于轴的平面上的力随着工况点的变化。在水轮机工况和反水泵工况下，F_z 的数值均远大于 F_{xy}，即 F_z 对于合力的贡献最大，而 F_{xy} 的数值相对可以忽略。但在飞逸工况和水轮机制动工况区，F_z 的数值小于 F_{xy}。从转轮受到的合力随工况点的变化可以看出，在水轮机工况区，转轮受到的力随着流量减小而逐渐降低。当水泵水轮机在飞逸工况运行时（如 24-5），转轮受到的力骤然升高。与其他工况点不同的是，在该工况点转轮受到的力主要来自于垂直于轴的平面上的力（F_{xy}），而不是轴向力。在反水泵工况区，轴向力仍起主要作用。

上述水泵水轮机转轮在飞逸工况和水轮机制动工况区的异常受力与水泵水轮机内部的旋转失速现象相吻合。旋转失速在水轮机飞逸工况下开始产生，但此时信号并不强烈，水流基本趋于平稳。当水泵水轮机逐步进入到水轮机制动工况区，旋转失速团迅速发展，并最终形成，导致水泵水轮机转轮的内部流动状态异常紊乱，使转轮的受力也趋向于异常，即在垂直于轴的平面上产生了很大的力。由于水泵水轮机的频繁启停，可以预见上述现象可能将严重缩短水泵水轮机的转轮寿命。

进一步的分析显示，飞逸工况点等运行区域的异常受力绝大部分来自于转轮叶片，而不是上冠和下环等部位，证实上述异常 F_{xy} 力是转轮流道内的流动异常导致的。

4 结论

采用数值模拟方法详细研究了水泵水轮机在发电工况下转轮的受力情况。沿等开度线选取了若干个有代表性的工况点进行对比分析。结果显示，在飞逸工况和水轮机制动工况区，由于旋转失速的迅速发展，导致叶片间的流道内存在大量的异常流动（如回流等），从而在垂直于轴的平面上产生很大的分力。该现象可能会严重影响水泵水轮机的转轮和轴的寿命，应予以重点关注。

致谢
本文得到清华大学水沙科学与水利水电工程国家重点实验室开放研究基金资助课题（课题编号：sklhse-2015-E-01）的资助。

参 考 文 献

1 Anciger D, Jung A, Aschenbrenner T. Prediction of rotating stall and cavitation inception in pump turbines. IOP Conference Series: Earth and Environmental Science. IOP Publishing, 2010, 12(1): 012013.

2 Hasmatuchi V, Farhat M, Roth S, et al. Experimental evidence of rotating stall in a pump-turbine at off-design conditions in generating mode. Journal of Fluids Engineering, 2011, 133(5): 051104.

3　Widmer C, Staubli T, Ledergerber N. Unstable characteristics and rotating stall in turbine brake operation of pump-turbines. Journal of Fluids Engineering, 2011, 133(4): 041101.

4　Botero F, Hasmatuchi V, Roth S, et al. Non-intrusive detection of rotating stall in pump-turbines. Mechanical Systems and Signal Processing, 2014, 48(1): 162-173

5　Li, J., Hu, Q., Yu, J., Li, Q. Study on S-shaped characteristic of Francis reversible unit by on-site test and CFD simulation. Science China Technological Sciences, 2013, 56(9): 2163-2169.

Numerical simulation of rotating stall of pump turbine and its influences

ZHANG Yu-ning[1*], LI Jin-wei[2], JI Bin[3], YU Ji-xing[2]

[1]School of Energy, Power and Mechanical Engineering, North China Electric Power University, Beijing China

102206

[2]China Institute of Water Resources and Hydropower Research, Beijing China, 100048

[3]School of Power and Mechanical Engineering, Wuhan University, Hubei China, 430072

*Correspondence author. Email: y.zhang@ncepu.edu.cn

Abstract：In the present paper, numerical simulation of rotating stall of pump turbine in generating mode is performed with discussions of its influences on the forces of runner. Several typical operational conditions along the 24-degree guide vane opening line are selected for simulations and data analysis. Based on the analysis of the main characteristics of the forces on runner in different working zones (including turbine working zone, runaway working zone, turbine brake working zone and reverse pump working zone), influences of rotating stall on the forces of runner are revealed. It was found that the abnormal flow generated by rotating stall has significant impacts on the working states of pump turbine when it was operated in runaway mode and turbine brake mode while in turbine mode, the impact of rotating stall can be ignored because it has not been formed or fully developed.

Key words：pump turbine; rotating stall; stability; numerical simulation; backflow

磨刀门水道枯季不同径流量下的咸界运动规律研究

陈信颖，包芸*

(中山大学力学系，广州，510275，Email:stsby@mail.sysu.edu.cn)

摘要：本研究利用 2014—2015 年度枯季珠江河口磨刀门水道上 5 个站点的逐时盐度数据，采用咸界图方法描述出该年枯季盐水在磨刀门水道中的运动情况，得到 0.5‰咸界上溯距离的时间序列，讨论该年咸界运动规律。针对该年度枯季珠江上游径流量的数据分为小大两个阶段的情况，分析了不同径流量下 0.5‰咸界的上溯规律。将两个阶段半月周期咸界上溯距离分别与以往枯、丰水年三分法半月周期咸界上溯距离进行对比，发现第一阶段大潮期间咸界上溯距离比枯水年咸界上溯距离远，而第二阶段与以往丰水年规律类似。

关键词：磨刀门水道；咸潮入侵；咸界图；咸界运动规律

1 引言

咸潮入侵是河口地区常见的一种自然现象，也是河口研究中关键的问题之一。近十几年来，珠江三角洲地区的咸潮活动越来越频繁，其对人类生产生活取水及农业灌溉用水等带来的影响也越来越大。磨刀门水道是珠江河口地区咸潮活动强烈的水道之一，且磨刀门水道的咸潮入侵会严重影响到其下游珠海、澳门地区的饮用水取水安全。讨论磨刀门水道的咸潮运动规律，对全面深入了解珠江河口运动过程具有重要的理论和实际意义。

国内对咸潮入侵的研究始于 20 世纪 60 年代，且主要集中于长江口和珠江三角洲地区，沈焕庭等[1]对长江口咸潮入侵的来源、重大工程对咸潮入侵的影响等进行了较为全面、深入的研究。田向平[2]概括了国内外在珠江口对咸潮上溯的研究情况。闻平等[3]对磨刀门水道咸潮入侵进行了一系列研究。这些研究方法一般侧重于短期和离散站点盐度变化与相应动力因素的相关性研究，讨论盐水入侵的宏观规律。戚志明，包芸[4]提出了逐时咸界分布图的研究方法，变孤立的站点分析为整体的场分析。包芸等[5]通过做出磨刀门水道咸界图，得到了咸界在时空上的变化过程，从而得到了盐水在磨刀门水道中的运动规律。刘杰斌等[6-7]利用咸界图探讨了咸界的运动规律，对比分析了上游径流量的变化对磨刀门水道盐水上溯的影响及盐水上溯运动规律的变化。

本研究使用咸界图方法对 2014—2015 年枯季磨刀门水道盐水运动规律进行分析,提取该年 0.5‰咸界上溯距离,讨论咸界、潮位、流量的相互关系。由于该年枯季珠江上游径流量存在一大一小两个阶段,对这两个阶段的咸界运动规律分别进行讨论,并将这两个阶段的半月周期咸界分别与以往的丰、枯水年三分法半月周期咸界[8]进行对比。

2 研究区域及研究方法

珠江三角洲河道纵横,河网交织,水系繁杂,具有独特的"三江汇集,八口分流"的水系特征。本文研究区域为珠江支流西江下游的磨刀门水道。磨刀门水道位于广东省中南部,北起江门市新会区百顷头,中间流经中山市、江门市新会区与珠海市斗门区的边界,南接珠海市交杯沙水道石栏洲入海。磨刀门水道较为顺直,大体呈"一"字型,故可将其简化为一维模型进行研究。

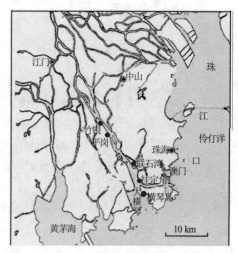

图1 磨刀门区域

本研究采用了咸界图[4]方法进行研究。磨刀门水道上五个咸情站点从下游到上游为:大横琴、挂定角、联石湾、平岗、竹银,它们所对应的位置坐标分别是:1.9km、11km、18.7km、34.8km、40.8km,如图1所示。将这五个站点的逐时盐度数据在整个磨刀门水道范围内进行拉格朗日插值,得到沿磨刀门水道的逐时一维盐度分布,即咸界图。咸界图呈现了沿磨刀门水道的盐度随时间的变化过程,其中含有0.5‰、2‰、5‰、8‰四个典型咸界上溯距离随时间变化的信息。通过咸界图方法,将原本孤立的站点数据转换成了沿空间一维分布的数据信息,既可以从咸界图中直观看到磨刀门水道沿河道的盐度分布随时间的变化过程,又可以得到典型咸界上溯距离的时间序列。

3 2014-2015 年度咸潮上溯情况

为了便于讨论咸界整体上溯情况,通过咸界图方法提取 0.5‰咸界的时间序列,将上溯原点设为挂定角,向上游上溯为正。绘制 2014—2015 年度枯季的咸界、潮位、流量过程图如图 2。本研究讨论的时间为 2014 年 11 月 15 日到 2015 年 3 月 3 日,即农历九月二十三日到正月十三日,除去农历十一月九日到二十二日盐度数据缺失的 14 d,共有 109 d 的盐度数据。

图 2 反映了咸界、流量、潮位随时间的变化过程。其横坐标为农历的时间坐标，括号内为其对应的公历时间。图中蓝色线表示的是 0.5‰咸界的逐时上溯距离，对应着左边的纵坐标。红色线表示梧州石角逐日流量，对应右边的纵坐标。灰色线表示潮位的变化过程。

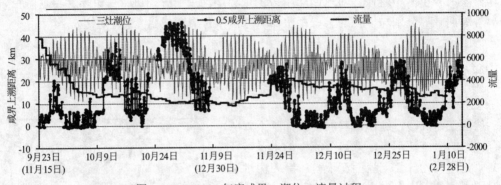

图 2 2014—2015 年度咸界、潮位、流量过程

2014—2015 年度枯季的咸界上溯距离呈现较好的周期规律性。农历九月廿三起，流量较大，咸界的上溯距离较小，最远上溯距离为 20km。十月初三起进入枯季，流量在 3000 上下徘徊，咸界上溯距离开始整体增大，最远到达 37km。十月二十一日后，流量稳定在 2300 左右，同时受到了较大的东北风的影响，咸界上溯距离较之前更大，最远到达 46km。十一月二十三日附近流量有突增，其后流量在 3300 左右，咸界上溯距离整体减小，最远为 30km。

4 分阶段分析该年咸潮上溯情况

根据流量信息，该年的流量被分为两段，第一段为农历十月二十四到十一月初八，其平均流量小于 2500。第二段为农历十一月二十三到一月十三，其平均流量大于 3000。小流量阶段接近以往的枯水年流量，大流量阶段接近以往的丰水年流量，在此分别进行讨论。

4.1 第一阶段的咸界运动情况

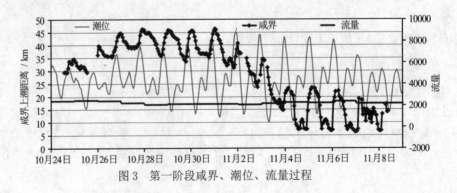

图 3 第一阶段咸界、潮位、流量过程

第一阶段为农历十月二十四到十一月初八，该时段流量较小，平均流量为2230。图3可以看出，农历的十月二十四日咸界在挂定角上游约30-35km处，随后以每天约5km的速度向上游推进，日波动范围在5-10km。到农历十月二十八日，咸界上溯到达峰值46km，并在峰值处震荡四天，每天上溯和下移的距离相当，约10km。十一月一日为大潮时期，咸界下移15km，随后上溯10km，三d内以每天总体下移5-10km的速度回退到25km以下，之后五天在5km到25km内震荡，咸界每日波动较大，约20km。

第一阶段历时共十五天，将这十五天的咸界上溯距离与往年的枯水年三分法半月周期的咸界上溯距离[8]对比，如图4所示。枯水年三分法半月周期是以初一开始的，为了与往年的三分法半月周期咸界上溯规律对比，将本文第一阶段的十五天咸界分作两段。

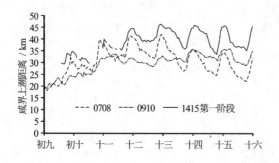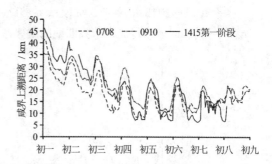

图4　第一阶段咸界上溯距离对比

图4可以看到，2014—2015年度第一阶段的咸界曲线总体走势与往年相比基本一致。其中，农历初九为小潮转向大潮阶段，此时，第一阶段咸界上溯距离较往年高约5km，随着大潮的到来，往年咸界开始回落，其差距越来越大，到农历十三之后，前者较后者高了约10km。可见今年咸界在远距离停留时间较长。在下一个半月周期中，农历初一初二大潮时期，咸界开始回落，这时咸界曲线在第一阶段比往年高约5km，并逐渐减小。农历初三起，咸界曲线有重合，此后直到初八，即中潮及中潮转向小潮阶段，三条咸界曲线多处重合。可见14-15年第一阶段咸界上溯距离在大潮期间较往年高了5～10km，而在中潮转向小潮期间，第一阶段的咸界运动规律与往年枯水年总体规律基本一致。

4.2 第二阶段的咸界运动情况

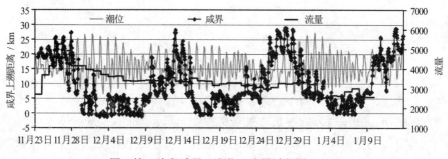

图5 第二阶段咸界、潮位、流量过程图

第二阶段为农历十一月二十三日到一月十三日，该时段流量较大，平均流量3386。图5可见，第二阶段有三个半月周期，每个半月周期的运动范围均在0～30km，三个周期的咸界曲线之间也具有相互类似的趋势。农历十一月二十三日为小潮时期，此时咸界位于挂定角上游20km附近，并震荡上溯，二十五日到达峰值26km，在峰值处震荡三天，日波动范围约10km。二十七日上溯到最远后迅速回落20km，之后咸界震荡回落，十二月二日，咸界回落到0～5km范围内往返运动。十二月九日，小潮过后，咸界开始日波动范围在8-20km的上溯，十二日到达最大，28km，随后开始回落，每日回退约20km，上溯约15km。十二月十五日回落到挂定角附近并在0～7km范围内震荡，直到下一次小潮再开始新一次的上溯。之后规律相近。

将2014—2015年度第二阶段咸界曲线进行周期性分析，得到很好的半月周期性。由三分法[8]获得该时段半月周期咸界曲线的规律，将其与往年的半月周期咸界曲线进行对比(图6)。

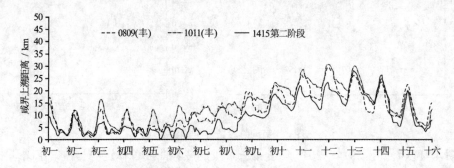

图6　第二阶段半月周期咸界与以往丰水年半月周期咸界对比

由图6可见，第二阶段半月周期咸界曲线与以往丰水年半月周期咸界曲线的走势整体一致。第二阶段咸界曲线在农历初一峰值处较往年低约5km，而初一后半天到初二与往年基本重合。初三初四，第二阶段的咸界曲线均在每日峰值处较往年小而在每日谷值处与往年基本重合。农历初五到农历十二，咸界曲线在第二阶段比往年低了5-10km，但其走势大体一致。农历十三到十五为大潮期间，第二阶段的咸界曲线与往年咸界曲线大部分重合。总体来说，2014—2015年度第二阶段的半月周期咸界曲线与以往丰水年的半月周期咸界曲线总体规律相近，只在小潮期间较往年咸界上溯距离略低。

5　结论

本研究通过咸界图方法，分析了2014-2015年度枯季咸潮上溯情况。由于该年径流量变化较大，将该年枯季分为两个阶段，分别分析两个阶段的咸界运动情况，并与往年进行比较。结果表明，该年咸界上溯对流量变化有较为明显的响应。两个阶段的咸界变化整体走势分别与以往的枯、丰水年咸界变化走势相近。在流量较低阶段，咸界上溯距离在大潮期间较往年的枯水年远，停留时间长，小潮期间上溯距离接近。而在流量较高阶段，大潮期间的咸界变化与往年丰水年咸界变化规律接近，只在小潮期间咸界上溯距离较往年略低。相关部门在该年度第二阶段进行了调水压咸，增加了流量，有效地抑制住了咸潮上溯。

参 考 文 献

1 沈焕庭, 茅志昌, 朱建荣. 长江河口盐水入侵[M]. 北京：海洋出版社, 2003.

2 田向平. 河口盐水入侵作用研究动态综述[J], 地球科学进展, 1994, 9(2):29-34.

3 闻平, 陈晓宏, 刘斌, 杨晓灵. 磨刀门水道咸潮入侵及其变异分析[J]. 水文, 2007, 27(03):65-67.

4 戚志明, 包芸. 珠三角磨刀门水道咸界变化规律研究[J]. 广东水利电力职业技术学院学报, 2009, 04:61-65.

5 包芸, 刘杰斌, 任杰, 等. 磨刀门水道盐水强烈上溯规律和动力机制研究[J]. 中国科学(G辑:物理学 力学 天文学), 2009, 10:1527-1534

6 刘杰斌, 包芸. 磨刀门水道枯季盐水入侵咸界运动规律研究[J]. 中山大学学报(自然科学版), 2008, S2:122-125.

7 刘杰斌, 包芸, 黄宇铭. 丰、枯水年磨刀门水道盐水上溯运动规律对比[J]. 力学学报, 2010, 06:1098-1103.

8 包芸, 黄宇铭, 林娟. 三分法研究丰水年和枯水年磨刀门水道咸界运动典型规律[J]. 水动力学研究与进展A辑, 2012, 05:561-567.

Movement of Saltwater Intrusion-Border in Modaomen Channel under Different Runoffs

CHEN Xin-ying, BAO Yun

(Mechanics Department, Sun Yet-Sen University, Guangzhou 510275

Email:stsby@mail.sysu.edu.cn)

Abstract: The one-dimensional salinity borderline figures along the Modaomen channel were drawn with the salinity data of the 5 stations in 2014-2015 year. The movement of the salinity intrusion of the 0.5‰ intrusion-border in this year was present. There are two phases divided by runoff in the year, so the movement of the saltwater intrusion-border was discussed in the two phases and compared with the movement law, which was obtained with the semi-month period by the method of trichotomy in previous dry and wet years. The results show that the saltwater intrusion-border in the first phase moves farther than the saltwater intrusion-border in the previous dry years, while the movement of the saltwater intrusion-border in the second phase is similar to the previous wet years.

Key words: Modaomen channel; Salinity intrusion; Salinity borderline figure; Movement of the saltwater intrusion-border

工作水头对泄洪洞竖曲线段水力特性的影响初探

张法星[1]，殷亮[2]，朱雅琴[1]，邓军[1]，田忠[1]

(1 四川大学水力学与山区河流开发保护国家重点实验室，成都，610065，Email: zhfx@scu.edu.cn

2 中国电建集团华东勘测设计研究院有限公司，杭州，310014)

摘要： 为了快速获取泄洪洞竖曲线段的水力参数值，对曲线流动进行了简化处理，考虑了沿程水头损失，基于一维水流恒定总流的能量方程，建立了快速计算竖曲线段水力参数的方程组，计算了 10 种工作水头时泄洪洞明流段的各水力参数。水深计算值与试验测量值的对比表明，该方法精度较高。计算结果表明，平均流速沿程没有突变，作用水头增大，水流的水深和流速也随之增加，但不同部位增大的程度不同。泄洪洞竖曲线段存在三个局部低压区，分别是渥奇段末段，陡坡段末端，下斜坡段和反弧段连接部位。渥奇段底板的压强随工作水头的增加先增大后减小。陡坡段、反弧段和下斜坡段底板的压强随着作用水头的增大而增加。渥奇段、陡坡段、下斜坡段的空化数随着作用水头增大而减小，反弧段的空化数随作用水头增大而增大。各种作用水头下，空化数最小值都出现在反弧段末端及与之连接的下斜坡段起始部位。上述的计算结果可以为泄洪洞的初步设计提供技术支撑，该快速计算方法可以用来计算泄洪洞初步设计的水力学参数。

1 引言

根据布设的位置不同，大流量泄洪建筑物可以分为坝身式和岸边式。岸边泄洪洞是适用于各种坝型的泄水建筑物，多用于非刚性坝（如土石坝）和峡谷区的高拱坝。按照不同高程的衔接特点，泄洪洞可以分为陡槽式、"龙抬头"式、"龙落尾"式和竖井式[1,2]。

随着我国西部高山峡谷中水电工程的持续开发，采用隧洞泄洪的工程不断增多。坝高的增加使得泄洪洞的工作水头增高，流速变大，而一些泄洪洞的设计流量超过 3000m³/s，泄洪洞体型对高速水流的影响愈加明显，高速水力学问题突出。

判别泄洪洞体型是否合理的水力学标准主要包括：① 应能满足泄洪要求；② 应能保证洞身流态明确、简单；③ 应能保证足够的洞顶余幅；④ 应避免空蚀破坏的发生，如果水流不能避免空化，则设置合适的掺气减蚀设施，保证掺气效果；⑤ 应有利于出口泄洪消能。同时，对于某一体型的泄洪洞，设计要求其在一定的工作水头范围内安全运行。比如，有的大型泄洪洞，在设置多级掺气减蚀设施的同时，还需控制运行方式，才能保障泄洪洞安全运行[3]。

绝大多数"龙抬头"或"龙落尾"泄洪洞的竖曲线段包括渥奇曲线段、陡坡段和反弧段，其作用是连接上斜坡段与下斜坡段，平顺地降低水流高程，使水流在泄洪洞内平稳下泄。水流在竖曲线段加速很快，比如溪洛渡水电站和锦屏一级水电站泄洪洞水流断面平均流速由上平段末端的 19~25m/s 增加到反弧末端的 40~45m/s。加上底板曲线形式变化导致底板压强发生变化，反弧段及其下游衔接段容易遭受空蚀破坏[4]。因此，竖曲线段的水力特性是制约泄洪洞安全运行的关键因素之一。

随着库水位的变化，泄洪洞竖曲线段水流的水力学参数也发生变化。因此，在初步设计或体型优化阶段，往往需要快速获得竖曲线段在不同库水位下运行时的水深、压强、断面平均流速和空化特性等水力参数。

为尽量降低泄洪洞在运行中遭受空蚀破坏的风险，本文根据泄洪洞竖曲线段的特点，对曲线流动进行了简化处理，考虑沿程水头损失，基于一维水流恒定总流的能量方程，建立了快速计算泄洪洞竖曲线段水力参数的方程组，计算获得了不同工作水头下某大型水电站泄洪洞"龙落尾"段水流水深、流速、底板压强的沿程变化，分析了水流空化特性。

我国某大型水电站初步设计阶段设计了 3 条大型有压接无压泄洪洞，其中 1#泄洪洞由进水口段、有压洞段、工作闸门段、上斜坡直线段、竖曲线段、下斜坡直线段、挑流鼻坎段组成。其竖曲线段的纵剖面见图 1。

图 1　某大型泄洪洞竖曲线段纵剖面图

在压力隧洞出口 0+484.13m～0+509.13m 之间采用圆变方的渐变段将圆形断面收缩成为 16.0m×10.5m(宽×高)的矩形断面，并设置弧形工作闸门控制水流。工作闸门段底板高程为 765.00m，纵向长 25.0m，底板为平坡。工作闸门下游接圆拱直墙型无压隧洞，底坡 $i = 0.0220$，断面尺寸 16.0m×17.5m，直墙高为 13.5m。桩号 1+093.33m～1+368.25m 之间为竖曲线段，该段泄槽底板由方程为 $z = x^2/300 + 0.022x$ 的抛物线、坡度为 1:1.8 的陡坡泄槽段和半径 320.00m 的反弧段组成，泄洪洞底高程由 752.70m 降低为 654.22m。

2 数学模型及计算方法

针对某一较短的流段，把明渠恒定非均匀渐变流基本微分方程式写成差分方程为[5]：

$$E_u + s(i - \overline{J}) - E_d = 0 \tag{1}$$

其中，E_u、E_d 为计算流段上、下游断面的断面比能，s 为流段长度，i 为渠道底坡，$\overline{J}$ 为计算流段的平均水力坡降。上下游断面的断面比能和平均水力坡降可以分别采用下面的公式计算：

$$E_u = h_u \cos\theta_u + \frac{\alpha_u q^2}{2h_u^2} \tag{2}$$

$$E_d = h_d \cos\theta_d + \frac{\alpha_d q^2}{2h_d^2} \tag{3}$$

$$\overline{J} = \frac{q^2}{4g}\left(\frac{\lambda_u}{d_u h_u^2} + \frac{\lambda_d}{d_d h_d^2}\right) \tag{4}$$

式中，q 为单宽流量；g 为重力加速度；h 为水深；θ 为渠底与水平面的夹角；α 为断面动能修正系数（湍流取 1.15）；λ 为沿程阻力系数；d 为水力直径。下标 u、d 分别代表计算流段的起始断面、末端断面。

根据我们的三维紊流数值计算成果[3]，大型泄洪洞竖曲线段和反弧段底板上的切应力约为 600～2000N/m²，摩阻流速约为 0.78m/s～1.4m/s，泄洪洞壁面绝对粗糙度 Δ 取 1.5mm，可以判断出泄洪洞竖曲线段水流处于阻力平方区。沿程阻力系数 λ 采用 Nikuradse 公式计算：

$$\lambda = \frac{1}{\left[2\lg\left(3.7\dfrac{d}{\Delta}\right)\right]^2} \tag{5}$$

水头损失 h_f 采用 Darcy-Weisbach 公式计算[5]：

$$h_f = \lambda \frac{s}{4R} \frac{V^2}{2g} \tag{6}$$

公式中，R 为水力半径，V 为断面平均流速。

在"龙抬头"或"龙落尾"形式的泄洪洞竖曲线段，底板曲线形式既包括直线，还包括抛物线、单圆弧或其它形式的曲线。根据向心力产生的加速度的方向与底面法线的方向是否相同，可以把它们分成凹曲线型和凸曲线型。由于设计的曲线曲率半径较大，所以假设计算断面上流线与渠道底部曲线为同心圆，根据微元体受力分析，可以求出过水断面底部压强水头的计算公式为：

$$p = h(\cos\theta \pm \frac{cV^2}{g}) \tag{7}$$

其中，c 为底板曲线曲率。凹曲线取正，凸曲线取负。假设曲线方程为 $y = f(x)$，则曲率 c 和流段的长度 s 可以分别通过下面的公式求出：

$$c = \frac{|y''|}{(1+y'^2)^{3/2}} \tag{8}$$

$$s = \int_{x_{j-1}}^{x_j} \sqrt{1+y'^2}\,\mathrm{d}x \tag{9}$$

计算从有压段出口开始，已知该断面的水深和流量，把竖曲线段分为多个流段，然后采用分段试算法对公式（1）进行计算。采用 Simpson 方法对公式（9）进行求解。

三种典型工作水头时，采用该算法计算水深 h_{cal} 与 1:80 水工模型试验测量水深 h_{exp} 的对比见表 1。可以看出，在流速相对较小的上平段，计算结果与试验测量结果吻合很好，但在陡坡段后，计算水深普遍小于实测水深，最大误差为-18.49%，出现在 795m 库水位时泄洪洞反弧末端，分析误差产生的原因有：① 计算采用的一维水流的能量方程式，而实际水流为三维紊流；② 计算中没有考虑掺气对水面波动的影响；③ 计算中对反弧附加离心力的处理是瞬时叠加到水流上或瞬时消失的，水流为急流，没有考虑水流对附加作用的传递效应。考虑其余各断面计算水深与实测水深的误差在 15%以内，大部分误差在 5%以内，考虑到计算速度很快，该计算方法可以用来初步估算泄洪洞的水力学参数。

表 1　典型工作水头时水深计算结果和试验结果的对比

| 库水位/m | 795.00 | | | 825.00 | | | 831.82 | | |
桩号　/m	h_{exp} /m	h_{cal} /m	误差	h_{exp} /m	h_{cal} /m	误差	h_{exp} /m	h_{cal} /m	误差
1+019.13	7.9	8.09	2.41%	10.18	10.33	1.47%	10.30	10.53	2.23%
1+093.33	7.82	7.95	1.66%	10.06	10.30	2.39%	10.30	10.53	2.23%
1+173.36	5.66	5.39	-4.77%	7.62	7.74	1.57%	7.98	8.07	1.13%
1+238.36	4.38	4.32	-1.37%	6.54	6.18	-5.50%	7.46	6.49	-13.00%
1+368.25	4.38	3.57	-18.49%	5.70	5.47	-4.04%	6.42	5.77	-10.12%

3　计算结果及分析

图 2 给出了 10 种库水位时泄洪洞渥奇段和反弧段底板压强的计算结果，可以看出：（1）同一水位下，与上、下游直线段底板压强相比，渥奇段底板压强存在突然减小，反弧段底板压强突然增大。这是由于离心力产生的附加压强，渥奇段为凸曲线，附加压强为负，反弧段为凹曲线，附加压强为正。另外，底板曲线与水平线的夹角也是影响水流动水压强大小的因素之一。渥奇曲线与水平线的夹角向下游越来越大，水深在垂直底板方向的投影越来越小；而反弧曲线与水平方向的夹角向下游越来越小，水深在垂直底板方向的投影越来越大。（2）对局部压强进行对比，存在三个局部压强梯度较大区：渥奇段末段、陡坡段末端和下斜坡段与反弧段连接部位。（3）与其它部位相比，渥奇段底板的压强随工作水头（泄量）的升高（大）变化不大。（4）陡坡段、反弧段和下斜坡段底板的压强随着库水位的升高而增加。

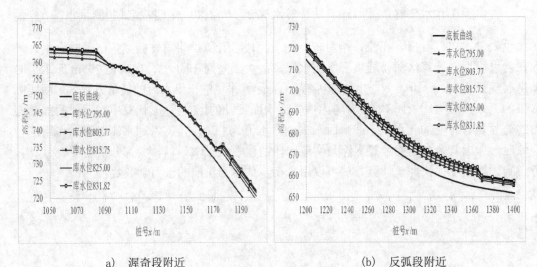

a)　渥奇段附近　　　　　　　　　　　　　（b）　反弧段附近

图 2　计算竖曲线段的压强分布

表 2 为 10 种库水位下泄洪洞竖曲线段各断面平均流速的计算结果，可以看出：① 某一库水位下，渥奇段、陡坡段和反弧段水流流速沿程增加，在反弧段约 80%反弧度长度处达到最大，由反弧段进入下斜坡段后，水流断面平均流速沿程略有减小。分析其原因，竖曲线段底板高程沿程降低，势能转化为动能，时均流速沿程增大。水流进入下斜坡段后，存在流线形状变化和流态调整，消耗了部分动能。壁面附近流速通过边界层由 0 迅速增大到平均流速，反弧段中后部水流边界层受离心力和压强梯度的影响逐渐变薄，即流速的过渡区很小；而水流进入下斜坡段后离心力逐渐消失，边界层变厚，排挤厚度变大，水深略有增加，断面平均流速略有减小。② 水流在陡坡段的加速最快。③ 竖曲线段各部位水流平均流速随库水位的升高而增加。

表 2　不同工作水头时泄洪洞沿程各断面平均流速

库水位 /m		794.21	795.00	799.09	803.77	808.154	815.754	819.05	825.00	827.32	831.82	
断面位置												备注
桩号 /m	高程 /m				断面平均流速 V /(m/s)							
1093.33	752.70	18.37	18.53	19.59	20.43	21.18	22.45	22.82	23.64	23.99	24.67	
1101.73	752.28	18.62	18.78	19.82	20.65	21.38	22.63	23.00	23.80	24.15	24.82	
1134.75	746.07	21.74	21.89	22.80	23.51	24.15	25.23	25.56	26.25	26.56	27.14	渥奇段
1165.93	733.53	26.48	26.60	27.39	28.00	28.54	29.46	29.75	30.33	30.59	31.09	
1173.36	729.59	27.73	27.85	28.62	29.21	29.73	30.62	30.89	31.45	31.70	32.19	
1179.86	725.98	28.77	28.89	29.63	30.21	30.71	31.57	31.84	32.38	32.63	33.09	
1205.86	711.53	32.46	32.57	33.27	33.79	34.25	35.03	35.28	35.76	35.98	36.41	陡坡段
1231.86	697.09	35.60	35.71	36.38	36.88	37.32	38.04	38.29	38.72	38.93	39.32	
1238.36	693.48	36.31	36.43	37.10	37.60	38.03	38.74	38.99	39.41	39.61	40.00	
1242.36	691.29	36.72	36.83	37.51	38.00	38.43	39.14	39.38	39.80	40.00	40.38	
1275.40	675.91	39.28	39.40	40.08	40.57	40.99	41.68	41.89	42.31	42.50	42.86	
1309.96	664.38	40.76	40.88	41.60	42.10	42.53	43.21	43.38	43.83	44.02	44.37	反弧段
1345.62	656.85	41.29	41.43	42.20	42.73	43.16	43.86	43.98	44.50	44.68	45.03	
1378.55	653.40	41.08	41.22	42.06	42.62	43.07	43.80	43.87	44.44	44.63	44.99	下斜坡
1399.13	651.76	40.88	41.02	41.89	42.48	42.94	43.68	43.74	44.34	44.53	44.89	段

表 3 给出了库水位分别为 825m、831.82m 时，与库水位 795m 时泄洪洞"龙落尾"段不同部位的水深、流速相比增加的程度。可以看出：①工作水头增加，在渥奇段和陡坡段，水深增幅沿程增大，流速增幅沿程减小。②在渥奇段起始部位，工作水头增加，水深增幅和流速增幅相差不大。③工作水头增加，反弧段水深增幅先增大后减小，在反弧段中部水深增幅最大。

表3　工作水头增加对水深和断面平均流速的影响

| 底板 | | 参照库水位 | | 库水位变化的影响 | | | | 备注 |
| | | 库水位795m | | 库水位825m | | 库水位831.82m | | |
桩号/m	高程 /m	水深/m	流速/(m/s)	水深增幅 /%	流速增幅 /%	水深增幅 /%	流速增幅 /%	
1093.33	752.70	8.0	18.5	29.5	27.5	32.4	33.1	
1101.73	752.28	7.9	18.8	30.3	26.8	33.3	32.2	
1134.75	746.07	6.7	21.9	37.7	19.9	42.1	24.0	渥奇段
1165.93	733.53	5.5	26.6	44.9	14.0	50.8	16.9	
1173.36	729.59	5.3	27.9	46.3	12.9	52.5	15.6	
1179.86	725.98	5.1	28.9	47.4	12.1	53.8	14.6	
1205.86	711.53	4.5	32.6	50.5	9.8	57.6	11.8	陡坡段
1231.86	697.09	4.1	35.7	52.3	8.4	60.0	10.1	
1238.36	693.48	4.1	36.4	52.7	8.2	60.5	9.8	
1242.36	691.29	4.0	36.8	52.9	8.1	60.7	9.6	
1275.40	675.91	3.7	39.4	53.8	7.4	62.0	8.8	反弧段
1309.96	664.38	3.6	40.9	54.1	7.2	62.3	8.5	
1345.62	656.85	3.6	41.4	53.8	7.4	62.1	8.7	
1378.55	653.40	3.6	41.2	53.2	7.8	61.4	9.1	下斜坡段
1399.13	651.76	3.6	41.0	52.8	8.1	61.0	9.4	

　　表4为10种库水位下泄洪洞竖曲线段沿程各断面水流空化数的计算结果，可以看出：① 在某一水位下，空化数沿渥奇段向下游逐渐减小，到陡坡段开始部位略有增大，然后沿陡坡段又逐渐减小，到反弧段起始部位略有增大，然后又是沿程减小。这主要是由压强和水流断面平均流速的分布特点决定的。② 在10种工作水头下，陡坡段末端、反弧段中后部以及下斜坡段水流的空化数都小于0.2，必须设置掺气减蚀设施。③ 渥奇段、陡坡段、下斜坡段的空化数随着库水位的升高（泄量的增大）而减小，比如，在陡坡段的起始部位桩号泄1+179.86m断面，库水位794.21m时空化数为0.32，而当库水位升高至831.82m时，空化数降低为0.29。反弧段的空化数随库水位的升高而增大。④ 库水位超过815.75m后，渥奇曲线段末端水流空化数小于0.3，断面平均流速大于29.5m/s，其中库水位超过825m后，该处断面平均流速超过30m/s，需要设置掺气设施。但曲线段上不宜设置掺气设施，因此可以缩短渥奇段，并与放缓陡坡段以缩短反弧段的措施相配合。⑤ 各种库水位下，空化数最小的部位都是反弧段末端及与之连接的下斜坡段起始部位。

表4 不同工作水头时泄洪洞沿程各断面水流空化数

库水位 /m		794.21	795.00	799.09	803.77	808.154	815.754	819.05	825.00	827.32	831.82	
断面位置		水流空化数 σ /(m/s)										备注
桩号 /m	高程 /m											
1093.33	752.70	0.89	0.88	0.80	0.74	0.69	0.62	0.60	0.55	0.53	0.50	
1101.73	752.28	0.86	0.85	0.78	0.72	0.68	0.60	0.58	0.54	0.52	0.49	
1134.75	746.07	0.57	0.56	0.53	0.51	0.48	0.44	0.43	0.41	0.40	0.38	渥奇段
1165.93	733.53	0.34	0.34	0.33	0.32	0.31	0.29	0.29	0.27	0.27	0.26	
1173.36	729.59	0.35	0.35	0.35	0.34	0.34	0.33	0.33	0.32	0.32	0.31	
1179.86	725.98	0.32	0.32	0.32	0.32	0.31	0.31	0.30	0.30	0.29	0.29	
1205.86	711.53	0.25	0.25	0.24	0.24	0.24	0.24	0.24	0.23	0.23	0.23	陡坡段
1231.86	697.09	0.20	0.20	0.20	0.20	0.20	0.20	0.20	0.19	0.19	0.19	
1238.36	693.48	0.22	0.22	0.22	0.22	0.22	0.23	0.22	0.22	0.22	0.22	
1242.36	691.29	0.21	0.21	0.21	0.22	0.22	0.22	0.22	0.22	0.22	0.22	
1275.40	675.91	0.19	0.19	0.19	0.19	0.19	0.20	0.20	0.20	0.20	0.20	反弧段
1309.96	664.38	0.17	0.17	0.17	0.18	0.18	0.18	0.19	0.19	0.19	0.19	
1345.62	656.85	0.17	0.17	0.17	0.18	0.18	0.18	0.18	0.18	0.18	0.18	
1378.55	653.40	0.15	0.15	0.15	0.15	0.15	0.15	0.15	0.15	0.15	0.15	下斜坡段
1399.13	651.76	0.15	0.15	0.15	0.15	0.15	0.15	0.15	0.15	0.15	0.15	

4 结论

（1）泄洪洞竖曲线段水流平均流速沿程没有突变，作用水头增大，水流的水深和流速也随之增加，但不同部位增大的程度不同。

（2）泄洪洞竖曲线段存在三个局部低压区，分别是渥奇段末段，陡坡段末端，下斜坡段和反弧段连接部位。渥奇段底板的压强随工作水头的增加先增大后减小。陡坡段、反弧段和下斜坡段底板的压强随着作用水头的增大而增加。

（3）渥奇段、陡坡段、下斜坡段的空化数随着作用水头增大而减小，反弧段的空化数随作用水头增大而增大。各种作用水头下，空化数最小值都出现在反弧段末端及与之连接的下斜坡段起始部位，该部位水流的空化数随着库水位的升高而降低。

（4）本文的数学模型可以用于泄洪洞初步设计过程中的水力学参数估算。

（本文得到国家自然科学基金项目(51109150)的资助。通讯作者：殷亮，E-mail：59777094@qq.com）

参 考 文 献

1 潘家铮，何璟. 中国大坝50年[M]. 北京：中国水利水电出版社，2000. 745-746.

2 郭军，张东，刘之平，等. 大型泄洪洞高速水流的研究进展及风险分析[J]. 水利学报，2006，37（10）：1193-1198.

3 张法星，徐建强，徐建军，等. 白鹤滩水电站#1泄洪洞反弧段水力特性的数值模拟[J]. 水电能源科学，2008，26（6）：108-111.

4 韩昌海，党媛媛，赵建钧. 大型超高速水流泄洪隧洞安全运行的水力控制[J]. 水利水电技术，2008，39（4）：49-52.

5 M. Hanif Chaudhry. Open-Channel Flow(Second Edition)[M]. New York：Springer Science+Business Media，LLC，2008. 89-94.

Preliminary study on effects of working water head on hydraulic parameters of the vertical curve segment of a spillway tunnel

ZHANG Fa-xing[1], YIN Liang[2], ZHU Ya-qin[1], DENG Jun[1], TIAN Zhong[1]

(1 State Key Laboratory of Hydraulics and Mountain River Engineering, Sichuan Univ., Chengdu, 610065

Email: zhfx@scu.edu.cn

2 PowerChina Huadong Engineering Corporation Limited)

Abstract： In order to acquire the hydraulic parameters of the vertical curve segment of the spillway tunnel, this paper has established the equations of the flow by simplifying the flow curve based on the one-dimensional energy equation of the steady total flow. And the effect of frictional head loss is calculated by the Darcy-Weisbach formula. The calculation was performed at 10 different water heads. The comparison between the calculated water depth and experimental water depth shows these equations have high precision. The result shows that the mean velocity did not experience sudden change, the water depth and velocity increase as the water head increase. The vertical curve segment of the spillway tunnel has three parts of large pressure gradient, the end of Ogee section, the end of steep slope, the connecting section of the lower slope and concave section. The pressure of Ogee section first increases and then decreases as the increase of working water head. The pressure on the bottom plate of the steep slope section, the concave section and the lower slope section increases with the increase of the waster head. The cavitation number of the Ogee section, the steep slope section and the lower slope section decreases with the increase of the water head while the concave section increases. Under the various kinds of water head, the minimum cavitation number occur on the end of the concave section and the beginning of the lower slope section. These results can offer technical support for preliminary design of the spillway tunnel and the fast calculation method can be used to calculate the hydraulic parameters of the preliminary design for the spillway tunnel.

Key words： spillway tunnel；Ogee section；concave section；frictional head loss；cavitation number

地下河管道水头损失特征研究

易连兴，王喆，卢海平，赵良杰

(中国地质科学院岩溶地质研究所，国土资源部岩溶动力学重点实验室，桂林，541004, Email: yilx79@karst.ac.cn)

摘要：G37、zk8 和 zk7 监测点位于寨底岩溶地下河研究基地的地下河管道上，本研究利用 10min 监测 1 次的水位动态和水力剃度计算结果分析地下河管道水头损失特征。发现上、下游管道的水力剃度变化相反，同一段管道内水力剃度也存在两种变化规律；找出并建立了两段管道的水力梯度与 G37 水位之间的抛物线和反抛物线函数关系；经典的 Darcy-Weisbach 管道水头损失理论不能精确描述本文所述特征，本文对地下河管道水流运动理论研究有一定意义。

关键词：岩溶地下河管道，水头损失，水力梯度，非线性关系

1 问题背景

岩溶地下河系统中管道水流运动规律存在较多待研究问题（Huntoon et al.，1995）。Dreybrodt (1990) 等最早把石灰岩溶蚀反应及管道流耦合在一起；为了更好的描述岩溶管道紊流和裂隙渗流双重性质，Kaufmann (2000)、Liedl（2003）等相继研发了双重介质耦合模型。在国内，邹成杰（1992）提出了岩溶管道汇流理论；陈崇希(1995)建立了岩溶管道-裂隙-孔隙的三重介质地下水流耦合模型；许振良(1998)研究了不同条件下管道内水力梯度的变化关系；苟鹏飞等(2011)利用地下河天窗的水位及流量动态研究管道水流特征。

对岩溶管道水系统，渗流和管流偶合模型是目前得到大家认可并普遍采用的方法之一：用等效连续介质模型公式（1）描述岩溶裂隙中的水流运动，用离散介质模型公式（2）描述岩溶管道中的水流运动，用公式（3）描述裂隙水与管道水之间的水量交换关系；美国地质调查局（USGS）2005 年推出的岩溶管道水流模型 Modflow-CFP 就以该理论为基础（Shoemaker et al., 2008）：

$$\frac{\partial}{\partial x}\left(K_x \frac{\partial h}{\partial x}\right) + \frac{\partial}{\partial y}\left(K_y \frac{\partial h}{\partial y}\right) + \frac{\partial}{\partial z}\left(K_z \frac{\partial h}{\partial z}\right) = S_s \frac{\partial h}{\partial t} - w \dots\dots\dots (1)$$

$$\Delta h = \lambda \frac{\Delta l}{d} \frac{V^2}{2g} \dots\dots\dots\dots\dots\dots\dots\dots\dots\dots\dots\dots(2)$$

$$q = \alpha \times (h_c - h_g) \dots\dots\dots\dots\dots\dots\dots\dots\dots (3)$$

其中 h: 水头, S_S: 储水系数, w: 源或汇, Kx, Ky, Kz: 水力传导系数; Δh:水头差, λ:摩擦系数, Δl:管道长度, d:管道直径, V:平均速度, g:重力加速度。q: 管道-含水层交换速率, α: 交换系数, h_c, h_g: 裂隙水、管道水的水头。

Modflow-CFP 能解决一定条件下的岩溶管道水流问题（DiFrenna，2008；刘丽红等，2010）。对不同物理问题有不同的管道水流描述方法，如美国环保署开发的洪水管理系统（SWMM）则采用 Saint-Venant 方程。迄今，由于地下河管道水流运动复杂，确定一个有效的模型来描述岩溶地下河管道水流运动依然是一个待解科学问题。寨底岩溶地下河为国土资源部岩溶地下河研究基地；本文利用该基地的监测数据，讨论地下河管道水头损失特征，对深入研究岩溶管道水流运动规律和模型建立有一定理论意义。

2 管道水头损失规律

2.1 地下河动态监测结果

寨底地下河位于桂林市东部，距离 31km；岩溶峰丛洼地地貌，汇水面积 33km^2。地层为中、上泥盆系（D_{2-3}）中厚层灰岩；天窗、溶潭、消水洞等强发育；接收降水补给后，东、西和北部的地下水向中间谷地汇集并通过 G37 天窗集中进入地下河主管道，最终由地下河出口 G47 排出地表，向漓江支流朝田河排泄。地下河最枯流量 $65l/s$，洪水期瞬间流量可大于 $15m^3/s$。

寨底地下河系统内共有水位、水质、雨量等 46 个自动监测站。本文主要涉及响水岩天窗 G37，位于地下河管道上的 zk8、zk7 监测孔，以及总出口 G47（图 1）。G37、zk8、zk7地面高程分别为 261.50m、264.82m、227.01m；zk8、zk7 孔深分别为 100m 和 80m。

地下水监测采用压力式水位计 diver 和全自动实时在线监测方式。2012 年 5 月 16 日 14时至 7 月 20 日 24 时，3 个监测点水位动态如图 2，时间间隔 10min。监测期内，有 9 次强降水，并引起水位强烈波动。G37、zk8 和 zk7 最低水位分别为 241.15m、214.27m 和 191.03m，最高水位分别为 259.78m、242.02m、195.17m，最大水位变幅分别为 18.63m、27.75m、4.14m。

zk8 和 zk7 的水位受上游 G37 的动态控制。G37 与 zk8、zk7 动态曲线的相关系数分别为 0.914、0.968。3 个监测点的水位峰值几乎在同一监测时间段内发生。

2.2 水头损失变化特征

考虑管道水流沿程即管道长度，不直接采用监测点之间的水头差、而采用水力梯度的变化开展管道水头损失讨论；水力梯度 I（%）计算公式如下：

$$I = 100 \times \frac{\Delta h}{L} \dots\dots\dots\dots\dots\dots (3)$$

其中 Δh、L 分别表示监测点之间的水头差(m)、管道长度(m)。

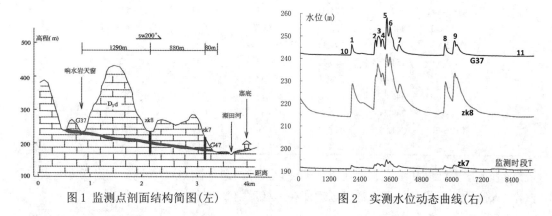

图 1 监测点剖面结构简图(左)　　　　　图 2　实测水位动态曲线(右)

2.2.1 同一段管道内水头损失特征

3 个监测点对应 9 场降水的峰值水位、2 个无降水期水位关系如图 3、表 1。在低水位期，上下游两段管道的水力剃度靠近直线 y=-0.02342x+243.83，水头损失规律基本一致，表现为近似线性变化。在降水后，随 G37 水位上涨，同一段管道内水头损失也存在不同的变化规律。

上游管道，当 G37 水位从低水位开始上升时，zk8 上升幅度大于大于 G37 的上升幅度（d2>d1），但是，当 G37 的水位超过 250m 一带时，G37 的变幅大于 zk8 的变幅（d3>d4）。对应的水力梯度也划分为两个区域，在低水位区，梯度随 G37 水位上升而变缓，在高水位区，梯度又随 G37 水位上升而增大。水位 250m 附近为引起下游水头和水力梯度性质变化的临界区域。

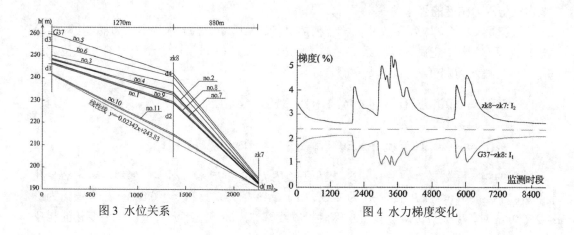

图 3 水位关系　　　　　　　　　　图 4 水力梯度变化

表1 水力剃度计算

序号	监测日期	G37 水位 h_1/m	zk8 水位 h_2/m	zk7 水位 h_3/m	G37-zk8 剃度 I_1/%	zk8-zk7 剃度 I_2/%
1	2012-5-30	246.41	228.81	192.68	1.36	4.11
2	2012-6-5	248.42	232.62	192.99	1.22	4.50
3	2012-6-6	250.12	236.71	193.41	1.04	5.03
4	2012-6-7	248.73	233.54	193.07	1.18	4.60
5	2012-6-8	257.84	245.11	195.17	0.99	5.62
6	2012-6-9	254.57	240.72	194.53	1.07	5.25
7	2012-6-12	246.47	228.71	192.52	1.38	4.11
8	2012-6-24	246.82	229.29	192.70	1.36	4.16
9	2012-6-27	248.24	233.76	193.02	1.12	4.63
10	2012-5-28	241.59	214.41	191.16	2.11	2.64
11	2012-7-27	241.49	21412	191.13	2.12	2.61

下游管道水力梯度和水头也存在不同的变化规律，总体随 G37 水位上升而梯度增大、但当 G37 水位处于高位时，水力梯度增速变缓，梯度值变化小并有稳定的趋势。

2.2.2 上游下游管道水头损失特征

通过计算，上游 G37-zk8 和下游 zk8-zk7 两段管道监测期内的水力剃度 I_1、I_2 变化曲线如图4。

上游段 G37-zk8 管道，水力剃度 I_1 随 G37 水位急剧上升而快速变小，并对应最高水位（No.5）I_1 达到最小值 0.99；当 G37 水位下降时，I_1 反过来递增，最低水位时达到最大值 2.12；梯度值 I_1 变化曲线与 G37 的水位动态呈反相关关系。

下游段 zk8-zk7 管道，水力剃度值 I_2 的变化与上游 G37 水位的变化为正相关关系，曲线形态与 G37 和 zk8 的水位动态形态基本相似，I_2 最大和最小值分别为 5.62、2.61。

上下游管道的水力梯度变化规律相反。I_1 增大时，I_2 则变小，I_1 变小时，I_2 则增大；在枯水期，二者均向图4中虚线区域逼近。根据水力梯度的变化特征，表明上、下游管道的水头损失变化也相反，当 I_1 增大，水头损失(h_2-h_1)增大，而 I_2 变小，即水头损失(h_3-h_2)变小。

2.3 水位与水力梯度的函数关系

通过对 zk7 水位与 I_1 和 I_2 水力梯度值的进行趋势分析，zk7 水位与水力梯度 I_1、I_2 分别表现为反抛物线、正抛物线关系（图5）。并结合公式（3）转换成上游天窗 G37 水位 $h_1(t)$ 与上、下游段水力剃度 I_1、I_2 函数关系：

$$I_1(t) = 0.0081 h_1^2(t) - 4.0947 h_1(t) + 518.51 \ldots \ldots \ldots \ldots (4)$$

$$I_2(t) = -0.0113 h_1^2(t) + 5.8077 h_1(t) - 740.86 \ldots \ldots \ldots \ldots (5)$$

前者的相关系数（R^2）为 0.983，极小值点为:h_1=252.75m，I_1=1.43（%），对应 zk8 孔水位 h_2 为 234.59m，zk7 水位 h_3 为 193.45m。后者相关系数 R^2 达 0.993；极大值点为：h_1=256.98m 时，I_2=5.37（%）。图6中两种抛物线型态反映了上下游管道的水头变化的相反

特征，抛物线极值点的两侧曲线反映了同一管道不同条件下的不同变化特征。

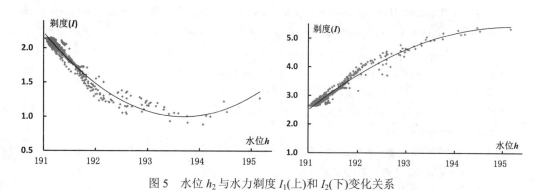

图 5 水位 h_2 与水力剃度 I_1(上)和 I_2(下)变化关系

3 结论及讨论

寨底岩溶地下河系统内，G37-zk8、zk8-zk7 两段管道的水力剃度变化相反，上游梯度增大，下游变小，上游变小下游就变大，同一段管道中水力梯度也存在不同的变化规律。上下游的梯度与 G37 水位为正、反抛物线函数两种变化规律；两种不同抛物线、以及极值点两侧曲线分别描述两段管道、同一管道内的不同变化特征。

水头损失公式（2）是基于试验推演得出的，其前提条件与本文中的暴雨高水头作用等复杂条件相差甚远；从纯数学上讨论，公式（2）中水头损失量 Δh 与阻力系数 λ、平均流速 V 分别为线性、反抛物线关系，而其他参数 Δl、d、g 等为常数，因此，仅通过调整参数 λ、V 显然反映不出文中的不同抛物线变化特征。探讨地下河管道水流运动特征并建立其数学模型是海洋-寨底地下河野外实验基地的重要目标之一，本文仅从实际监测资料阐述存在的一些管道水流物理现象，有关地下河管道水头损失评价模型还有待深入研究。

参 考 文 献

1 DiFrenna V. J., Price R.M.,Savabi M. R.,2008，Identification of a hydrodynamic threshold in karst rocks from the Biscayne Aquifer, south Florida, USA. Hydrogeology Journal, online version.

2 Dreybrodt, W., 1990 The role of dissolution kinetics in the development of karst aquifers in limestone: A model simulation of karst evolution, J. Geol., 98, 639– 655.

3 Huntoon, P. W.: 1995, 'Is it Appropriate to Apply Porous Media Groundwater Circulation Models to Karstic Aquifers?' in Aly I. El-Kadi (ed.), Groundwater Models for Resources Analysis and Management, CRC Lewis Publishers, Chapter 19, pp. 339 –358.

4 Kaufmann, G., and J. Braun, 2000. Karst aquifer evolution in fractured, porous rocks, Water Resour. Res.,

36(6), 1381–1391.

5 Liedl, R., M. Sauter, D. Hu¨ckinghaus, T. Clemens, and G. Teutsch,2003，Simulation of the development of karst aquifers using a coupled continuum pipe flow model, Water Resour. Res., 39,1057-1068.

6 Shoemaker, W.B., Kuniansky, E.L., Birk, S., Bauer, S., and Swain, E.D., 2008, Documentation of a Conduit Flow Process (CFP) for MODFLOW-2005: U.S.G.S. Techniques and Methods, Book 6, Chapter A24, 50 p.

7 邹成杰.1992，岩溶管道水汇流理论研究[J].中国岩溶,11(2):119-130.

8 陈崇希.岩溶管道-裂隙-孔隙三重空隙介质地下水流模型及模拟方法研究[J].地球科学-中国地质大学学报,1995,20(4):361-366.

9 刘丽红等.基于管道流模型的岩溶含水系统降雨泉流量相应规律-以贵州后寨典型小流域为例.吉林大学学报(地球科学版),2010,40, 1083-1089.

10 许振良, 管道内非均质流速度分布与水力坡度的研究[J], 煤炭学报, 1998, 23(1): 15-19.

11 苟鹏飞，蒋勇军，林涛，等，典型岩溶地下河入_出口处强降雨过程中水动态变化[J]，水资源保护，2011，27（1）：6-10.

Karst underground-river conduit water-head loss feature

YI Lian-xing, WANG Zhe, LU Hai-ping, ZHAO Liang-jie

(Institute of Karst of Geology, CAGS, Key Laboratory of Karst Dynamics, Ministry of Land and Resources, Guilin, 541004 ，Email:yilx79@karst.ac.cn)

Abstract：G37, zk8 and zk7 monitoring points are located in the main conduit of Haiyang-Zhaidi karst underground-river, a field testing and research base. The paper discuss the conduit water-head lose features by the high monitoring frequency groundwater-dynamic and gradient change relations. It is discovered that the hydraulic gradient change rules are opposite for upstream and downstream conduit, and there are two different change forms in one part of conduit. The parabolic and inverse parabolic nonlinear function relations are found out and established between hydraulic gradient and G37's level for two conduit parts. The conduit water-heat loss Darcy-Weisbach formula cannot describe the features in this paper and the study has a significance in underground-river conduit flow movement theoretical research.

Key words：Karst underground-river conduit, water-head lose, Hydraulic gradient, Nonlinear function relations

复杂心滩通航河段不同角度碛首坝对航道条件的影响研究

刘海婷，付旭辉，宋丹丹，龚明正，刘夏忆

（1. 重庆交通大学国家内河航道整治工程技术研究中心，重庆 400074；

2. 重庆交通大学水利水运工程教育部重点试验室，重庆 400074.）

摘要：长江上游河段多为基岩和卵砾石河床，常见心滩、边滩及浅滩等复杂边界碍航河段。由于工程实际需要及航道整治要求，经常存在采砂坑、开挖航槽，修筑碛坝等改变局部河道边界的情况。以长江右岸中三坝附近的占碛子河段为例，该河道总体弯曲，上游紧邻大中坝心滩，下游右岸有綦江入汇，河势条件复杂。在弯道环流、边滩挑流、心滩分流和支流入汇的叠加作用下，水流条件复杂，河道条件的变化对水流结构和河床演变趋势的影响难以预测。本研究通过建立向右偏转 0°、5°、10° 碛首导流坝数学模型，分析表明，0° 碛坝引起的水位壅高流速增幅和分流比变化均较小 ，对占碛子浅滩影响较小；5° 碛坝对对主槽分流比和航道通航水深和流速的优化更加明显，通航效果更优；10° 碛坝对主槽通航条件的改善明显，对流场改变较大，引起了明显的河势演变。为长江上游复杂通航河段航道整治工程的设计和研究提供参考。

关键词：二维数学模型，复杂心滩河段，碛首坝，水流条件，通航条件

前言

目前长江河段存在着大量的采砂和修建码头开挖航槽等工程，这些工程必然导致天然河流航道边界的改变，航道边界的改变必然对河流的流态、通航条件等造成一定的影响，因此有必要通过二维数学模型进行水流条件和通航条件影响分析。

数值模拟是研究复杂河段河道流动特性的一种重要手段。国内外已经有很多利用有限差分、有限元、有限体积、边界元等离散方法对复杂河段进行数值计算的研究[2]。根据数模的计算结果，可以分析预测拟建方案对工程河段水流条件及航道条件的影响趋势[3]。不论对于顺直河道或者复式游荡型河道，水位一流量关系的预测是河道风险管理以及洪水损失评估的基础，是进行洪水预报和制定合理经济的分洪措施方案的前提。李大鸣等[4]考虑

基金项目："十二五"国家科技支撑计划资助项目"三峡水库变动回水区末端段航道治理研究"（2012BAB05B03）；重庆市科委自然科学基金资助项目"三峡库区卵砾石推移质输沙率研究"（CSTC2011-JJA30002）；重庆市教委资助项目"库区非均匀流水流特性分析及对卵砾石推移质输移强度影响机理研究"（KJ1400319）；重庆交通大学研究生教育创新基金项目（编号：20140112）
作者简介：刘海婷（1990-），女，籍贯天津，研究生在，主要研究水利工程及河流动力学方向

上、下游洪水边界的控制条件及糙率随河道流量变化的调整，提出了河道洪水演进的二维水流数学模型的计算方法。叶如意等[5]利用平面二维水动力学模型对曹娥江至宁波的引水工程进行模拟，同时对模型进行验证和优化。为了更深入地探讨复杂心滩、边滩河段边界条件改变对水流特性及通航条件的影响，本研究在前人研究的基础上，以长江占碛子河段为研究对象，通过平面二维数学模型模拟复杂河道的水流运动特性及河床演变规律。

占碛子河段位于重庆主城河段上游与江津衔接处，长江右岸中三坝附近，紧邻大中坝心滩，下距綦江河口约 2.1km。该河段整体弯曲，平面形态近似于"C"字型，边界条件复杂。上游黄阡至观音岩为一接近 90°急弯。中段略为顺直，有大中坝心滩将河道分为左右两槽，左侧为主槽，入口有占碛子浅滩，上下游分别有中三坝、小中坝边滩等分布。下游綦江河口至红眼碛又为急弯。该河段河势图如图 1 所示。

由于研究河段分布有中三坝边滩、大中坝心滩和占碛子浅滩，水流和航道条件复杂，因此工程方案是否合理、是否对工程河段的航道条件造成明显影响，需要通过数学模型计算和河演分析的研究综合确定[7]。故本研究采用的主要采用二维数学模型的方法计算分析。

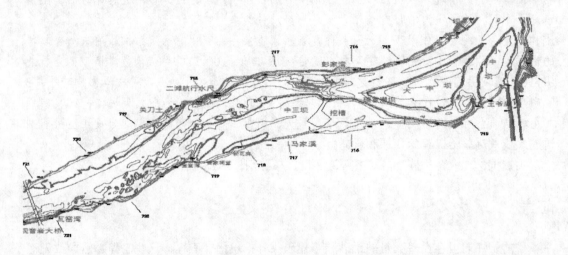

图 1　占碛子河段河势

1　数学模型

1.1 模型建立

采用沿水深平均的封闭浅水方程组描述二维水流运动，基本控制方程见公式：
水流连续方程

$$\frac{\partial h}{\partial t}+\frac{\partial}{\partial x}(hu)+\frac{\partial}{\partial y}(hv)=0 \tag{1}$$

X 方向动量方程

$$\frac{\partial u}{\partial t}+u\frac{\partial u}{\partial x}+v\frac{\partial u}{\partial y}+g\left(\frac{\partial h}{\partial x}+\frac{\partial a}{\partial x}\right)-fv-\frac{\varepsilon_{xx}}{\rho}\frac{\partial^2 u}{\partial x^2}-\frac{\varepsilon_{xy}}{\rho}\frac{\partial^2 u}{\partial y^2}+\frac{u\sqrt{u^2+v^2}\,n^2 g}{h^{4/3}}=0 \quad (2)$$

Y 方向动量方程

$$\frac{\partial v}{\partial t}+u\frac{\partial v}{\partial x}+v\frac{\partial v}{\partial y}+g\left(\frac{\partial h}{\partial y}+\frac{\partial a}{\partial y}\right)-\frac{\varepsilon_{xy}}{\rho}\frac{\partial^2 v}{\partial x^2}-\frac{\varepsilon_{yy}}{\rho}\frac{\partial^2 v}{\partial y^2}+\frac{v\sqrt{u^2+v^2}\,n^2 g}{h^{4/3}}=0 \quad (3)$$

以上各式中，t 为时间；u、v 分别为沿 X、Y 方向的流速；h 为水深；η 为床面高程；g 是重力加速度；

ε_{xx}、ε_{yy}、ε_{xy} 是紊动黏性系数，取为 $\alpha u_* h$，$\alpha = 3\sim5$，n 为糙率系数；$u*$ 为摩阻流速。

1.2 边界条件

平面二维水流数模中，边界条件通常包括岸边界、进口边界、出口边界以及动边界等，本模型采用了如下边界条件。

(1)初始条件

对于给定的研究域，在时间 $t=0$ 时有

$$h(x,y,t)\big|_{t=0}=h_0(x,y) \quad (4)$$

$$r(x,y,t)\big|_{t=0}=r_0(x,y) \quad (5)$$

$$s(x,y,t)\big|_{t=0}=s_0(x,y) \quad (6)$$

其中：h_0、r_0、s_0 分别为初始时刻的水位和流量分量。

(2)边界条件

①开边界

$$r=r_B(t), \quad s=s_B(t), \quad \text{或} \quad h=h_B(t) \quad (7)$$

其中 r_B、s_B 分别为已知流量过程线，h_B 为已知水位过程线。

②固壁边界，即水与陆的边界，由壁面的不透水性，可令法向流速等于零，切向流速

由曼宁—谢才公式确定。若法向流速与 X 轴夹角为 θ，则 r 和 s 与 v_n 和 v_t 之转换关系为

$$\begin{Bmatrix} v_n \\ v_t \end{Bmatrix} = [T] \begin{Bmatrix} r \\ s \end{Bmatrix} \tag{8}$$

2 模型验证

2.1 水位验证

比较了 Q=3250m³/s 及 15300m³/s 时各水尺断面左右岸水位的实测值和计算值，二者符合程度较高，且水面线走势吻合较好（图2）。

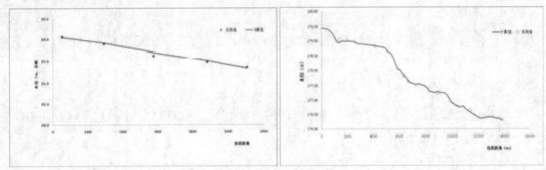

图 2 占碛子河段二维数模水位验证

2.2 流速验证

应用已建立的水流数学模型，对 Q=3250、15300mm3/s 进行断面流速验证。从图3可见，流速的大小和分布以及最大值、最小值的位置均与实测资料较为一致。

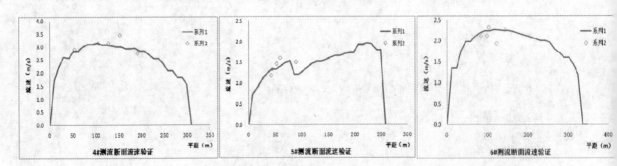

图 3 占碛子河段典型断面流速验证

2.3 大中坝分流比验证

工程河段有大中坝心滩将河段分为左右两槽，其分流比对计算结果和航道条件影响较

大，因此专门对大中坝的分流比进行验证。根据实测 15300m3/s 流量下主、支槽流量和分流比于模型计算值比较，数模计算的分流比误差在 0.11%以内，基本与天然条件分流比相同

表 1 洪水分流比验证（Q=15300m³/s）

项目	流量/（m³/s）		相对误差
	实测值	计算值	
主槽流量	10141	10130	−0.11%
支槽流量	5159	5170	0.21%
主槽分流比	0.663	0.662	−0.11%

3 水流条件影响分析

3.1 水位影响分析

由于修建碛首坝导流作用，一般表现为坝上游河段及坝前水位壅高、工程下游河段水位降低，这种水位壅高或降低将在上游或下游一定范围内逐渐消失。数模计算成果表明，计算河段的水位变化主要表现在潜坝左侧主槽的水位壅高、潜坝右侧副槽的水位降低。

表 2 研究河段最大水位比降变化值统计

流量说明	流量/（m3/s）	工程前沿水位/m	0° 碛坝		5° 碛坝		10° 碛坝	
			水位/m	比降/‰	水位/m	比降/‰	水位/m	比降/‰
设计通航	2230	175.90	0.04	0.04	0.05	0.04	0.14	0.18
	3250	177.30	0.05	0.06	0.06	0.04	0.17	0.41
	15300	183.82	0.09	0.04	0.09	0.06	0.07	0.39
常遇洪水	37100	192.34	0.10	0.06	0.10	0.06	0.04	0.08

3.2 流速影响分析

表 3 统计了工程方案实施前后，近岸（中三坝碛翅前沿 30m 范围内）流速的变化情况。表中可以看出，0° 碛坝和 5° 碛坝实施后，近岸流速增幅最大为 0.03～0.05m/s，影响较小；而 10° 碛坝实施后，枯水期流速变化较大，最大近岸流速变幅达到 0.10～0.11m/s，而中洪水期，锁坝淹没，不同方案对近岸流速的最大影响幅度降为 0.05～0.06m/s。

表 3 研究河段近岸流速变化统计

流量说明	流量 /(m³/s)	方案前	0° 碛坝		5° 碛坝		10° 碛坝	
			0° 碛坝	最大变幅	5° 碛坝	最大变幅	10° 碛坝	最大变幅
设计通航	2230	0.30-1.21	0.28-1.21	0.05	0.30-1.24	0.05	0.28-1.20	0.10
	3250	0.42-1.34	0.42-1.34	0.05	0.41-1.34	0.05	0.38-1.28	0.11
	15300	1.54-2.68	1.57-2.65	0.03	1.57-2.65	0.03	1.57-2.66	0.05
常遇洪水	37100	1.74-2.78	1.73-2.78	0.04	1.73-2.78	0.04	1.72-2.79	0.06

4 通航条件影响分析

4.1 航道水深影响分析

工程河段大中坝心滩的左侧主槽有占碛子浅滩，在设计通航流量条件下，滩顶水深约为 1.6m，航线在大中坝左侧主槽的占碛子两侧航行。根据数模计算结果，修建碛首坝后，大中坝附近航道范围内，通航水深略有增加，其中在航道最浅处 0° 碛坝变幅约 0.01m，5° 碛坝水深增幅为 0.02m，10° 碛坝由于将流量全部归入主槽，水深增幅达到 0.10m，优化了工程河段内通航水深。

表 4   研究河段航道范围设计通航流量下最低水深统计/m

工况	最小水深	最大变幅
方案前	2.59	/
0° 碛坝	2.60	0.01
5° 碛坝	2.61	0.02
10° 碛坝	2.69	0.10

4.2 航道水位比降影响分析

数学模型统计了占碛子浅滩附近 3km 范围内上下行航线上的水位比降变化，将最大变幅统计于表 5 中。从表中可以看出，航线范围内 0° 碛坝和 5° 碛坝造成水位最大变幅为 -0.02m～0.02m，最大比降变幅为 -0.05‰～0.06‰，对航道范围内的水位比降影响较小。而 10° 碛坝由于枯水期堵塞支槽，造成的航道水位最大变幅为 -0.04～0.16m，相应的比降变幅为 -0.08‰～0.19‰，而中洪水期，航道范围内水位变幅降为 -0.01～0.06m，相应比降变幅降为 -0.03‰～0.09‰。

表 5   研究河段航道范围水位比降变化统计

流量	水位变幅/m			比降变幅/‰		
/(m³/s)	0° 碛坝	5° 碛坝	10° 碛坝	0° 碛坝	5° 碛坝	10° 碛坝
2230	−0.02~0.01	−0.02~0.01	−0.04~0.14	−0.03~0.06	−0.05~0.04	−0.06~0.18
3250	−0.01~0.01	−0.02~0.04	−0.02~0.16	−0.03~0.07	−0.03~0.04	−0.08~0.19
15300	−0.01~0.01	−0.01~0.02	−0.01~0.06	−0.01~0.04	−0.02~0.06	−0.03~0.09
37100	−0.01~0.02	−0.01~0.02	−0.01~0.04	−0.01~0.06	−0.02~0.06	−0.03~0.08

4.3 航道流速影响分析

数学模型统计该河段上、下行航线范围内的流速变化，如图 6 所示。从图中可以看出，工程中 0°碛坝和 5°碛坝引起的航道范围内流速变化较小，变幅基本在±0.05m/s 范围内，最大变幅 0.09m/s，基本不会对工程河段航道条件造成明显不利影响。10°碛坝在枯水期引起的航道范围内流速变化较大，枯水期最大变幅基本在±0.20m/s 范围内，最大变幅达0.31m/s，但是航线内最大流速范围变化不大。

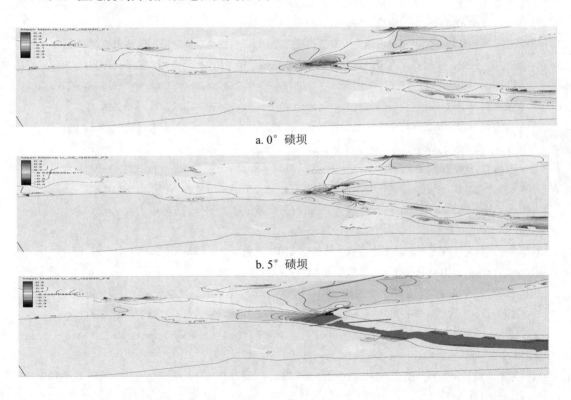

a. 0° 碛坝

b. 5° 碛坝

c. 10° 碛坝

图 4 不同角度碛首坝流速变化等值线图

4.4 对占碛子浅滩影响分析

拟建不同角度碛坝对该浅滩航道条件的影响直接影响研究河段的通航能力。根据数学模型计算成果，0°碛坝和5°碛坝实施后，占碛子附近水位变幅基本在±0.01m范围内，流速略有增加，增幅基本在-0.01～0.05m/s范围内，占碛子所在的主槽流量略有增长。比较分析表明，0°碛坝引起的水位壅高流速增幅和分流比变化均较小，对占碛子浅滩影响较小；5°碛坝对对主槽分流比和航道通航水深和流速的优化更加明显，通航效果更优。10°碛坝实施后，占碛子附近水位变幅基本在±0.10m范围内，流速增加较大，增幅基本在-0.03～0.10m/s范围内，占碛子所在的主槽流量略有增长，可能会引起河势演变。总体而言，占碛子浅滩附近水位、流速等水流条件没有明显变化，不会影响占碛子浅滩附近的泥沙冲淤能力，基本不会造成占碛子浅滩的明显变化

参考文献

[1]吴持恭.水力学（下册）.北京：高等教育出版社，1984.

[2]余利仁.正交贴体坐标系的生成.河海大学学报，1988,(5).

[3]周建军.平面二维不恒定流及河床变形数值模拟方法研究.水利水电科学研究院博士论文，1988.

[4]李大鸣，陈虹，李世森.河道洪水演进的二维水流数学模型[J].天津大学学报，1998,31(4)：439-446.(IJI Daming, CHEN Hong, LI Shishen. A 2-D numerical model of propelling flood in the fiver[J]. Joumal of Tianjin University, 1998, 31(4)：439-446.

[5]叶如意，王攀.曹娥江至宁波引水工程平面二维水流数值模拟[J].水资源保护，2010,26(5)：24—28.(YE Ruyi, WANG Pan. Two. dimensional numerical simulation of flow for water diversion project from Cao'e River to Ningbo[J]. Water Resources Protetion, 2010, 26(5)：24—28.

[6]陆永军，张华庆.平面二维河床变形的数值模拟.水动力学研究与发展，A辑，1993,8(3).

[7]Papantions DE and Athanassiadias NA. International J. for Numerical Methods in Fluids,1985(5)

[8]李义天，谢鉴衡.冲击平原河流平面流动的数值模拟，水利学报，1986.11.

[9]李健.河道采砂影响的数值模拟研究[D]，长江科学院，2008.

[10]王秀红，曹民雄，马爱兴，等.乌江沙陀电站变动回水区航道整治二维水流数学模型研究[J]，水运工程，2012, (11):156-160.（Wang Xiuhong, Cao Minxiong, Ma Aixing, Cai Guozheng, Fluctuating backwater area waterway regulation of Wujiang Shatuo hydropower station by 2D mathematical model. Port & Waterway Engineering,2012）.

[11]张鹏，胡江.三峡库区急流滩代表船舶自航上滩水力指标研究[J].重庆交通大学学报:自然科学版，2012，(4):877-880.

Effects of the first moraine dam with different angles on navigation condition in complex Beach navigable river

LIU Hai-ting , FU Xu-hui，SONG Dan-dan, GONG Ming-zheng, LIU Xia-yi

(1. Key Laboratory of Hydraulic and Waterway Engineering of the Ministry of Education, Chongqing Jiaotong University, Chongqing 400074,China 2.National Engineering Research Center for Inland Waterway Regulation, Chongqing Jiaotong University, Chongqing 400074, China)

(2.

Abstract：As the the bedrock and the gravel bed **of** the upper reaches of the Yangtze River, whose the common complex boundary is the core, the beach, the shoal and the river reach and so on.With the needs of the actual project and waterway regulation, there always exists a sandpit, excavation of navigation channel, the construction of the moraine dam and other ways to change the local river boundary. Take Zhan Qizi which is a complex condition of river in the three dam of moraine river , near to the right bank of the Yangtze river,as an example, is the overall bending of the river, the upstream adjacent to large and medium-sized dam beach, downstream of the right is inflow of Qijiang. the complex condition of river. Under the superimposition action of bend circulation and beach flip, heart beach shunt and inflow of anabranches, the flow condition is complex, the change of channel conditions of flow structure and the influence of riverbed evolution trend is difficult to predict. This article through the establishment of the right to 0 °, 5 °, 10 ° the first moraine diver -sion dam mathematical model, analysis showed that 0 ° moraine dam caused by water level indicates the high growth speed and diversion ratio changes are smaller, less influence on shoals of moraine son; 5 ° moraine dam on the optimization of the main grooves split ratio an water-ways navigable depth and flow rate is more pronounced,　navigation effect is better ; 10 ° moraine dam to improve navigation conditions on the main grooves obviously, a large change in the flow field, causing significant river changes. Provide a reference for the upper reaches of the Yangtze River navigation channel regulation of complex engineering design and research.

Key words :2-D mathematical model, Complex diara river, The head moraine dam , flow condition ,navigation conditions

引航道与泄洪河道交汇区安全通航研究

吴腾，秦杰，丁坚

（河海大学海岸灾害及防护教育部重点实验室，南京，210098，Email: wuteng@hhu.edu.cn）

摘要：船闸引航道与泄洪河道大角度相交时，洪水期易产生较大横向水流和纵向水流，影响船舶的通航安全。本文以成子河河船闸为研究对象，建立平面二维数学模型，采用数学模型研究了修建导流墙条件下引航道与泄洪河道交汇区的横向流速和纵向流速，提出了成子河船闸的安全通航运行条件。该研究成果可为引航道与泄洪河道交汇区安全通航条件的确定提供参考。

关键词：船闸；引航道；数学模型；流速

1 概述

成子河航道位于宿迁市泗阳县境内，航道现状大致呈 NS 走向，南接洪泽湖北侧成子湖，穿过宿迁市泗阳县境内，北端在废黄河南堤外，与废黄河、中运河不沟通，末端距离老徐淮公路距离约为 300m，与废黄河约呈 90° 交角。成子河船闸建设规模为 18m×180m×4.0m（口门宽×闸室长×门槛水深）。成子河船闸工程分为主体工程和配套工程，主体工程包括：上、下闸首，闸室，上、下游导航段，上、下游靠泊建筑物，锚地、公路桥、闸区工作桥、房屋建筑工程，闸阀门、机电设备制作及安装等；配套工程包括：废黄河节制闸工程、西条堆河地涵工程、上闸首交通桥、省道 325 跨成子河航道桥梁[1]。由于成子河船闸所处位置水系十分复杂，为了满足新建船闸的顺利通航，该工程设计中将废黄河由西向东的流路截断，并设置导流墙，使水流转向南侧。该设计过程中人为改变了废黄河水流流向，洪水期流量大，而现有的泄洪通道被隔断，可能会影响洪水的下泄能力[2]。另一方面，废黄河与成子河船闸下游引航道相交，易产生横向水流，影响船舶的通航能力[3-4]。因此，有必要对交汇区域的安全运行条件进行研究，为成子船闸的良好运行提供依据。

2 模型的建立与验证

2.1 控制方程

水流连续方程：

$$\frac{\partial Z}{\partial t} + \frac{\partial (HU)}{\partial x} + \frac{\partial (HV)}{\partial y} = 0 \tag{1}$$

水流运动方程：

$$\frac{\partial U}{\partial t} + U\frac{\partial U}{\partial x} + V\frac{\partial U}{\partial y} = fV - g\frac{\partial Z}{\partial x} - \frac{\tau_x}{\rho} + \nu_t(\frac{\partial^2 U}{\partial x^2} + \frac{\partial^2 U}{\partial y^2}) \tag{2}$$

$$\frac{\partial V}{\partial t} + U\frac{\partial V}{\partial x} + V\frac{\partial V}{\partial y} = -fU - g\frac{\partial Z}{\partial x} - \frac{\tau_y}{\rho} + \nu_t(\frac{\partial^2 V}{\partial x^2} + \frac{\partial^2 V}{\partial y^2}) \tag{3}$$

式中：U、V 分别为垂线平均流速在 x、y 方向上的分量；Z 为水位；H、ρ 分别为垂线水深和水密度；ν_t 为紊流黏滞性系数；τ_x、τ_y 分别为底部切应力[5]。

2.2 垂线平均流速与表面流速的转换关系

由于平面二维数学模型计算得到的为垂线平均流速，而航道的限制条件为表面流速，故本次研究计算分析两者间的关系。本次分析计算垂线流速分布采用指数型流速分布，计算公式如下：

$$U = (1 + n/n)U_0(y/h)^{1/n} \tag{4}$$

式中，n 为与河流特性相关的常数，一般为 5～9；U_0 为垂线平均流速。当 n 取 5 时，表面流速为断面平均流速的 1.2 倍。

2.3 模型的验证[6]

二维数学模型计算区域如图 1 所示，本次数模计算区域划分为 7962 个网格，网格尺度控制在 0.5m 至 5m 间。由于研究区域实测资料缺乏，本次研究采用 2011 年江苏省水利工程科技咨询有限公司的《成子河船闸工程水文分析报告》中的数据进行验证。表 1 为二维数学模型的验证结果，计算值与实测值较为接近，模型能反映实际水流变化。

3 引航道与泄洪河道交汇区安全通航条件

3.1 计算条件

横向流速是航道安全通航的重要指标，为减小交汇区的横向流速，在交汇区上游设置导流墙，图 1 为导流墙布置及数模计算取点的位置图。当下游水位为最低通航水位时，不同来流条件下横向流速最为不利，为确定成子河船闸的安全运行条件，选取最不利的水流条件进行计算分析，表 2 为计算条件。表中上游来流量范围为 100~194 m^3/s，模型边界水位为最低通航水位 11.5m，成子河船闸泄流量采用阀门最大下泄的峰值流量 69.5 m^3/s。

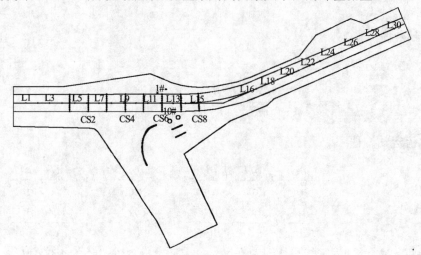

图 1　计算区域示意图及流速点

表 1　数学模型验证

验证工况	湖口水位/m	模型下游边界水位/m	流量/(m³/s)	排水标准	流速/(m/s)	数模计算航道断面平均流速/(m/s)
1	11.5	13.92	308	20 年一遇	1.10	1.01
2	14.5	15.11	308	20 年一遇	0.83	0.87
3	16.0	16.28	308	20 年一遇	0.63	0.65
4	11.5	13.23	206	10 年一遇	0.89	0.81
5	12.5	13.54	206	10 年一遇	0.83	0.78
6	16.0	16.16	206	10 年一遇	0.43	0.41

表 2　航道安全运行研究计算条件

工况	节制闸下泄流量/（m³/s）	模型边界水位/m	成子河船闸最大泄流量/（m³/s）	备注
1	100	11.5	69.5	
2	120	11.5	69.5	10 年遇流量
3	140	11.5	69.5	
4	160	11.5	69.5	
5	180	11.5	69.5	
6	194	11.5	69.5	20 年流量

3.2 横向流速

根据数模计算可知，CS6 断面航道右侧横向表面流速最大，主要是该区域处于成子河船闸引航道与废黄河交汇区，节制闸的下泄流量直接顶冲该区域，故横向流速较大。由于交汇区上游修建了导流墙，横向流速减小较多。表 3 为工况 1~工况 6 数模计算取点的横向流速和纵向流速，其中工况 1 至工况 6 该断面最大横向表面流速分别为 0.185m/s、0.206 m/s、0.225 m/s、0.240 m/s、0.254 m/s、0.263 m/s，均小于 0.3 m/s，能满足航道的横向水流条件。

表 3　CS6 断面横向流速

工况	流量 /(m³/s)	测点表面流速/(m/s)									
		1	2	3	4	5	6	7	8	9	10
1	100	0.001	0.006	0.019	0.043	0.069	0.094	0.117	0.14	0.163	0.185
2	120	0.001	0.008	0.022	0.049	0.077	0.104	0.13	0.155	0.181	0.206
3	140	0.001	0.009	0.026	0.054	0.085	0.114	0.142	0.169	0.197	0.225
4	160	-0.001	0.005	0.025	0.057	0.091	0.122	0.151	0.18	0.21	0.24
5	180	-0.002	0.004	0.027	0.061	0.097	0.129	0.16	0.19	0.222	0.254
6	194	-0.002	0.003	0.028	0.063	0.1	0.133	0.165	0.196	0.23	0.263

3.3 纵向表面流速

表 4 为不同条件下成子河船闸引航道内沿航道方向纵向流速分布，表中共选取了 30 个测点，其中点 L1~L15 为交汇口上游断面，L16~L30 为交汇口下游断面。表 4 中纵向流速的变化规律为：上游断面纵向流速小于下游断面；上游来流量大则纵向流速大，反之则小；最大表面纵向流出现在 L21 点。产生该变化规律的主要原因为：交汇口门处，水域面积较大，废黄河来流进入该区域，流速降低迅速；在交汇口下游，由于河道缩窄，流量和水深变化不大的条件下纵向流速增大迅速。根据计算的 6 组流量分析，当上游来流量大于 120 m³/s（10 年一遇洪水）时，航道内的纵向流速难以满足通航运行要求，当来流量小于 120 m³/s 时，航道内纵向流速小于 2m/s，可以满足通航要求。故安全通航的流量不能大于 120 m³/s。

此外，由于 L1~L4 处于成子河船闸的制动段和停泊段，该区域航道内的纵向水流需不大于 0.5m/s。当节制闸下泄洪水 100m³/s 和 120 m³/s 时该区域最大纵向流速均大于 0.5m/s，不利于通航。事实上，成子河船闸开阀门泄水时，最大泄流量时间非常短暂，下泄的水量有限，L1~L4 测点的实际纵向表面流速应小于计算值，但为了安全考虑，成子河船闸的开阀门泄水的下泄时间可稍微延长。

4 成子河船闸交汇区流速安全运行条件

表 5 为成子河船闸交汇区流速安全通航条件，表 5 中分别给出了最不利条件下节制闸 6 组典型下泄流量时计算区域横向表面流速和纵向表面流速。由计算结果可知节制闸下泄流量不超过二十年遇洪水（194m³/s）时，交汇口区横向表面流速均小于 0.3m/s，下泄流量不超过十年遇洪水时（120m³/s）纵向流速小于 2.0m/s。综合测点的横向流速和纵向流速，成子河船闸交汇区流速安全运行条件为废黄河节制闸下泄流量不超过十年遇洪水

（120m³/s）。

表4 不同条件下成子河船闸引航道内沿航道方向纵向流速

测点	流速/(m/s)					
	100 m³/s	120 m³/s	140 m³/s	160 m³/s	180 m³/s	194 m³/s
L1	0.5	0.49	0.48	0.47	0.46	0.46
L3	0.52	0.51	0.5	0.49	0.48	0.47
L5	0.47	0.47	0.46	0.45	0.44	0.43
L7	0.42	0.41	0.4	0.39	0.38	0.37
L9	0.35	0.35	0.36	0.38	0.4	0.41
L11	0.45	0.49	0.52	0.55	0.59	0.61
L13	0.72	0.78	0.84	0.89	0.94	0.98
L15	0.92	1	1.09	1.17	1.24	1.29
L17	1.44	1.59	1.74	1.88	2.01	2.1
L19	1.6	1.77	1.94	2.11	2.27	2.39
L21	1.71	1.9	2.09	2.27	2.45	2.58
L23	1.37	1.52	1.68	1.83	1.98	2.08
L25	1.09	1.22	1.34	1.46	1.58	1.66
L27	1.17	1.3	1.43	1.55	1.68	1.77
L29	1.41	1.58	1.74	1.9	2.06	2.17

表5 成子河船闸交汇区流速安全通航条件

节制闸下泄流量/(m³/s)	下游水位/m	成子河船闸泄流量/（m³/s）	横向最大表面流速/(m/s)	纵向最大表面流速/(m/s)	是否满足通航要求
100	11.5	69.5	0.185	1.71	满足
120	11.5	69.5	0.206	1.90	满足
140	11.5	69.5	0.225	2.09	不满足
160	11.5	69.5	0.240	2.27	不满足
180	11.5	69.5	0.254	2.45	不满足
194	11.5	69.5	0.263	2.58	不满足

5 结论

（1）验证计算表明本文选择的计算模式、计算范围和设置的边界条件是合理的，确定的计算参数是合适的，所建模型可用于成子河船闸的模拟。

（2）节制闸下泄流量不超过二十年遇洪水时，交汇口区横向表面流速均小于 0.3m/s，下泄流量不超过十年遇洪水时纵向流速小于 2.0m/s。综合测点的横向流速和纵向流速，成子河船闸交汇区流速安全运行条件为废黄河节制闸下泄流量不超过十年遇洪水。

（3）成子河船闸的制动段和停泊段（点 L1~ L4），当节制闸下泄洪水 100m³/s 和 120 m³/s 时该区域最大纵向流速处于 0.5m/s 附近，不利于通航，基于安全考虑，成子河船闸的开阀门泄水的下泄时间可稍微延长。

致谢

本文得到江苏省交通科学研究计划项目；重庆交通大学国家内河航道整治工程技术研究中心暨水利水运工程教育部重点实验室开放基金项目(SLK2013A01)；国家自然科学基金（51309084）资助。

参考文献

1 江苏省水利工程科技咨询有限公司. 成子河船闸工程水文分析报告[R]. 2011

2 吴腾, 徐金环, 陶桂兰, 等. 贺江下游航道优化开发等级研究[J]. 水运工程,2014,4:106-110.

3 章海远, 须清华. 分散式船闸输水系统惯性超高的探讨[J].水运工程, 1994(1):28- 30.

4 周华兴. 三峡电站日调节对船闸引航道运转条件影响[J]. 水道港口, 2005(1):36- 40.

5 Teng WU, XiuXia LI. Vertical 2-D mathematical model of sediment silting in dredged channel. Journal of Hydrodynamics. 2010, 22(5), supplement: 628-632.

6 丁坚. 成子河船闸引航道与泄洪河道交汇区域的流态特性及航道安全措施研究[R]. 河海大学. 2015

Navigation safety in the intersection area of approach channel and flood discharge channel

WU Teng   QIN Jie   DING Jian

(Key Laboratory of Coastal Disaster and Defence, Ministry of education, Hohai University, Nanjing 210098. Email: wuteng@hhu.edu.cn）

Abstract: When the intersection angle between approach channel and flood discharge channel is large, the transverse velocity is usual quiet large which is the disadvantage of the navigation safety. In the paper, 2D-mathematical model on Chengzi River ship lock is established. By the model the flow pattern in the intersection area of approach channel and flood discharge channel is simulated, and the safety navigation operation conditions is proposed. The results of the study can provide reference for the determination navigation safety condition in the intersection area of approach channel and flood discharge channel.

Key words: ship lock; approach channel; mathematical model; velocity of flow.

管流与明渠层流的总流机械能方程
及机械能损失计算

薛娇，刘士和

(1 武汉大学水利水电学院，武汉，430072，Email: Shihe3086@163.com)

摘要：管流与明渠流同属流体力学中的内流，其总流机械能方程在水力学中称为能量方程。我们曾直接从黏性不可压缩流体运动的控制方程出发，经过推导，分别得到了管流及明渠流的总流机械能方程，在此基础上，将管流及明渠流在层流条件下的总流机械能方程进行了统一，并分别计算了管流（圆管、不同长短半轴比的椭圆管、不宽深比的矩形管）及明渠（不同宽深比明渠）在层流条件下的机械能损失系数。结果表明，在同一雷诺数条件下，圆管层流的机械能损失系数比椭圆管层流及较大宽深比的矩形明渠层流的机械能损失系数要小。

关键词：管流；明渠流；层流；机械能损失

1 概述

管流与明渠流同属于流体力学领域中的内流，其总流机械能方程在水力学中称为能量方程[1]。在水力学中，该方程是以重力场中理想不可压缩流体恒定流沿流线的伯努利方程为基础，通过修正来得到的，属半经验理论。从水动力学的角度来看，由此得到的总流能量方程在推导过程中简化较多；无法直接给出机械能转化与损失（统称为机械能损失）的表达式。在工程实际中，机械能损失的确定也是人们十分关注的问题，在以往水力学的研究中，人们将其分为沿程损失与局部损失两类分别计算。自著名的尼古拉兹实验[1]以来，人们对管流和明渠流的机械能损失进行了大量的研究，积累了丰硕的成果。Colebrook[2]对不同粗糙方式的管道阻力系数进行了实验研究，并与已有研究成果进行了比较。McKEON等[3]对充分发展管流的阻力系数进行了实验研究，得出了统一的阻力系数关系式，其也与已有成果吻合较好。蔡克瑞大[1]对人工粗糙明渠进行了实验研究，得出了粗糙明渠中阻力系数与雷诺数的关系。Shu-Qing Yang 等[4]运用一种改进的方法对壁面粗糙的明渠及管道沿程水头损失系数进行了研究，并运用尼古拉兹的实验结果对所得结果与进行了验证。以上成果多通过实验研究或辅之以理论分析来确定机械能损失系数。有鉴于此，我们曾直接从粘性不可压缩流体运动的控制方程出发，经过理论分析，分别得到了管流及明渠恒定流的总流机械能方程[5-6]，本文在此基础上，将对管流及明渠流在层流条件下的总流机械能方程进行统一，并分别对圆管层流、椭圆管层流与矩形明渠层流的机械能损失进行计算比较。

2 总流机械能方程

对重力场中均质不可压缩液体的恒定流动，其能量（机械能）方程的微分形式为

$$\frac{\partial}{\partial x_i}\left[\rho u_i\left(gx_3\cos\theta+gx_1\sin\theta+\frac{p}{\rho}+\frac{1}{2}u_ju_j\right)\right]=\frac{\partial\left(\tau_{ij}u_j\right)}{\partial x_i}-\tau_{ij}s_{ij} \tag{1}$$

式中，ρ 为液体密度；u_i、τ_{ij}、s_{ij} 分别表示流速、黏性应力及变形率；本文以 ρF 表示压强 p 与静压强 p_s 的偏差，也即 $p=p_s+\rho F$。下面以式(1)为基础，对图 1 中控制体 V 内均质不可压缩液体在光滑壁面上恒定层流的总流机械能方程进行讨论，图中 θ 表示 x_1 轴与水平方向的夹角。明渠流与管流的区别在于明渠流存在自由表面，因此，控制体 V 的构成如下：在管流中，其由相距为 L 的两渐变流或均匀流断面 A_1、A_2 及内流边界 A_3（固壁 A_3）所构成；在明渠流中其由相距为 L 的两渐变流或均匀流断面 A_1、A_2，内流边界 A_3（固壁 A_{31}、自由面 A_{32}）所构成，以 S 统一表示由 A_1、A_2 与 A_3 所构成的控制体的表面。

在层流条件下，内流边界 A_3 上的运动学边界条件为：①在固壁 A_3 或 A_{31} 上，$u_i=0$；②在自由面 A_{32} 上，$u_in_i=0$，n_i 为液面上沿外法线方向的单位向量。动力学边界条件为：在 A_{32} 上 $\tau_{ij}=0$，也即在其上不存在切应力，且正应力就是大气压强（$p=p_a$）。考虑到一般带有自由面的明渠流具有流速不大、但自由面的曲率半径较大的特点，这样选取自由面上的动力学边界条件是合理的。

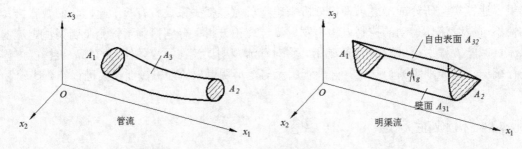

图 1 管流与明渠流示意图

对式(1)在图 1 所示的控制体 V 上积分，利用高斯定理将方程左边的项及右边第一项与第三项中的体积分转化为面积分，得到：

$$\oiint_S \rho\left(gx_3\cos\theta + gx_1\sin\theta + \frac{p_s+\rho F}{\rho} + \frac{1}{2}u_i u_i\right)(u_j n_j)\mathrm{d}A$$
$$= \oiint_S \tau_{ij}\left(u_i n_j\right)\mathrm{d}A - \iiint_V \tau_{ij}s_{ij}\mathrm{d}V \tag{2}$$

定义动能修正系数 α_1、α_2，使得 $\alpha_1 U_1^3 A_1 = -\iint_{A_1} u_i u_i u_j n_j \mathrm{d}A$、$\alpha_2 U_2^3 A_2 = \iint_{A_2} u_i u_i u_j n_j \mathrm{d}A$，

式中 A_1、A_2、U_1 与 U_2 分别表示相应断面上的断面面积及断面平均流速，Q 为流量，利

用恒定流的连续方程 $Q = \iint_{A_2} u_i n_i \mathrm{d}A = -\iint_{A_1} u_i n_i \mathrm{d}A$ 对式(2)中各项分别进行计算，得到

（1） $$\oiint_S\left(gx_3\cos\theta - gx_1\sin\theta + \frac{p_s}{\rho}\right)(\rho u_i n_i)\mathrm{d}A = \rho g Q(z_2 + \frac{p_{s2}}{\rho} - z_1 - \frac{p_{s1}}{\rho})$$

（2） $$\oiint_S \rho u_i u_j u_j n_i \mathrm{d}A = \rho Q\left(\alpha_2 U_2^2 - \alpha_1 U_1^2\right)$$

如进一步定义

$$\rho g Q h_w = \iiint_V \tau_{ij}s_{ij}\mathrm{d}V = \iiint_V 2\mu s_{ij}s_{ij}\mathrm{d}V \tag{3a}$$

$$\rho g Q h_{T1} = -\iint_{A_1}\left[\left(p - p_s\right)u_i - \tau_{ij}u_j\right]n_i\mathrm{d}A \tag{3b}$$

$$\rho g Q h_{T2} = \iint_{A_2} \left[(p - p_s) u_i - \tau_{ij} u_j \right] n_i \mathrm{d}A \tag{3c}$$

则可将式(2)简化为

$$z_1 + \frac{p_{s1}}{\rho g} + h_{T1} + \frac{\alpha_1 U_1^2}{2g} = z_2 + \frac{p_{s2}}{\rho g} + h_{T2} + \frac{\alpha_2 U_2^2}{2g} + h_w \tag{4}$$

式(4)即为层流条件下的总流机械能方程。式中 z、p_s 分别表示相应断面上的某点距离基准面（水平面）的垂向距离及相应的静压强；h_T 表示相应断面上单位时间单位重量的运动液体与静止液体因表面力不同而形成的势能差，我们将其简称为动静液体表面力势能差；下标1、2分别表示相应于断面 A_1、A_2 的值；h_w 为断面 A_1 与 A_2 之间单位时间单位重量液体的机械能损失。在层流条件下，由式(3a)与式(4)可知：①总流机械能损失项总是大于零的；②如将断面上单位时间单位重量液体的总流机械能定义为 $z + \dfrac{p_s}{\rho g} + h_T + \dfrac{\alpha U^2}{2g}$，也即重力势能 z、表面力势能（由静压势能 $\dfrac{p_s}{\rho g}$ 与动静液体表面力势能差 h_T 两部分构成）及动能 $\dfrac{\alpha U^2}{2g}$ 之和，则流动总是从总流机械能高的地方流向总流机械能低的地方。此外，如果两断面 A_1 与 A_2 形状、尺寸完全相同，其间的流动为均匀流，则有 $h_{T1} = h_{T2}$，而单位时间单位重量液体的机械能损失则为

$$h_w = \frac{1}{\rho g Q} \iiint_V \tau_{ij} s_{ij} \mathrm{d}V = \frac{\nu}{2gQ} \iiint_V \left(\frac{\partial u_i}{\partial x_j} + \frac{\partial u_j}{\partial x_i} \right) \left(\frac{\partial u_i}{\partial x_j} + \frac{\partial u_j}{\partial x_i} \right) \mathrm{d}V$$

$$= \frac{\nu L}{2gQ} \iint_{A_1} \left(\frac{\partial u_i}{\partial x_j} + \frac{\partial u_j}{\partial x_i} \right) \left(\frac{\partial u_i}{\partial x_j} + \frac{\partial u_j}{\partial x_i} \right) \mathrm{d}A \tag{5}$$

定义机械能损失系数 λ 为

$$h_w = \lambda \frac{L}{4R} \frac{U_1^2}{2g} \tag{6}$$

式(6)中 R 为水力半径，则由式(5)有

$$\lambda = \frac{4}{\mathrm{Re}_R}\frac{R^2}{A_1 U_1^2}\iint_{A_1}\left(\frac{\partial u_i}{\partial x_j}+\frac{\partial u_j}{\partial x_i}\right)\left(\frac{\partial u_i}{\partial x_j}+\frac{\partial u_j}{\partial x_i}\right)dA \tag{7}$$

式(7)中 $\mathrm{Re}_R = \dfrac{U_1 R}{\nu}$ 为以水力半径为特征长度的雷诺数。

3 层流条件下的总流机械能损失计算分析

3.1 圆管层流的机械能损失系数

对长直圆管中的层流运动，纵向流速 u_1 仅随径向 r 变化，且为[7]

$$u_1 = C\left[\left(0.5d\right)^2 - r^2\right] \tag{8}$$

式中 d 为圆管直径，C 为与 r 无关，但与纵向压强梯度有关的常量。将式(8)代入式(7)，经简化，最后得到

$$\lambda = \frac{16}{Re_R} = \frac{64}{Re_d} \tag{9}$$

式(9)中 $Re_d = \dfrac{U_1 d}{\nu}$ 为以圆管直径为特征长度的雷诺数，该式与水力学中圆管层流条件下的达西—威斯巴赫公式完全一致[1]。

3.2 椭圆管层流的机械能损失系数

对长直椭圆管中的层流运动，纵向流速 u_1 为[7]

$$u_1 = 2C\frac{a^2 b^2}{a^2 + b^2}\left(1 - \frac{x_2^2}{a^2} - \frac{x_3^2}{b^2}\right) \tag{10}$$

式中 a、b 分别为椭圆的长半轴和短半轴，将式(10)代入式(7)，经简化，最后得到

$$\lambda = \frac{16}{Re_R} \frac{1+\eta^2}{\sqrt{\eta}(1+\eta)} \frac{64 - 16\left(\dfrac{1-\eta}{1+\eta}\right)^2}{64 - 3\left(\dfrac{1-\eta}{1+\eta}\right)^4} \tag{11}$$

式(11)中 $\eta = b/a$ 为椭圆管长短轴之比；并已对椭圆积分进行了近似计算。

3.3 矩形明渠层流的机械能损失系数

对宽度为 B、深度为 H 的矩形断面明渠中处于层流状态的恒定均匀流，仅存在沿纵向的流速 u_1，对 N-S 方程进行简化，得到：

$$\nu\left(\frac{\partial^2 u_1}{\partial x_2^2} + \frac{\partial^2 u_1}{\partial x_3^2}\right) = -g\sin\theta \tag{12}$$

相应的边界条件为： $u_1\big|_{x_2=\pm 0.5B} = 0$ ； $u_1\big|_{x_3=0} = 0$ ； $\dfrac{\partial u_1}{\partial x_3}\bigg|_{x_3=H} = 0$ 。式中 x_2、x_3 分别表示横向及垂向坐标；θ 为明渠底坡与水平面的夹角。对式(12)采用分离变量法进行求解，我们得到[6]

$$u_1 = \frac{g\sin\theta}{2\nu}\left\{ x_3\left(2H - x_3\right) - \frac{32H^2}{\pi^3}\sum_{m=0}^{\infty} \frac{\sin\left[\left(m+\dfrac{1}{2}\right)\dfrac{\pi x_3}{H}\right]}{(2m+1)^3} \frac{\cosh\left[\pi\left(m+\dfrac{1}{2}\right)\dfrac{x_2}{H}\right]}{\cosh\left[\dfrac{\pi}{2}\left(m+\dfrac{1}{2}\right)\dfrac{B}{H}\right]} \right\} \tag{13}$$

将式(13)代入式(7)，进一步得到

$$\lambda = \frac{24}{Re_R} f\left(\frac{B}{H}\right) \tag{14}$$

式中 $f\left(\dfrac{B}{H}\right)$ 为反映矩形明渠宽深比 $\dfrac{B}{H}$ 对机械能损失系数影响的修正函数，且有

$$f\left(\frac{B}{H}\right) = \frac{1}{\left(1 + 2\dfrac{H}{B}\right)^2} \frac{1}{1 - \dfrac{384}{\pi^5}\dfrac{H}{B}\displaystyle\sum_{m=0}^{\infty}\dfrac{1}{(2m+1)^5}\tanh\left[\dfrac{\pi}{2}\left(m+\dfrac{1}{2}\right)\dfrac{B}{H}\right]} \tag{15}$$

3.4 计算成果分析

图 2 与图 3 分别给出了圆管层流、椭圆管层流与明渠层流的机械能损失系数随雷诺数的变化。由图可知：①在给定长短轴比的椭圆管与给定的宽深比的矩形明渠中，在以水力半径为特征长度的同一雷诺数下，圆管层流的机械能损失系数比椭圆管层流及矩形明渠层流（宽深比大于 5）的机械能损失系数要小；②椭圆管层流的机械能损失系数随长短轴之比的增大而增大，而矩形明渠层流的机械能损失系数则随宽深比的增大而增大。

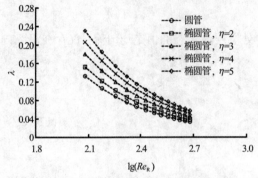

图 2 圆管与椭圆管层流的机械能损失系数

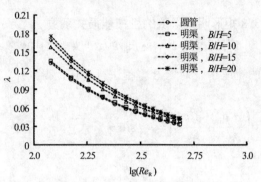

图 3 圆管与明渠层流的机械能损失系数

4 结论

本文通过理论分析，得到了如下成果：

(1) 采用水力半径来统一表述管流与明渠流的几何特征，得到了层流条件下管流与明渠流统一的恒定总流机械能方程与机械能损失系数表达式；

(2) 分别对圆管层流、不同长短轴比的椭圆管层流以及不同宽深比的矩形明渠层流的机械能损失系数进行了计算，结果表明：虽然椭圆管层流的机械能损失系数随着长短轴之比的增大而增大，矩形明渠层流的机械能损失系数随着宽深比的增大而增大，但在以水力半径为特征长度的同一雷诺数条件下，圆管层流的机械能损失系数比椭圆管层流及较大宽深比的矩形明渠层流的机械能损失系数要小。

参 考 文 献

1 武汉水利电力学院. 水力学[M], 北京: 水利电力出版社, 1960.

2 Colebrook C F, White C M. Experiments with Fluid Friction in Roughened Pipes. Proceedings of the Royal Society of London, Series A, Mathematical and Physical Sciences, 1937, 161(906): 367-381.

3 Mckeon B J, Zagarola M V, Smits A J. A new friction factor relationship for fully developed pipe flow.

Journal of Fluid Mechanics, 2005, 538: 429-443.

4 Yang S Q, Han Y, Dharmasiri N. Flow resistance over fixed roughness elements. Journal of Hydraulic Research, 2011, 49(2): 257-262.

5 Liu S H, Xue J, Fan M. The calculation of mechanical energy loss for incompressible steady pipe flow of homogeneous fluid. Journal of Hydrodynamics, Ser.B, 2013, 25(6):912-918.

6 Liu S H, Fan M, Xue J. The mechanical energy equation for total flow in open channels. Journal of Hydrodynamics, Ser.B, 2014, 26(3): 416–423.

7 张长高. 水动力学. 北京: 高等教育出版社, 1993.

The mechanical energy equation and the calculation of mechanical energy loss for total laminar flow in pipes and open channels

XUE Jiao, LIU Shi-he

(School of Water Resources and Hydropower Engineering, Wuhan University, Wuhan, 430072.
Email: Shihe3086@163.com;)

Abstract: Pipe flow and channel flow is internal flow in fluid mechanics. The mechanical energy equation is called energy equation in hydraulics. The energy equations for laminar pipe flow and laminar channel flow were deduced from the N-S equation in fluid mechanics respectively. The unified energy equation for total laminar flow in pipes and open channels is obtained and the mechanical energy losses are compared based on the existing results. The mechanical energy losses of laminar pipe flow (circular tube, oval tube with different semi-axes ratios and rectangular tube with different width-depth ratios) and laminar channel flow (open channel with different width-depth ratios) are calculated in this paper. The results show that the mechanical energy loss of circular tube is less than those of oval tube and open channel when the Reynolds numbers are equal.

Key words: pipe flow; channel flow; laminar flow; mechanical energy loss.

Study on migration model of fine particles in base soil under the seepage force based on pore network analysis

ZHAN Mei-li[1], WEI Yuan[1], HUANG Qing-fu[2], SHENG Jin-chang[1]

[1] College of Water Conservancy and Hydropower Engineering, Hohai University, Nanjing 210098; China;

[2] Kunming Engineering Corporation Limited, Kunming 650041, China)

E-mail: zhanmeili@sina.com   Phone number: 86-13951024729

Abstract: Seepage failure is one of the most critical patterns leading to the failure of dams. It is closely related to the safety and economic benefits of the dams. Piping is a typical seepage failures and it may cause great dangers. In the evolution of piping, the migration of fine particles is determined by seepage force and pore network. The seepage force determines the critical size of fine particle migrating, while the pore network controls the probability of fine particles washed out of soils. Using Particle Flow Code based on discrete element method, the migration model of fine particle in base soil under the seepage force is established with pore network analysis. The model is validated by two numerical examples. It indicates that that the pore network has a great influence of the migration of fine particles. With the increase of porosity, on the one hand, it will cause the increase of soil permeability which will decrease the hydraulic gradient needed to break the equilibrium state of fine particles; on the other hand, it will cause the increase of throat size of skeleton particles which will increase the erosion probability of fine particles. The two aspects both cause the decrease of critical hydraulic gradient due to the increase of porosity.

Key words: pore network, hydraulic gradient, particle migration, probability of fine particle erosion

1 Introduction

Seepage failure is one of the most significant issues in hydraulic structures, which is closely related to the safety and economic benefits. According to the Dam Construction of the World statistics, more than 40 percent of dam wrecking happened due to seepage force[1, 2]. Piping is a typical form of seepage failures and commonly happens in cohesionless soils. When fine particles migrate or are washed out from the pores among large particles, piping occurs. Detailed description of the piping evolution is provided by Van Zyl [3].

Experiments carried out by Kenney[4]、Skempton[5] reveal that soil and water are always interacting during the evolution of piping. With further researches on the mechanism of piping,

The supports of Natural Science Foundation of China under project No. 51474204 and the Fundamental Research Funds for the Central Universities under Grant No.2014B37114.

Bibliography: ZHAN Mei-li(1959-), male, the Han nationality, native place: Jiangxi soil's stress state during the piping evolution have caused great concern of a great number of scholars. Moffat、Fannin[6,7]、Richards[8, 9]、Xiao[10]、Chang[11] and Luo Y[12] investigated the law of the piping evolution by triaxial experiments.

The reported studies show that piping is a complicated process of soil-water interactions. Generally, present studies on piping are mainly focusing on two issues, seepage force on the particles and migration/wash-out of fine particles. Most researches are based on a unit of soil rather than single particle or the influences of surrounding particles are ignored during force analysis of single particle. Not all particles with weight less than the seepage force can be washed out of soil. The seepage force determines the critical size of fine particle migrating, while the pore network controls the probability of fine particles washed out of soils.

A new model for fine particle migration induced by seepage was established in this paper, which combine seepage analysis with the proposed method to analyze the internal stability. The critical size of particles, whose equilibrium state is broken due to seepage force, is calculated from the permeability of gap-graded soil and the formula of seepage force. By comparing the critical size and pore network of skeleton particles, loss percentages of fine particles and permeability of the sample with fine particles washed out can be investigated.

2 Basic hypotheses

(1) Soil permeability, permeability and graduation all obey Ergun equations [13 ,14].

(2) Seepage flow vertically upward, hence the seepage forces imposed on particles include static uplift force F^b and drag force F^d [15,16].

(3) Analyze the critical state of fine particles by ignoring the stress state and inter-particle friction resistance. As long as the total seepage force is bigger than its own gravity, the particles will migrate [16].

3 Model developments

By analyzing self-weight and the seepage force of soil particles under a certain hydraulic gradient, we can obtain the critical size. By comparing and analyzing the migratory particle size and the pore channel of skeleton particles, we get the particle loss ratio. With the loss of particles, the soil permeability will change, leading to the variation of the critical size corresponding to the critical hydraulic gradient and further wash-out of particles. Until no particles are washed out, the stable state under the hydraulic gradient is achieved. Through the analysis of the change of soil permeability and the situation of particle erosion under different hydraulic gradient, the soil stability is evaluated.

Steps of analysis in this model are as follows:

(1) Obtain the relationship between soil permeability, grain distribution and porosity. We inverse parameters, α and β, by using seepage velocity and hydraulic gradient from experimental data and Eq. (1)

(2) Hydraulic gradient i_0 is known,

a. Calculate soil porosity n and representative particle size d_{10}, substitute them into Eq. (1) and (2) and obtain seepage velocity u and the pore velocity u_f [17].

$$J = 180\alpha\frac{(1-n)^2 v}{gn^3 d^2}u + \frac{3\beta(1-n)}{4gn^3 d}u^2 \quad (1)$$

$$u = nu_f \quad (2)$$

Where α and β are fitting parameters, u is seepage velocity, u_f is the pore velocity and v is viscosity of groundwater movement.

b. Calculate the critical size d_{crit} using Eq. (3) and (4). The particles equal to or less than d_{crit} are regarded as migratory.

$$F^d + F^b = G \quad (3)$$

$$\frac{1}{8}\psi C_d \rho_w \pi d_{crit}^2 \left(u_f - u_p\right)n^{1-\chi} + \frac{1}{6}\pi\rho_w\pi d_{crit}^2 g = \frac{1}{6}\pi\rho_s\pi d_{crit}^3 g \quad (4)$$

c. Calculate the probability of fine particle erosion using the proposed method in the above section, remove the migratory particles according to the loss probability.

d. If steps (3) exist the loss of particles and particle cumulative loss ratio of two adjacent calculated are different more than 0.00001%, then that would affect its porosity and equivalent pore diameter, proceed to step (1) to continue the hydraulic gradient calculation under; without loss of particles, or particle cumulative loss ratio of two adjacent calculated are different less than 0.00001% ,is considered the impact to the soil porosity and equivalent pore diameter is negligible .Then can go to the next hydraulic gradient calculation.

The graded soil in the literature [18] (corresponding to particle size distribution C, grain distribution curve shown in Figure 1 are adopted to verify the model. The soil seepage direction height is 50mm. The graded soil adopted in this paper was named K-graded soil. Using experimental data and Eq. (4), we inverse the grain distribution and influence factor of particle size. ψ By numerical simulations and comparisons between simulated results and the experimental data, the correctness and feasibility of the model are verified.

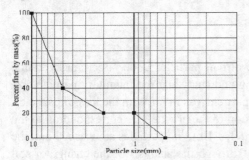

Fig.1 Soil grain distribution curve

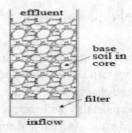

Fig. 2 Experimental model

4 Inversion of the model parameters- soil samples K1

4.1 The permeability

Experimental schematic plot is shown as Figure 2. The experimental soil is the mix of coarse quartz sand and fine quartz sand. The particle size range of coarse quartz sand is 2~10mm, while the range of fine quartz sand is 0.5mm ~ 1.0mm. For the soil core sample K1, the density is 2.84g / cm^3 [18], the porosity is 0.306 and the representative size d_{10} is 0.7mm.

Substituting experimental data including the hydraulic gradient and velocity into Eq. (1), we obtain Ergun equation parameters $\alpha = 1.154, \beta = 6.641$ with the correlation index of 0.99 shown in Figure 3. When the hydraulic gradient experiments reached 2.553, it is believed the sample was destructed and 2.533 was regarded as the critical hydraulic gradient, which is larger than the common one in engineering projects. It is because the smallest particle size of the experimental soil was 0.5mm, while the smallest one in engineering projects is generally less than 0.075mm.

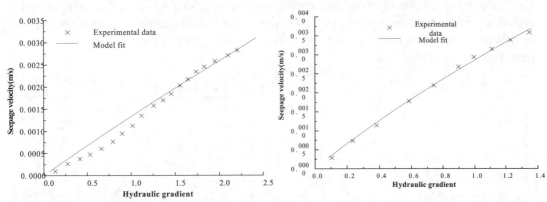

Fig. 3 Comparison of analytical model-K1 with empirical   Fig. 4 Comparison of analytical model-K2 with empirical

4.2 Analyze the internal stability

Table 1 shows throat diameter and the corresponding cumulative probability values at each critical size, and the value of the average distance between the cavities at each critical size.

Table 1 The diameter of the throat and the corresponding cumulative probability value and the average distance between the cavities in different critical size-K1

Critical size /mm	Throat diameter and corresponding cumulative probability value						The average distance between
	0.5mm	0.6mm	0.7mm	0.8mm	0.9mm	1.0mm	
0.6	89.90%	95.60%	-	-	-	-	1.28
0.7	78.40%	88.00%	94.20%	-	-	-	1.56
0.8	55.80%	66.90%	79.60%	88.50%	-	-	2.03
0.9	26.60%	35.80%	46.10%	59.60%	70.10%	-	2.74
1	0.00%	0.40%	1.55%	4.10%	7.53%	12.90%	4.92

As we can see from Tables 1, both the size of the pore channel and the average distance between the cavities become larger with the increase of critical size, especially when the critical size is 1mm. The cumulative probability corresponding to the throat diameter of 1.0mm is only 12.9%, while the probability corresponding to 0.5mm is almost 0%, because of the lack of soil particle size is 1.0 ~ 2.0mm. For gap-graded soil, lack of grade has great impacts on the pore network.

Table 2 Probability of fine particle erosion in different critical size-K1

Critical size /mm	Probability of particles erosion in different group /%					Probability of erosion /%	porosity of erosion	d_{10} of erosion /mm
	0.5~0.6	0.6~0.7	0.7~0.8	0.8~0.9	0.9~1.0			
0.6	0.200	-	-	-	-	0.010	0.306	0.700
0.7	0.631	0.305	-	-	-	0.047	0.306	0.701
0.8	2.625	1.522	0.791	-	-	0.234	0.308	0.706
0.9	12.236	8.011	4.956	3.011	-	1.278	0.315	0.727
1.0	98.907	94.791	85.708	72.998	57.972	16.909	0.423	2.046

Table 2 shows the erosion probability of fine particle corresponding to the different critical size, the porosity and the representative particle size d_{10} of eroded soil core. The cumulative loss probability of the particles become larger as well as the porosity and d_{10}, with the critical size increasing. Figure 5 shows the ratio between cumulative migratory particles and total fine particles with the critical size.

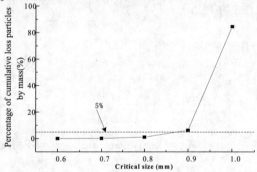

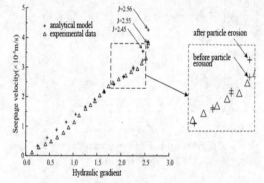

Fig. 5 Cumulative mass of wash out particle accounting for the mass of fine particles-K1

Fig. 6 The variation of seepage velocity with the hydraulic-K1 gradient

From table 2 and Fig. 5, it is observed that the pore network of 0.6 ~ 10.0mm effectively limited the migration of particles with size range of 0.5 ~ 0.6mm. This indicates that fine particles are scarcely possible to be washed out (even if the seepage force is sufficient to make the particles smaller than 0.6mm to migrate), as long as particles larger than 0.6mm cannot move. As shown in Fig. 5, when the critical size reaches 0.87mm, the cumulative loss ratio is greater than 5%. It is judged that the soil is non-stabilized with the hypotheses in section 2 and namely piping-typed.

4.3 Fine particle migration induced by seepage

The trial computation of the impact factor on the shape and grain distribution, ψ, shows that the analytical model is in good agreement with the experimental results when $\psi = 0.80$. Therefore, we investigated the fine particle migration of the soil with ψ of 0.80, as follows.

The variation trend of the seepage velocity with the hydraulic gradient is shown in Fig.6 and the changes of the cumulative loss ratio and the porosity with the hydraulic gradient are given Fig.7-8, respectively.

Table 3 shows the changes in the seepage velocity, the critical size, cumulative loss ratio, porosity and d_{10} under different hydraulic gradients. As can be seen from Table 4(due to limited space will not list all) and Fig. 6-8, the seepage velocity varies with the hydraulic gradient and the piping process can be divided into four stages:

(1) "No particle being washed out". When the range of the hydraulic gradient is 0.25~1.25, the critical size is less than 0.5mm and no particle is washed out.

(2) "Very few fine particles being washed out; little influence on soil permeability" . When the hydraulic gradient varies from 1.45 to 2.25, the critical size increases from 0.537mm to 0.800mm and the corresponding cumulative loss ratio increases from 0.009% to 0.234% and there was little influence on soil permeability.

(3) "Few fine particles being washed out; significant impacts on soil permeability". When the hydraulic gradient reaches 2.45, it was calculated that the critical size is 0.865mm, the cumulative loss ratio is 0.908% (the mass of wash out particle accounting for the mass of 0.5 ~1.0mm particles about 4.54%). The soil permeability at this time is extremely influenced as shown in Fig. 5.

(4) "Fine particles loss continuing; size of migratory particles and the seepage velocity increasing ". When the hydraulic gradient reached 2.56, the initial critical size was 0.900mm. The porosity and d_{10} increased with the loss of particles, leading to the increase of seepage velocity and critical size. When the soil comes to a steady state and the simulation ends, the critical size is1.487mm, the cumulative loss ratiois 16.901% (the mass of wash out particle accounting for the mass of 0.5 ~1.0mm particles about 84.5%), porosity is 0.423 and d_{10} is 3.770mm.

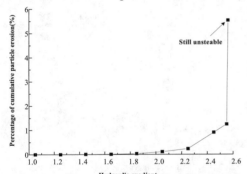

Figure 7 Changes in the cumulative loss ratio with the hydraulic gradient-K1

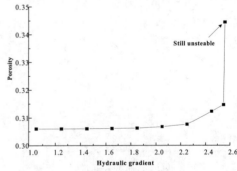

Figure 8 Changes in the porosity with the hydraulic gradient-K1

Table 4 Seepage velocity changes with hydraulic gradient (hydraulic gradient is 0.25 to 2.56) -K1

hydraulic gradient	calculation steps	seepage velocity /$\times 10^{-3}$m·s^{-1}	critical size /mm	The cumulative /%	porosity	d_{10}/mm
0.25	1	0.342	-	-	0.306	0.7
...	...	...	...	...	...	...
1.25	1	1.655	-	-	0.306	0.7
1.45	1	1.909	0.537	0.009	0.306	0.700
...	...	...	...	...	...	...
2.25	1	2.943	0.800	0.233	0.308	0.705
2.45	1	3.546	0.865	0.908	0.312	0.720
2.56	... 5	... 15.01	... 1.487	... 16.909	... 0.423	... 2.046

Numerical simulation results show that when the hydraulic gradient is 2.45, the cumulative loss ratio is 0.908% and the permeability of the soil has mutated. In engineering projects, the hydraulic gradient just before mutation is defined as the critical gradient. To the soil samples K1, the critical hydraulic gradient is 2.25.

5 Inversion of the model parameters- soil samples K2

5.1 The permeability

For the soil core sample K2, the porosity is 0.329 and the representative size d_{10} is 0.7mm. Substituting experimental data including the hydraulic gradient and velocity into Eq. (1), we obtain Ergun equation parameters $\alpha = 1.154, \beta = 6.641$ with the correlation index of 0.99 shown in Figure 4.

When the hydraulic gradient experiments reached 1.793, it is believed the sample was destructed.

5.2 Fine particle migration induced by seepage

We investigated the fine particle migration of the soil with ψ of 0.80, as K1.

The variation trend of the seepage velocity with the hydraulic gradient is shown in Fig.4 and the changes of the cumulative loss ratio and the porosity with the hydraulic gradient are given Fig.9-10, respectively.

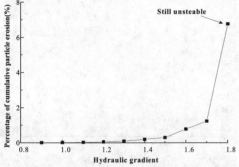 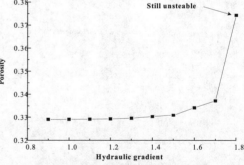

Figure 9 The changes in the cumulative loss ratio with the hydraulic gradient-K2   Figure 10 The changes in the porosity with the hydraulic gradient-K2

Table 5 Seepage velocity changes with hydraulic gradient (hydraulic gradient is 0.1 to 1.8) –K2

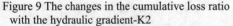

hydraulic gradient	calculation steps	seepage velocity /× 10^{-3}m·s^{-1}	critical size /mm	The cumulative /%	porosity	d_{10}/mm
0.10	1	0.339	-	-	0.329	0.7
...	...	...	...	...	...	...
1.50	1	4.088	0.797	0.295	0.331	0.707
1.60	1	4.352	0.839	0.777	0.334	0.717
	2	4.546	0.839	0.777	0.334	0.717

Table 5 shows the changes in the seepage velocity, the critical size, cumulative loss ratio, porosity and d_{10} under different hydraulic gradients. As can be seen from Table 5 and Fig. 9-11, the seepage velocity varies with the hydraulic gradient and the piping process also can be divided into four stages, due to limited space will not go into.

Numerical simulation results show that when the hydraulic gradient is 1.6, the cumulative loss ratio is 0.777% and the permeability of the soil has mutated. To the soil samples K2, the critical hydraulic gradient is 1.5.

The analysis above shows that the proposed model can well simulate the process of fine particle migration under seepage. By applying the model, we can obtain critical size, loss probability of each group, the change of permeability under different hydraulic gradients.

6 Conclusions

This paper has established a new model for fine particle migration induced by seepage, which combine seepage analysis with the proposed method to analyze the internal stability. The results show:

(1) Not all fine particles less than the critical size can be washed out of soil, and the constraints of the pore structure should also be taken into account.

(2) The variation of porosity due to fine particles migrating under a certain hydraulic gradient, will change seepage velocity and the critical size, and then induce more fine particles to migrate. The cycle will repeat until a steady state is achieved and no fine particle migrates.

(3) With the hydraulic gradient increases, seepage velocity and hydraulic gradient relationship can be divided into four stages: No particles wash out. A very small amount of fine particles wash out, but the impact on soil permeability is small. A small amount of fine particles wash out of soil. Large influence on the permeability of soil. Continual fine particles wash out, and size of migratory particles increases, the seepage velocity has continued to increase.

References

[1] Naihua Ru, Yunguang Niu. Embankment Dam Incidents and Safety of Large Dams[M]. BeiJing: China Water&Power Press, 2001.

[2] Jie Liu. HSeepageH HandH HseepageH HcontrolH HofH soil[M]. BeiJing: China Water&Power Press, 1992

[3] Van Zyl D, Harr M E. Seepage erosion analysis of structures[C]. Stockholm, Sweden: 1981: 503-509

[4] Kenney T C, Lau D. Internal stability of granular filters[J]. Canadian Geotechnical Journal. 1985, 22(2): 215-225.

[5] Skempton A W, Brogan J M. Experiments on piping in sandy gravels[J]. Geo technique. 1994, 44(3): 449-460.

[6] Moffat R, Fannin R J. A hydro-mechanical relation governing internal stability of cohesion less soil[J]. Canadian Geotechnical Journal. 2011, 48(3): 413-424.

[7] Moffat R, Fannin R J, Garner S J. Spatial and temporal progression of internal erosion in cohesionless soil[J]. Canadian Geotechnical Journal. 2011, 48(3): 399-412.

[8] Richards K S, Reddy K R. True triaxial piping test apparatus for evaluation of piping potential in earth structures[J]. 2010.

[9] Richards K S, Reddy K R. Experimental investigation of initiation of backward erosion piping in soils[J]. Geo technique. 2012, 62(10): 933-942.

[10] Xiao M, Shwiyhat N. Experimental Investigation of the Effects of Suffusion on Physical and Geomechanic Characteristics of Sandy Soils[J]. ASTM geotechnical testing journal. 2012, 35(6): 890-900.

[11] Chang D S, Zhang L M. Critical hydraulic gradients of internal erosion under complex stress states[J]. Journal Of Geotechnical And Geo environmental Engineering. 2012, 139(9): 1454-1467.

[12] Luo Y, Qiao L, Liu X, Zhan M, Sheng J. Hydro-mechanical experiments on suffusion under long-term large hydraulic heads[J]. Natural Hazards. 2013, 65(3): 1361-1377.

[13] Ergun S, Orning A A. Fluid flow through randomly packed columns and fluidized beds[J]. Industrial & Engineering Chemistry. 1949, 41(6): 1179-1184.

[14] Kawaguchi T, Tanaka T, Tsuji Y. Numerical simulation of two-dimensional fluidized beds using the discrete element method (comparison between the two-and three-dimensional models)[J]. Powder Technology. 1998, 96(2): 129-138.

[15] Di Felice R. The voidage function for fluid-particle interaction systems[J]. International Journal Of Multiphase Flow. 1994, 20(1): 153-159.

[16] Qing-fu Huang. Study on Migration of Fine Particles within Base Soil-Filter System Based on Pore Network Analysis[D]. Nan-Jing: Hohai University, 2014

[17] Carman P C. Fluid flow through granular beds[J]. Transactions-Institution of Chemical Engineeres. 1937, 15: 150-166.

[18] Yue Liang. Study on soil pore hydrodynamics and piping development model[D]. Nan-Jing: Hohai University, 2011.

复杂床面上的紊流结构

何立群，陈孝兵

(河海大学水文水资源与水利工程国家重点实验室，南京，210098，Email: wwwhlq1@163.com)

摘要： 为了研究更为真实的河床沙波上的紊流结构，使用 Rubin 的周期性沙波模型数据，基于雷诺平均的 $N-S$ 方程及 $k-\omega$ 紊流模型构造了三维沙波上的数学模型，利用 Fluent 软件进行模拟。结果表明：相比于二维沙波，三维沙波床面导致更加复杂的水流紊流结构。水流有明显的分层现象。水流在波峰两侧形成侧向漩涡，在背水坡形成背水漩涡。随着雷诺数增加，背水漩涡从 0.32 增加到 0.49 倍的沙波纵向波长，侧向漩涡从 0.59 减少到 0.46 倍纵向波长；当雷诺数大于 800 时，背水漩涡逐渐减小，侧向漩涡逐渐增大。模型中雷诺剪切应力与雷诺数呈幂函数关系，空间流速和雷诺剪切应力的分布不均导致了床面泥沙周期性的运动。

关键词： 三维沙波；紊流结构；$k-\omega$ 模型；漩涡；泥沙运动

1 引言

　　沙波作为一种自然现象普遍存在于河床中，是影响水流紊流结构的重要因素。水流流经沙波，在顶部发生水沙分离，在下一个沙波的迎水坡上再次接触。在真实河流中，与二维沙波相比，三维沙波因在空间上的差异性，将直接影响水流流动结构、应力分布与泥沙运动情况[1]。因此研究三维的沙波形态驱动下的紊流结构是必要的。

　　目前，对于紊流研究主要基于实验观测和数值模拟两种手段，其中数值模型中常采用的紊流模型有 $k-\varepsilon$ 模型、$k-\omega$ 模型等模型。例如：McLean 等[2]通过在水槽内构建不同高度的沙波结构来讨论不同沙波形态对泥沙运移的作用；Motamedi 等[3]利用数值模拟手段对比分析了不同水深、流速、泥沙粒径及坡高波长比对背水坡上水流的影响。国内外文献对于河床驱动下的紊流结构研究主要关注的是二维沙波驱动流方面，对于三维沙波下的紊流结构研究还很少，例如：Maddux 等[4]在水槽内构建简单的三维沙波模型，针对不同水深情况下，分析流速及剪切应力分布特点，重点讨论了相同条件下三维沙波与二维沙波表面紊流结构的异同；Chen 等[5]在 Maddux 等[4]基础上构建地表水-地下水耦合模型，研究了三维沙波床面条件地形下，水沙界面上的水流交换问题，其研究侧重于讨论地表紊流对浅层地下水运动的影响；Parsons 等[6]则通过分析 Parana River 底部沙波上的流速分布，讨论了不同沙波形态对水流的影响。

　　数值模拟是研究沙波驱动下水流紊流结构的有效方法，能实现不同床面条件下的水动力研究过程的研究分析。基于 Rubin 等[7]的床面沙波模型数据，结合 Chen 等[5]对地表水问题的模拟方法，利用 Fluent 进行计算，分析讨论了复杂床面上紊流结构特征，研究目的在于确认三维沙波上的流场、应力分布特点，为进一步研究复杂床面条件下的沙波推移及泥沙传输提供研究基础。

2 模拟方法

2.1 控制方程

采用雷诺平均的 N-S 方程和 k-ω 紊流模型进行三维数值模拟。对于不可压缩的稳定流动，其 N-S 方程可以表示为：

$$\frac{\partial U_i}{\partial x_i} = 0 \tag{1}$$

$$\rho U_j \frac{\partial U_j}{\partial x_i} = -\frac{\partial P}{\partial x_i} + \frac{\partial}{\partial x_j}(2\mu S_{i,j} - \rho \overline{u_j' u_i'}) \tag{2}$$

其中，U_i 和 x_i 分别为 x,y,z 方向上的平均速度分量和坐标分量；ρ,μ,P 分别代表流体的密度、动黏度和平均压力。$S_{i,j}$ 代表 i,j 方向上的应变率张量，可由下式求出：

$$S_{i,j} = \frac{1}{2}(\frac{\partial U_i}{\partial x_j} + \frac{\partial U_j}{\partial x_i}) \tag{3}$$

此外，$-\overline{u_j' u_i'}$ 代表平均应变速率，由涡运动黏度 v_t，应变率张量 $S_{i,j}$，Kronecker 函数 δ_{ij}，紊动能 k 求出：

$$-\overline{u_j' u_i'} = v_t(2S_{i,j}) - \frac{2}{3}\delta_{ij}k \tag{4}$$

其中平均应变速率也可以用雷诺应力 τ_{ij} 与密度 ρ 的比值来表示。

而在 k-ω 紊流模型中，定义了涡运动黏度 v_t 及其耗散量 ω：

$$v_t = \frac{k}{\omega} \tag{5}$$

$$\omega = \frac{\varepsilon}{\beta^* k} \tag{6}$$

其中 ε 为紊动能耗散率，β^* 为经验常数。其中，紊流模型的 k 方程和 ω 方程分别为：

$$\rho \frac{\partial(U_j k)}{\partial x_j} = \rho \tau_{ij} \frac{\partial U_i}{\partial x_j} - \beta^* \rho \omega k + \frac{\partial}{\partial x_j}[(\mu + \mu_t \sigma_k)\frac{\partial k}{\partial x_j}] \tag{7}$$

$$\rho \frac{\partial(U_j \omega)}{\partial x_j} = \alpha \frac{\rho \omega}{k} \tau_{ij} \frac{\partial U_i}{\partial x_j} - \beta \rho \omega^2 + \frac{\partial}{\partial x_j}[(\mu + \mu_t \sigma_\omega)\frac{\partial \omega}{\partial x_j}] \tag{8}$$

其中，方程的经验常数 $\alpha = 5/9$，$\beta = 3/40$，$\beta^* = 9/100$，$\sigma_k = \sigma_\omega = 1/2$。

2.2 计算模型设置

图 1(a)为所计算的沙波模型及其边界条件。$L \times \lambda \times H$ 为 0.76m×0.37m×0.5m。沿着水流方向的前后两个面为周期性边界，两者之间的压力差 dP 为水流流动的唯一驱动力；水流左右两侧面为对称边界。底部为不透水的墙面边界。因为水深(H=0.5m)远大于沙波高度(h=0.04m)，底部沙波将对水流自由表面不产生影响[5]，因此顶部边界选择不透水边界。利用前处理软件 GAMBIT 进行网格划分，沙波表面设置 34 层边界层网格，第一层高 0.1mm，增长速率 1.08 倍。边界层网格上方网格最小高度 1mm，最大高度 2mm。底面网格数 20 000 个，共 68 层。整个模型的网格数大约为 1 200 000 个。利用流体力学软件 FLUENT 中 k-ω 紊流模型进行计算。与网格数为 1 400 000、1 600 000 及 1 800 000 的模型计算结果相比，相对误差在 1.5%以内。

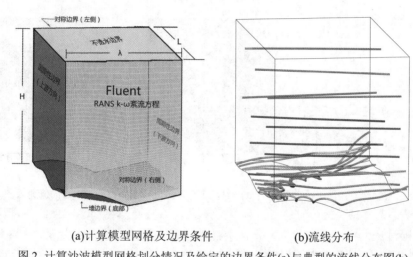

(a)计算模型网格及边界条件　　　　　　(b)流线分布

图 2　计算沙波模型网格划分情况及给定的边界条件(a)与典型的流线分布图(b)

3　结果分析

3.1　流场结构

沿着水流方向沙波波峰线朝向的不同也会影响水流的紊流结构。其中，波峰线朝向下游的称为叶型(Lobe)；垂直于水流的称为直型(Straight)；朝向上游的称为鞍型(Saddle)。不同水动力情况下计算出的雷诺数(Re)不同，定义：

$$Re = U_{ave}H/\upsilon \tag{9}$$

其中，U_{ave} 为水流平均水平流速，υ 为水流运动黏滞系数，H 为沙波高度[5]。图 2 为叶型、鞍型沙波在雷诺数为 8200 时 x、z 方向速度云图与速度矢量图。

由图 1(b)和图2可见，沙波上方流场可以分为受沙波形态影响的沙波紊流区及不受影响的自由紊流区两部分。水流流经沙波，在波峰处水沙分离，在背水坡上形成背水漩涡。鞍型沙波上水流受沙波影响更大，背水漩涡强度更大。

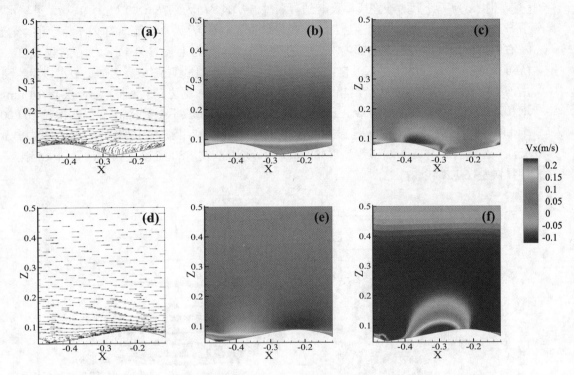

图2 叶型、鞍型沙波截面上流速矢量图(a) (d)、x 方向流速云图(b) (c)及 z 方向流速云图(e) (f)

在三维沙波床面中，沿着流向，水流会在沙波背水坡处形成背水漩涡。图3说明了当雷诺数增加时，叶型沙波与鞍型沙波上背水漩涡与分离区长度(L_b)均有先增加后减小的趋势。沙波形态的不同，会影响背水漩涡的长度，鞍型沙波的背水漩涡比叶型沙波的长。

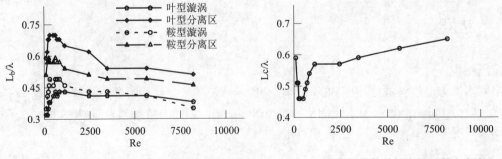

图3 不同雷诺数时背水漩涡与分离区长度　　图4 不同雷诺数时侧向漩涡最大宽度

雷诺数较小时，两种沙波形态漩涡强度均较小，因此背水漩涡不是影响水流 x 方向流速的主要原因，分离区长度随流速增加而增加。当雷诺数大于 800 以后，漩涡流速的增大对水流产生一个向下的作用力，自由紊流区与沙波紊流区交界面水流的紊动能耗散量增大，导致分离区长度减小。

水流会在波峰两边形成侧向的漩涡。沿着水流方向，漩涡逐渐扩散，最大宽度(L_c)与雷诺数的关系如图 4 。随着雷诺数增加，侧向漩涡最大宽度先减小后增大，拐点与图 3 拐点一致。

图 5 为雷诺数为 8200 时，z=0.1m 截面上 y 方向流速分布云图。水流流经沙波时，会在波峰两侧形成绕流，平均流速大小(0.25m/s)，大于经过波峰的水流平均流速(0.006m/s)。

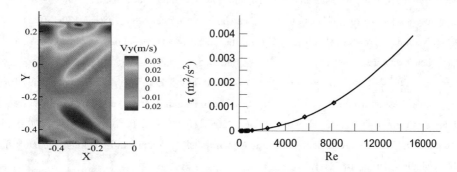

图 5　雷诺数为 8200 时横截面上 y 方向流速云图　　图 6　雷诺数与雷诺剪切应力关系

3.2 应力分析

通过平均应变速率 $-\overline{u'_i u'_j}$ 计算出平均雷诺剪切应力大小。图 6 结果表明，雷诺剪切应力与雷诺数呈幂函数关系。雷诺数较大时，流速变化剧烈，雷诺剪切应力较大，水沙界面上雷诺应力的分布不均导致了泥沙运动，在剪切应力较大的沙波波峰处，泥沙将被冲刷；在剪切应力较小的波谷处，泥沙将会淤积。

4 结论

本文对复杂的三维沙波床面地形上水流进行了模拟，三维与二维沙波上的水流紊流结构有显著的不同。沙波波峰两侧存在水流的侧向流动，对模型流场与应力分布与沙波表面泥沙运动造成影响。

致谢

本文的研究受到了国家自然科学基金(41401014)、中国博士后基金(2015M570402)以及江苏省博士后基金(1401094C)资助。

参 考 文 献

1   Parsons D R, Best J. Bedforms: views and new perspectives from the third international workshop on Marine and River Dune Dynamics (MARID3)[J]. Earth Surface Processes & Landforms, 2013, 38(3):319–329.

2   McLean S R, Nelson J M, Wolfe S R. Turbulence structure over two - dimensional bed forms: Implications for sediment transport[J]. Journal of Geophysical Research: Oceans (1978–2012), 1994, 99(C6): 12729-12747.

3   Motamedi, Artemis, Afzalimehr, Hossein, Singh, Vijay P, et al. Experimental Study on the Influence of Dune Dimensions on Flow Separation[J]. Journal of Hydrologic Engineering, 2014, 19(1):78-86.

4   Maddux T B, Nelson J M, Mclean S R. Turbulent flow over three - dimensional dunes: 1. Free surface and flow response[J]. Journal of Geophysical Research Earth Surface, 2003, 108(F1):179-179.

5   Chen Xiaobing,Cardenas MB,Chen L. Three-dimensional versus two-dimensional bed form-induced hyporheic exchange[J]. Water Resources Research,2015,51(4):2923-2936.

6   Parsons D R., J L Best, O Orfeo,et al. Morphology and flow fields ofthree-dimensional dunes, Rio Paraná, Argentina: Results from simultaneous multibeam echo sounding and   acoustic Doppler current profiling[J], Journal of Geophysical Research Earth Surface, 2005, 110, F04S03; doi:10.1029/2004JF000231.

7   Rubin D M. Cross-Bedding, Bedforms, and Paleocurrents[M], Aociety of Economic Paleontologists and Mineralogists, Tulsa, 1987, 1-187.

Turbulence structure on complex three-dimensional sand dunes

HE Li-qun, CHEN Xiao-bing

(State Key Laboratory of Hydrology-Water Resources and Hydraulic Engineering, Hohai University,
Nanjing,210098. Email: wwwhlq1@163.com)

Abstract: A three-dimensional sand dune numerical model was established for analyzing the turbulence structure over more natural bed forms. Turbulent flow in the water column is simulated by solving the Reynolds-averaged Navier-Stokes(RANS) equations with the k-ω turbulence closure model through the Fluent. Results show that compared with two-dimensional dunes, three-dimensional sand dunes lead a more complex turbulence structure. There are eddies not only behind but also beside the crest of the sand dunes. As the increasing of Reynolds Numbers (Res), the length of eddy behind the crest increased from 0.32 of the wavelength to 0.49, meanwhile, the length of eddy besides the crest decreased from 0.59 to 0.46. When Re is over 800, the former began to decrease and the latter increase. The Reynolds shear stress is related to Re by a power law relationship. The differences of flow velocity and Reynolds shear stress in the model result in the sediment transport periodically.

Key words: Three-dimensional sand dunes; Turbulence structure; k-ω model; Eddy; Sediment transport

主槽边坡角对梯形复式明渠水流特性的
影响研究

肖洋，王乃茹，张九鼎，吕升奇

(河海大学水文水资源与水利工程科学国家重点实验室，南京，210098, Email: Sediment_lab@hhu.edu.cn)

摘要：主槽边坡角的存在改变了复式明渠滩地与主槽间的动量交换，进而对复式明渠的水流结构产生影响。基于流体计算软件 FLUENT，采用雷诺应力模型（RSM）对不同主槽边坡角（30°、45°、60° 和 90°）的梯形复式明渠水流进行模拟。结果表明：（1）滩槽交界处二次流的形态取决于主槽边坡角的大小，当主槽边坡角增大时，主槽涡的水平范围逐渐减小，但二次流的强度逐渐增大，其形态也更加清晰。（2）在同一相对水深条件下，交界处主流速等值线凸起的程度随着主槽边坡角度的增大而逐渐增大。

关键词：梯形复式明渠；主槽边坡角；雷诺应力模型(RSM)；主流速；二次流

1 引言

梯形复式断面是天然河道的一种常见形式，与矩形复式断面相比，它的主槽边坡不同，会对滩槽间的动量交换产生影响，进而影响复式明渠的水流结构和过流能力。

为了解梯形复式明渠的水流结构和过流能力，英国伯明翰大学的学者们[1]对 27°、45°、90°的主槽边坡角工况下的梯形复式明渠水位流量、流速、边界剪切应力及紊动特性进行了测量。一些研究者基于这些实验资料，研究了不同主槽边坡角对梯形复式明渠过流能力、阻力系数、二次流项等的影响。如 Ackers [2]采用河槽协同度法(COHM)计算了 27°、45°、90°的主槽边坡角复式明渠的过流能力，拟合出流量与滩槽相对水深比、宽度比及主槽边坡角的关系式。杨克君 [3]通过实验的方法分析了不同主槽边坡角对阻力系数的影响，发现滩槽局部阻力系数随主槽边坡角的增大而增大。杨中华、高伟[4]基于 SKM 方法，引入二次流项系数，得出了水深平均流速沿横向分布的二维解析解，进而研究了 27°、45°、90°主槽边坡角对二次流项系数的影响，结果发现随着主槽边坡的增大，主槽中和滩地上的二次流项系数逐渐增大，而主槽边坡区上的二次流项系数则随着主槽边坡的增大而减小。杨克君 [5]

运用动量定理，提出了一种估算不同主槽边坡角复式明渠水位流量关系公式及流量分布的新方法，认为将动量输运系数取为 0.04 较合适。现有研究成果多基于英国伯明翰大学的实验资料得出，主要关注梯形复式明渠不同主槽边坡角对流量分布、阻力系数等的影响，在主槽边坡角对复式明渠水流结构的影响研究方面还不多见。

本文基于计算流体软件 Fluent 中的雷诺应力模型，对主槽边坡角分别为 30°、45°、60° 和 90°的梯形复式明渠进行数值模拟，研究不同主槽边坡角对梯形复式明渠主流速、二次流、边界剪切应力分布的影响。

2 数值方法

2.1 数值模型

基本控制方程仍采用连续性方程和动量方程，如下：

连续性方程：
$$\frac{\partial \rho}{\partial t} + \frac{\partial (\rho u)}{\partial x} + \frac{\partial (\rho v)}{\partial y} + \frac{\partial (\rho w)}{\partial z} = 0 \tag{1}$$

动量方程：
$$\frac{\partial (\rho u)}{\partial t} + \frac{\partial (\rho u u)}{\partial x} + \frac{\partial (\rho u v)}{\partial y} + \frac{\partial (\rho u w)}{\partial z} = \frac{\partial}{\partial x}\left(\mu \frac{\partial u}{\partial x}\right) + \frac{\partial}{\partial y}\left(\mu \frac{\partial u}{\partial y}\right) \tag{2}$$
$$+ \frac{\partial}{\partial z}\left(\mu \frac{\partial u}{\partial z}\right) - \frac{\partial p}{\partial x} + \left[-\frac{\partial \left(\rho \overline{u'^2}\right)}{\partial x} - \frac{\partial \left(\rho \overline{u'v'}\right)}{\partial y} - \frac{\partial \left(\rho \overline{u'w'}\right)}{\partial z}\right] + S_u$$

$$\frac{\partial (\rho v)}{\partial t} + \frac{\partial (\rho v u)}{\partial x} + \frac{\partial (\rho v v)}{\partial y} + \frac{\partial (\rho v w)}{\partial z} = \frac{\partial}{\partial x}\left(\mu \frac{\partial v}{\partial x}\right) + \frac{\partial}{\partial y}\left(\mu \frac{\partial v}{\partial y}\right) \tag{3}$$
$$+ \frac{\partial}{\partial z}\left(\mu \frac{\partial v}{\partial z}\right) - \frac{\partial p}{\partial y} + \left[-\frac{\partial \left(\rho \overline{v'^2}\right)}{\partial x} - \frac{\partial \left(\rho \overline{u'v'}\right)}{\partial y} - \frac{\partial \left(\rho \overline{v'w'}\right)}{\partial z}\right] + S_v$$

$$\frac{\partial (\rho w)}{\partial t} + \frac{\partial (\rho w u)}{\partial x} + \frac{\partial (\rho w v)}{\partial y} + \frac{\partial (\rho w w)}{\partial z} = \frac{\partial}{\partial x}\left(\mu \frac{\partial w}{\partial x}\right) + \frac{\partial}{\partial y}\left(\mu \frac{\partial w}{\partial y}\right) \tag{4}$$
$$+ \frac{\partial}{\partial z}\left(\mu \frac{\partial w}{\partial z}\right) - \frac{\partial p}{\partial z} + \left[-\frac{\partial \left(\rho \overline{w'^2}\right)}{\partial x} - \frac{\partial \left(\rho \overline{w'v'}\right)}{\partial y} - \frac{\partial \left(\rho \overline{u'w'}\right)}{\partial z}\right] + S_w$$

式中：ρ 是水的密度，取 998.2kg/m^3，t 是时间，u、v、w 是速度在 x、y、z 方向上的分量，u'、 v'、w'是脉动速度在 x、y、z 方向上的分量，μ 是动力粘度，取 1.002×10^{-3}Pa·s，S_u、S_v、S_w 是动量守恒方程的广义源项。

紊流封闭采用雷诺应力模型（RSM）。它也是对于高 Re 数的紊流计算模型，相比于常用的 k-ε 模型，RSM 法考虑进了一些紊流各向异性效应，所以此模型在模拟突扩流动分离区和各向异性较强紊流输运的流动时更有优势。另外，在此模型中还采用标准壁面函数法对低雷诺数的近壁区的提供了正确的处理方法，限于篇幅，在此不列出，详细内容可参见计算流体动力学分析相关书籍。

2.2 计算方法

计算区域网格采用 FLUENT 的前处理软件 GAMBIT 生成，使用非均匀的六面体结构化正交网格进行剖分，并对滩槽交界处进行了局部加密以更精确地模拟交界处水流运动，共生成 58443 个网格。本模拟中，采用刚盖假定法来处理自由表面。进口断面和出口断面的边界条件分别是速度进口和自由出流。固壁采用无滑移的为壁面和标准的壁面函数法。对称面为对称边界条件。采用有限体积法求解三维的 N-S 方程，压力速度耦合方式选择 SIMPLE 算法，压力插值格式采用体积力加权格式，动量等其余量的离散格式采用二次迎风插值 QUICK 格式。当各计算参量残差小于 0.00001，且监测某点的参量不随迭代次数变化时，则认为计算收敛。

2.3 模型验证

选用 Tominaga、Nezu[6]实验中的一个组次对模型进行验证。实验在非对称复式断面水槽中进行，具体实验工况见表 1。图 2、图 3、图 4 分别给出了渠道中心横断面（距进口 6.25m）的主流速、紊动能和二次流计算结果与实验结果的对比。由图 2 可以看出，主流速等值线计算结果与实验结果的分布规律相近，只是在自由水面处稍有误差，误差在 7%以内，这可能是由于计算中对自由水面采用刚盖假定所致。由图 3 可见，紊动能计算值与实验值基本吻合，说明雷诺应力模型确实能较好地模拟交界处各项异性的紊流特性。验证结果表明，建立的数学模型可以较好地复演复式明渠的水流运动。由图 4 可见，二次流分布的计算结果与实验结果相近，在滩槽交界处，均存在一对方向相反的纵向漩涡，漩涡的位置、大小也十分接近。

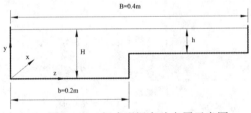

图 1 Nezu 复式明渠实验布置示意图

表 1 验证采用的 Nezu 实验工况

工况	主槽边坡角	水深/m 主槽 H	水深/m 滩地 h	滩槽水深比 h/H	宽度/m 渠道宽度 B	宽度/m 主槽宽度 b	摩阻流速 U_* /（m/s）	最大流速 U_{max} /（m/s）	平均流速 U_m /（m/s）	雷诺数 Re	弗洛德数 F_r
S-2	90º	0.08	0.04	0.5	0.4	0.2	0.0164	0.389	0.349	54500	0.19

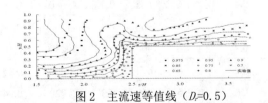

图 2 主流速等值线（D_r=0.5）

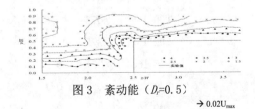

图 3 紊动能（D_r=0.5）

→ 0.02U_{max}

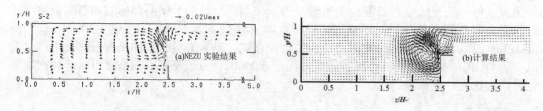

图 4　二次流（D_r=0.5）

2.3 计算区域及工况

　　梯形复式明渠流动示意图如图 5 所示。为了减少计算工作量，计算区域选取整个断面的一半。渠道进口平均流速 U_0＝0.3m/s，共计算了 12 组工况，见表 2。坐标系统定义如图 5 所示：x 为沿水流方向；y 为水槽的垂向，向上为正；z 为水槽的横向，向右为正；坐标原点位于主槽床面；（u，v，w）分别代表流速沿（x，y，z）方向的分量。主槽边坡角度以 θ 表示，滩槽水深比 h/H 以 D_r 表示。

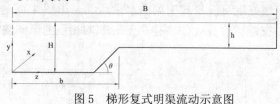

图 5　梯形复式明渠流动示意图

表 2　各计算工况水力参数

工况	主槽边坡角	底坡	流量/（m³/s）	水深/m		滩槽水深比	宽度/m		主流流速/（m/s）	雷诺数 Re	弗洛德数 Fr
				主槽 H	滩地 h	h/H	渠道宽度 B	主槽宽度 b			
S30-1	30°	0.001166	0.099	0.3	0.15	0.5	1.6	0.73	0.3	54923	0.175
S45-1	45°	0.001166	0.098	0.3	0.15	0.5	1.6	0.65	0.3	53658	0.175
S60-1	60°	0.001166	0.099	0.3	0.15	0.5	1.6	0.64	0.3	53529	0.175
V-1	90°	0.001166	0.099	0.3	0.15	0.5	1.6	0.60	0.3	51743	0.175
S30-2	30°	0.001166	0.075	0.25	0.10	0.4	1.6	0.73	0.3	42804	0.192
S45-2	45°	0.001166	0.074	0.25	0.10	0.4	1.6	0.65	0.3	41640	0.192
S60-2	60°	0.001166	0.075	0.25	0.10	0.4	1.6	0.64	0.3	41725	0.192
V-2	90°	0.001166	0.075	0.25	0.10	0.4	1.6	0.60	0.3	40259	0.192
S30-3	30°	0.001166	0.051	0.2	0.05	0.25	1.6	0.73	0.3	29968	0.247
S45-3	45°	0.001166	0.050	0.2	0.05	0.25	1.6	0.65	0.3	28920	0.247
S60-3	60°	0.001166	0.051	0.2	0.05	0.25	1.6	0.64	0.3	29190	0.247
V-3	90°	0.001166	0.051	0.2	0.05	0.25	1.6	0.60	0.3	28136	0.247

3 结果与讨论

3.1 主槽边坡角对二次流的影响

图 6 给出了不同滩槽水深比和不同主槽边坡角情况下二次流速度矢量场。图 6(a1~d1) 可见，在 D_r=0.5 工况下，当 θ=90°时，二次流漩涡的影响范围从滩槽交界处开始并延伸至自由表面，水平方向影响范围约为 $1.3 \leq z/H \leq 2.3$。二次流流速最大值为最大主流速 U_{max} 的 3.84%。随着主槽边坡角度的减小，二次流水平方向的影响范围逐渐增大，但二次流的强度逐渐减小。当 θ=30°时，主槽涡和滩地涡的形状已变得比较模糊，主槽涡水平方向的影响范围进一步扩大至 $1.3 \leq z/H \leq 2.4$，二次流最大值已减小至最大主流速值 U_{max} 的 1.55%。这是因为当主槽边坡角变缓后，滩槽间流速梯度减小，削弱了滩槽间动量交换的强度。由图 6(a2~d2)可见，当滩槽水深比 D_r=0.4 时，二次流随主槽边坡角的变化情况与 D_r=0.5 时相似，但涡旋强度减弱，二次流最大流速减小至最大主流速值 U_{max} 的 1.45%-3.8%。由图 6(a3~d3) 可见，当滩槽水深比减小至 D_r=0.25 时，二次流漩涡强度进一步减小至最大主流速值 U_{max} 的 1.59%-3.38%，滩地涡已消失。这表明同一主槽边坡角工况下，随着相对水深的增大，二次流的强度逐渐增大。

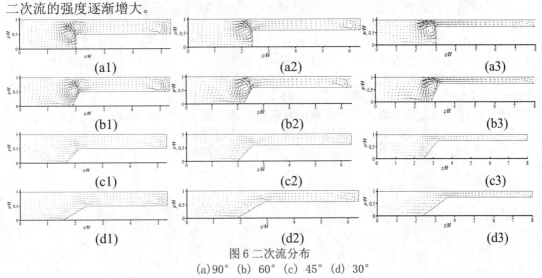

图 6 二次流分布
(a) 90° (b) 60° (c) 45° (d) 30°

3.2 主槽边坡角对主流速的影响

图 7 给出了滩槽水深比 D_r 分别为 0.5、0.4 和 0.25 工况下，主流速等值线随主槽边坡角的变化。由图 3(a1~d1)可见，在 D_r=0.5 工况下，对于不同的主槽边坡角，在滩槽交界处，主槽与边滩之间的动量交换将滩地流速较慢的流体输向主槽，使等势线在滩槽交界处附近凸起，流速降低。当主槽边坡角逐渐减小时，交界处流速等值线凸起的程度逐渐减弱。表明滩槽间动量交换随着主槽边坡角的减小而逐渐减弱，滩地中被卷入主槽的低流速水体减少。由图 7(a2~d2)可见，当 D_r=0.4 时，主流速分布随主槽边坡角的变化情况与 D_r=0.5 工况时基本类似，但滩地处的最大流速减小至主槽最大流速的 0.85-0.9 左右，滩槽流速差增大。从图 7(a3~d3)可以看出，当 D_r=0.25 时，主槽流速和滩槽流速相差较大。这表明同一相对水深条件下，随着相对水深的增大，滩地与主槽的流速差值越来越小。

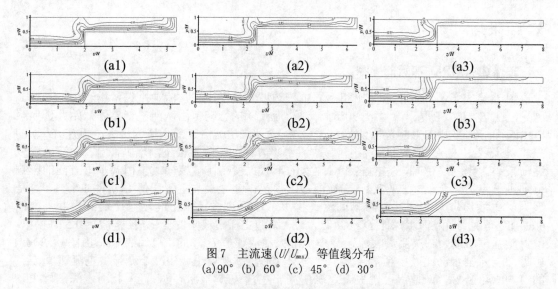

图 7 主流速（U/U_{max}）等值线分布
(a) 90° (b) 60° (c) 45° (d) 30°

在主槽边坡坡脚处向左 0.05m、边坡与滩地的交界处设置两条垂线 Z_c 和 Z_f ，分别分析二次流对滩槽交界区内主流速沿水深分布的影响，如图 4 所示。图 8(a) 为滩槽水深比 D_r=0.5 工况下，主槽侧 Z_c 垂线上主流速的分布规律。由此可见，当 θ=90° 时，在整条垂线上流速呈现近 S 型分布，垂线在 y/H=0.6 处向内凹陷，流速出现了一个极小值点，此时 U/U_{max} 为 0.88。当主槽边坡较逐渐减小时，垂线向内凹陷的程度呈现持续减弱的趋势，在 θ=30° 时这种现象已基本消失。图 8(b) 为滩地侧 Z_f 垂线上主流速的分布，由图可见，各主槽边坡角工况下的主流速分布规律基本相似，流速沿水深方向逐渐增大。当 θ=90° 时，垂线在 y/H=0.7 处向外凸出，表明流速因动量交换在此处增大。当主槽边坡角逐渐减小时，垂线向外凸出的程度逐渐减弱，表明交界处动量交换随主槽边坡角的减小而逐渐减弱。

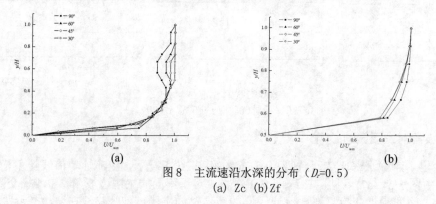

图 8 主流速沿水深的分布（D_r=0.5）
(a) Zc (b) Zf

4 结论

基于雷诺应力模型（RSM），采用数值模拟方法对 30°、45°、60° 和 90° 的梯形复式明渠进行了模拟研究。通过对二次流结构、主流速和边界剪切应力在断面上分布分析可以看出，同一滩槽水深比条件下：① 随着主槽边坡角的增大，二次流漩涡的水平长度逐渐减小，但二次流最大流速值则增大，其形态也变得更加清晰；② 当主槽边坡角增大时，交界处等值线凸起的程度增大，流速减小的现象也越明显，但随着滩槽水深比的增大，各主槽边坡角工况下的滩槽流速差均有所减小。

参 考 文 献

1　http://www.birmingham.ac.uk/research/activity/civil-engineering/archive/short-term/floods/flowdata/fcf-data

2　Ackers, P. Flow formulae for straight two-stage channels. Journal of Hydraulic Research, 1993. 31(4): 509-531.

3　杨克君. 复式河槽水流阻力及泥沙输移特性研究.杨克君. 2006.

4　杨中华, 高伟, 槐文信. 漫滩水流二次流项系数研究. 应用数学和力学, 2010(6): 681-689.

5　Yang, K., Liu, X., Cao, S., Huang, E., Stage-Discharge prediction in compound channels. Journal of Hydraulic Engineering, 2014, 140(4): 1-8.

6　Tominaga, A. and Nezu I. Turbulent structure in compound open-channel flows. Journal of Hydraulic Engineering, 1991, 117(1): 21-41.

7　Rajaratnam,N., Ahmadi,R.M. Interaction between Main Channel and Flood Plain Flows Hydraulics of channels with floodplains, 1979, 105(5): 573-588.8　Tominaga, A., et al., Three-dimensional turbulent structure in straight open channel flows. Journal of Hydraulic Research, 1989. 27(1): 149-173.

Effects of various side slope angles of the main channel on flow characteristics in a trapezoidal compound channel

XIAO Yang, WANG Nai-ru, ZHANG Jiu-ding, LV Sheng-qi

(State Key Laboratory of Hydrology-Water Resources and Hydraulic Engineering, Hohai University, Nanjing, 210098. Email: Sediment_lab@hhu.edu.cn)

Abstract：In the trapezoidal compound channel, the slope angles of the main channel modify the momentum exchange between the main channel and the floodplain, which has a significant effect on the flow structure in the junction region between the main channel and the flood plain. In this paper, basing on the FLUENT, the compound channel flows with the 30°、45°、60°and 90° slope angel was simulated by means of the Reynolds Stress Model (RSM). The results show that (1) the patterns of secondary currents in junction regions depend on the main channel side slope angles. Generally, as the slope angles becomes larger, the longitudinal vortex shrinks in the spanwise direction, but the maximum value of the secondary currents in trapezoidal channels becomes larger and the pattern of the secondary currents becomes clearer; (2) For the same water depth, when the slop angel of main channel increases, the bulge of the longitudinal velocity isolines becomes higher, which means more low-velocity fluid in the flood plain is entrained into the main channel.

Key words：Trapezoidal compound channel; Side slope angles of the main channel; Reynolds Stress Model; Primary mean velocity; Secondary current

泥沙粒径对 45 号钢的磨蚀影响研究

缑文娟[1]，练继建[1]，王斌[2]，吴振[1]

（1. 天津大学水利工程仿真与安全国家重点实验室，天津，300072，Email：gwj@tju.edu.cn

2. 徐州市水利建筑设计研究院，徐州，江苏，221000）

摘要：在高含沙量的河流上兴建高水头、大流量的水利工程，泄水建筑物和水力机械等常常发生磨蚀破坏，严重威胁工程的安全运行。本文采用改进的振动空蚀试验方法，利用 5 种粒径的泥沙（0.531 mm、0.253 mm、0.063 mm、0.042 mm、0.026 mm），当泥沙含量为 50 kg/m³ 时，对 45 号钢进行空蚀和磨蚀破坏研究。根据试验结果表明，与清水条件下的空蚀破坏相比，泥沙可分为细颗粒泥沙和粗颗粒泥沙；细颗粒泥沙的磨蚀量小于清水的空蚀量，对空蚀破坏存在抑制作用；粗颗粒泥沙的磨蚀量大于清水的空蚀量，加剧了破坏的发生；当细粗泥沙混合比为 4:1，泥沙总含量为 50kg/m³ 时，磨蚀破坏有趋近于空蚀破坏的趋势。因此，细颗粒泥沙对磨蚀的抑制作用与粗颗粒泥沙对破坏的加剧作用是同时存在的现象，并在适当混合比时，磨蚀破坏与空蚀破坏相等。

关键词：空蚀；磨蚀；泥沙；粒径；破坏量

1 引言

随着我国高坝建设的迅猛发展，在高含沙河流上兴建的高水头、大流量的水利工程，泄水建筑物和水力机械普遍发生空蚀磨损现象[1]，即磨蚀现象，特别是在汛期，破坏尤为严重，致使结构失效、振动加剧、或效率下降，严重威胁工程的安全运行。

泥沙粒径对磨蚀的影响是显著的。一个普遍的观点认为：在有害粒径的范围内，随着泥沙粒径的增大，磨蚀量显著增大，但是有害粒径的范围存在许多争论。姚启鹏[2]认为对三种钢而言，该粒径范围在 0.04 – 0.14 mm 之间，且磨蚀率与粒径的平方成正比；谢翠松等[3]认为该范围是 0.25 – 0.7 mm；Sato 等[4]认为该粒径范围应在 0.08 – 0.17 mm；Si 等[5]认为泥沙在 0.012 – 0.02mm 时上述结论是成立的；杜里涅夫[6]认为，有害泥沙粒径应在 0.1 – 0.5 mm 范围内；莫苏尼认为中小水电站的有害粒径为 0.2 – 0.5 mm，高水头电站为 0.1 – 0.2 mm；盐锅峡电站[7]运行经验表明，有害粒径范围在 0.04 – 0.6 mm；高加索地区高水头水电站的运行经验表明该粒径大约为 0.05 – 0.1 mm。对于小于有害粒径的泥沙，它们对磨蚀破

基金项目：国家自然科学基金青年科学基金项目（51409187）；天津市应用基础与前沿技术研究计划（青年项目）（15JCQNJC07100）；国家重点基础研究发展计划（973 计划）（2013CB035905）；

坏的影响效果结论不一。谢翠松[3]认为小于 0.25 mm 的泥沙，粒径的变化不会影响磨蚀量；姚启鹏[2]则认为泥沙粒径应小于 0.04 mm 时上述结论成立。根据水电站运行经验[1]，当泥沙粒径小于 0.03 mm 时，磨蚀破坏较小。王荣克[8]认为当泥沙粒径小于某值时，浑水的磨蚀量小于清水的空蚀量；Wu 等[9]给出了该值在 0.038 – 0.048mm 之内，小于该粒径的泥沙对磨蚀存在抑制作用，并且随着泥沙含量的增加，抑制作用增强。陈秉二等[10]认为含沙水体的空蚀形态与清水时不同，沙粒不但破坏空泡，而且不能极大地增大沙粒的速度，故使得抑制作用发生。郑大琼[11]认为，当粒径小于临界值时，泥沙研磨试件表面，使其光滑，从而抑制空蚀作用。邓军等[12]指出，水流中的泥沙将会影响水流的运动特性，材料磨蚀量的大小与含沙水流的粘滞性有关，水流的粘滞性增加，紊动强度减弱，使单颗粒泥沙对材料的破坏作用减轻。但是根据于鲁田[13]的试验结果表明，当泥沙粒径为 0.01 mm 时，磨蚀量是清水空蚀量的 4 – 7 倍。由此可见，小于有害粒径的泥沙对过流面的磨蚀作用是复杂而又不可忽视的。

综上所述，泥沙粒径对磨蚀的影响是一个十分重要而又复杂的问题。明确不同河流泥沙的特性，系统地揭示泥沙粒径对磨蚀的影响，合理控制过流面泥沙级配，对水利工程和水轮机的设计、兴建、运行和管理都有着重要的意义。因此本文以振动空蚀装置和自制的泥沙起动装置为试验设备，以 5 种泥沙粒径为研究对象，以 45 号钢为试验材料，进行泥沙磨蚀试验和清水空蚀试验，研究泥沙粒径对 45 号钢的磨蚀特性。

2 试验仪器及方案

为了研究泥沙粒径对磨蚀的影响，试验采用振动空蚀仪与泥沙起动装置联合的试验方法，试验装置原理如图 1 所示，利用超声波发生器使得变幅杆产生轴向高频振动，浸没在含沙水体中的试件表面产生空蚀磨损破坏。

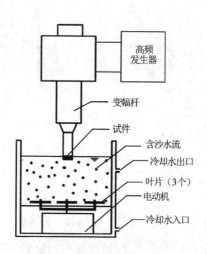

图 1 试验装置系统原理图

试验溶液为蒸馏水，泥沙为长江沙。泥沙的矿物成分以石英和长石为主，硬度主要为摩氏硬度 6 级。泥沙粒径共为 5 种，其平均粒径分别为 0.531 mm、0.253 mm、0.063 mm、0.042 mm、0.026 mm，泥沙等级和所属类别如表 1 所示。试件的材料为 45 号钢，其密度为 7.85g/cm^3，化学成分见表 2。

　　本试验的试件和操作严格按照规范 GBT6383-2009《振动空蚀试验方法》中的规定[14]进行，试验测试时间为 240 分钟，温度为 25°C，频率为 19.6kHz，功率为 1100W 以及振幅为 50μm，各种参数误差控制在 5%范围内。

表 1　泥沙粒径详情

泥沙粒径等级（mm）	0.5~0.6	0.2~0.3	0.125~0.067	0.059~0.049	<0.037
平均粒径 d_{50}（mm）	0.531	0.253	0.063	0.042	0.026
所属的类别	中沙	细沙	极细沙	粗粉土	粉土

表 2　试件材料各元素成分含量

化学成分	碳 C	铬 Cr	锰 Mn	镍 Ni	磷 P	硫 S	硅 Si
组成比例	0.42~0.50	≤0.25	0.50~0.80	≤0.25	≤0.035	≤0.035	0.17~0.37

3　试验结果与分析

　　泥沙粒径对磨蚀的影响是依据在试验后试件累积失质量（简称磨蚀量）进行研究的，即研究不同泥沙粒径和泥沙含量在 50kg/m^3 条件下，经过 240 分钟的磨蚀试验，试件的累积失质量的变化趋势。试验结果表明，如图 2 所示，试件磨蚀破坏是显著的，即在含沙量以及其它的特征参数相同的情况下，5 种粒径泥沙以及清水对试件的磨蚀量和空蚀量随着试验时间的延续，磨蚀量明显增大。

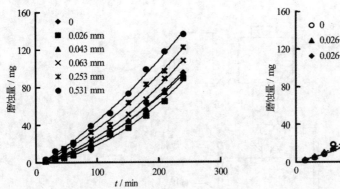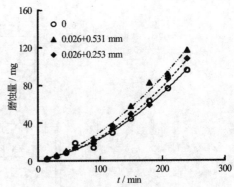

图 2 单粒径泥沙磨蚀量与时间的关系图　　图 3 两种粒径泥沙等比例混合后的磨蚀试验结果图

　　从图 2 中可以看出，以持续了 240 分钟的磨蚀量为例分析，粒径为 0.026mm 的泥沙比清水的空蚀量小 6.2mg；0.043mm 的泥沙比清水的空蚀量小 1.6mg，即粒径为 0.026mm 和 0.043mm 的磨蚀量小于清水的空蚀量，本文称这种粒径的泥沙为细颗粒泥沙。0.531mm 的泥沙磨蚀量比清水的空蚀量多 40.5mg；0.253mm 的泥沙磨蚀量比清水空蚀量多了 40.5mg；0.063mm 粒径的泥沙磨蚀量比清水的空蚀量多了 12.8mg；即对于泥沙粒径为 0.063mm、0.253mm 和 0.531mm，泥沙的磨蚀量大于清水空蚀量，本文称这种粒径的泥沙为粗颗粒泥沙。由此可以看出，泥沙的粒径大小对空蚀破坏存在重要的影响，一方面细颗粒泥沙对空蚀存在抑制作用，另一方面粗颗粒泥沙对磨蚀破坏存在促进作用。

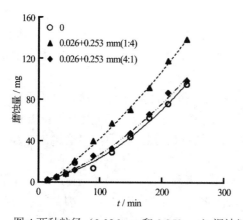 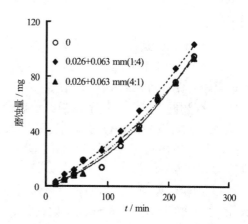

图 4 两种粒径（0.026mm 和 0.253mm）泥沙以不同混合比混合后的磨蚀试验结果图　　图 5 两种粒径泥沙（0.026mm 和 0.063mm）以不同混合比混合后的磨蚀试验结果图

基于上述研究结果，进一步研究两种粒径的泥沙对磨蚀的影响，即两种粒径泥沙以等比例或非等比例混合，且泥沙总含量为 50kg/m³ 时，磨蚀量与泥沙粒径的关系。如图 3 所示，0.026mm 和 0.531mm 这两种粒径泥沙以等比例混合后的泥沙磨蚀量明显大于清水的空蚀量；与图 2 所示的试验结果相比，该磨蚀量小于单粒径 0.531mm 泥沙的磨蚀量。当 0.026mm 和 0.253mm 这两种粒径的泥沙等比例混合时，泥沙的磨蚀量不但小于单粒径泥沙 0.253mm 时的磨蚀量，而且小于 0.026mm 和 0.531mm 混合的泥沙磨蚀量，且接近清水的空蚀量。结果表明，细颗粒的泥沙对材料空蚀的抑制作用与粗颗粒泥沙对材料磨蚀的促进作用共同存在且作用显著。

图 4 为两种粒径分别是 0.026 mm 和 0.531 mm 的泥沙，以 1:4 和 4:1 的比例混合时，磨蚀试验的结果。从试验结果中可以看出，当粗细颗粒的泥沙混合比为 1:4 时，细颗粒泥沙含量较高，磨蚀量较小；当粗细颗粒的泥沙混合比为 4:1 时，粗颗粒泥沙含量较高，磨蚀量较大，但是两种工况的试验结果皆大于清水的空蚀量。

图 5 是粒径 0.026 mm 和 0.063 mm 的两种泥沙，分别以 1:4 和 4:1 混合，泥沙总含量皆为 50kg/m³ 时，磨蚀试验的结果。从试验结果中可以看到，两种泥沙以 1:4 混合时，其磨蚀量大于清水的空蚀量；两种泥沙以 4:1 混合时，磨蚀量接近清水的空蚀量。图 4 和图 5 所示的试验结果说明，当细颗粒泥沙与粗颗粒泥沙以适当比例混合时，磨蚀量接近清水的空蚀量。

综上所述，细颗粒的泥沙对材料空蚀的抑制作用与粗颗粒的泥沙对磨蚀破坏的促进作用是同时存在的，且当细颗粒泥沙与粗颗粒泥沙以适当的混合比进行磨蚀试验时，其磨蚀量与清水的空蚀量相同，这一试验结果有助于研究过流面的磨蚀预测，为水力机械的抗空蚀磨蚀提出了一个新的研究方向。

4. 结论

采用振动空蚀设备和泥沙起动装置研究泥沙粒径对 45 号钢的磨蚀破坏的影响，具体研究结果如下：

（1）在本试验条件下，试验运行 240 分钟之内，随着时间的持续，磨蚀量显著增加。

（2）在含沙量为 50kg/m³，泥沙平均粒径在 0.026 – 0.531 mm 范围之内，对 45#钢的试件磨蚀量随着泥沙粒径的增大而增大。

（3）在相同的试验条件下，当泥沙粒径为 0.026mm 和 0.043mm 时，磨蚀量小于清水的空蚀量，说明该类细颗粒泥沙对空蚀的发生存在抑制作用；当泥沙粒径为 0.063mm、0.253mm 和 0.531mm 时，磨蚀量大于清水的空蚀量，说明该类粗颗粒泥沙对磨蚀破坏存在促进作用。

（4）试验结果表明，当细颗粒泥沙（0.026 mm）与粗颗粒泥沙（0.063mm）以 4:1 的比例混合，且泥沙总含量为 50k/m³ 时，其磨蚀量与清水的空蚀量趋于相同。因此细颗粒的泥沙对材料空蚀的抑制作用与粗颗粒泥沙对破坏的促进作用是同时存在的，且在适当条件下，使得磨蚀破坏接近清水的空蚀破坏。

参 考 文 献

1　段生孝. 我国水轮机空蚀磨损破坏状况与对策[J]. 水机磨蚀研究与实践, 2005, (1): 126 – 133

2　姚启鹏. 泥砂粒径级配对材料磨损影响的试验研究[J]. 水力发电学报, 1997, (1): 87 – 94

3　谢翠松, 段文忠, 谢葆玲, 杨国录. 水轮机沙粒磨损问题研究[J]. 湖北水力发电, 2002, (1): 37 – 40

4　Sato J., Usami K., Okamura T. Basic study of coupled damage caused by silt abrasion and cavitation erosion[C]. Transactions of the Japan Society of Mechanical Engineers Series B, 1990, 56: 696 – 701

5　Si H., Akio L., Hiroyuki H. Effects of solid particle properties on cavitation erosion in solid-water mixtures[J]. Journal of Fluids Engineering, 1996, 118: 749 – 755

6　王志高. 我国水轮机磨蚀现状和防护措施的进展[J]. 水利水电工程设计, 2002, 21(3): 1 – 4

7　顾四行. 我国有关水机磨蚀研究和防护措施[J]. 水力发电学报, 1991, (2): 27 – 38

8　王荣克. 磨蚀泥沙起动装置的研制与泥沙特性对磨蚀影响的研究[D]. 南京: 河海大学, 硕士学位论文, 2007

9　Wu J., Gou W. Critical size effect of sand particles on cavitation damage[J]. Journal of hydrodynamics, 2013, 25(1): 165 – 166

10　陈秉二, 叶健, 古兴侨. 含沙水中沙粒与汽蚀相互影响的高速摄影观测[J]. 甘肃工业大学学报, 1986, 12(1), 36-40

11　郑大琼. 水中悬浮含沙对振动空蚀特性影响的探讨[J]. 水利学报, 1988, (3): 61 – 65

12 邓军, 杨永全. 水流含沙量对磨蚀的影响[J]. 泥沙研究, 2000, (4): 65－68

13 于鲁田. 多沙水流抽水站水泵磨损与减蚀措施[J]. 排灌措施, 1989, (4): 32－36

14 GBT 6383-2009.振动空蚀试验方法[S], 北京：中国标准出版社，2009

Influence of Sediment Particle Size on Damage of Cavitation and Erosive Wear for 45 Carbon Steel

GOU Wen-juan[1], LIAN Ji-jian[1], WANG Bin[2], WU Zhen[1]

(1. State Key Laboratory of Hydraulic Engineering Simulation and Safety, Tianjin University, Tianjin, 300072

Email: gwj@tju.edu.cn

2. Xuzhou Institute of Hydraulic and Architectural Design, Xuzhou, Jiangsu, 221000)

Abstract：For a hydropower project with high dam in hyper-concentrated river, hydraulic structures and hydro-machinery have been subjected to damage of cavitation and erosive wear. Experiments are carried out for 45 carbon steel in sediment-water solution with 5 sediment particle sizes (0.531 mm、0.253 mm、0.063 mm、0.042 mm、0.026 mm) and 50kg/m^3 concentration by means of a vibratory apparatus with a self-made sediment movement device. The results present that sediment particle size strongly dominates the various effects on damage. Sediments aggravate cavitation damage if their sizes are larger than a critical size; conversely, the damage was relieved. When the mixed rate of the smaller and larger size sediments is a particular number, as 0.026 mm and 0.253 mm sediments mixed by 4:1 of the concentration rate, the damage is close to the cavitation damage in distilled water. Hence the smaller sediments would bring in the less damage than cavitation damage and the larger sediments bring in the much more damage simultaneously.

Key words：Cavitation; Cavitation and Erosive Wear; Damage; Particle Size, Concentration.

新型旋流环形堰竖井泄洪洞自调流机理和特性研究

郭新蕾，夏庆福，付辉，杨开林，董兴林

(流域水循环模拟与调控国家重点实验室 中国水利水电科学研究院，北京复兴路甲 1 号，100038，guoxinlei@163.com)

摘要：改变一般的防漩、消涡观念，提出一种新的由自调流潜水起旋墩为核心构成的旋流环形堰竖井泄洪洞，虽脱胎于常规喇叭形竖井泄洪洞，但在泄洪流态和消能防蚀方面又另辟蹊径。依托广东清远抽水蓄能电站泄洪洞工程，对新型环形堰竖井泄洪洞进水口、旋流泄洪洞、出口的复杂水流运动进行了数值模拟研究，获得了该新体型进水口流态、旋流空腔发展过程、竖井内部流态、平洞自由水面、压力等主要水力要素的分布规律。结果表明：计算得到的上述水力学要素分布规律与模型测量趋势上一致，量值上吻合较高。同时，模拟计算结果也较好揭示了自调节潜水起旋墩的旋流、自调流机理以及新型泄洪洞的消能原理。

关键词：旋流竖井；环形堰；潜水起旋墩；水力特性；数值模拟

1 研究背景

我国西南地区聚集的大批水电工程多位于高山峡谷地区，水头高，泄量大，地质条件复杂，技术难度十分突出，消能和防蚀便是其中关键难题之一。因泄洪消能布置往往受场地限制，仅靠坝身泄洪很难满足设计要求，常利用其它泄洪设施来宣泄洪水[1-2]，特别是近二三十年日益兴建的面板堆石坝，其坝身不能过流，需要在岸边修建泄洪洞或利用导流洞改建泄洪洞。作为电站枢纽泄水建筑物防蚀消能设施的核心，传统泄洪洞存在消能率不高，流速大，出口雾化严重等问题。考虑到目前水电工程对生态环境的影响已成为衡量工程可行性的制约指标，一种趋势是把泄水建筑物的消能任务从洞外转移到洞内，除了满足基本的泄量要求，还要达到兼顾防空蚀、保护生态和减少投资的目的。生态环境友好型的洞内旋流消能工能够实现一洞多用，并且消能率高，已成为当前泄洪消能领域一个重要的研究热点和方向。

有关旋流内消能工的工程实例主要集中在旋流竖井式或竖井—旋流式（也称水平旋流式），前者应用工程如四川沙牌、溪洛渡、瓦屋山、小湾、卡基娃、甲岩、意大利 Narni、Grotto Companre 等水利水电枢纽的旋流竖井泄水道，后者如公伯峡右岸竖井旋流泄洪洞、印度特里水电站泄洪洞[3]。近年来国内外学者如 Jain[4-5]、Hager[6]、Chanson[7]、Rajaratnam[8]、Del Giudice[9]、许唯临[10]、刘之平[11-12]、董兴林[13-14]、牛争鸣[15]等，分别从不同角度对不同体型的旋流泄洪洞及其水力学特性开展了理论、试验和模拟研究，并取得了较丰富的成果。但是，旋流竖井早期经典的螺旋型涡室更像水轮机蜗壳，其断面是由 4 个不同半径的圆弧曲线构成，结构复杂、尺寸大、不经济，很难在大中型水电工程中应用。竖井水平旋流对地质条件要求高，且需在起旋室设置通气井，施工困难。常规环形堰竖井式泄洪洞水流从四周沿喇叭形堰径向流入，在淹没流时环形堰易产生漩涡，出现不稳定涡袋引起结构物振动，甚至出现气爆现象，为防止竖井空蚀，或在溢流堰下设突扩掺气坎，或在竖井内设置环形掺气坎，掺气装置易使竖井直径增大，同时施工难度也很大。

为克服上述难题，董兴林等[3,14]通过长期研究，提出一种新型的内消能工—旋流环形堰竖井泄洪洞，主要由进口起旋墩、环形堰、竖井和洞内压力消能工组成(图 1)。新体型的进水口结构体型发生了重大改变，它利用水库中的开敞地形，不设引水道和涡室（包括各种引水道与涡室的连接）而是，而是在环形堰进口外缘轴对称的布置若干个潜水起旋墩（一般 6-8 个），潜水起旋墩同环形堰外缘的切线成小角度连接（交点与切线方向角度小于 15°），产生旋转流运动。作为一种新型的旋流布置体型，相关机理和水力学特性并不十分明了。本研究目的是，结合广东清远抽水蓄能电站泄洪洞工程模型试验[16]，对所提出的新型旋流环形堰竖井泄洪洞进行三维流场的数值模拟，根据模拟结果分析各水力要素的变化规律，为进一步明晰新型环形堰竖井泄洪洞各部分水流特性和补充揭示自调节潜水起旋墩的旋流运动机理提供依据。

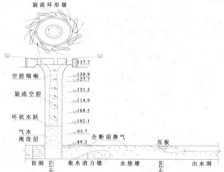

图 1　新型环形堰竖井泄洪洞基本布置及期望流动　（流动仅为示意）

2　数学模型对比

为了说明标准 k-ε 模型和 RNG k-ε 在求解问题的差别，利用 Fluent 软件基于高性能曙光集群计算平台作简单对比。关于不同数学模型，如标准 k-ε、RNG k-ε 的基本方程和封闭模式，已有文献[17]介绍较多，此处不在赘述。图 1 体型对应的清远下库泄洪洞模型具体尺寸及各参数意义可参见文献[3,14,16]。模型采用有限体积法隐格式迭代求解，速度压力耦合采用 PISO 算法。水流入口采用速度入口边界。以清远下库泄洪洞为例，对于 5000 年一遇洪水工况，在最高库水位 142.45 m 时，模型试验所测得对应流量为 521.77 m³/s，由此可知水流入口处的法向速度为 1.035 m/s。空气入口采用压力入口边界条件，其上压力为大气压力值。出口水流为自由出流，设置为压力出口边界。自由水面采用 VOF 方法追踪。计算时坐标原点位置设在竖井与导流洞相交断面中心往下 10 m 高程处，桩号 0+175.007 m，X 轴取为沿出水洞方向，Z 轴取为沿竖井方向，且沿竖井向上为负向。部分区域采用非结构网格来剖分，对重点部位进行加密处理，并采用不同网格数进行计算对比。

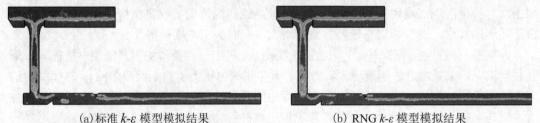

(a) 标准 k-ε 模型模拟结果 　　　　　　　　(b) RNG k-ε 模型模拟结果

图 2 不同数学模型计算的典型工况流态

图 2 示出的是不同数学模型计算的五千年一遇洪水工况模型整体纵剖面流态，二者计算的数据壁面压力对比见图 3，其中左、右、前、后壁面点对应竖井段某一高程位置横截面上 W、E、S、N 方向的测压点。由图可知，对于同一工况，采用不同的湍流模型计算所得的水流流态和水面线之间差别不明显，但 RNG k-ε 湍流模型计算的出水洞内水面更为平稳。整体而言，二者均能较好地模拟和再现模型试验的水流现象，同时均能较为直观地描述出竖井内旋流空腔的水流流态。

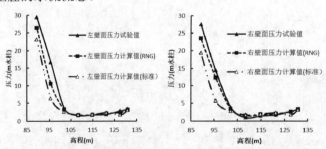

图 3 不同数学模型计算的竖井壁面压力对比

图 3 的壁面压力计算结果表明，采用不同的湍流模型计算所得的竖井井身段的壁面压力分布规律相似，环状水跃（高程 110.2m 附近）以上高程计算所得的压力值较为接近，与模型试验值均差别不大。但 RNG k-ε 模型计算所得的竖井段的压力值和模型试验更为接近，特别是在环状水跃以下的高程位置处，标准 k-ε 模型与模型试验值差别较大，二者整体相对偏差分别为 12% 和 19%。总体来看，RNG k-ε 模型能够较好地模拟新型旋流环形堰竖井

泄洪洞水流的运动，结果比标准 $k\text{-}\varepsilon$ 模型稍好。以下的分析均以 RNG $k\text{-}\varepsilon$ 模型为准。

3 结果分析

3.1 流态与水面线

这里重点选择 5000 年一遇洪水工况对比说明。该工况库水位 142.45 m，原型流量为 521.77 m³/s，试验的 H/R_L=0.59，环形堰上起旋墩处于淹没状态，为淹没堰流。环形堰潜水起旋墩、旋流空腔、竖井不同剖面的流态对比如图 4 至图 6 所示。由图 4 可知，水流经潜水起旋墩后在惯性力的作用下泄流，并在在竖井中形成旋流空腔。竖井中水体贴壁流动，未出现脱壁现象，流态较好，且旋流运动是轴对称的，旋流空腔基本位于竖井中心，漩涡不存在偏心。形成的螺旋流从上到下保持贯通，直到出现环状水跃为止，然后进入下部的水气淹没垫层，图 6 的模拟结果再现了这一流动过程，其中 Z=-20m 对应图 1 的 89.3m 高程位置。从图 4 至图 6 可揭示出的自调节潜水起旋墩运动机理是，当堰上水深较浅时(小流量)，水流沿着墩壁进入竖井产生旋转流运动，当水深漫溢墩顶时(大流量)，在惯性力作用下水流自动调节入流角度加大泄流量，在底层旋转流的拖曳下同步旋转并增加了旋转力度。试验和模拟结果表明，竖井在各种堰顶水深下均能形成稳定的带有空腔掺气的旋转流，利用离心力消除溢流堰和竖井的负压，所以旋流环形堰无需另外设置掺气坎及其配套的通气管路系统也能避免发生空蚀。图 5 显示旋流空腔先收缩后扩大，空腔咽喉（最小空腔断面）出现在 136m 高程处，模拟的空腔咽喉轮廓与实际观测轮廓非常接近，咽喉直径约大于竖井直径的 1/3，这与模型试验中观测到的咽喉直径 $0.4D < d < 0.5D$ 一致，在最大泄流量工况下，竖井仍能保证较好的流态，也没有出现"呛水"现象，说明基于文献[14]确定的竖井直径是合适的。随着水流进一步旋转下泄，在经过一段距离后，竖井壁面水深分布基本均匀，在竖井的中下部出现环状水跃，环状水跃的高程（气水交界）约为 107~110m，这与模型试验实测高程 110.2m 较接近。

竖井水流经过气水掺混后进入洞内，其中少部分水体在盲洞内旋滚消能，大部分水流从集水消力墩上部高速射入下游水垫塘内进行扩散旋滚消能，释放大量气体集聚在洞顶，部分空气从下游顶压板的通气孔流出，消除了压板背面的负压涡，使洞内形成比较平稳的明流流态。图 7 给出的是顶压板后的平洞水面线对比，由图可知，在最大下泄流量下，数模和物模均显示出较大的洞顶余幅（余幅高大于 20%洞高），不过水深计算值和实测稍有误差，一方面由于水面掺气后波动，实测存在误差（模型比尺 1:32，实测和模拟水深最大偏差小于 2cm），另外，模拟中掺气量量值很难量化，跟实际未必相符。总体来说，泄洪洞整体的流态和水面线的趋势跟实际一致性较好，数模计算基本能够反映出新体型水流的运动特性，同时也表明新型旋流环形堰竖井泄洪洞的流态同传统的泄洪洞差异较大。

3.2 压力

图 8 给出的是环形堰和竖井段壁面压力的模拟和实测值对比。自 130.9m 高程开始向下

7 个高程上布置测压点。在环形堰处（高程 130.9m），由于靠近潜水起旋墩（起旋装置），且壁面为 1/4 椭圆收缩曲线，离心效应显著，因此壁面压强较大。水流进入竖井后，由于旋转离心力的作用流速增大，高程自上而下的壁面压强迅速减小，直至竖井下部出现环状水跃后压力才有所回升，模拟结果反映了竖井壁面压力数值先降后升的趋势。在最不利工况（5000 年一遇洪水）下，竖井内无负压出现，利用起旋墩产生的离心力消能效果良好。总体来说，模拟结果与试验实测压力变化规律基本一致，也表明利用 RNG k-ε 湍流模型模拟新型环形堰竖井泄洪洞水流特性是可行的，但数值模拟得到的壁面压强均较实测值偏小。在环状水跃高程以上，计算值和实测值相差不大，环状水跃（高程 110.2m 附处）以下，模拟效果较差，分析可能的原因包括：①物理模型试验测量造成的误差。在测量过程中泄流量较大，竖井下部发生环状水跃时水面波动大，水气混掺剧烈，这将对实际测量结果产生影响；②数值模拟考虑的掺气与模型试验不相似，VOF 法追踪水气界面时，界面模糊可能导致模拟的库水位稍小于物理模型试验，流量差异造成压力偏差；③网格划分的精度与密度对计算结果的影响等。

(a) 5 年试验　　(b) 20 年试验　　(c) 200 年试验　　(d) 5000 年试验　　(e) 5000 年模拟

图 4 环形堰进口流态

(a) 试验照片　　　　　(b) 模拟结果

图 5 旋流空腔咽喉流态对比

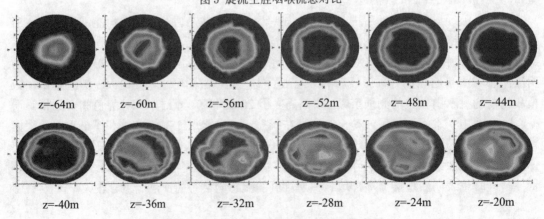

z=-64m　　z=-60m　　z=-56m　　z=-52m　　z=-48m　　z=-44m

z=-40m　　z=-36m　　z=-32m　　z=-28m　　z=-24m　　z=-20m

图 6 竖井自上而下不同高程处横剖面流态图

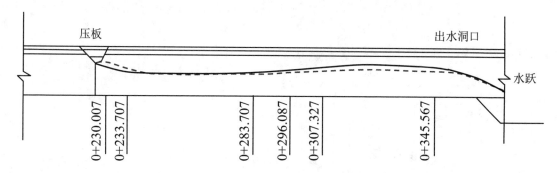

图 7 水面线对比(实线为试验值,虚线为模拟值)

　　竖井与出水洞采用相贯连接,出水洞内设置集水消力墩和倒三角形压板构成了压力消能工(水垫塘)。对出水洞内可能会出现负压的关键部位进行了压力量测,测点布置见图9,模拟和试验的对比如图10所示。由图可知,出水洞内壁面压力与试验值的沿程变化规律基本相似,且吻合度较高,压力分布规律如下:①整个泄洪洞的最大压力出现在竖井的底板上;②出水洞内压力沿程为下降趋势,除集水墩背部(7#)和洞内顶压板附近(10#)模拟值与实测值稍有差距外,其余测点压力均模拟较好;③出水洞内没有出现负压,但压力有一定的波动,集水墩后(5#)压力下降较为明显;④b#测点之前计算值总体偏小于实测值,b#测点之后计算值又比实测值稍大,这可能与集水墩、顶压板处的网格质量和掺气水流相似性的影响有关。

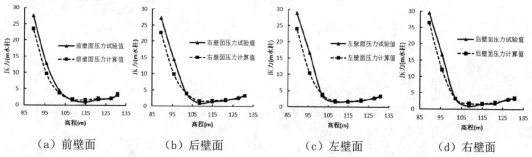

(a)前壁面　　　　(b)后壁面　　　　(c)左壁面　　　　(d)右壁面

图 8 壁面压力对比

3.3 消能率

　　为便于与模型试验所得的消能率进行比较,取与试验近似的下游断面处的平均流速 v 来计算消能率。泄洪洞总消能率按 $\eta = 1 - \left(\dfrac{p}{\gamma} + \dfrac{v^2}{2g} \right) \Big/ z$ 计算,式中 z 为底板上的作用总水头,即为库水位与出水洞测速断面底板高程差。计算工况 $H/R_L = 0.59$,取 $v = (0.9\text{-}0.95)V_{max}$,$p/\gamma$ 为测速断面的平均水深,$p/\gamma = Q/(Bv)$,模拟计算得到的消能率为 71.4%,该值与实测值 72.0% 比较接近。

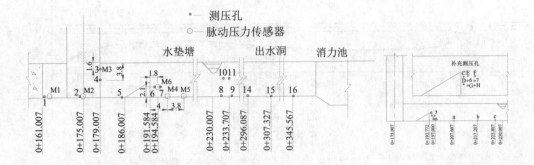

图 9 出水洞压力测点布置

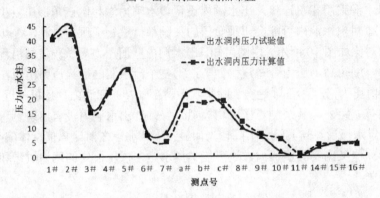

图 10 出水洞压力计算值与试验值比较

4 结论

尝试利用数学模型对新型环形堰竖井泄洪洞的复杂水流运动进行了三维模拟，并结合物理模型试验进行了对比验证分析。

（1）RNG k-ε 紊流模型和标准 k-ε 模型均能较好地模拟和再现新型环形堰竖井泄洪洞的水流现象，能描述出竖井内旋流空腔的水流流态，但前者在压力、流速等模拟指标方面比标准 k-ε 模型更好。建议明确用 RNG k-ε 模型模拟此类旋流问题。

（2）获得了该新体型进水口流态、旋流空腔发展过程、竖井内部流态、平洞自由水面、压力等主要水力要素的分布规律。模拟结果与模型试验实测成果吻合良好，并验证了旋流环形堰竖井泄洪洞较高的消能效率。

（3）进一步揭示出自调节潜水起旋墩的旋流、自调流机理及消能原理，即：当堰上水深较浅时，水流沿着墩壁进入竖井产生旋转流运动，当水深漫溢墩顶时，在惯性力作用下水流自动调节入流角度加大泄流量，在底层旋转流的拖曳下同步旋转并增加了旋转力度。竖井在各种堰顶水深下形成稳定的带有空腔掺气的旋转流，利用离心力消除溢流堰和竖井的负压，同时空腔释放出大量空气在竖井下部水垫层和出水洞的消能工内进行掺混剪切，消耗大量能量以提高泄洪洞的消能率。

新型旋流环形堰竖井泄洪洞是近年来研究出的新体型，是值得推广的、典型的生态环境友好的消能技术，特别对于土石坝水库修建非常泄洪洞和城市排水工程更有利。目前，首座新型旋流环形堰竖井泄洪洞-清远下库泄洪洞正在建设，下一步的工作是开展相关原型观测，对比分析原模型间的差异并为数值模拟成果提供验证。

参 考 文 献

1 高季章, 董兴林, 刘继广. 生态环境友好的消能技术－内消能的研究与应用[J]. 水利学报, 2008, 39(10): 1176-1182.

2 邓军, 许唯临, 雷军, 刁明军. 高水头岸边泄洪洞水力特性的数值模拟[J].水利学报, 2005, 36(10): 1-6.

3 董兴林. 旋流泄水建筑物[M]. 济南: 黄河水利出版社, 2011.8.

4 Jain S. C. Free-surface swirling flows in vertical dropshaft[J]. Journal of Hydraulic Engineering, ASCE, 1987, 113(10): 1277-1289.

5 Jain S. C. Air transport in vortex-flow drop-shafts[J]. Journal of Hydraulic Engineering, ASCE, 1988, 114(12): 1485-1497.

6 Hager W. H. Vortex drop inlet for supercritical approaching flow [J]. Journal of Hydraulic Engineering, ASCE, 1990, 116(8): 1048-1054.

7 Chanson H. Air entrainment processes in a full-scale rectangular dropshaft at large flows[J]. Journal of Hydraulic Research, 2007, 45(1): 43-53.

8 Rajaratnam N. Observations on flow in vertical dropshafts in urban drainage systems[J]. Journal of Environmental Engineering, ASCE, 1997, 123(5): 486-491.

9 Del Giudice G., Gisonni C. Vortex dropshaft retrofitting: case of Naples city(Italy)[J]. Journal of Hydraulic Research, 2011, 49(6): 804-808.

10 杨朝晖, 吴守荣, 余挺, 等. 竖井旋流泄洪洞三维数值模拟研究[J]. 四川大学学报(工程科学版), 2007, 39(2): 41-46.

11 Zhao C H., Zhu, D., Sun S K and Liu Z P. Experimental study of flow in a vortex drop shaft[J]. Journal of Hydraulic Engineering, ASCE, 2006, 132(1), 61-68.

12 张晓东, 刘之平, 高季章. 竖井旋流式泄洪洞数值模拟[J]. 水利学报, 2003(8): 58-63.

13 董兴林, 郭军, 肖白云, 周钟. 高水头大泄量旋涡竖井式泄洪洞的设计研究[J].水利学报, 2000, 31(11): 27-31.

14 董兴林, 杨开林, 郭新蕾, 等. 旋流喇叭形竖井泄洪洞水力学机理及应用[J].水利学报, 2011, 42（1）: 14-18

15 付波, 牛争鸣, 李国栋, 曹双利. 竖井进流水平旋转内消能泄洪洞水力特性的数值模拟[J]. 水动力学研究与进展, 2009, 25(3):263-269.

16 杨开林，董兴林，郭新蕾，等. 广东清远抽水蓄能电站上、下水库竖井泄洪洞实验研究报告[R].中国 水利水电科学研究院，2010

17 ZHU Xiao-hua, SUN Chao, TONG Hua. Distribution features, transport mechanism and destruction of cuttings bed in horizontal well[J]. Journal of Hydrodynamics, 2013, 25(4): 628-638.

18 郭新蕾，杨开林，等. 环境友好型内消能工一旋流环形堰竖井泄洪洞的数值模拟[R]. 中国水利水电科 学研究院，2014.

Self-adjusting mechanism and characteristics of newly vortex drop shaft spillway

GUO Xin-lei, XIA Qing-fu, FU hui,YANG Kai-lin, DONG Xing-lin

(State Key Laboratory of Simulation and Regulation of Water Cycle in River Basin, China Institute of Water Resources and Hydropower Research, Beijing 100038, China, E-mail: guoxinlei@163.com)

Abstract: To overcome the limitations such as commonly vortices in inlet and complicated cavitation control measures of vortex drop shaft spillway, a novel shaft spillway which consists of submersible and spiral-flow-generated piers and morning glory weir was developed. Compared with the traditional morning glory shaft spillways, such newly interior energy dissipater has much difference in the hydraulic characteristics such as vortex flow and corrosion resistance mechanism. Based on the spillway project of the Qingyuan pumped storage power station, the behavior of the newly type of inlet and the performance of the vortex drop structure was investigated and simulated by using commercial computation hydromechanics software. The hydraulic characters such as the flow pattern, air core distribution, position of the annular hydraulic jump, pressure and water profiles of the outlet tunnel were obtained. It shows that such distributions of the above hydraulic elements agree well with the measured data. Besides, the simulated results help to reveal the self-adjusting mechanism and energy dissipation principle of the newly vortex drop shaft spillway.

Key words：Vortex drop shaft; Morning glory weir; Submersible blocks of spiral flow generator; Hydraulic characteristic; Numerical simulation.

鄱阳湖及五河尾闾二维水动力数学模型的建立与验证

史常乐

(河海大学水利水电学院，南京，210098，Email: 470068004@qq.com)

摘要： 鄱阳湖是我国第一大淡水湖，承纳赣江、抚河、信江、饶河、修河及博阳河等支流来水，由湖口注入长江，受尾闾来水条件、鄱阳湖水位涨落、长江水位高低等的影响，鄱阳湖及五河尾闾区域的水动力特性十分复杂。本文选用 2010 年和 2011 年鄱阳湖区地形资料及 2004 年后五河尾闾地形资料，基于 MIKE21FM 中的水动力模块，建立了鄱阳湖及五河尾闾的整体的平面二维水动力数学模型。二维模型网格使用 SMS 软件的 Map 模块进行三角网格的剖分，网格尺寸 30～800m 不等，对鄱阳湖"低水是河"的形态的主槽部分和五河尾闾分别进行局部加密，总网格数为 652752 个；河槽糙率设为 0.018-0.023，边滩糙率设为 0.023-0.04。模型验证采用 2012 年 5 月实测水流资料，验证结果表明，该模型能较好地复演鄱阳湖及五河尾闾区域的天然状态下的水流运动规律，建立的模型可为后续鄱阳湖及五河整治方案的制定提供参考。

关键字： 鄱阳湖；五河尾闾；水动力数学模型；水动力特性；整治方案

1 引言

鄱阳湖位于江西省北部，长江中游，承纳着赣江、抚河、信江、饶河和修河五大河，经调蓄后，由湖口注入长江，湖区由于受地形及降雨等天气的影响，季节性变化比较明显，为高动态性湖泊，在丰水期会出现顶托或倒灌等不同的湖流形态，其水动力特征比较复杂。鄱阳湖的"高水是湖，低水是河"的特性，表现在每年 4—9 月湖区水位随五河水位和长江干流洪水的增加而升高，湖水漫滩，湖体边界扩大，水流平缓，表现为湖的特性；枯水期为每年的 10 月份后，水位消退，湖水落槽，滩地显露出来，比降增大水面为倾斜状，水流湍急，表现为河道的特性[1]。而且鄱阳湖是长江水系及其生态系统的重要组成，在长江流域治理、开发和保护中有着十分重要的地位，因此迫切需要研究鄱阳湖及五河尾闾之间的水流特性。

以往湖泊和河流的水动力特性的研究主要通过野外观测及室内实验的方法完成，需要足够的人力、财力来支持而且受观测站点的限制，实测资料在空间上存在着不连续性和完整性差等问题。与之相比，采用数值模拟方法的优势在于能在模拟中灵活控制参数，选用不同的频率工况进行分析，节省时间和资金，操作方便，且精度较高。河湖数学模型的建立，一直是水利界备受关注的焦点。针对洞庭湖建立起来的数学模型，李琳琳[2]采用自编程序建立了荆江和洞庭湖区的一维河网与二维湖泊的耦合模型和整体二维数学模型，并通过典型洪水率定和验证了河道及湖区的糙率，水位计算结果与实测值基本吻合，低水位精度较差，可能与两岸附近干湿边界处理方法的精度问题有关，可用于不同类型的洪水计算。袁雄燕[3]建立了荆江-洞庭湖河网数学模型，采用1998年7月2日-8月27日实测资料进行验证计算，计算结果与实测资料吻合较好，对河网的概化是合理的。赖锡军等[4]基于水力学方法建立了洞庭湖区水系一、二维耦合的水动力学模型，采用1996年的水情资料作为边界条件，选取范围内的主要站点进行水位验证及河网流量分配验证，对四河尾闾和湖区的主要站点的水位验证，洪水过程吻合，河网流量分配准确，江湖蓄泄关系合理。针对鄱阳湖区域建立起来的数学模型，南京水利科学研究院等[5]在长江中游洪水演进数学模型结构的基础上，建立了上起宜昌下至大通的数学模型，其中的鄱阳湖五河尾闾模块采用以五河入湖控制站入流为上边界条件，鄱阳湖水位为下边界条件。采用1981-1990共10年水沙资料进行率定，采用1991—2000年共10年水沙资料进行验证计算，模型能较好的反应湖泊流动特性。在鄱阳湖区水动力数学模型的研究方面，范潘平等[6]基于Delft3D建立了全二维的鄱阳湖水动力模型，通过1989年7月15日的出入鄱阳湖的边界资料，对鄱阳湖的水位和流场进行验证，与实测水文数据相比，误差较小，准确性高。赖锡军[1]等建立了鄱阳湖二维水动力和水质耦合数值模型，由现场观测的水位、水质指标过程和遥测水域范围数据和模型计算的进行比较进而进行模型的验证，水位涨落变化与实际变化一致。

因鄱阳湖的在一年中的边界、水位、流速、湖流形态不断变化，水动力特性比较复杂，国内外有关的鄱阳湖的水动力数学模型建立与验证中，对鄱阳湖及五河尾闾建立起来的全二维数学模型的建立与验证比较少。本文基于MIKE21建立了鄱阳湖及五河尾闾的全二维数学模型。其成果可望为今后鄱阳湖及五河尾闾的科研分析及整治工程制定打下基础。

2 数学模型的建立

二维数学模型

因本文研究的湖区和五河尾闾的水平尺度远大于垂向尺度，流速和水位等水力参数沿垂向的变化比水平方向小很多，因此将三维流动的控制方程沿水深积分，得到二维浅水方程组。采用MIKE21FM[7]模块的二维水动力模型对湖区和五河的水动力特征进行计算。其中二维非恒定浅水方程组为：

$$\frac{\partial Z}{\partial t} + \frac{\partial(hu)}{\partial x} + \frac{\partial(hv)}{\partial y} = q \tag{2-1}$$

$$\frac{\partial u}{\partial t} + u\frac{\partial u}{\partial x} + v\frac{\partial u}{\partial y} + g\frac{\partial Z}{\partial x} = -g\frac{n^2 u\sqrt{u^2+v^2}}{h^{\frac{4}{3}}} + \frac{\partial}{\partial x}(E_x\frac{\partial u}{\partial x}) + \frac{\partial}{\partial y}(E_y\frac{\partial u}{\partial y}) + fv \tag{2-2}$$

$$\frac{\partial v}{\partial t} + u\frac{\partial v}{\partial x} + v\frac{\partial v}{\partial y} + g\frac{\partial \xi}{\partial y} = -g\frac{n^2 v\sqrt{u^2+v^2}}{h^{\frac{4}{3}}} + \frac{\partial}{\partial x}(E_x\frac{\partial v}{\partial x}) + \frac{\partial}{\partial y}(E_y\frac{\partial v}{\partial y}) - fu \tag{2-3}$$

方程式中忽略了涡动黏滞项。

式中：Z 为水位（m）；h 为水深（m），$h=Z-Z_B$；Z_B 为湖底高程（m）；u 为 x 方向速度（m/s）；v 为 y 方向速度（m/s）；q 为源或汇（m^2/s），例如湖面降雨、蒸发及湖底渗漏等；f 为柯氏加速度；E_x、E_y 分别为 x 和 y 方向上的离散系数。

根据实际的鄱阳湖进出口的水文资料，将进、出水口设置为开边界，岸边设置为陆地边界。

2.1.1 计算方法

采用以单元为中心的有限体积法离散求解浅水方程[9]，将连续流体细分为非重叠的单元。模型计算使用三角形网格，采用 SMS[10] 的 Map module 生成的网格，网格质量可通过检查 Mesh Quality Legend 进行检测，满足计算要求。单元界面的对流流动用 Riemann 解法，为避免数值震荡，模型使用二阶 TVD 格式。时间积分采用低阶显式的 Eular 方法。

2.1.2 边界条件

边界分为闭合边界（陆地边界）和开边界两种。所有垂直于边界流动的变量为 0，可得知沿着陆地边界是完全平稳的。本模型的闭合边界由鄱阳湖湖区段及五河尾闾的堤线边界组成。开边界条件为指定的流量过程及水位过程。本模型鄱阳湖五河尾闾为相应河段流量过程，鄱阳湖湖口入江处（湖口）给定水位过程。

处理动边界问题（干湿边界），单元定义为干、半干湿和湿三种状态。当深度较小时（半干湿状态），一般将动量通量设置为零，只考虑质量通量，也即只计算连续性方程。当深度足够小时（干状态），计算不考虑该网格单元。水深大于湿水深时，质量和动量的通量都会在计算中被考虑。动态处理这类运动边界是这类湖泊水动力模拟的关键点之一。

2.2 湖区模型的建立

2.2.1 计算区域

鄱阳湖湖区大部分采用 2010 年、2011 年实测地形；赣江尾闾采用 2005-2011 年地形。数学模型计算范围包括鄱阳湖湖区段和尾闾段两部分。模型东西跨度约为 180km，南北跨度约为 200km，面积约为 $4600km^2$。其中：鄱阳湖湖区段包括整个鄱阳湖湖盆区域；尾闾段包括赣江四支，抚河，信江东西支，乐安

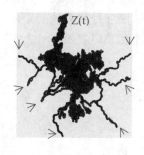

图 1 模型范围及网格图

图 2 局部网格示意图

河、昌江、修水和潦河，模型范围及整体网格参见图 2-1，图中的七条红线代表 7 个流量入口分别是修河虬津，潦河万家埠，抚河李家渡，信江梅港，虎山乐安河，昌江渡峰坑，赣江外洲。模型三角形网格共计 652752 个，节点共计 326409 个。模型网格的划分既要保证湖区航道及"五河"尾闾的计算要求，又不浪费湖区地形变化不大处的网格，模型网格尺寸为 30-750m 不等，湖泊主槽部分网格尺寸为 30-150m，赣江的为 200m 左右，其余四河为 700m 左右。保证洪枯季节模拟的精度，局部网格参见图 2-2。边界条件上游 7 个流量边界，下游边界条件采用长江湖口水位条件。

2.2.2 参数设置

（1）糙率。在计算中由实测资料进行调整，河槽糙率约在 0.018-0.023 之间，边滩和近岸糙率值较大，约在 0.023-0.034 之间。

（2）时间步长取 30s。干湿边界，模型采用干水深 0.005m，淹没水深 0.05m，湿水深度 0.1m；涡黏系数计算采用 Smagorinsky 公式[11]，其中 Smagorinsky 系数 Cs 设定为 0.28。

（3）干湿边界。以水深为判别标准确定单元界面的类型，由相应方法确定跨界面的法向通量，以保证水量平衡。本模型采用干水深 h_{dry}=0.005m，淹没水深 h_{flood}=0.05m，湿水深度 h_{wet}=0.1m。

3 模型的验证

图 3.水文测验断面

图 4.水文测验点

采用 2012 年 5 月 12 日搜集的水文资料进行参数率定和结果验证。水文测验点及断面分别见图 3-1 和 3-2。测验断面由下往上依次是 RJ1-8 断面。

3.1 断面流速分布验证

2012 年 5 月 12 日在计算河段中沿程共布设了 8 个测验断面，验证采用与实测流量相同的流量，断面流速分布验证结果如图 3-3 所示。由图可知，断面流速分布的计算结果与实测值基本一致，无系统偏差，主流位置与实测结果基本吻合，偏差在±0.12%。RJ7 和 RJ8 断面处的流速的变化趋势特征不明显，究其原因在于该断面处在入江断面附近，长江水流和鄱阳湖入江水流的双重影响，致使该处流速特征复杂。

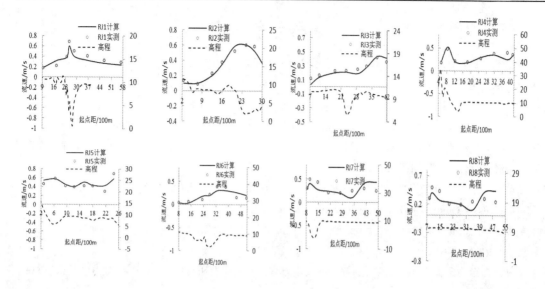

图 5 断面流速分布验证

在模型范围内统计了 9 个典型水位点的水位。其中，鄱阳湖内共 5 个水位点，分别为康山、龙口、棠荫、都昌、星子，水位验证结果见图 6。赣江区域内共 4 个水位点，分别为滁槎、楼前、昌邑，水位验证结果见图 7。由图 6 和图 7 可见，计算水位与实测水位偏差在±0.065 以内，没有系统偏差，因而具有较好的相似性。各支沿程的水位变化因控制点未建立各支起沿程水面线分析结果

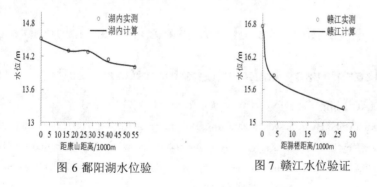

图 6 鄱阳湖水位验　　　　图 7 赣江水位验证

4 结论

本文建立了鄱阳湖及五河尾闾二维水动力数学模型，并采用2012年5月12日实测水文资料进行了典型水位点的水位验证及测验断面的流速验证，验证结果满足数模计算的要求。说明所建立的平面二维水流数学模型能较好的复演天然状态下鄱阳湖及五河尾闾的水流运动规律，这为研究鄱阳湖及五河尾闾之间的水流特性打下基础。

参考文献

[1] 赖锡军，姜加虎，黄群，等. 鄱阳湖二维水动力和水质耦合数值模拟[J]. 湖泊科学,2011(06): 893-902.

[2] 李琳琳. 荆江-洞庭湖耦合系统水动力学研究[D]. 北京: 清华大学, 2009.

[3] 袁熊燕. 荆江一洞庭湖河网水流数值模拟与分析[J]. 人民长江. 2008.

[4] 赖锡军，姜加虎，黄群. 洞庭湖地区水系水动力耦合数值模型[J]. 海洋与湖沼. 2008(01): 74-81.

[5] 南京水利科学研究院，江西省水利科学研究院，江西省水利规划设计院. 三峡工程运用后对鄱阳湖及"五河"水位影响研究报告[R]., 2009.

[6] 范翻平. 基于Delft3D模型的鄱阳湖水动力模拟研究[D]. 江西师范大学, 2010.

[7] MIKE21 User-Guider[Z]. Danish Institute of Hydraulics, 2009.

[8] 吴书鑫，沈余龙，房树财，等. 八卦洲整治工程措施对汊道分流比和冲淤变化的影响研究[J]. 浙江水利科技. 2014(05): 57-60.

[9] 艾丛芳，金生. 基于非结构网格求解二维浅水方程的高精度有限体积方法[J]. 计算力学学报. 2009, 26(6): 900-905.

[10] FINITE ELEMENT SURFACE-WATER MODELING SYSTEM: TWO-DIMENSIONAL FLOW IN A HORIZONTAL PLANE. USERS MANUAL[J]. FederalHighwayAdministration. 1990.

[11] 王惠中，宋志尧，薛鸿超. 考虑垂直涡粘系数非均匀分布的太湖风生流准三维数值模型[J]. 湖泊科学, 2001, 13(3): 233-239.

Establishment and verification of two-dimensional hydrodynamic numerical model for Poyang Lake and its Five Rivers Tail

SHI Chang-le[1]，XIAO Yang[1,2]， DING Yun[1,2],WU Teng[3],TANG Li-mo[1,2]

(1.College of Water Conservancy and Hydropower Engineering, Hohai University, Nanjing 210098,China.Email: 470068004@qq.com; 2.State Key Laboratory of Hydrology-water Resources and Hydraulic Engineering,Hohai University,Nanjing 210098,China;3.College of Harbor, Coastal and Offshore Enigeering, Hohai University, Nanjing 210098,China)

Abstract: Poyang Lake, the largest freshwater lake in china, which contains Ganjiang, Fuhe, Xinjiang, Raohe, Xiuhe and Boyanghe. It shorts for Five Rivers. After regulating runoff into Yangtze River in Hukou. It has water flow characteristics in low water and lake property in high water level. It takes greater governance difficulties to Poyang Lake and its Five Tail with complex hydrodynamic characteristics. Based on Mike21 software, a large scale two-dimensional plane hydrodynamic mathematical model including Poyang Lake and Five Rivers Tail is developed. Poyang Lake using topographic data in 2010 and 2011, and after 2004 for Five Rivers Tail. For the accuracy of simulation in flood and dry seasons, it uses the Map module of SMS software for processing grid in full two-dimensional numerical model, which grid size ranging from 30-1200m. Achieve hydrodynamic eatablishment and validation through 2012-5-12. It shows that model has the capability to model the flows dynamic in nature state and provide reference for comprehensive control scheme of Poyang Lake and Five Rivers Tail.

Key words：Hydrodynamic numerical model; Ganjiang Tail River; Poyang Lake; Establishment and verification

八卦洲右汊潜坝对改善左汊分流比
效果研究

陈陆平[2]，肖洋[1, 2, 3]，张汶海[2]，李志伟[1, 2]

（1. 河海大学水文水资源与水利工程科学国家重点实验室，江苏 南京，210098；2. 河海大学水利水电学院，江苏 南京，210098；3. 水资源高效利用与工程安全国家工程研究中心，江苏南京 210098；Email: chenluping5169@163.com）

摘要：南京八卦洲汊道左汊近年呈现出加剧萎缩的趋势，枯水期已多次观测到低于 12% 的分流比。因此，迫切需要采取工程措施遏制左汊的衰退。利用 MIKE21 建立了长江八卦洲河段二维水动力数学模型，基于对该模型的水位、流速和左右汊分流比的验证，从增加右汊阻力、减小右汊过流面积的角度，分析了在右汊布设不同高程和不同个数的潜坝对改善左汊分流比的效果。结果表明：在右汊进口 700m 处分别布设坝顶高程为-20.0m、-15.0m 和-10.0m 的潜坝后，在相同流量和断面位置条件下，随右汊潜坝高程的增加，左汊分流比增幅越大，分流改善效果越好，但随潜坝高程的增加，右汊过水断面减小越大，下游流态紊乱越明显。在右汊进口 700m 至 7900m 之间，分别布设三道、五道、七道坝顶高程为-15.0m 的潜坝，流量为 15290m³/s 时，随右汊潜坝个数的增加，左汊分流比增幅越大，分流改善效果越好，且流态较为平顺。

关键词：八卦洲；潜坝；分流比；数学模型；改善效果

1 引言

八卦洲汊道属于典型的鹅头型分汊河道[1]，全长约 18.8km，上起下关、下至西坝，上游下关和下游西坝最窄枯水河宽分别为 1.1km 和 1.3km。八卦洲洲体长约 10.1km、最大宽度约 7.5km，洲头距离南京长江大桥约 4km，洲堤保护面积约 57.6km²。八卦洲右汊为主汊，长约 10.4km；左汊为支汊，长约 21.6km[2]。长江南京河段二期整治工程后，八卦洲左汊分流比减小有所改善和减缓，但仍存在减小的趋势，且近年呈现出加剧萎缩的趋势，枯水期已多次观测到低于 12%的分流比，据此，迫切需采取工程措施遏制左汊衰退。

针对八卦洲左汊淤积萎缩的态势，前人已对八卦洲的整治措施开展了大量研究，这些研究多关注洲头和左汊内的工程措施。如洲头分水鱼嘴工程：孙梅秀等[3]进行了定床及动床河工模型实验提出了洲头分水鱼嘴整治工程；李键庸等[4]发现洲头分水鱼嘴及抛石护岸可使深泓线趋于稳定，基本控制崩岸，有效减缓了左汊分流比减小。左汊疏浚、扩卡工程：侯卫国等[5]采用数学模型对左汊进口切滩、疏浚扩卡等进行了研究，发现同时对汊道内上坝和皇厂河两处实施扩卡，可使左汊绝对分流比增加值最大。洲头鱼嘴上延工程：燕京等[6]结合汊道水沙特性，采用数学模型进行汊道整治工程数值模拟，发现洲头分水鱼嘴向上沿洲头脊线方向延伸250~350m基本可满足左汊汛期平均分流比20%的要求。于朋朋等[7]分析了洲头导流坝对八卦洲汊道水流的影响，发现洲头导流坝可以改变左汊的水位、流场和流速，有效提高左汊分流比。洲尾导流坝：戴文鸿等[8]运用物理模型实验与数学模型研究手段，分析了洲头、洲尾导流坝、切滩和疏浚工程对分流比的影响，结果表明，洲尾导流坝对增加左汊分流比效果较好。在潜坝对分流比改善效果研究方面，窦臻等[9]比较了和畅洲潜坝工程建成前后汊道平面、断面、分流比、槽蓄量等要素的变化，发现潜坝工程建成后和畅洲汊道分流比发生了变化。而在八卦洲右汊布设潜坝对左汊分流比改善效果的研究还不多见。

本文基于MIKE-21[10]的水动力模型，建立了八卦洲汊道平面二维水流数学模型，从增大八卦洲右汊阻力、减小右汊过流面积的角度，分析右汊布设不同高程和不同个数的潜坝对改善左汊分流比的效果，可为八卦洲汊道的治理提供依据。

2 数学模型

2.1 模型控制方程

笛卡尔坐标系下二维非恒定浅水方程组：

$$\frac{\partial h}{\partial t} + \frac{\partial h\bar{u}}{\partial x} + \frac{\partial h\bar{v}}{\partial y} = hS \tag{1}$$

$$\frac{\partial h\bar{u}}{\partial t} + \frac{\partial h\bar{u}^2}{\partial x} + \frac{\partial h\overline{uv}}{\partial y} = f\bar{v}h - gh\frac{\partial \eta}{\partial x} - \frac{h}{\rho_0}\frac{\partial p_a}{\partial x} - \frac{gh^2}{2\rho_0}\frac{\partial \rho}{\partial x} +$$
$$\frac{\tau_{sx}}{\rho_0} - \frac{\tau_{bx}}{\rho_0} - \frac{1}{\rho_0}\left(\frac{\partial s_{xx}}{\partial x} + \frac{\partial s_{xy}}{\partial y}\right) + \frac{\partial}{\partial x}(hT_{xx}) + \frac{\partial}{\partial y}(hT_{xy}) + hu_sS \tag{2}$$

$$\frac{\partial h\bar{v}}{\partial t} + \frac{\partial h\overline{uv}}{\partial x} + \frac{\partial h\bar{v}^2}{\partial y} = -f\bar{u}h - gh\frac{\partial \eta}{\partial y} - \frac{h}{\rho_0}\frac{\partial p_a}{\partial y} - \frac{gh^2}{2\rho_0}\frac{\partial \rho}{\partial y} +$$
$$\frac{\tau_{sy}}{\rho_0} - \frac{\tau_{by}}{\rho_0} - \frac{1}{\rho_0}\left(\frac{\partial s_{yx}}{\partial x} + \frac{\partial s_{yy}}{\partial y}\right) + \frac{\partial}{\partial x}(hT_{xy}) + \frac{\partial}{\partial y}(hT_{yy}) + hv_sS \tag{3}$$

式中：t 为时间；η 为水位；d 为静止水深；$h=\eta+d$ 为总水深；u,v 分别为 x,y 方向上的流速；f 为哥氏力系数，$f=2\omega sin\varphi$，ω 为地球自转角速度，φ 为当地纬度；g 为重力加速度；ρ 为水的密度；s_{xx}、s_{xy}、s_{yy} 分别为辐射应力分量；s 为源项；(u_s, v_s)为源项水流流速。

$\overline{u}$、$\overline{v}$ 为沿水深平均的流速，由以下公式定义：

$$h\overline{u} = \int_{-d}^{\eta} udz \,,\, h\overline{v} = \int_{-d}^{\eta} vdz \tag{4}$$

T_{ij} 为水平黏滞应力项，包括黏性力、紊流应力和水平对流，由涡流黏性方程得出：

$$T_{xx} = 2A\frac{\partial \overline{u}}{\partial x}, T_{xy} = A(\frac{\partial \overline{u}}{\partial y} + \frac{\partial \overline{v}}{\partial x}), T_{yy} = 2A\frac{\partial \overline{v}}{\partial y} \tag{5}$$

2.2 模型验证

模型计算范围进口断面位于四号码头上游 100m 处，出口断面位于下游港池站 50m 处。模型进口边界条件采用实测枯水流量和中水流量，分别为 15290m³/s、27310m³/s，出口边界条件采用对应水位。计算河段水位测点和流速测验断面位置如图 1。计算区域划分三角形网格共 27692 个，网格节点 14784 个。在洲头、洲尾、汊道拐弯处及水流变化较大处局部加密，如图 1 所示。

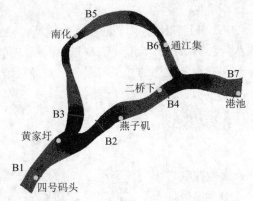

图 1 计算域网格、水位测点和流速测验断面示意图

在运用模型对河段水流运动进行模拟时，需对河床阻力系数进行率定。该模型率定结果为：主槽糙率变化范围为 0.018~0.024，滩地糙率变化范围为 0.022~0.035。

根据长江下游水文水资源勘测局于 2011 年 5 月和 9 月取得的实测水文资料对模型的水位、流速、分流比进行验证。图 2 为水位验证图，可由图 2 见，计算河段内各水位测点计算水位结果与实测水位值吻合较好，模型计算相对偏差均在±0.05m 以内。由图 3 可见，模型各断面垂线平均流速大小和分布趋势与实测值吻合较好，断面流量偏差均在±2% 以内。表 1 八卦洲汊道分流比计算结果与实测值符合较好，相对偏差均在±1.62% 以内。综上，该模型复演了八卦洲水流运动规律，可用于潜坝工程模拟计算。

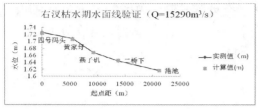
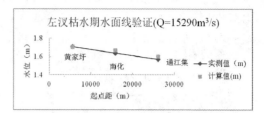
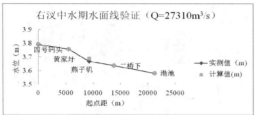
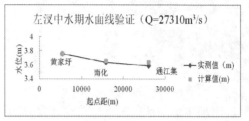

图 2 水位验证

表 1 分流比验证

流量/(m³/s)	左汉			右汉		
	原型/%	模型/%	差值/%	原型/%	模型/%	差值/%
15290	12.40	12.55	0.15	87.60	87.64	-0.15
27310	13.57	13.29	0.22	86.43	86.73	-0.22

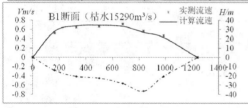
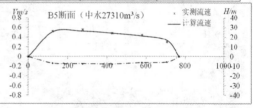

（a）B1 断面枯水流速验证　　　　　　（b）B5 断面中水流速验证

图 3 B1 断面枯水流速验证和 B5 断面中水流速分布验证

3 右汉潜坝对改善左汉分流比效果分析

影响八卦洲左汉衰退的主要因素为：左汉入流条件、过水面积、阻力系数和左汉出流条件。本文从增大右汉阻力、减小右汉过流面积的角度，采用在右汉布设不同高程和不同个数的潜坝以增大左汉分流比。

3.1 潜坝不同坝顶高程对改善左汉分流比效果影响

图 4 在右汉进口 700m 处分别设置一道坝顶高程为-20.0m、-15.0m 和-10.0m 的潜坝，顶宽 4m，上游侧坡比 1:2，下游坡比 1:3。

图 5 表明，枯水流量时，当右汉潜坝坝顶高程分别为-20m、-15m、-10m 时，对应左汉分流比增加值分别为 0.05%、0.27%、1.43%。可见，在相同流量和断面位置条件下，随右

汉潜坝高程的增加，左汉分流比增幅越大，分流改善效果越好。但随潜坝高程的增加，减小右汉过水断面面积越大，下游流态越紊乱，综上，在坝高-15.0m时，综合效果最好。

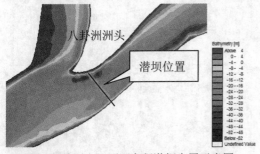

图4 八卦洲右汉不同高程潜坝布置示意图

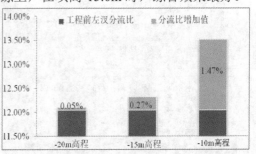

图5 不同高程潜坝左汉分流比增加值

3.2 潜坝数量对改善左汉分流比效果影响

根据前文分析，在右汉进口700～7900m，分别等间距布设三道、五道、七道坝顶高程为-15.0m的潜坝（表2），七道潜坝布置图见图6。

表2 潜坝布设方案

方案	潜坝个数	潜坝位置断面	潜坝高程(m)
1	1	11	-15
2	3	11-44-77	-15
3	5	11-22-44-66-77	-15
4	7	11-22-33-44-55-66-77	-15

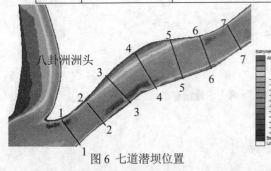

图6 七道潜坝位置

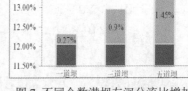

图7 不同个数潜坝左汉分流比增加值

图7结果表明，枯水期流量时，方案1~方案4八卦洲左汉分流比增加值分别为0.27%、0.90%、0.45%、1.95%，可见，在相同流量和相同潜坝高程条件下，右汉布设潜坝的个数越多，左汉分流比增加值越大，分流效果越好，且水流较为平顺。

4 结论

本文从增大八卦洲右汉阻力、减小右汉过流面积的角度，研究改善八卦洲左汉分流比的潜坝布设方案。基于MIKE21建立了八卦洲二维水流数学模型进行模拟计算，结果表明：

在相同流量和相同布设断面位置条件下，随右汊潜坝坝顶高程的增加，左汊分流比增幅越大，分流改善效果越好。但潜坝坝顶高程越高，右汊过水断面面积减小越大，下游水流紊动强度越大。相对而言，在潜坝高程为-15.0m时，综合整治效果最好。在相同流量和相同潜坝高程条件下，左汊分流比随右汊设置潜坝的个数的增加而增加，且水流平顺，分流效果较好。

参考文献

[1] 中国科学院地理研究所, 长江水利水电科学研究院, 长江航道规划设计研究所. 长江中下游河道特性及其演变[M]. 北京: 科学出版社, 1985.

[2] 季成康. 长江南京河段八卦洲汊道演变规律的分析[J]. 长江职工大学学报, 2002, 19(2): 16-22.

[3] 孙梅秀, 李昌华, 应强, 等. 长江八卦洲汊道整治河工模型试验[J]. 水利水运科学研究, 1995, 4: 344-351.

[4] 李键庸, 刘开平. 长江八卦洲汊道河床演变对航道的影响及对策[J]. 水力发电, 2002(5): 17-19.

[5] 侯卫国, 胡春燕, 谢作涛. 长江南京八卦洲河段演变分析及治理对策探讨[J]. 人民长江, 2011, 42(7): 39-42.

[6] 燕京, 徐锡荣, 缑文娟. 长江八卦洲汊道水沙特性与治理[J]. 河海大学学报, 2010, 38(3): 313-316.

[7] Pengpeng Yu, Hongwu Tang, Yang Xiao , et al. Effects of a diversion dyke on river flow: a case study[J]. Water Management, 2014(9): 1-7.

[8] 戴文鸿, 吴书鑫, 张云, 等. 八卦洲汊道改善分流比工程措施研究[J]. 水利水运工程学报, 2013(6): 1-7.

[9] 窦臻, 张增发. 长江和畅洲左汊潜坝工程对汊道演变的影响[J]. 长江科学院院报, 2012, 29(10): 21-27.

[10] Danish Institute of Hydraulics.MIKE21 User-Guider[M]. Copenhagen:Danish Institute of Hydraulics, 2009.

Study on improving the split ratio of the left branch of the Bagua Island with submerged dikes of the right branch

CHEN Lu-ping [2], XIAO Yang [1,2,3], ZHANG Wen-hai [2], LI Zhi-weii[1,2]

（1.State Key Laboratory of Hydrology-Water Resources and Hydraulic Engineering, Hohai University, Nanjing 210098, China;

2. College of Water Conservancy and Hydropower Engineering, Hohai University, Nanjing 210098, China;

3. National Engineering Research Center of Water Resources Efficient Utilization and Engineering Safety, Nanjing210098, China)

Abstract: In recent years, the left branch of the Bagua Island in Nanjing shows an increasing trend of deposition and shrinkage. The split ratio of the left branch has been repeatedly observed less than 12% in the dry season. Project measures are urgently needed to contain the deterioration of the left branch. A 2-D hydrodynamic mathematic model of the Bagua reach of the Yangtze River was established with MIKE21. The model was verified by the water level, the flow rate and the split ratio. Based on the points of increasing the resistance of the right branch and reducing the river flow cross-section area of the right branch, this paper analyzes whether or not different heights and numbers of submerged dikes can improve the split ratio of the left branch. When the heights of submerged dikes are -20m, -15m and -10m respectively placed at the position 700m away from the entrance of the right branch, the results show that under the condition of the same flow rate and cross section location, the height of the submerged dike of the right branch of Bagua Island is higher, the growth of the split ratio of the left branch is greater, and the shunt of water becomes better. But with the increase of height of submerged dike, the decrease of the river flow cross-section area of the right branch is greater and the downstream flow regime becomes more turbulent. Three, five and seven submerged dikes were arranged between the position 700m away from the entrance of the right branch and the position 7900m away from the entrance of the right branch, respectively. The height of submerged dikes was -15m. Results show that the number of submerged dike of the right branch is more, the added value of the split ratio of the left branch becomes greater and the shunt of water becomes better.

Key words: Bagua Island; submerged dike; split ratio; mathematic model; improvement effect

Influence of the emergent vegetation's state on flow resistance*

WU Long-hua, YANG Xiao-li

(College of Water Conservancy and Hydropower Engineering, Hohai University, Nanjing, China, 210098,
Email: jxbywlh2000@aliyun.com)

Abstract: Under certain conditions, the emergent vegetation's state varies according to the inflow conditions. In this paper, the state and the resistance of individual emergent vegetation are observed in the laboratory. The relation of the drag coefficient of individual emergent vegetation to the state of emergent vegetation, Froude number of emergent vegetation, Reynolds number of emergent vegetation is analyzed under different inflow conditions. The influences of the various emergent vegetation on the flow resistance are discussed under the same inflow conditions. The result is shown that the drag coefficient increases with the increase of the relative bending rigidity of the emergent vegetation, and it is negatively exponential correlation with the Froude number of emergent vegetation and Reynolds number of emergent vegetation.

Key words: Individual emergent vegetation; state; flow resistance; Froude number of emergent vegetation; Reynolds number of emergent vegetation

1 Introduction

Planting vegetation is an important technique for ecological restoration and landscape design of river.However,the vegetation increases the flow resistance, which directly affects the safety of river engineering (e.g., flood discharging,sediment transport)[1]. In the early 20th century, the characteristics of flow resistance in vegetated channel were studied in US for the safety of river flooding capacity. Up to now, a large amount previous works have carried out on the flow with vegetation by the experiment and theory analysis respectively[2-6].Normally, most studies of flow-vegetation interactions aimed at some state of aquatic vegetation. But, the aquatic vegetation's state is varied under certain conditions, this

* Project supported by the National Natural Science Foundation of China (Grant No. 51179057)
Biography: WU Long-hua (1974-), Male, Ph. D., Associate Professor

phenomenon has been founded by Kouwen and Unny[7], and this change of the state of submerged vegetation is observed in laboratory by Wu [8] et al. too. The aquatic vegetation has three different states with different inflow conditions, and they are almost entirely bend, waggle and perpendicularity, respectively [8, 9].When the aquatic vegetation is in different states, the flow resistance of aquatic vegetation has much difference. Thus, for the different state of emergent vegetation, the study of flow resistance is very necessary for the flood safety management in vegetated channel. In this paper, the common emergent vegetation is aimed, the change of state of individual emergent vegetation and the flow resistance will be analyzed,the result will lay the foundations for quantitative analysis of the hydraulic resistance of emergent vegetation phytocoenoses.

2 Theoretical Background

The control volume was built between the section 1 and section 2, as shown in Fig.1, in which x, y and z denote the longitudinal, transverse and vertical axes, respectively. In this control volume, the section 2 coincides with upstream face of the emergent vegetation. The force on the control volume in the X direction is shown in Fig.1 too, where h_1 and h_2 are the flow depths at those two sections, respectively. Δl is the length of control volume in the flow direction, and i is the bottom slope.

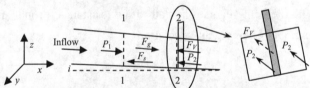

Fig. 1 Force analysis of control volume

In Fig.1, the X axis represents current directions. F_g is the gravity component of control volume in the X direction. P_1 and P_2 are dynamic pressures at the upstream and downstream of the control volume respectively. F_V is the resistance of the flow by the emergent vegetation, and F_s is the shear force on the bottom.

The force balance equation along the X direction can be written as:

$$F_g + P_1 = F_V + F_s + P_2 \tag{1}$$

The gravity component of control volume in the X direction can be expressed as:

$$F_g = \int_0^{\Delta l} \rho g h(x) B i \mathrm{d}x \tag{2}$$

where ρ is density of water; g is the acceleration of gravity; $h(x)$ is the water depth, and it is a function of distance x; B is the width of section, and it is assumed to be constant;

The dynamic pressure can be calculated as:

$$P_1 = p_1 h_1 B, \quad P_2 = p_2 h_2 (B - W) \tag{3}$$

where p_1 and p_2 are intensity of pressure at the sections 1 and 2 of the control volume respectively.

Normally, the drag force of individual emergent vegetation can be described as:

$$F_V = C_D \cdot \frac{1}{2} \rho H_V W V^2 \tag{4}$$

where C_D is the drag coefficient. V is the velocity of inflow; H_V is the submergence height of the emergent vegetation. W is the projection width of the emergent vegetation in the normal direction of flow.

Generally, the total shear force can be expressed as:

$$dF_s = d\tau_0 dSdx \tag{5}$$

where S is the corresponding wetted perimeter; τ_0 is the shear stress of boundary in the control volume, which is expressed as:

$$d\tau_0 = \rho g J \left(\frac{dA}{dS} \right) \tag{6}$$

where J is the hydraulic grade; A is the wetted cross-sectional area of river.

In this paper, Δl was disposed as unit-distance, and the water depth remains unchanged between the distances. Within Δl range, the total shear force is far less than the resistance of the emergent vegetation, and it will be neglected in the following discussions. If there is small difference between the static pressure and dynamic pressure, the dynamic pressure can be replaced by static pressure.

Then, Eqs. (1) and (2) can be rewritten as, respectively:

$$F_V = F_g + P_1 - P_2 = F_g + \frac{\rho g H_V^2 W}{2} \tag{7}$$

$$F_g = \rho g H_0 Bi \tag{8}$$

where H_0 is the water depth of the control volume.

Substituting Eqs. (4) and (8) into Eq. (7) leads to

$$C_D \cdot \frac{1}{2} \rho H_0 W V^2 = \rho g H_0 Bi + \frac{\rho g H_V^2 W}{2} \tag{9}$$

Then,

$$C_D = \frac{2gBH_0i + gH_V^2W}{H_0WV^2} = \frac{g}{V^2}\left(2i \cdot \frac{B}{W} + \frac{H_V^2}{H_0}\right) \tag{10}$$

Equation (10) indicates that the drag coefficient (C_D) is closely related to the relative weight (W/B) and submergence height (H_V) of the emergent vegetation except the inflow conditions. In the other conditions invariable situation, the drag coefficient (C_D) has positive exponential correlation with the submergence height of the emergent vegetation (H_V).

3 Experimental procedures

The experiments were conducted in a straight, rectangular channel constructed in the Engineering Hydrodynamics Laboratory of Hohai University. The open-channel is a smooth glass self-circulating flume with 10.00 m long, 0.30 m wide and 0.45 m deep. The discharge was measured by the right angled thin triangular weir with accuracy 1%. The water surface was adjusted by the tail gate located at the exit of the flume , and the water level was measured by exploring tube with the precision 0.1mm. In this experiment, the bed slope of the flume can be adjusted to keep steady uniform flow. The caudex of emergent vegetation projection in flow direction is rectangle. Then, the rectangle plexiglass flake was used to simulate the caudex in the experiments.

The relative bending rigidity (R_J), reflecting the inflow conditions and characteristics of emergent vegetation, can be calculated as: [8]

$$R_J = \frac{IE}{\mu V H_V^3} \tag{11}$$

where $E = 0.27 \times 10^3$ Mpa, is the elastic modulus of emergent vegetation; μ is the coefficient of dynamic viscosity; H_V is the submergence height of flake; V is the inflow velocity, and it can be substituted by the averaged velocity of cross section; and I is the moment of inertia of neutro-axis, and its can be determined from

$$I = \frac{1}{12}WT^3 \tag{12}$$

Where W is the width, T is the thickness of flake.

In order to control the measurement precision, the resistance of individual emergent vegetation was amplified. All the width of flakes are 0.05 m, and the thicknesses of six classes, including 5×10^{-4} m, 7×10^{-4} m, 1.4×10^{-3} m, 2.0×10^{-3} m, 2.5×10^{-3} m and 4.6×10^{-3} m. These different cross sections of plexiglass flake are used to simulate different variety or the growing season of emergent vegetation. These experiments were conducted by changing water depth and flow discharge.

4 Experimental results and analysis

Based on the experimental results, the drag coefficient (C_D) and the relative bending rigidity (R_J) were calculated by Eqs. (10) and (11) . Then, the state and flow resistance of individual emergent vegetation will be analyzed under the different conditions in the following paragraphs.

4.1 Emergent vegetation's state characteristics

In this experimental, the emergent vegetation's state is observed under the different inflow velocity. Based on the Wu's work[8], the emergent vegetation's state can be reflected by its relative bending rigidity.For every emergent vegetation, the relative bending rigidity of emergent vegetation is shown in Fig.2 .

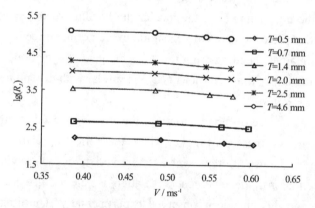

Fig. 2 Relation between $Lg(R_J)$ and V

As shown in Fig.2, the relative bending rigidity of emergent vegetation decreases with the increasing mean velocity of inflow,and the emergent vegetation's state will be changed under certain inflow conditions. When $lg(R_J) < 2.60$, the emergent vegetation keeps the almost entirely bend (i.e. complete flexible) state,such as $T = 5 \times 10^{-4}$m. When $lg(R_J) \geqslant 4.27$, the emergent vegetation keeps perpendicularity(i.e. complete rigid) state,such as $T=4.6\times10^{-3}$m. When $2.60 < lg(R_J) < 4.27$, the emergent vegetation keeps waggle state,such as $T = 1.4 \times 10^{-3}$m or 2×10^{-3} m. On the other hand,the emergent vegetation's state is varied with the inflow velocity increasing, such as $T = 7\times10^{-4}$ m,the emergent vegetation's state changed from waggle to almost entirely bend.And such as $T =2.5\times10^{-3}$m, the state is changed from perpendicularity (complete rigid) to waggle.

4.2 **Resistance under different states**

For the different state of emergent vegetation, the drag coefficient (C_D) and the relative bending rigidity (R_J) are shown in Fig. 3.

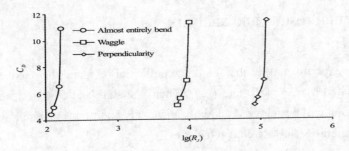

Fig.3 Relationship between C_D and $\lg(R_J)$ under different state

The Fig.3 shows that the drag coefficient (C_D) increases with the increasing the relative bending rigidity of emergent vegetation, whatever state of aquatic vegetation. The relative bending rigidity of emergent vegetation reflects the ability of bending rigidity under current action, and the bigger its value, the smaller the bending of the emergent vegetation, and that means the effective projection area of vegetation in the normal direction of flow is increased. So, the bigger the relative bending rigidity of emergent vegetation, the bigger the flow resistance, the changing law of drag coefficient (C_D) is similar with the submerged vegetation[10].

4.3 *Impact of variation states*

In these experiments, these different variety or the growing season of emergent vegetation is simulated by different thicknesses of flake. Thus, the different relative bending rigidity of emergent vegetation can be used to represent different variety or the growing season *etc.*. Under the same inflow conditions, the emergent vegetation's state is also varied with variety or the growing season, and this change is observed experimentally. The drag coefficient (C_D) of different emergent vegetation is shown in Fig.4 .

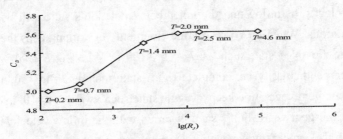

Fig.4 Relationship between C_D and emergent vegetation types($Q=0.0210\text{m}^3/\text{s}$)

For a species of emergent vegetation, its ability of bending rigidity is gaining strength when the growth period is from the infancy to the maturation stage, and it means that the relative bending rigidity of emergent vegetation (R_J) increases too. It can be seen from Fig. 4 that the drag coefficient (C_D) increases with the increasing relative bending rigidity of emergent vegetation (R_J), and the result also indicates that the drag coefficient (C_D) of the emergent vegetation is varied with the growing season. In its infancy, the the drag coefficient (C_D) of the emergent vegetation is minimum. The drag coefficient (C_D) increases with the emergent vegetation growing, and the value reaches a maximum and remains stable in its maturation stage. At the same time, the emergent vegetation's state is varied with the growing too. In its infancy, the state of emergent vegetation is almost entirely over stage. The state changes from the almost entirely bend to waggle and then to perpendicularity with the emergent vegetation growing. So, It may be observed that the drag coefficient (C_D) is reaches a maximum value when the emergent vegetation's state is perpendicularity stage or the emergent vegetation's growing is maturation stage.

4.4 Impact of Froude number of emergent vegetation

In this paper, the Froude number of emergent vegetation is defined as follow:

$$F_r^* = \frac{V^2}{gH_V} \tag{13}$$

where F_r^* is the instantaneous valves before flow on the emergent vegetation.

For the different states and the Froude number of emergent vegetation, the drag coefficient (C_D) is given in Fig.5.

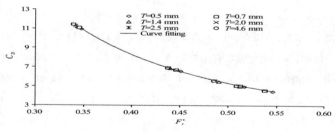

Fig.5 Relation between C_D and F_r^*

As show in Fig.5, the law is identical that drag coefficient (C_D) varies according to the Froude number(F_r^*) whatever the emergent vegetation is any state. The drag coefficient (C_D) decreases with increase of Froude number of emergent vegetation (F_r^*). By regression analysis, the relationship between the drag coefficient (C_D) and Froude number of emergent vegetation was determined, which is listed as follow:

$$C_D = 1.354\left(F_r^*\right)^{-0.9895}$$

$$R^2 = 0.9999 \tag{14}$$

where R^2 is correlation coefficient of the above fitting equations, which proves the accuracy of the expression.

4.5 Impact of Reynolds number of emergent vegetation

In the same way, the Reynolds number of emergent vegetation is defined as follow:

$$R_e^* = \frac{\rho V H_V}{\mu} \tag{15}$$

where R_e^* is the instantaneous valves before flow on the emergent vegetation too.

For the different states and Reynolds number of emergent vegetation, the drag coefficient (C_D) is given in Fig.6.

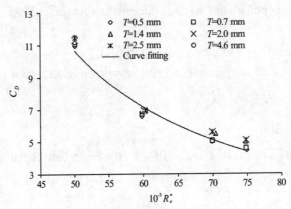

Fig.6 Relation between C_D and R_e^*

It can be seen from the Fig.6 shows that the law is identical that drag coefficient (C_D) varies according to the Reynolds number(R_e^*) for every state of the emergent vegetation. The drag coefficient (C_D) decreases with increase of Reynolds number of emergent vegetation (R_e^*). Similarly, the relationship between the drag coefficient (C_D) and Reynolds number of emergent vegetation (R_e^*) is determined by regression analysis, which is listed as follow:

$$C_D = 2.0 \times 10^{11} \left(R_e^* \right)^{-2.195}$$

$$R^2 = 0.9822 \tag{16}$$

where R^2 is correlation coefficient of the above fitting equations, which proves the accuracy of the expression.

Eqs.(14) and (16) show that the Fr^* or the Re^* is negatively exponential correlation with the drag coefficient (C_D) of emergent vegetation. With Eqs.(8) and (10), the Fr^* or the Re^* is positive exponential correlation with the inflow velocity, when the Fr^* or the Re^* increases, it means that the inflow velocity increase.The Eq.(11) shows that the relative bending rigidity of emergent vegetation $(R_J)$is negatively exponential correlation with the velocity. The relative bending rigidity of emergent vegetation(R_J) reflects the ability of bending rigidity under current action, and the smaller its value, the bigger the bending of the emergent vegetation. That means the effective projection area of vegetation in the normal direction of flow is decreased. So, the smaller the relative bending rigidity of emergent vegetation, the smaller the flow resistance. Thus, the $Fr*$ or the $Re*$ increases, it suggested that the velocity increases and the R_J decreases, and it shows that the effective projection area of vegetation in the normal direction of flow is decreased,leading to decreasing drag coefficient.

5 Conclusions

For the different inflow conditions, the emergent vegetation's state and the influences of individual emergent vegetation on flow resistance are studied in this paper. The follow conclusions could be drawn:

(1) For the different vegetation variety and the growing season of the emergent vegetation, its bending rigidity is different. Under certain inflow conditions, the emergent vegetation's state is varied. The emergent vegetation's state changes from the almost entirely over to waggling and then to perpendicularity with the increasing relative bending rigidity of emergent vegetation (R_J).

(2) For every state of emergent vegetation,the drag coefficient (C_D) increases with the increasing relative bending rigidity of emergent vegetation (R_J).In case of completely rigid, the emergent vegetation's state always keeps perpendicularity, the flow resistance of emergent vegetation is only related to the inflow conditions, and it is independent of the bending rigidity of emergent vegetation. As the the complete non-rigid, the flow resistance of emergent vegetation is rapidly decreased while the relative bending rigidity of emergent vegetation decreases. The change characteristics of the state and the flow resistance of emergent vegetation is very important for the flood safety management in vegetated channel.

(3) The influence of the Froude number of emergent vegetation$(Fr*)$ and the Reynolds number of emergent vegetation$(Re*)$ on the drag coefficient of emergent vegetation (C_D) are discussed by the experimental data,respectively.The result shows that the drag coefficient (C_D) decreases with the increasing $Fr*$ or $Re*$, the $Fr*$ or the $Re*$ is negatively exponential correlation with the drag coefficient (C_D) ,and their relationships are determined by regression analysis. The drag coefficient (C_D) can be conveniently calculated by the Eq.(14) or the Eq.(16).

References

1 WANG Chao, ZHENG Sha-sha, WANG Pei-fang,et al. Effects of vegetations on the removal of contaminants in aquatic environments: A review[J]. Journal of Hydrodynamics, 2014, 26(4): 497-511.

2 James C.S, Birkhead A. L, Jordanova A. A. Flow resistance of emergent vegetation[J]. Journal of Hydraulic Research, 2004, 42(4): 390-398.

3 Wang Wen, HuaiWenxin, Gao Meng. Numerical investigation of flow through vegetated multi-stage compound channel[J]. Journal of Hydrodynamics, 2014, 26(3): 467-473.

4 Muslesh F.A, Cruise J.F. Functional relationships of resistance in wide flood plains with rigid un-submerged vegetation[J]. Journal of Hydraulic Engineering,2006,132(2): 163-171.

5 LIU Chao, SHAN Yu-qi, YANG Ke-jun, et al. The characteristics of secondary flows in compound channels with vegetated floodplains[J]. Journal of Hydrodynamics,2013, 25(3): 422-429.

6 Nikora V., Larned S., Nikora N. et al. Hydraulic resistance due to aquatic vegetation in small streams: Field study[J]. Journal of Hydraulic Engineering, ASCE, 2008, 134(9): 1326-1332.

7 Kouwen N. , Unny T. E. Flexible roughness in open channels [J]. Journal of Hydraulic Division, Proceedings of ASCE, 1973, 99 (HY5):713-728.

8 WU Long-hua, YANG Xiao-li. Factors influencing bending rigidity of submerged vegetation[J]. Journal of Hydrodynamics, 2011, 23(6): 723-729.

9 Samani J. M. V., Kouwen N. Stability and erosionin grassed channels[J]. Journal of Hydraulic Engineering, ASCE, 2002, 128(1): 40-45.

10 WU Long-hua, YANG Xiao-li .Influence of bending rigidity of submerged vegetation on local flow resistance [J]. Journal of hydrodynamics ,2014，24(2):242-249.

顺直河宽变化对水流运动影响的试验研究

王慧锋，董晓，钟娅，王协康*

（四川大学水力学及山区河流开发保护国家重点实验室，成都，610065, Email: wangxiekang@scu.edu.cn）

摘要：天然河流受地质条件及水沙运动等因素的影响，河宽沿程频繁发生变化，由此制约着水流的边界条件，从而影响水流的运动特性。本研究基于概化水槽试验，研究了不同流量条件下不同河宽的顺直水槽内的沿程水位变化和垂线流速分布特征，试验结果表明宽深比对水位的沿程变化影响较大，但对垂线流速分布的形式影响不明显。

关键词：宽深比；水位变化；垂线流速分布

1 引言

矩形断面是明渠输水渠道最常见的断面形式之一，广泛应用于农田灌溉、排水、水利水电工程和城市给排水等工程中，并且天然河流以及水工建筑物中的明渠水流，其流经的床面多属于粗糙床面。因此，对粗糙床面的矩形明渠进行水流运动研究显得尤为必要。目前，对明渠的水流运动和边壁、床面粗糙度对水流结构的影响等方面的研究比较丰富。如：胡进云[1]对窄深矩形断面明渠水流进行了数值模拟，结果发现矩形断面明渠底部内区和外区的垂线流速分布应分别用对数公式和抛物线公式描述；何建京[2]通过明槽水力试验研究，得到粗糙床面水槽中均匀流沿垂线的流速分布可用对数式描述，但非均匀流的流速分布则不能用单一的对数式描述；陈兴伟[3]通过对粗糙透水床面明渠试验，理论推导出了粗糙透水床面垂线流速分布修正对数公式；杨岑[4]对不同粗糙度的人工加糙渠道进行试验，表明对同一粗糙度明渠水力条件变化时，糙率系数会随着流量的增加呈对数减小，随着渠道宽深比的增大而呈对数增大的结论；董曾南[5-6]在粗糙床面明渠均匀紊流水力特性研究中将粗糙床面划分为大尺度、中尺度和小尺度粗糙，并得到粗糙床面明渠均匀紊流的流速分布如表示为对数分布，其坐标系的零点位置与相对粗糙度有关的结论；Afzal[7]对幂形式的剖面流速分布进行了研究，给出了在过渡粗糙面上的边界层流动的一种新的流速分布形式；谭显文[8]根据三维雷诺方程，建立了矩形渠道的紊流数学物理模型，推导出了水流受侧壁影响下的全断面流速分布公式和平均流速横向分布公式；孙东坡[9]借助原型渠道试验资料的研究分析，渠道测线平均流速的横向分布符合乘幂函数分布形式，不同宽深比明槽流速横

基金项目：四川大学水力学与山区河流开发保护国家重点实验室开放基金(SKHL1417).

向分布律的系数与幂指数有所不同；严军[10]通过概化明槽试验研究，表明在两类不同宽深比（B/H>5和B/H≤5）情况下，在对数坐标中相对流速与横向位置间都存在很好的线性关系；惠遇甲[11]通过改变水槽的宽深比和边壁糙率的试验，系统地研究了明渠恒定均匀流的垂线流速分布特征和垂线最大流速点随宽深比和边壁糙率变化的规律。本研究在前人研究的基础上利用概化的水槽模型对粗糙床面下不同河宽的明渠水流进行了试验研究，分析了粗糙床面下不同宽深比对水流运动的影响，为进一步研究明渠水流的水力特性以及工程设计提供理论参考。

2 试验概况

本试验是在四川大学水力学与山区河流开发保护国家重点实验室进行的，水槽入口是一个较宽阔的蓄水池，保证水流平缓的进入水槽，出口为展宽段，水槽高 40cm，宽分别为 50cm 和 80cm，水槽侧壁采用光滑水泥抹面，槽底铺设粒径为 21～25mm 的卵石做粗糙床面。水槽长 380cm，布置十个测量断面，为避免水槽入口水流紊动影响试验结果，将 SZ1 设在距水槽入口 10cm 处，SZ10 设在距水槽出口 10cm 处，各断面间间距为 40cm，试验水槽如图 1、图 2 所示。试验中采用手持 ADV 测量不同断面处的垂线流速，用水准仪测量水槽水位，设基准点高程为 1m。试验水流条件如表 1。

表 1　试验水流条件

工况	1	2	3	4	5	6
流量/（m³/s）	0.080	0.110	0.148	0.080	0.110	0.148
槽宽/cm	50	50	50	80	80	80
宽深比/（B/H）	3.2	2.4	2.1	6.7	5.3	4.4

图 1　50cm 窄水槽试验照片

图 2　80cm 宽水槽试验照片

3 试验结果及分析

3.1 沿程水面高程变化分析

试验中测得的断面 SZ1~SZ10 沿程的水位变化如图 3 所示。

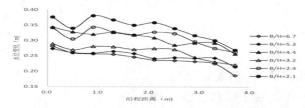

图 3　不同工况下水槽内水位沿程变化图

由试验可知,水槽内水位总体上呈现沿程递减趋势。在水槽 SZ1 断面上游 10cm 处,水流从蓄水池流入水槽,由于过水断面骤然缩窄造成入口处水位变化较为剧烈,水位先降低而后升高,且随着宽深比越小,入口处的水位变化越剧烈;而在水槽出口处,受过水断面的突扩的影响,水位出现快速降低的现象;沿程水位变化大体上表现出宽深比较大时水面下降较为平缓,纵比降较小。这些现象产生的原因可能是:由于水流进入水槽后受槽底粗糙度和水槽槽壁边界层的影响,出现涡流和紊动,消耗了水流能量,水位出现沿程下降的现象;在水槽入口处由断面突然束窄造成入口处水位壅高,水流势能增加,致使水流的势能快速转化成动能,流速增大,出现局部跌水现象,所以 SZ2 断面处水位明显低于 SZ1 断面处水位。由于流速增大产生的跌水受惯性作用使得跌水后水位低于下游水位,受下游水位的阻挡作用,水位变化出现顶托现象,在 SZ3 处再次产生壅水现象,并且随着宽深比的减小水槽水位受入口壅水影响更加明显,水流水位的这种变化极大地消耗了水流能量,使得水槽中水流能够抵消入口处断面束窄水位壅高的影响,尽快达到稳定水位。水槽出口处,由于河道突然展宽和河床的降低,出口处水流急剧下跌,SZ10 断面受出口跌水影响水位也出现快速下降的变化,并且宽水槽水位比窄水槽水位下降的更加明显,表明宽水槽在水槽出口处受跌水影响更加明显。

3.2 垂线流速分布结果及分析

试验过程中对 SZ1、SZ3、SZ5、SZ7、SZ9 断面进行了垂线流速的测量。引入无量纲相对流速 u/v 和相对水深 y/h,断面垂线流速测量结果如图 4 至图 8 所示,并与文献[11]得到的宽深比对垂线流速分布的影响作比较,分析结果差异的原因。

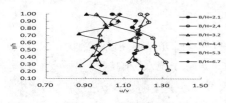

图 4 SZ1 垂线流速分布

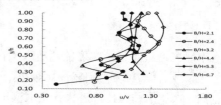

图 5 SZ3 垂线流速分布

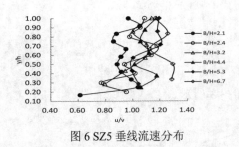

图 6 SZ5 垂线流速分布

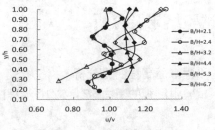

图 7 SZ7 垂线流速分布

图4的结果表明水槽入口处断面SZ1垂线流速波动较大，断面垂线流速主要受壅水影响，沿相对水深呈现出非单一变化特征，并且随着宽深比的减小水槽水流受壅水影响幅度增大，垂线流速出现水面流速小于槽底流速的现象。这与矩形明渠恒定均匀素流垂线流速符合指数分布的规律相差较大，具体原因可能是：根据文献[5]知水流完全发展成为恒定均匀素流的进口段距离$L=(39—49)H$，由试验水槽长度和平均水深H知试验中水槽水流流态属于恒定非均匀素流，

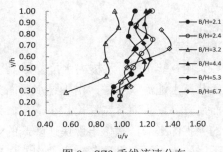

图 8 SZ9 垂线流速分布

故垂线流速受槽底产生的涡流运动和边壁边界层的影响较大。断面SZ3的垂线流速分布相比断面SZ1的出现了明显变化，流速整体上向指数函数分布趋近，随着宽深比的增大垂线流速分布曲线波动减小。原因是：断面SZ3的水流主要是受由槽底产生的涡流和边壁边界层的影响，而受壅水的影响减弱，并且随着宽深比的增大垂线流速受壅水的影响作用降低，表明宽深比越大水槽水流对受入口束窄产生的壅水影响的恢复能力越强。

从图5至图8可知，SZ3、SZ5、SZ7和SZ9的垂线流速分布虽然出现了波动，但大体上符合先对数后抛物线分布，这与文献[11]得出的结论类似。文献[11]认为垂线上流速公式不能用对数公式来概括，只有近槽底处流速才符合对数分布规律，在其上存在一个流速分布偏离对数分布的点，该点以上的流速分布符合抛物线分布，且两区的范围及垂线最大流速点的位置受宽深比影响，宽深比越大垂线流速的最大值越靠近水面，但宽深比不影响两区各垂线流速分布公式的形式。本试验结果也得出宽深比对垂线流速分布形式影响较小，但由于试验条件的差别，并没有得出与文献[11]中类似的垂线流速的最大值与宽深比之间的关系。

4 结论

本研究通过对不同宽度的两组水槽在粗糙床面下的试验研究，得到以下结论：

（1）水槽水位变化：宽深比越小，在水槽入口时，水位受壅水影响越严重，水面波动越剧烈，水位沿程纵比降越大；在水槽出口处，水槽水位下跌速度随宽深比的增大而增大。

（2）水槽水流的垂线流速分布在水槽不同断面呈现不同的分布特征，在水槽入口处断面 SZ1 垂线流速受壅水影响，并且随着宽深比的减小水槽入口处的壅水对垂线流速影响较大，相对流速随着相对水深的增加出现减小的现象；随着水流运动的发展垂线流速整体上先趋向先对数后抛物线分布。

（3）由于试验水槽较短，受入口壅水和出口跌水的影响，水流没有充分发展成恒定均匀素流，垂线流速波动较大，且宽深比对垂线流速分布的形式影响较小。

参考文献

1 胡进云,万五一.窄深矩形断面明渠流速分布的研究.浙江大学学报,2008,42(1):184-187.

2 何建京.粗糙床面明渠水力特性研究. 水利水运工程学报,2004,3:19-23.

3 陈兴伟.粗糙透水床面明渠水流的垂线流速分布. 水科学进展,2013,24(6):849-854.

4 杨岑. 矩形渠道人工加糙壁面阻力规律试验研究.长江科学院院报,2011,28(1):34-38.

5 董曾南.粗糙床面明渠均匀素流水力特性.中国科学,1992,5:541-547.

6 董曾南. 光滑壁面明渠均匀素流水力特性. 中国科学, 1989,11:1208-1218.

7 Afzal N.,Power Law Velocity Profile in the Turbulent Boundary Layer on Transitional Rough Surfaces，J.FLUID.ENG-T.ASME,2007,129(8):1083 -1100.

8 谭显文. 窄深式矩形明渠素流流速分布规律研究. 四川大学学报,2013,45(6):67-73.

9 孙东坡.矩形断面明渠流速分布的研究及应用. 水动力学研究与进展,2004,19(2):145-151

10 严军.矩形断面明渠流速分布特性的试验研究. 武汉大学学报,2005,38(5):58-62

11 惠遇甲,胡春宏. 矩形明槽宽深比和边壁糙率对于流速分布和阻力影响的实验研究. 水科学进展,1991,2(1):22-31

Experimental study on effects of river width on flow characteristics in a straight flume

WANG Hui-feng, DONG Xiao, ZHONG Ya, WANG Xie-kang

(State Key Laboratory of Hydraulics and Mountain River Engineering, Sichuan University, Chengdu 610065.

Email: wangxiekang@scu.edu.cn)

Abstract: Natural river shows width changes along the river constrained by the geological conditions etc., width changes alter the flow boundary conditions, thereby affect the flow characteristics. The effects of river width on flow characteristics in a straight flume under six width-depth ratios were studied based on the generalized flume experiment. Experimental conditions have different river width and charges, and both of the sink bottoms are rough. The results showed that the width-depth ratio affects water level variation obviously, but have little effects on distribution of vertical velocity.

Key words: width-depth ratio; water level variation; distribution of vertical velocity

弧形短导墙对船闸引航道水流结构影响的研究

杨校礼[1], 李昱[2], 孙永明[3], 吴龙华[4], 方文超[5]

([1, 2, 4, 5]河海大学, 南京, 210098, Email: yangxiaoli@hhu.edu.cn
[3]江苏太湖水利规划设计研究院有限公司, 苏州, 215100)

摘要: 船闸常与其他过流建筑物结合布置, 过流建筑物运行时常对船舶安全通航造成影响。船闸引航道表层横向流速是判断船闸引航道通航条件的重要指标之一, 其他过流建筑物下泄流量的大小与枢纽布置直接影响表层横向流速的变化。本文通过数值模拟计算的方法, 研究了七浦塘江边枢纽工程在原导墙形式下各种工况下水流流场结构, 比较了增加直长导墙和弧形短导墙两种不同的优化方式对表层横向流速的影响。研究结果表明: 在泄流区和引航道之间增加导墙长度有利于减小表层最大流速; 弧形短导墙方案在满足同样横向流速限值情况下, 可显著减少导墙长度, 节约投资。

关键词: 弧形短导墙; 船闸引航道; 表层横向流速; 数值模拟

前言

在天然河道上兴建水利枢纽工程后, 为了满足通航的需要, 往往要设置船闸等通航建筑物[1]。实际工程中, 船闸常与其他过流建筑物结合布置。水流经过流建筑物下泄到枢纽下游往往会在船闸引航道内产生回流, 对船舶的停靠和通航产生不利影响[2]。

引航道内表面最大横向流速是决定通航能力的重要指标, 减小表面横向流速的方式主要有: ① 控制节制闸的下泄流量; ② 采取一定的工程措施。目前工程上采取的改良方案主要是在原导墙基础上加长导流墙长度[3]或者设置导流墩[4-5]。以新沟河江边枢纽为例, 上下游侧导流墙长度分别达到115.00m和210.00m。叶雅思等[6]以越州航电枢纽为例提出修建较长弧形导流墙有利于改善弯曲河道引航道水流条件。本研究结合七浦塘江边枢纽工程提出弧形短导墙方案 (20.00m), 有效改善了引航道内的水流结构, 并且节约了造价, 有重要的实际意义。

1 工程概况

七浦塘江边枢纽工程由泵站、节制闸、船闸三部分组成，其中节制闸、船闸为已建工程，泵站为新建工程。节制闸与泵站不同时运行。

节制闸规模：两孔 $2\times16.00m=32.00m$，正向排涝日均最大流量 $207.00m^3/s$，反向引水日均最大流量 $113.00m^3/s$。船闸规模：Ⅴ级船闸，闸室尺度为 $16.00m\times180.00m\times3.00m$，上下闸首净宽均为 $16.00m$。

泵站规模：正向排水及反向引水规模均为 $120.00m^3/s$，立式轴流泵，单机流量 $30.00m^3/s$，2 台机组共用一块底板，共 4 台机组。

根据工程总体布置，江边枢纽工程上下游总长约 $0.60km$，船闸引航道在节制闸的外侧。

2 数值模拟

2.1 数学模型基本控制方程

连续方程：

$$\frac{\partial u_i}{\partial x_i}=0 \tag{1}$$

动量方程：

$$\frac{\partial u_i}{\partial t}+u_j\frac{\partial u_i}{\partial x_j}=f_i-\frac{1}{\rho}\frac{\partial p}{\partial x_i}+\gamma\frac{\partial^2 u_i}{\partial x_j\partial x_j} \tag{2}$$

式中：u_i 为(x,y,z)方向上的速度分量；ρ 为流体密度；P 为动态压强；f_i 为单位质量的质量力；$\frac{1}{\rho}\frac{\partial p}{\partial x_i}$ 为单位质量的压强梯度力；$\gamma\frac{\partial^2 u_i}{\partial x_j\partial x_j}$ 为单位质量的黏性力。

2.2 数值求解方法

采用有限体积法对数学模型控制方程进行离散，速度压力耦合矫正采用 SIMPLEC 方法，动量方程采用二阶迎风离散格式，所有参量的残差控制标准取为 1.0×10^{-5}。

2.3 计算区域、边界条件和网格划分

所建立的模型进口处为入流边界，对不同的计算工况，根据流量和水位条件，给定入口过水断面的流速或流量；模型出口为水流出流边界，根据计算工况的不同给定不同的压力边界条件。

采用结构网格划分计算区域，为了提高计算的精确性，对关键区域的网格进行细化。

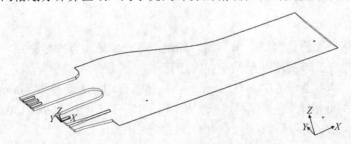

图 1 七浦塘江边枢纽枢纽布置图

枢纽建筑物从左到右依次为泵站、节制闸、船闸引航道，其中船闸引航道内有 240m 的停泊段。所建立的数学模型见图一。

2.4 水流控制条件

根据《船闸总体设计规范》[7],船闸为 V 级,引航道导航与调顺段内宜为静水区,制动段、停泊段和口门区水面最大流速限值见表 1。

表 1 水面最大流速限值 m/s

区域	纵向流速	横向流速	回流
制动段、停泊段	0.50	0.15	0.40
门口区	1.50	0.25	

节制闸最大安全排涝量指的是在引航道内制动段水面最大流速限值下节制闸允许通过的最大下泄流量。节制闸安全排涝流量亦与下游水深相关，本文在研究不同水深情况下节制闸所对应的最大安全排涝流量基础上，研究导流墙型式及尺寸对水流结构调整效果的影响。

3 计算结果分析

经计算可知：不同水深情况下，满足引航道最大流速限值要求的节制闸最大安全排涝量见表 2。

表 2 各工况节制闸最大安全排涝量

序号	水深/m	节制闸所对应最大排涝流量/（m³/s）
1	3.70	102.00
2	4.00	110.00
3	4.50	127.00
4	5.00	140.00
5	5.50	150.00

由表 2 可以看出，随着下游水深的增加，同一节制闸排涝流量造成的表面水流的紊动

减小，使得引航道表面流速减小，对通航条件有利。

通航期常遇通航水深保持在 4.50m 左右，七浦塘江边枢纽工程上游允许的节制闸最大排涝量为 180.00m³/s，下游的最大排涝量受引航道流速的限制为 127.00m³/s。为进一步进行布置和体型优化研究，尽可能增大节制闸排涝安全流量，提出对原导流墙的比较方案，并研究特征水位下，各比较方案对引航道表面流速的影响。

4 导流墙比较方案计算分析

4.1 比较方案简介

比较方案一：原导流墙基础上加长

节制闸和引航道之间的导流墙的长度对引航道内的水流结构形态往往有着较大的影响。增加导流墙的长度，有利于改善通航条件。为了研究导流墙加长对于引航道通航条件的影响，选取通航期常遇通航水深水深 4.50m 作为计算工况，计算了节制闸下泄流量为 180.00m³/s 下导流墙分别加长 20.00m，50.00m，80.00m，100.00m 四种不同的导流墙延长方案对引航道内通航条件的影响。引航道内的表层横向流速往往决定了通航条件，我们选取引航道 240.00m 停泊段的表面最大横向流速为指标，研究导流墙长度对引航道通航条件的影响。

比较方案二：原导流墙基础上加弧形短导墙

船闸引航道口门区流态改善的途径主要从降低水流的流速，减小水流流向与航线的夹角，以及改善口门区流态等方面入手。数值模拟试验表明，引航道的设计采用弧线形式一定程度上能调整口门区水流方向，可以削弱斜向水流的作用，减小斜向水流的夹角和流速分量。在进行弧形导航墙的设计时，要考虑导墙弧度的选取。考虑到弧形短导墙弧度过大可能在节制闸反向引水时产生大范围回流，我们在此工程中采取较小角度的弧形短导墙。为了保证结果的可对比性，同样选取通航期常遇通航水深作为计算工况，计算了节制闸下泄流量为 180.00m³/s 下导流墙弧度分别为 2°，5°，8°，10° 4 种不同的导流墙弧度方案（弧形导流墙长度为 20.00m）对引航道内通航条件的影响。模型具体参见图 2。

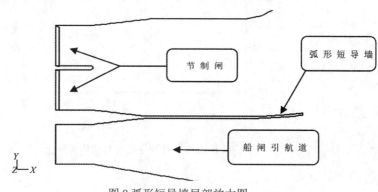

图 2 弧形短导墙局部放大图

4.2 计算结果分析

为了使计算结果具有普适性，将影响参数无量纲化，其中 L 为导流墙延长长度，H 为水深，V 为停泊段最大表面横向流速，$V/\sqrt{gH}$ 为特征流速指标。

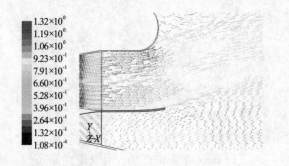 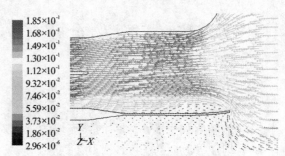

图3 弧形短导墙方案正向排涝水面流速矢量图　　图4 弧形短导墙方案反向引水水面流速矢量图

4.2.1 引航道中不同长度直导流墙效果对比

表3 不同长度导墙下引航道特征流速表

L/H	4.44	11.11	17.78	22.22
$V/\sqrt{gH}$	2.45×10^{-2}	2.27×10^{-2}	2.23×10^{-2}	2.18×10^{-2}

从表3 可以看出在原导流墙基础上加长导墙长度有利于调整水流结构，减小引航道停泊区的表面最大横向流速，改善通航条件，不过随着导墙长度的增加，这种影响有减缓的趋势。

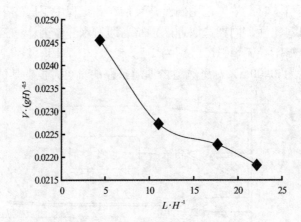

图5 特征流速指标和导墙长度变化关系

4.2.2 弧形短导墙弧度对引航道水流结构的影响

表 4 不同弧度的弧形导墙下引航道特征流速表

θ	2°	5°	8°	10°
$V/\sqrt{gH}$	2.17×10^{-2}	2.03×10^{-2}	2.12×10^{-2}	2.08×10^{-2}

由表 4 可以看出弧形导墙的弧度改变对引航道内水面最大横向流速没有明确的影响，由图 4 可知设置弧形短导墙后反向过流时在导流墙处产生回流区，如果该回流区延伸到节制闸闸室，会影响节制闸反向引水效果，且弧度越大越不利。建议采用 5° 的弧形导墙，在引航道内能获得较好的水流结构。

4.2.3 弧形导墙与直导墙的效果比较

由表 4 可知，增加长度为 20.00m 的直导墙时，特征流速指标为 2.45×10^{-2}，增加长度为 20.00m、弧度为 5° 的弧形短导墙时，特征流速指标为 2.03×10^{-2}。增加 100.00m 直导墙时特征流速指标为 2.18×10^{-2}，其效果也劣于增加 20.00m 的弧形短导墙方案。

相同长度的导墙下，弧形导墙对引航道水流结构的改善作用明显强于直导墙。

5 结论

(1) 船闸与泄水建筑物之间的导墙长度影响着引航道内的水流结构，对于直导墙而言，长度加长，有利于改善引航道内表面水流结构，从而改善通航条件，但是这种影响随着长度的增长有减缓的趋势。

(2) 相同长度的导墙下，弧形导墙对引航道水流结构的改善作用明显强于直导墙。

(3) 弧形短导流墙弧度的变化对于水流结构的影响的规律性并不明显。当工程有反向引水需求时，考虑到弧形导流墙所带来的不利影响，建议尽量采用弧度较小的弧形短导流墙方案。

(4) 船闸与泄水建筑物间布置直长导流墙或弧形短导流墙，均能改善船闸引航道通航条件，实际工程运用中应在满足水流结构条件下尽可能采用短导流墙方案，节约投资。本研究成果可供其它类似工程参考。

参考文献

[1]周淑芹. 引航道口门区通航水流条件的研究[D]. 重庆: 重庆交通大学, 2008.

[2]张亮, 卢启超. 船闸引航道口门区通航水流条件改善措施的综述[J]. 科技信息, 2009, (25): 780+779.

[3]周华兴, 郑宝友. 船闸引航道口门区通航水流条件改善措施[J]. 水道港口, 2002, (02): 81-86.

[4]李君涛, 普晓刚, 张明. 导流墩对狭窄连续弯道枢纽船闸引航道口门区水流条件改善规律研究[J]. 水运

工程, 2011, (06): 100-105.

[5]朱红. 导流墩改善船闸引航道口门区水流条件的试验研究[D]. 长沙:长沙理工大学, 2006.

[6]叶雅思, 任启江. 弧线导航墙改善船闸引航道口门区水流状态试验[J]. 水运工程, 2011, (07): 144-146+182.

[7]周代鑫. 水利枢纽船闸引航道口门区流态改善措施[J]. 人民珠江, 1997, (05): 29-31.

Study of the flow structure affected by cambered diverting wall in approach channel

YANG Xiao-li[1], LI Yu[2], SUN Yong-ming[3], WU Long-hua[4], FANG Weng-chao[5]

([1,2,4,5]Ho Hai university, Nanjing, 210098,Email: yangxiaoli@hhu.edu.cn

[3]JiangSu Tai Hu Planning And Design Institute Of Water Resources Co Ltd., Su zhou, 215100)

Abstract: the layout flock is always close to some other over-flow structure with which may threat the safety of ship navigation. The transverse velocity of surface-flow is one of the important indexes that can judge the navigation condition. The discharged volume affect the transverse velocity of surface-flow directly, the same as the layout of the main hydraulic structures. This article discusses the flow structure with the primary guide wall in qi pu tang engineering. The article also finds the difference between straight guide wall and cambered diverting wall. The result shows that ： it may reduce the transverse velocity of surface-flow by increasing the length of the guide wall ,which between the discharged area and approach channel; the cambered diverting wall can reduce the length of guide wall under the limit of velocity , for which can save investment.

Key words: cambered diverting wall; approach channel; transverse velocity of surface-flow; simulation

抽水蓄能电站库区水动力三维数值模拟

刘肖，陈青生，董壮*

（河海大学，水利水电学院，江苏，南京，210098）

摘要：本文建立了水动力数学模型，运用Delft-3D软件对某抽水蓄能电站下库库区进行了水动力三维数值模拟，分析了发电工况和抽水工况下的库区水动力特性。数值计算结果表明，三维数值模拟准确地表达了库区平面流态及流速分布规律，同时十分清楚地表现了垂向水流结构，给出了相对完整的库区水动力信息。

关键词：抽水蓄能电站；库区水动力；三维数值模拟

1 前言

抽水蓄能电站具有水流双向流动的水力特性，还要适应水位变化频繁、变幅较大的特点，库区水流流态比较复杂，水动力特性丰富。对抽水蓄能电站库区水动力进行研究，可以为库区的合理设计提供科学依据，对保证电站的安全、高效运行有重要意义[1]。目前，数值模拟技术在库区的水动力特性研究中已经得到一定程度的应用[2]。张强等[3]以深圳抽水蓄能电站上库为例，采用发电工况试验数据对建立的混交模型进行验证，模拟了抽水工况和发电工况运行下死水位、1/2 工作水位和正常蓄水位对应的库盆流态。侯才水[4]等运用Flow－3D 软件模拟分析了抽水蓄能电站上水库的进出水口位置及其形状对流态的影响，并模拟分析了某抽水蓄能电站上水库的流态变化。王蓉蓉[5]等采用 Standardk－ε、RNGk－ε、Realizablek－ε三种不同湍流模型，对某抽水蓄能电站上水库典型抽水工况对水库流场进行数值模拟。

本文以某抽水蓄能电站为例，建立水动力数学模型，运用国际流行 Delft-3D 软件对库区水动力特性进行了三维数值模拟。

2 水动力数学模型的建立

2.1 基本控制方程

本文在平面上采用了正交曲线贴体坐标，该坐标系下，水流运动的控制方程[6]形式如下：

(1) 连续方程：

$$\frac{\partial \zeta}{\partial t} + \frac{1}{\sqrt{G_{\xi\xi}}\sqrt{G_{\eta\eta}}}\frac{\partial\left[(d+\zeta)u\sqrt{G_{\eta\eta}}\right]}{\partial \xi} + \frac{1}{\sqrt{G_{\xi\xi}}\sqrt{G_{\eta\eta}}}\frac{\partial\left[(d+\zeta)v\sqrt{G_{\eta\eta}}\right]}{\partial \eta} = 0 \qquad (1)$$

(2) 水平方向的动量方程：

$$\frac{\partial u}{\partial t} + \frac{u}{\sqrt{G_{\xi\xi}}}\frac{\partial u}{\partial \xi} + \frac{v}{\sqrt{G_{\eta\eta}}}\frac{\partial u}{\partial \eta} + \frac{c}{d+\zeta}\frac{\partial u}{\partial \sigma} + \frac{uv}{\sqrt{G_{\xi\xi}}\sqrt{G_{\eta\eta}}}\frac{\partial\sqrt{G_{\xi\xi}}}{\partial \eta}$$

ξ方向
$$- \frac{v^2}{\sqrt{G_{\xi\xi}}\sqrt{G_{\eta\eta}}}\frac{\partial\sqrt{G_{\eta\eta}}}{\partial \xi} - fv \qquad (2)$$

$$= -\frac{1}{\rho_0\sqrt{G_{\xi\xi}}}P_\xi + F_\xi + \frac{1}{(d+\xi)^2}\frac{\partial}{\partial \sigma}\left(v_V\frac{\partial u}{\partial \sigma}\right) + M_\xi$$

$$\frac{\partial v}{\partial t} + \frac{u}{\sqrt{G_{\xi\xi}}}\frac{\partial v}{\partial \xi} + \frac{v}{\sqrt{G_{\eta\eta}}}\frac{\partial v}{\partial \eta} + \frac{\omega}{d+\xi}\frac{\partial v}{\partial \sigma} + \frac{uv}{\sqrt{G_{\xi\xi}}\sqrt{G_{\eta\eta}}}\frac{\partial\sqrt{G_{\eta\eta}}}{\partial \xi}$$

η方向
$$- \frac{u^2}{\sqrt{G_{\xi\xi}}\sqrt{G_{\eta\eta}}}\frac{\partial\sqrt{G_{\xi\xi}}}{\partial \eta} + fu \qquad (3)$$

$$= -\frac{1}{\rho_0\sqrt{G_{\eta\eta}}}P_\eta + F_\eta + \frac{1}{(d+\xi)^2}\frac{\partial}{\partial \sigma}\left(v_V\frac{\partial v}{\partial \sigma}\right) + M_\eta$$

(3) 垂向速度

σ坐标系中的垂向速度ω可如下表示：

$$\frac{\partial \xi}{\partial t} + \frac{1}{\sqrt{G_{\xi\xi}}\sqrt{G_{\eta\eta}}}\frac{\partial\left[(d+\xi)u\sqrt{G_{\eta\eta}}\right]}{\partial \xi} + \frac{1}{\sqrt{G_{\xi\xi}}\sqrt{G_{\eta\eta}}}\frac{\partial\left[(d+\xi)v\sqrt{G_{\xi\xi}}\right]}{\partial \eta} + \frac{\partial \omega}{\partial \sigma} = H(q_{in}-q_{out}) \qquad (4)$$

笛卡尔直角坐标系中垂向速度ω可根据σ坐标系中的垂向速度ω计算所得：

$$\omega = \omega + \frac{1}{\sqrt{G_{\xi\xi}}\sqrt{G_{\eta\eta}}}\left[u\sqrt{G_{\eta\eta}}(\sigma\frac{\partial H}{\partial \xi} + \frac{\partial \zeta}{\partial \xi}) + v\sqrt{G_{\xi\xi}}(\sigma\frac{\partial H}{\partial \eta} + \frac{\partial \zeta}{\partial \eta})\right] + (\sigma\frac{\partial H}{\partial t} + \frac{\partial \xi}{\partial t}) \qquad (5)$$

式中：u，v为在正交曲线坐标系下ξ，η方向上的水流速度；d为低于参照水平面的水深(m)；ζ为参照水平面(z=0)以上的水位(m)；$G_{\xi\xi}$，$G_{\eta\eta}$为正交曲线坐标系和笛卡尔直角坐标系之间的转换系数；f为柯氏力系数(惯性频率)(1/s)；ρ_0为水体参考密度(kg/m^3)；P_ξ，P_η为ξ，η方向的静水压力梯度(kg/m^{2}s^2)；F_ξ，F_η为ξ，η方向上的紊动动量通量(m/s2)；v_V为垂向涡黏性系数(m^2/s)；M_ξ，M_η为ξ，η方向外来的动量源或汇(m/s^2)（由水工建筑、引水、排水、波应力等引起）。

2.2 计算方法

本文计算中对于控制方程，在空间上，采用有限差分法中的中心差分形式[7] 进行离散，中心差分选用二阶精度格式。在时间上采用 ADI 法进行离散，ADI 法（Alternative Direction implicit）即为所谓的交替方向隐式差分格式法。

2.3 计算区域及网格剖分

某抽水蓄能电站下库平面布置图如图 1 所示，引水系统采用三洞六机的布置方式，平面呈"y"形。计算区域为图 1 整个库区范围。

由于库区边界不规则，本文在模拟过程中采用贴体正交技术，在水平方向上引入正交曲线坐标系，采用正交曲线网格对计算区域进行剖分，另外，考虑到进出水口、挡沙坎处及其右侧库区是主要的研究对象，所以在本计算模型网格划分时，对该区域网格进行了适当的加密（网格尺度约为 6m），以提高计算精度。再在保证网格质量的前提下，对库区其它部分采用了相对较大的网格（网格尺度约为 12m），大小尺度网格之间平缓渐变过渡。图 2 为计算区域的网格剖分示意图。

Delft-3D 软件在进行三维计算时，垂向坐标系分为 σ 坐标及笛卡尔坐标系（即 z 坐标）两类。

σ 坐标，定义如下：
$$\sigma = \frac{z-\zeta}{d+\zeta} = \frac{z-\zeta}{H} \tag{6}$$

其中，z 是物理空间高度；ζ 是参照平面（$z=0$）以上自由表面的高程；d 是参照平面以下的水深；H 是总水深，$H=d+\zeta$。σ 的变化范围为（-1,0）。当 $\sigma=-1$ 时，代表河底；$\sigma=0$ 时，代表自由水面。

σ 坐标系的垂向网格分层并不严格水平，而是随着床面和自由表面起伏变化的，由此可以平滑地描述地形和水面线的变化。σ 坐标可以与河底和水面贴合，能更精确地模拟不规则边界水流流动。

在实际情况下，进出水口的几何尺寸与位置是固定的，而在数值模拟中，进出水口的几何尺寸和位置是通过网格单元进行标定的。如果垂向采用 σ 坐标，则网格单元的实际高度会随着水深的变化而自动调整，从而导致进出水口高度的不确定性，使得计算与实际不符。如在垂向采用网格单元高度固定的笛卡尔坐标系，则可以有效避免这一问题。

故而本文在垂向采用笛卡尔坐标，将计算区域垂向划分为 40 个网格，每个网格高度 1m，总高度 40m。进出水口实际高度为 10m，垂向上始终占据 10 个计算网格，不随水位变动而发生变化，与实际情况保持一致。

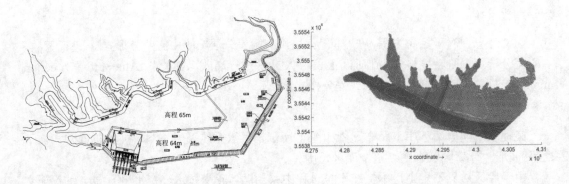

图 1 某抽水蓄能电站下库平面布置图　　　　图 2 网格剖分示意图

2.4 边界条件与初始条件

数值模拟中依据进出水口的设计尺寸及位置在三维模型中设定进出水流量边界，边界流量数值按照设计条件逐一给定。固体边界采用无滑动、不可入边界条件。模型采用非恒定流进行计算，初始条件给定库区水位。

3 计算结果及分析

本文采用上述数学模型，对死水位（65m）情况下库区水动力特性进行了三维数值模拟，计算工况如下：

发电工况：死水位 65m，6 机同时运行，单机流量为 128.6 m³/s；

抽水工况：死水位 65m，6 机同时运行，单机流量为 104 m³/s。

三维库区水动力的计算结果分析如下：

在低水位 65m，即死水位时，水流主要集中在前池和右侧高程为 64m 的库区。该水位是水库运行的最不利水位，容易产生吸气漩涡等不良现象，且前池及进出水口处的水流流态直接影响到与进出水口相连的管道内的水流状态，为了保证电站的安全运行，需要更为详细全面的了解前池及进出水口处的水动力特性。因此，本文主要针对死水位 65m 发电、抽水工况下，前池及进出水口处垂向水流结构进行研究分析。图 3 给出了三维库区水动力计算结果提取剖面的位置分布图，从左至右分别表示剖面 1、剖面 2 和剖面 3。

图 3 三维方案计算结果提取剖面位置示意图

3.1 发电工况

图 4 给出了发电工况下库区表层的平面流态及流速分布。由图 4 可见，死水位（65m）发电工况下，进出水口来流出前池后，受地形影响，向右折转通过引渠进入库盆，形成低水位下的侧向出流。前池内水流平缓，流速分布均匀，前池右侧流速稍大，水流转向顺畅，进出水口左侧存在一小范围回流。进入引渠后，水流在固体边界作用下沿引渠流动，流向顺直，由于水深突然减小，流速迅速增大。

图 5 至图 11 给出了库水位 65m 条件下，6 机发电工况观测剖面 1、剖面 2 和剖面 3 的垂向流速分布及局部放大垂向流速分布。

由图 5，剖面 1 可以看出，三维计算垂向上水流结构十分明显。由于水流刚出进出水口，大部分水流集中流向前池方向，少部分水流反向。同时，在整个进出水口高度上，水流分层现象很明显，主流偏下，底部流速较大，流速大小约 0.35m/s，进出水口上方出现小范围的低流速区。进入前池，随着水流扩散，水流逐渐均化，流速分层现象不明显，每层流速大小基本一致。水流出前池，由于受地形影响，水面面积逐渐减小，流速逐渐增大。剖面 2、剖面 3 规律与剖面 1 基本相同。剖面 2 由于位于前池正中间，水流最为集中，所以水流分层现象较明显的范围较剖面 1 和剖面 3 大。剖面 3 位于前池右侧，水流出前池后，由于受到岸线和地形的影响，主流会偏向右侧，所以剖面 3 出前池后的流速较剖面 1 和剖面 2 大。另外，从剖面 1 和剖面 3 的出流现象还可以看出，进出水口出流较为对称。

3.2 抽水工况

图 10 给出了抽水工况下库区表层的平面流态及流速分布。由图 10 可以看出，死水位（65m）抽水工况下，库区水位与台地高程相同，来流全部通过引渠进入前池，形成侧向入流。引渠来流经过前池右侧进入前池后，迅速转向流向进出水口，并在前池内左部进出水口外范围内形成一小范围的回流区。前池右侧流速稍大，水流流向顺畅。

图 10 至图 17 给出了库水位 65m 条件下，6 机抽水工况观测剖面 1、剖面 2 和剖面 3 的垂向流速分布及局部放大垂向流速分布。

由剖面 1 可以看出，65m 水位抽水工况下，水流从四周流向前池及进出水口，水流经库区，水面面积较小，流速较大，进入前池，水深增加，流速逐渐减小，同时，水流流态平缓，十分顺畅，流速大小约 0.1m/s，基本在进出水口高度上几乎没有水流分层现象，在靠近进出水口处，受边界条件影响，水流流向变化明显，流线曲率较大。由图 14 至图 17 可以看出，剖面 2、剖面 3 规律与剖面 1 基本相同。剖面 3 位于前池右侧，由于受地形影响，65m 水位抽水工况下，水流全部从右侧 64m 库区进入前池，形成侧向入流，所以剖面 3 入前池处的流速较剖面 1 和剖面 2 大。

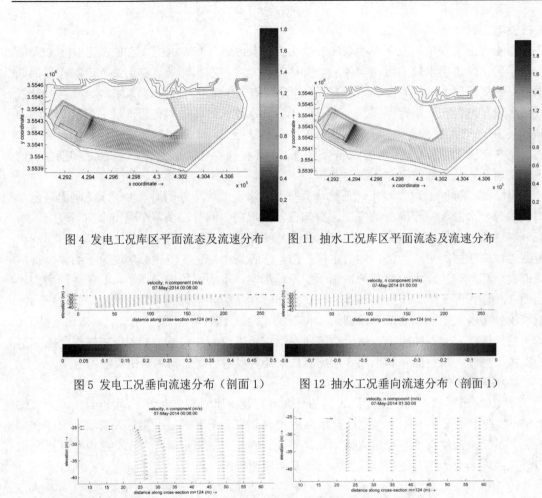

图 4 发电工况库区平面流态及流速分布　　图 11 抽水工况库区平面流态及流速分布

图 5 发电工况垂向流速分布（剖面 1）　　图 12 抽水工况垂向流速分布（剖面 1）

图 6 发电工况局部放大（剖面 1）　　　　图 13 抽水工况局部放大（剖面 1）

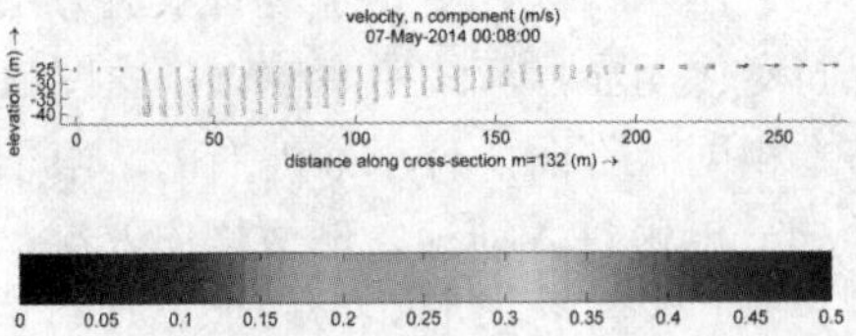

图 7 发电工况垂向流速分布（剖面 2） 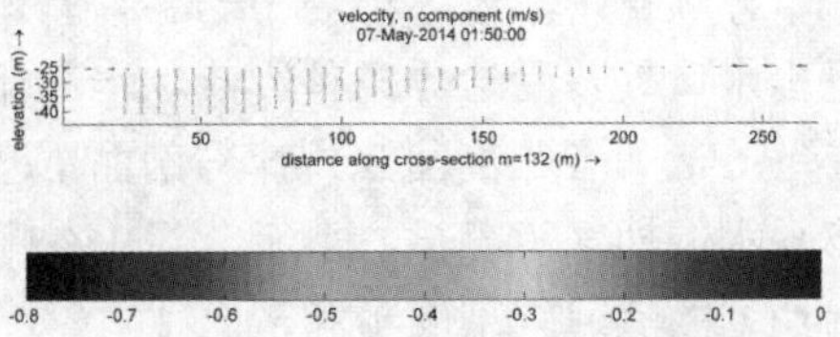　　图 14 抽水工况垂向流速分布（剖面 2）

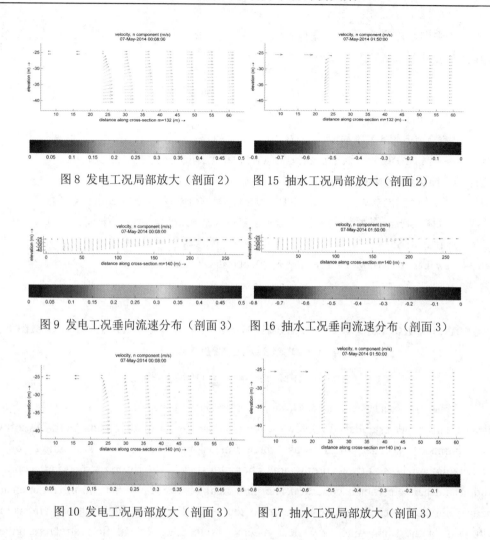

图 8 发电工况局部放大（剖面 2）　图 15 抽水工况局部放大（剖面 2）

图 9 发电工况垂向流速分布（剖面 3）　图 16 抽水工况垂向流速分布（剖面 3）

图 10 发电工况局部放大（剖面 3）　图 17 抽水工况局部放大（剖面 3）

4 结论

本文建立了水动力数学模型，运用 Delft-3D 软件采用该模型对某抽水蓄能电站库区进行了三维数值模拟，得出以下结论：

(1) 库区三维计算网格剖分过程中，水平方向上采用正交曲线坐标，垂向上采用网格单元高度固定的笛卡尔坐标系，保证笛卡尔坐标下的进出水口位置及高度与实际情况一致。

(2) 通过上述数值模拟结果可知，发电工况和抽水工况下库区的平面流态及流速分布规律与模型试验结果保持一致，说明三维数值计算能很好地模拟实际情况。

(3) 三维数值模拟反映了库区垂向的水动力特性，垂向上水流结构十分明显，给出了更为完整的流场信息。发电工况下，在整个进出水口高度上，水流分层现象很明显。抽水工况下，在进出水口高度上几乎没有水流分层现象，在靠近进出水口处，受边界条件影响，水流流向变化明显，流线曲率较大。

参考文献

[1]陆佑媚,潘家铮.抽水蓄能电站[M]:水利电力出版社,1992: 4.

[2]范翻平. 基于De1ft3D模型的鄱阳湖水动力模拟研究[D]. 江西师范大学, 2010.52-54.

[3]张强,王寅. 抽水蓄能电站库盆流态混交模型模拟[J]. 南昌工程学院学报. 2013(04): 68-71.

[4]侯才水,张雯. 抽水蓄能电站上水库流态CFD模拟分析[J]. 水电能源科学. 2012(04): 142-145.

[5]王蓉蓉,蔡付林,蔡倩雯. 某抽水蓄能电站抽水时上库库区流场三维数值模拟方法及比较[J]. 水电能源科学. 2014(02): 83-85.

[6]Delft3d-Flow user's manual[M].Published by WL/Delft hydraulics,2003.

Hydrodynamic on three-dimensional simulation of pumped storage power station reservoir

LIU Xiao, CHEN Qing-sheng, DONG zhuang*

（College of water conservancy and hydropower, Hohai university, Nanjing, Jiangsu,210098）

Abstract: This paper established a hydrodynamic mathematical model, using Delft-3D software for a pumped storage plant was three-dimensional numerical simulation of the hydrodynamic ,Analysis of the hydrodynamic characteristics of the reservoir area in the pumping condition and hair electrician condition.The numerical results show that the three-dimensional numerical simulation can accurate represented the reservoir planar flow pattern and velocity distribution, at the same time very clearly demonstrated the vertical flow structure, given a relatively complete reservoir hydrodynamic information.

Key words: pumped storage power station, reservoir hydrodynamic, three-dimensional numerical simulation

流域生态健康预测分析模型
——以信江流域生态健康预测为例

徐昕，陈青生，董壮*，周磊，丁一民

（河海大学 水利水电学院，江苏 南京 210098）

摘要：鉴于国内关于流域生态健康预测分析的研究甚少，本文尝试将 PSR、ANP 和 CA-Markov 三类模型进行耦合，建立了流域生态健康状况预测模型，并将信江流域 1990s 和 2000s 作为代表年份，首先对 2010s 信江流域生态健康进行探索性预测，并与实际值进行比对，证实预测模型具有良好的可靠度，再将 1990s、2000s 和 2010s 作为代表年份，对流域 2020s 生态健康进行了预测和预警分析，结果显示：20 世纪 90 年代至 21 世纪 00 年代，信江流域处于"健康"（II 等）水平，预测分析显示在 21 世纪 20 年代，信江流域健康水平下降至"亚健康"。故需重视河湖健康管理、维护流域健康。

关键词：PSR；ANP；CA-Markov；预测模型；信江流域

1 引言

流域指由分水线所包围的河流集水区，在生物圈的物质循环中起着重要作用。随着生态环境的破坏日益加剧，流域生态健康评价已成为一个涉及内容较广、影响因素较多的跨领域研究热点，当前我国关于流域生态健康评价尚处于起步阶段，研究方法还不够成熟，众多研究人员提出制定评价准则和标准的迫切性，遗憾的是至今还没有对评价标准有一个理想的、统一的共识。M.B.beck 认为流域水质是流域生命，应当注重流域水质的评价[1]；Tenley M.Conway 提出流域土地利用与流域生态系统健康息息相关[2]；刘国彬等采用层次分析法构建了黄土丘陵区小流域生态经济系统健康评价体系[3]；方庆，董增川等基于 PSR 模型构建符合唐山地区生态系统特性的健康评价体系[4]；尽管针对流域生态系统健康评价方法的研究愈来愈多，但涉及生态流域预测分析的研究甚少，谈娟娟，董增川等对滦河流域生态健康演变趋势进行了尝试性地探索[5]，本文在前人研究的基础上，提出了一种新的流域健康分析预测模型，并将此模型运用于信江流域未来数年的生态系统健康的预测，取得了良好的效果，所以，流域生态系统健康预测具有重要的理论和现实意义。

2 流域简介

信江，鄱阳湖水系五大河流之一。又名上饶江，古名余水，发源于浙赣两省交界的怀玉山南的玉山水和武夷山北麓的丰溪，在上饶汇合后始称信江[6]。全长 313 km，流域面积 17600 km^2。信江上游沿岸以中低山为主，地形起伏较大；中游为信江盆地，其边缘地势由北、东、南三面渐次向中间降低，并向西倾斜；下游为鄱阳湖冲积平原区，地势平坦开阔[7]。信江径流量全年分布很不均衡，季节性变化比较大，最大月径流量是最小月径流量的近 11 倍。多年平均入（鄱阳）湖水量为 178.2 亿 m^3，占入湖总水量的 14.59%。多年平均年径流深 1150mm。

3 研究方法

本文通过 PSR 模型完成流域生态健康评价指标体系的建立，选用 ANP 模型对已建立的评价指标进行赋权，最后通过 CA—Markov 模型对评价指标的数值进行模拟和预测，以此达到流域生态健康预测的目的。

3.1 PSR 模型与评价指标体系的建立

选取压力—状态—响应（Pressure-State-Response，PSR）作为指标体系模型，PSR 模型是环境质量评价学科中生态系统健康评价子学科中常用的一种评价模型，基于 PSR 构建的流域生态健康评价框架模型，该模型由三方面指标构成，即压力指标、状态指标和响应指标. 其中压力指标表征人类经济和社会活动对流域生态健康的驱动，本文综合考虑对流域生态系统健康影响的关键要素[8]，将压力指标分为土地压力和人口压力两部分，状态指标表征特定时间对应的特定阶段流域健康状态和变化情况，因此，从景观生态学的角度选取活力、组织力、恢复力和效益功能四个方面的生态系统[9]；响应指标指社会和个人如何行动来减轻、阻止、恢复和预防人类活动对流域生态系统健康的负面影响，以及对已经发生的不利于人类生存发展的流域生态系统健康进行的反馈[10]。本文主要从两个方面表征响应指标，即自然系统和社会服务的响应，由于土地的利用变化/植被覆盖具有一定的规律性，而水质指标和人类活动无序而杂乱，所以在自然系统和社会服务响应的子指标主要以土地类型的变化来进行预测。其中自然系统的响应主要包括：林地覆盖率、草地覆盖率、水域面积、农田与耕地面积和土壤侵蚀指数；社会服务响应包括：人均区域生产总值以及建设用地面积。由此构建了信江流域生态系统健康评价指标体系（图 1 所示）。

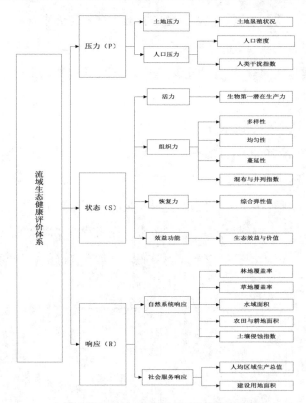

图 1 流域生态系统健康评价指标体系

3.2 网络层次分析模型（ANP）与权重确立

鉴于指标权重体现各指标因子对流域生态系统健康的贡献度的高低，所以权重的确立显得尤为重要，当前关于权重确立的研究较多，方法的选用也是百家争鸣，代表性的方法主要包括层次分析法、模糊层次分析法和神经网络算法等，由于流域系统健康评价本身富有主观臆断性，所以在赋权中应考虑到权重的客观性和准确性，不同于传统的权重确定方法，本文选用一种新的赋权方法——网络层次分析法（ANP），网络层次分析法包括控制层和网络层两个部分，ANP 应用网络结构替代层次结构，充分考虑各指标之间的相互影响和依存关系，与系统工程和科学决策的问题特点相符[11]，ANP 的具体计算步骤很多研究人员均有详细的介绍，本文不再赘述。

3.3 CA-Markov 模型与土地利用变化动态模拟

CA-Markov 模型中存在驱动力分为自然控制因子和社会经济驱动因子，其中自然控制因子中的植被、土壤以及降水和流域生态健康息息相关，社会经济驱动因子包括人口、经济发展与政策体制，这些驱动因子大多数也是影响流域生态健康发展和变化的驱动力，考虑土地利用变化与生态环境分析的松散耦合，所以选用 CA-Markov 模型作为流域生态系统健康的预测分析真实合理，具有较强的理论和现实意义。研究数据主要包括：①美国 Landsat卫星 TM 有关信江流域影像数据；②信江流域行政区区划图；③信江流域水土保持监测和水土保持流失报告；④鄱阳湖流域各市统计年鉴。

以信江流域 1990 和 2000 年的 TM 遥感影像解译数据，分析土地类型的动态变化过程，基于 CA-Markov 模型，利用 IDRISI，得到 1990 年和 2010 年的土地利用转移面积矩阵以及转移概率矩阵。本文先预测 2010 年的土地利用变化，并与实际值在进行比对，如图 2，kappa系数达到 0.93>0.75，表明一致性较高，误差较小，说明对信江流域的土地模拟预测具有很高的可信度，CA-Markov 模型在模拟土地利用变化时具有良好的可信度。

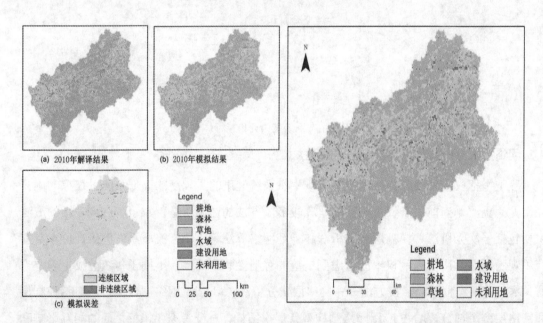

图 3 2010 年信江流域土地利用类型对比图　　图 4 2020 年信江流域土地利用类型预测结果

再将 2010 年的土地利用栅格数据以及适宜性图集以及土地利用转移面积矩阵来预测2020 年的土地利用变化，如图 4，从而取得了信江流域 2020 年健康评价指标体系阈值。

将模拟结果汇总，得到 1990s－2020s 信江流域土地利用变化趋势（表 1）。

表1 信江流域各期不同土地利用类型面积

土地利用类型	预测面积		1990-2000 年		2000-2010 年		2010-2020 年	
	2020 年	2010 年	面积变化/km²	动态度/%	面积变化/km²	动态度/%	面积变化/km²	动态度/%
农田耕地	3946	3943	-52	-1.29	-43	-1.08	3	0.08
林地	10469	10424	79	0.76	-5	-0.05	45	0.43
草地	555	567	-32	-5.27	-8	-1.39	-12	-2.12
水域	257	241	-8	-3.27	4	1.69	16	6.64
建设用地	208	255	20	10.99	53	26.24	-47	-18.43
未利用地	2	1	-5	-71.43	-1	-50.00	1	100.00

表2 流域生态系统健康评价标准

指标	指标体系	评价标准	很健康	健康	亚健康	不健康	病态
压力	土地压力	土地垦殖状况/%	10	20	40	60	80
	人口压力	人口密度/(人·km⁻²)	100	300	500	700	900
		人类干扰系数/%	10	15	25	35	45
状态	活力	生物第一潜在生产力(g/m²·a)	1000	800	600	400	200
	组织力	多样性	1	0.9	0.7	0.4	0.2
		均匀性	1	0.8	0.6	0.4	0.2
		蔓延性	10	20	50	70	90
		混布与并列指数	10	20	50	70	90
	恢复力	综合弹性值	0.9	0.7	0.6	0.5	0.4
	效益功能	生态效益与价值(万/km²·a)	1000	500	400	200	100
响应	自然系统响应	林地覆盖率/%	50	45	40	35	30
		草地覆盖率/%	10	5	4	2	1
		水域面积/%	10	5	4	2	1
		农田与耕地面积/%	20	10	8	4	2
		土壤侵蚀指数/%	10	8	6	4	2
	社会服务响应	人均区域生产总值(万元/人)	3	2	1	0.5	0.3
		建设用地面积/%	10	8	4	2	1

3.4 评价标准

根据《中国地表水环境质量标准》、《中国人民共和国环境保护法》、《环境影响评价技术导则与标准》以及《湖泊健康评估指标、标准与方法（试点工作用）》、等已有的国家、行业、地方或国际标准等已有的国家、行业、地方或国际标准。并依据流域特点，确定评价指标的阈值范围（表2）。流域健康评价采用分级评分法，划分等级标准，河流健康初步分为五级，即：很健康、健康、亚健康、不健康及病态。河流健康等级（见表3）。

3.5 评价模型

流域生态健康评价体系是一个涉及众多领域的多层次的系统评价体系。目前,针对多指标评价方式主要有单项评价和综合评价这两种方式。单项评价只适合对某一指标进行评价。对于系统工程，一般采用综合评价，本文综合评价的加法合成,计算公式如下：

$$(WHI)_i = \sum_{i=1}^{n} w_j A_{ij} \tag{1}$$

式中：WHI（Watersheds Health Index）表示流域健康指数，$(WHI)_i$ 为第 i 控制层下生态修复指数；ω_j 为第 i 控制层标准下的第 j 指标在该控制层所占的权重；A_{ij} 为第 i 控制层中选取的第 j 指标的分值。

表3 河流健康评估分级表

等级	类型	赋分范围	释义
I	很健康	80-100	接近理想状态
II	健康	60-80	接近参考状况或预期目标
III	亚健康	40-60	与参考状况或预期目标有中度差异
IV	不健康	40-20	与参考状况或预期目标有较大差异
V	病态	20 以下	与参考状况或预期目标有显著差异

4 信江流域健康预测分析

将 1990s－2000s、2000s－2010s 两个年代范围的指标值进行采集，对 2010s－2020s 的预测指标值进行统计，部分评价指标如土地垦殖系数、人口密度以及人均生产总值根据面积比例折算至整个流域，生物第一潜在生产力选用迈阿密（Miami）模型计算获取，其他评价指标通过寻求 1990s、2000s 和 2010s 的变化特征插值很神经网络算法来获取，从而得到信江流域三个时代的生态系统健康评价值，如表 4：

表 4 研究区指标值及权重值

指标	权重		指标体系	评价标准	时间			
					1990 年	2000 年	2010 年	2020 年
压力	0.2583	0.033	土地压力	土地垦殖状况	17.83	18.22	23.15	20.08
		0.068	人口压力	人口密度	129.63	207.37	298.41	375.72
		0.157		人类干扰系数	16.53	22.54	28.75	34.87
状态	0.4473	0.044	活力	生物第一潜在生产力	700.33	864.12	750.24	859
		0.197	组织力	多样性	1.33	1.21	0.97	0.91
		0.061		均匀性	0.72	0.71	0.65	0.56
		0.015		蔓延性	53.2	62.1	66.3	70
		0.033		混布与并列指数	35.02	42.23	51.78	48.67
		0.036	恢复力	综合弹性值	0.71	0.76	0.76	0.81
		0.06	效益功能	生态效益与价值	4.52	4.65	5.1	5.4
响应	0.2943	0.04	自然系统响应	林地覆盖率	67.08	67.58	67.55	67.82
		0.02		草地覆盖率	3.93	3.73	3.67	3.6
		0.023		水域面积	1.59	1.53	1.56	1.66
		0.041		农田与耕地面积	26.17	25.83	25.55	25.56
		0.05		土壤侵蚀指数	7.62	8.41	9.65	9.9
		0.02	社会服务响应	人均区域生产总值	0.65	2.21	5.5	17.54
		0.1		建设用地面积	1.17	1.31	1.65	1.35

根据各指标值以及指标权重，采用综合评价方法，预测信江流域在不同年代的整体健康状况（表 5）。

表 5 信江流域不同年代健康状况

年代	评价分值	健康等级	健康状态
1990s	64.62	健康	接近参考状况或预期目标
2000s	61.60	健康	接近参考状况或预期目标
2010s	55.85	亚健康	与参考状况或预期目标有中度差异
2020s	53.69	亚健康	与参考状况或预期目标有中度差异

信江流域生态系统健康的 20 世纪 90 年代和 21 世纪 00 年代的流域 WHI 值均大于 60，流域生态健康状态为 II 等，处于"健康"水平，随着时间的推移，在 2010 年和 2020 年信江流域的生态系统健康为 III 等，处于"亚健康"水平。在未来的十年内，信江流域总体上处于"亚健康"（II 等）及以上状态，"亚健康"状态属于"健康"和"不健康"的过渡状态，过渡状况下的河流的健康变化显著、转变敏感，在此时期，加强河湖管理、维护河湖健康生命显得尤为重要。

5 结论

本文尝试性地耦合 PSR、ANP 和 CA-Markov 三类模型，从而构建了流域生态健康预测分析模型，通过 1990s、2000s 和 2010s 三个年代的信江流域生态健康数据，预测了 2020s 信江流域的生态健康状况，随着近年来大量水利工程的建设以及人类对自然环境的干扰和破坏，严重影响着天然流域的水文地貌条件，并对流域及其周边生态环境造成巨大影响，所以 2020s 的流域生态健康转变为"亚健康"理所应然，但是信江流域在未来数十年内总体处于"亚健康"水平及以上。

当前关于流域生态系统的预测分析研究甚少，流域生态健康预测分析模型不失为流域生态系统健康的新的评价方法，事预则立,不预则废，知晓未来数十年的流域生态健康状态，无疑为预防和减缓流域健康负向转变提供坚实的数据条件基础，但由于研究区域的限制和研究数据的部分缺失，不能详尽地预测流域周边各市县的生态健康状况和发展趋势，在今后的理论研究中应将此作为重点。

参考文献

[1]M.B.beck.Vulnerability of water quality in intensively developing urban watersheds[J]. Environment Modeling Software, 2005, 20(4): 381-400.

[2]Tenley M Conway，Richard G Lathrop Alternative land use regulations and environmental impacts: assessing future land use in n urbanizing watershed[J]. Landscape and Urban Planning, 2005, 71(1): 1-15.

[3]刘国彬, 胡维银, 许明祥. 黄土丘陵区小流域生态经济系统健康评价[J]. 自然资源学报, 2003, 18(1): 44-49.

[4]方庆, 董增川, 刘晨, 等. 基于 PSR 模型的唐山地区生态系统健康评价[J]. 中国农村水利水电, 2013, (6): 26-29.

[5]谈娟娟, 董增川, 方庆, 等. 滦河流域生态健康演变趋势分析[J]. 人民长江, 2014, (14): 31-35.

[6]郭华产, 苏布达, 王艳君, 等. 郑阳湖流域1955-2002年径流系数变化趋势及其与气候因子的关系[J]. 湖泊科学, 2007, 19(2): 163- 169.

[7]谢冬明, 严岩, 贾俊松, 等. 江西省五大流域水文特征初步比较[J]. 人民长江, 2009, 40(11): 43-47.

[8]颜利, 王金坑, 黄浩. 基于 PSR 框架模型的东溪流域生态系统健康评价[J]. 资源科学, 2008, 30(1): 107-113.

[9]肖笃宁, 李秀珍, 高俊, 等. 景观生态学[M]. 北京: 科学出版社, 2003.

[10]吴迪, 王菊英, 马德毅, 等. 基于 PSR 框架的典型海湾富营养化综合评价方法研究[J]. 海洋湖沼通报, 2011(1): 131-136.

[11]田平, 孙宏才, 徐关尧. 关于 AHP 与 ANP 的比较和分析[C]//决策科学与评价——中国系统工程学会决策科学专业委员会第八届学术年会论文集. 北京: 知识产权出版社, 2009: 4-7.

Watershed ecosystem health prediction model
——a case study of Xinjiang Watershed

XU Xin, CHEN Qing-sheng，DONG Zhuang*,ZHOU Lei，DING Yi-min

(College of Hydrology and Water Resources，Hohai University，Nanjing 210098，China)

Abstract: Seeing that the study on the prediction and analysis of river basin ecological health is little, This paper attempts to couple three types of PSR model, ANP and CA-Markov model. Then established a state of watershed ecology health forecasting model, as the represent-active years of 1990s and 2000s, Firstly, the watersheds ecological health of the 2010s is exploratory predicted, and were compared with the actual values, demonstrated good reliability of prediction model. as the represent-active years of 1990s, 2000s and 2010s, forecasted and early warning analysis the watershed ecological health for 2020s, The results showed that 1990s to 2000s, Xinjiang Watershed is at a "healthy"(Class II) level, in 2020s, The results show that overall watersheds are drop to the "sub-healthy" (Class III) level. So it is necessary to pay attention to river and lake health management, and maintaining healthy life of rivers.

Key words: PSR；ANP；CA-Markov；Prediction Model；Xinjiang Watershed